"十三五"国家重点图书出版规划项目

智能制造
系|列|丛|书

智能运维技术及应用

钟诗胜 张永健 付旭云 编著

INTELLIGENT OPERATION
AND MAINTENANCE TECHNOLOGY AND APPLICATION

清華大学出版社
北京

图书在版编目(CIP)数据

智能运维技术及应用/钟诗胜，张永健，付旭云编著．—北京：清华大学出版社，2022.4
(智能制造系列丛书)
ISBN 978-7-302-59474-1

Ⅰ．①智… Ⅱ．①钟… ②张… ③付… Ⅲ．①智能系统—运行 ②智能系统—维修
Ⅳ．①TP18

中国版本图书馆 CIP 数据核字(2021)第 217319 号

责任编辑：袁 琦 赵从棉
封面设计：李召霞
责任校对：欧 洋
责任印制：杨 艳

出版发行：清华大学出版社
网 址：http://www.tup.com.cn，http://www.wqbook.com
地 址：北京清华大学学研大厦A座 **邮 编**：100084
社 总 机：010-83470000 **邮 购**：010-62786544
投稿与读者服务：010-62776969，c-service@tup.tsinghua.edu.cn
质量反馈：010-62772015，zhiliang@tup.tsinghua.edu.cn
印 装 者：北京嘉实印刷有限公司
经 销：全国新华书店
开 本：170mm×240mm **印 张**：29.75 **字 数**：595千字
版 次：2022年5月第1版 **印 次**：2022年5月第1次印刷
定 价：158.00元

产品编号：078517-01

Foreword | 丛书序 1

制造业是国民经济的主体，是立国之本、兴国之器、强国之基。习近平总书记在党的十九大报告中号召："加快建设制造强国，加快发展先进制造业。"他指出："要以智能制造为主攻方向推动产业技术变革和优化升级，推动制造业产业模式和企业形态根本性转变，以'鼎新'带动'革故'，以增量带动存量，促进我国产业迈向全球价值链中高端。"

智能制造——制造业数字化、网络化、智能化，是我国制造业创新发展的主要抓手，是我国制造业转型升级的主要路径，是加快建设制造强国的主攻方向。

当前，新一轮工业革命方兴未艾，其根本动力在于新一轮科技革命。21 世纪以来，互联网、云计算、大数据等新一代信息技术飞速发展。这些历史性的技术进步，集中汇聚在新一代人工智能技术的战略性突破，新一代人工智能已经成为新一轮科技革命的核心技术。

新一代人工智能技术与先进制造技术的深度融合，形成了新一代智能制造技术，成为新一轮工业革命的核心驱动力。新一代智能制造的突破和广泛应用将重塑制造业的技术体系、生产模式、产业形态，实现第四次工业革命。

新一轮科技革命和产业变革与我国加快转变经济发展方式形成历史性交汇，智能制造是一个关键的交汇点。中国制造业要抓住这个历史机遇，创新引领高质量发展，实现向世界产业链中高端的跨越发展。

智能制造是一个"大系统"，贯穿于产品、制造、服务全生命周期的各个环节，由智能产品、智能生产及智能服务三大功能系统以及工业智联网和智能制造云两大支撑系统集合而成。其中，智能产品是主体，智能生产是主线，以智能服务为中心的产业模式变革是主题，工业智联网和智能制造云是支撑，系统集成将智能制造各功能系统和支撑系统集成为新一代智能制造系统。

智能制造是一个"大概念"，是信息技术与制造技术的深度融合。从 20 世纪中叶到 90 年代中期，以计算、感知、通信和控制为主要特征的信息化催生了数字化制造；从 90 年代中期开始，以互联网为主要特征的信息化催生了"互联网＋制造"；当前，以新一代人工智能为主要特征的信息化开创了新一代智能制造的新阶段。

这就形成了智能制造的三种基本范式，即：数字化制造（digital manufacturing）——第一代智能制造；数字化网络化制造（smart manufacturing）——“互联网＋制造”或第二代智能制造，本质上是“互联网＋数字化制造”；数字化网络化智能化制造（intelligent manufacturing）——新一代智能制造，本质上是“智能＋互联网＋数字化制造”。这三个基本范式次第展开又相互交织，体现了智能制造的“大概念”特征。

对中国而言，不必走西方发达国家顺序发展的老路，应发挥后发优势，采取三个基本范式“并行推进、融合发展”的技术路线。一方面，我们必须实事求是，因企制宜、循序渐进地推进企业的技术改造、智能升级，我国制造企业特别是广大中小企业还远远没有实现“数字化制造”，必须扎扎实实完成数字化“补课”，打好数字化基础；另一方面，我们必须坚持“创新引领”，可直接利用互联网、大数据、人工智能等先进技术，“以高打低”，走出一条并行推进智能制造的新路。企业是推进智能制造的主体，每个企业要根据自身实际，总体规划、分步实施、重点突破、全面推进，产学研协调创新，实现企业的技术改造、智能升级。

未来20年，我国智能制造的发展总体将分成两个阶段。第一阶段：到2025年，“互联网＋制造”——数字化网络化制造在全国得到大规模推广应用；同时，新一代智能制造试点示范取得显著成果。第二阶段：到2035年，新一代智能制造在全国制造业实现大规模推广应用，实现中国制造业的智能升级。

推进智能制造，最根本的要靠“人”，动员千军万马、组织精兵强将，必须以人为本。智能制造技术的教育和培训，已经成为推进智能制造的当务之急，也是实现智能制造的最重要的保证。

为推动我国智能制造人才培养，中国机械工程学会和清华大学出版社组织国内知名专家，经过三年的扎实工作，编著了“智能制造系列丛书”。这套丛书是编著者多年研究成果与工作经验的总结，具有很高的学术前瞻性与工程实践性。丛书主要面向从事智能制造的工程技术人员，亦可作为研究生或本科生的教材。

在智能制造急需人才的关键时刻，及时出版这样一套丛书具有重要意义，为推动我国智能制造发展作出了突出贡献。我们衷心感谢各位作者付出的心血和劳动，感谢编委会全体同志的不懈努力，感谢中国机械工程学会与清华大学出版社的精心策划和鼎力投入。

衷心希望这套丛书在工程实践中不断进步、更精更好，衷心希望广大读者喜欢这套丛书、支持这套丛书。

让我们大家共同努力，为实现建设制造强国的中国梦而奋斗。

周济

2019年3月

Foreword | 丛书序 2

技术进展之快，市场竞争之烈，大国较劲之剧，在今天这个时代体现得淋漓尽致。

世界各国都在积极采取行动，美国的“先进制造伙伴计划”、德国的“工业 4.0 战略计划”、英国的“工业 2050 战略”、法国的“新工业法国计划”、日本的“超智能社会 5.0 战略”、韩国的“制造业创新 3.0 计划”，都将发展智能制造作为本国构建制造业竞争优势的关键举措。

中国自然不能成为这个时代的旁观者，我们无意较劲，只想通过合作竞争实现国家崛起。大国崛起离不开制造业的强大，所以中国希望建成制造强国、以制造而强国，实乃情理之中。制造强国战略之主攻方向和关键举措是智能制造，这一点已经成为中国政府、工业界和学术界的共识。

制造企业普遍面临着提高质量、增加效率、降低成本和敏捷适应广大用户不断增长的个性化消费需求，同时还需要应对进一步加大的资源、能源和环境等约束之挑战。然而，现有制造体系和制造水平已经难以满足高端化、个性化、智能化产品与服务的需求，制造业进一步发展所面临的瓶颈和困难迫切需要制造业的技术创新和智能升级。

作为先进信息技术与先进制造技术的深度融合，智能制造的理念和技术贯穿于产品设计、制造、服务等全生命周期的各个环节及相应系统，旨在不断提升企业的产品质量、效益、服务水平，减少资源消耗，推动制造业创新、绿色、协调、开放、共享发展。总之，面临新一轮工业革命，中国要以信息技术与制造业深度融合为主线，以智能制造为主攻方向，推进制造业的高质量发展。

尽管智能制造的大潮在中国滚滚而来，尽管政府、工业界和学术界都认识到智能制造的重要性，但是不得不承认，关注智能制造的大多数人（本人自然也在其中）对智能制造的认识还是片面的、肤浅的。政府勾画的蓝图虽气势磅礴、宏伟壮观，但仍有很多实施者感到无从下手；学者们高谈阔论的宏观理念或基本概念虽至关重要，但如何见诸实践，许多人依然不得要领；企业的实践者们侃侃而谈的多是当年制造业信息化时代的陈年酒酿，尽管依旧散发清香，却还是少了一点智能制造的气息。有些人看到"百万工业企业上云,实施百万工业APP培育工程"时劲头十足,可真准备大干一场的时候,又仿佛云里雾里。常常听学者们言,CPS(cyber-physical systems,信息物理系统)是工业4.0和智能制造的核心要素,CPS万不能离开数字孪生体(digital twin)。可数字孪生体到底如何构建?学者也好,工程师也好,少有人能够清晰道来。又如,大数据之重要性日渐为人们所知,可有了数据后,又如何分析?如何从中提炼知识?企业人士鲜有知其个中究竟的。至于关键词"智能",什么样的制造真正是"智能"制造?未来制造将"智能"到何种程度?解读纷纷,莫衷一是。我的一位老师,也是真正的智者,他说:"智能制造有几分能说清楚?还有几分是糊里又糊涂。"

所以,今天中国散见的学者高论和专家见解还远不能满足智能制造相关的研究者和实践者们之所需。人们既需要微观的深刻认识,也需要宏观的系统把握;既需要实实在在的智能传感器、控制器,也需要看起来虚无缥缈的"云";既需要对理念和本质的体悟,也需要对可操作性的明晰;既需要互联的快捷,也需要互联的标准;既需要数据的通达,也需要数据的安全;既需要对未来的前瞻和追求,也需要对当下的实事求是……如此等等。满足多方位的需求,从多视角看智能制造,正是这套丛书的初衷。

为助力中国制造业高质量发展,推动我国走向新一代智能制造,中国机械工程学会和清华大学出版社组织国内知名的院士和专家编写了"智能制造系列丛书"。本丛书以智能制造为主线,考虑智能制造"新四基"[即"一硬"(自动控制和感知硬件)、"一软"(工业核心软件)、"一网"(工业互联网)、"一台"(工业云和智能服务平台)]的要求,由30个分册组成。除《智能制造:技术前沿与探索应用》《智能制造标准化》《智能制造实践》3个分册外,其余包含了以下五大板块:智能制造模式、智能设计、智能传感与装备、智能制造使能技术以及智能制造管理技术。

本丛书编写者包括高校、工业界拔尖的带头人和奋战在一线的科研人员,有着丰富的智能制造相关技术的科研和实践经验。虽然每一位作者未必对智能制造有全面认识,但这个作者群体的知识对于试图全面认识智能制造或深刻理解某方面技术的人而言,无疑能有莫大的帮助。丛书面向从事智能制造工作的工程师、科研人员、教师和研究生,兼顾学术前瞻性和对企业的指导意义,既有对理论和方法的描述,也有实际应用案例。编写者经过反复研讨、修订和论证,终于完成了本丛书的编写工作。必须指出,这套丛书肯定不是完美的,或许完美本身就不存在,更何况智能制造大潮中学界和业界的急迫需求也不能等待对完美的寻求。当然,这也不能成为掩盖丛书存在缺陷的理由。我们深知,疏漏和错误在所难免,在这里也希望同行专家和读者对本丛书批评指正,不吝赐教。

在"智能制造系列丛书"编写的基础上,我们还开发了智能制造资源库及知识服务平台,该平台以用户需求为中心,以专业知识内容和互联网信息搜索查询为基础,为用户提供有用的信息和知识,打造智能制造领域"共创、共享、共赢"的学术生态圈和教育教学系统。

我非常荣幸为本丛书写序，更乐意向全国广大读者推荐这套丛书。相信这套丛书的出版能够促进中国制造业高质量发展，对中国的制造强国战略能有特别的意义。丛书编写过程中，我有幸认识了很多朋友，向他们学到很多东西，在此向他们表示衷心感谢。

需要特别指出，智能制造技术是不断发展的。因此，“智能制造系列丛书”今后还需要不断更新。衷心希望，此丛书的作者们及其他的智能制造研究者和实践者们贡献他们的才智，不断丰富这套丛书的内容，使其始终贴近智能制造实践的需求，始终跟随智能制造的发展趋势。

2019年3月

Preface | 前言

智能运维是指在对设备运行状态信息进行辨识、获取、处理和融合的基础上，评价设备的健康状态，预测设备的性能及其变化趋势、故障发生时机和剩余使用寿命，并采取必要的维护维修措施以延缓设备的性能衰退、排除设备故障、预测备件需求的决策和执行过程，其目标是实现设备的远程诊断、在线运维、预测运行和精准服务。

随着智能运维技术的不断发展，制造业与服务业相互渗透、相互融合，使得制造企业逐步从原来的生产型制造走向未来的服务型制造，进而形成制造业、服务业与互联网深度融合发展的新型产业形态，这种新型产业形态既是基于制造的服务，又是面向服务的制造，或称为制造服务。制造服务的核心要义是制造企业从原来的单纯为用户提供“产品”向提供“产品＋服务”转变，其主要技术基础就是智能运维技术。目前，制造服务已经成为发达国家高端装备制造企业赢得综合竞争力的法宝。例如，全球三大航空发动机制造公司通用电气（General Electric，GE）公司、普惠（Pratt&Whitney，PW）公司、罗-罗（Rolls-Royce，RR）公司都纷纷改变原有单一出售发动机的经营模式，致力于扩展发动机运行维护、发动机租赁、发动机数据管理分析以及有偿数据推送等售后服务业务，通过服务合同绑定用户，延长产业链条，扩大利润空间，进而赢得市场竞争。

我国是制造业大国，但与发达国家制造业相比，我国在制造服务模式创新和业态发展方面都还有很大的差距，其根本原因是智能运维技术和系统方面还存在差距。企业普遍存在设计制造与运维服务业务脱节、数据孤岛、知识分离等问题，缺乏自主研发的高端数据采集设备和工业大数据管理平台，跨生命周期阶段数据集成、知识发现与信息共享还不够，大量宝贵的运维数据没有得到有效利用。产品设计制造阶段难以获得充足的运维数据，难以全面了解自身产品的运维状态和故障情况，影响了企业对其产品进行设计制造改进优化的进程，制约着制造服务业态的快速形成，也使得我国制造业长期处于产业链的低端，迫切需要建立设备运行状态监测、异常检测、综合评价、故障诊断、寿命预测、维修优化和资源规划等智能运维相关的理论方法、技术体系、系统平台和标准规范，为我国制造服务业态的快速发展和制造企业的服务转型提供理论技术和系统平台支撑。

本书编著者所在的科研团队于2000年就开始从事航空发动机智能运维理论、技术、系统与应用研究，牵头承担了国家重点研发计划项目、国家自然科学基金重点项目、国家"863"计划项目等多个国家和省部级项目，形成了易扩展、可重构、支持多客户端、支持跨企业应用的复杂装备智能运维管理系统平台。基于该系统平台可以快速、灵活地定制出满足不同航空公司在机队规模、发动机类型、组织模式、业务流程、信息基础等方面差异性需求的发动机机队健康管理与维修决策系统。团队构建的"民用航空发动机机队健康管理与维修决策支持系统"于2010年开始先后应用于国航、山航、川航和成都航等多家航空公司。仅在国航，该系统就已经管理了包括通用电气公司、普惠公司、罗-罗公司和CFM等型号发动机机队的所有1600多台发动机和800多台APU(辅助动力源)，涉及管理的发动机的送修成本多达200多亿元人民币，解决了困扰该公司多年的多机型、大机队、多地域所带来的发动机管理困难的问题，显著提高了该公司发动机维修工程管理水平和维修资源利用率，降低了空停率，取得了显著的经济效益和社会效益。

通过多年积累，形成了具有团队特色的面向全寿命、全机队和全成本的发动机运维数据管理、状态监控、故障诊断、寿命预测、维修决策和维修资源优化的方法体系和解决方案。本书是该团队在该领域研究工作的一个总结，由钟诗胜、张永健和付旭云联合执笔完成，其中钟诗胜编写了第1、2、12、13章，张永健编写了第3、4、5、11章，付旭云编写了第6～10章。本书的相关章节内容涉及或引用了该团队毕业的部分博士生和硕士生的研究成果，主要包括汤新民、栾圣罡、付旭云、雷达、崔智全、金向阳、谭治学、李臻、罗辉、张一震、陈湘芝、付松、陈海波等。在此向他们表示衷心感谢！并祝愿从该团队毕业的所有研究生工作顺利！事业有成！家庭幸福！

本书中介绍了状态数据预处理、状态特征提取、设备异常检测、设备故障诊断、状态趋势预测、维修规划优化、备件与成本规划、维修车间管理、智能运维系统基础平台、智能运维系统及其应用等内容，希望对从事智能制造、制造服务、智能运维等相关工作的工程技术人员和研究生有所帮助。尽管本书的理论、模型、算法和系统经过了实例验证，但难免存在考虑不周全的地方，敬请读者批评指正。

本书的研究工作得到国家重点研发计划"网络协同制造和智能工厂"专项、国家自然科学基金重点项目、国家"863"计划项目、民航局科技专项等多个国家和省部级项目的资助，在此一并表示衷心的感谢！

编著者

2021年8月

Contents | 目录

第1章

智能运维概述

1.1 智能运维的主要内容

智能运维包括“运行”和“维修”两个层面的含义，它是制造企业或用户对其设备进行运行监测和维修优化的总称。智能运维涉及的内容很宽泛，但主要包括设备状态数据感知、状态数据预处理、状态特征提取、状态评价与预测、故障诊断与预测、运行维修决策、车间维修管理等方面，如图1-1所示。本书重点围绕数据驱动的智能运维决策优化技术和方法展开讨论。

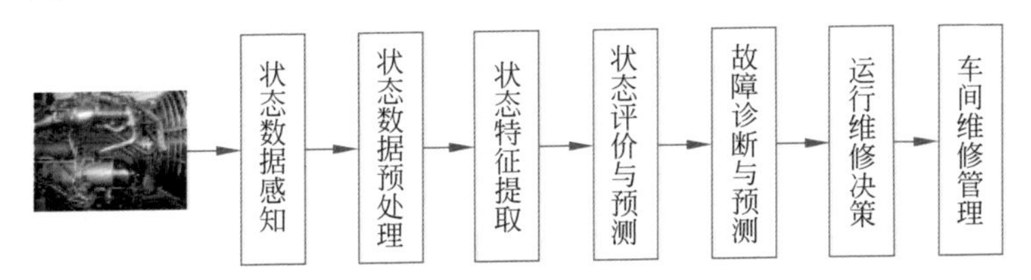

图1-1 智能运维的主要内容

状态数据是设备智能运维的基础，也是各类数据驱动方法的信息源头。状态数据感知就是利用各类传感器获取设备的状态数据。状态数据预处理是对原始测试数据进行降噪和清洗，去除原始测试数据中的噪声，填补测试数据中的缺失部分，保持原始测试数据的完整性(即主要特征)，以提高测试数据的质量以及后续数据分析和建模的准确性。状态特征提取是指利用现代信号处理理论与技术，识别并提取状态数据中的有用特征信息，便于建立设备故障与故障征兆之间的关系，具体包括特征表达、特征选择与提取、模式识别与分类等。状态评价与预测就是评价设备的健康状态，确定重点监控的设备对象清单，并根据设备状态数据的变化规律预测设备状态的变化趋势，据此计算设备的剩余使用寿命，为预测性维修时机确定提供支持。故障诊断与预测就是在状态监测和特征提取基础上，对设备的运行状态和异常情况做出判断，查找设备或系统的故障。当设备发生故障时，对故障类型、故障部位及故障原因进行诊断和定位。运行维修决策就是根据设备的实际健康状态及其变化趋势，确定设备什么时候修以及修什么，同时对设备维修需要的资源和成本做出规划。"确定设备什么时候维修"是根据设备的运行状态及其变化趋势确定设备的维修时机,"确定设备维修什么"是根据设备的当前状态以及维修目标确定设备的维修工作范围和所需的维修资源等。当设备确定要进入维修车间维修时,还需要对车间维修工作进行规划。

1.2 制造服务与智能运维

1.2.1 制造服务概述

在信息技术不够发达的时候,企业难以掌握其制造的设备的运行状况,难以开展设备的状态监测和故障诊断,更难以为设备提供远程运维服务。长期以来,制造企业主要围绕产品设计制造、产品和备件销售以及简单的售后服务来开展工作,企业的利润增长点也主要来自产品设计、制造和简单的售后服务等环节。随着移动互联网、大数据、云计算、物联网、人工智能等信息技术的快速发展和工程应用,制造企业对其制造的设备进行状态数据感知、运行状态监测、故障诊断与预测、运行控制和维修决策支持等远程运维服务在技术层面已经成为可能。复杂设备远程运维服务在经济上的高回报性和对其产品自身竞争力提高的巨大作用又极大地调动了企业对其产品进行远程运维服务的积极性,也推动着制造企业的产业链延伸和服务化转型。目前,制造业与服务业的融合发展已经成为全球经济发展的大趋势,在这种趋势下,制造企业已不局限于产品研发、制造、销售和简单的售后服务,而是向用户提供越来越多的高附加值的个性化服务,如个性化定制、运行状态监测、运维决策支持、备件需求预测、智能信息推送等。制造与服务相互渗透、相互融合也使制造企业从目前的生产型制造走向未来的服务型制造。企业从生产型制造向服务型制造转型既可以摆脱资源、能源等要素的束缚,还可以减轻对环境的污染和资源的高消耗,提高产品的附加值。通过不断增加服务要素,高端装备制造企业逐步从为用户提供"产品"向提供"产品＋服务"的面向全生命周期的一体化解决方案转变,进而在产业层面表现为制造业、服务业与互联网深度融合发展的新型产业形态。在这种产业形态下,一方面制造企业向用户提供种类丰富、质量优异、附加值高的服务;另一方面制造企业从制造服务中得到的收益也不断上升,使其服务收入占总营业收入的比重不断上升,从而使制造服务成为高端装备制造企业新的经济增长点和赢得综合竞争力的重要法宝。由此使得越来越多的产品附加值正从原来的产品制造环节向产品研发设计和运行维护阶段转移,使得企业的业务形态呈现出两头大中间小的"哑铃"形特征,产品价值链曲线从原来的"单峰"曲线向现在的"微笑"曲线转变,如图 1-2 所示。

两业融合

事实上,制造服务能够快速发展主要基于如下 3 个方面的原因:第一是用户需要,随着产品复杂程度的提高,其运维保障变得更加困难,运维保障成本也随之

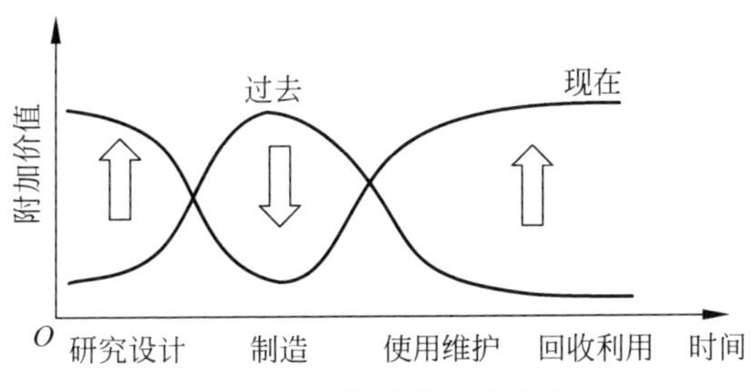

图 1-2　产品价值链的变化

快速上升，用户迫切希望得到制造厂家的运维服务支持。第二是制造厂家希望，制造企业实施制造服务一方面可以完善产品设计制造质量，提高产品的综合竞争力；另一方面可以从制造服务中获取高额的经济回报，进而提高产品的附加值。第三是技术可行，随着工业互联网技术的快速发展，"互联"与"协同"变得更为容易，制造企业可以快速获取产品的运维数据，分析产品的运行状态，为产品运维提供支持，同时通过分析产品运维状态和故障溯源，发现产品设计制造中存在的缺陷，进而为产品本身的改进优化提供依据。此外，通过产品状态预测和故障诊断，采用基于状态预测的维修决策，有助于企业进行备件预测与库存控制，避免备件库存量过大或过小所产生的各种问题。事实上，为了抢占运行控制和维护维修这部分利润空间，国外航空发动机制造厂家均将其业务延伸到了产品的售后运维服务领域，从原来的只提供"发动机"向提供"发动机＋服务"甚至只提供"服务"转变。例如，全球三大航空发动机制造公司通用电气(General Electric，GE)公司、普惠(Pratt&Whitney，PW)公司、罗-罗(Rolls-Royce，RR)公司都改变了原有单一出售发动机的经营模式，致力于扩展发动机运行维护、发动机租赁、发动机数据管理分析以及有偿数据推送等售后服务业务，通过服务合同绑定用户，延长产业链条，扩大利润空间。目前，发达国家服务收入占比已经超过 30%，在全球处于领先地位的美国 GE 公司高达 70%，IBM 公司更高达 82%，而我国制造企业的服务收入占总营业收入的比重还不到 10%。我国是制造业大国，制造业的产值占全国总产值的 40%以上，然而从上述服务收入占总营业收入的比重可以看出，我国在制造服务模式创新和业态发展方面与美国等发达国家还有很大的差距，我国的制造业更多的是处于产业链的低端，产品研发和运维保障水平相对较弱，企业普遍缺乏国际竞争力，由生产型制造向服务型制造的转型还任重道远。

GE 分析

1.2.2　智能运维在制造服务中的作用

从上面对制造服务的分析可知，制造服务是制造业、服务业与互联网深度融合发展所产生的新型产业形态，其核心要义是制造企业从原来的单纯为用户提供"产品"向提供"产品＋服务"的转变，这种转变包括基于制造的服务和面向服务的制造两个方面。基于制造的服务是指制造企业围绕自身产品所提供的远程运维服务；

而面向服务的制造就是制造企业在设计、制造阶段应该考虑产品后续的设备运维服务需求,也就是说对所设计制造的产品是否方便进行产品的售后远程运维服务,为此需要根据运维服务阶段反馈的状态数据和故障信息迭代优化产品自身的设计与制造。由此可见,产品的运行控制和维护维修是制造服务的核心要务和主要内容,而智能运维是制造服务得以实施的前提和基础。随着制造企业和产品用户对制造服务业态发展需求的愈加强烈,智能运维技术也成为国内外学术界和企业界研究的热点和难点。产品状态数据感知、状态数据挖掘、运行状态预测、故障诊断溯源、维修决策优化、维修资源规划等智能运维关键技术的突破和核心业务的开展,推动着复杂产品远程诊断、在线运维、预测运行和精准服务等制造服务目标的实现。

目前,我国企业普遍缺乏自主研发的高端的状态数据采集设备、工业大数据管理平台、运维服务系统开发支持平台、国家标准、行业及企业规范,还没有形成我国自己的运维服务整体解决方案,存在设计制造与运维服务环节数据孤岛、知识分离、业务脱节等问题,跨生命周期阶段数据集成、知识发现与信息共享还不够,大量宝贵的运维数据没有得到有效利用,产品设计制造阶段难以获得充足的运维数据,难以全面了解自身产品的运维状态和故障情况,严重影响了企业对其产品的设计制造改进优化。鉴于智能运维在制造服务中的基础地位,迫切需要形成智能运维相关的理论方法、技术体系、算法模型、系统平台和标准规范,为我国制造企业制造服务生态的快速形成和制造企业的服务转型提供技术和平台支撑。

1.3 设备维修策略的主要类型

设备维修策略是智能运维的重要内容。复杂设备一般由多个子系统或部件组成。设备的健康状态是指设备整机及其子系统的整体状态,是设备保持整机、子系统和部件能够完成设计功能的能力。如图 1-3 所示,设备在使用过程中,由于磨损、变形、烧蚀和材料丢失等原因,其健康状态会逐渐发生变化,从开始的正常功能状态逐渐发生功能衰退,当功能衰退到一定程度时,设备运行的安全性和经济性将会显著下降,此时对设备往往要进行相应的维护或维修,使其功能得到一定程度的恢复。当功能衰退达到失效标准后,设备必须退出服役,进入报废,从而走完其全部生命周期[1]。

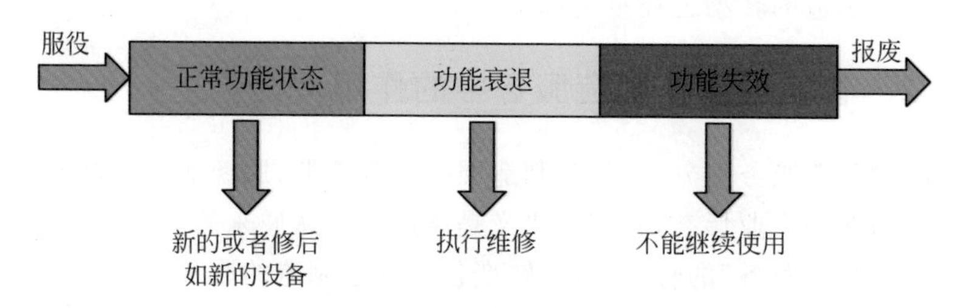

图 1-3　设备健康状态的发展变化

维修策略是指为保持、恢复或改善设备的规定技术状态所采用的维修方式或维修模式。一个维修决策一般包括设备维修时机优化、维修级别确定和维修资源规划等 3 个方面。“维修时机优化”是指根据设备的运行状态合理确定什么时候维修。“维修级别确定”是指根据设备的当前状态和维修目标确定设备修什么。“维修资源规划”则是指根据设备的维修时机和维修级别确定备件需求计划和维修费用等资源。科学制定设备的维修策略对于保持设备的健康状态、及时有效地实现设备的维修保障和提高设备保障的综合使用效益都具有重要的意义。随着设备复杂程度的增加以及状态监测技术、故障诊断技术以及设备维修理论的不断发展，维修模式不断创新，新的维修模式不断地提出。在实际应用中常见的维修策略主要有计划维修(planning maintenance)、预防维修(preventive maintenance)、改善性维修(corrective maintenance)、生产维修(productive maintenance)、事后维修(breakdown maintenance)、定时维修(periodic maintenance)、预测维修(predictive maintenance)、基于状态的维修(condition based maintenance)、以可靠性为中心的维修(reliability centered maintenance)、以利用率为中心的维修(availability centered maintenance)、主动维修(proactive maintenance)等。上述维修模式实际上是根据设备维修时机的确定方法的不同来区分的。这些维修策略在技术内涵上有区别，有的维修策略之间也有交叠。为了理解和使用方便，可将上述维修策略粗略地归纳为四大类，即事后维修策略、定时维修策略、基于状态的维修策略和预测性维修策略。

修策略

1.3.1　事后维修策略

顾名思义，事后维修策略是指设备出现故障后才进行维修的一种被动性维修策略，它是一种非计划性的维修策略。事后维修是最早采用的一种维修策略，实施起来也相对简单。早在 18 世纪后期，工业生产中就已经开始推广使用蒸汽机、皮带车床等结构简单的工业设备，这些设备的使用大大提高了生产率，但由此也产生了设备的维护维修问题。由于当时的设备结构较为简单，加之设计余量往往较大，使用和维修相对方便，设备出现故障后产生的后果也不太严重，所以设备的维修工作一般都由操作工兼管，而且都是在设备发生故障后才进行维修，这就是所谓的事后维修。事后维修也称为反应式维修，或故障后维修，这是一种当设备发生故障或者丧失设计功能后才进行维修的维修策略。

事后维修策略最大的优点是充分利用了设备系统、子系统或零部件的使用寿命，较好地避免了过度维修的发生，所产生的消耗及直接费用一般要远小于其他类型的维修策略。但事后维修策略也存在如下不足：①由于没有预测功能，事后维修策略无法预测设备的维修时机，设备管理具有不可控性，非计划停机次数多，经常会出现设备维修不足的问题，还会影响到企业生产的计划性。②设备故障的随机性，造成备件数量难以提前估算，为了减少维修给企业生产带来的不良影响，需要提前准备充足的备品备件，往往会造成较大的备件库存量和资金压力。③对安全、环境、生产、维修成本的影响较大，设备事故多，当设备事故后果严重时往往会造成较大的经济损失。当多台设备同时发生故障时，可能延误维修时机，难以满足设备智能保障和维修优化的需求。所以，只有当维修对象结构简单，发生故障后造成的损失较小时，才适合采用事后维修策略，例如辅助作业线上简单设备的维修就适合采用事后维修策略。事后维修策略一般包括问题诊断以及故障零部件维修或更换两个步骤，组织实施相对简单。由于事后维修充分利用了设备的使用寿命，因此合理地采用事后维修策略可以产生较大的经济效益。

随着机械化、自动化乃至智能化技术的快速发展，结构和机理复杂的设备大量投入使用，设备的运行控制、检测监测和维护维修也变得越来越复杂，设备维修的技术要求也越来越高、越来越专，仅仅依赖操作工已无法完成设备的维修工作。同时，自动化生产线的出现，使得某一台设备出现故障而停止工作，将可能造成整条生产线或整个车间(乃至工厂)的停产，由此造成的后果也比以前更严重，此时事后维修策略也越来越不被企业所接受，需要在事后维修策略的基础上提出新的更为科学的维修策略。

1.3.2 定时维修策略

定时维修策略是一种以时间为基础的预防性维修策略，它是一种为降低设备故障率或防止设备的功能退化，按照事先规定的维修时间间隔或累计工作时间、日历时间、里程或次数等进行的预防性维修策略，所以定时维修(periodic maintenance，PM)策略又称为周期性维修策略。传统的预防性维修策略也主要是指定时维修策略。定时维修策略是建立在使用寿命可靠性(age reliability)基础上的。定时维修理论认为：每个部件的可靠性与使用时间有直接的关系，随着使用时间的增加，部件的可靠性会逐渐下降，当可靠性下降到一定水平后，设备使用的安全性和经济性将会受到大的影响。所以每一个部件都有一个可以找到的并且在使用中不能超越的维修时限，达到这个维修时限必须对部件进行维修或更换。人们可以依靠合理设定维修时限来预防故障的发生，使设备可靠性维持在一个较高的水平上。对于复杂设备而言，由于工况的多变性和随机性，设备的可靠性与维修时限的关联关系非常复杂，准确建立它们之间的关联模型非常困难，按照一个固定的维修时间间隔进行维修往往会出现“维修不足”或“维修过度”。仅仅通过缩短维修时限或扩大维修范围及增加维修深度也难以完全避免某些部件的故障或损耗。此外，频繁的定时维修本身不但会造成维修费用的急剧增加，同时还会降低设备的完好性并影响到设备的可靠性。所以，与事后维修策略相比，定时维修策略虽然可以减少“维修不足”的发生并节省一定的维修费用，但它也不是一种完美无瑕的维修策略，也就是说，定时维修策略也有其适用场合。

维修时间间隔的确定是定时维修策略实施的关键。维修时间间隔过短会造成设备的“维修过度”，而维修时间间隔过长则会造成设备的“维修不足”，因此应该根据设备性能的实际衰退情况合理确定维修时机。根据设备的失效规律，可以将设备的使用生命周期分为如下三个阶段：第一个阶段是早期失效期（infant mortality）；第二个阶段是偶然失效期（random failure），又称随机失效期；第三个阶段是耗损失效期（wearout failure）。在设备刚投入使用时，由于未经过充分的磨合，设备处于早期失效期，这个时期设备故障率往往会很高。随着设备使用时间的增加，故障率会逐渐地趋于平稳，即设备进入偶然失效期或随机失效期。在临近使用寿命期结束时，设备的故障率又会逐渐升高，即设备进入耗损失效期。设备使用生命周期的故障率随时间变化的关系为如图 1-4 的“浴盆曲线”所示。“浴盆曲线”揭示了设备在全使用寿命期内故障率的变化规律。分析不同阶段设备失效的内在规律和本质区别，建立相应的数学模型，可以为设备维修时间间隔的确定提供理论依据和分析手段。

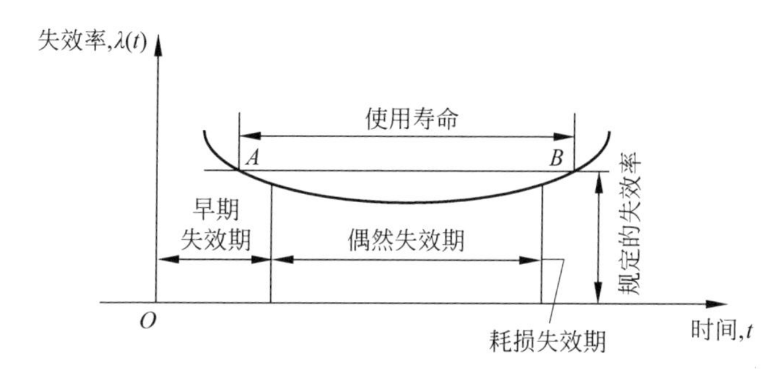

图 1-4　设备失效率与时间的关系曲线

下面根据图 1-4 所示的设备失效率与时间的关系曲线，进一步归纳出设备在全使用寿命期内 3 个阶段的故障率特点。

在早期失效期，设备失效大多是由产品设计、原材料和制造工艺的缺陷造成的，设备失效发生时间往往很难预测。为了缩短这一阶段的时间，设备应在投入正式运行使用前进行试运转，也就是进行一段时间的设备运行磨合，以便及早发现、修正和排除早期故障。还可以通过试验进行筛选，剔除不合格的产品。

在偶然失效期，设备经过一段时间的运行磨合后，其故障率会趋于平稳并处于一个较低的水平，此时一般可以将其近似看作一个常数，设备可靠性指标所描述的就是这个时期。这一时期是设备使用的平稳阶段并表现出良好的性能，偶然失效是设计制造的质量问题、材料自身缺陷、环境条件和使用不当等因素造成的。偶然失效期设备的性能衰退规律是可以预测的，所以定时维修策略的维修时间间隔通常是针对这个阶段而言的。由于设备处于一个平稳状态，按照某一固定的维修间隔进行维修有其合理性。

在耗损失效期，由于磨损、疲劳、老化和耗损等原因，产品或零部件逐步达到设计寿命，此时故障率会随使用时间的延长而迅速升高。一般地，为了确保设备的安全运行，在耗损失效期到来之前要对设备进行拆检，更换磨损的零部件，这样能够有效防止其功能故障的出现，从而有效延长设备的使用寿命。

定时维修策略必须根据设备的结构特点、失效规律和使用要求，预先确定设备的维修类别、维修时间间隔以及维修工作量。同时，与事后维修策略相比，定时维修在一定程度上提前了维修时机，有利于减少“维修不足”现象的发生，并有利于减少事后维修由故障发生造成的损失和使用风险。然而，由于没有考虑设备的实际运行状态，当维修间隔确定不合理时，按照一个固定的维修时间间隔进行维修的定时维修策略还是容易造成设备的“维修不足”或“维修过度”，特别是当设备工况复杂多变时，这一问题尤为突出。

1.3.3 基于状态的维修策略

为了避免定时维修策略维修间隔不合理造成的“维修不足”或“维修过度”的问题，人们又提出了另外一种维修策略，即基于状态的维修策略（condition based maintenance，CBM），基于状态的维修又称为视情维修。顾名思义，基于状态的维修就是视设备的当前状态情况确定设备是否需要维修。基于状态的维修没有规定设备维修的硬时限，只是根据规定的维修状态标准对设备整机或子系统进行周期性的检查，并根据检查结果决定是否需要进行维修。当设备出现“潜在故障”时就进行调整、维修或更换，从而避免“功能故障”的发生。所以，基于状态的维修也属于预防性维修。值得注意的是，和定时维修一样，基于状态的维修所进行的检查也是周期性的，如基于工作时间或者工作循环进行检查，不同的是，基于状态的维修策略的维修时机是根据设备的实际运行状态确定的，事先往往没有规定的固定维修间隔，所以它是一种变间隔的维修策略，并且每一次的维修间隔都必须根据设备的当前状态来确定。设备状态监测、故障诊断和维修准则是基于状态的维修策略实施的关键。所以，基于状态的维修策略的实施必须具备完善的状态监测手段，全面准确地掌握设备的健康状态，及时发现设备存在的问题并采取相应对策，使有些故障在发生之前就能得到有效的预防，有些严重的故障可以在有轻微苗头时就能得到有效的控制并被排除，从而遏制严重故障的发生。基于状态的维修策略体现了“按需维修”的思想，可以解决定时维修中“该修不能修，不该修却要修”的问题，也就是说可以有效减少“维修不足”或“维修过度”的问题。

在决策机理上，基于状态的维修基于这样一种事实，即设备的大部分故障是其健康状态劣化的结果，而设备健康状态的劣化是逐渐发生的，也就是说设备健康状态的劣化有一个由量变到质变的过程，在这个过程中，总有一些征兆会表现出来，即表现出“潜在故障征兆”。通过对这些“潜在故障征兆”的捕捉和分析，可以判断设备的健康状态，进而确定设备是否需要进行维修以及进行何种维修。以航空发动机气路故障为例，航空发动机在使用过程中，其气路性能会发生衰退，当性能衰退到一定程度时，可以据此诊断发动机的健康状态是否发生异常或气路是否出现故障。在故障早期，其故障征兆往往非常微弱，以至于难以用常规的检测手段检测出来。随着发动机的健康状态进一步劣化，其故障会进一步发展，最终导致发动机的功能失效，即从“潜在故障”发展到“功能故障”，在这个过程中，反映发动机异常程度的故障征兆会逐渐明显。例如：当航空发动机性能衰退到一定程度时，发动机滑油中的金属颗粒数量可能会增加，发动机旋转部件的振动可能会加剧，发动机的排气温度可能会升高，发动机叶片的裂纹可能会扩大，发动机的工作声音可能会发生异常，等等。通过收集大量的航空发动机运行状态大数据和故障信息，基于运行状态大数据可以进行发动机故障征兆检测和故障机理分析，然后在发动机机理模型和经验知识的指导下，判断航空发动机运行状态的异常程度，进行发动机的故障诊断，并分析发动机产生故障的原因。当航空发动机健康状态劣化到规定程度时就要对其进行调整、维修或更换，这样可以避免“功能故障”的发生。

如图 1-5 所示的 P-F 曲线描述了设备在偶然失效期内健康状态的变化过程。图 1-5 中 A 点为故障开始发生点，此时设备的故障征兆非常微弱，以至于难以用常规的检测手段检测出来。P 点为故障征兆发展到能够用目前的检测手段检测到的潜在故障点。F 点为功能故障点，即设备系统功能失效的点。T 为由潜在故障点 P 发展到功能故障点 F 经历的时间，又称其为 P-F 间隔。为了防止功能故障的发生，设备维修应该在功能故障点 F 以前进行。由于设备故障征兆只有发展到潜在故障点 P 后才能被检测到，因此设备维修只能在潜在故障点 P 之后进行。为了能够尽可能地利用设备、部件（或零件）的有效使用寿命，应该通过设备状态检测和分析，在潜在故障点 P 和功能故障点 F 之间寻找一个合适的时间点进行设备的维护或维修，进而实现设备维修时机的最优化，这就是基于状态的维修策略的基本思想。当然，随着检测技术的不断发展和微弱故障征兆提取能力的不断提高，潜在故障征兆的发现会越来越早，此时潜在故障点 P 会越来越接近故障开始发生点 A，这为基于状态的维修策略优化提供了更多的决策时间，有利于设备的早期异常检测和故障诊断，也有利于维修时机确定和维修资源规划的科学化。

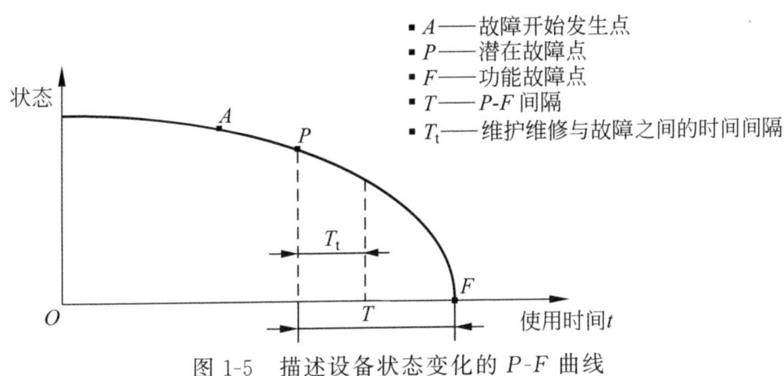

图 1-5　描述设备状态变化的 P-F 曲线

从基于状态的维修策略的基本思想可以知道，基于状态的维修是根据设备的“实际健康状况”来确定设备当前时刻是否需要进行维修以及进行何种维修的维修策略。采用基于状态的维修策略的关键是对设备健康状态的准确把握，而先进的检测设备、科学的分析手段是把握设备健康状态的前提。所以,基于状态的维修策略的实施应该满足以下条件。

(1) 设备昂贵且使用可靠性要求高,设备发生故障后影响恶劣,后果严重。这类设备的故障应该尽量在功能故障发生前予以排除或预防,因此必须实时把握设备的健康状态与故障信息,并制定合适的维修策略。

(2) 设备必须具备一定的健康状态监控手段。要准确及时地感知设备的健康状态与故障信息,就必须预先安装合适的健康状态检测装置。

(3) 设备必须按单元体设计,且每个单元体具有相对独立的功能,这样一方面便于根据健康状态信息进行故障隔离;另一方面可以在设备故障产生后快速做出维修决策。

与定时维修相比,基于状态的维修能大大降低设备的故障率,有利于提高设备的可用率,减少维修工作,降低维修成本,使维修工作变被动为主动。随着设备结构和工况复杂度的增加,其状态检测的难度也将增加。及时精准掌握复杂设备的健康状态变得困难,特别是当故障征兆非常微弱时,采用一般的检测技术往往难以及时感知到,所以检测方案设计、检测装置安装、状态信息分析和多状态信息的融合都是基于状态的维修策略实施的难题。在实际工程中,由于对设备真实状态感知的不准确性以及设备工况的复杂多变,常常造成基于状态的维修决策的维修时机的确定未必十分合理,从而有时会出现“维修过度”或“维修不足”的现象。此外,由于基于状态的维修是根据设备的当前状态进行维修决策的,因此它没有状态预测的功能,难以对中长期维修计划的制定提供支持。

1.3.4 预测性维修策略

预测性维修策略是在对设备健康状态发展趋势进行分析预测基础上决定在当前时刻或者未来某一个时刻是否需要维修的一种维修策略,它也属于预防性维修策略。通过上述分析可知,事后维修是设备出现故障后才进行的维修,它是基于设备当前状态做出的维修决策。定时维修是按照一个固定的维修时间间隔进行的维修,而维修时间间隔是在产品设计计算、实验数据分析和运维数据统计分析基础上综合确定的,所以在一定程度上可以说定时维修是基于产品设计数据和历史运维数据做出的维修决策,也就是说是基于既往的信息做出的决策。基于状态的维修是在对设备当前状态分析评价的基础上,结合设备的维修准则做出的维修决策。基于状态的维修与事后维修都是基于设备当前状态,但基于状态的维修与事后维修有着本质的区别。事后维修是当设备出现故障后才进行维修,而基于状态的维修则是通过分析设备当前的健康状态适时地进行维修,目的是确保设备在发生故障前就进行维修,所以基于状态的维修往往要提前于事后维修,这有利于减少设备“维修不足”的问题。而预测性维修则是基于对设备未来健康状态的预测结果确定当前时刻或未来某一个时刻是否需要维修。预测性维修是 4 种维修策略中唯一具有预测功能的一种维修策略，这有利于维修计划和维修资源的提前规划，也有利于降低设备的故障率，提高设备的利用率。当设备机理结构复杂、设备昂贵且使用可靠性要求高时，其发生故障后的影响十分恶劣，此时特别适合采用具有预测功能的预测性维修策略。所以，在诸如航空发动机、高速列车、高端数控机床等复杂装备智能运维中，预测性维修是使用最多的一种维修模式。

事后维修策略、定时维修策略、基于状态的维修策略和预测性维修策略都是根据设备的健康状态和故障情况对现有设备进行检查维修、故障排除、性能恢复和备件规划等工作的，其注意力并没有放在设备设计制造固有的缺陷上，也就是说，没有关注由于设备设计制造自身的缺陷造成的故障与失效。而主动维修策略是一种全新的维修策略，已经引起了我国学术界的广泛关注。主动维修策略是一种着眼于从根本上消除设备故障隐患的维修策略，是一种带有设备改造性质的维修方式。例如，当设备存在先天不足，即存在设计、制造、原材料缺陷以及进入耗损故障期的设备就适合采用主动维修策略，从根本上消除设备存在的设计制造缺陷。可见，主动维修关注于设备故障根源的分析和修正，通过提高产品的设计制造质量，从源头上消除设备产生故障的根源。主动维修策略的关键技术与预测性维修策略有相同之处，但也有不同的地方。主动维修策略的实施依赖于制造与服务融合、运维数据关联分析、设备故障溯源、主动维修策略优化等关键技术的突破，主动维修策略通过设备运维大数据的统计分析以及制造与服务的有机融合，挖掘设备故障与设计制造的关联关系，应用故障溯源技术找出设备故障的原因，有针对性地改进产品的设计与制造，实现产品设计与制造的迭代优化。

1.4 智能运维的主要关键技术

智能运维是在对设备状态信息的辨识、感知、处理和融合的基础上，监测设备的健康状态，预测设备的性能变化趋势、部件故障发生时机及剩余使用寿命，并采取必要的措施延缓设备的性能衰退进程、排除设备故障的决策和执行过程。可见，智能运维的实施需要满足一定的技术条件，或者说需要突破相关的关键技术。下面给出智能运维几个主要的关键技术。

1. 状态数据监测

随着设备结构的复杂化和运行工况的恶劣化，组成设备的子系统的故障模式复杂多样且相互耦合，对设备及子系统的寿命分布进行描述更为困难，运维管理和维修决策所需的状态数据越来越多，同时对状态数据的精确性和实时性要求也越来越高。以航空发动机为例，由于航空发动机常常工作在高温、高压、高转速等恶劣的环境下，状态监测对于保障航空发动机正常工作、延长使用寿命、及时发现安全隐患具有重要的意义。就类型而言，航空发动机全生命周期的监控参数包括环境参数、性能参数和机械状态参数等。环境参数主要包括温度、压力、高度等；性能参数主要包括燃油流量、输出功率和转速等；机械状态参数主要包括应力、应变、振动、裂纹、烧蚀和润滑油金属颗粒含量等。由于航空发动机具有高温、高压、高转速和高负载的特点，传感器又是发动机最容易出现故障的控制元件之一，因此，如何实时诊断和处理传感器的故障，保证传感器数据采集和处理的可靠性和准确性，是提高航空发动机控制系统可靠性的关键。

2. 状态数据预处理

状态数据的优劣直接影响到智能运维决策的质量。在现实世界中没有不存在噪声的信号，信号中含有内部噪声(如白噪声、散粒噪声、扩散噪声等)和外部噪声(如随机扰动、串扰噪声等)是不可避免的。在高端设备状态数据监测中，由于运行工况恶劣，干扰因素众多，加之传感器质量、监测工艺和人为操作等原因，原始测试数据信号中往往含有噪声或误差。以航空发动机气路参数监测为例，由于气路参数测试过程中常常面临着高温、高压、强振动等测试环境，实际测试数据中经常含有噪声，并通常认为航空发动机的气路参数由纯净信号、高斯噪声和粗大误差组成，即气路参数可以表示为 $z=z^0+\varepsilon+\theta$，其中，z^0 表示纯净信号，ε 表示高斯噪声，θ 表示粗大误差。去噪就是去除外界干扰，也就是去除信号中的无效信息。设备状态监测数据噪声来源有多种，粗大误差是其中最重要的一种噪声。粗大误差(gross error)是指明显超出规定条件预期的误差，常简称为“粗差”。产生粗大误差的原因主要包括错误读取指示值，使用有缺陷的测量仪器，测量仪器受到外界振动或电磁干扰而发生指示突变，传输、译码过程中出现错误等。“粗差”的存在会降低测试数据的质量，甚至会歪曲测试结果的本来面目，严重干扰对测试数据的分析，影响数据分析和建模的准确性，例如会影响到发动机性能衰退率计算、性能评估、剩余使用寿命预测等结果的准确性。所以应该在尽可能保持原始测试数据完整性(即主要特征)的同时，去除原始测试数据中无用的粗大误差等信息，提高监测数据的质量[2-3]。

3. 状态特征提取

故障模式是指设备发生故障时的具体表现形式，即故障现象的一种表征。设备故障的发生往往是由一种故障模式或多种故障模式耦合造成的。当设备出现故障时其状态参数会发生某种变化，根据这种状态的变化可以进行设备的故障识别。所以，故障识别实际上就是由特征空间到故障类型空间的映射，这种映射实际上属于故障因果关系的逆问题。在实际故障诊断过程中，为了提高故障诊断的准确性，总是要求尽可能多地采集状态参数和积累故障样本，特别是随着设备结构的日益复杂，要求安装的传感器的类型和数目也越来越多，状态数据采集的时间间隔则越来越短，最后造成设备状态数据的规模越来越大。由于每个状态参数都不同程度地反映了问题域的部分信息，不同状态参数之间包含的信息往往还存在一定程度的重叠，过多的状态参数数目将会增加问题分析的复杂性，同时太多的状态数据量也会占据大量的存储空间和计算时间，甚至还会影响网络模型的训练时间、精度和收敛性。此时需要对大量的原始状态信息进行特征提取,从状态数据中提取对设备诊断贡献大的有用信息,也就是用大大少于原始状态参数数目的特征来充分准确地描述设备的实际运行状态,同时还要使它们较好地保持原有状态的可分性,实现基于较少的特征进行故障诊断的目的。

4. 状态评价与预测

1）状态评价

状态评价就是根据设备的状态数据和评价准则综合评价设备的健康状态,据此决定目前设备是否需要维修,所以状态评价是基于状态的维修策略的基础。随着设备的大型化、复杂化和信息化,设备运行与维修策略对状态评估技术提出了更高的要求。简单的状态信息评估方法已不能满足大型复杂设备运行维修的需求,需要提出一种同时满足实时性、通用性和精确性要求的多维度状态信息综合评估方法,在对在线和离线监测诊断数据、可靠性评价数据、寿命预测数据、历史维修数据、设计制造数据等进行分析的基础上,实现对设备的综合评价。在工程应用中,设备的状态评价常常从性能评价、结构损伤评价和综合评价等方面开展。性能评价又可分为单参数评价和多参数综合评价。结构损伤评价也可以从结构变形、裂纹和磨损等多个方面开展评价。综合评价则是在性能、结构等单方面评价结果基础上实现对设备的综合评价。通过比较每台设备的健康状态,按照评价结果实现从高到低的排队,据此确定哪些设备需要重点关注,形成设备的重点关注清单,并制定最优的送修计划。设备的综合评价是一个复杂的系统工程,特别是对复杂设备的综合评价是一个多目标、多指标的综合评价,这更增加了设备状态评价的难度。评价指标体系的确定、评价信息的获取、评价结果的综合利用等是设备综合评价的关键。

2）状态预测

状态预测是根据设备的历史状态和当前状态,分析其变化趋势并预测其未来的状态,据此决定设备未来某一时刻是否需要进行维修,所以状态预测是基于状态预测的维修策略的基础。状态预测大致可以分为基于机理模型的预测和数据驱动的预测两种。基于机理模型的预测需要完整准确的设计信息和产品模型,由于设计阶段难以全面完整地掌握设备的使用工况,产品的机理模型及基于机理模型的预测结果往往带有一定的近似性。数据驱动的预测由于采用了设备的真实运维数据,预测精度有所提高,但也存在预测结果无法解释的缺点。在工程实践中,当运维数据充足时,数据驱动的预测方法是一种较为常用的预测方法。目前,基于数据驱动的预测大多采用单一模型进行预测,预测模型的结构比较复杂。

复杂设备的状态参数是一个典型的时间序列,并且大多是非线性的时间序列,如何根据历史状态数据挖掘非线性时间序列的变化规律,特别是历史状态参数有噪声时,如何获取设备性能的衰退模式及其变化趋势是状态预测的主要技术难点。复杂设备的性能衰退过程可以用多个性能特征参数的协同演变特征轨迹来表达,因此对复杂设备的状态趋势预测可以利用设备的多元参数轨迹的演变趋势进行外推来实现。目前经典的时间序列预测方法有线性回归预测、二次指数平滑预测、三次指数平滑预测、移动平均预测、卡尔曼滤波预测、贝叶斯预测、模糊逻辑预测、神经网络预测和基于支持向量机的预测等，这些预测方法虽然能够通过滚动预测实现外推范围的延长，但由于误差累积效应，滚动预测方法的预测误差会急剧增加。为此有研究学者提出基于相似性的预测（similarity based prediction，SBP）方法[4-7]、基于过程神经网络的预测方法和基于集成学习机的预测方法等时间序列预测方法[8]，这些预测方法取得了较好的应用效果。

5. 故障诊断与溯源

1）故障诊断

故障诊断就是利用传感器测量参数和信号处理获得的特征参数，分析设备发生故障的原因、部位、类型、程度、寿命及其变化趋势等，以制订科学的维护或维修计划，保证设备安全、高效、可靠地运行。

根据基于的理论技术基础，故障诊断方法可以归纳为3类：基于人工智能的方法、基于信号处理的方法和基于动态数学模型的方法。基于人工智能的故障诊断方法是以人工智能技术为核心，目前常用的方法包括神经网络、实例推理、故障树、粗糙集和贝叶斯网络等；基于信号处理的故障诊断方法是以现代信号采集、处理与分析理论和方法为基础，通过对设备运行状态的信号进行变换处理，提取设备故障的特征信息来进行故障诊断，目前常用的方法包括信号的滤波和降噪、时域分析、时序分析、基于傅里叶变化的频域分析、时频分析、瞬态分析、小波变换等；而基于动态数学模型的故障诊断方法是根据设备的运行环境和故障物理机理与征兆，建立相应的动态数学模型，再利用模型来诊断设备故障。

根据采用的故障分析手段，故障诊断方法也可以归纳为3类：模型驱动的诊断方法、数据驱动的诊断方法和联合驱动的诊断方法。模型驱动的诊断方法是根据设备的机理模型和运行数据分析设备的异常并进行故障的诊断，它有赖于设备的设计制造模型，由于设计制造阶段难以完全掌握设备的运行工况，所建立的故障诊断机理模型往往带有一定的近似性，为此模型本身也需要大量的工程应用才能优化完善。数据驱动的诊断方法则不需要对待诊断设备建立机理模型，仅需要对检测数据进行分析、挖掘，并通过合适的分类算法实现诊断。随着移动互联网、大数据、云计算、物联网、人工智能等信息技术的逐步成熟和产业应用，企业感知的状态参数越来越丰富，丰富的状态数据为数据驱动的故障诊断提供了良好的条件。针对传统机理模型参数不准、数据模型缺乏明确物理意义的问题，人们又提出了机理与数据联合驱动的故障诊断方法，通过机理模型和数据模型之间的相互印证，修正机理模型的参数，揭示数据模型所检测出的异常的物理意义，提高故障诊断技术的可靠性。

基于典型案例的故障诊断是基于人工智能的故障诊断技术中最常用的一种方

法,它是将基于实例的推理技术应用到故障诊断中。基于典型故障案例的诊断首先对故障案例及其样本数据进行分析、归类与存储,建立特定设备型号的典型故障模式库,寻找参数小偏差值与典型故障类型的对应关系,形成该设备型号的故障诊断指印图。将实际故障样本的参数小偏差与故障指印图中各故障的参数偏差值进行距离量度,再基于距离量度判断实际故障样本与典型故障案例之间的相似度,并将最相似的典型故障案例作为参考故障,指导设备的故障隔离与排故。充足的典型故障样本的获取是故障诊断的基础,如何获得足够的有标签的样本数据以及如何在小样本条件下进行故障诊断是设备故障诊断的一个技术难点。为此,针对典型故障案例缺乏的问题,可以研究小样本条件下基于孪生神经网络的故障诊断方法,实现小样本条件下的故障诊断。

2) 故障溯源

故障溯源是通过分析诱发零件、部件或设备系统发生故障的物理、化学、电学与机械过程,建立设备典型故障与引发故障的根源之间的关联关系,实现服务数据驱动的故障原因分析、设计制造缺陷识别和设计制造缺陷部位推断,支持产品设计制造的改进和优化。

当设备设计制造存在缺陷时,会出现性能衰退较快、运行品质不佳、状态数据异常、产品故障频发、操作使用不便、保障维修困难等典型缺陷特征,此时需要提取面向设计、制造、运行和维护 4 个环节产品缺陷问题的主要影响要素及参数特征,融合和管控产品全寿命周期多源异构数据,构建产品设计制造缺陷的具体类型及评判标准,并通过对运维服务数据中异常数据和故障信息的挖掘以及与典型缺陷案例关联分析,建立面向产品研制的上游和下游不断反馈、解析和利用的数据通道,充分利用机理模型、运行历史等数据,集成多学科、多物理量、多尺度、多概率的仿真过程建立数字孪生模型,在虚拟空间中完成实物到数字模型的映射,动态呈现产品运行过程数据的异常、根本原因以及缺陷部位的概率,实现产品设计制造缺陷的智能识别,支持服务数据驱动的产品设计制造缺陷排查和产品质量持续改进。这类故障是由产品设计制造缺陷等深层次原因造成的,必须通过对产品设计制造的改进才能加以排除。

6. 基于状态的维修策略

维修策略是根据设备的健康状态及其变化趋势,确定设备什么时候维修(即维修时机)、做什么维修工作(即维修工作范围)以及需要多少维修费用和备件需求(即维修资源),它是设备智能运维的重要内容。

1) 维修时机优化

设备维修时机确定一般是先进行维修时限预测,再建立维修时机优化模型优化设备的维修时机。维修时限预测可分为直接法和间接法两种。影响设备维修时限的因素众多,如设备的故障状态、时间状态、性能状态和初始状态等。直接法首先分析影响维修时限的各个因素并分别确定各单因素对应的维修时限,再取其中的最小值作为设备的最终维修时限。而间接法不直接采用各影响因素进行维修时限的预测，而是通过权值函数将各个因素的指标值转化为权值，再根据权值计算故障测评值、时间测评值、性能测评值、初始测评值及各个因素对应的维修时限，最后得到综合测评值及综合维修时限。维修时机优化属于组合优化问题，与函数优化问题不同，由于"组合爆炸"，很多组合优化问题的求解非常困难。

由于设备前后维修决策之间相互影响，所以还必须在全寿命期内优化设备的维修时机。此时，首先分析影响设备全寿命维修时机的相关因素，建立基于单因素的设备全寿命维修时机优化模型，优化求解基于单因素的设备全寿命维修时间间隔，在此基础上，建立基于多因素的以全寿命全成本最小为目标的设备全寿命维修时机综合优化模型，研究模型的解空间结构，提出模型的求解算法，并求得基于多因素的设备全寿命维修时间间隔以及设备的当次维修时机，为设备维修计划优化奠定基础。

2）维修计划优化

维修计划直接影响到设备的运维成本、备件需求和运行安排。维修计划可以分为短期维修计划和中长期维修计划。短期维修计划一般以周、月或季度为单位，可执行性强。中长期维修计划是具有指导性或预测性的维修计划，它对企业的战略规划具有重要的支持作用。中期维修计划是一种指导性的维修计划，可以以半年或1年为单位。而长期维修计划的作用更倾向于生产预测和维修资源规划，它属于本单位生产方向和任务的纲领性规划，带有战略性、预见性和长期性，它的时间单位比中期维修计划更长。

为了确保生产运营和备件需求的平稳性，在维修计划制定时应考虑到停机维修的均衡性。维修计划是面向设备群体的，必须在单台设备维修时机优化的基础上进行设备群体维修计划的优化。此时首先基于多因素优化设备全寿命的维修时机，建立设备群体短期送修计划优化模型，即基于设备全寿命维修时机优化结果，综合考虑安全约束以及资源约束，建立以设备群体全成本最小为目标的设备群体短期送修计划优化模型，研究模型快速求解的启发式算法及智能优化算法，以此确定每台设备的当次维修时机以及更换的设备，并对算法进行评价。

设备平均送修间隔是中长期送修计划制订的基础，通过收集影响设备全寿命行为的伴随因素及其影响机理，建立考虑协变量的设备使用可靠性模型，得到设备平均送修间隔的统计值，并基于平均送修间隔优化制订设备的中长期送修计划。所以可以以设备群体中长期保障成本最低为目标，构建基于排序理论的设备群体调度方法，建立基于平均送修间隔排序优化的设备群体调度模型，研究求解该模型的启发式算法，寻求设备群体调度最佳排序规则和最佳调度优化方案。进一步，在初始调度方案的基础上，研究设备拆换峰谷平滑方法和优化调度方案，降低设备的保障成本，提高设备的使用效率。为了解决非计划因素扰动下的设备中长期送修计划动态优化问题，可以在基于平均送修间隔的设备中长期送修计划基础上，进一步考虑非计划送修扰动因素对中长期计划的影响，把每一次非计划送修作为触发中长期计划动态优化的时间点，综合当前时间点的最新信息，提出模型参数更新和新的中长期送修计划求解策略，统计非计划送修历史数据，建立非计划送修的时间分布模型，实现考虑非计划送修随机因素的中长期送修计划的优化。

3）维修工作范围确定

维修工作范围确定是根据维修设备的当前状态和维修目标决定设备需要做什么样的维修工作，如哪些部件和单元体需要分解、哪些寿命件需要更换等。维修工作范围是发动机进厂维修的指导，其直接影响到设备的修后性能与维修成本，所以维修工作范围确定是智能运维的重要内容。复杂设备维修工作范围候选方案的规模往往很大，以至于单纯靠人工进行最优方案生成十分困难。以航空发动机为例，航空发动机是由多个单元体组成的复杂机电设备，其整机维修工作范围可以看作各个单元体维修级别的组合，即哪些单元体需要分解和维修、哪些时寿件需要更换等。航空发动机的维修工作范围是进厂维修的指导性文件，其核心内容是航空发动机进厂后所要执行的具体维护维修工作。航空发动机的维修工作范围直接影响发动机的修后性能与可靠性，也直接影响着航空发动机的运维成本。在确定发动机某次的维修工作范围时，存在着多种候选方案。例如，假设一台航空发动机由15个单元体组成，每个单元体有4个维修级别，则共有4^{15}种维修工作范围方案。可见，单靠人工从中选择最优的方案不仅需要耗费大量的时间和精力，而且还难以保证维修工作范围的质量，此时需要建立维修工作范围优化模型，以实现维修工作范围优化的自动化。

4）备件需求规划

备件需求规划是指在设备维修计划和维修工作范围基础上，进行备件需求量的预测和优化，使其储备保持在经济合理的水平上，这也是智能运维的重要内容。备件需求规划是备件库存控制的基础，其基础信息来源于设备使用维修过程中产生的状态数据。备件需求会影响到自制备件的生产计划以及外购备件的采购计划，备件库存量过大会增加仓库面积和库存保管费用，占用大量流动资金，造成资金呆滞，增加货款利息，造成资源闲置，影响资源的合理配置和优化；备件库存量过小则会影响售后服务的正常进行，造成服务水平下降，从而影响企业利润和信誉。

基于状态的备件预测的目标是在确保生产运行正常高效的前提下，努力降低备件消耗和备件储备，达到以最少的资金来保证备件的需求供应，使企业获得最佳的经济效益。设备维修计划决定了哪些设备需要维修和什么时候应该维修，而维修工作范围则决定了某台设备需要修什么，哪些零件、部件或单元体需要更换等。由此可见，维修计划和维修工作范围确定后，设备的储备量，例如航空公司的备发量，以及备件需求量就能确定。所以，不同维修计划和维修工作范围的优化模式所确定的设备储备量和备件需求量是不一样的。在事后维修和定时维修决策模式下，企业主要依据历史库存量数据进行同比分析和环比分析，并结合工程师个人经验对备件库存量进行预测。基于同比分析和环比分析的备件库存量确定方法与之前简单的确定一个安全的固定库存量的方法相比具有一定的优点，但同比分析与环比分析的方法仅仅是按照备件需求的历史趋势进行预测，没有考虑设备的实际运行情况，当备件需求的实际趋势与历史趋势相比有较大变动时，可能会产生较大的误差。所以，必须创新备件需求规划方法，采用基于状态预测的备件需求规划策略。

1.5 本书主要内容

根据智能运维的工作内容，本书按照状态数据处理、状态预测和故障诊断、维修策略优化、智能运维系统及其应用 4 个层面进行组织，以期形成智能运维较为完整的理论技术体系，并给出智能运维的系统平台架构和应用示范案例。

在状态数据处理方面，主要围绕状态数据预处理和特征提取两个方面展开讨论。在状态数据预处理方面，重点介绍粗大误差去除、状态数据平滑、状态信号重构等方法，包括状态数据粗大误差识别与处理方法、常用的状态参数平滑方法、基于连续小波变换模极大曲线的信号突变识别与重构方法、经验模态分解（empirical mode decomposition，EMD）和奇异值分解（singular value decomposition，SVD）相结合的数据处理方法等，为异常检测、趋势预测、状态评价、故障诊断和维修计划等智能运维决策提供高质量的原始数据。在特征提取方面，主要介绍一些常用的非线性特征提取方法，包括核主元分析法、自动编码器法、深度学习法、迁移学习法等。

在状态预测和故障诊断方面，本书围绕异常检测、故障诊断、短期状态预测、长期状态趋势预测 4 个方面展开讨论。异常检测的任务是判断状态数据是否发生突变以及分析发生突变的具体原因，为此本书介绍异常及异常检测的定义及分类方法以及几种典型的异常检测方法，并且以航空发动机气路异常检测为例，介绍基于快速存取记录仪（quick access recorder，QAR）数据的间歇性气路异常检测方法与基于飞机通信寻址与报告系统（aircraft communications addressing and reporting system，ACARS）数据的持续性异常检测方法。故障诊断的主要任务是确定故障的部位和故障严重程度，预测故障的发生和发展趋势，为维修期限预测、维修工作范围决策、维修成本预测等提供有力的支持。为此，本书结合航空发动机气路故障诊断的需求，提出基于故障指印图的自组织特征映射神经网络的故障诊断方法。为了解决小样本条件下的气路故障诊断问题，还提出一种基于卷积神经网络（convolutional neural network，CNN）与支持向量机（support vector machine，SVM）相结合的迁移学习方法，讨论如何用 CNN 在大规模带标签的发动机正常数据集上学习特征表示，以及如何有效地迁移到具有少量训练数据的发动机气路故障识别任务中。按预测时间范围的长短，状态预测可分为短期状态预测和长期状态预测两种。在短期状态预测方面，本书以航空发动机为例，分别介绍支持向量机、过程神经网络以及集成学习等模型和算法在短期状态趋势预测中的应用。在长期状态趋势预测方面，分别介绍基于衰退模式挖掘的长期状态趋势预测方法和基于序列化高斯元聚合统计距离(distance based sequential aggregation with Gaussian mixture model，DBSA-GMM)的长期状态趋势预测方法，并以航空发动机为例，给出上述两种长期状态预测方法的应用案例。

在维修决策优化方面，主要围绕短期维修规划、全寿命维修规划、维修成本与备件需求预测、车间维修过程管理展开讨论。短期维修规划是指仅考虑单次送修的维修规划，是围绕最近一次维修计划的规划，或当次送修规划。航空发动机是典型的高端机电设备，结构复杂，工况恶劣，状态预测困难，影响维修时机和维修工作范围的因素多且关联关系复杂，所以航空发动机的维修规划相当复杂，且具有典型性。本书介绍航空发动机短期维修规划的具体做法，它对其他复杂设备的维修规划具有借鉴意义。对于长寿命复杂设备，其全寿命期内需要进行多次维修，每次维修都会对后续的运行和维修产生一定的影响。本书以航空发动机为例，建立面向全寿命的维修规划模型，并对维修时机与维修工作范围同时进行优化。维修成本可以分为直接维修成本和间接维修成本。直接维修成本又进一步可以分为日常维护成本和车间维修成本。一般情况下，车间维修成本占比较高，所以本书重点对车间维修成本预测方法进行介绍。备件库存管理依赖于对备件需求的准确把握，本书介绍易损件和关键件的备件需求预测方法。车间维修过程管理是维修策略的重要内容，针对维修车间的维修决策、规划、过程控制等问题，本书以航空发动机为例，介绍基于 Petri 网理论的维修车间逻辑层次、时间层次和统计层次的建模方法，建立面向维修等级决策、分解装配序列规划、工作流验证、资源调度的 Petri 网模型。

本书还将围绕智能运维决策平台及系统的设计、航空发动机智能运维系统及其应用展开讨论。针对不同企业产品类型、产品规模、组织模式、业务流程、信息基础等的差异性，本书介绍可扩展、可重构、支持多客户端、支持跨企业应用的设备运维决策平台及系统，并以航空发动机智能运维为例，介绍该运维决策平台的具体应用。

参考文献

[1] JAW L C，FRIEND R. ICEMS：a Platform for Advanced Condition-Based Health Management [C]. Los Alamitos：IEEE Computer Society，2001.

[2] VERMA R，GANGULI R. Denoising Jet Engine Gas Path Measurements Using Nonlinear Filters[J]. IEEE/ASME Transactions on Mechatronics，2005，10(4)：461-464.

[3] GANGULI R. Noise and Outlier Removal From Jet Engine Health Signals Using Weighted Fir Median Hybrid Filters[J]. Mechanical Systems and Signal Processing，2002，16(6)：967-978.

[4] WANG T, YU J, SIEGEL D, et al. A similarity-based prognostics approach for Remaining Useful Life estimation of engineered systems[C]. Los Alamitos: IEEE Computer Society, 2008.

[5] BLEAKIE A, DJURDJANOVIC D. Analytical approach to similarity-based prediction of manufacturing system performance[J]. Computers in Industry, 2013, 64(6): 625-633.

[6] LIU J, DJURDJANOVIC D, NI J, et al. Similarity based method for manufacturing process performance prediction and diagnosis[J]. Computers in Industry, 2007, 58(6): 558-566.

[7] ZHONG S, TAN Z, LIN L. Long-term prediction of system degradation with similarity analysis of multivariate patterns[J]. Reliability Engineering and System Safety, 2019, 184: 101-109.

[8] 张一震，钟诗胜，付旭云，等. 基于动态集成算法的航空发动机气路参数预测[J]. 航空动力学报，2018，33(9)：2285-2295.

第2章

设备状态数据预处理

2.1 状态数据预处理概述

状态数据能够表征设备的实际运行情况，是对设备健康状态进行评价、预测以及对维护维修活动进行决策的数据基础。在状态数据的获取、传输和存储过程中常常会受到各种噪声的干扰和影响而使数据质量下降，数据质量好坏直接关系到后续数据分析和建模的效果。为提高后续分析与建模的质量，必须对数据进行预处理，在尽可能保持原始数据完整性（即主要特征）的同时，去除数据中无用信息，重构反映设备原始数据本来面目的状态信息。

粗大误差的存在会严重干扰状态监测分析的结果，必须将其从原始数据中剔除，以恢复状态数据的本来面目。常用的判别粗大误差的方法有基于统计的方法、基于距离的方法、基于密度的方法、基于聚类的方法等。在实际应用中可以根据状态监测数据的特点进行选择。除粗大误差外，状态数据不正常的大的波动也会影响到设备状态趋势的分析结果，为了提高状态参数变化趋势分析的准确性，常常需要对剔除粗大误差后的状态数据进行平滑处理。移动平均平滑法和指数平滑法是工程实际中应用较多的数据平滑方法。

粗大误差及产生原因

小波变换非常适合处理非平稳信号，是一种多尺度时-频分析工具，在小尺度时可以有效地表征数据点的特征，随着尺度的增大，小波变换则可以对数据趋势特征有较好的呈现。可见，小波变换对于数据突变和数据趋势突变等局部特征都能很好地描述，十分适合于诸如发动机气路参数样本等设备状态参数的异常数据识别。通过应用二进小波变换模极大理论对信号小波变换模极大曲线进行搜索和处理，可以在识别信号突变的同时抑制随机噪声，进而有效地重构原信号。基于信号二进小波变换模极大曲线搜索方法难以保证小波变换模极大曲线的搜索精度及信号的重构精度，而基于连续小波变换模极大曲线搜索的信号突变识别与重构方法，则利用傅里叶变换实现信号的小波变换与反演的快速算法，能够解决连续小波变换带来的运算速度问题，从而提高小波变换模极大曲线搜索及信号重构的准确性。

设备状态信号实际上是由趋势项和噪声叠加而成的。奇异值分解（SVD）方法是一种具有良好效果的非线性降噪方法，其降噪后的信号具有较小的相移，不存在时间延迟，因此被广泛应用于振动、电磁等信号的降噪中。SVD 降噪的关键在于如何通过对信号噪声的先验估计来选择恰当的奇异值个数进行信号的重构，但在实际中往往难以对含噪声信号的信噪比进行估计。为了在识别原始信号突变的同时有效抑制随机噪声，进而有效重构原始信号，可以将经验模态分解（EMD）和 SVD 方法相结合，首先对状态信号进行 EMD 并选择合适的时间尺度提取出信号的趋势分量，其次对原始信号剩余部分采用 SVD 降噪，并利用奇异值差分谱方法自适应选择奇异值用于信号重构，最后将降噪后的信号和趋势分量进行叠加得到最终的降噪信号。

本章围绕设备状态数据预处理的需求，重点聚焦粗大误差去除、状态数据平滑、状态信号重构等展开叙述。首先介绍状态数据粗大误差识别与处理和常用的状态参数平滑方法，然后围绕状态信号重构问题，介绍基于连续小波变换模极大曲线的信号突变识别与重构方法以及经验模态分解和奇异值分解相结合的数据处理方法，为异常检测、趋势预测、状态评价、故障诊断和维修计划等智能运维决策提供高质量的原始数据。

2.2 状态数据的粗大误差去除

2.2.1 粗大误差去除原理及方法分析

粗大误差是指明显超出规定条件预期的误差，简称为“粗差”。判别粗大误差的数学方法很多，可分为基于统计的方法、基于距离的方法、基于密度的方法和基于聚类的方法等。基于统计的异常值检测是将不属于假定分布的数据看作异常值，这种方法虽然在数据充分时很有效，但在实际中，数据的分布一般是未知的。基于距离的异常值检测的基本思想是将远离大部分其他数据的对象看作异常值，此方法原理虽然简单，但不能处理具有多个密度区域的数据集。基于密度的异常值检测是根据样本点邻域内的密度状况来判断是否属于异常点，邻域大小的选择对结果影响很大。基于聚类的异常值检测则将不属于任何簇的数据看作异常值，然而属于或不属于的界限对结果影响很大。

常用的粗大误差判别方法，比如拉依达准则、格拉布斯准则、罗曼诺夫斯基准则、狄克松准则等，都要求状态数据是独立同分布的。设备的状态数据大多为时间序列数据，其参数值会随着时间、外界环境以及工况的转变而变化，一般不满足独立同分布条件。对于时序数据粗大误差的判别，目前主要有两类方法——基于历史采样点的判别和基于过程模型的判别，但都比较复杂。通过对航空发动机等设备状态数据的观察，可以发现短期内监控数据会有一定波动且没有明显变化趋势。因此可以将状态数据按照采样顺序进行分组，每组包含相同数目的采样点，这样每组数据就可以近似看成是独立同分布了，最后再采用常用的粗大误差处理方法对数据进行处理。常用的粗大误差判别方法测量次数范围如表 2-1 所示。

表 2-1　粗大误差判别方法测量次数范围

测量次数范围	建议使用的准则
$3 \leqslant n \leqslant 25$	狄克松准则，格拉布斯准则($\alpha=0.01$)
$25 < n \leqslant 185$	格拉布斯准则($\alpha=0.05$)，肖维勒准则
$n > 185$	拉依达准则

2.2.2　粗大误差判别准则及其选择

1. 格拉布斯准则基本原理

格拉布斯准则适用于测量次数较少的情况($n<100$)，通常取置信概率为 95%，对样本中仅混入一个异常值的情况判别效率最高。其判别方法如下：

对于某个时间序列$\{x_i\}_{i=1}^n$，当$\{x_i\}_{i=1}^n$服从正态分布时，可得平均值为

$$\bar{x} = \frac{1}{n}\sum_{i=1}^{n} x_i$$

残余误差为

$$v_i = x_i - \bar{x}$$

标准差为

$$\sigma = \sqrt{\frac{\sum v^2}{n-1}}$$

为了检验 $x_i (i=1,2,\cdots,n)$中是否存在粗大误差，将 x_i 按从小到大的顺序排列成顺序统计量 $x_{(i)}$，即

$$x_{(1)} \leqslant x_{(2)} \leqslant \cdots \leqslant x_{(n)}$$

格拉布斯导出了 $g_{(n)} = \dfrac{x_{(n)} - \bar{x}}{\sigma}$及 $g_{(1)} = \dfrac{\bar{x} - x_{(1)}}{\sigma}$的分布，取定显著度 α(一般为 0.05 或 0.01)，查询相应的表格可得临界值 $g_0(n,\alpha)$，而

$$P\left(\frac{x_{(n)} - \bar{x}}{\sigma} \geqslant g_0(n,\alpha)\right) = \alpha$$

$$P\left(\frac{\bar{x} - x_{(1)}}{\sigma} \geqslant g_0(n,\alpha)\right) = \alpha$$

若认为 $x_{(1)}$可疑，则有

$$g_{(1)} = \frac{\bar{x} - x_{(1)}}{\sigma}$$

若认为 $x_{(n)}$可疑，则有

$$g_{(n)} = \frac{x_{(n)} - \bar{x}}{\sigma}$$

当

$$g_{(i)} \geqslant g_0(n,\alpha)$$

时，即判别该测量值为粗大误差，应予剔除。

2. 狄克松准则基本原理

不少准则均需先求出标准差 σ，在实际工作中比较麻烦，而狄克松准则避免了这一缺点。它采用极差比的方法，得到简化而严密的结果。

狄克松研究了 $x_1, x_2, \cdots, x_n$ 的顺序统计量 x_i 的分布，当 x_i 服从正态分布时，得到 x_n 的统计量如下式所示。选定显著度 α，查相应的表可以得到各统计量的临界值 $r_0(n,\alpha)$，当统计值 r_{ij} 大于临界值时，则认为 x_n 为粗大误差。

$$\begin{cases} r_{10} = \dfrac{x_n - x_{n-1}}{x_n - x_1} \\ r_{11} = \dfrac{x_n - x_{n-1}}{x_n - x_2} \\ r_{21} = \dfrac{x_n - x_{n-2}}{x_n - x_2} \\ r_{22} = \dfrac{x_n - x_{n-2}}{x_n - x_3} \end{cases}$$

在运用狄克松准则时，应注意的是：$n \leqslant 7$ 时，使用 r_{10} 效果好；$8 \leqslant n \leqslant 10$ 时，使用 r_{11} 效果好；$11 \leqslant n \leqslant 13$ 时，使用 r_{21} 效果好；$n \geqslant 14$ 时，使用 r_{22} 效果好。

3. 拉依达准则基本原理

拉依达准则是最常用也是最简单的粗大误差判别准则，它以数据足够多为前提。对于某一时间序列 $\{x_i\}_{i=1}^n$，若各数据只含有随机误差，则根据数据服从正态分布这一规律，其残余误差落在 $\pm 3\sigma$ 以外的概率约为 0.3%，如果在时间序列中发现残差大于 3σ 的数据，则可以认为它是粗大误差，应予剔除。假设有某个服从正态分布的时间序列 $\{x_i\}_{i=1}^n$，用拉依达准则判断粗大误差的方法可以用公式表示如下：

$$\bar{x} = \frac{1}{n}\sum_{i=1}^{n} x_i$$

$$v_i = | x_i - \bar{x} |$$

$$\sigma = \sqrt{\frac{\sum v^2}{n-1}}$$

式中，$\bar{x}$ 为时间序列 $\{x_i\}_{i=1}^n$ 的平均值，v_i 为残余误差的绝对值，σ 为标准差。如果 $v_i > 3\sigma$，则认为第 i 点为粗大误差，否则认为是正常值。

拉依达准则是建立在 $n \to +\infty$ 条件下的，当 n 较小时，3σ 判据并不可靠。因此 3σ 准则适用于对数据量比较大的时间序列进行粗大误差判别。

2.2.3　粗大误差去除应用实例

下面以航空发动机为例对粗大误差去除的方法进行应用。本章选用如下3种方法进行粗大误差判别并编程实现。

方法一：

(1) 将采样数据每10个分成一组；

(2) 采用格拉布斯准则对每组数据进行粗大误差判别。

方法二：

(1) 将采样数据每10个分成一组；

(2) 采用狄克松准则对每组数据进行粗大误差判别。

方法三：

(1) 提取数据中的趋势项并将其剔除，剩下的为数据随机项；

(2) 对剩余的数据随机项采用拉依达准则判断粗大误差。

识别出粗大误差之后，应用一个新值替代原值。通常发动机数据中粗大误差是以单个离散数据点的形式出现的，因此在时间序列$\{x_i\}_{i=1}^n$中以粗大误差数据相邻两点的内插值来代替粗大误差值，这样做不会造成数据点的缺失，且可以保持原始数据中的趋势变化。相应的计算公式为

$$x_i = \frac{x_{i-1} + x_{i+1}}{2}$$

式中，x_i为粗大误差数据点，x_{i-1}与x_{i+1}为粗大误差数据点相邻两点。

由于受材料耐热性限制，航空发动机涡轮叶片等热部件的工作温度不能超过规定的限定值，因此需要对发动机热部件的工作温度进行监视，并且根据温度变化判断发动机的健康状态。由于难以直接测量发动机热部件的工作温度，航空公司一般根据发动机排气温度确定发动机热部件的工作温度是否超标，因此排气温度是发动机的主要健康指标之一。发动机排气温度裕度(engine gas temperature margin，EGTM)是发动机起飞工作状态下的排气温度换算值与其限定值的差值，它是航空公司最常用的发动机健康指标。

下面以某台CFM56-7B航空发动机的发动机排气温度裕度50个工作循环的数据作为测试样本验证算法的粗大误差识别效果。飞机完成一次从起飞到着陆的过程，称发动机完成了一个工作循环。一个工作循环通常只有一个EGTM值。EGTM值的计算是根据起飞阶段记录的EGT值、外界环境条件以及发动机排气温度红线极限值计算获得的。用实际运行过程中测得的50个工作循环的EGTM数据构建一维时间序列$\{\mathrm{EGTM}_i\}_{i=1}^{50}$。考虑实际数据中粗大误差点出现概率较小，无法对算法的粗大误差识别能力进行测试，因此故意将数据中的第5点、第18点、第26点取值改为偏离大多数据点的异常值。将修改后的数据作为测试样本来验证算法，测试样本数据如图2-1所示。

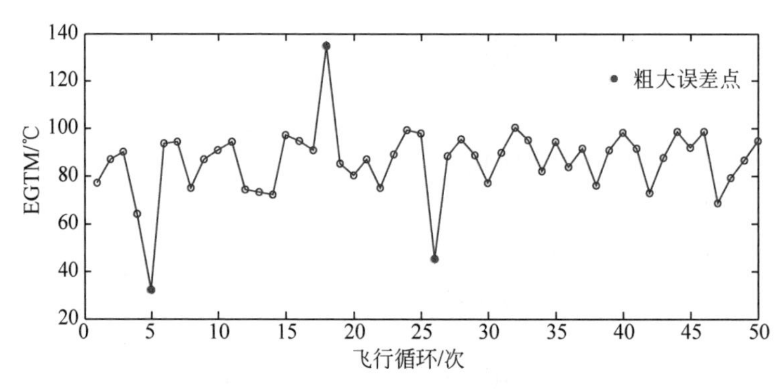

图 2-1　粗大误差测试样本数据

由图 2-1 可以看出，测试样本中有 3 个点出现了明显的尖峰，超出了数据正常范围，它们是修改后数据中的粗大误差点并被标黑。运用方法一和方法二时，将 50 个数据分为 5 组，即每组 10 个数据，分别运用格拉布斯准则和狄克松准则对每组数据中的每一个数据点进行粗大误差判别。对判别为粗大误差的数据点，运用方法三中的公式计算一个新值来代替粗大误差。运用方法三时，首先采用最小二乘法提取数据中的趋势项，用原始数据减去趋势项便可以得到随机项。对随机项采用拉依达准则的相关公式进行计算便能够发现其中的粗大误差。

采用本章中提出的 3 种方法对测试样本进行粗大误差识别，其结果如表 2-2 所示。

表 2-2　各粗大误差识别方法判断结果

粗大误差识别方法	识别出的粗大误差点
数据分组+格拉布斯准则	5,18,26
数据分组+狄克松准则	18,26
剔除趋势项+拉依达准则	18

从表 2-2 中可以发现，数据分组+格拉布斯准则方法识别出了全部的粗大误差，该算法对粗大误差的识别效果最好；数据分组+狄克松准则识别出了两个粗大误差，效果较好；效果最差的是第三种方法，仅识别出第 18 点为粗大误差，另外两个粗大误差都没识别出来。第三种算法识别效果较差，是因为拉依达准则适用于数据点个数比较多的情况（$n>180$），而测试样本数据只有 50 个数据点，超出了拉依达准则的适用范围。

综合上述 3 种方法的测试结果，可以认为将数据分组后再采用格拉布斯准则识别粗大误差的效果是最好的。与狄克松准则和拉依达准则相比，它能更加准确而有效地识别出数据中潜藏的粗大误差。采用狄克松准则虽也能识别出大部分粗大误差，但效果不及格拉布斯准则。采用拉依达准则在数据点较少的情况下识别效果较差，当数据量增大时识别效果才会提高。因此一般情况下建议采用先对数据分组再采用格拉布斯准则判断的方法来识别数据中的粗大误差。

完成粗大误差的识别以后，再采用上文提到的内插值方法来处理测试样本中的粗大误差数据。完成粗大误差处理以后的数据表示如图 2-2 所示。

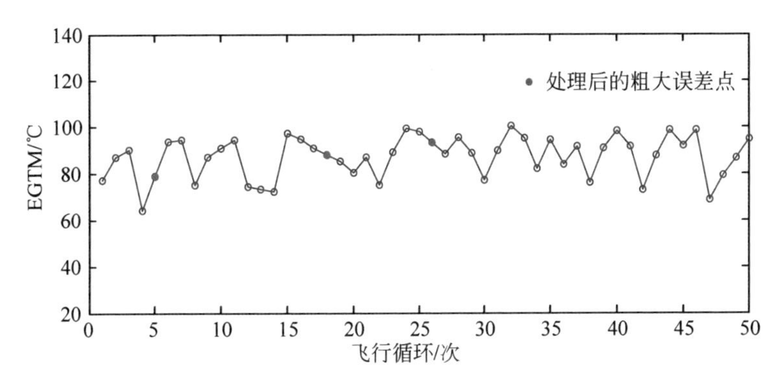

图 2-2　完成粗大误差处理以后的数据表示

2.3　状态数据的平滑处理

去除粗大误差后的状态数据仍然不可避免地有较大波动，为了便于分析设备状态参数的变化趋势，有必要对剔除粗大误差后的状态参数进行平滑处理。在工程实际中，应用较为广泛的平滑方法有移动平均平滑法和指数平滑法。从加权的角度看，移动平均法是对移动窗体内的各期数据赋予相同的权值，而指数平滑法是对所有各期数据赋予逐渐收敛为 0 的权值。本节在基本指数平滑法和移动平均法的基础上，介绍工程上采用的改进方法。

2.3.1　异常值保护指数平滑法

指数平滑法是生产预测中常用的一种方法，经常用于中短期经济发展趋势预测。指数平滑法最初由布朗(Robert G. Brown)提出，布朗认为时间序列的态势具有稳定性或规则性，所以时间序列可被合理地顺势推延。他认为最近的过去态势在某种程度上会持续到最近的未来，所以给予最近的数据较大的权重。指数平滑法是在移动平均法基础上发展起来的一种时间序列分析预测法，其原理是任一期的指数平滑值都是本期实际观测值与前一期指数平滑值的加权平均。指数平滑算法的公式有两个：

$$\text{smoothed}_{\text{new}} = \text{smoothed}_{\text{old}} + \alpha(\text{raw}_{\text{new}} - \text{smoothed}_{\text{old}})$$

$$\text{smoothed}_{\text{new}} = \alpha\,\text{raw}_{\text{new}} + (1 - \alpha)\text{smoothed}_{\text{old}}$$

式中，α 为平滑系数，$\text{smoothed}_{\text{old}}$ 为上一点平滑值，raw_{new} 为当前点原始值，$\text{smoothed}_{\text{new}}$ 为当前点平滑值。

上述两个公式完全等价，两者之间可以相互转换。当平滑系数 α 减小时，平滑数据对原始数据变化的敏感性变小；当平滑系数 α 增大时，平滑数据对原始数据变化的敏感性变大。GE 发动机状态监控系统中，α 一般默认取 0.2。算法中的 α 值可以根据用户需求进行修改。在 GE 航空较早的发动机状态监控系统中，通常允许对数据进行两种类型的平滑，即短期趋势平滑和长期趋势平滑。标准的设置是采用短期趋势平滑，主要用于检测数据中的突变。长期趋势平滑主要用来辨识参数的渐变。两者的主要差别在于平滑系数值不一样。短期趋势平滑时平滑系数 $\alpha=0.2$。长期趋势平滑因为基本不使用，平滑系数 α 值在相关文件中并没有给出。

在基本指数平滑法的基础上，GE 发动机状态监控系统采用了改进后的异常值保护指数平滑法。除了上述基本的指数平滑计算外，该方法还引入了异常值保护技术，主要是为了保护那些真正代表趋势发生变化的异常值不被平滑掉，同时消除粗大误差对平滑的干扰。

异常值保护技术需要设置异常值保护极限值，其具体步骤如下。

(1) 根据实际工程经验设定异常值保护极限值。

(2) 计算新的原始值和上一个平滑值的差值。

(3) 如果差值首次超出了异常值保护极限值，新的原始值被认为是潜在的“粗大误差”，当前的平滑值等于上一个平滑值。

(4) 如果下一点原始值与上一点平滑值的差值没有超出异常值保护极限值，则继续重复步骤(2)。如果该差值也超出了异常值保护极限值，则认为数据中的趋势发生了变化，此时应该用指数平滑公式对这两个点重新进行平滑计算，得出新的平滑值。完成后转至步骤(2)。

异常值保护极限值在 GE 航空相关文件中并没有明确给出。根据 GE 发动机厂家提供的原始数据与平滑数据反推出其异常值保护极限值大致在 20 附近。选取上文提到的测试样本对异常值保护指数平滑算法进行验证，异常值保护指数平滑数据与厂家平滑数据对比如图 2-3 所示。

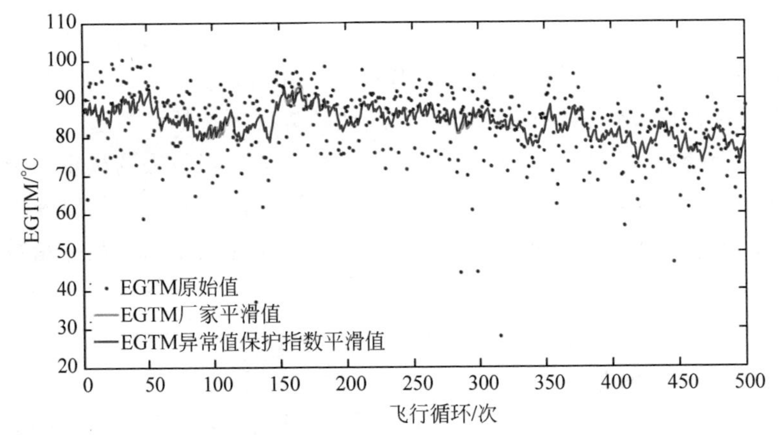

图 2-3 异常值保护指数平滑数据与厂家平滑数据对比

从图 2-3 中可以发现，异常值保护指数平滑数据曲线与厂家平滑数据曲线高度贴合，仅在部分区域出现了较小的偏差，这说明该种方法平滑数据与厂家平滑数据非常接近，异常值保护极限值的选取比较合理。该算法根据 GE 发动机状态监控系统中数据平滑方法的基本原理编写而成，因此两者平滑结果非常相似。但是，一方面 GE 数据平滑方法中某些具体参数值并没有给出；另一方面两者数据精度不一致，导致两者在部分区域出现了偏差。但总体来看，两者的计算结果非常相似，完全可以满足工程实际需要。

2.3.2　异常值识别多点移动平均法

移动平均法是根据时间序列逐项推移，依次计算包含一定项数的序列平均数，以此进行平滑的方法。移动平均法包括一次移动平均法、加权移动平均法和二次移动平均法。当时间序列的数值受周期变动和随机波动的影响，起伏较大，不易显示出事件的发展趋势时，使用移动平均法可以消除这些因素的影响，显示出事件的发展趋势（即趋势线），然后依趋势线分析预测序列的长期变化。PW 公司发动机状态监控系统正是以移动平均法的思想为基础，采用改进后的异常值识别 10 点移动平均法对数据进行平滑。参考 PW 公司的相关技术文档，异常值识别移动平均法的计算步骤如下。

（1）在对某一参数进行平滑之前，将其前面 n 个点构成一个数据序列，假设这 n 个点服从正态分布。

（2）计算第（1）步中数据序列的均值和标准差。均值为

$$\mu=\frac{x_1+x_2+\cdots+x_n}{n}$$

标准差为

$$\sigma=\sqrt{\frac{\sum_{i=1}^{n}(x_i-\mu)^2}{n-1}}$$

式中，x_i 为原始数据中某一个数据点，n 为移动平均计算点数（$3<n<10$），μ 为均值，σ 为标准差。

（3）根据第（2）步计算得到的平均值和标准差计算当前数据点 95% 置信水平区间，置信区间为 $[\mu-2\sigma,\mu+2\sigma]$。

（4）将当前点的原始值与第（3）步求得的置信区间进行比较。如果当前点在该区间范围内，则采用移动平均法计算当前点与其前 $n-1$ 个点的算术平均值作为平滑值，公式如下：

$$x_{i(\text{smooth})}=\frac{x_i+x_{i-1}+\cdots+x_{i-n+1}}{n},\quad i>n$$

式中，$x_{i(\text{smooth})}$ 为当前点平滑值，x_i 为当前点原始值，i 为当前数据点的序号，n 为

移动平均计算点数。

(5) 如果当前点的原始值位于 95% 置信水平区间范围之外，则认为该点是异常值，不参加平滑计算，并在图中该点处加上异常值标记以示区别。

值得注意的是，PW 公司提供的上述平滑算法只是针对第 $n+1$ 个点以后（包含第 $n+1$ 个数据点）的数据，对于前 n 个数据点并没有进行平滑。参考移动平均法的基本原理，本研究针对前 n 个点采用如下公式进行平滑运算：

$$x_{i(\text{smooth})}=\frac{x_1+x_2+\cdots+x_i}{i},\quad 1<i<n+1$$

式中，$x_{i(\text{smooth})}$ 为当前点平滑值，x_i 为当前点原始值，i 为当前数据点的序号。

由上述平滑计算步骤可知，如当前点是粗大误差，它不会显示在平滑数据中。如果异常点是由发动机趋势变化所致，经过几次移动平均计算它后面的数据点会显示在平滑数据中，这样便可看出突变趋势。

选取上文中提到的测试样本对异常值识别移动平均算法进行验证，算法中移动平均计算点数 $n=10$。异常值识别移动平均法平滑数据与厂家平滑数据对比如图 2-4 所示。

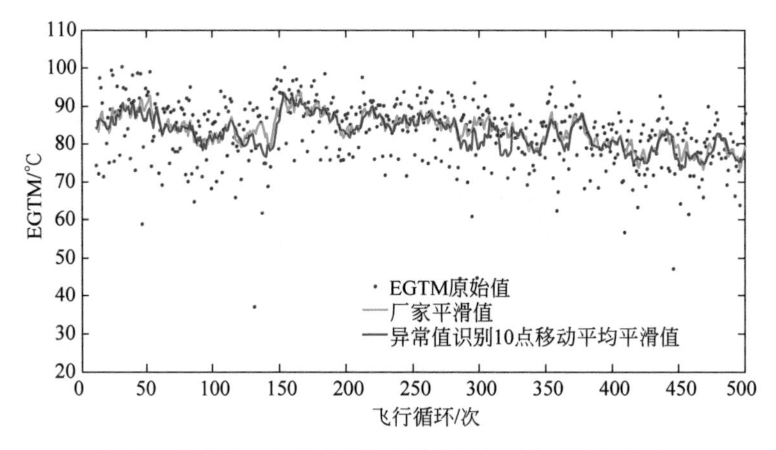

图 2-4 异常值识别移动平均平滑数据与厂家平滑数据对比

从图 2-4 中不难发现，异常值识别移动平均平滑数据曲线与厂家平滑数据曲线整体比较贴近，大部分区域两者差异较小，仅在少部分区域差异稍大，这说明该种方法平滑数据与厂家平滑数据比较接近，但不如异常值保护指数平滑数据那样接近厂家平滑数据。该算法与 GE 发动机状态监控系统采用的数据平滑方法的基本原理存在差异，因此它的平滑结果与厂家平滑结果的接近程度不如异常值保护指数平滑法。但是总体来看，它和厂家平滑数据的整体趋势一致，只是局部波形存在一定差异。该算法可以对杂乱的原始数据进行有效平滑处理，能够满足工程实际需要。

2.4 基于连续小波变换模极大曲线的信号突变识别与重构

小波变换对信号进行时-频分析时具有时域和频域同时局部化的能力，非常适合处理非平稳信号，因此在工程中有着非常广泛的应用[1]。小波变换是一种多尺度时-频分析工具，在小尺度时可以有效地刻画数据点的特征，随着尺度的增大，小波变换对信号的平滑(加权平均)作用[1-2]越来越明显，这时小波变换则可以对数据趋势特征有较好的呈现。可见，小波变换对于数据突变和数据趋势突变等局部特征都能很好地描述，十分适合于发动机气路参数样本的异常数据识别。

Mallat 等在 1992 年于文献[3]中提出了小波变换模极大传播理论，并提出用二进小波变换模极大来重构信号的交替投影算法。直到目前，仍有很多学者对这种方法的改进及应用投以极大的热情[4-8]，原因在于这种方法通过对信号小波变换模极大曲线的搜索和处理，可以在识别信号突变的同时有效抑制随机噪声，进而有效重构原信号。可见，基于二进小波变换模极大曲线搜索方法进行发动机性能监视数据的异常识别、降噪及重构等具有较强的适应性。然而，基于信号二进小波变换模极大曲线搜索方法中小波变换尺度最小只可以取为 2^1，而且各尺度是二进的，这是不灵活的，且难以保证小波变换模极大曲线的搜索精度及信号的重构精度。

因此，下面提出一种基于连续小波变换模极大曲线搜索的信号突变识别与重构方法。为了解决采用连续小波变换带来的运算速度问题，基于傅里叶变换实现信号的小波变换与反演的快速算法。同时还将研究小波变换边沿效应及小波变换模极大曲线搜索过程中可能出现伪模极大曲线等问题的处理方法，借此提高小波变换模极大曲线搜索及信号重构的准确性。

2.4.1 信号连续小波变换与反演算法

设 $\psi(t)$为基本小波，由 $\psi(t)$可得到其小波基函数：[9]

$$\psi_{a,\tau}(t)=\frac{1}{\sqrt{a}}\psi\left(\frac{t-\tau}{a}\right) \tag{2-1}$$

式中，$a>0$，为尺度因子，τ 为平移因子。$\frac{1}{\sqrt{a}}$的作用是保持各小波基函数有相等的能量。给定平方可积的信号 $x(t)$，即 $x(t)\in L^2(\mathbb{R})$，则 $x(t)$的连续小波变换(continuous wavelet transform，CWT)定义[9]为

$$\mathrm{WT}_{x(t)}(a,\tau)=\int_{-\infty}^{+\infty}x(t)\psi_{a,\tau}^{*}(t)\,\mathrm{d}t=\frac{1}{\sqrt{a}}\int_{-\infty}^{+\infty}x(t)\psi^{*}\left(\frac{t-\tau}{a}\right)\mathrm{d}t \tag{2-2}$$

式中，$*$ 表示取共轭。

小波逆变换则由下面的定理给出。

定理 2-1[10] 设 $x(t),\psi(t)\in L^2(\mathbb{R})$，记 $\Psi(\omega)$ 为小波 $\psi(t)$ 的傅里叶变换，若小波 $\psi(t)$ 满足

$$c_\psi=\int_0^{+\infty}\frac{|\Psi(\omega)|^2}{\omega}\mathrm{d}\omega<+\infty \tag{2-3}$$

则 $x(t)$ 可由其小波变换 $\mathrm{WT}_{x(t)}(a,\tau)$ 来反演，即

$$\begin{aligned}x(t)&=\frac{1}{c_\psi}\int_0^{+\infty}\int_{-\infty}^{+\infty}\mathrm{WT}_{x(t)}(a,\tau)\psi_{a,\tau}(t)\frac{\mathrm{d}\tau\,\mathrm{d}a}{a^2}\\&=\frac{1}{c_\psi}\int_0^{+\infty}\int_{-\infty}^{+\infty}\mathrm{WT}_{x(t)}(a,\tau)\frac{1}{\sqrt{a}}\psi\left(\frac{t-\tau}{a}\right)\frac{\mathrm{d}\tau\,\mathrm{d}a}{a^2}\end{aligned} \tag{2-4}$$

式(2-3)称为小波的容许性条件，由其可推导出基本小波至少应该满足 $\Psi(\omega)|_{\omega=0}=0$。

由于小波变换及逆变换有内积、卷积等多种定义形式，并且在进行数值处理时采用的方法各不相同，因此其实现算法有很多种。本研究通过离散傅里叶变换及逆变换将连续小波变换式(2-2)及其逆变换式(2-4)转换到频域进行处理，避免时域上的卷积计算，从而提高运算速度。

记 $x(t)$ 的傅里叶变换为 $X(\omega)$，则由傅里叶变换的平移性质和相似性质[11]，可得 $\psi_{a,\tau}(t)$ 的傅里叶变换为

$$\Psi_{a,\tau}(\omega)=\sqrt{a}\,\Psi(a\omega)\mathrm{e}^{-\mathrm{i}\omega\tau} \tag{2-5}$$

因此可得 $\Psi_{a,\tau}^*(\omega)=\sqrt{a}\,\Psi^*(a\omega)\mathrm{e}^{\mathrm{i}\omega\tau}$，由 Parseval 定理[11]，可得式(2-2)的频域表达式为

$$\mathrm{WT}_{x(t)}(a,\tau)=\frac{1}{\sqrt{a}}\int_{-\infty}^{+\infty}x(t)\psi^*\left(\frac{t-\tau}{a}\right)\mathrm{d}t=\frac{\sqrt{a}}{2\pi}\int_{-\infty}^{+\infty}X(\omega)\Psi^*(a\omega)\mathrm{e}^{\mathrm{i}\omega\tau}\mathrm{d}\omega \tag{2-6}$$

同理，如果将式(2-4)中的小波变换 $\mathrm{WT}_{x(t)}(a,\tau)$ 也看成信号的话，也可将小波逆变换作类似的处理，只不过这里要逐尺度分别进行。令 $\mathrm{WT}_{x(t)}(a,\tau)$ 的傅里叶变换为 $\widehat{\mathrm{WT}_{x(t)}(a,\omega)}$，则由傅里叶变换的性质可以得到 $\psi_{a,t}(\tau)=\frac{1}{\sqrt{a}}\psi\left(-\frac{\tau-t}{a}\right)$ 的傅里叶变换为

$$\Psi_{a,t}(\omega)=(\sqrt{a}\,\Psi(a\omega)\mathrm{e}^{-\mathrm{i}\omega t})^*=\sqrt{a}\,\Psi^*(a\omega)\mathrm{e}^{\mathrm{i}\omega t} \tag{2-7}$$

由 Parseval 定理，可得式(2-4)的频域表达为

$$\begin{aligned}x(t)&=\frac{1}{c_\psi}\int_0^{+\infty}\int_{-\infty}^{+\infty}\mathrm{WT}_{x(t)}(a,\tau)\frac{1}{\sqrt{a}}\psi\left(\frac{t-\tau}{a}\right)\frac{\mathrm{d}\tau\,\mathrm{d}a}{a^2}\\&=\frac{1}{c_\psi}\int_0^{+\infty}\int_{-\infty}^{+\infty}\mathrm{WT}_{x(t)}(a,\tau)\frac{1}{\sqrt{a}}\psi\left(-\frac{\tau-t}{a}\right)\frac{\mathrm{d}\tau\,\mathrm{d}a}{a^2}\\&=\frac{1}{c_\psi a^{3/2}}\int_0^{+\infty}\frac{\mathrm{d}a}{2\pi}\int_{-\infty}^{+\infty}\widehat{\mathrm{WT}_{x(t)}(a,\omega)}\,\Psi^*(a\omega)\mathrm{e}^{\mathrm{i}\omega t}\mathrm{d}\omega\end{aligned} \tag{2-8}$$

很明显，式(2-6)和式(2-8)中都包含傅里叶逆变换的基本形式，因此，在进行数值处理时可以用离散傅里叶逆变换来实现。

通过信号的小波变换模极大之所以能够识别信号的突变，主要基于以下两个基础[3,9]：

(1) 设$\theta(t)$是某一低通平滑函数，信号$x(t)$经$\theta(t)$平滑后得到$y(t)$，再对$y(t)$求导，等效于直接用$\theta(t)$的导数对信号进行处理(如卷积)。

(2) 任何一个低通平滑函数$\theta(t)$，其各阶导数必定是带通函数，其频率特性为在$\omega=0$处必有零点，满足小波变换的容许条件，因此，$\theta(t)$的导数可以作为基本小波。

综上可知，如果以某一低通平滑函数$\theta(t)$的一阶导数作为基本小波$\psi(t)$，用它对信号$x(t)$进行小波变换，则其小波变换的零点是$\frac{\mathrm{d}y}{\mathrm{d}t}=0$的点，即$y(t)$的极值点；小波变换的极值点是$\frac{\mathrm{d}^2 y}{\mathrm{d}t^2}=0$的点，即$y(t)$的转折点，在极限情况(阶跃)下也就是阶跃点。在多尺度下有同样的结论。

另外，Mallat 和 Hwang[12]已经证明，如果信号的小波变换在小尺度下没有模极大，那么信号一定是局部正则的。可见，小波变换模极大与信号的突变有着密切的联系。但这并不意味小波变换模极大一定对应着信号的突变，Mallat[3]通过一个反例证明了这一点，同时也提出了解决此问题的相应方法，即用描述曲线正则性的利普希茨(Lipschitz)指数对检测到的“突变”做进一步验证，从而保证了用小波变换模极大来识别信号突变的可行性。

利普希茨指数α可以定量描述信号的局部特征[13]：α为负时表示该点变化剧烈，如δ函数的$\alpha=-1$，白噪声的$\alpha=-0.5-\varepsilon,\varepsilon>0$；$\alpha$非负时其值越大表示该点越正则，若$0\leqslant\alpha\leqslant1$，表示信号在该点不连续但值有限，如阶跃函数的$\alpha=0$，斜坡函数的$\alpha=1$，而$\alpha>1$表明信号在该点可导。

Mallat[3]证明，函数$x(t)\in L^2(\mathbb{R})$在$t\in[t_1,t_2]$区间中是一致利普希茨α的，当且仅当$x(t)$在尺度a下的小波变换满足

$$|\mathrm{WT}_{x(t)}(a)|\leqslant ka^{\alpha} \tag{2-9}$$

即

$$\log_2|\mathrm{WT}_{x(t)}(a)|\leqslant \log_2 k+\alpha\log_2 a \tag{2-10}$$

式中，k为常数。

式(2-10)表明，如果信号在某处的利普希茨指数$\alpha>0$，其小波变换模将随着尺度的增大而增大；反之，若其利普希茨指数$\alpha<0$，则其小波变换模会随着尺度的增大而减小；而对于阶跃情况($\alpha=0$)，信号的小波变换模不会随尺度变化。

综上可知，信号和白噪声随小波变换尺度的变化规律不同，信号中某些特殊类型的突变和正常信号随小波变换尺度的变化规律也不尽相同。在适当的小波变换

尺度范围内，随着尺度的增大，正常信号的小波变换模将增大，而白噪声和尖峰脉冲等突变的小波变换模将随着小波变换尺度的增大而逐渐减小甚至消失。因此，从大尺度向小尺度方向跟踪信号小波变换的模极大的最终指向，即搜索信号小波变换模极大曲线，只要尺度选择得合适，最后得到的模极大位置即有可能是信号突变点或信号趋势突变点；搜索得到的模极大曲线即为信号而不是噪声的小波变换模的连线。因此，利用全部模极大曲线对应的全部小波变换即可重构信号的细节信息、滤除噪声，再利用未进行模极大曲线搜索的其他较大尺度上的全部小波变换对信号的趋势信息进行恢复，二者叠加即可重构完整的信号。

这里需要说明的是，模极大曲线搜索的起始尺度并不是信号小波变换的最大尺度，这是因为较大尺度的小波函数其持续时间较长，信号小波变换较平滑，模极大很少甚至没有，较大尺度的小波变换是信号趋势的反映，较大尺度的存在只是为了在信号重构环节提高精度。

可见，这种综合多尺度小波变换模极大的小波变换模极大曲线搜索方法可以在检测信号突变的同时滤除噪声或尖峰脉冲等奇异，实现信号的重构。

2.4.2 基本小波的选择

基本小波的选择没有固定的方法，在满足容许性条件式(2-3)的前提下，应该根据具体的问题来选择。本节中基本小波的选择依据如下。

(1) 在性能监控工作中，对孤立的异常数据需要直接剔除，而对成组出现的异常数据需要暂时保留以备分析。因此，所选择的基本小波应能识别发动机性能监视数据中的阶跃、斜坡等类型的突变；能够在直接或间接滤除尖峰脉冲的同时，识别并保留成组出现的异常值。

(2) 为了使小波变换模极大搜索检测到的信号突变位置更加准确，应该尽量保证小波变换是平移不变的。Daubechies[14]指出标准正交小波的变换不是平移不变的，为了确定某函数的局部正则性，使用非常冗余的小波族更为有利，因为用冗余小波对信号进行小波变换时变换的平移变化更不显著(离散情形)或者是平移不变的(连续情形)[12]。冗余性的小波的消失矩是限定其对信号正则性的最大刻画能力的唯一因素，而标准正交小波对信号正则性的最大刻画能力还受小波自身正则性的限制[14]。

(3) 采用有解析表达的小波，从而避免在数值积分过程中对小波进行插值或对信号采样序列进行滤波与插值等操作[9]，提高运算的精度与速度。

(4) Mallat[15]证明，以高斯函数的任意阶导数作为基本小波，都可以保证随着搜索尺度的递减，模极大曲线不会中断，一个模极大点一定会落在某一条朝着小尺度方向传播的小波变换模极大曲线上。

(5) 小波的消失矩的阶数限制了其所能量度的信号的利普希茨指数[9]，因此，所选小波要有足够的消失矩。

根据上述依据,并结合上文中信号的小波变换模极大用于识别信号突变的两点基础,选取低通平滑函数 $\theta(t)$ 为高斯函数,

$$\theta(t)=\frac{1}{\sqrt{2\pi}}\mathrm{e}^{\frac{-t^2}{2}} \tag{2-11}$$

令基本小波为其一阶导数,即

$$\psi(t)=\theta^{(1)}(t)=\frac{-t}{\sqrt{2\pi}}\mathrm{e}^{\frac{-t^2}{2}} \tag{2-12}$$

由此可以求得其频域表示为

$$\Psi(\omega)=\int_{-\infty}^{+\infty}\psi(t)\cdot\mathrm{e}^{-\mathrm{i}\omega t}\,\mathrm{d}t=\int_{-\infty}^{+\infty}\frac{-t}{\sqrt{2\pi}}\mathrm{e}^{\frac{-t^2}{2}}\cdot\mathrm{e}^{-\mathrm{i}\omega t}\,\mathrm{d}t=\mathrm{i}\omega\,\mathrm{e}^{\frac{-\omega^2}{2}} \tag{2-13}$$

显然 $\Psi(\omega)\big|_{\omega=0}=0$,该基本小波是满足小波容许性条件的。而且,该基本小波在对信号作小波变换时,信号小波变换的零点是信号经 $\theta(t)$ 磨光后的极值点;而信号小波变换的极值点是信号经 $\theta(t)$ 磨光后的转折点,在极限情况(阶跃)下也就是阶跃点。因此,通过以 $\psi(t)$ 为基本小波的小波函数族对信号进行小波变换,信号小波变换的模极大可以与信号的突变相对应。

2.4.3　边沿效应及伪模极大的处理

1. 边沿效应的处理

对有限长度的数据进行小波变换时,边沿效应总是存在的,这是因为除了 Haar 小波基,大多数小波基的支撑长度都大于 1,因此在平移时,两个基底会有重叠的部分。在边界处,小波基被强行截去了一部分,这样就会产生边沿效应[9]。边沿效应的时间长度与小波的持续时间有关,小波的持续时间越长,边沿效应的时间也越长[16],也就是说,随着尺度的增大,边沿效应越来越明显。边沿效应会严重影响信号突变识别及信号重构的准确性。对于发动机气路性能监视而言,最近一段时间内的样本是否可信、是否包括异常数据对性能分析结论的正确与否至关重要,而边沿效应作用的时间恰恰就覆盖了这段时间,因此,必须对边沿效应进行处理。下面将通过一个染噪方波信号重构的例子说明如何对小波变换边沿效应进行处理。

图 2-5(a)中的细实线为一染噪方波信号,粗实线为通过本章提出的基于小波变换模极大曲线搜索方法恢复的信号(这里未进行边沿效应的处理),在重构信号左右两端点附近畸变较强烈,但这并不是原信号的真实写照,而是边沿效应的结果。图 2-5(b)中的曲线即为沿着从大尺度到小尺度方向搜索小波变换模极大得到的模极大曲线,它们在最小尺度时对应的时刻可能对应着信号的突变位置,可见,多数模极大曲线均能与图 2-5(a)中的突变相对应,但在时刻 80 处的模极大曲线却是边沿效应导致的错误结果,而时刻 1912 处的情况则更为复杂,这是边沿效应与信号噪声共同作用的结果,下文中将做进一步的讨论。图 2-5(c)为连续小波变换模的采样时间-尺度图,从图中可以看出(如图中箭头所指处)边沿效应随小波变换

尺度增大而增大的变化规律。图 2-5(b)中的曲线实际上就是对图 2-5(c)中的小波变换模进行模极大曲线搜索的结果。

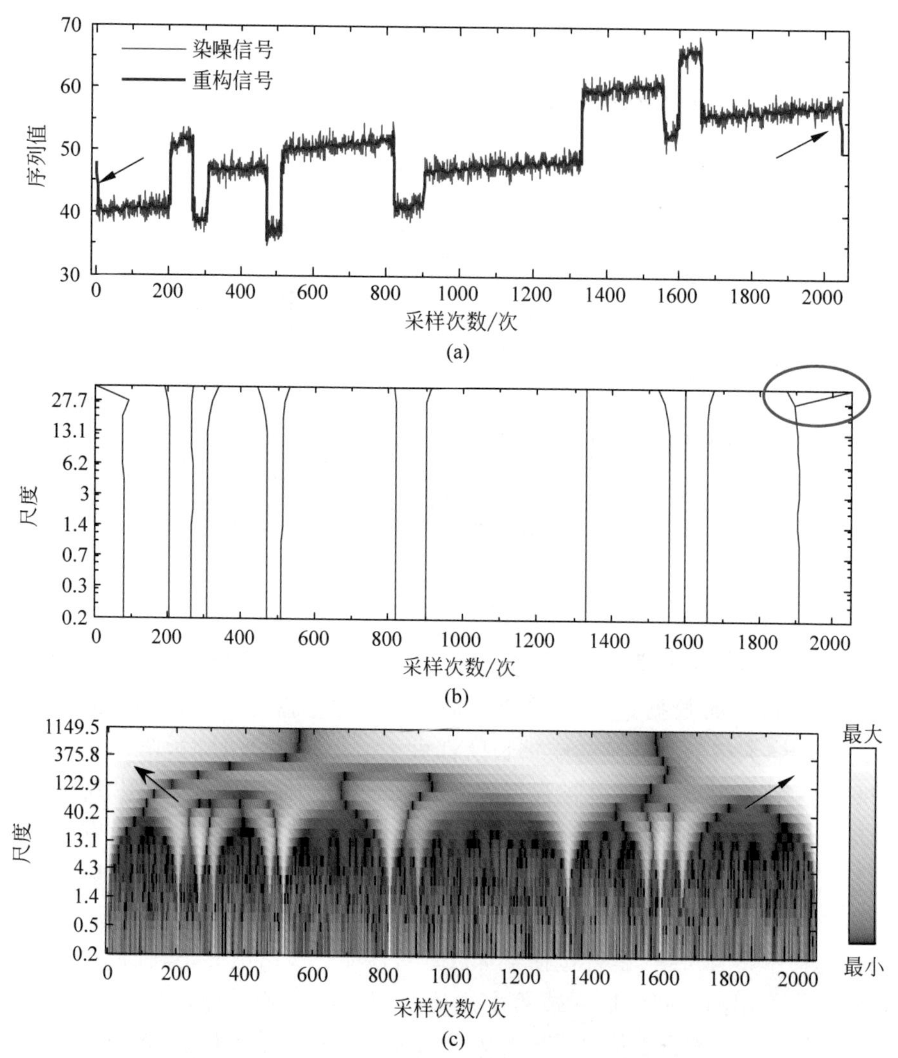

图 2-5　边沿效应对模极大曲线搜索和信号重构的影响

(a) 边沿效应对信号重构的影响；(b) 边沿效应对模极大曲线搜索的影响；
(c) 边沿效应随小波变换尺度的变化规律

由上可知，边沿效应无论对信号小波变换模极大曲线的搜索(即突变识别)，还是对信号重构都有较大的影响，必须予以必要处理。解决边沿效应的常用方法是信号延拓，由于本章中信号的小波变换及逆变换都是基于离散傅里叶变换的，对信号进行的是圆卷积运算，因此，本章采用反摺延拓来解决边沿效应。

图 2-6(a)中的粗实线为经过反摺延拓处理得到的信号重构。图 2-6(b)为经过反摺延拓处理后搜索得到的信号小波变换模极大曲线。将此图与图 2-5(b)比较可

知,时刻 80 处因边沿效应而得到的错误的模极大曲线在这里已消失。而时刻 1912 处的模极大曲线仍然存在,但在时刻 2008 处却又多出一条模极大曲线,通过比较图 2-5(c)和图 2-6(c)可以发现出现后面这种情况的原因:如图 2-5(c)所示,边沿效应的作用,使得在小波变换模极大搜索的起始尺度 40.2 下时刻 2008 处的信号小波变换模小于时刻 2048 处的信号小波变换模,因此,在局部模极大的搜索过程中,2008 处的信号小波变换模被时刻 2048 处的信号小波变换模所掩盖,在图 2-5(b)中时刻 2008 处未曾出现模极大曲线,而在解决了边沿效应问题后,该模极大曲线却出现了,如图 2-6(b)中时刻 2008 处;对比图 2-5(b)和图 2-6(b)中时刻 1912 处的两条模极大曲线可以发现,图 2-5(b)多了一条从时刻 2048、尺度 40.2 到时刻

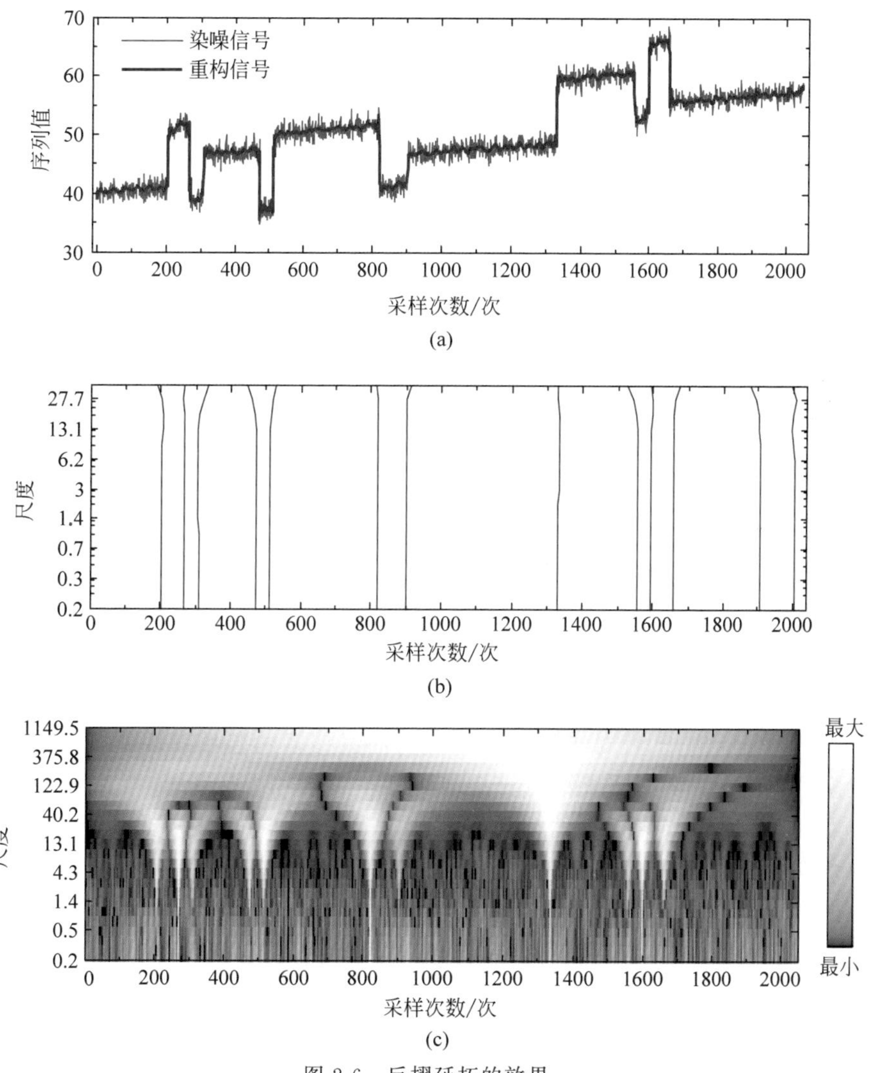

图 2-6　反摺延拓的效果

(a) 延拓后的信号重构;(b) 延拓后的模极大曲线搜索;(c) 延拓后信号的小波变换模

1912、尺度 27.7 的线段(图中红圈内),这条线段表明图 2-5(b)中时刻 1912 处的模极大曲线的产生受到边沿效应的影响。

综上可见,反摺延拓可以有效解决信号连续小波变换模极大曲线搜索及信号重构过程中的边沿效应问题。

2. 基于小波变换阈值抑制伪模极大曲线

由上例可见,连续小波变换模极大曲线搜索算法已初显其在信号重构与突变识别中的作用。但同时也可以看到,结果并不完全正确,排除边沿效应的影响,噪声是导致这种结果的另一主要原因。虽然噪声和信号的奇异随小波变换尺度的传播特性不同,理论上增大尺度就可以排除噪声的干扰,但在很多实际情况下(如本例),这并不一定可行。原因在于信号的信噪比不高,在这种情况下很难找到精确的尺度来完全滤除噪声而又使信号的奇异得以正确识别,通过搜索得到的全部模极大曲线中可能有一些是由噪声的小波变换产生的"伪模极大"的连线,影响突变识别的结果。同时,在实际的数据尤其是发动机气路性能数据的处理过程中,突变不多或是希望它不多,所以,信号本身的一些相对较小的小波变换模可能会使搜索得到的小波变换模极大曲线数量很多,干扰对更重要的突变数据的识别和关注,因此,不妨将这些信号的小波变换模极大不严谨地也看作"伪模极大",同噪声产生的"伪模极大"一并处理。

由于尺度较小时信号的小波变换模不占优,而在大尺度上噪声的小波变换模已经有很大程度的衰减;相反,信号的小波变换模在大尺度上则有很大程度的增强,而且在大尺度上信号和噪声的小波变换模之间一般来说都存在着显著的差异,因此,可以通过阈值方法将在大尺度上相对较小的小波变换模剔除。这样,由于没有了模极大曲线追踪的起始点,其他尺度上的"伪模极大"的影响也就被抑制了。

阈值的选择需要根据实际问题而定,但不宜选得太大。如果已知信号中出现突变的比例或是有其期望值,则可以按比例确定阈值。这里不对阈值的选择方法进行过多的讨论,详细的选择方法可以借鉴 MATLAB 小波工具箱关于信号降噪的帮助文档。

对于上面的例子,针对小波变换模极大曲线搜索的起始尺度 40.2,选择小波变换模的阈值为 0.1,即将模值小于 0.1 的小波变换均置值为零,从剩下的小波变换出发进行小波变换模极大的搜索。图 2-7(a)中的蓝色实线是信号在尺度 40.2 下的全部小波变换,红色实线是经过阈值化处理得到的小波变换,一些较小的信号小波变换已经被置零,如时刻 1912 和时刻 2008 两处,也就是说,不会从这些时刻开始搜索信号的小波变换模极大曲线。图 2-7(b)为阈值处理后搜索得到的信号小波变换模极大曲线,时刻 1912 和时刻 2008 两处伪模极大曲线已经被剔除。

图 2-7(c)为经过小波变换模极大曲线搜索起始尺度阈值处理前、后的信号重构结果对比,图 2-7(d)为其局部放大图。从理论上,可以借用回归分析中量度数据回归效果的复相关系数

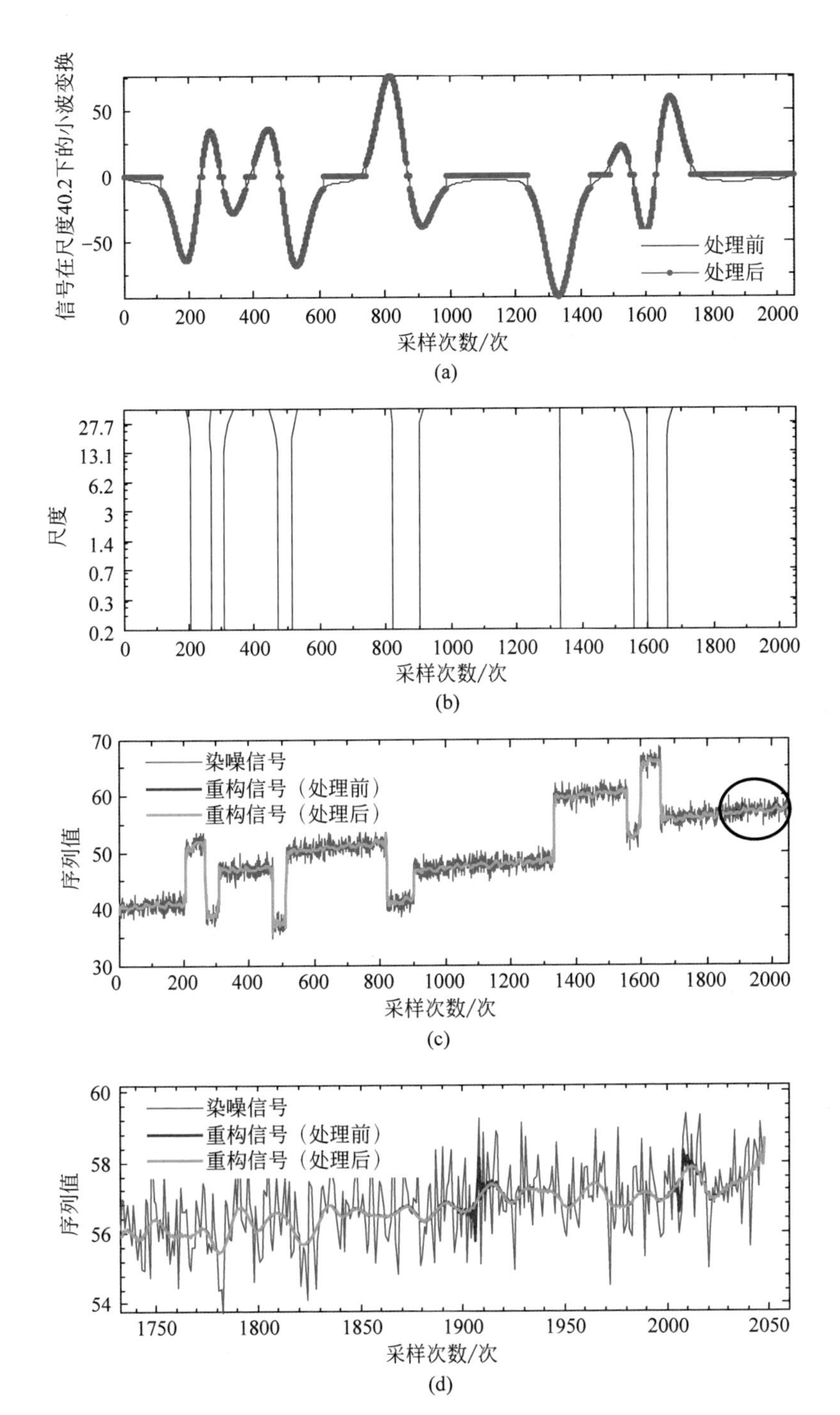

图 2-7　伪模极大的阈值化处理对突变识别及信号重构的影响

(a) 在模极大曲线搜索的最大尺度上用阈值法抑制伪模极大；(b) 阈值化处理后搜索得到的小波变换模极大曲线；(c) 阈值化处理对信号重构的影响；(d) 阈值化处理对信号重构的影响(局部放大)

$$R=\sqrt{1-\frac{\sum_{t=1}^{m}(x_t-\hat{x}_t)^2}{\sum_{t=1}^{m}(x_t-\bar{x})^2}} \tag{2-14}$$

对阈值处理前、后的数据恢复效果进行评价，R 值越接近于1，表明信号重构效果越好(式中，x_t 和 $\hat{x}_t$ 分别为原始数据和重构恢复的数据序列，$\bar{x}$ 为原始数据序列均值)。经求解，阈值处理前的复相关系数 $R_1=0.9878$，阈值处理后的复相关系数 $R_2=0.9888$，可见，阈值处理后的数据恢复效果略好一些。而从直观上可以更明显地看到，在时刻1912和时刻2008附近，未进行阈值处理时的重构信号(蓝色实线)存在比较明显的振荡，而阈值处理后(灰色实线)这种振荡得到明显的抑制，信号得以更好的恢复。

可见，基于阈值的信号小波变换伪模极大剔除方法对于信号小波变换模极大曲线搜索及信号重构是有效的。

通过上面的例子可以初步看到，基于信号小波变换模极大曲线搜索的信号突变识别与重构算法是有效的。

2.4.4 信号突变识别与重构应用案例

本节以国航某发动机排气温度偏差值(delta exhaust gas temperature，DEGT)的时间序列(见图2-8(a))突变识别为例，将该方法应用于发动机性能监视异常数据处理问题中，进一步说明基于小波变换模极大曲线搜索的发动机常见异常数据的识别与剔除及数据重构等问题。

共采集到自2004年2月开始连续662天的数据，通过实验，对该时间序列进行15尺度小波变换，小波变换的尺度定为 $a=0.5\times1.782^{n-1}$ ($n=1,2,\cdots,15$，为小波变换尺度序号)。图2-8(b)为各尺度小波变换模的时间-尺度图，基于小波变换模极大搜索方法进行信号重构时的一个关键在于对信号在图中的中、小尺度上的小波变换模极大进行搜索，进而连线成小波变换模极大曲线。本例中，通过实验确定搜索的起始尺度定为第8尺度，即尺度28.5。沿该尺度向第1尺度方向逐次连接各尺度与DEGT的小波变换模极大所在时刻的交点，即可搜索得到DEGT在中、小尺度下的小波变换模极大曲线，如图2-8(c)所示，对边沿效应及伪模极大等问题的处理保证了搜索的精度。

从DEGT的全部小波变换模极大搜索尺度中选取部分尺度，如尺度0.5、0.9、1.6、5、16、28.5等，以这些尺度为例给出DEGT在这些尺度上的全部小波变换，如图2-9(a)所示，可以看出，在这些尺度，尤其是在小尺度上存在大量DEGT的小波变换，实际上，这些小波变换大多数是噪声的小波变换。为更好地重构信号，基于上文中搜索得到的DEGT的小波变换模极大曲线，可以识别出反映DEGT真实特征(如突变、趋势转折等特征)的各序列点所在的时刻，如图2-9(b)所示，在重构

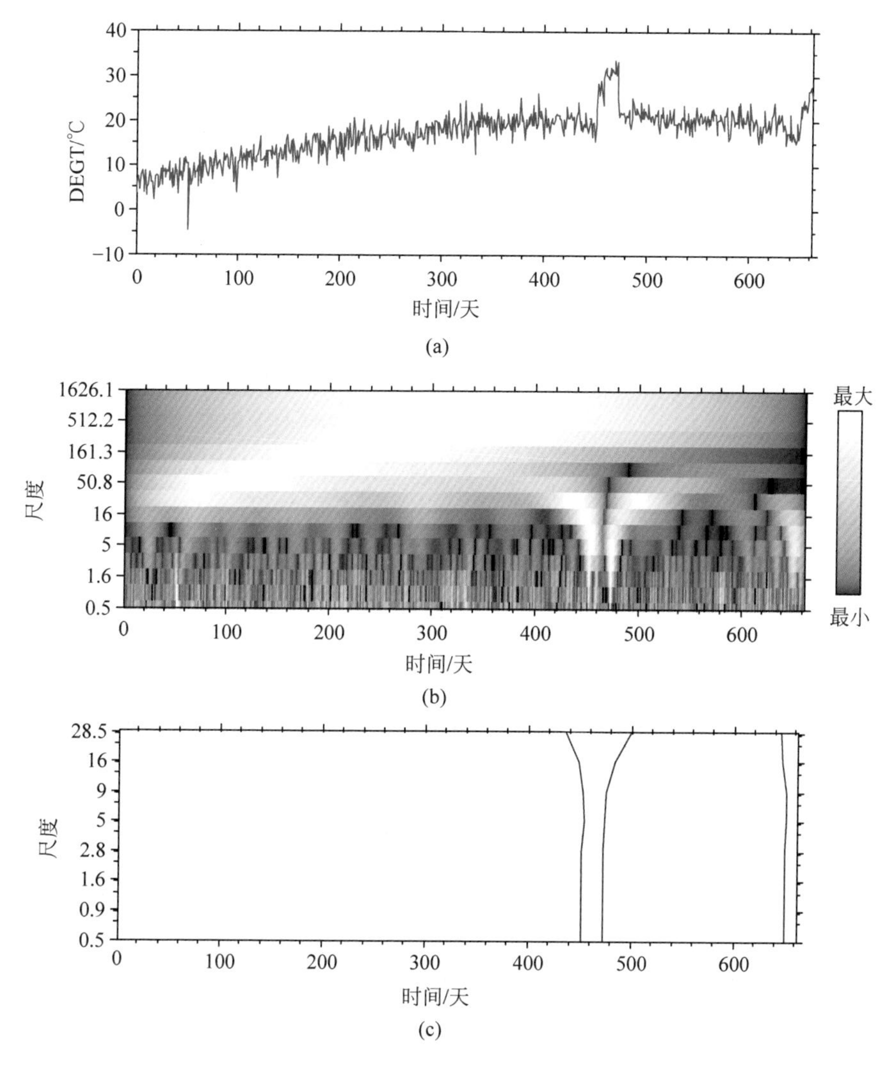

图 2-8 某发动机 DEGT 突变识别

(a) 某发动机 DEGT 信号；(b) DEGT 信号的小波变换模；(c) 搜索得到的某发动机 DEGT 模极大曲线

DEGT 时主要是利用信号在这些时刻上的小波变换来重构其细节信息。从图 2-9(b)中还可以看出，图 2-9(a)中时刻 52 等处的尖峰脉冲等异常的小波变换也被滤除，这提高了信号重构的精度。

至于 DEGT 的趋势信息则可以利用大尺度，也就是没有进行信号小波变换模极大曲线搜索的尺度上的全部小波变换重构，最后将其与信号细节的重构叠加即可实现 DEGT 的重构。

图 2-10 所示为使用本节方法和利用 Sym8 四层 heursure 启发式阈值降噪法重构 DEGT 的结果。从理论上，利用式(2-14)所示的复相关系数对两种方法的数

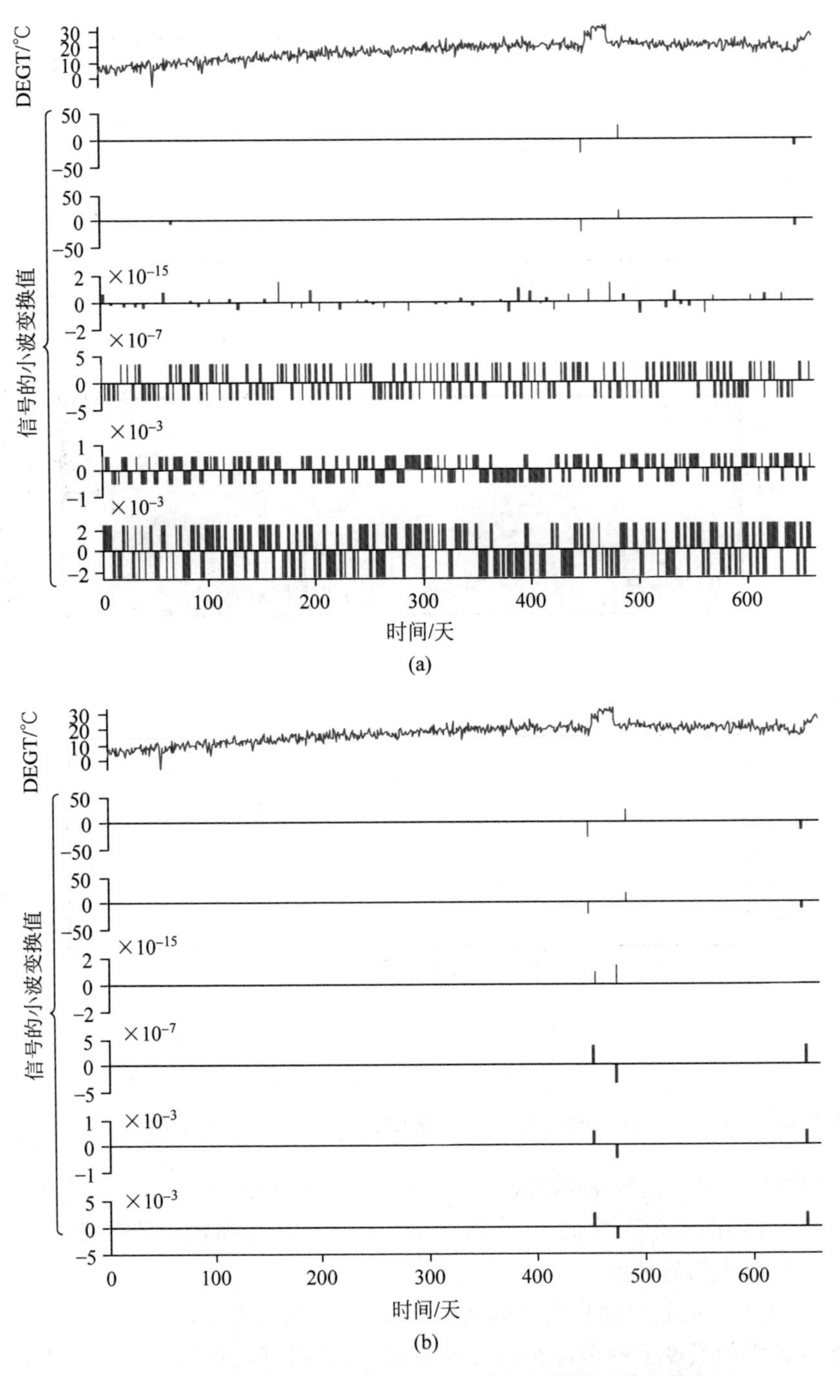

图 2-9　重构某发动机 DEGT 细节所用到的小波变换

(a) 信号及其在部分模极大曲线搜索尺度上的全部小波变换；

(b) 信号及其在部分模极大曲线搜索尺度上被保留的小波变换

据恢复效果进行对比，经求解得到利用 Sym8 四层 heursure 软阈值降噪法重构 DEGT 时的复相关系数 $R_1=0.9256$，基于小波变换模极大曲线搜索方法恢复 DEGT 时的复相关系数 $R_2=0.9304$，$R_1<R_2$，可见，基于小波变换模极大曲线搜索方法恢复 DEGT 时更为有效。而从直观上，这种优势更加明显，基于小波变换模极大搜索法在重构发动机数据时在滤除噪声的同时可以很好地对尖峰脉冲等异常进行控制（如图 2-10 中左侧箭头所指），并且对突变处的重构更加准确（如图 2-10 中右侧的两个箭头所指）。

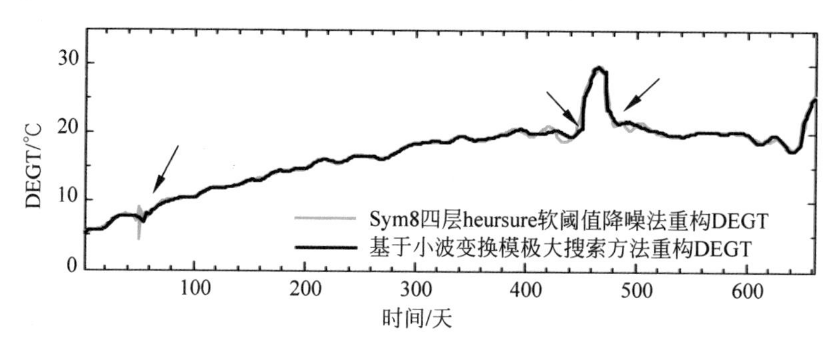

图 2-10　某发动机 DEGT 重构结果对比

2.5　基于趋势项提取的状态数据处理方法

奇异值分解（SVD）是一种具有良好效果的非线性降噪方法，采用 SVD 降噪后的信号具有较小的相移[17]，不存在时间延迟，因此 SVD 降噪方法被广泛地应用于振动[18]、电磁[19]等信号的降噪。最近，SVD 方法也被用于民航发动机飞行数据降噪[20]，并取得了很好的效果。SVD 降噪的关键在于选择恰当的奇异值个数进行信号的重构。一般需要通过对信号噪声的先验估计来确定奇异值个数，但在实际中往往难以对含噪声信号的信噪比进行估计。Zhao 等[21]提出了一种基于奇异值差分谱的奇异值选择方法，可以实现信号重构奇异值的自适应选择。但对于含有较强趋势分量的信号，该方法有时不能准确选择奇异值。

本节针对状态信号含有趋势分量时导致采用 SVD 方法进行降噪难以自适应选择恰当的奇异值进行信号重构的问题，提出一种基于经验模态分解（EMD）[22]和 SVD 的状态信号降噪方法。该方法首先对状态信号进行 EMD 并选择合适的时间尺度提取出信号的趋势分量，其次对原信号剩余部分采用 SVD 降噪，并利用奇异值差分谱方法自适应选择奇异值用于信号重构。最后，将降噪后的信号和趋势分量进行叠加得到最终的降噪信号。

2.5.1　奇异值分解降噪及其不足

给定一维信号 $\boldsymbol{x}=(x_i)$，$i=1,2,\cdots,N$，可以构造如下的 Hankel 矩阵：

$$\boldsymbol{H}=\begin{bmatrix} x_1 & x_2 & \cdots & x_n \\ x_2 & x_3 & \cdots & x_{n+1} \\ \vdots & \vdots & & \vdots \\ x_{N-n+1} & x_{N-n+2} & \cdots & x_N \end{bmatrix} \tag{2-15}$$

对 $\boldsymbol{H}$ 进行奇异值分解，得到

$$\boldsymbol{H}=\boldsymbol{U\Sigma V}^{\mathrm{T}} \tag{2-16}$$

式中，$\boldsymbol{U}$ 为正交矩阵；$\boldsymbol{V}$ 为正交矩阵，$\boldsymbol{V}^{\mathrm{T}}$ 为 $\boldsymbol{V}$ 的转置；$\boldsymbol{\Sigma}$ 为由奇异值构成的对角矩阵。

记矩阵 $\boldsymbol{H}$ 的秩为 r，若 $\boldsymbol{x}$ 为无噪声信号，则 $\boldsymbol{H}$ 的每两行都是相关的，因此 $r<\min(n,N-n+1)$，其中 $\min(\cdot)$表示取最小值。此时$\boldsymbol{\Sigma}$ 中只有前 r 个奇异值不为 0。若 $\boldsymbol{x}$ 为白噪声，则 $\boldsymbol{H}$ 的每两行之间都不相关，有 $r=\min(n,N-n+1)$，此时$\boldsymbol{\Sigma}$ 中的奇异值均不为 0。也就是说，当信号 $\boldsymbol{x}$ 中含有噪声时，由信号 $\boldsymbol{x}$ 构造的 Hankel 矩阵 $\boldsymbol{H}$ 为满秩矩阵，此时，对 $\boldsymbol{H}$ 进行奇异值分解得到的 r 个奇异值之间存在如下关系：

$$\sigma_1>\sigma_2>\cdots>\sigma_k\gg\sigma_{k+1}>\sigma_{k+2}>\sigma_r \tag{2-17}$$

式中，σ_k 为奇异值分解得到的第 k 个奇异值，$k=1,2,\cdots,r$，r 为奇异值个数；$\gg$表示从第 $k+1$ 个奇异值起，后续奇异值明显小于前 k 个奇异值。

从式(2-17)中可以看出，由 $\boldsymbol{H}$ 进行奇异值分解得到的前 k 个奇异值远大于后续奇异值，表明信号中的纯净分量与噪声分量存在于矩阵 $\boldsymbol{H}$ 所构成空间的不同区域，而且信号能量集中分布于前 k 个奇异值所对应的空间区域，从而可以认为信号中的纯净分量只与前 k 个奇异值有关，而自第 $k+1$ 个奇异值起的后续奇异值对应的是信号的噪声分量。因此，采用前 k 个奇异值重构矩阵对 $\boldsymbol{H}$ 进行逼近然后恢复信号就可以对原信号进行降噪。保留式(2-16)中对角矩阵$\boldsymbol{\Sigma}$ 中的前 k 个奇异值而将其他奇异值都设置为 0，记为$\boldsymbol{\Sigma}'$，然后按照下式对矩阵 $\boldsymbol{H}$ 进行重构：

$$\boldsymbol{H}'=\boldsymbol{U\Sigma}'\boldsymbol{V}^{\mathrm{T}} \tag{2-18}$$

重构后的矩阵 $\boldsymbol{H}'$就是对 $\boldsymbol{H}$ 在 Frobeious 范数意义下的最佳逼近，此时，从 $\boldsymbol{H}'$ 中重构信号就可以得到消除噪声后的信号。

可见，在对信号构成的 Hankel 矩阵进行奇异值分解之后，只要选择合适的 k 值进行信号重构就能对信号进行有效降噪。然而，k 的选择并无直观方法，一般需要通过对信号信噪比的先验估计来确定 k 值。而对于以民航发动机健康状态信号为代表的复杂设备健康状态信号而言，通常难以估计信号的信噪比，在采用 SVD 进行信号降噪时，需要通过经验或者试探等方法来选择恰当的奇异值个数进行信号重构，增加了 SVD 降噪方法的使用难度，从而使得如何根据含噪声信号特征自适应选择奇异值进行信号重构成为应用 SVD 方法进行信号降噪的关键问题。

文献[21]针对在缺乏信号信噪比先验估计条件下 SVD 降噪方法难以选择奇异值进行信号重构的问题，提出了一种基于奇异值差分谱的奇异值自适应选择方

法，该方法定义奇异值差分谱为

$$d_i = \sigma_i - \sigma_j, \quad j = i+1, i = 1, 2, \cdots, q \tag{2-19}$$

式中，q 为奇异值差分谱个数，且 $q = \min(N-n+1, n) - 1$，$\min(\cdot)$表示取最小值；d_i 为奇异值差分谱第 i 个值。

记奇异值差分谱序列为 $\boldsymbol{D} = (d_1, d_2, \cdots, d_q)$，根据上文的分析可以假设 $\boldsymbol{D}$ 的前 k 个奇异值为信号纯净分量对应的奇异值，第 $k+1$ 个奇异值起为噪声对应的奇异值，则 $\boldsymbol{D}$ 的第 k 个元素 d_k 为差分谱序列的最大峰值，即有

$$k = \operatorname{argmax}\{\operatorname{peak}(d_i): i = 1, 2, \cdots, q\} \tag{2-20}$$

式中，$\operatorname{peak}(d_i)$表示 d_i 为奇异值差分谱的峰值。

此时，选择前 k 个奇异值进行矩阵重构就可以得到 Hankel 矩阵 $\boldsymbol{H}$ 的最佳 Frobeious 范数逼近，从而可以重构原信号并进行降噪。另外，如果 $k=1$，则说明信号中含有较强的直流分量或者趋势分量，应当选择第二大峰值对应位置的索引确定重构信号奇异值的个数。

然而，当采用上述方法对含有较强趋势分量的信号进行降噪时，也存在不能根据奇异值差分谱正确选择奇异值的情况。为对上述情况进行说明，构造含有趋势分量和直流分量的信号 $x(t) = \sin(2t) + \sin(9t) + 2t + 1, t \in [-\pi, \pi]$，并在信号中加入随机噪声，其信噪比约为 1.78。令采样间隔为 0.01，采集 600 个数据进行测试。含噪声信号见图 2-11。

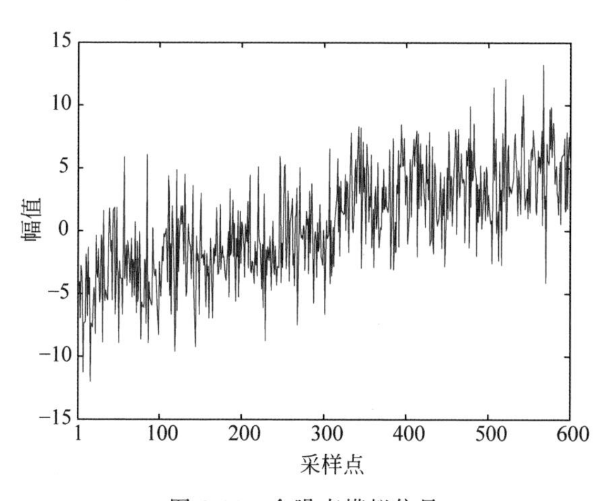

图 2-11　含噪声模拟信号

接下来采用 SVD 降噪方法对所构造的噪声信号进行降噪处理。首先采用该信号构造 Hankel 矩阵，然后对所构造的 Hankel 矩阵进行奇异值分解得到奇异值，并且计算得到奇异值差分谱，接下来绘制奇异值和奇异值差分谱前 50 个数据如图 2-12 所示。从图 2-12 中可以看出，奇异值差分谱的最大峰值出现在第 2 个位置，即 $k=2$。根据上面的分析，此时应当选取前两个奇异值重构矩阵得到原信号构建的 Hankel 矩阵的 Frobeious 范数逼近矩阵，并从逼近矩阵中恢复信号进行信

号降噪,采用上述步骤得到最终的降噪信号如图 2-13 所示。从图 2-13 中不难看出,降噪后的信号丢失了原信号的大部分细节,实际上只恢复了信号的趋势分量。上述结果说明此时用于信号重构的奇异值个数的选择是不合理的,可以认为信号中的趋势分量对奇异值差分谱产生了干扰,使得奇异值差分谱最大峰值对应位置之前的奇异值对应的是信号的趋势分量。进一步分析可知,增加用于信号重构的奇异值的个数可以恢复更多的信号细节,但此时奇异值个数的选择已无理论依据,只能通过试探进行确定。

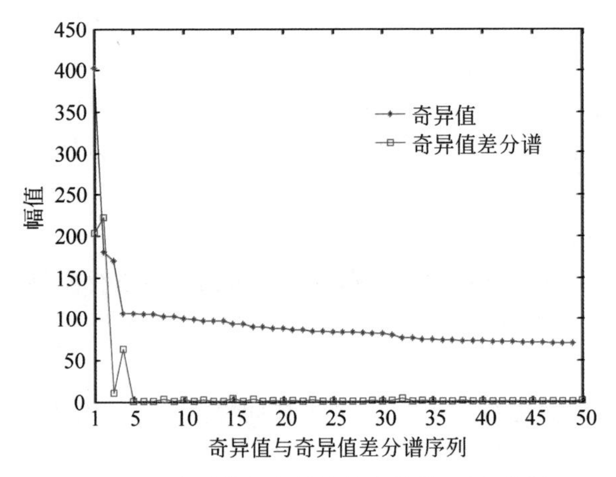

图 2-12　奇异值与奇异值差分谱前 50 个数据

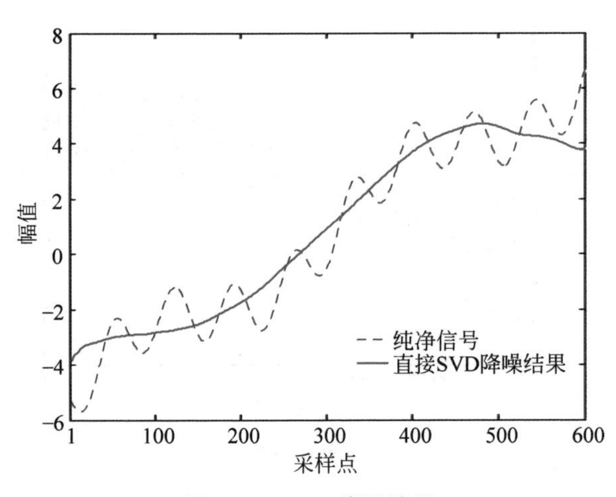

图 2-13　SVD 降噪效果

经过测试发现,令 $k=4$,即利用前 4 个奇异值可以较好地恢复原信号,且重构得到信号的信噪比为 15.74,较好地消除了信号中的噪声。不过,此时奇异值个数的选择是通过试探法实现的,与奇异值差分谱方法自适应选择奇异值个数的原则相悖。

2.5.2　基于 EMD 的信号趋势分量提取方法

EMD 是 Huang 等[22]提出的一种非线性、非平稳信号处理方法。EMD 方法假设任何信号都由有限个代表信号内在振荡模式的内禀模态函数(intrinsic mode function,IMF)和残差项线性组合而成。IMF 满足两个条件：一个是其极值点的个数与零点个数最多相差 1 个；另一个是每一点处由极大值和极小值形成的包络线的均值为 0。给定一个信号 $\boldsymbol{x}(t)$,EMD 通过下面的迭代过程将信号自适应分解为一组 IMF 函数和残差项之和。

步骤 1　找出 $\boldsymbol{x}(t)$的所有极大值和极小值。

步骤 2　用样条插值的方法对步骤 1 得到的极大值和极小值进行包络,得到极大值包络线 $\boldsymbol{en}_{\max}(t)$和极小值包络线 $\boldsymbol{en}_{\min}(t)$。

步骤 3　按照 $\boldsymbol{m}(t)=(\boldsymbol{en}_{\max}(t)+\boldsymbol{en}_{\min}(t))/2$ 逐点计算步骤 2 得到的极大值包络线和极小值包络线的平均值。

步骤 4　抽取信号细节分量：$\boldsymbol{d}(t)=\boldsymbol{x}(t)-\boldsymbol{m}(t)$。

步骤 5　检验 $\boldsymbol{d}(t)$是否满足 IMF 函数的定义,如果 $\boldsymbol{d}(t)$满足定义,即为 IMF 函数,则令 $\boldsymbol{x}(t)=\boldsymbol{m}(t)$；否则,令 $\boldsymbol{x}(t)=\boldsymbol{d}(t)$。

步骤 6　继续上述迭代过程直到满足停止条件。

由于 IMF 代表了不同频率的振荡模式,因此从时间尺度来看,EMD 对信号的分解实现了信号不同时间尺度特征的分离,从而可以有效地将信号的趋势分量从原始信号中分离[23]。文献[24]认为,信号的趋势是信号本身的一个局部属性,是时间尺度相关的,因此将信号趋势定义为给定的时间尺度上的单调函数或者至多只有一个极值的函数。由于 EMD 将信号分解为不同时间尺度的 IMF 分量,因此从后向前(从大时间尺度到小时间尺度)叠加 IMF 就可以得到不同时间尺度条件下的信号趋势分量。

本节根据该定义来提取民航发动机健康状态信号的趋势项。给定信号 $\boldsymbol{x}(t)$,假设通过 EMD 方法可以将其分解为如下的形式：

$$\boldsymbol{x}(t)=\sum_{i=1}^{k}\boldsymbol{IMF}_i+\boldsymbol{RES} \tag{2-21}$$

式中,$\boldsymbol{IMF}_i$ 为第 i 个 IMF 分量；$\boldsymbol{RES}$ 为 EMD 分解得到的残差分量。

从而,信号的趋势分量可以表示如下：

$$\boldsymbol{tr}=\sum_{i=1}^{D}\boldsymbol{IMF}_i+\boldsymbol{RES} \tag{2-22}$$

式中,$\boldsymbol{tr}$ 为信号趋势分量；D 为从后至前的 IMF 分量的索引。

显然,从后至前的 IMF 分量体现了信号从大到小时间尺度内的信号变化趋势。实际上,残差分量一般可以看作整个信号时间跨度所定义时间尺度上的整体趋势。

2.5.3 EMD和SVD相结合的状态数据处理方法

对于含有趋势分量的噪声信号 $\boldsymbol{x}(t)$，若采用 EMD 对其进行分解，并根据实际需要选择合适的时间尺度提取出趋势分量，则信号可以表示为趋势分量与剩余部分之和。因此 $\boldsymbol{x}(t)$可以表示如下：

$$\boldsymbol{x}(t)=\boldsymbol{a}(t)+\boldsymbol{tr}(t) \tag{2-23}$$

式中，$\boldsymbol{tr}(t)$为信号在某一时间尺度上的趋势分量；$\boldsymbol{a}(t)$为信号去除趋势分量后的剩余部分。

由于趋势分量通常为信号的低频分量，因此可以认为其不含噪声，从而只需采用 SVD 方法对 $\boldsymbol{a}(t)$进行降噪。由于此时已经排除了趋势分量的影响，因此可以按照奇异值差分谱最大峰值对应位置的索引选取奇异值个数进行信号重构和降噪。最后，将降噪后的信号与趋势分量叠加，即可得到最终的降噪信号，即为

$$\tilde{\boldsymbol{x}}(t)=\tilde{\boldsymbol{a}}(t)+\boldsymbol{tr}(t) \tag{2-24}$$

式中，$\tilde{\boldsymbol{x}}(t)$表示降噪后的信号；$\tilde{\boldsymbol{a}}(t)$表示分离趋势分量后的剩余信号部分的 SVD 降噪结果。

为方便起见，记上述方法为 SVD-EMD 降噪方法。采用 SVD-EMD 方法降噪的具体实施步骤如下：

步骤 1 采用 EMD 方法对信号进行分解，并采用镜像延拓法[25]对序列进行处理以避免信号端点不是极值点时对分解精度的影响。

步骤 2 确定时间尺度，提取出信号趋势分量 $\boldsymbol{tr}(t)$，将信号分解为 $\boldsymbol{a}(t)$和 $\boldsymbol{tr}(t)$两个部分。

步骤 3 采用 SVD 方法对 $\boldsymbol{a}(t)$降噪，并且采用奇异值差分谱方法自适应确定用于重构信号的奇异值个数，此时应当按照最大峰值位置的索引选择奇异值个数进行信号重构。

步骤 4 将步骤 3 中降噪后得到的信号 $\tilde{\boldsymbol{a}}(t)$与趋势分量 $\boldsymbol{tr}(t)$叠加得到最终的降噪信号 $\tilde{\boldsymbol{x}}(t)$。

步骤 5 如果降噪效果不能满足要求，则重复步骤 2 至步骤 4。

值得说明的是，采用上述步骤进行发动机健康状态信号降噪时，时间尺度的大小决定了最终降噪信号的平滑程度。如果要对发动机的健康状态信号的长期变化趋势进行分析，一般选择较大的时间尺度分离趋势项进行降噪；如果要对发动机的健康状态信号进行短期趋势分析，则可采用较小的时间尺度分离趋势项进行降噪，以获得短时间内的信号振荡细节。这与实际发动机健康管理中的中长期拆发日期预测和短期拆发日期预测的健康状态信号分析要求相适应。

2.5.4 应用案例

由于受材料耐热性限制，民航发动机的涡轮叶片等热部件的工作温度不能超

过规定的限定值，因此需要对发动机的热部件工作温度进行监视，并且根据温度变化来判断发动机的健康状态。由于难以直接测量发动机热部件的工作温度，航空公司一般根据发动机排气温度确定发动机热部件工作温度是否超标，因此排气温度是发动机的主要健康指标之一。排气温度裕度（EGTM）是发动机起飞工作状态下的排气温度与其限定值的差值，是航空公司主要使用的发动机健康指标。由于传感器偏差等原因，EGTM 信号中通常含有噪声，需要在采用 EGTM 信号建立发动机健康状态预测模型前对 EGTM 信号进行降噪处理，以消除噪声对建模精度的影响。

本节以实际 EGTM 信号为例来说明本章提出的 SVD-EMD 降噪方法在发动机健康状态信号降噪中的应用。采用的 EGTM 信号来源于国内某航空公司，以两个飞行循环进行等间隔采样，由此采集得到一个包含 400 个数据的 EGTM 信号序列。该信号序列时间跨度较大，可用于发动机健康状态长期变化趋势分析。下面采用 2.5.3 小节介绍的 SVD-EMD 方法对该 EGTM 数据序列进行降噪。首先采用 EMD 方法对原数据序列进行分解，得到 7 个 IMF 分量和 1 个残差分量，如图 2-14 所示。根据 2.5.3 小节关于趋势分量的定义，如果根据整个信号时间跨度定义的时间尺度进行信号趋势分量的提取，则该信号的趋势分量为残差分量。

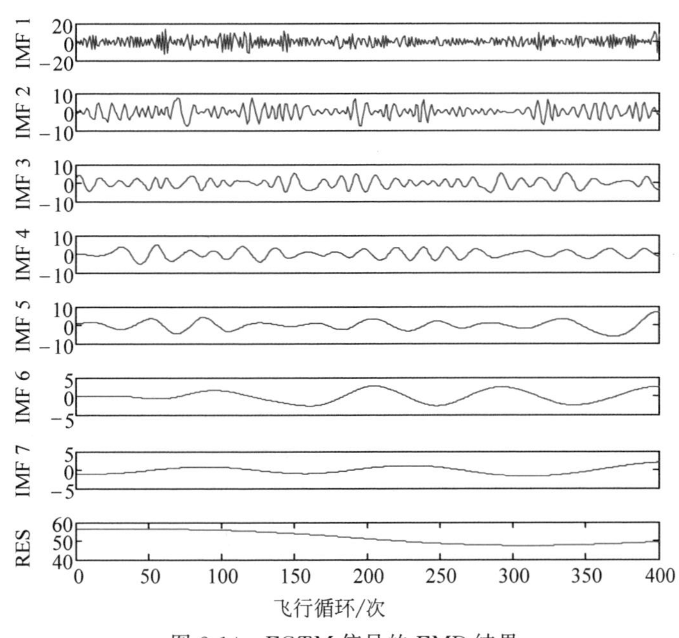

图 2-14　EGTM 信号的 EMD 结果

根据 SVD-EMD 方法的降噪步骤，首先以整个信号的时间跨度为时间尺度提取信号趋势分量。由上文的分析可知，此时残差项为信号的趋势分量，因此有 $D=0$，即没有 IMF 分量作为信号的趋势分量被分离。接下来采用分离趋势分量之后的信号构建 Hankel 矩阵并且对其进行 SVD，计算得到奇异值差分谱，并且绘制奇异值差分谱前 20 个数据，如图 2-15 所示。从图 2-15 中可以看出，奇异值差分谱的最大峰值出现在第 2 个位置，即 $k=2$。根据奇异值差分谱方法的奇异值选择原理，此时应当采用前两个奇异值重构 Hankel 矩阵得到其 Frobeious 范数逼近矩阵，然后从逼近矩阵中恢复信号并消除信号噪声。为进行对比，同时采用直接 SVD 方法对原信号进行降噪。采用原信号构建 Hankel 矩阵，进行奇异值分解并计算奇异值差分谱，然后取所得到的差分谱前 20 个数据绘制曲线，如图 2-16 所示。

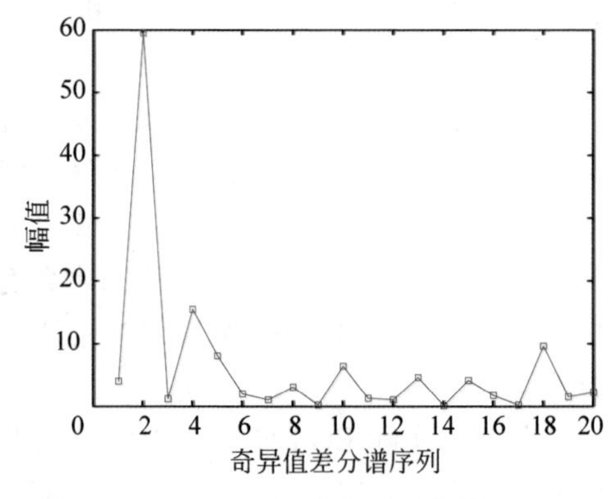

图 2-15　SVD-EMD 奇异值差分谱（$D=0$）

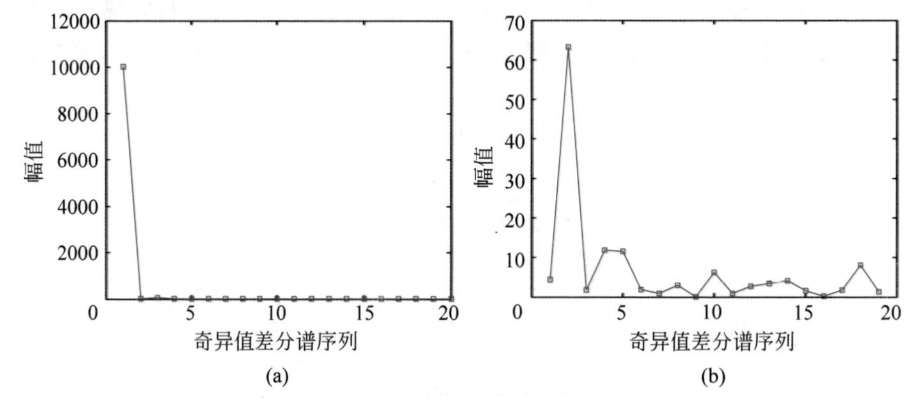

图 2-16　直接 SVD 奇异值差分谱前 20 个数据

(a) 奇异值差分谱第 1～20 个数据；(b) 奇异值差分谱第 2～20 个数据

从图 2-16(a)中可以看出，直接 SVD 方法得到的奇异值差分谱的最大峰值出现在第一个位置，说明信号中含有直流分量或者趋势分量，因此应当采用第二大峰值对应位置的前 k 个奇异值进行信号重构。为确定奇异值差分谱第二大峰值对应的坐标，去掉最大峰值绘制奇异值差分谱第 2 到第 20 个数据，如图 2-16(b)所示。从图 2-16(b)中可以看出，第二大峰值对应的坐标为 3，即有 $k=3$。根据奇异值差分谱的奇异值选择原理，此时应当采用前 3 个奇异值重构 Hankel 矩阵，得到其 Frobeious 范数逼近矩阵，并且从逼近矩阵中恢复信号以消除信号噪声。两种方法得到的降噪结果如图 2-17 所示。

由图 2-17 所示的降噪结果可知，直接 SVD 方法和 SVD-EMD 方法的降噪结果相近，但二者均丢失了大量的信号细节，实际上只对信号的趋势分量进行了恢复。上述结果说明信号中含有的趋势分量对奇异值差分谱产生了干扰，导致直接利用奇异值差分谱选择奇异值进行信号重构得到的信号不能完全恢复原信号。而

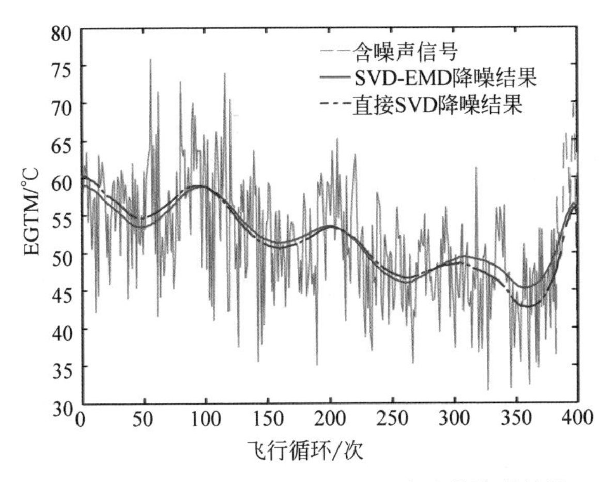

图 2-17　直接 SVD 和 SVD-EMD 方法的降噪结果

SVD-EMD 的降噪结果表明，信号趋势分量提取的时间尺度选择不恰当，信号中残存的趋势分量仍然对奇异值差分谱产生了干扰，应当进一步减小时间尺度来提取信号趋势分量。

对图 2-14 所示信号分解得到的 IMF 分量进行分析不难看出，从 IMF5 起的后 3 个 IMF 分量的波动都比较小，其振荡频率比较低，因此取后 3 个 IMF 分量以及 RES 构成趋势分量，此时 $D=3$，将其从原始 EGTM 信号中分离，然后根据 SVD-EMD 的步骤进行降噪。采用趋势项分离后的信号构建 Hankel 矩阵并进行奇异值分解，得到奇异值差分谱前 20 个数据，如图 2-18 所示。此时，奇异值差分谱的最大峰值仍出现在第二个位置，因此选取前两个奇异值进行信号重构，得到的降噪结果见图 2-19。同时注意到，在采用直接 SVD 方法降噪时，增加奇异值的个数也可以增加信号细节。根据图 2-16 所示的奇异值差分谱，选择前 6 个奇异值重构信号，此时信号降噪效果较好，降噪结果如图 2-19 所示。

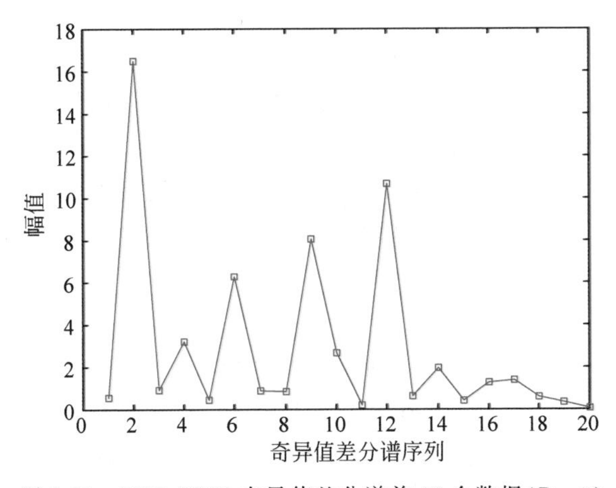

图 2-18　SVD-EMD 奇异值差分谱前 20 个数据($D=3$)

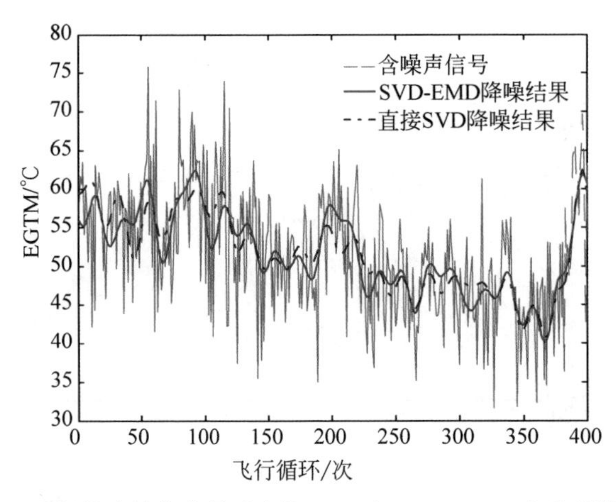

图 2-19 重新提取趋势分量后直接 SVD 和 SVD-EMD 方法的降噪结果

由图 2-19 可知，两种方法的降噪效果都有了一定的提升，对信号细节恢复较好，且没有对数据序列中的峰值过度平滑，更加贴合原始数据的变化趋势。为了比较降噪效果，采用均方根误差(root mean square error，RMSE)来量度降噪后的数据与原始数据的差异。RMSE 的计算方法如下：

$$\mathrm{RMSE}=\sqrt{\frac{1}{n}\sum_{i=1}^{n}(y_i-\bar{y}_i)^2} \tag{2-25}$$

式中，n 为信号序列的长度；y_i 为原始信号；$\bar{y}_i$ 为降噪后的信号。

直接 SVD 方法降噪结果的 RMSE＝6.1510，而 SVD-EMD 方法降噪结果的 RMSE＝6.0385，二者相差不大，说明两者的降噪效果差不多。但 SVD-EMD 方法只需要改变趋势分量提取的时间尺度就可以实现较好的降噪效果，而直接 SVD 方法需要根据经验或者试探才能准确选择重构信号奇异值的个数，显然 SVD-EMD 具有更好的操作性。

为进一步说明 SVD-EMD 方法选择奇异值的合理性，增加奇异值的个数对信号进行重构。增加一个奇异值，即选择前 3 个奇异值进行信号重构，得到最终的降噪结果如图 2-20 所示。从图 2-20 中不难看出，在增加了一个奇异值进行信号重构后，降噪后的信号曲线出现了毛刺，说明信号中含有较多的噪声。与图 2-19 的降噪结果对比不难发现，新增加的奇异值对应的是信号中包含的噪声分量，因而在信号中引入了噪声。从而，上述结果可以证明 SVD-EMD 方法的奇异值选择是合理的。

另外注意到图 2-18 所示的奇异值差分谱在第 12 个位置出现了一个较大的峰值，为进一步考察采用更多奇异值进行信号重构对信号降噪结果的影响，并说明 SVD-EMD 方法选择奇异值的合理性，采用前 12 个奇异值重构信号，得到最终的降噪结果如图 2-21 所示。

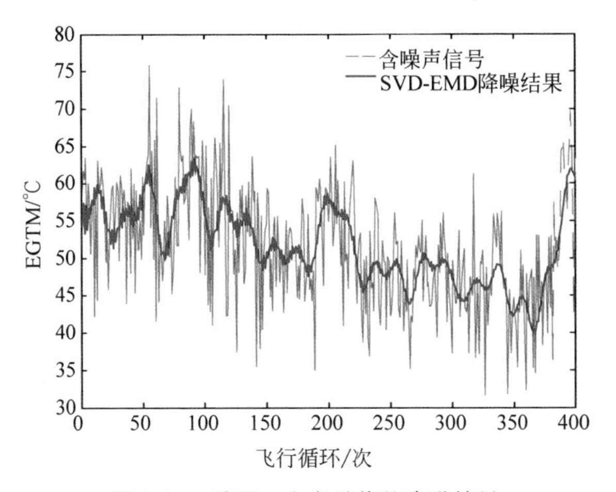

图 2-20 采用 3 个奇异值的降噪结果

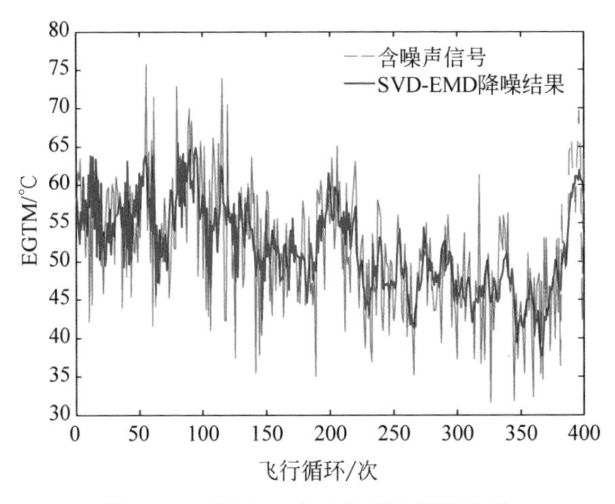

图 2-21 采用 12 个奇异值的降噪结果

从图 2-21 中的降噪结果可以看出,采用前 12 个奇异值重构信号得到的降噪信号具有多个峰值,使得信号曲线变得极为不光滑。此时虽然保留了更小时间尺度上的信号振荡细节,但信号中也包含大量噪声,对信号的长期变化趋势分析是不利的。上述结果说明采用 12 个奇异值进行信号重构是不合理的,进而也说明了 SVD-EMD 方法奇异值选择的合理性。

另外,如果要对 EGTM 序列的短期变化趋势进行分析,需要保留更多的信号细节,此时可以采用较小的时间尺度来提取趋势分量进行降噪。对于本章采用的 EGTM 信号,截取其中从第 200 个到第 299 个采样点之间的数据采用 SVD-EMD 方法进行降噪。为保留更多的信号细节以获得信号的短期振荡细节,采用较小的时间尺度从原始信号提取趋势分量。对原始信号进行 EMD,得到 6 个 IMF 分量和残差项,令 $D=4$,也就是采用后 4 个 IMF 分量和残差项构成趋势分量,并且将其从原信号中分离，然后根据 SVD-EMD 方法的步骤进行信号降噪，得到的最终降噪结果如图 2-22 所示。

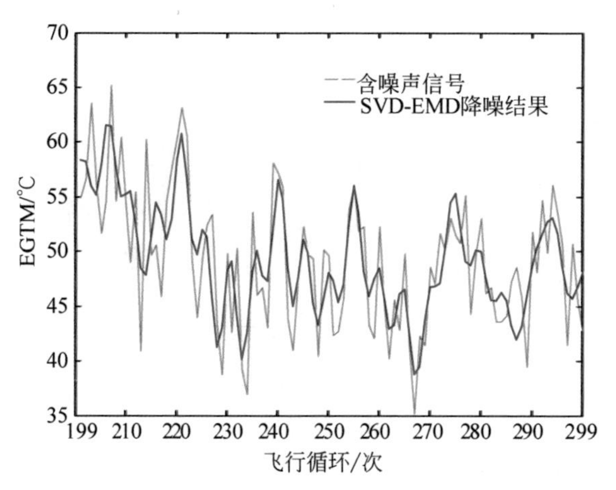

图 2-22 采用 SVD-EMD 的局部 EGTM 信号降噪结果

从图 2-22 中可以看出，降噪后的信号在保留了原始信号短期振荡细节的同时，对信号进行了适度平滑，去除了极端峰值，从而可以认为有效去除了信号中的噪声。由此可见，采用 SVD-EMD 方法进行信号降噪时，只需根据实际需要改变时间尺度来提取原始信号趋势分量，然后完成 SVD 方法的降噪步骤就可以得到满足短期分析和长期分析不同振荡细节要求的信号。显然，SVD-EMD 降噪方法对直接 SVD 降噪方法进行了有效增强，使得基于 SVD 的降噪方法对于民航发动机的健康状态信号降噪问题更具适应性。

2.6 本章小结

本章首先介绍了常用的粗大误差判别准则及其选择方法，并在基本指数平滑法和移动平均法的基础上，介绍了符合工程实际需求的改进数据平滑方法。其次，介绍了基于连续小波变换模极大曲线搜索的信号突变识别与重构算法，并基于傅里叶变换实现了信号小波变换与反演的快速算法。同时叙述了严重影响小波变换模极大曲线搜索、突变识别及信号重构的小波变换边沿效应及小波变换伪模极大等问题的处理方法，该方法可以有效控制数据中噪声和尖峰脉冲等的影响，能很好地进行突变识别和信号重构。最后，介绍了一种基于 EMD 和 SVD 的状态信号降噪方法。该方法首先采用 EMD 方法对原始信号进行分解，并选择恰当的时间尺度从原始信号中分离出趋势分量，然后采用 SVD 方法对信号剩余部分降噪。由于消除了趋势分量对奇异值差分谱的影响，可以依据奇异值差分谱自适应选择奇异值个数进行信号重构，有利于提高重构信号的准确性。

参考文献

[1] 冉启文. 小波变换与分数傅里叶变换理论与应用[M]. 哈尔滨：哈尔滨工业大学出版社，2001.

[2] DONALD B P，WALDEN A T. 时间序列分析的小波方法[M]. 程正兴，等译. 北京：机械工业出版社，2006.

[3] MALLAT S，ZHONG S. Characterization of Signal from Multiscale Edges[J]. IEEE Transactions on Pattern Analysis and Machine Intelligence，1992，14(7)：710-732.

[4] 陈德智，唐磊，盛剑霓. 由小波变换的模极大值快速重构信号[J]. 电子学报，1998，26(9)：82-85.

[5] CHEIKH F A，QUDDUS A，GABBOUJ M. Multi-level shape recognition based on wavelet-transform modulus maxima[C]. Piscataway：IEEE，2000.

[6] REGALIA P A. A finite-interval constant modulus algorithm[C]. Piscataway：IEEE，2000.

[7] 张茁生，刘贵忠，刘峰. 一种新的信号二进小波变换模极大值重构信号的迭代算法[J]. 中国科学：E 辑，2003，33(6)：545-553.

[8] SUMI C. Our Recent Strain-Measurement-Based Shear Modulus Reconstruction[J]. IEEE Ultrasonics Symposium，2005，3：1771-1776.

[9] 杨福生. 小波变换的工程分析与应用[M]. 北京：科学出版社，1999.

[10] 胡广书. 现代信号处理教程[M]. 北京：清华大学出版社，2004.

[11] 杨巧林. 复变函数与积分变换[M]. 北京：机械工业出版社，2002.

[12] MALLAT S，HWANG W L. Singularity Detection and Processing with Wavelets[J]. IEEE Transactions on Information Theory，2002，38(2)：617-643.

[13] 刘毅. 非平稳信号的小波分析与拟合问题研究[D]. 济南：山东大学，2006.

[14] DAUBECHIES I. Ten lectures on wavelets[M]. Philadelphia：Society for Industrial and Applied Mathematics，1992.

[15] MALLAT S. 信号处理的小波导引[M]. 2 版. 北京：机械工业出版社，2002.

[16] KIJEWSKI T，KAREEM A. Wavelet transforms for system identification in civil engineering[J]. Computer Aided Civil and Infrastructure Engineering，2010，18(5)：339-355.

[17] 赵学智，叶邦彦. SVD 和小波变换的信号处理效果相似性及其机理分析[J]. 电子学报，2008，36(8)：1582-1589.

[18] 张波，李健君. 基于 Hankel 矩阵与奇异值分解(SVD)的滤波方法以及在飞机颤振实验数据预处理中的应用[J]. 振动与冲击，2009，28(2)：162-166.

[19] JHA S K，YADAVA R D S. Denoising by Singular Value Decomposition and Its Application to Electronic Nose Data Processing[J]. IEEE Sensors Journal，2011，11(1)：35-44.

[20] 吕永乐，郎荣玲. 基于奇异值分解的飞行数据降噪方法[J]. 计算机工程，2010，36(3)：260-262.

[21] ZHAO X Z，YE B. Selection of Effective Singular Values Using Difference Spectrum and Its Application to Fault Diagnosis of Headstock[J]. Mechanical Systems and Signal

Processing,2011,25(5): 1617-1631.

[22] HUANG N E,SHEN Z,LONG S R,et al. The Empirical Mode Decomposition and the Hilbert Spectrum for Nonlinear and Non-Stationary Time Series Analysis[J]. Proceedings of the Royal Society A: Mathematical, Physical and Engineering Sciences, 1998, 454 (1971): 903-995.

[23] FLANDRIN P,GONCALVES P,RILLING G. Detrending and denoising with empirical mode decompositions[C]. Piscataway: IEEE,2004.

[24] WU Z,HUANG N E,LONG S R,et al. On the Trend,Detrending,and Variability of Nonlinear and Nonstationary Time Series[J]. Proceedings of the National Academy of Sciences,2007,104(38): 14889-14894.

[25] RILLING G,FLANDRIN P,GONÇALVÉS P. On Empirical Mode Decomposition and its Algorithms[C]. Piscataway: IEEE,2003.

第3章

状态特征的提取与迁移

3.1 状态特征提取概述

在装备故障诊断中，故障与征兆之间往往并不是简单的一一对应关系，当进行诸如异常检测、故障诊断等运维服务时，直接采用原始状态参数往往很难取得良好的效果。利用现代信号处理理论、方法和技术手段，对原始监测数据信号进行信号分离、特征提取、模式分类是装备故障诊断的前提。特征提取前首先需要进行特征选择。特征选择是指在原始数据空间中选择一些重要的特征，例如振动信号的振幅、相位等，这些特征能反映装备运行过程中的某些状态，基于这些特征可以实现装备的状态评价和故障诊断。状态特征提取方法可分为线性方法与非线性方法两大类。考虑到线性方法在处理复杂的非线性问题时往往不能取得理想的效果，本章主要介绍几种常用的非线性特征提取方法，包括核主元分析[1]、自动编码器、深度学习、迁移学习[2]等。

3.2 基于核主元分析的状态特征提取

常用的主元分析(principal component analysis，PCA)[3]通过线性变换输入变量的方法达到降维的目的。一些学者提出用线性逼近非线性的方法对 PCA 方法进行改进，如广义 PCA[4]、主曲线方法[5]、神经网络 PCA 方法[6]等，但这些方法对非线性问题的解决并不准确，且涉及复杂的算法变换问题。

在工程实际中，特征参数的变化往往呈现非线性，所以有必要采取非线性多元统计分析方法进行特征提取和分析。

基于核函数的主元分析方法(kernel PCA，KPCA)将输入数据映射到一个新的空间，这个过程是通过选定一个非线性函数实现的，然后在新空间中进行线性分析。该方法对于非线性数据特别有效，能提供更多的特征信息，并且提取的特征的识别效果更优[7]。核函数主元分析在机械设备状态和故障诊断应用中处于起步阶段。

3.2.1 主元分析的算法与分析

主元分析是一种对数据进行分析的技术,最重要的应用是对原有数据进行简化,可以有效找出数据中最“主要”的元素和结构,去除噪声和冗余,将原有的复杂数据降维,揭示隐藏在复杂数据背后的简单结构。主元分析在原始数据空间基础上通过构造一组新的变量代替原变量,新变量的维数低于原始数据,新变量中包含原变量的特征信息,从而大大降低了投影空间的维数[8-9]。由于投影空间中特征向量相互垂直,变量之间的相关性被消除,独立性增强。

设 $\boldsymbol{x}=[x_1,x_2,\cdots,x_p]^{\mathrm{T}}$ 为一个 p 维总体,假设 $\boldsymbol{x}$ 的期望和协方差矩阵均存在并已知,记 $E(\boldsymbol{x})=\mu$,$\mathrm{var}(\boldsymbol{x})=\boldsymbol{\Sigma}$,考虑如下线性变换[10]:

$$\begin{cases} y_1=a_{11}x_1+a_{12}x_2+\cdots+a_{1p}x_p=\boldsymbol{a}'_1\boldsymbol{x} \\ y_2=a_{21}x_1+a_{22}x_2+\cdots+a_{2p}x_p=\boldsymbol{a}'_2\boldsymbol{x} \\ \qquad\vdots \\ y_p=a_{p1}x_1+a_{p2}x_2+\cdots+a_{pp}x_p=\boldsymbol{a}'_p\boldsymbol{x} \end{cases} \tag{3-1}$$

式中,$\boldsymbol{a}_1,\boldsymbol{a}_2,\cdots,\boldsymbol{a}_p$ 均为单位向量。下面求 $\boldsymbol{a}_1$,使得 y_1 的方差达到最大。

设 $\lambda_1,\lambda_2,\cdots,\lambda_p(\lambda_1\geqslant\lambda_2\geqslant\cdots\geqslant\lambda_p\geqslant 0)$ 为$\boldsymbol{\Sigma}$ 的 p 个特征值,$\boldsymbol{t}_1,\boldsymbol{t}_2,\cdots,\boldsymbol{t}_p$ 为相应的正交单位特征向量,即

$$\boldsymbol{\Sigma t}_i=\lambda_i\boldsymbol{t}_i,\boldsymbol{t}'_i\boldsymbol{t}_i=1,\quad \boldsymbol{t}'_i\boldsymbol{t}_j=0,\quad i\neq j;\ i,j=1,2,\cdots,p$$

由矩阵知识可知

$$\boldsymbol{\Sigma}=\boldsymbol{T\Lambda T}'=\sum_{i=1}^{p}\lambda_i\boldsymbol{t}_i\boldsymbol{t}'_i$$

式中,$\boldsymbol{T}=[t_1,t_2,\cdots,t_p]$为正交矩阵,$\boldsymbol{\Lambda}$ 是对角线元素为 $\lambda_1,\lambda_2,\cdots,\lambda_p$ 的对角阵。考虑 y_1 的方差:

$$\begin{aligned} \mathrm{var}(y_1)&=\mathrm{var}(\boldsymbol{a}'_1\boldsymbol{x})=\boldsymbol{a}'_1\mathrm{var}(\boldsymbol{x})\boldsymbol{a}_1=\sum_{i=1}^{p}\lambda_i\boldsymbol{a}'_1\boldsymbol{t}_i\boldsymbol{t}'_i\boldsymbol{a}_1=\sum_{i=1}^{p}\lambda_i(\boldsymbol{a}'_1\boldsymbol{t}_i)^2 \\ &\leqslant\lambda_1\sum_{i=1}^{p}(\boldsymbol{a}'_1\boldsymbol{t}_i)^2=\lambda_1\boldsymbol{a}'_1\left(\sum_{i=1}^{p}\boldsymbol{t}_i\boldsymbol{t}'_i\right)\boldsymbol{a}_1=\lambda_1\boldsymbol{a}'_1\boldsymbol{TT}'\boldsymbol{a}_1 \\ &=\lambda_1\boldsymbol{a}'_1\boldsymbol{a}_1=\lambda_1 \end{aligned} \tag{3-2}$$

由式(3-2)可知,当 $\boldsymbol{a}_1=\boldsymbol{t}_1$ 时,$y_1=\boldsymbol{t}'_1\boldsymbol{x}$ 的方差达到最大,最大值为 λ_1。称 $y_1=\boldsymbol{t}'_1\boldsymbol{x}$ 为第一主成分。类似的,如果第一主成分从原始数据中提取的信息还不够,还应考虑第二、……、第 i 主成分。

总方差中第 i 个主成分 y_i 的方差所占的比例 $\lambda_i/\sum_{j=1}^{p}\lambda_i(i=1,2,\cdots,p)$ 称为主成分 y_i 的贡献率。主成分的贡献率反映了主成分综合原始变量信息的能力或解释原始变量的能力。由贡献率的定义可知,p 个主成分的贡献率依次递减。前

$m(m \leqslant p)$个主成分的贡献率之和 $\sum_{i=1}^{m}\lambda_i / \sum_{j=1}^{p}\lambda_j$ 称为前 m 个主成分的累积贡献率，它反映了前 m 个主成分综合原始变量信息的能力。由于主成分分析的主要目的是降维，所以需要在信息损失不太多的情况下，用少数几个主成分来代替原始变量 $x_1, x_2, \cdots, x_p$，以进行后续的分析。通常的做法是取较小的 m，使得前 m 个主成分的累积贡献率不低于某一水平，这样就可以达到降维目的[11]。

3.2.2　主元中核函数的引入

基于核函数的主元分析方法（KPCA）的基本思想是[12]通过一个选定的映射$\boldsymbol{\Phi}$将输入样本 $\boldsymbol{x}$ 变换到其他空间，成为$\boldsymbol{\Phi}(\boldsymbol{x})$，然后对$\boldsymbol{\Phi}(\boldsymbol{x})$利用 PCA 线性特征提取方法进行计算，将非线性问题变换为线性问题，可用图 3-1 描述其过程。

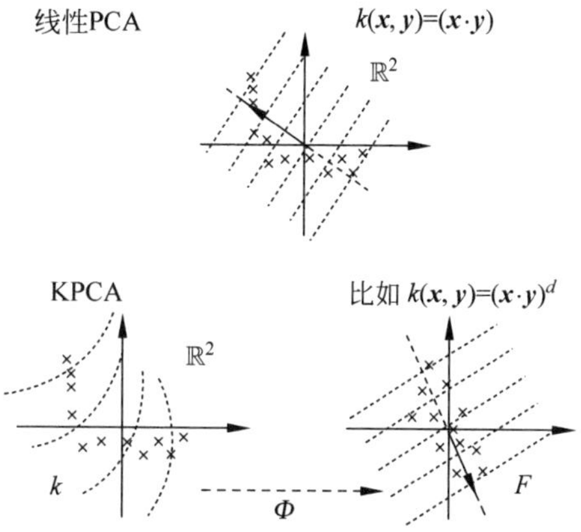

图 3-1　PCA/KPCA 空间转换示意图

假设 $x_1, x_2, \cdots, x_N$ 为训练样本，用$\{x_i\}$表示输入空间。选择的变换函数为$\boldsymbol{\Phi}$，变换到特征空间需要满足的条件为

$$\sum_{i=1}^{N}\boldsymbol{\Phi}(x_i) = \boldsymbol{0} \tag{3-3}$$

求其协方差矩阵为

$$\boldsymbol{\Sigma} = \frac{1}{N}\sum_{i=1}^{N}\boldsymbol{\Phi}(x_i)\boldsymbol{\Phi}(x_i)^{\mathrm{T}} \tag{3-4}$$

若不满足式(3-3)的条件，其操作步骤详见文献[13]，可认为 $\boldsymbol{u}_i$ 位于$\boldsymbol{\Phi}(x_1)$，$\boldsymbol{\Phi}(x_2)$，$\cdots$，$\boldsymbol{\Phi}(x_N)$张成的子空间中，即

$$\boldsymbol{u}_i = \sum_{j=1}^{N}\alpha_j^i\boldsymbol{\Phi}(x_j) \tag{3-5}$$

式中，$\boldsymbol{\alpha}^i = [\alpha_1^i, \alpha_2^i, \cdots, \alpha_N^i]^{\mathrm{T}}$。

事实上，式(3-5)对应特征空间中的目标函数可表达为如下拉格朗日函数：

$$g = \frac{1}{N}\sum_{i=1}^{N}\boldsymbol{\alpha}^{i\,\mathrm{T}}\boldsymbol{K}\boldsymbol{K}^{\mathrm{T}}\boldsymbol{\alpha}^i - \sum_{i=1}^{N}\lambda_i\boldsymbol{\alpha}^{i\,\mathrm{T}}\boldsymbol{K}\boldsymbol{\alpha}^i + \sum_{i=1}^{N}\lambda_i \tag{3-6}$$

式中，$(\boldsymbol{K})_{ij} = k(x_i, x_j) = \boldsymbol{\Phi}^{\mathrm{T}}(x_i)\boldsymbol{\Phi}(x_j)$，$g$ 取极值时，需满足

$$\frac{1}{N}\boldsymbol{K}^2\boldsymbol{\alpha}^i = \lambda_i\boldsymbol{K}\boldsymbol{\alpha}^i \tag{3-7}$$

令 $\lambda' = N\lambda_i$，则式(3-7)等价于如下特征方程：

$$\boldsymbol{K}\boldsymbol{\alpha} = \lambda'\boldsymbol{\alpha} \tag{3-8}$$

PCA 与 KPCA 方法的区别在于：在 PCA 分析中，新的特征是原始特征的线

性组合，代表点到直线的最小距离；在 KPCA 分析中，是通过选定的变换函数将原特征映射到新的空间形成新特征，代表点到曲面的最小距离。

3.2.3 核主元分析特征提取的形式化描述

由于映射的非线性，因此 KPCA 是一种非线性主元分析方法。如果原始数据存在复杂的非线性关系，相比主元分析而言，非线性主元分析更适合用作对其进行特征抽取。KPCA 即是一种非常成功的非线性主元分析方法。

根据式(3-8) 计算训练样本集$\{\boldsymbol{\Phi}(x_i)\}$的特征值为$\lambda_1,\lambda_2,\cdots,\lambda_m(m\leqslant N)$，相应的特征向量为$\boldsymbol{\alpha}^1,\boldsymbol{\alpha}^2,\cdots,\boldsymbol{\alpha}^m$，并假设特征空间中单位变换轴为$\boldsymbol{u}^1,\boldsymbol{u}^2,\cdots,\boldsymbol{u}^m$，则

$$\boldsymbol{u}^i=\frac{1}{\sqrt{\lambda_i}}\sum_{j=1}^{N}\boldsymbol{\alpha}_j^i\boldsymbol{\Phi}(x_j),\quad i=1,2,\cdots,m \tag{3-9}$$

变换轴$\boldsymbol{u}^i(i=1,2,\cdots,m)$的单位性($(\boldsymbol{u}^i)^{\mathrm{T}}\boldsymbol{u}^i=1$)，$\boldsymbol{u}^i$与$\boldsymbol{u}^j$的正交性显而易见。基于式(3-9)，可以计算出特征空间中样本$\boldsymbol{\Phi}(x)$在$\boldsymbol{u}^i$上投影的计算式，样本$\boldsymbol{x}$在特征空间中的特征抽取结果为

$$\boldsymbol{y}=\left[\frac{1}{\sqrt{\lambda_1}}\sum_{j=1}^{N}\boldsymbol{\alpha}_j^1k(x_j,\boldsymbol{x}),\frac{1}{\sqrt{\lambda_2}}\sum_{j=1}^{N}\boldsymbol{\alpha}_j^2k(x_j,\boldsymbol{x}),\cdots,\frac{1}{\sqrt{\lambda_m}}\sum_{j=1}^{N}\boldsymbol{\alpha}_j^mk(x_j,\boldsymbol{x})\right]^{\mathrm{T}} \tag{3-10}$$

在应用中，根据实际情况选定m值，根据式(3-10)给出的特征提取结果进行故障分类。

3.2.4 核主元分析算法的改进

应用 KPCA 进行特征提取时，对系统的计算能力要求很高，这是因为需计算样本间的核函数，并加权求和，如果样本较多，系统的效率就会下降[14]。若能对 KPCA 方法的效率进行提升，将对实际应用非常重要[15]。

在用训练样本表示式(3-9)中的$\boldsymbol{u}^i$时，不同样本的贡献率不一样，某些样本占较大权重，而另一些则相反。计算权重较小的样本耗费了计算时间，但对计算结果影响不大，若能从整体样本中找出对逼近最优变换轴影响大的那部分样本，则可减少 KPCA 特征提取的计算量。

因此，降低计算量的关键是确定找出重要样本的依据，根据特征方程特征值的大小判断训练样本在逼近最优变换轴方面的贡献率大小是可行的方案。特征值越大，相应最优变换轴对原数据的逼近程度就越强，采用该数据进行故障分类时包含原数据的信息越多。

假设

$$\boldsymbol{u}^i\approx\sum_{j=1}^{s}\beta_j\boldsymbol{\Phi}(x'_j),\quad s<N \tag{3-11}$$

式中，$\boldsymbol{\Phi}(x'_j)$来自训练样本集，称为特征空间中的节点。

令$\boldsymbol{\beta}^{(i)}=[\beta_1^{(i)},\beta_2^{(i)},\cdots,\beta_N^{(i)}]^{\mathrm{T}}$，则式(3-6)变形为

$$g=\frac{1}{N}\sum_{i=1}^{N}(\boldsymbol{\beta}^{(i)})^{\mathrm{T}}\boldsymbol{K}_1\boldsymbol{K}_1^{\mathrm{T}}\boldsymbol{\beta}^{(i)}-\sum_{i=1}^{N}\lambda_i(\boldsymbol{\beta}^{(i)})^{\mathrm{T}}\boldsymbol{K}_2\boldsymbol{\beta}^{(i)}+\sum_{i=1}^{N}\lambda_i \tag{3-12}$$

式中

$$\boldsymbol{K}_1=\begin{bmatrix}k(x'_1,x_1) & \cdots & k(x'_1,x_l)\\ k(x'_2,x_1) & \cdots & k(x'_2,x_l)\\ \vdots & & \vdots\\ k(x'_s,x_1) & \cdots & k(x'_s,x_l)\end{bmatrix},\quad \boldsymbol{K}_2=\begin{bmatrix}k(x'_1,x'_1) & \cdots & k(x'_1,x'_s)\\ k(x'_2,x'_1) & \cdots & k(x'_2,x'_s)\\ \vdots & & \vdots\\ k(x'_s,x'_1) & \cdots & k(x'_s,x'_s)\end{bmatrix}$$

将式(3-12)对$\boldsymbol{\beta}^{(i)}$求导，可得如下广义特征方程：

$$\frac{1}{N}\boldsymbol{K}_1\boldsymbol{K}_1^{\mathrm{T}}\boldsymbol{\beta}^{(i)}=\lambda_i\boldsymbol{K}_2\boldsymbol{\beta}^{(i)} \tag{3-13}$$

在 $\boldsymbol{K}_2$ 可逆条件下，令 $\lambda'_i=N\lambda_i$，该特征方程可改写为

$$\boldsymbol{K}_2^{-1}\boldsymbol{K}_1\boldsymbol{K}_1^{\mathrm{T}}\boldsymbol{\beta}=\lambda'_i\boldsymbol{\beta}^{(i)}$$

将$\boldsymbol{\Phi}(x)$在这 m 个最优变换轴上的投影值组成向量，则特征空间中样本$\boldsymbol{\Phi}(x)$基于改进的 KPCA 方法的特征抽取结果为

$$\boldsymbol{y}=\left[\frac{1}{\sqrt{\lambda'_1}}\sum_{j=1}^{s}\beta_j^{(1)}k(x'_j,\boldsymbol{x}),\frac{1}{\sqrt{\lambda'_2}}\sum_{j=1}^{s}\beta_j^{(2)}k(x'_j,\boldsymbol{x}),\cdots,\frac{1}{\sqrt{\lambda'_m}}\sum_{j=1}^{s}\beta_j^{(m)}k(x'_j,\boldsymbol{x})\right]^{\mathrm{T}} \tag{3-14}$$

式中，$\lambda'_1,\lambda'_2,\cdots,\lambda'_m$为式(3-13)的前 m 个最大特征值；$\boldsymbol{\beta}^{(1)},\boldsymbol{\beta}^{(2)},\cdots,\boldsymbol{\beta}^{(m)}$为分别对应这 m 个特征值的特征向量，$\beta_j^{(i)}$ 为向量$\boldsymbol{\beta}^{(i)}$的第 j 维分量。

3.3　基于自动编码器的状态特征提取

自动编码器(autoencoder)是一种神经网络，属于无监督学习模型，能够对高维数据进行有效的特征提取和特征表示。从 1988 年提出以来[16]，在基础形式的基础上，还出现了一些变种，如去噪自动编码器、稀疏自动编码器、收缩自动编码器等。

3.3.1　自动编码器

自动编码器包含编码器和解码器两部分，其模型结构如图 3-2 所示。

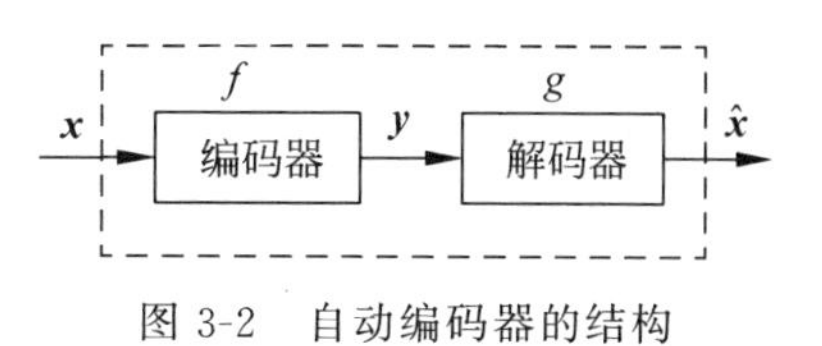

图 3-2　自动编码器的结构

编码器将输入样本 $\boldsymbol{x}$ 从原始特征空间映射到抽象特征空间中的样本 $\boldsymbol{y}$，而解码器将样本 $\boldsymbol{y}$ 从抽象特征空间映射回原始特征空间得到重构样本 $\hat{\boldsymbol{x}}$。模型的学习过程为通过最小化一个损失函数 $\boldsymbol{J}_{\mathrm{AE}}$ 来同时优化编码

器和解码器，从而学习得到针对输入样本 $\boldsymbol{x}$ 的抽象特征表示 $\boldsymbol{y}$，其中 $\boldsymbol{J}_{\mathrm{AE}}$ 为 $\hat{\boldsymbol{x}}$ 和 $\boldsymbol{x}$ 的重构误差。

可以发现，自动编码器在训练过程中无须使用样本标签，这种无监督的学习方式大大提升了模型的通用性。但如果自动编码器只是简单学会将输入样本 $\boldsymbol{x}$ 复制到 $\boldsymbol{y}$，那么自动编码器将没有什么用处[17]。为了能够从自动编码器中获得有用的特征，可以限制 $\boldsymbol{y}$ 的维度低于 $\boldsymbol{x}$ 的维度，这样将强制自动编码器提取训练样本中最显著的特征。此时，当解码器是线性的且重构误差取均方误差时，自动编码器会学习出与主成分分析相同的生成子空间。因此，拥有非线性编码器函数 f 和非线性解码器函数 g 的自动编码器可以看成主成分分析的非线性推广。存在的问题是如果编码器和解码器被赋予过大的容量，自动编码器会执行复制任务而难以提取到有效的抽象特征。

3.3.2 去噪自动编码器

为了使得自动编码器在编码器和解码器容量过大时仍能提取到有效特征，一个方法是在输入样本 $\boldsymbol{x}$ 中加入随机噪声，这就是去噪自动编码器（denoising autoencoder，DAE）[18]。目前添加噪声的方法主要有两种：添加服从特定分布的随机噪声；随机将输入样本 $\boldsymbol{x}$ 中的分量按特定比例置为 0。下面结合第二种方法进行介绍。去噪自动编码器由输入样本污染过程、编码器和解码器组成，其基本结构如图 3-3 所示。

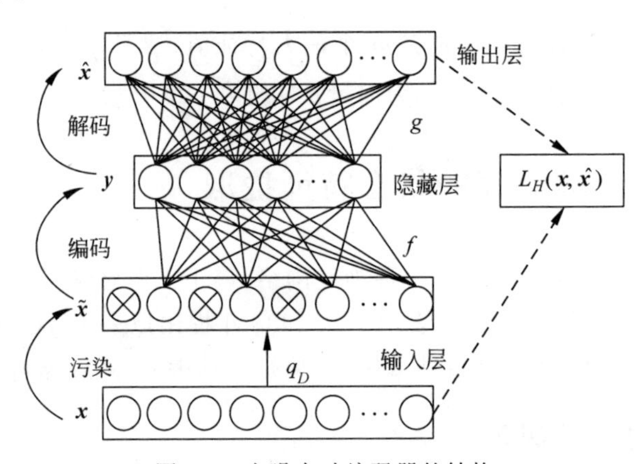

图 3-3　去噪自动编码器的结构

从图 3-3 中可以看出，去噪自动编码器包含输入层、隐藏层和输出层。若用 $\boldsymbol{x}\subseteq\mathbb{R}^n$ 表示原始输入数据，$\tilde{\boldsymbol{x}}$ 表示污染之后的输入数据，$\boldsymbol{y}\subseteq\mathbb{R}^m$ 表示隐藏层数据，$\hat{\boldsymbol{x}}\subseteq\mathbb{R}^n$ 表示输出层数据，则去噪自动编码器的工作过程如下。

1. 污染过程

这是指在输入层中将原始输入数据 $\boldsymbol{x}$ 通过函数 $q_D(\boldsymbol{x})$ 污染成 $\tilde{\boldsymbol{x}}$ 的过程。污染

函数 $q_D(\boldsymbol{x})$ 为

$$\tilde{\boldsymbol{x}} = q_D(\boldsymbol{x}) \tag{3-15}$$

式中，$q_D(\cdot)$ 为随机匹配函数；其过程为在输入数据 $\boldsymbol{x}$ 中随机选择 $\nu\%$ 的样本并将其值设置为 0，$0<\nu<100$。

2. **编码过程**

这是指将污染后的输入数据 $\tilde{\boldsymbol{x}}$ 经过编码函数 $f_{\boldsymbol{\theta}}$ 映射到隐藏层 $\boldsymbol{y}$ 的过程。其编码过程中的非线性映射函数 $f_{\boldsymbol{\theta}}$ 为

$$\boldsymbol{y} = f_{\boldsymbol{\theta}}(\tilde{\boldsymbol{x}}) = S(\boldsymbol{W} \cdot \tilde{\boldsymbol{x}} + \boldsymbol{b}) \tag{3-16}$$

式中，参数 $\boldsymbol{\theta} = \{\boldsymbol{W}, \boldsymbol{b}\}$，其中 $\boldsymbol{W}$ 是一个 $m \times n$ 的权重矩阵，$\boldsymbol{b} \subseteq \mathbb{R}^m$ 是偏置向量；$\boldsymbol{y} \subseteq \mathbb{R}^m$ 表示隐藏层；$S(\cdot)$ 为节点激活函数，通常为 ReLU 函数：

$$S(x) = \begin{cases} x, & x > 0 \\ 0, & x \leqslant 0 \end{cases} \tag{3-17}$$

3. **解码过程**

这是指将隐藏层 $\boldsymbol{y}$ 经过解码函数 $g_{\boldsymbol{\theta}'}$ 重构得到向量 $\hat{\boldsymbol{x}}$ 的过程。其解码过程中的非线性映射函数 $g_{\boldsymbol{\theta}'}$ 为

$$\hat{\boldsymbol{x}} = g_{\boldsymbol{\theta}'}(y) = S(\boldsymbol{W}' \cdot \boldsymbol{y} + \boldsymbol{b}') \tag{3-18}$$

式中，参数 $\boldsymbol{\theta}' = \{\boldsymbol{W}', \boldsymbol{b}'\}$，其中 $\boldsymbol{W}' = \boldsymbol{W}^{\mathrm{T}}$ 是一个 $n \times m$ 的权重矩阵，$\boldsymbol{b}' \subseteq \mathbb{R}^n$ 是偏置向量；$\hat{\boldsymbol{x}} \subseteq \mathbb{R}^n$ 表示输出层。

4. **寻找最优参数**

去噪自动编码器可以利用反向传播算法寻找最优参数 $\{\boldsymbol{\theta}, \boldsymbol{\theta}'\} = \{\boldsymbol{W}, \boldsymbol{b}, \boldsymbol{W}', \boldsymbol{b}'\}$，使输出数据 $\hat{\boldsymbol{x}}$ 与输入数据 $\boldsymbol{x}$ 之间的重构误差最小。这里使用均方误差表示输入数据 $\boldsymbol{x}$ 与输出数据 $\hat{\boldsymbol{x}}$ 之间的重构误差：

$$\boldsymbol{J}_{\mathrm{DAE}}(\boldsymbol{\theta}, \boldsymbol{\theta}') = \sum_{\boldsymbol{x} \in \mathbf{R}^n} \| \boldsymbol{x} - \hat{\boldsymbol{x}} \|^2 = \sum_{\boldsymbol{x} \in \mathbf{R}^n} \| \boldsymbol{x} - g_{\boldsymbol{\theta}'}(f_{\boldsymbol{\theta}}(\tilde{\boldsymbol{x}})) \|^2 \tag{3-19}$$

式中，$\boldsymbol{J}_{\mathrm{DAE}}$ 是模型输入数据 $\boldsymbol{x}$ 与输出数据 $\hat{\boldsymbol{x}}$ 之间的重构误差。

最优参数 $\{\boldsymbol{\theta}, \boldsymbol{\theta}'\}$ 确定后，去噪自动编码器中的隐藏层 $\boldsymbol{y}$ 即为提取到的抽象特征。

3.3.3 稀疏自动编码器

保证自动编码器在编码器和解码器容量过大时仍能提取到有效特征的另一个方法是对自动编码器的隐藏层增加稀疏性约束，即在自动编码器的损失函数中加入一个控制稀疏性的正则项，这样就得到了稀疏自动编码器（sparse autoencoder，SAE）[19]。稀疏自动编码器假设稀疏的表示往往比其他的表示更有效。稀疏性约束能够迫使编码器只有部分神经元被激活。如果激活函数为 Sigmoid 函数，那么

当神经元的输出接近于1的时候认为它被激活，而输出接近于0的时候认为它被抑制。

设$\boldsymbol{x}$表示原始输入样本，$\boldsymbol{y}$表示编码器输出，y_j表示编码器隐藏神经元j的输出，则y_j代表了该隐藏神经元的激活度。对于给定的$\boldsymbol{x}$，$y_j(\boldsymbol{x})$表示输入为$\boldsymbol{x}$时编码器隐藏神经元j的激活度。进一步，可以定义编码器隐藏神经元j的平均激活度$\hat{\rho}_j$：

$$\hat{\rho}_j=\frac{1}{n}\sum_{i=1}^{n}y_j(\boldsymbol{x}^{(i)}) \tag{3-20}$$

式中，n表示训练样本数量，$\boldsymbol{x}^{(i)}$表示第i个训练样本。

引进稀疏性参数ρ，ρ通常是一个接近于0的较小的正数。期望编码器隐藏神经元j的平均激活度$\hat{\rho}_j=\rho$。为了实现这一约束，在自动编码器的损失函数中增加一个额外的惩罚因子。惩罚因子的具体形式有很多合理的选择，比如可选择

$$\sum_{j=1}^{m}\rho\log_2\frac{\rho}{\hat{\rho}_j}+(1-\rho)\log_2\frac{1-\rho}{1-\hat{\rho}_j} \tag{3-21}$$

式中，m表示编码器隐藏神经元的数量。

式(3-21)也可表示为

$$\sum_{j=1}^{m}\mathrm{KL}(\rho\parallel\hat{\rho}_j) \tag{3-22}$$

式中，$\mathrm{KL}(\rho\parallel\hat{\rho}_j)=\sum_{j=1}^{m}\rho\log_2\frac{\rho}{\hat{\rho}_j}+(1-\rho)\log_2\frac{1-\rho}{1-\hat{\rho}_j}$，是一个以$\rho$为均值和一个以$\hat{\rho}_j$为均值的两个伯努利随机变量之间的KL散度(也称为相对熵)。KL散度是一种标准的用来测量两个分布之间差异的方法。当$\hat{\rho}_j=\rho$时，$\mathrm{KL}(\rho\parallel\hat{\rho}_j)=0$；$\hat{\rho}_j$和$\rho$差异越大，$\mathrm{KL}(\rho\parallel\hat{\rho}_j)$越大。

因此，稀疏自动编码器的损失函数为

$$\boldsymbol{J}_{\mathrm{SAE}}(\boldsymbol{\theta},\boldsymbol{\theta}')=\boldsymbol{J}_{\mathrm{AE}}(\boldsymbol{\theta},\boldsymbol{\theta}')+\beta\sum_{j=1}^{m}\mathrm{KL}(\rho\parallel\hat{\rho}_j) \tag{3-23}$$

式中，$\boldsymbol{J}_{\mathrm{AE}}$为自动编码器的损失函数；$\beta$为控制稀疏性惩罚的权重。

除可采用式(3-21)或式(3-22)所示的稀疏性惩罚外，目前一些研究中还经常采用编码器输出的L_1范数或L_2范数作为稀疏性惩罚。当采用L_1范数时，稀疏自动编码器的损失函数为

$$\boldsymbol{J}_{\mathrm{SAE}}(\boldsymbol{\theta},\boldsymbol{\theta}')=\boldsymbol{J}_{\mathrm{AE}}(\boldsymbol{\theta},\boldsymbol{\theta}')+\beta\sum_{j=1}^{m}|y_j| \tag{3-24}$$

最优参数$\{\boldsymbol{\theta},\boldsymbol{\theta}'\}$确定后，稀疏自动编码器中的编码器输出$\boldsymbol{y}$即为提取到的特征。

3.3.4　收缩自动编码器

收缩自动编码器(contractive autoencoder,CAE)是 2011 年提出的一种新的自动编码器[20]。收缩自动编码器认为好的抽象特征应该对输入样本的微小变化具有鲁棒性,也就是当输入样本发生微小变化时,抽象特征不发生变化。为了实现这个想法,收缩自动编码器在自动编码器的损失函数上增加了一个额外的惩罚因子,即编码器激活函数对于输入的雅可比矩阵的 Frobenius 范数的平方,即

$$\boldsymbol{J}_{\mathrm{CAE}}(\boldsymbol{\theta},\boldsymbol{\theta}')=\boldsymbol{J}_{\mathrm{AE}}(\boldsymbol{\theta},\boldsymbol{\theta}')+\beta\sum_{j=1}^{m}\|\nabla_{x}y_{j}\|^{2} \tag{3-25}$$

收缩自动编码器能够将输入样本点邻域映射到抽象特征空间中样本点处更小的邻域,这就是收缩自动编码器的局部空间收缩效应。

3.4　基于深度学习的状态特征提取

深度学习是一种深度神经网络,能够从原始数据中提取高层次、抽象的特征,适用于无监督学习、有监督学习、半监督学习等场景。在无监督学习方面,最典型的深度学习模型是将自动编码器及其变种堆叠起来构成的各种堆叠自动编码器。这些堆叠自动编码器最后一层编码器的输出即为最终提取的特征。在有监督学习方面,典型的深度学习模型有深度置信网络、卷积神经网络。对于分类问题,这些网络的最后一层为分类器,如采用 Softmax 激活函数实现激活,最后一层的输入即为最终提取的特征。本节首先对深度学习进行简单介绍,然后介绍深度置信网络、堆叠自动编码器和卷积神经网络。

3.4.1　深度学习简介

深度学习始于 2006 年多伦多大学教授 Geoffrey Hinton 和他的学生 Rudslan Salakhutdinov 在 *Science* 杂志上发表的论文 *Reducing the dimensionality of data with networks* 中提出的深度置信网络。深度学习不仅在理论研究上取得了突破性的进展,而且在实际应用方面也取得了重大成就。由于其强大的计算能力和特征提取能力,其被广泛地应用于分类问题、回归问题、数据降维问题、文本建模问题、图像分割问题和信息检索问题等众多领域。下面将从语音识别、图像处理以及自然语言处理 3 个领域对深度学习进行介绍。

1. 语音识别

微软研究院与 Hinton 教授在 2009 年合作开发了基于深度学习的语音识别框架[21]。其核心是一个具有多个隐藏层的深度神经网络,它利用多个隐藏层对语音信号进行特征提取的方式与人脑对语音处理的方式基本相同。2011 年,微软和谷

歌的研究人员率先将深度学习运用到语音识别中，取得了历史性突破——将错误识别率降低20%～30%。2012年，微软发布了其深度学习研制成果——全自动同声传译系统。从此，深度学习进入了更多人的视野。

近年来，随着深度学习被大量应用到语音识别领域[22-24]，研究人员开发出许多基于深度学习的新产品，例如Google的Google Now、苹果的Siri、百度的语音识别系统、微软的Big Speech等。

2. **图像处理**

1989年，Yann LeCun等提出了卷积神经网络(convolutional neural network，CNN)的概念[25]。2006年，研究者们首先将深度学习应用在MINIST手写字符图像分类问题中，取得了重大突破[26]。2012年，Ciresan等成功采用CNN技术把MINIST手写字符图像识别的错误率减小到0.23%[27]。CNN起始应用于小尺寸图像时获得了较好的效果，但用于大尺寸图像时效果并不理想。在2012年ImageNet竞赛上，Hinton教授团队采用CNN对大规模的图库进行图像识别，将图像识别错误率从26%降低到15.3%[28]。同年，Google发布了其深度学习成果——谷歌大脑。谷歌大脑是利用相互连接的上万台电脑来模仿人脑，通过大量样本对其训练之后，就能够自主地识别出图片。微软在2014年展示了其深度学习成果——Adam，假如谷歌能自主辨别出一只狗的图片，那么微软就能够辨别出这只狗的种类。微软在图像识别技术方面已经比谷歌更加成熟，更加进步[29]。

Adam

随着研究者们对深度学习在图像处理领域中的应用进行深入研究，深度学习技术在图像识别领域日趋完善。近几年深度学习技术已经成功地应用于行人目标检测、人脸识别等方面。

3. **自然语言处理**

近年来，随着深度学习的快速发展，深度学习在自然语言处理领域也受到越来越多的关注，并且取得了一定的成就，但没有其他领域那么成熟。自然语言是人类特有的语言，对自然语言进行处理并不仅仅是单纯的语言学范畴。自然语言处理是指在软件系统以及计算机系统中能够实现直接使用自然语言进行计算机及计算机系统的通信。自然语言处理是一个多学科相交叉的学科，包括人工智能、关于计算机的语言学和人类语言学多个领域。目前基于统计机器学习的方法在自然语言处理领域中使用最为广泛，该方法所使用的特征主要来自基于one-hot向量表示的特征组合，这种组合特征的表示方式会使特征空间变得非常大，其优点是利用高维空间使多数任务变为近似线性可分。虽然该方法在一定程度上可以取得较满意的效果，但研究者们却更注重如何去提取有效的特征。早期研究者们采用的方法是将离散特征的分布式表示作为辅助特征引入传统的算法框架，虽然取得了一定的进展，但提升幅度不大。近两年来，随着研究者们对深度学习技术的理解日趋成熟，越来越多的研究者开始从输入到输出全部采用深度学习模型，并且已经在很多任务中取得了较为显著的突破。

3.4.2 深度置信网络

如前文所述，Hinton 教授等提出了深度置信网络(deep belief networks, DBN)的概念，并将无监督预训练引入 DBN 模型，从而逐层优化其权重与偏置。DBN 由多个受限玻尔兹曼机(restricted Boltzmann machine，RBM)与一个顶层分类器堆叠组成。底层 RBM 输入的数据作为 DBN 的输入，然后经过 RBM 将输入数据转换到隐藏层，简单来说，就是下一层 RBM 神经元节点的输入数据为上一层 RBM 神经元节点的输出数据。下面首先针对 DBN 基本单元 RBM 进行网络结构与训练方法介绍，然后给出 DBN 的网络结构与训练方法的介绍。

1. 受限玻尔兹曼机

受限玻尔兹曼机由可视层与隐藏层两层网络构成，如图 3-4 所示。其中，可视层可以作为 RBM 网络的输入，隐藏层可以作为 RBM 网络的输出。层间神经元节点之间互相连接，层内神经元节点之间没有连接[30]。

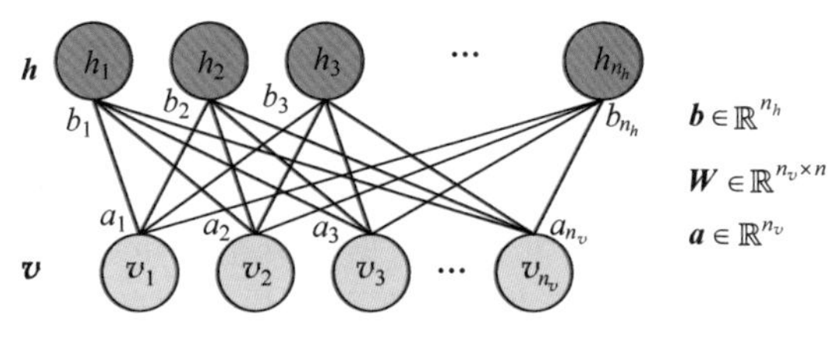

图 3-4　RBM 网络结构图

RBM 是一种基于能量的模型。系统中蕴含的能量越大，系统中的数据越无序，概率分布越分散和均匀；系统中蕴含的能量越小，系统中数据越有序，概率分布越集中[31]。数理统计理论表明，任何形式的概率分布都可以转换成基于能量的模型，并通过能量模型相关知识找到合适的学习方法。因此，对于未知分布的数据，RBM 可以提供一种学习方法，从而学习数据内部特征。RBM 中各神经元节点拥有两种状态(激活、未激活)，根据 RBM 网络结构，对于随机设定的一组状态($\boldsymbol{v}$,$\boldsymbol{h}$)，可以将其能量函数表达为式

$$E(\boldsymbol{v},\boldsymbol{h})=-\sum_{i=1}^{n_v}a_iv_i-\sum_{j=1}^{n_h}b_jh_j-\sum_{i=1}^{n_v}\sum_{j=1}^{n_h}v_iw_{i,j}h_j \tag{3-26}$$

式中，v_i 为可视层第 i 个神经元节点的状态值，0 表示未激活，1 表示激活；h_j 为隐藏层第 j 个神经元节点的状态值，0 表示未激活，1 表示激活；n_v 为可视层包含的神经元节点的数目；n_h 为隐藏层包含的神经元节点的数目；a_i 为可视层第 i 个神经元节点的偏置；b_j 为隐藏层第 j 个神经元节点的偏置；$w_{i,j}$ 为可视层第 i 个与隐藏层第 j 个神经元节点之间的连接权重。

为了方便计算和节省计算时间，将式(3-26)的分量形式写成矩阵形式：

$$E(\boldsymbol{v},\boldsymbol{h})=-\boldsymbol{a}^{\mathrm{T}}\boldsymbol{v}-\boldsymbol{b}^{\mathrm{T}}\boldsymbol{h}-\boldsymbol{v}^{\mathrm{T}}\boldsymbol{W}\boldsymbol{h} \tag{3-27}$$

式中，$\boldsymbol{v}$ 为可视层神经元节点的状态值，$\boldsymbol{v}=[v_1,v_2,\cdots,v_i,\cdots,v_{n_v}]$，$\boldsymbol{v}\in\mathbb{R}^{n_v}$；$\boldsymbol{h}$ 为隐藏层神经元节点的状态值，$\boldsymbol{h}=[h_1,h_2,\cdots,h_j,\cdots,h_{n_h}]$，$\boldsymbol{h}\in\mathbb{R}^{n_h}$；$\boldsymbol{a}$ 为可视层神经元节点的偏置，$\boldsymbol{a}=[a_1,a_2,\cdots,a_i,\cdots,a_{n_v}]$，$\boldsymbol{a}\in\mathbb{R}^{n_v}$；$\boldsymbol{b}$ 为隐藏层神经元节点的偏置，$\boldsymbol{b}=[b_1,b_2,\cdots,b_j,\cdots,b_{n_h}]$，$\boldsymbol{b}\in\mathbb{R}^{n_h}$；$\boldsymbol{W}$ 为可视层与隐藏层神经元节点之间的连接权重，$\boldsymbol{W}=(w_{i,j})\in\mathbb{R}^{n_v\times n_h}$。

若参数$\boldsymbol{\theta}=\{\boldsymbol{a},\boldsymbol{b},\boldsymbol{W}\}$已知，那么，根据能量函数计算式(3-27)即可求得 RBM 网络在状态$(\boldsymbol{v},\boldsymbol{h})$下可视层与隐藏层神经元节点间的联合概率分布：

$$p(\boldsymbol{v},\boldsymbol{h})=\frac{1}{Z}\mathrm{e}^{-E(\boldsymbol{v},\boldsymbol{h})} \tag{3-28}$$

式中，$Z=\sum_{\boldsymbol{v}}\sum_{\boldsymbol{h}}\mathrm{e}^{-E(\boldsymbol{v},\boldsymbol{h})}$，为归一化因子。

实际应用过程中，输入与输出数据的概率分布可以通过计算数据的联合概率分布 $p(\boldsymbol{v},\boldsymbol{h})$的边缘概率求得：

$$p(\boldsymbol{v})=\sum_{\boldsymbol{h}}p(\boldsymbol{v},\boldsymbol{h})=\frac{1}{Z}\sum_{\boldsymbol{h}}\mathrm{e}^{-E(\boldsymbol{v},\boldsymbol{h})} \tag{3-29}$$

$$p(\boldsymbol{h})=\sum_{\boldsymbol{v}}p(\boldsymbol{v},\boldsymbol{h})=\frac{1}{Z}\sum_{\boldsymbol{v}}\mathrm{e}^{-E(\boldsymbol{v},\boldsymbol{h})} \tag{3-30}$$

由式(3-29)可以发现，若想计算输入数据的概率分布，那么首先需要得到归一化因子 Z 的值。RBM 每个神经元节点会在激活与未被激活两种状态之间进行变换，那么$\forall i,j$ 有 $v_i,h_j\in\{0,1\}$。由 Z 的求解式可知，Z 含有 $2^{n_v+n_h}$ 个项，当节点数比较多时，其计算复杂度特别大。根据 RBM 各层内神经元节点之间互不影响的特点可以得到，对于任意给定的状态$\boldsymbol{v}$，隐含层内所有的神经元节点之间相互独立；同理，对于任意给定的状态 $\boldsymbol{h}$，可视层内所有神经元节点之间也相互独立，互不影响。因此，可以通过贝叶斯理论并结合专家乘积求得条件概率：

$$p(\boldsymbol{h}\mid\boldsymbol{v})=\frac{\mathrm{e}^{-E(\boldsymbol{v},\boldsymbol{h})}}{\sum_{\boldsymbol{h}}\mathrm{e}^{-E(\boldsymbol{v},\boldsymbol{h})}}=\prod_{j}p(h_j=1\mid\boldsymbol{v}) \tag{3-31}$$

$$p(\boldsymbol{v}\mid\boldsymbol{h})=\frac{\mathrm{e}^{-E(\boldsymbol{v},\boldsymbol{h})}}{\sum_{\boldsymbol{v}}\mathrm{e}^{-E(\boldsymbol{v},\boldsymbol{h})}}=\prod_{i}p(v_i=1\mid\boldsymbol{h}) \tag{3-32}$$

因此，待求解的条件概率可以转化为计算各个神经元节点的激活概率，RBM 激活函数为

$$\mathrm{sigmoid}(x)=\frac{1}{1+\mathrm{e}^{-x}} \tag{3-33}$$

进而，得到各个节点的激活概率：

$$p(h_j=1\mid\boldsymbol{v})=\mathrm{sigmoid}\left(b_j+\sum_{i=1}^{n_v}v_iw_{i,j}\right) \tag{3-34}$$

$$p(v_i=1\mid \boldsymbol{h})=\mathrm{sigmoid}\left(a_i+\sum_{j=1}^{n_h}w_{i,j}h_j\right) \tag{3-35}$$

因此可以得到：当RBM可视层给定状态向量 $\boldsymbol{v}$ 时，可以通过式(3-34)计算 $p(h_j=1|\boldsymbol{v})$，从而得到隐藏层 $\boldsymbol{h}$ 中各神经元节点的状态，然后通过式(3-35)计算 $p(v_i=1|\boldsymbol{h})$，从而得到可视层各个神经元节点的状态向量 $\boldsymbol{v}_{重构}$。通过某种规则，当输入向量 $\boldsymbol{v}$ 与重构向量 $\boldsymbol{v}_{重构}$ 之间的差异满足条件时，认为隐藏层节点输出数据是可视层输入的数据在参数 $\boldsymbol{\theta}$ 作用下的另一种表示，因此，可以将隐藏层的输出作为可视层输入数据的特征。

RBM模型的训练目标是让网络在参数 $\boldsymbol{\theta}$ 作用下所表示的概率分布尽可能地拟合输入样本的概率分布。也可以解释为寻找最优的参数 $\boldsymbol{\theta}$，使系统的能量最小，从而使输入数据的概率分布 $p(\boldsymbol{v})$ 最大。

给定一组训练样本集合 $S=\{\boldsymbol{v}^1,\boldsymbol{v}^2,\cdots,\boldsymbol{v}^i,\cdots,\boldsymbol{v}^{n_S}\}\in\mathbb{R}^{n_S\times n_v}$，$\boldsymbol{v}^i=[v_1^i,v_2^i,\cdots,v_{n_v}^i]\in\mathbb{R}^{n_v}$，$i=1,2,\cdots,n_S$，其中，$n_S$ 为训练集合 S 中的样本个数。假设输入样本之间满足独立同分布，那么，RBM的训练目标可以定义为

$$\boldsymbol{\theta}^*=\mathrm{argmax}(p(\boldsymbol{v}))=\mathrm{argmax}\left(\prod_{i=1}^{n_S}p(v^i)\right) \tag{3-36}$$

RBM模型的训练算法请参考相关文献，本节不再赘述。

2. 深度置信网络结构与训练

深度置信网络利用堆叠RBM提取输入数据的高层次特征，通过顶层分类器对特征进行分类，其基本结构如图3-5所示。由图3-5可以发现，DBN模型由堆叠RBM与一个顶层分类器组成。DBN模型至少包含一个RBM，上一个RBM隐藏层神经元节点的输出为下一个RBM可视层神经元节点的输入，由此经过多次堆叠，构成DBN基本的特征提取网络。DBN模型常用传统的Softmax分类器作为顶层分类器，从而实现对输入数据的类别划分。DBN模型输入层神经元节点数等于输入向量的维度，输出层神经元节点数等于该数据集的类别数。

DBN的训练包含堆叠RBM的逐层无监督预训练以及顶层分类器的有监督微调两个过程。DBN模型整体训练流程如图3-6所示。

以4层DBN模型为例，如图3-7所示，图中包含两个RBM和一个顶层分类器。首先，在 RBM_1 时，将可视层神经元节点的输入数据通过 RBM_1 映射到隐藏层；其次，将隐藏层神经元节点的数据向量通过 RBM_1 再映射到可视层作为重构数据，利用重构数据与输入数据之间的误差来计算 RBM_1 网络的参数。不断重复上述步骤直至达到设定的迭代次数或者训练误差小于设定的阈值。接下来就能够使用 RBM_1 网络隐藏层神经元节点的输出数据作为 RBM_2 网络的输入数据；最后按照上述步骤对 RBM_2 网络进行训练。

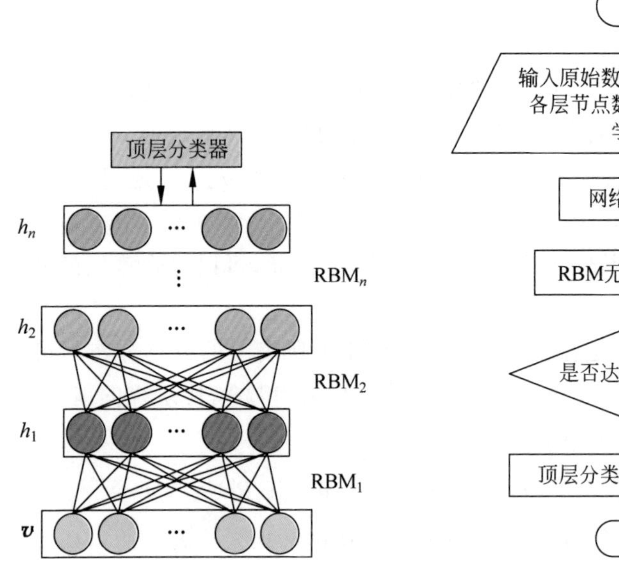

图 3-5　深度置信网络模型的网络结构

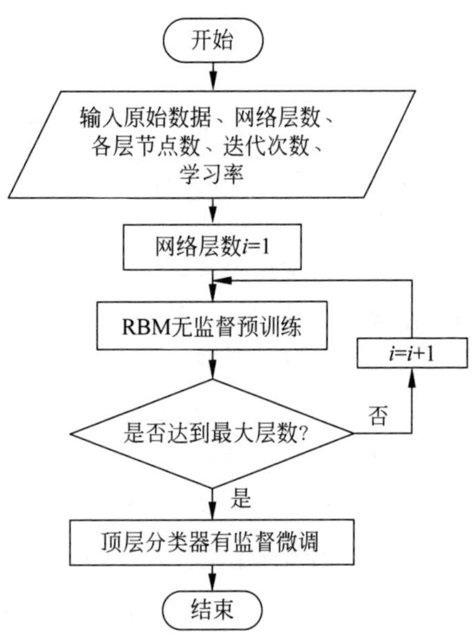

图 3-6　深度置信网络训练流程图

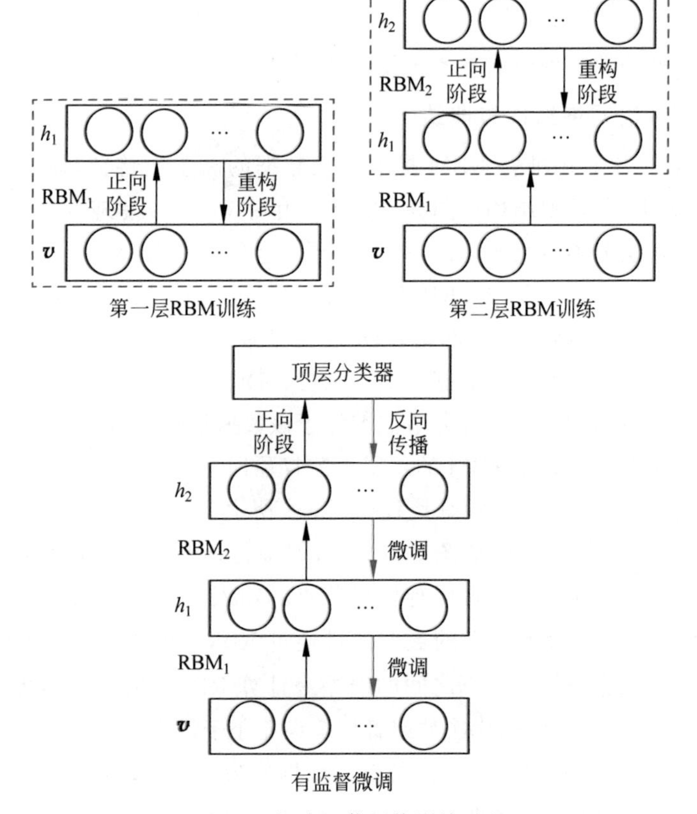

图 3-7　深度置信网络训练过程

堆叠 RBM 经过无监督预训练后，其输出可以看作原始输入数据深层次的特征，将特征与样本标签数据共同作为输入数据训练顶层分类器，以实现 DBN 模型的有监督训练。顶层分类器通过计算分类误差来微调无监督预训练过程得到的各层 RBM 的参数，进一步减少模型的训练误差，提高模型对各类别样本的分类准确率。

3.4.3　堆叠自动编码器

正如受限玻尔兹曼机叠加形成深度置信网络一样，自动编码器及其变种也能进行堆叠形成其深度模型——各种堆叠自动编码器。本节以去噪自动编码器为例进行介绍。首先对多个 DAE 进行堆叠，形成堆叠去噪自动编码器（stacked DAE，SDAE），然后利用样本对每个 DAE 进行训练，使得 SDAE 具有更好的特征提取能力，同时使学习到的特征具有更好的鲁棒性。SDAE 的基本结构如图 3-8 所示。

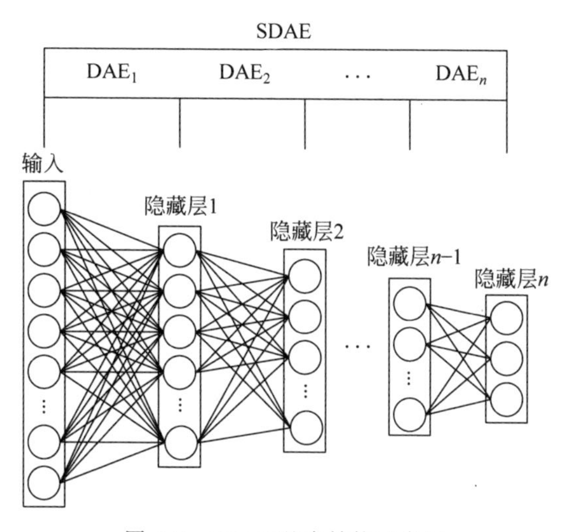

图 3-8　SDAE 基本结构示意图

从图 3-8 中可以看出，堆叠去噪自动编码器由多个去噪自动编码器堆叠而成，第一层和第二层形成一个 DAE，第二层和第三层形成下一个 DAE，依次类推，前一个 DAE 的隐藏层作为下一个 DAE 的输入，最后一个 DAE 的隐藏层为 SDAE 提取原始输入数据的特征，将其作为分类器的输入，即可对数据进行分类。堆叠去噪编码器由底层接收输入数据，通过多个 DAE 对原始数据进行深度挖掘，输入层的节点由输入数据的维数决定。

SDAE 模型的训练主要是通过逐层无监督训练进行。它将输入数据映射到隐藏层，然后将隐藏层作为下一个 DAE 的输入，依次进行，直到所有的 DAE 训练完成，最顶层 DAE 的隐藏层为 SDAE 网络的输出层，也就是最终所提取的特征。该过程利用 SDAE 强大的自动特征学习能力，将原始输入数据通过逐层无监督训练映射到输出特征。用 $\boldsymbol{X}=[x_1,x_2,\cdots,x_n]^{\mathrm{T}}$ 表示原始输入向量，$\boldsymbol{h}_i$ 表示第 i 个隐藏层，SDAE 的具体训练步骤如下。

步骤 1 利用第一个 DAE 的输入层将输入数据输入，通过 DAE 网络中的编码过程将输入向量映射到隐藏层，反过来，利用 DAE 网络中的解码过程用隐藏层去重构输入层，再根据重构层和输入层之间的差更新隐藏层和输入层之间的权值，直到达到设置的迭代次数。权值更新过程如下：

$$w_{ij}^{(l)}=w_{ij}^{(l)}-\alpha\frac{\partial \boldsymbol{J}_{\mathrm{DAE}}(\boldsymbol{\theta},\boldsymbol{\theta}')}{\partial w_{ij}^{(l)}} \tag{3-37}$$

$$b_i^{(l)}=b_i^{(l)}-\alpha\frac{\partial \boldsymbol{J}_{\mathrm{DAE}}(\boldsymbol{\theta},\boldsymbol{\theta}')}{\partial b_i^{(l)}} \tag{3-38}$$

训练完成后，得到第一个隐藏层 $\boldsymbol{h}_1(\boldsymbol{h}_1\subseteq\mathbb{R}^m)$：

$$\boldsymbol{h}_1=\boldsymbol{W}^{\mathrm{T}}\boldsymbol{X}+\boldsymbol{b}_1=\begin{bmatrix} w_{11} & w_{12} & \cdots & w_{1n} \\ w_{21} & w_{22} & \cdots & w_{2n} \\ \vdots & \vdots & & \vdots \\ w_{m1} & w_{m2} & \cdots & w_{mn} \end{bmatrix}\begin{bmatrix} x_1 \\ x_2 \\ \vdots \\ x_n \end{bmatrix}+\begin{bmatrix} b_{11} \\ b_{12} \\ \vdots \\ b_{1m} \end{bmatrix} \tag{3-39}$$

式中，m 表示第一个隐藏层的神经元节点数，$\boldsymbol{W}$ 表示输入层到隐藏层之间的权值矩阵，$\boldsymbol{b}_1\in\mathbb{R}^m$ 表示偏置向量，α 表示学习率。

步骤 2 把得到的隐藏层 $\boldsymbol{h}_1$ 作为下一个 DAE 的输入，重复步骤 1，可以得到第二个隐藏层 $\boldsymbol{h}_2$：

$$\boldsymbol{h}_2=\boldsymbol{W}_{21}^{\mathrm{T}}\boldsymbol{h}_1+\boldsymbol{b}_2=\begin{bmatrix} \sum_{i=1}^{m} w_{1i}h_{1i}+b_{21} \\ \sum_{i=1}^{m} w_{2i}h_{2i}+b_{22} \\ \vdots \\ \sum_{i=1}^{m} w_{ri}h_{ri}+b_{2r} \end{bmatrix} \tag{3-40}$$

式中，r 表示第二个隐藏层神经元节点的个数，$\boldsymbol{W}_{21}$ 表示第二个隐藏层到第一个隐藏层之间的权值矩阵，$\boldsymbol{W}_{21}^{\mathrm{T}}$ 表示 $\boldsymbol{W}_{21}$ 的转置矩阵，$\boldsymbol{b}_2$ 表示偏置向量。

步骤 3 重复步骤 2，直到所有的 DAE 训练完成，记录相应的参数，就可以完成 SDAE 网络训练。

堆叠去噪自动编码器利用逐层训练 DAE 的方法，将深度网络模型训练转变成浅层神经网络训练，避免了深度网络训练的复杂计算。无监督训练过程如图 3-9 所示。

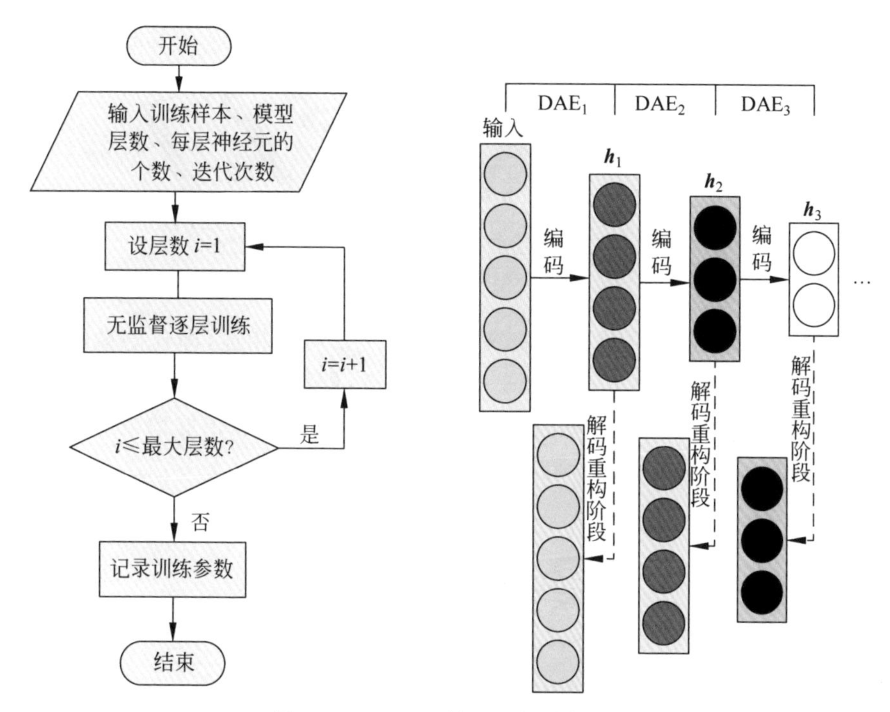

图 3-9 SDAE 逐层无监督训练过程

随着深度学习理论与技术的进步,深度置信网络与堆叠自动编码器采用的逐层无监督训练方法已经逐渐不再使用,取而代之的是更直接的联合训练方法,即直接对模型所有层的参数进行训练。具体可参考相关文献,本节不再赘述。

3.4.4 卷积神经网络

卷积神经网络是一种特殊的人工神经网络,相比于其他神经网络,它可以直接对矩阵进行处理[32]。下面将对卷积神经网络的基本结构和训练方式进行详细介绍。

1. 卷积神经网络结构

卷积神经网络主要由卷积层、池化层、全连层以及分类层组成,如图 3-10 所示。其中卷积层和池化层主要对输入数据进行特征挖掘,而全连层和分类层则对特征进行分类。在卷积神经网络中最重要的是卷积层和池化层,全连层和分类层与其他人工神经网络相同,本节重点介绍卷积层和池化层的计算过程。

1) 卷积层

卷积层是卷积神经网络的核心结构。卷积层中每个节点的输入是输入矩阵的局部区域,通过卷积核对该局部区域进行卷积操作从而得到输入矩阵更抽象、更高的特征,局部区域大小取决于卷积核尺寸大小。卷积层中最主要的两个特点是权

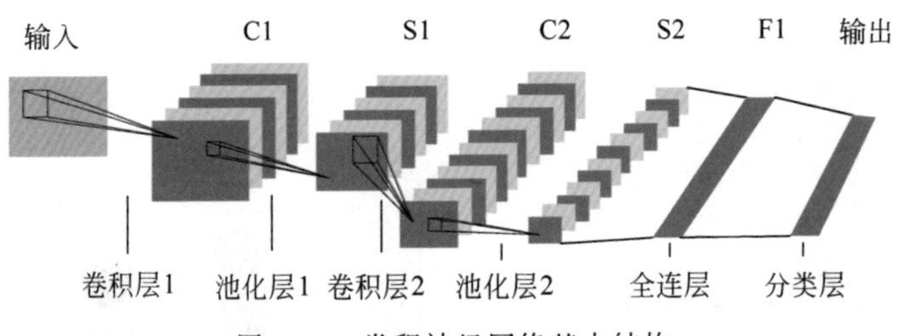

图 3-10　卷积神经网络基本结构

值共享和局部相连，均是通过卷积核来实现的[33]。局部相连，即让隐藏层的每个节点只与上层的小部分输入节点相连；权值共享，即让隐藏层的所有节点有相同的权重，具体如图 3-11 所示。通过局部相连和权值共享可以很好地减少模型的网络参数，大大降低了模型的复杂度，加快了网络的训练速度。

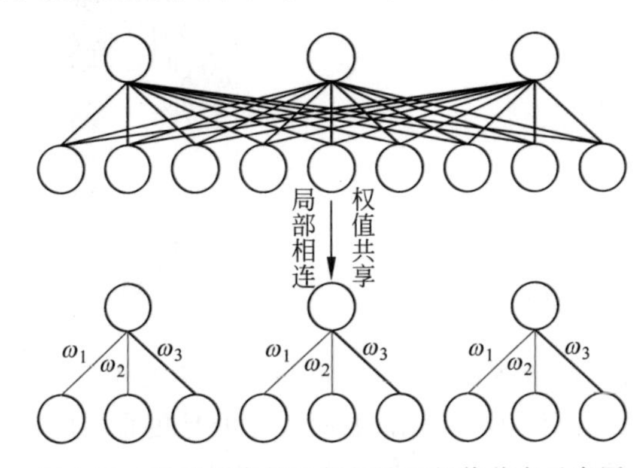

图 3-11　卷积层中的局部相连和权值共享示意图

卷积层的核心是卷积操作。在进行卷积操作时，卷积核与被卷积区域的神经元对应的系数相乘，得到一个卷积值 y，然后以步长 s 依次左右上下移动卷积核，重复上述操作，直至卷积核遍历完输入矩阵的所有区域，如图 3-12 所示。完成卷积操作之后，需要对卷积的结果加一个偏置，然后利用一个非线性的激活函数 $f(x)$ 得到最终的输出结果。具体计算过程如下：

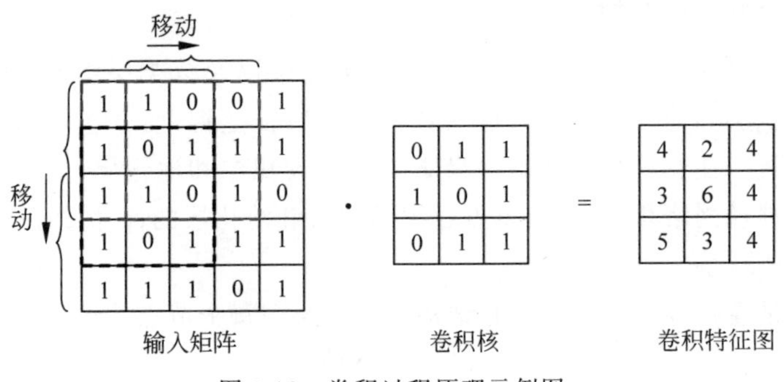

图 3-12　卷积过程原理示例图

$$y^{l(i,j)} = f(\boldsymbol{K}_i^l \cdot \boldsymbol{X}_j^l + b_j^l) = f\left(\sum_{h=1}^{W}\sum_{j'=1}^{W'} K_i^{l(j',h)} X_j^{l(j',h)} + b_j^l\right) \tag{3-41}$$

$$f(x) = \begin{cases} x, & x \geqslant 0 \\ 0, & x < 0 \end{cases} \tag{3-42}$$

式中，$\boldsymbol{K}_i^l$ 为第 l 层的第 i 个卷积核，$K_i^{l(j',h)}$ 为卷积核的权重；$\boldsymbol{X}_j^l$ 为第 l 层中第 j 个被卷积的局部区域，$X_j^{l(j',h)}$ 为区域中神经元系数；b_j^l 为第 l 层中第 j 个被卷积的局部区域对应的偏置；W,W'分别为卷积核的长度和宽度；$f(x)$为 ReLU 激活函数。

2）池化层

池化层是对特征图进行局部采样，在保留特征图基本信息的同时，可以非常有效地缩小特征图的尺寸，从而减少全连层中的参数。使用池化层既可以加快计算速度，又可以防止过拟合问题。池化过程和卷积过程类似，也都是通过过滤器对输入矩阵上的每个 $k \times k$ 的局部区域进行特征映射，并以步长 s 移动，如图 3-13 所示。和卷积过程不同的是，池化层的计算是采用较简单的最大值或平均值计算。最大值计算，即取被映射的局部区域中最大值作为映射结果，称为最大池化（max pooling），具体计算过程为

$$a_i^p = \max_{\substack{1\leqslant h'\leqslant W' \\ 1\leqslant h\leqslant W}} \{a_i^{p(h',h)}\} = a_i^{p(h'_m,h_m)} \tag{3-43}$$

式中，$a_i^{p(h',h)}$ 表示池化层中第 i 张特征图中被池化区域神经元的系数。

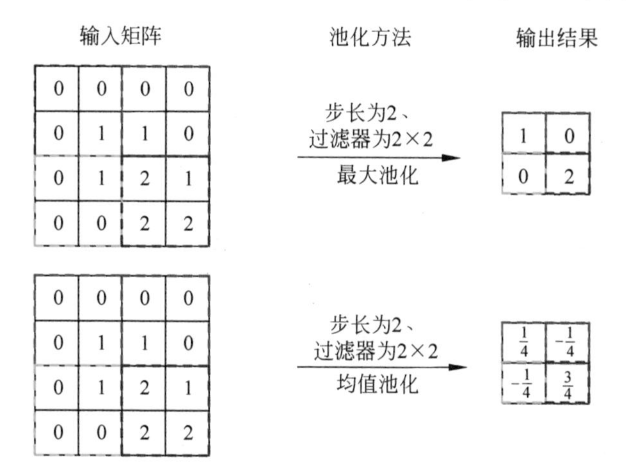

图 3-13　池化操作过程示例图

平均值计算，即取被映射的局部区域中平均值作为映射结果，称为均值池化（average pooling），具体计算过程为

$$a_i^p = \frac{\sum_{h}^{W}\sum_{h'}^{W'} a_i^{p(h',h)}}{W \cdot W'} \tag{3-44}$$

3）全连层及分类层

卷积神经网络是典型的有监督神经网络，原始数据从输入层输入，类别则从输出层输出。因此，原始输入矩阵经过多层卷积和池化处理后，所得到的特征矩阵会被拉成一个特征向量，通过全连层与分类器相连进行分类。分类层一般使用 Softmax 激活函数来实现[34]。

2. 卷积神经网络训练

卷积神经网络训练包括两个过程：正向传播和反向传播。在正向传播过程中将训练样本输入到网络中，得到网络实际输出，并计算与理论输出之间的误差；而反向传播则使误差信号在各层之间反向传递，并利用随机梯度下降方法更新各层网络参数。在反向传播过程中，误差信号在全连层和分类层传播时和其他前馈型神经网络相同。下面重点研究误差信号在池化层和卷积层的传播过程。

1）池化层反向传播

假设池化层为第 k 层，与之相连的第 $k+1$ 层为全连层，需要求解误差信号关于池化层的各参数的导数。由于池化层没有激活函数，也没有权值矩阵，因此只需求解误差信号关于池化层输入神经元的导数。首先可根据全连层求导方法求出第 $k+1$ 层的误差灵敏度 δ^{k+1}，然后再计算误差信号关于池化层输入神经元的导数（也称池化层的误差灵敏度，可用 δ^l 表示），具体如下：

$$\delta^{k+1}=\frac{\partial \boldsymbol{J}(\boldsymbol{\theta})}{\partial \boldsymbol{z}^{k+1}} \tag{3-45}$$

$$\delta^{k}=\frac{\partial \boldsymbol{J}(\boldsymbol{\theta})}{\partial \boldsymbol{z}^{k}}=\frac{\partial \boldsymbol{J}(\boldsymbol{\theta})}{\partial \boldsymbol{z}^{k+1}} \cdot \frac{\partial \boldsymbol{z}^{k+1}}{\partial \boldsymbol{a}^{k}} \cdot \frac{\partial \boldsymbol{a}^{k}}{\partial \boldsymbol{z}^{k}}=\delta^{k+1} \cdot \frac{\partial \boldsymbol{a}^{k}}{\partial \boldsymbol{z}^{k}} \tag{3-46}$$

在反向传播时，对于平均池化法，$\frac{\partial \boldsymbol{a}^{k}}{\partial \boldsymbol{z}^{k}}=\frac{1}{\boldsymbol{W} \cdot \boldsymbol{W}'}$，$\boldsymbol{a}^k$ 表示第 k 层神经网络输出，$\boldsymbol{z}^k$ 表示第 k 层神经网络输入；对于最大池化法，$\frac{\partial \boldsymbol{a}^{k}}{\partial \boldsymbol{z}^{p(h',h)}}=\begin{cases}1, & (h',h)=(h'_m,h_m)\\ 0, & (h',h)\neq(h'_m,h_m)\end{cases}$。其中，$\boldsymbol{J}(\boldsymbol{\theta})$表示误差信号，$(h'_m,h_m)$表示被池化区域最大值坐标。

2）卷积层反向传播

假设与卷积层 m 相连的是池化层 $m+1$，在卷积层反向传播过程中，首先计算误差信号关于卷积层输出神经元输出值 a_j^m 的导数值：

$$\frac{\partial \boldsymbol{J}(\boldsymbol{\theta})}{\partial a_j^m}=\frac{\partial \boldsymbol{J}(\boldsymbol{\theta})}{\partial z_j^{m+1}} \cdot \frac{\partial z_j^{m+1}}{\partial a_i^m}=\frac{\partial \boldsymbol{J}(\boldsymbol{\theta})}{\partial z_j^{m+1}} \cdot f'(a_j^m)=\begin{cases}0, & a_j^m \leqslant 0\\ \delta_j^{m+1}, & a_j^m>0\end{cases} \tag{3-47}$$

然后计算卷积层中误差信号关于偏置以及卷积核的导数：

$$\frac{\partial \boldsymbol{J}(\boldsymbol{\theta})}{\partial K_{ji}^m}=\sum_{\substack{1\leqslant u\leqslant W\\ 1\leqslant v\leqslant W'}} \frac{\partial \boldsymbol{J}(\boldsymbol{\theta})}{\partial a_i^m} \cdot \frac{\partial a_i^m}{\partial K_{ji}^m}=\sum_{\substack{1\leqslant u\leqslant W\\ 1\leqslant v\leqslant W'}}(\delta_i^{m+1})_{(u,v)} \cdot (X_j^{(m)(u,v)}) \tag{3-48}$$

$$\frac{\partial \boldsymbol{J}(\boldsymbol{\theta})}{\partial b_i^m}=\sum_{\substack{1\leqslant u\leqslant W\\1\leqslant v\leqslant W'}}\frac{\partial \boldsymbol{J}(\boldsymbol{\theta})}{\partial a_i^m}\cdot\frac{\partial a_i^m}{\partial b_i^m}=\sum_{\substack{1\leqslant u\leqslant W\\1\leqslant v\leqslant W'}}(\delta_i^{m+1})_{(u,v)} \tag{3-49}$$

式中，K_{ji}^m 为第 m 层中第 i 个卷积核的权值；b_i^m 为第 m 层第 i 个卷积核的偏置；$X_j^{(m)(u,v)}$ 为第 m 层中第 j 个卷积区域。

3.5 基于深度迁移学习的状态特征迁移

3.5.1 迁移学习简介

经典的机器学习中通常都假设所有的数据来自相同的任务与领域，因此在当前的数据集上训练好的模型可以在相同任务和领域的未知数据上表现良好，即经典的机器学习中都假设数据是独立同分布的。该假设导致每次针对一个新任务都必须完全从头开始训练一个新模型，其中的数据收集、数据标注、模型训练以及模型选择等都需要大量复杂且耗时的劳动。此外，经典的机器学习模型的泛化性能往往都依赖于足够的训练样本，这点在深度学习中表现得尤其明显。但是实际工程中往往缺乏足够的历史数据而导致训练得到的模型泛化性不足。这限制了经典的机器学习尤其是深度学习方法在实际工程中的应用。

迁移学习

迁移学习是克服上述两点不足的有力手段。迁移学习是受人类的自然学习过程所启发而提出来的。人类在学习过程中通常都具有举一反三的能力，即能够利用之前的经验和知识来辅助对新事物的认知、推理与学习。人类往往能够利用原先学习得到的知识辅助新领域的学习过程，该种学习模式的两个典型示例如图 3-14 所示。

图 3-14 人类迁移学习的典型示例

(a) C 语言→Python；(b) 自行车→摩托车

具体到机器学习中，迁移学习是指一个系统将别的相关领域中的知识应用到本领域中的学习模式。迁移学习放松了训练与测试数据必须服从独立同分布的限制。由于它可以将别的相关领域中的知识迁移至本领域中，因此在面对一个新任务时，不再需要完全从头开始学习一个新模型，从而降低了时间成本。除此以外，由于本领域中的部分知识是从别处迁移过来的，因此它降低了对大量训练数据的要求，在同样的小样本条件下可以提高经典机器学习模型的泛化性能。经典的机器学习与迁移学习的过程对比如图 3-15 所示。

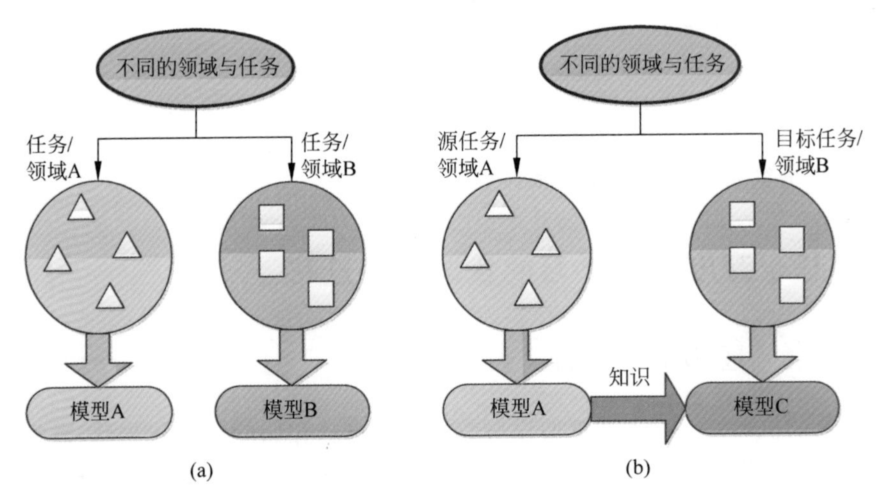

图 3-15　经典的机器学习与迁移学习的过程对比
(a) 经典的机器学习过程；(b) 迁移学习过程

3.5.2　DNN 的可迁移性

尽管 DNN 模型在许多任务中都取得了非常不错的效果，但是它也存在一个明显的不足，即它本身像一个黑箱子，可解释性不好。但是人们通过长期的观察发现 DNN 模型具有良好的层次结构，这一点在图像分类任务中有很明显的表现。比如训练一个 DNN 模型识别一只猫，网络的最初几层只能检测到一些边边角角的东西，和猫根本没关系；然后可能会检测到一些线条和圆形；之后可以检测到有猫的区域；接着是猫腿、猫脸，等等。

根据上述描述我们发现 DNN 模型中前面几层学习到的都是通用的特征，随着网络层次的逐渐加深，后面的网络逐渐偏重于学习任务特定的特征。上述发现带来一个问题：如果将迁移学习运用于 DNN 中，该迁移哪些层、固定哪些层？

康奈尔大学的 Jason Yosinski 等[35]率先进行了 DNN 模型的可迁移性研究。他们通过在 ImageNet 数据集上进行实验，得到如下结论：①DNN 中的前几层特征通常都是通用特征，进行迁移学习的效果会比较好；②深度迁移网络中加入 fine-tuning，效果会提升较大，甚至比源网络效果还好；③fine-tuning 可以比较好地克服数据之间的差异性；④深度迁移网络要比随机初始化权重效果好；⑤网络层数的迁移可以加速网络的学习与优化。Liu 等则从泛化性提高、优化以及迁移的可行性的角度分析了深度表示的可迁移性[36]。两者的研究结论对深度迁移学习具有非常好的指导意义，为以后的深度迁移学习研究奠定了基础。

3.5.3　深度迁移学习中的 fine-tuning 方法

fine-tuning 是深度学习中的一个重要概念，它是指利用已经训练好的网络，针对自己的任务再进行调整。利用已经训练好的网络首先是因为在实际应用中很少会针对一个新任务从头开始训练一个新的DNN模型,这样做非常耗时耗力。其次,目标任务中可能历史数据比较少,无法训练出泛化能力足够强的DNN模型。但是由于源任务中的训练数据与目标任务中的训练数据可能并不服从同一个分布,训练好的模型可能并不能完全适用于目标任务,因此需要采用fine-tuning方法对已经训练好的网络进行微调。fine-tuning方法具有很明显的优势,包括:

(1) 不需要针对新任务从头开始训练网络,节省了时间成本;

(2) 模型的预训练通常都是在大数据集上进行的,扩充了参与训练的数据量,使得模型更加鲁棒,泛化能力更强;

(3) fine-tuning实现比较简单,应用时只需要关注目标任务即可。

因为该方法具有上述优势,因此人们提出一种基于fine-tuning的跨领域工业异常检测方法。

3.5.4 深度迁移学习在民航发动机气路异常检测中的应用

本节首先分析工业数据集的3大特点,依此总结3种相似性量度方法并分析其优缺点与适用范围。其次分析以往选择层迁移方案的经验准则,并在前面研究的基础上提出一种新颖的层迁移方案优化选择方法,给出基于fine-tuning的跨机队有监督异常检测方法的完整流程。最后给出一个民航发动机异常检测的应用案例。

1. 数据集相似性量度

将样本量相对较大且与目标任务分布相关但不相同的数据集定义为源数据集S,将样本量相对较小且与目标任务分布相同的数据集定义为目标数据集T。迁移学习的核心就是量度两个领域之间的相似性并加以合理利用。为了研究何种情况下在源域上训练的分类器可以在目标域上具有较好的分类效果,Shai等提出在源域上训练的分类器在目标域上的误差边界[37],其计算公式如下:

$$\varepsilon_T(h) \leqslant \varepsilon_S(h) + d_1(D_S, D_T) + \min\{E_{D_S}[\,|f_S(\boldsymbol{x}) - f_T(\boldsymbol{x})|\,], E_{D_T}[\,|f_S(\boldsymbol{x}) - f_T(\boldsymbol{x})|\,]\} \tag{3-50}$$

式中,D_S为源域;D_T为目标域;h为模型假设函数;$\varepsilon_T(h)$为h在D_T上的误差;$\varepsilon_S(h)$为h在D_S上的误差;d_1为差异量度;f_S为D_S上的标签函数;f_T为D_T上的标签函数;$E_{D_S}[\cdot]$为在D_S上的期望值;$E_{D_T}[\cdot]$为在D_T上的期望值。

在式(3-50)给出的误差边界表达式中,第一项在训练分类器的过程中会通过优化算法而被最小化,第三项是标签函数在两个领域上的差异并且其通常很小。因此D_S与D_T之间的差异大小对$\varepsilon_T(h)$有重要影响。式(3-50)启发我们:D_S与D_T之间越相似,在D_S上训练的模型在D_T上便有可能获得更好的效果。因此应

该选择与 T 相似度最高的数据集作为源数据集。

因此本节提出的基于 fine-tuning 的跨领域工业异常检测方法的第一步便是量度 S 与 T 的相似性并从 S 中选择与 T 最相似的数据集作为 S_{best}。工业数据集与其他类型的数据集相比有其自身特点，在选择其相似性量度方法时应充分考虑这些特点。

首先，工业数据集的来源通常比较明确，即一般明确知道某个工业数据集是何种设备在何种工况下测得的。因此可以根据设备的工作环境、结构、系统以及功能等先验知识判断数据集之间的相似度。例如，E_1、E_2、E_3 分别是摩托车、汽车与飞机的发动机状态监测数据集。从工作环境的角度来分析，摩托车与汽车都在地面行驶，而飞机在空中飞行。从结构与系统的角度来分析，摩托车与汽车发动机是内燃机，飞机发动机是燃气涡轮发动机，后者明显比前两者复杂得多。从功能角度来分析，飞机发动机的输出功率要比摩托车和汽车发动机大得多。因此根据三者的工作环境、结构与系统以及功能上的差异可以定性地得到如下结果：

$$\begin{aligned}\text{Sim}(E_1,E_2) > \text{Sim}(E_1,E_3)\\ \text{Sim}(E_1,E_2) > \text{Sim}(E_2,E_3)\end{aligned} \tag{3-51}$$

式中，$\text{Sim}(E_i,E_j)$为数据集 E_i 和 E_j 之间的相似度。

此种方法的优点是判别过程简单、快捷，在数据来源差异明显时效果较好；缺点是需要对设备的工作环境、结构、系统与功能具备一定的先验知识，并且无法定量描述相似度，比较依赖主观经验。

其次，很多工业数据集都具有较强的时序性，其数据形式表现为时间序列。当维度不高时，可以通过可视化的方式观察时间序列的幅度、频率以及波形来判断其相似度。

图 3-16 中展示了 3 条时间序列 y_1、y_2、y_3。从图中可以发现 y_1 与 y_2 在幅度、频率以及波形上都很接近，而 y_3 的幅度大于 y_1、y_2，频率比 y_1、y_2 小，波形上也与 y_1、y_2 相差较大，因此可得如下结果：

$$\begin{aligned}\text{Sim}(y_1,y_2) > \text{Sim}(y_1,y_3)\\ \text{Sim}(y_1,y_2) > \text{Sim}(y_2,y_3)\end{aligned} \tag{3-52}$$

这种方法的优点是方便、快捷，相比于第一种方法更加客观，适用于判断低维时间序列的相似度；缺点是当时间序列维度较高或者形态差异较小时难以比较其相似度，并且无法定量描述相似度。对于维度较高或者形态比较相近的时间序列可以采用下述方法来量度其相似性。

最后，工业数据大多是数值量或者可以转化为数值量，因此可根据现有的一些量度领域间分布差异的方法来判断两个数据集之间的相似性。目前常用的量度领域分布差异的方法有 Bregman 差异[38]、基于熵的 KL 散度[39]以及最大均值差异(maximum mean discrepancy，MMD)[40]等。其中 Bregman 差异的目标函数是失真函数，由于它一般需要采用梯度下降法求解，因而其计算时间消耗较多。KL 散

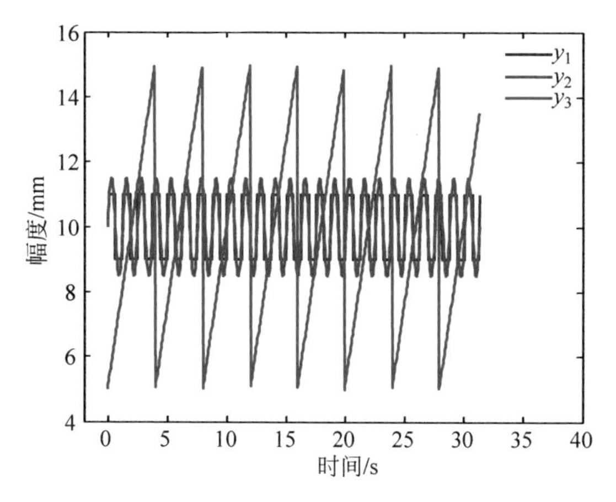

图 3-16 时间序列的相似度比较

度又叫作相对熵,它主要被用来衡量两个概率分布的匹配程度。假设 x 是一个变量,$P(x)$与 $Q(x)$是两个离散概率分布,则 P 对 Q 的相对熵为

$$D_{\mathrm{KL}}(P \parallel Q)=\sum P(x)\log_2 \frac{P(x)}{Q(x)} \tag{3-53}$$

它是一种非对称性的量度方法,即

$$D_{\mathrm{KL}}(P \parallel Q) \neq D_{\mathrm{KL}}(Q \parallel P) \tag{3-54}$$

实际工程中通常要求 P 与 Q 的相似度值满足对称性条件,即相似度值应满足如下条件:

$$\mathrm{Sim}(P,Q)=\mathrm{Sim}(Q,P) \tag{3-55}$$

显然 KL 散度不符合式(3-55)的要求,会给数据集的相似性判断带来不便。此外,KL 散度是一种带参数的估计方法,其在计算过程中需要不断地进行先验概率密度估计而消耗大量的计算资源。

与前几种方法相比,MMD 是一种核学习方法,它通过计算源领域与目标领域的样本在再生核希尔伯特空间(reproducing kernel Hilbert space,RKHS)上的均值差来量度两个分布之间的差异。它是一种非参估计方法,可以不用计算分布的中间密度从而明显降低计算量[41]。与 Bregman 差异以及 KL 散度等量度指标相比,MMD 的计算简单且高效,比较直观而且易于理解。因为具有上述优势,本节选择了 MMD 作为工业数据集的相似性量度指标。S 与 T 之间的 MMD 定义为[42]

$$\mathrm{MMD}(S,T)=\left\| \frac{1}{n_1}\sum_{i=1}^{n_1}\phi(s_i)-\frac{1}{n_2}\sum_{j=1}^{n_2}\phi(t_j) \right\|_H \tag{3-56}$$

式中,$\phi(\cdot)$为原变量到 RKHS 的非线性映射;n_1 为 S 中的样本数;n_2 为 T 中的样本数;s_i 为 S 中的第 i 个样本;t_j 为 T 中的第 j 个样本。

采用 MMD 评估工业数据集相似度的优点是比较客观,不需要加入人类的主观判断，适用范围广，可对相似度进行定量评估；缺点是其计算实现较为复杂，并且需要消耗一定的计算资源与时间。

以上 3 种方法各有自己的优缺点与适用范围，因此在实际工程中需要根据实际场景选择一种或者联合多种方法来评估 S 与 T 的相似度。

2. 层迁移优化

正如前面所述，DNN 中的底层特征泛化性较强，从底层到高层特征的泛化性逐渐减弱。因此 fine-tuning 方法通常是首先在源数据集上训练一个源网络，其次将源网络的前几层参数迁移至目标网络中，目标网络的其他层参数随机初始化，最后在 T 上训练目标网络[43]。在完成参数从源网络到目标网络的迁移后，可通过目标数据集中的有标签数据微调或者直接固定这些参数，这取决于目标数据集的数据量大小以及迁移的参数数量。如果目标数据集的数据量小而且迁移的参数多，对参数微调很有可能造成过拟合，所以此时最好将迁移的参数固定住。如果目标数据集数据量大而且迁移的参数少，过拟合则不太可能出现，此时可对迁移的参数进行微调。

综上所述，选择层迁移方案时主要考虑两个方面：①迁移前几层参数；②对迁移的参数微调还是固定。典型的 CNN 层迁移方案如图 3-17 所示，图中的 CNN 模型省略了池化层，将全连层直接连在卷积层后面。图 3-17 中的绿色方格表示源网络，蓝色方格表示目标网络。以卷积层 C1 为例，带有"×"符号的左边的黄色箭头表示目标网络的 C1 层参数随机初始化；右边的黄色箭头表示将源网络的 C1 层参数迁移至目标网络的 C1 层，上面的解锁符号🔓表示迁移的参数可微调，下面的锁紧符号🔒表示迁移的参数被固定。

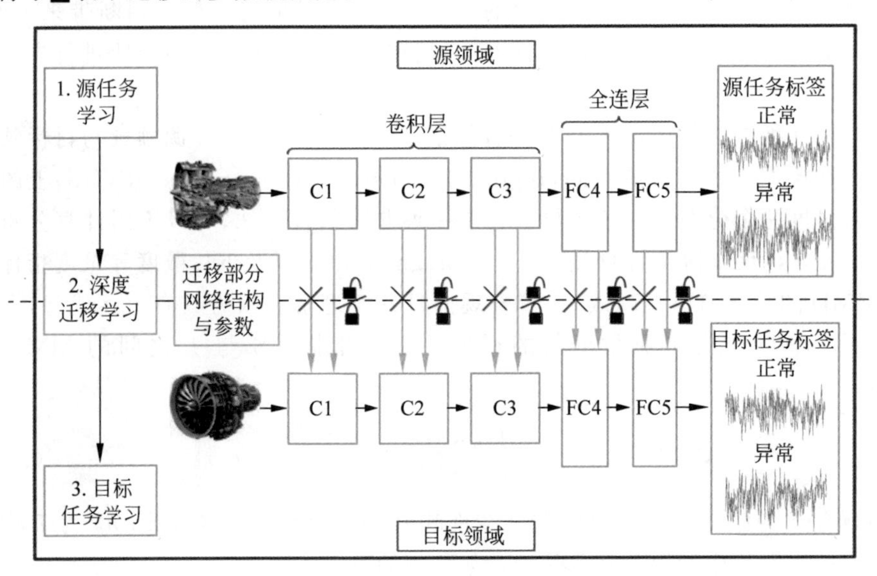

图 3-17 典型的 CNN 层迁移方案示意图[44]

以往工业异常检测领域中的深度迁移学习研究通常直接给出层迁移方案，而自然语言处理(natural language processing，NLP)领域的一些深度迁移学习研究给出了选择层迁移方案的经验准则[45-46]，比如迁移词嵌入层通常会使结果更好、输出层不能被迁移等。但这些准则存在以下不足：①其往往仅适用于特定领域，比如词嵌入层在NLP领域中很常见，但目前尚未见到其在工业领域中的DNN模型中出现；②不同迁移学习任务的具体情况存在差异，这些准则只能辅助选择一个大致的层迁移方案。这两点都限制了深度迁移学习效果的进一步提升。

实际工程中将目标领域中已有的标签数据设为T，后续监测获得的目标领域数据作为后续测试数据集REST。T与REST同样来自目标领域D_T，但由于两者只是对D_T的部分采样，导致两者的分布接近但不相同。训练模型时REST未知，T已知，两者的关系如下：

$$\begin{gathered} T \subset D_T, \quad \mathrm{REST} \subset D_T \\ T \cap \mathrm{REST} = \varnothing \end{gathered} \tag{3-57}$$

REST中数据量较多，利用它能够比较准确地量度异常检测模型在目标任务上的性能，因此模型的学习目标是在T上训练得到一个能够在REST上表现最好的异常检测模型。如果直接在T上实验多种层迁移方案，将表现最好的模型作为最终的异常检测模型，这个模型很有可能因为对T过拟合而在REST上表现较差。因此需要在T上训练一个泛化能力较强的模型，这样的模型在REST上往往也能表现较好。

为构建一个泛化性较强的模型，借鉴机器学习中的模型选择思想，将T随机划分为目标训练集TT与目标验证集TV，在TT上采用不同的层迁移方案生成异常检测模型，然后根据模型在TV上的异常检测效果来选择最优的层迁移方案。需要注意：TV应与TT互斥，即$\mathrm{TT} \cap \mathrm{TV} = \varnothing$，$\mathrm{TT} \cup \mathrm{TV} = T$，这样模型在TV上的性能才能较为准确地反映模型的泛化性能。采用随机划分方式是为了保证TT与TV的数据分布尽可能保持一致，尤其需要保证TT与TV中正常与异常样本的比例相近，避免引入额外偏差而导致评估结果不准确。根据机器学习的模型选择经验，TT与TV的样本数量比例可设为7∶3。在给定该比例后，随机划分方式下存在多种TT与TV的划分可能，如下式所示：

$$\begin{cases} T = \mathrm{TT}_1 \cup \mathrm{TV}_1, \mathrm{TT}_1 \cap \mathrm{TV}_1 = \varnothing \\ T = \mathrm{TT}_2 \cup \mathrm{TV}_2, \mathrm{TT}_2 \cap \mathrm{TV}_2 = \varnothing \\ \qquad\qquad \vdots \\ T = \mathrm{TT}_k \cup \mathrm{TV}_k, \mathrm{TT}_k \cap \mathrm{TV}_k = \varnothing \end{cases} \tag{3-58}$$

式中，$\mathrm{TT}_i(i=1,2,\cdots,k)$为第$i$种划分方式下生成的目标训练集；$\mathrm{TV}_i(i=1,2,\cdots,k)$为第$i$种划分方式下生成的目标验证集；$k$为随机划分次数。

不同的划分方式下会生成不同的TT与TV，导致对应的评估结果不同，这使得单次随机划分的评估结果往往不可靠。因此需要对T进行多次随机划分，重复进行实验评估，将多次划分后每个层迁移方案生成的异常检测模型在TV上性能

的平均值作为评估分数,选择分数最高的异常检测模型对应的方案作为较优的层迁移方案。迁移方案的评估分数计算如下:

$$g_i = \frac{1}{k}(\text{macro-}F_\beta(i,1) + \text{macro-}F_\beta(i,2) + \cdots + \text{macro-}F_\beta(i,k)) \quad (3\text{-}59)$$

式中,macro-$F_\beta(i,j)$表示第 j 次划分时第 i 种层迁移方案下模型在 TV 上的 macro-F_β 值; g_i 为第 i 种层迁移方案的评估分数。

上述步骤生成的异常检测模型中只学习了 TT 的样本,没有充分利用 TV 的样本。因此在确定较优的层迁移方案以后,还需利用 T 中所有的样本对源网络进行微调,生成最终的异常检测模型。

3. 基于 fine-tuning 的跨机队有监督异常检测方法的完整流程

基于 fine-tuning 的跨领域工业异常检测方法的完整流程如图 3-18 所示,其伪代码如下:

算法 自适应深度迁移学习进行工业故障检测(ADTLIFD)

```
输入:目标数据集 T,多个源数据集合 S_1,S_2,…,S_n
输出:目标域异常检测模型 DL2,DL2 在 REST 上的性能
对所有数据集进行归一化
依次量度 S_1,S_2,…,S_n 与 T 的相似度
选择与 T 相似度最高的源数据集作为被迁移数据集 S_best
在 S_best 上构建基于 DNN 的异常检测模型 DL1
for i from 1 to k do
    将 T 随机划分为 TT 与 TV 对
    在 TT 上采用不同的层迁移方案微调 DL1 来生成多个异常检测模型
    计算多个异常检测模型在 TV 上的 macro-F_β 值
end for
根据式(3-59)计算每种层迁移方案的评估分数 g_i
将 g_i 最高时的方案确定为最优层迁移方案
在 T 上根据确定的方案微调 DL1 来生成 DL2
在 REST 上评估 DL2 的 macro-F_β 值
```

4. 应用案例

ACARS 数据是一种重要的航空发动机状态监控数据,具有记载实时、信息丰富等特点。原始设备制造商(original equipment manufacturer,OEM)会监控并分析 ACARS 数据,一旦发现异常就会向航空公司发送客户通知报告(custom notification report,CNR)。航空公司会根据 CNR 对民航发动机进行检查,判断 CNR 中的报警信息是否准确并采取对应措施。本案例中将经检查确认的异常所在的时间段内的 ACARS 数据当作异常数据,其余时间段内的 ACARS 数据当作正常数据。本

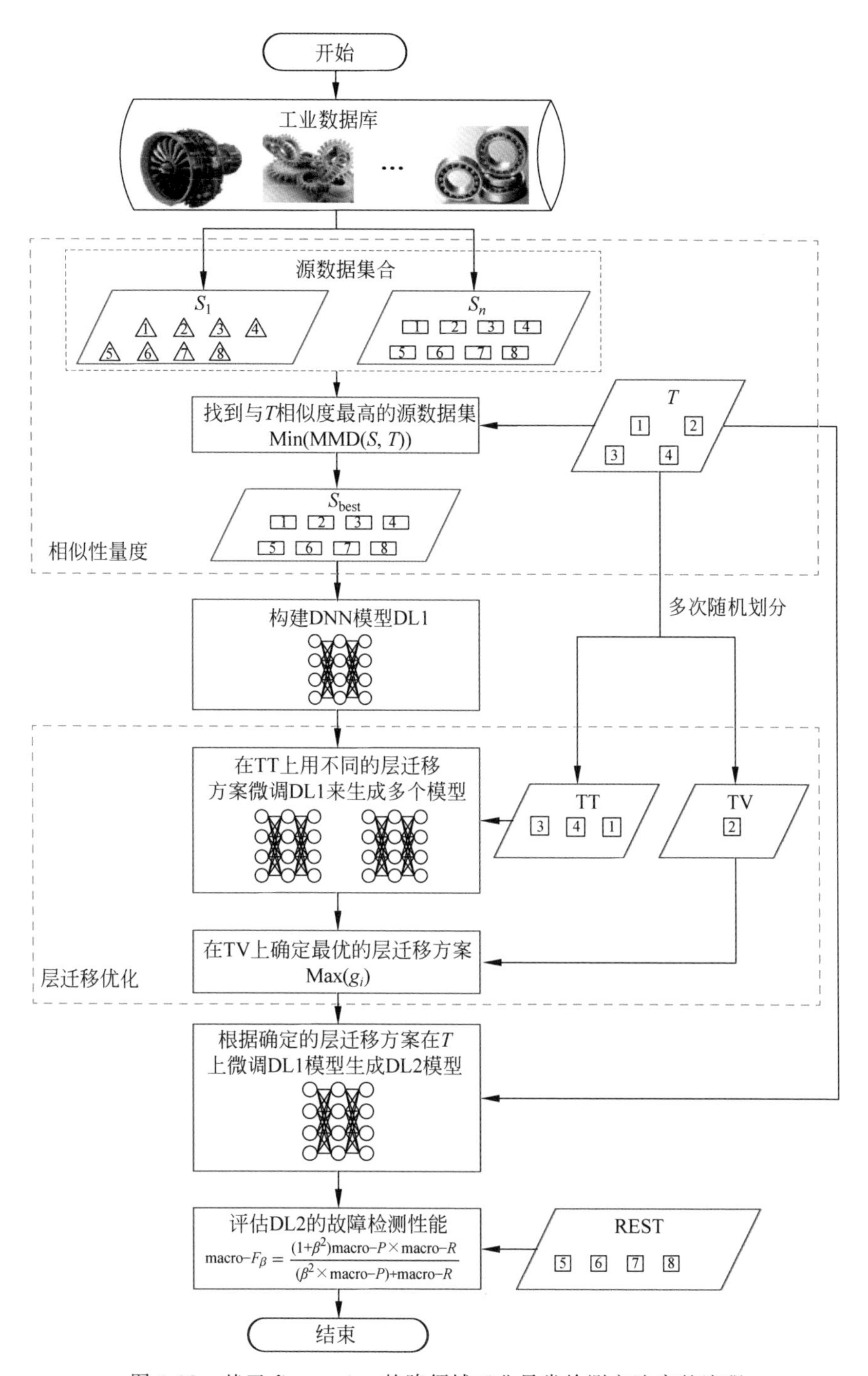

图 3-18　基于 fine-tuning 的跨领域工业异常检测方法完整流程

案例中收集较为常见的 CFM56-5B、CFM56-7B 以及 GE90-115B 三类民航发动机的 ACARS 数据进行实验。ACARS 数据的部分归一化参数如图 3-19 所示。

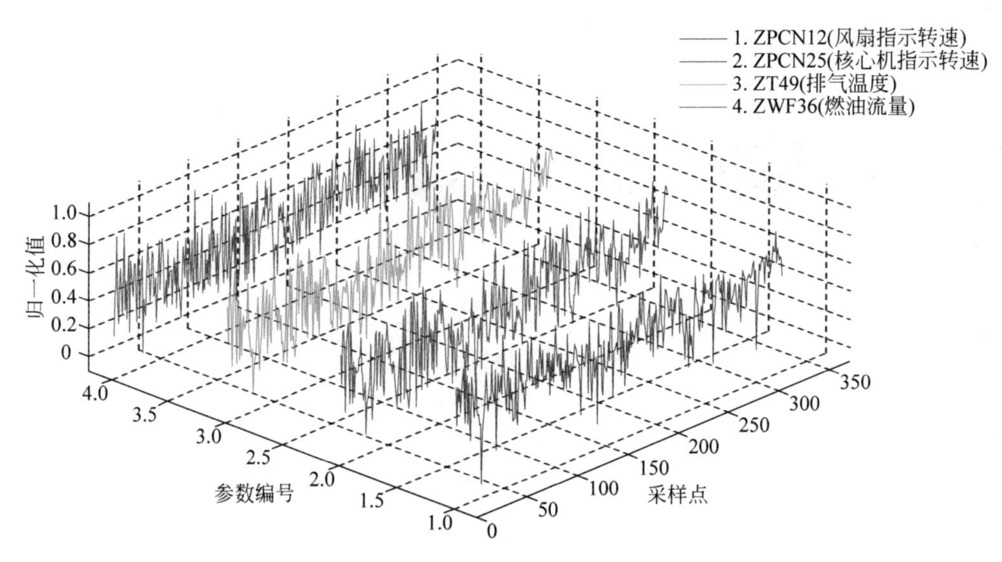

图 3-19 ACARS 数据的部分归一化参数

ACARS 数据相比于轴承监测数据主要存在 3 点差异。首先，现代民航发动机的可靠性较高，因此收集得到的 ACARS 数据中异常样本远少于正常样本，类别不平衡问题较为突出。其次，轴承监测数据为单维时间序列，而 ACARS 数据为多维时间序列。最后轴承监测数据是在实验室环境下测得的，而 ACARS 数据是在实际飞行过程中记录的，数据质量相对较低。为缓解类别不平衡问题，可对异常样本进行过采样。因为 ACARS 数据是多维时间序列，应采用 CNN 构建其异常检测模型。

本实验中选取 CFM56-5B 发动机的 ACARS 数据作为目标领域数据。与轴承监测数据实验一致，本实验中仍然采用滑动窗方法生成数据样本。考虑 ACARS 数据的采样频率以及数据量，将窗口长度设置为 10。选取与故障比较相关的 12 个 ACARS 参数进行实验，如表 3-1 所示。目标领域数据一共生成 2748 个样本，每个样本为 10×12 的矩阵。类似轴承监测数据的实验设置，按照目标领域数据中的类别比例从中随机选取 29 个正常样本以及 21 个异常样本构成目标数据集 T，其余 2698 个样本构成后续测试数据集 REST。

表 3-1 选取的 ACARS 参数

简　写	参数含义	简　写	参数含义
ZALT	高度	ZXM	马赫数
ZPCN12	风扇指示转速	ZTOIL	滑油温度
ZPCN25	核心机指示转速	ZT49	排气温度
ZPCN25_D	核心机指示转速差异	ZT49_D	排气温度差异
ZPOIL	滑油压力	ZWF36	燃油流量
ZT1A	大气总温	ZWF36_D	燃油流量差异

本实验将轴承监测数据实验中的目标领域数据作为源数据集 S_1。由于 S_1 为单维数据，实验中按照参考文献[47]的做法将长度为120的向量转化为10×12的矩阵作为CNN的输入。将GE90-115B发动机的ACARS数据作为源数据集 S_2，CFM56-7B发动机的ACARS数据作为源数据集 S_3，即 $S=\{S_1,S_2,S_3\}$。S 与 T 的详细情况如表3-2所示。

表3-2　ACARS数据实验中 S 与 T 的详细情况

数据集	研究对象	样本数
T	CFM56-5B发动机	29(正常)+21(异常)
S_1	SKF滚珠轴承	2030(正常)+1010(异常)
S_2	GE90-115B发动机	1496(正常)+978(异常)
S_3	CFM56-7B发动机	1634(正常)+1100(异常)

本实验中 S 与 T 均为多维时间序列且来源明确，因此采用先验知识分析法以及MMD方法来量度 S 与 T 的相似度。

实验中采用滑动窗生成数据样本，避免了数据下采样的可能性，并且当前针对多维时间序列构建的几个经典的CNN模型都没有池化层[48]，因此本实验中构建的CNN模型也未包含池化层。优化算法的设置与轴承监测数据实验一致。本实验同样比较了不同层迁移方案生成的模型在TV以及REST上的异常检测性能来验证提出的层迁移优化方法的有效性。

S_2 与 S_3 都是民航发动机的ACARS数据，而 S_1 是轴承监测数据，依据轴承与民航发动机的先验知识就能判断 S_1 与 T 的相似度明显低于 S_2、S_3 与 T 的相似度。S_3 与 T 都是CFM56系列发动机的数据，在结构以及系统上相对接近，而 S_2 与 T 并不属于同一系列，因此 S_3 与 T 的相似度要高于 S_2 与 T 的相似度。从表3-3中可以发现 S_1、S_2、S_3 与 T 的MMD值逐渐降低，验证了先验知识分析法的判断结果。

ACARS数据实验中层迁移设置的字母及数字含义如下：tu表示参数被迁移并且可微调，fr表示参数被迁移但是不可微调，ra表示参数随机初始化，字母后的数字表示层数。例如，tu3ra2表示网络前3层参数被迁移并可微调，后2层参数随机初始化。ACARS数据实验中模型在REST上的性能如表3-3所示，与表3-3对应的柱形图如图3-20所示。实验中层迁移方案数目较多，表3-3仅展示了部分层迁移方案的实验结果。

表3-3　ACARS数据实验中模型在REST上的性能

迁移设置	MMD	tu5 /%	tu4ra1 /%	tu3ra2 /%	tu2ra3 /%	tu1ra4 /%	…	平均值 /%
无	0						…	54.57
$S_1 \rightarrow T$	6.3108	37.65	64.00	60.60	61.24	52.04	…	49.47
$S_2 \rightarrow T$	1.9150	69.62	69.60	66.12	68.05	64.01	…	57.78
$S_3 \rightarrow T$	1.5088	67.46	70.92	66.15	67.12	66.43	…	62.21

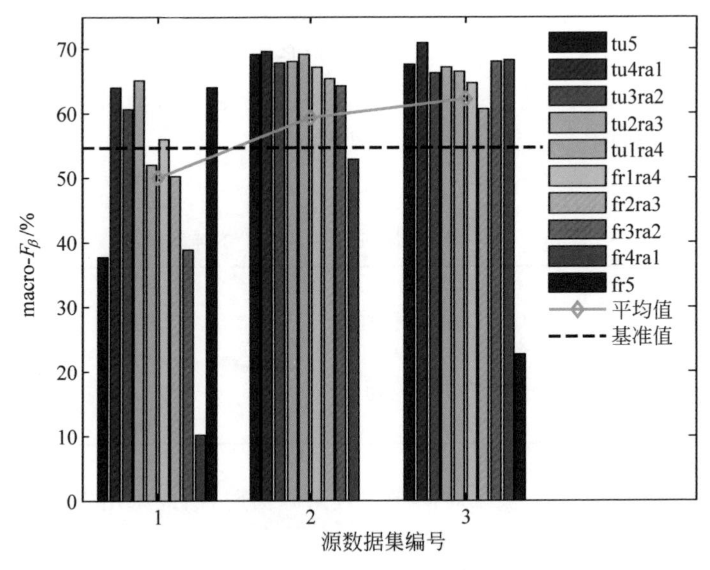

图 3-20　ACARS 数据实验中模型在 REST 上的性能柱形图

首先，从表 3-3 中发现，相比于轴承监测数据实验结果，ACARS 数据实验中模型在 REST 上的性能要低不少。这首先是因为 ACARS 数据为多维时间序列，其异常检测难度要大于轴承监测数据这样的单维时间序列；此外，相比于轴承监测数据，ACARS 数据包含了大量的噪声，其数据质量要差很多。

其次，大部分情况下深度迁移学习以后的模型性能都要高于基准值，最好的结果高出基准值 16.35%。实验结果表明，ACARS 数据样本较少时，深度迁移学习中的 fine-tuning 方法能够大幅度提高模型的异常检测性能。

再次，从图 3-20 中可以发现，从 $S_1 \sim S_3$，相同颜色的柱形大部分在逐渐升高，且相同源数据集下模型性能的平均值在逐渐升高。从 $S_1 \sim S_3$ 深度迁移学习效果的不断变好表明 S 和 T 的相似度越来越高，而无论是先验知识分析法还是 MMD 量度指标也都表明 S_1、S_2、S_3 与 T 的相似度在不断提高。三者结果的一致性验证了先验知识分析法与 MMD 相似性量度方法的有效性。

最后，可以发现在源数据集相同的情况下，不同的层迁移方案生成的模型性能存在不小的差别，说明层迁移方案的选择对模型的最终性能具有重要影响。不同层迁移方案下生成的模型在 TV 与 REST 上的性能对比如图 3-21 所示。从图 3-21 的各个子图中可以发现绿实线与蓝虚线整体趋势比较接近，其中 $S_1 \rightarrow T$、$S_3 \rightarrow T$ 中绿实线与蓝虚线的最高点横坐标相同，$S_2 \rightarrow T$ 中绿实线与蓝虚线最高点横坐标接近，说明在 TV 与 REST 上性能最好的层迁移方案比较一致，表明提出的层迁移方案优化选择方法能够在 ACARS 数据集上选出较优的层迁移方案。

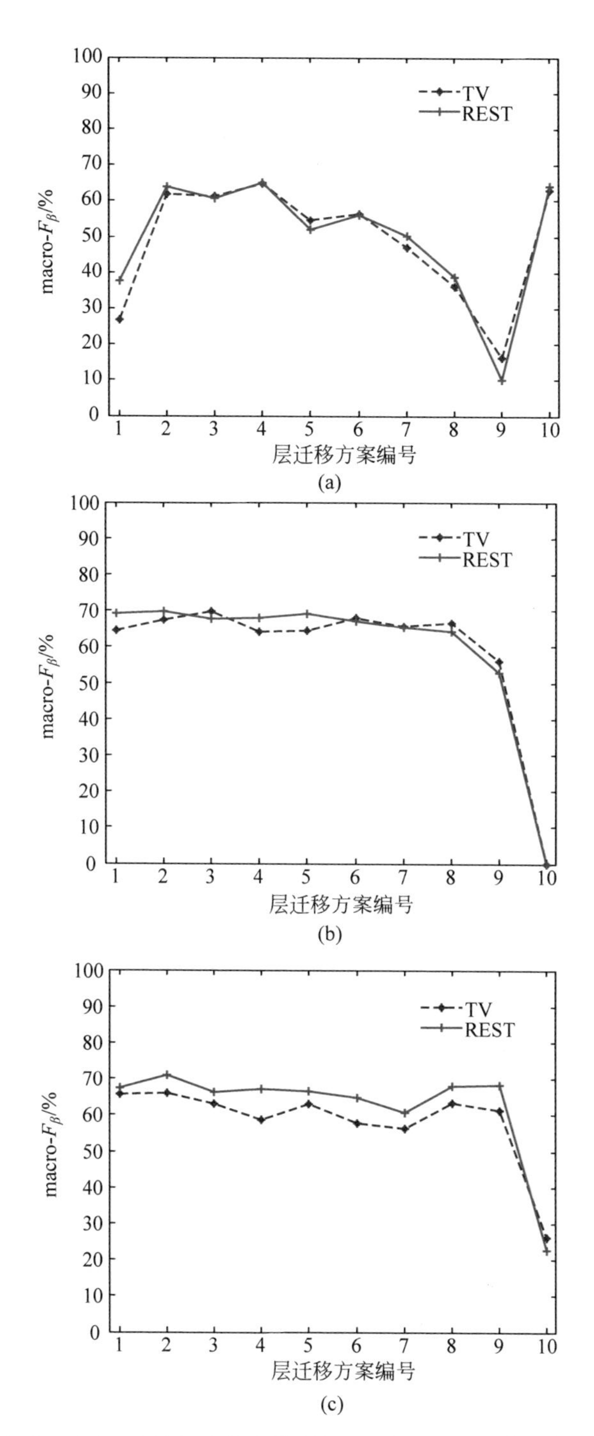

图 3-21　ACARS 数据实验中模型在 TV 与 REST 上的性能对比

(a) $S_1 \rightarrow T$ 时模型在 REST 与 TV 上的性能对比；(b) $S_2 \rightarrow T$ 时模型在 REST 与 TV 上的性能对比；(c) $S_3 \rightarrow T$ 时模型在 REST 与 TV 上的性能对比

3.6 本章小结

本章主要介绍了状态特征提取的一些非线性方法，包括核主元方法、自动编码器及其变种(降噪自动编码器、稀疏自动编码器、收缩自动编码器)、常见的深度学习模型(深度置信网络、堆叠自动编码器、卷积神经网络)。基于核主元分析的状态特征提取方法将输入数据映射到一个新的空间，并在新的空间中进行线性分析，有利于提高特征识别的效果。基于自动编码器的状态特征提取方法能够实现对高维数据的特征提取和特征表示。基于深度学习的状态特征提取方法能够从原始数据中提取高层次、抽象的特征。大量实践表明，当具有足够的数据量时，采用深度学习模型进行状态特征提取是一种有效的方法。针对上述特征提取方法由于缺乏足够的历史数据而导致训练得到的模型泛化性不足的问题，本章提出了一种基于深度迁移学习的状态特征迁移方法，并给出了其在民航发动机气路异常检测中的应用实例。

参考文献

[1] 金向阳. 基于振动样本民航发动机故障诊断方法及其应用研究[D]. 哈尔滨：哈尔滨工业大学，2012.

[2] 罗辉. 基于深度特征提取与迁移的民航发动机气路异常检测方法研究[D]. 哈尔滨：哈尔滨工业大学，2020.

[3] XU Y，ZHANG D，JIN Z，et al. A Fast Kernel-based Nonlinear Discriminant Analysis for Multi-class Problems[J]. Pattern Recognition，2006，39：1026-1033.

[4] XU Y，YANG J Y，LU J F. An Efficient Kernel-based Nonlinear Regression Method for Two-class Classification [C]//Proceedings of the Fourth International Conference on Machine Learning and Cybernetics，Guangzhou，August 2005：4442-4445.

[5] XU Y，YANG J Y，LU J F，et al. A Learning Approach to Derive Sparse Kernel Minimum Square Error Model[C]//The sixth international conference on control and automation，Guangzhou，China，May，2007：1278-1283.

[6] XU Y. A New Kernel MSE Algorithm for Constructing Efficient Classification Procedure [J]. International Journal of Innovative Computing，Information and Control，2009.

[7] MULLER K，MIKA S，RATSCH G. An Introduction to Kernel Based Learning Algorithms [J]. IEEE Trans. On Neural Networks，2001，12(2)：181-201.

[8] 徐勇. 几种线性与非线性特征抽取方法及人脸识别应用[D]. 南京：南京理工大学，2004.

[9] YANG J，JIN Z，YANG J Y，et al. Essence of Kernel Fisher Discriminant：KPCA plus LDA [J]. Pattern Recognition，2004，37(10)：2097-2100.

[10] 杜京义. 基于核算法的故障智能诊断理论及方法研究[D]. 西安：西安科技大学，2006.

[11] 郭磊. 基于核模式分析方法的旋转机械性能退化评估技术研究[D]. 上海：上海交通大学，2009.

[12] 肖健华. 智能模式识别方法[M]. 广州：华南理工大学出版社，2006.

[13] 李岳,温熙森.基于分形与支持向量回归的动力装置运行状态预测模型[J].中国机械工程,2008,19(1):22-25.

[14] MAMANDI A, KARGARNOVIN M H. Dynamic analysis of an inclined Timoshenko beam traveled by successive moving masses/forces with inclusion of geometric nonlinearities[J]. Acta Mechanica,2011,218(1-2):9-29.

[15] 孙运莲.基于分块和核参数选择 KPCA 研究[D].哈尔滨:哈尔滨工业大学,2010.

[16] BOURLARD H,KAMP Y. Auto-association by multilayer perceptrons and singular value decomposition[J]. Biological Cybernetics,1988,59:291-294.

[17] GOODFELLOW I,BENGIO Y.深度学习[M].赵申剑,黎彧君,符天凡,等译.北京:人民邮电出版社,2017.

[18] PASCAL V,HUGO L,YOSHUA B,et al. Extracting and composing robust features with denoising autoencoders[C]//Proceedings of the Twenty-fifth International Conference on Machine Learning,2008:1096-1103.

[19] RANZATO M A, POULTNEY C, CHOPRA S, et al. Efficient Learning of Sparse Representations with an Energy-Based Model [C]//Advances in Neural Information Processing Systems 19:Proceedings of the 2006 Conference,2007:1137-1144.

[20] RIFAI S,VINCENT P,MULLER X,et al. Contractive auto-encoders: Explicit invariance during feature extraction[C]//In: ICML. pp. 833-840. Omnipress (2011).

[21] DAHL G E,ACERO A. Context-Dependent Pre-Trained Deep Neural Networks for Large-Vocabulary Speech Recognition[J]. IEEE Transactions on Audio Speech & Language Processing,2011,20(1):30-42.

[22] YU D,SEIDE F,LI G. Conversational speech transcription using context-dependent deep neural networks[C]//International Conference on International Conference on Machine Learning. Omnipress,2012:1-2.

[23] MOHAMED A R, DAHL G E, HINTON G. Acoustic Modeling Using Deep Belief Networks[J]. IEEE Transactions on Audio Speech & Language Processing,2012,20(1):14-22.

[24] LI D,DONG Y. Deep Learning: Methods and Applications[M]. Boston: Now Publishers Inc.,2014.

[25] LECUN Y,BOSER B,DENKER J S,et al. Backpropagation Applied to Handwritten Zip Code Recognition[J]. Neural Computation,1989,1(4):541-551.

[26] HINTON G E, SALAKHUTDINOV R R. Reducing the dimensionality of data with neural networks[J]. Science,2006,313(5786):504-507.

[27] CIREŞAN D,MEIER U,MASCI J,et al. Multi-column deep neural network for traffic sign classification[J]. Neural Networks the Official Journal of the International Neural Network Society,2012,32(1):333-338.

[28] KRIZHEVSKY A, SUTSKEVER I, HINTON G E. ImageNet classification with deep convolutional neural networks [C]//International Conference on Neural Information Processing Systems. Curran Associates Inc.,2012:1097-1105.

[29] HE K,ZHANG X,REN S,et al. Delving Deep into Rectifiers: Surpassing Human-Level Performance on ImageNet Classification[C]//IEEE International Conference on Computer Vision. IEEE Computer Society,2015:1026-1034.

[30] HINTON G E. A Practical Guide to Training Restricted Boltzmann Machines[J]. Momentum,2010,9(1): 599-619.

[31] SAVICH A W,MOUSSA M. Resource efficient arithmetic effects on RBM neural network solution quality using MNIST[C]//Reconfigurable Computing and FPGAs (ReConFig), 2011 International Conference on,2011.

[32] LECUN Y,BENGIO Y,HINTON G. Deep Learning[J]. Nature,2015,521(7553): 436.

[33] Goodfellow Ian,et al. Deep Learning[M]. MIT Press,2016.

[34] FRIEDMAN J,HASTIE T,TIBSHIRANI R. Regularization Paths for Generalized Linear Models via Coordinate Descent[J]. Journal of Statistical Software,2010,33(1): 1-22.

[35] YOSINSKI J,CLUNE J,BENGIO Y,et al. How transferable are features in deep neural networks? [C]//Advances in neural information processing systems,2014: 3320-3328.

[36] LIU H,LONG M,WANG J,et al. Towards Understanding the Transferability of Deep Representations[J]. arXiv preprint arXiv,2019(1009): 12031.

[37] BEN-DAVID S,BLITZER J,CRAMMER K,et al. A theory of learning from different domains[J]. Machine Learning,2010,79(1-2): 151-175.

[38] BEN-DAVID S,BLITZER J,CRAMMER K,et al. Analysis of representations for domain adaptation[C]//Advances in neural information processing systems,2007: 137-144.

[39] PÉREZ-CRUZ F. Kullback-Leibler divergence estimation of continuous distributions[C]// 2008 IEEE international symposium on information theory. New York: IEEE,2008: 1666-1670.

[40] BORGWARDT K M,GRETTON A,RASCH M J,et al. Integrating structured biological data by Kernel Maximum Mean Discrepancy[J]. Bioinformatics,2006,22(14): e49-e57.

[41] LU W N,LIANG B,CHENG Y,et al. Deep Model Based Domain Adaptation for Fault Diagnosis[J]. IEEE Transactions on Industrial Electronics,2017,64(3): 2296-2305.

[42] WEN L,GAO L,LI X Y. A New Deep Transfer Learning Based on Sparse Auto-Encoder for Fault Diagnosis[J]. IEEE Transactions on Systems Man Cybernetics-Systems,2019, 49(1): 136-144.

[43] PARK J,JAVIER R J,MOON T,et al. Micro-Doppler Based Classification of Human Aquatic Activities via Transfer Learning of Convolutional Neural Networks[J]. Sensors, 2016,16(12): 1-10.

[44] OQUAB M,BOTTOU L,LAPTEV I,et al. Learning and transferring mid-level image representations using convolutional neural networks[C]//Proceedings of the IEEE conference on computer vision and pattern recognition,2014: 1717-1724.

[45] SEMWAL T,YENIGALLA P,MATHUR G,et al. A Practitioners' Guide to Transfer Learning for Text Classification using Convolutional Neural Networks[C]//Proceedings of the 2018 SIAM International Conference on Data Mining,2018: 513-521.

[46] MOU L,MENG Z,YAN R,et al. How transferable are neural networks in nlp applications [J]. arXiv preprint arXiv,2016(1603): 6111.

[47] GUO X,CHEN L,SHEN C. Hierarchical adaptive deep convolution neural network and its application to bearing fault diagnosis[J]. Measurement,2016,93: 490-502.

[48] ORDONEZ F J,ROGGEN D. Deep Convolutional and LSTM Recurrent Neural Networks for Multimodal Wearable Activity Recognition[J]. Sensors (Basel),2016,16(1). 115.

第4章

设备状态的异常检测

4.1 异常检测概述

异常检测是基于预测的运行的重要内容，是保证设备安全运行的关键技术，也是进行基于状态的维修决策和精准服务的重要依据。及时、准确地进行异常检测可使企业科学分配额外的监控资源，提前安排预防性维修措施，减少非计划维修事件的发生，从而降低维修成本，提高设备运行的安全性。状态数据是数据驱动的异常检测的基础。当设备出现状态异常和数据存在粗大误差时，其状态数据都会发生突变。所以，异常检测的任务是判断状态数据是否发生突变以及分析发生突变的具体原因，为设备的状态监测、故障诊断和维修决策提供支持。设备的异常常常表现为点形式异常、上下文异常和聚合异常，不同的异常形式需要采用不同的方法来识别。此外，是否拥有足够的历史异常样本数据对设备异常原因分析也会产生重要影响。本章首先介绍异常及异常检测的定义及分类，其次介绍几种典型的异常检测方法，最后针对航空发动机气路异常检测的特点，介绍基于快速存取记录器(quick access recorder，QAR)数据的间歇性气路异常检测方法与基于飞机通信寻址与报告系统(aircraft communications addressing and reporting system，ACARS)数据的持续性异常检测方法，并给出应用案例[1]。

4.2 异常的定义与分类

目前，公认的异常定义由 Hawkins 提出：异常是远离其他数据而疑为不同机制产生的数据[2]。根据异常的定义，异常一般分为以下 3 种类型[3-5]。

1. 点形式异常

如果数据集中的一个数据点有别于其他数据点，那么这个数据点被称为点形式异常，如图 4-1 所示。这是最常见的异常情况。

2. 上下文异常

如果数据点在特定上下文中是异常的，则称为上下文异常。图 4-2 中，x_1 和 x_2

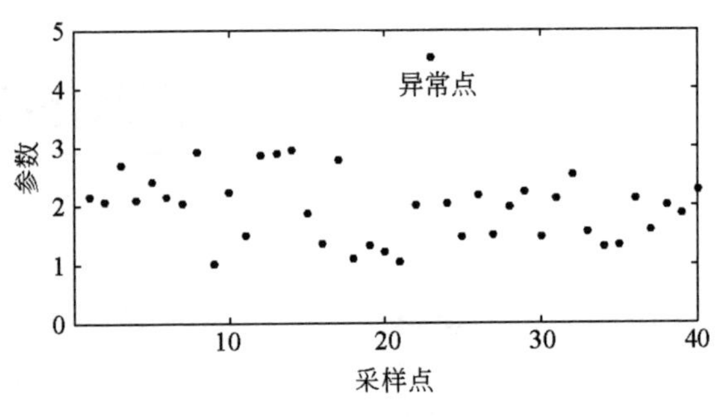

图 4-1　点形式异常示例

的值虽然相近，但是 x_2 和它前后的数据差别不大，变化是缓慢的，因此 x_2 是正常点；而 x_1 点的值和它邻近点的值差别较大，变化较剧烈，因此认为 x_1 是异常点。

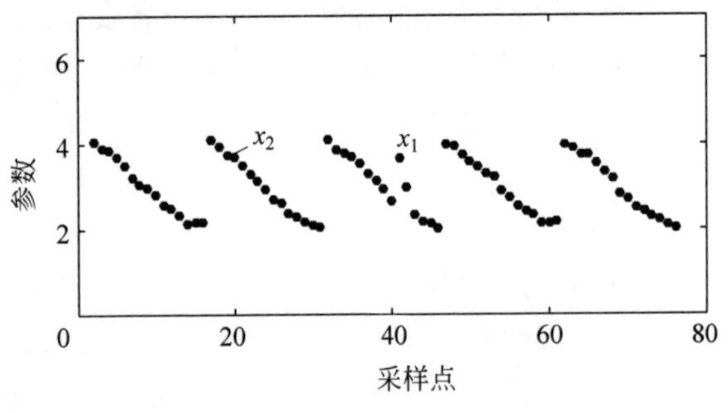

图 4-2　上下文异常示例

3. 聚合异常

如果相近的一段数据点有别于整体数据，那么这段数据点被称为聚合异常。图 4-3 中，有一段数据点的变化规律和其他段的规律明显不同，这种异常就是聚合异常。

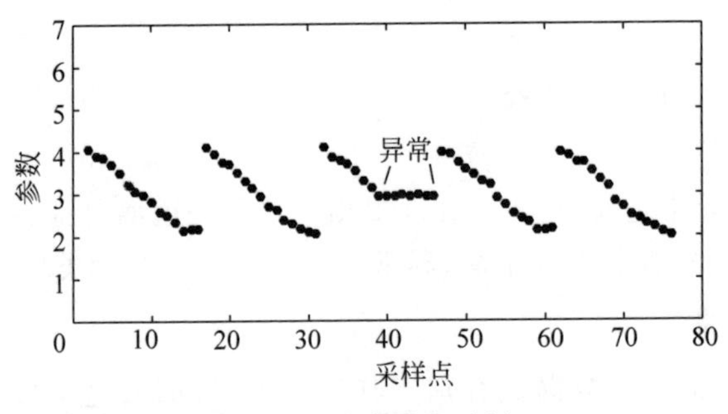

图 4-3　聚合异常示例

根据异常形式的一般划分，结合设备状态参数的数据特点，设备异常分为点形式异常和时间序列异常。设备的点形式异常与一般的点形式异常意义相同。设备的突发故障往往表现为点形式异常，如外物撞击、叶片断裂等。设备状态参数在时间序列各时间点之间具有很强的相关性。很多比较隐蔽的早期故障并不会体现为点形式异常，往往体现在状态参数的时间序列中，这种异常就是设备的时间序列异常。设备时间序列异常属于上下文异常或聚合异常。

异常检测指在数据中发现与预期行为模式不符的数据的过程[6]。数据驱动的异常检测方法根据训练样本有无标签，可以分为 3 大类：监督型异常检测[7]、半监督型异常检测、无监督型异常检测[8]。

监督型异常检测的训练样本的正常类和异常类都有标签，其训练过程本质就是找到输入特征与标签之间的映射关系，其测试过程本质就是当有特征而无标签的测试数据输入时，通过已经训练的模型而得到测试数据的标签[9]。常见的监督型异常检测方法有：BP(back propagation)神经网络[10]、决策树(decision tree)[11]、k 最近邻(k-nearest neighbor，KNN)[12]等。BP 神经网络的优势在于结构简单且异常检测效果较好，但模型需要大量实验确定合适的参数以及花费较长的学习时间。决策树具有结构简单和数据量较小时检测精度高的特点，但模型较复杂时容易出现训练过拟合等现象。KNN 用作异常检测时，具有简单便捷的特点，但检测效果严重依赖于样本的数量，样本数量较小时，异常检测的效果较差。监督型异常检测存在的主要问题是训练样本中的异常样本严重少于正常样本，即样本严重不均衡；难以获取样本准确的标签。在注意这两个问题后，监督型异常检测与一般的监督学习没什么不同。

半监督型异常检测的训练样本中只有正常样本，没有异常样本，其典型的过程是根据正常样本建立模型，然后通过模型判断测试数据中是否有异常。

无监督型异常检测的训练样本没有标签。这种方法往往假设正常样本的数量远远超过异常样本。如果实际情况不符合此假设，则该方法可能导致高的虚警率或漏警率。无监督型异常检测是通过某种方法找出事物之间存在聚集性原因的过程[13]。其结果在聚类的过程中自动生成。常见的无监督型异常检测方法可分为基于密度估计的方法、基于重构的方法和基于支撑域的方法 3 大类[14-16]。

下面对典型的设备异常检测方法进行介绍。

4.3 典型的异常检测方法

4.3.1 基于复制神经网络的异常检测

异常检测

基于复制神经网络的异常检测针对的是单类异常检测问题。单类异常检测是指所有的训练样本只有一种类别标签的异常检测问题，该类别标签一般是正常。复制神经网络最早是由 Hawkins、Williams 等提出的[17,18]。复制神经网络的基本思想是构造一个输入节点数量、输出节点数量均与输入维度相等的多层前馈神经网络,隐藏层的节点数量一般少于输入维度,损失函数为训练样本的重构误差最小,训练完成后,将测试样本输入复制神经网络,并计算各个测试样本的重构误差,该重构误差被称为异常分,通过比较异常分的高低判断各个测试样本是否为异常。可以发现,复制神经网络的结构类似于自动编码器。

文献[17]中的复制神经网络共有5层,即包含3个隐藏层。其中,第2层与第4层的激活函数为双曲正切激活函数,即

$$S_k(\theta)=\tanh(a_k\theta),\quad k=2,4 \tag{4-1}$$

比较特殊的是,第3层采用一个阶梯函数,即

$$S_3(\theta)=\frac{1}{2}+\frac{1}{2(k-1)}\sum_{j=1}^{N-1}\tanh\left[a_3\left(\theta-\frac{j}{N}\right)\right] \tag{4-2}$$

上两式中,k 表示网络层数;a_k 是一个调节参数;N 为阶梯数量。如果 $a_3=100$,$N=4$,则式(4-2)的激活函数如图4-4所示。

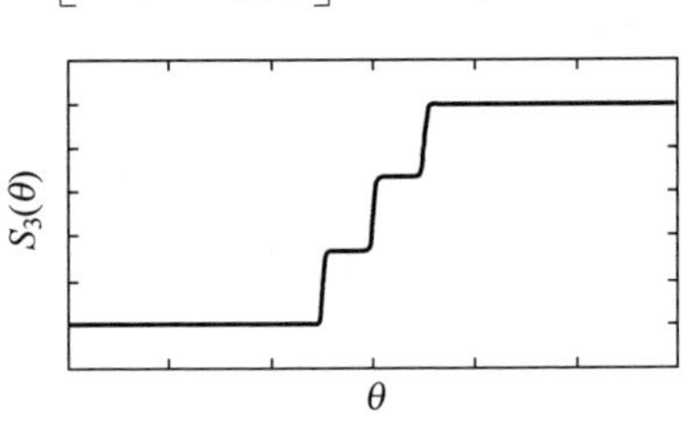

图4-4 阶梯激活函数

从图4-4中可以看出,激活函数为阶梯函数时,可以将输入近似映射为 N 个离散值:$0,\frac{1}{N-1},\frac{2}{N-1},\cdots,1$,这也就意味着把样本映射到了 N 个簇。

当然,如果采用式(4-2)的激活函数,则不能使用反向传播算法来训练复制神经网络。根据文献[19],复制神经网络中所有层均采用传统的sigmoid激活函数也可以工作得很好。

4.3.2 基于孤立森林的异常检测

孤立森林是一种无监督型异常检测方法。孤立森林的设计利用了异常样本的两个特点:①异常样本在孤立森林中被定义为"容易被孤立的离群点";②异常样本少,异常样本特征和正常样本差别较大。在孤立森林中,数据集被递归地随机分割,直到孤立树(iTree)将每个样本点都和其他样本点分离出来。异常点更接近于iTree的根节点,而正常样本点离iTree的根节点较远,这样用少量特征就可以检测出异常。为了便于描述,在孤立森林中引入了iTree和路径的定义。

孤立树的定义:假设 T 是孤立树的一个节点,它要么是没有子节点的叶子节点,要么是只有两个子节点(T_r,T_l)的内部节点。每一步划分,都包含特征 q 和分割值 p,将 $q<p$ 的数据分到 T_r 中,将 $q>p$ 的数据分到 T_l 中。

孤立树的具体建立过程如下:假设 $X=\{x_1,x_2,\cdots,x_n\}$ 表示包含 n 个样本的数据集,每个样本包含 d 个维度(特征)。随机选择一个特征 q 及其分割值 p,递归地分割数据集 X,直到满足以下任意一个条件:①树达到了限制的高度;②节点上

只有一个样本；③节点上的样本所有特征都相同。

路径的定义：样本点 x 的路径长度 $h(x)$ 为从 iTree 根节点到该样本点所在的叶子节点所经历的边的数量。该距离被用来衡量孤立度，距离越短，孤立度越高。

由于 iTree 与二叉查找树具有相同的结构，因此可以用计算二叉查找树中查找失败路径长度的方法，计算所构建孤立树的平均路径：

$$c(n)=\begin{cases}2H(n-1)-2(n-1)/n, & n>2\\ 1, & n=2\\ 0, & \text{其他}\end{cases} \tag{4-3}$$

式中，$H(i)=\ln i+\gamma$，其中 γ 为欧拉常数；n 为叶子节点数；$c(n)$ 为给定 n 时 $h(s)$ 的平均值，用以标准化 $h(x)$。

孤立森林的核心就是通过构建一定数目的孤立树组成森林。具体地，随机采样提取训练集 D 的子集来构建每棵孤立树，以保证孤立树的多样性。而后通过遍历孤立森林中每棵孤立树，计算样本点 x 在每棵孤立树中的路径，根据其路径的长度计算样本点 x 异常的分数，从而判断样本点 x 是否异常。样本点 x 的异常分数由下式计算：

$$s(x,n)=2^{-\frac{E(h(x))}{c(n)}} \tag{4-4}$$

式中，$E(h(x))$ 为 iTree 集合中 $h(x)$ 的期望。当 $E(h(x))\sim c(n)$ 时，$s\sim 0.5$，全部样本中没有明显的异常值；当 $E(h(x))\sim 0$ 时，$s\sim 1$，样本点 x 为异常点；当 $E(h(x))\sim n-1$ 时，$s\sim 0$，样本点 x 有很大的可能为正常点。

4.3.3 基于最近邻的异常检测

基于最近邻的异常检测是一种无监督型异常检测方法。它基于以下假设：正常样本附近的样本多，而异常样本一般远离其最近样本。基于最近邻的异常检测一般需要对两个样本之间的距离或相似性进行量度，比如采用欧氏距离。常见的两种基于最近邻的异常检测方法如下。

方法一：将样本与其第 k 个最近邻的距离作为该样本的异常分，根据该异常分判断该样本是否为异常。异常分越大，该样本为异常的可能性越大。

方法二：将样本的相对密度作为该样本的异常分，根据该异常分判断该样本是否为异常。比如可将样本与其第 k 个最近邻的距离的倒数作为相对密度。异常分越小，该样本为异常的可能性越大。

当问题不满足基于最近邻的异常检测的假设，或者样本数量太少时，基于最近邻的异常检测就不适用了。

4.3.4 基于聚类的异常检测

基于聚类的异常检测也是一种无监督型异常检测方法。常见的 3 种基于聚类的异常检测方法如下。

方法一：假设正常样本属于某一类，而异常样本不属于任何类。适合于这个假设的聚类方法有DBSCAN、ROCK以及SNN等。

方法二：假设正常样本与其最近的类中心的距离很小，而异常样本与其最近的类中心的距离很大。适合于这个假设的聚类方法有SOM、K均值聚类等。

方法三：假设正常样本属于大或密的类，而异常样本属于小或疏的类。适合于这个假设的聚类方法有SOM、K均值聚类等。

4.3.5 基于统计的异常检测

基于统计的异常检测也是一种无监督型异常检测方法。它基于以下假设：正常样本位于某一随机模型的高概率区域，而异常样本处于该随机模型的低概率区域。基于统计的异常检测的一般步骤为：首先采用训练样本估计样本的概率密度函数，然后根据样本的概率密度高低判断其是否为异常。概率密度函数的估计包括参数估计方法和非参数估计方法。参数估计方法主要有最大似然估计和贝叶斯估计。非参数估计方法主要有直方图法、k_N近邻估计法、Parzen窗法等。

4.3.6 应用案例

本节所采用的数据集来源于某航空公司的CFM56-5B2/3型号发动机，选取某台发动机2006年与2017年的所有巡航数据，共计3820个数据点（包含5个异常点）。利用排气温度偏差值、高压转子转速偏差值、燃油流量偏差值建立航空发动机气路异常检测模型，如表4-1所示。

表4-1 某台航空发动机部分数据集

序号	排气温度偏差值/℃	高压转子转速偏差值/%	燃油流量偏差值/%	
1	−28.204	0.268	−4.65	
2	−22.657	0.346	−4.386	
3	−27.045	0.382	−4.402	
4	−29.915	0.442	−4.527	
5	−28.039	0.446	−5.377	
6	−27.878	0.231	−5.935	
⋮	⋮	⋮	⋮	
3018	28.5031	0.9675	0.4005	（异常点）
⋮	⋮	⋮	⋮	
3820	−4.2358	0.4388	−3.6647	

从表4-1中可以看出，航空发动机飞行参数具有不同的数量级，并且数量级之间差别较大，为了消除参数与参数之间的量纲影响，需要对原始飞行参数进行标准

化预处理,以便样本参数之间具有可比性,还能够提高网络训练速率。本节采用 Z-score 标准化方法,使处理后的数据符合标准正态分布。

1. 基于复制神经网络的异常检测

实验参数设置如下:该模型采用随机梯度下降(stochastic gradient descent, SGD)优化算法;考虑二分类问题,中间隐藏层采用 sigmoid 激活函数,其余隐藏层采用 tanh 激活函数;以均方误差(mean square error,MSE)作为损失函数;学习率设置为 0.01,迭代次数设置为 1000,批量大小设置为 128;设置污染量比例 $\alpha=0.003$,用于定义决策函数的阈值;正常样本标注为 1,异常样本标注为 −1。基于复制神经网络的异常检测模型的实验结果如图 4-5 所示。

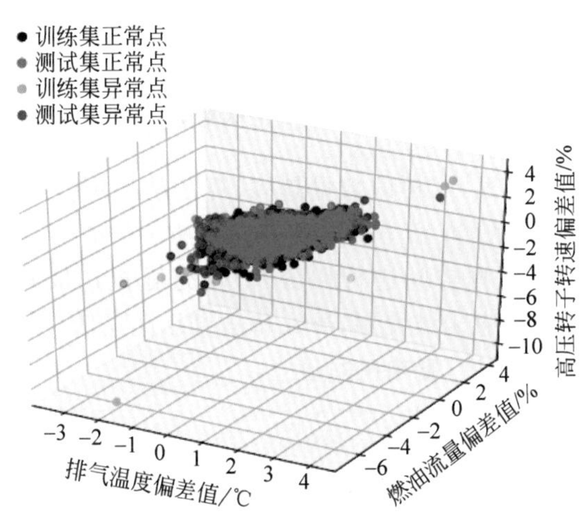

图 4-5　基于复制神经网络的异常检测模型的实验结果

基于复制神经网络的异常检测方法首先利用复制神经网络计算各样本重构误差,进而获取各样本异常分值,通过比较异常分的高低判断各个测试样本是否为异常。此类方法基于深度学习模型,加大了异常检测准确率,但同时存在一定的弊端:①每次调整超参数需要人为设置,不同类样本所需要的阈值是不一样的;②从理论上说,它只能对单类样本单独训练一个模型,不同类型的样本需要使用不同的模型,因此模型维护成本较高,不适用于大规模的异常检测场景。

2. 基于孤立森林的异常检测

实验参数设置如下:孤立森林中 iTree 的棵数 t 设置为 100,每棵 iTree 最高 8 层,且每棵 iTree 均是独立随机选择 256 个数据样本;设置污染量比例 $\alpha=0.003$,用于定义决策函数的阈值;正常样本标注为 1,异常样本标注为 −1。基于孤立森林的异常检测模型的实验结果如图 4-6 所示。

从图中所示结果来看,红色与黑色圆点分别是训练集与测试集上的正常点,呈密集分布;而黄色与蓝色圆点分别是训练集与测试集上的异常点,呈稀疏分布。

孤立森林算法是集成学习算法,具有线性复杂度,自适应的随机分割取值区

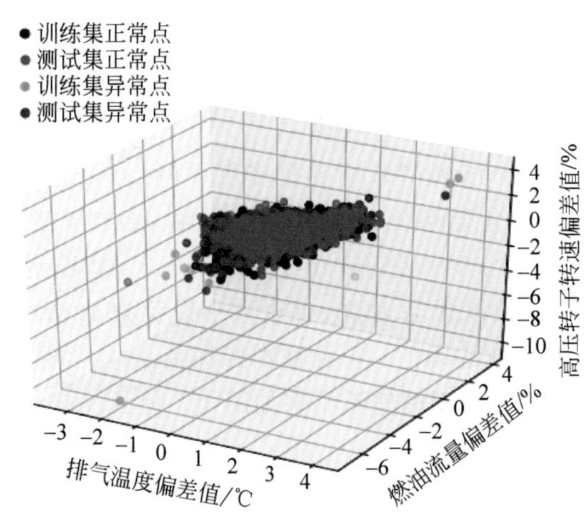

图 4-6　基于孤立森林的异常检测模型的实验结果

间，适用于海量数据集。通常，树的数量越多，算法越稳定。虽然基于孤立森林的异常检测方法检测速度快，准确率高，但同样存在一定缺点：①不适用于高维数据，原因在于其每次对数据空间进行切分时，均是随机选取其中一个维度，建完 iTree 后仍有大量维度信息未被使用，导致算法可靠性降低；②由于高维空间存在大量噪声维度或非关键维度，影响树的建立。

3. 基于最近邻的异常检测

本实验采用 k-NN(k-nearest neighbors)，又称 k 近邻算法。基于 k 近邻的异常检测算法是一种比较简单的检测方法。首先，采用某种量度不同特征值之间距离的方法找出训练集中与测试样本最接近的 k 个训练样本，再将所有样本的 k 近邻距离从大到小进行排序，前 n 个点则为异常点。常用量度距离的方法有欧拉距离、马氏距离、曼哈顿距离等。

实验参数设置如下：最近邻 k 的个数设定为 5；设置污染量比例 $\alpha=0.003$，用于定义决策函数的阈值；距离量度方法采用欧氏距离法；正常样本标注为 1，异常样本标注为 -1。基于 k 近邻算法的异常检测模型的实验结果如图 4-7 所示。

基于 k 近邻算法的异常检测模型无须假设数据先验分布，由于是基于距离量度的方法，因此在很大程度上受到数据维度的制约，当数据维度较低时，该算法效果较好。若异常特征隐藏在少数维度中，基于最近邻的异常检测方法效果较差，此时应优先选择基于孤立森林的异常检测方法。该方法存在如下缺陷：①每次计算需要遍历数据集，不适用于大数据及在线应用；②无法适用于正常点较少、异常点较多的情况；③边界异常点不容易识别，仅可找到全局异常，无法找到局部异常。

4. 基于聚类的异常检测

本实验采用 DBSCAN 无监督聚类算法(density-based spatial clustering of applications with noise)，这是一种典型的密度聚类算法。此类算法首先假设聚类

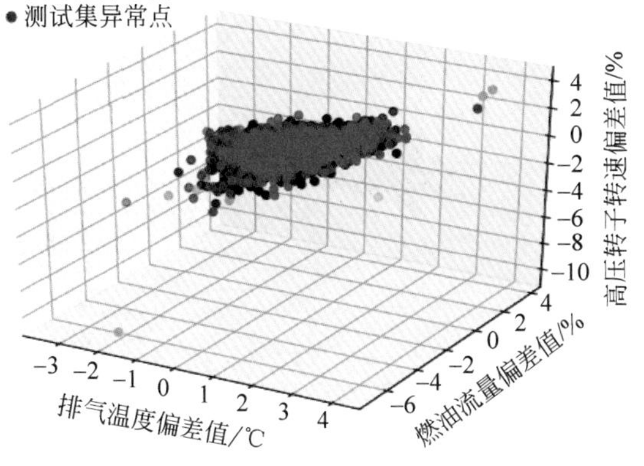

图 4-7　基于 k 近邻算法的异常检测模型的实验结果

结构能够通过样本之间分布的紧密程度来确定。为了充分理解该方法，首先定义如下几个概念。

邻域：对于任意样本 x_i 和给定距离 e，样本 x_i 的 eps 邻域指所有与样本 x_i 距离不大于 eps 的样本集合。

核心对象：若样本 x_i 的 eps 邻域中至少包含 MinPts 个样本，则样本 x_i 可判别为一个核心对象。

密度直达：若样本 x_j 在样本 x_i 的 eps 邻域中，且样本 x_i 为核心对象，则称样本 x_j 由样本 x_i 密度直达。

密度可达：对于样本 x_i 与样本 x_j，如果存在样本序列 $p_1, p_2, \cdots, p_n$，其中 $p_1 = x_i, p_n = x_j$，且 p_{i+1} 由 p_i 密度直达，则称样本 x_j 由样本 x_i 密度可达。

密度相连：对于样本 x_i 与样本 x_j，若存在样本 x_k 使得样本 x_i 与样本 x_j 均可由样本 x_k 密度可达，则称样本 x_i 与样本 x_j 密度相连。

上述所讨论到的 eps 与 MinPts 是定义 DBSCAN 算法的重要超参数。eps 可定义为同一个簇中两个样本之间的最大距离，MinPts 为邻域内最少点的数量。一个基于密度的簇是基于密度可达的最大密度相连的样本集合，不包含在任何密度簇里的样本可被认为是异常点。

实验参数设置如下：eps 设置为 2；MinPts 设置为 5。基于 DBSCAN 的异常检测模型的实验结果如图 4-8 所示。

基于 DBSCAN 的异常检测方法能够在具有噪声的空间数据结构中发现任意形状的簇，通过将聚集密度足够大的相邻区域进行连接，能有效地发现异常点。其优点为：①聚类速度快，能有效发现异常点及任意形状空间类簇；②无须事先给出聚类个数；③属于无监督算法，无须标签数据。其缺点为：①当数据量大时，其计算成本较高；②当空间聚类密度不均匀、聚类间差距较大时，超参数较难设置，异

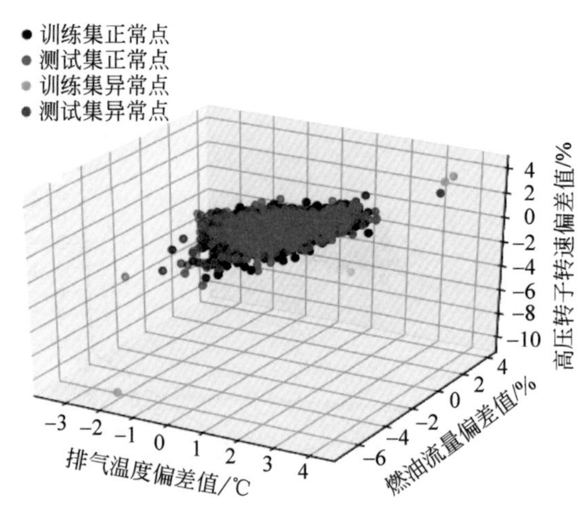

图 4-8 基于 DBSCAN 的异常检测模型的实验结果

常检测效果不明显；③对于高维数据，容易造成“维度灾难”。

5. 基于统计的异常检测

本实验采用基于频数直方图(histogram-based outlier score，HBOS)的无监督异常检测算法，其过程类似于朴素贝叶斯模型，通过基于多维数据各维度的独立性假设，对单个数据维度绘制直方图。对于类别标签值，统计各值出现的次数，并计算相应频率，频率越大，异常评分越小。针对数值特征，可使用如下两种方法：①静态跨度的柱状图；②动态宽度的柱状图

实验参数设置如下：超参数 bins 数量设置为 10；设置污染量比例 $\alpha=0.003$，用于定义决策函数的阈值；正常样本标注为 1，异常样本标注为 −1。基于频数直方图的异常检测模型的实验结果如图 4-9 所示。

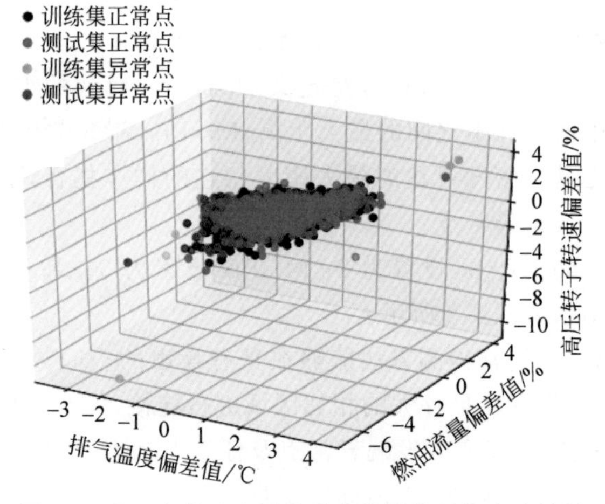

图 4-9 基于频数直方图的异常检测模型的实验结果

基于频数直方图的异常检测方法的优点为：异常检测速度快，适用于大数据情况。其缺点为：①特征相互独立条件较强，与现实情况相悖；②不适用于异常数据过多的情况。

4.4　基于 QAR 数据的航空发动机间歇性气路异常检测

航空发动机在工作过程中有时会出现一些间歇性气路异常，这些异常通常持续时间较短而不易被发现。QAR 数据是发动机气路状态监测的重要数据来源，其采样频率较高，能够完整地记录整个飞行过程，监测的发动机气路参数也比较全面，适合检测发动机的间歇性气路异常。然而，QAR 数据中的性能参数容易受外界环境以及发动机自身工况影响而发生波动，同时 QAR 的数据量较大且其参数数量众多，这些特点都对发动机气路异常检测算法提出了挑战。考虑发动机性能参数差异值对外界环境以及工况变化的敏感度较低，采用发动机性能参数差异值作为模型输入，同时采用无监督特征学习方法提取输入的深度特征表示，以提高发动机间歇性气路异常检测效果。

QAR 大数据分析

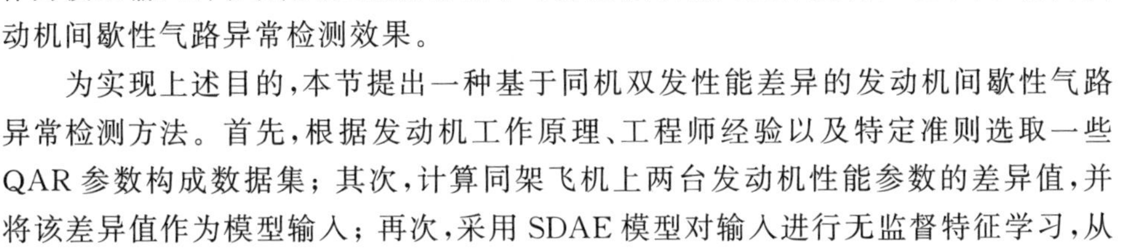

为实现上述目的，本节提出一种基于同机双发性能差异的发动机间歇性气路异常检测方法。首先，根据发动机工作原理、工程师经验以及特定准则选取一些 QAR 参数构成数据集；其次，计算同架飞机上两台发动机性能参数的差异值，并将该差异值作为模型输入；再次，采用 SDAE 模型对输入进行无监督特征学习，从中提取差异性的深度特征表示；最后，在深度特征表示的基础上建立高斯模型进行发动机间歇性气路异常检测。

4.4.1　QAR 数据特点与深度特征提取问题分析

1. QAR 数据特点分析

QAR 系统由机载的 QAR 与地面工作站两部分组成。在飞行过程中，飞行数据获取组件通常会收集飞机上各种传感器以及汇流条中的信息并将其传输给机载的 QAR。当飞机着陆时，QAR 中的飞行数据会被传输到地面工作站进行存储与分析。早期的 QAR 数据一般存储在可移动的存储媒介中，由专人在飞机着陆时取出旧的并更换新的存储媒介。随着技术的进步，该种方法已经逐渐被无线 QAR 所取代，无线 QAR 可以在飞机落地后直接通过无线网将飞行数据传输至地面工作站，省去了人工更换存储介质的时间与劳动。一个典型的 QAR 数据文件布局如图 4-10 所示，其中的飞机号与航班号已经被隐去。

QAR 数据主要具有如下特点：

(1) 采样频率高。工作状态下的 QAR 数据采样频率可以达到 1Hz 甚至更高。因此，QAR 数据能够完整地记录整个飞行过程中的发动机气路状态监测数据。采样频率高同时导致 QAR 记录的数据量巨大，对算法的处理速度提出了挑战。

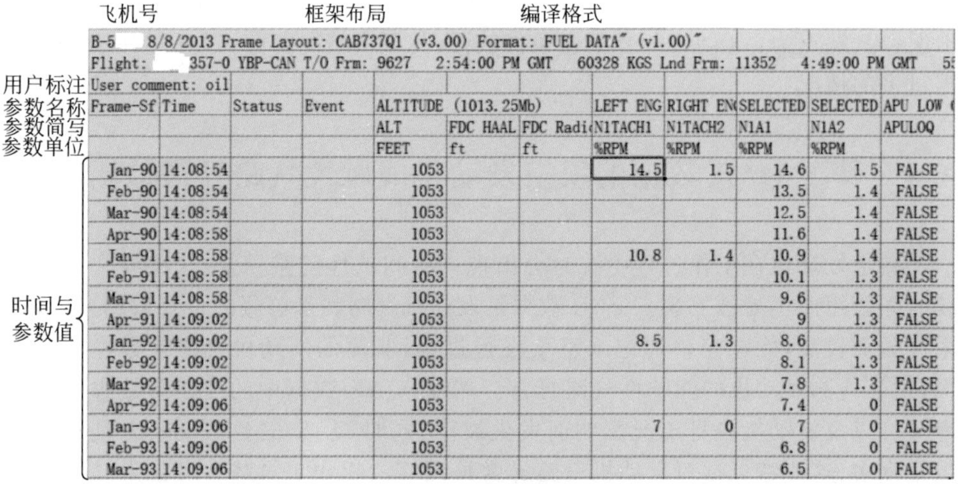

飞机号　　框架布局　　编译格式

	B-5　8/8/2013 Frame Layout: CAB737Q1 (v3.00) Format: FUEL DATA" (v1.00)"											
	Flight:　357-0 YBP-CAN T/O Frm: 9627　2:54:00 PM GMT　60328 KGS Lnd Frm: 11352　4:49:00 PM GMT　5											
用户标注	User comment: oil											
参数名称	Frame-Sf	Time	Status	Event	ALTITUDE (1013.25Mb)			LEFT ENG	RIGHT EN	SELECTED	SELECTED	APU LOW
参数简写					ALT	FDC HAAL	FDC Radi	N1TACH1	N1TACH2	N1A1	N1A2	APULOQ
参数单位					FEET	ft	ft	%RPM	%RPM	%RPM	%RPM	
时间与参数值	Jan-90	14:08:54			1053			14.5	1.5	14.6	1.5	FALSE
	Feb-90	14:08:54			1053					13.5	1.4	FALSE
	Mar-90	14:08:54			1053					12.5	1.4	FALSE
	Apr-90	14:08:58			1053					11.6	1.4	FALSE
	Jan-91	14:08:58			1053			10.8	1.4	10.9	1.4	FALSE
	Feb-91	14:08:58			1053					10.1	1.3	FALSE
	Mar-91	14:08:58			1053					9.6	1.3	FALSE
	Apr-91	14:09:02			1053					9	1.3	FALSE
	Jan-92	14:09:02			1053			8.5	1.3	8.6	1.3	FALSE
	Feb-92	14:09:02			1053					8.1	1.3	FALSE
	Mar-92	14:09:02			1053					7.8	1.3	FALSE
	Apr-92	14:09:06			1053					7.4	0	FALSE
	Jan-93	14:09:06			1053			7	0	7	0	FALSE
	Feb-93	14:09:06			1053					6.8	0	FALSE
	Mar-93	14:09:06			1053					6.5	0	FALSE

图 4-10　典型的 QAR 数据文件布局

(2) 容易受到外界环境与发动机工况变化的影响而发生波动。QAR 数据对外界环境与发动机工况变化比较敏感，一旦上述情况出现变化，QAR 数据中的相关参数便会出现波动。

(3) 监控参数数量与类型众多。以波音 777-200 飞机为例，其 QAR 提供的可下载参数多达 1322 项，基本覆盖了航空飞机状态监控的各个方面。QAR 数据的参数大概可以分为连续量、离散量以及布尔量 3 类。发动机的一些性能参数通常表现为连续变化的数值，比如排气温度(exhaust gas temperature，EGT)、燃油流量(fuel flow，FF)、核心机转速(N_2)等都属于连续量。发动机的飞行阶段参数通常包括停机、滑出、起飞、爬升、巡航、进场、滑入等几种状态，这个参数属于典型的离散量。地面/空中参数属于布尔量，它只有地面与空中两种状态。本章中提出的发动机气路异常检测问题主要依赖于发动机性能参数与外界环境参数，这两类参数主要是连续量。

(4) 每个 QAR 数据文件中包含同架飞机上所有发动机的数据。由于本章中所针对的是普通民航客机，这类飞机大多安装有两台发动机，因此本章中一个 QAR 数据文件包含两台发动机的状态监测数据。

(5) 实时性较差。ACARS 数据可以在飞行过程中直接传输回地面工作站，而 QAR 数据必须要在飞机落地后才能传输回地面工作站。

2. QAR 数据深度特征提取问题分析

尽管当前已经有一些基于 QAR 数据的发动机间歇性气路异常检测的研究，但是它们仍然存在如下两点不足。

首先，很多方法将单台发动机的 QAR 数据直接输入到模型中来提取特征。但是 QAR 数据的一大特点是对外界环境与发动机工况变化比较敏感，容易受到它们的影响而发生波动，因此 QAR 数据的波动有可能是发动机出现间歇性异常导致的，也有可能是外界环境与发动机工况变化导致的。QAR 数据波动原因的不确定性会给提取 QAR 数据的深度特征带来困难，降低提取的 QAR 数据深度特征的质量，从而降低建立的发动机气路间歇性异常检测模型的性能。

其次，大多数方法都基于原始的 QAR 数据或者 QAR 数据的浅层特征建立发动机间歇性气路异常检测模型。由于 QAR 数据参数众多并且相关关系复杂，在原始数据上直接进行异常检测会导致模型输入维度较高，各个输入变量之间冗余严重。此外，原始数据包含的噪声较多。上述两点导致直接在原始的 QAR 数据上建立的发动机气路异常检测模型性能不佳。有一些研究提取了 QAR 数据的浅层特征，降低了输入变量之间的信息冗余，减少了 QAR 数据中的噪声，但是其提取的特征层次较低，提取的特征之间仍然存在一定的冗余，不能很好地反映 QAR 数据的变化模式，导致建立的发动机气路异常检测模型性能无法进一步提高。

4.4.2　联合 SDAE 与高斯分布方法的发动机异常检测

本章提出一种联合 SDAE 与高斯分布方法的发动机异常检测方法。首先，针对单台发动机的 QAR 数据容易受外界环境以及工况变化影响而发生波动导致其深度特征难以学习的问题，采用同架飞机上的发动机性能参数差异值作为模型输入来降低外界环境以及工况变化对 QAR 数据带来的波动影响。其次，采用无监督特征学习方法提取模型输入的深度特征，降低发动机气路间歇性异常检测模型的输入维度，减少各个参数之间的冗余信息，降低数据中的噪声，更好地反映 QAR 数据的变化模式，提升发动机气路间歇性异常检测模型的性能。该方法的具体步骤如下。

1. QAR 数据参数选择

QAR 数据中包含了描述整个飞机状态信息非常丰富的参数，对其译码得到的参数数量少则十几个，多则达到上千个，其中有些参数与发动机的状态信息关系并不大。如果直接将所有参数直接导入到模型中进行异常检测，不仅会极大地增加计算开销与时间成本，而且还会造成部分参数不全、输入信息冗余，降低最终的异常检测效果。

因此在对 QAR 数据进行异常检测之前首先要选取合适的参数，在参数的选择方面一般要考虑如下两点：①该参数在 QAR 数据集中是否有较完整的记录，如果该参数缺失严重，将会极大地影响后续建模计算；②该参数与发动机间歇性异常的密切程度，即当发动机发生间歇性异常时该参数是不是也很有可能出现了超出常规的变化，此时可以根据发动机工作原理以及工程师的经验来选择参数。依照上述两条准则可以在 QAR 数据中选择合适的参数构成发动机气路异常检测参数向量：

$$\boldsymbol{E}=[P_1,P_2,\cdots,P_n] \tag{4-5}$$

式中，$P_1, P_2, \cdots, P_n$ 为发动机气路异常检测选取的参数；$\boldsymbol{E}$ 为发动机气路异常检测参数向量。

2. 同机双发性能参数差异值计算

当前大多数关于发动机的异常检测研究都是将单台发动机的状态监测数据直接导入模型中来识别异常点。这样做存在两点不足：①发动机参数会受到飞行工况、高度、温度、湿度、飞行马赫数等因素的影响而发生明显变化，而异常检测模型很有可能会将这种数据变化判断为异常，增加了虚警的可能性；②依照当前方法需要对每台发动机单独进行一次异常检测，由于每个 QAR 数据文件通常都包含多台发动机的状态监测数据，因此对每个 QAR 数据文件需要运行多次异常检测算法，计算时间较长且效率较低。

以一架 B777-200 客机上二号发动机出现的一次间歇性异常事件为例，两台发动机在巡航阶段的 EGT 及其差异值的数据片段如图 4-11 所示。二号发动机在红色虚线前出现了间歇性异常，而在红色虚线后又恢复了正常状态。从图 4-11(a)中可以发现，在异常前后二号发动机的 EGT 参数总共出现了 3 次顶峰与 3 次底峰(图中紫色矩形范围内)，这极有可能是因为外界环境变化或者飞行员进行相关操作所导致，而不是发动机运行中出现了间歇性异常。但是如果直接将二号发动机的参数输入异常检测模型中，模型很有可能会将 3 次顶峰与 3 次底峰上的数据点判断为异常，增加了异常检测虚警率。

图 4-11(b)中的黑色实线表示两台发动机 EGT 差异。比较两张分图，首先可以发现图 4-11(b)中的黑色实线相对于图 4-11(a)中的绿实线在红色虚线前后的变化更为明显，这说明同架飞机的发动机参数差异值相比于单台发动机参数值对发动机健康状态的变化更加敏感。其次，尽管图 4-11(b)中的黑色实线在红色虚线前后同样出现了 3 次顶峰与 3 次底峰，但是其波动范围大概为 15～50，相比于图 4-11(a)中绿色实线的波动范围(80～120)已经大幅度减小，这表明同架飞机的发动机参数差异相比于单台发动机参数对外界环境以及发动机工况变化的敏感程度降低很多。

每个 QAR 数据文件通常都会记录同一架飞机上所有发动机的状态监测数据；实际工程经验表明同一架飞机上安装的所有发动机所处的工况、外界环境条件、推力大小都比较接近，因此所有发动机的性能参数差异值一般都稳定地保持在一个较小的范围以内；工程实践经验也表明同一架飞机上安装的所有发动机同时出现异常的概率非常小；发动机工程师经常通过观察同一架飞机上安装的所有发动机的参数差异值的变化来判断是否有发动机出现了异常。

基于上述分析，本章提出的方法中将同架飞机上安装的发动机性能参数差异值作为异常检测模型的输入，而不是将单台发动机的性能参数直接输入到模型中。相比于后一种做法，同架飞机上的发动机的性能参数差异值对工况以及外界环境变化的敏感度降低的同时，提升了对发动机健康状态变化的敏感性，降低了异常检测中发生虚警的可能性，同时能够更容易检测到发动机出现的异常。

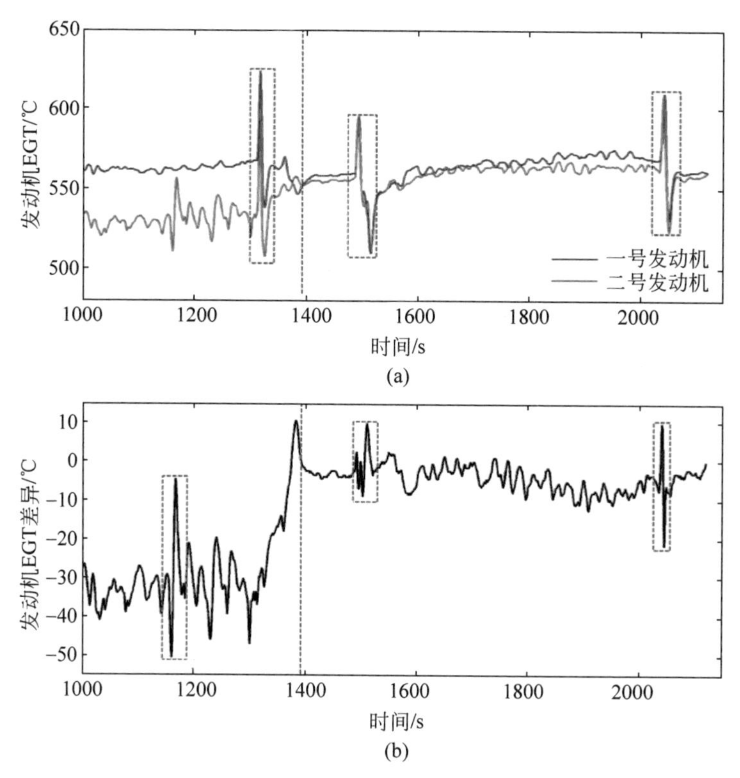

图 4-11　一架飞机上两台发动机的排气温度及其差异值

(a) 巡航阶段两台发动机的 EGT；(b) 巡航阶段两台发动机 EGT 差异值

除此以外，将同架飞机上安装的发动机的性能参数差异值作为模型输入还可以降低计算量，提高计算效率。以往进行异常检测时对单个 QAR 数据文件需要运行多次异常检测算法，本章提出的方法对单个 QAR 数据文件只需运行一次异常检测算法。以一架拥有两台发动机的飞机为例，其性能参数差异值计算如下：

$$\boldsymbol{\Delta}=\boldsymbol{E}_1-\boldsymbol{E}_2=[P_{11}-P_{21},P_{12}-P_{22},\cdots,P_{1n}-P_{2n}] \tag{4-6}$$

式中，$\boldsymbol{\Delta}$ 为两台发动机气路性能参数差异值向量；$\boldsymbol{E}_1$ 为一号发动机气路性能参数向量；$\boldsymbol{E}_2$ 为二号发动机气路性能参数向量；$P_{11},P_{12},\cdots,P_{1n}$ 为一号发动机气路性能参数值；$P_{21},P_{22},\cdots,P_{2n}$ 为二号发动机气路性能参数值。

3. 同机双发性能参数差异值深度特征提取

获得同一架飞机上安装的两台发动机的性能参数差异值以后，下一步便是采用无监督特征学习模型来提取输入数据的特征。当前常见的无监督特征学习模型有 PCA、稀疏编码(sparse coding)、自编码器(autoencoder，AE)[20]、稀疏自编码器[21]、DAE、堆叠自编码器(stacked autoencoder，SAE)、SDAE 等。其中 PCA 是一种最常用的数据降维方法，它的基本原理是选择数据方差最大的方向进行投影，最大化数据的差异性，保留尽可能多的原始数据信息，但是它只能对输入数据进行线性特征变换。稀疏编码的关键是找到一组“超完备”的基向量来更高效地表示样本数据。AE 是通过无监督的方式来学习一组数据的有效表示。稀疏自编码器则是对 AE 的改进版本，其目的是学习一组高维的、稀疏的编码，但是高维的编码表示并不适合于本章中的后续异常检测模型。DAE 同样是 AE 的改进版本，它通过引入降噪操作来增加编码的鲁棒性。SAE 同样是 AE 的变体，它将多个 AE 堆叠起来以获取更加抽象、更加高层的数据表示。SDAE 则融合了 DAE 与 SAE 的优点，因此本章提出的方法中选用 SDAE 来对输入数据进行无监督特征学习。

SDAE 模型是由 Vincent 等提出来的一种无监督特征学习模型，它也是一种广泛使用的深度学习模型[22]。SDAE 模型中的浅层学习单元是 DAE。DAE 与 AE 的共同点在于它们都具有一个对称的神经网络结构，通过最小化重构误差来无监督地学习数据中的特征，找到一个包含丰富信息的压缩表示。它们的不同点在于 DAE 在训练过程中对输入数据引入了噪声，并将重构数据与原始未添加噪声数据之间的误差最小化作为训练目标。通过该项设计，DAE 被训练成从被“污染”的输入数据中重构“干净”的输入，相比于 AE 提取特征的鲁棒性有所提高。一个典型的 DAE 结构如图 4-12 所示。

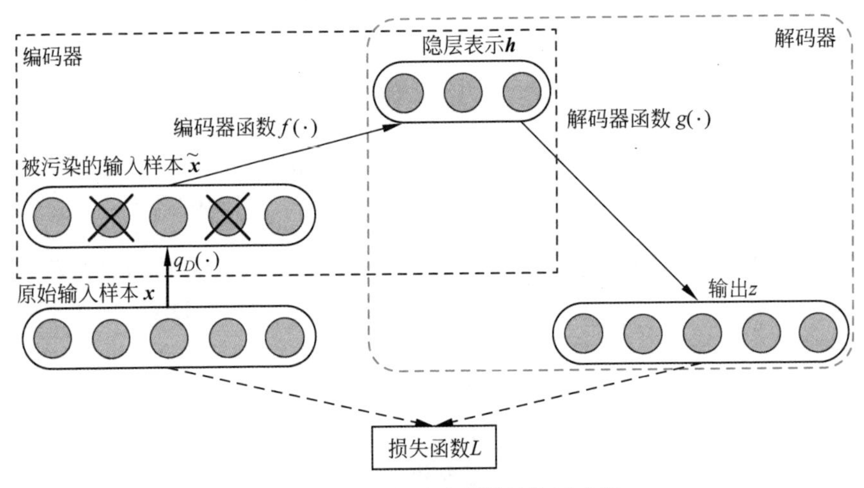

图 4-12　去噪自动编码器结构示意图

如图 4-12 所示，一个 DAE 由编码器和解码器两部分组成。在训练 DAE 的过程中，首先采用隐蔽噪声方法污染输入数据，该方法通过函数 $q_D(\cdot)$在每个样本中随机选取 λ 比例的维度变为 0，即

$$\tilde{\boldsymbol{x}} = q_D(\boldsymbol{x}, \lambda) \tag{4-7}$$

式中，$\tilde{\boldsymbol{x}}$ 为被污染的输入样本；$\boldsymbol{x}$ 为原始输入样本。

其次，$\tilde{\boldsymbol{x}}$ 通过编码器函数 $f(\cdot)$被映射到隐藏层表示 $\boldsymbol{h}$：

$$\boldsymbol{h} = f(\tilde{\boldsymbol{x}}) = \sigma(\boldsymbol{W}\tilde{\boldsymbol{x}} + \boldsymbol{b}) \tag{4-8}$$

式中，σ 为非线性激活函数；$\boldsymbol{W}$ 为输入层与隐藏层之间的权重矩阵；为 $\boldsymbol{b}$ 为输入层与隐藏层之间的偏置向量。

$\boldsymbol{h}$ 通过解码器函数 $g(\cdot)$ 被映射到输出 $\boldsymbol{z}$：

$$\boldsymbol{z}=g(\boldsymbol{h})=\sigma(\boldsymbol{W}'\boldsymbol{h}+\boldsymbol{b}') \tag{4-9}$$

式中，$\boldsymbol{W}'$ 为隐藏层与输出层之间的权重矩阵；$\boldsymbol{b}'$ 为隐藏层与输出层之间的偏置向量。

DAE 的训练目标是使原始输入样本与输出尽可能接近。DAE 的损失函数 L 为

$$L=-\frac{1}{m}\sum_{i=1}^{m}[x_i\ln z_i+(1-x_i)\ln(1-z_i)] \tag{4-10}$$

式中，m 为训练样本的数量；z_i 为第 i 个输出；x_i 为第 i 个原始输入样本。

通过最小化 L，可以得到 DAE 模型的最优参数：

$$\boldsymbol{W}_{\text{opt}},\boldsymbol{b}_{\text{opt}},\boldsymbol{W}'_{\text{opt}},\boldsymbol{b}'_{\text{opt}}=\underset{\boldsymbol{W},\boldsymbol{b},\boldsymbol{W}',\boldsymbol{b}'}{\arg\min}\,L \tag{4-11}$$

式中，$\boldsymbol{W}_{\text{opt}}$ 为优化后的编码器权重矩阵；$\boldsymbol{b}_{\text{opt}}$ 为优化后的编码器偏置向量；$\boldsymbol{W}'_{\text{opt}}$ 为优化后的解码器权重矩阵；$\boldsymbol{b}'_{\text{opt}}$ 为优化后的解码器偏置向量。

使用 SDAE 的目的是为了获得特征表示参数，因此在训练结束后一般都会丢弃解码器参数，将编码器参数 $\boldsymbol{W}_{\text{opt}}$、$\boldsymbol{b}_{\text{opt}}$ 用作特征表示的参数。

4. 面向发动机异常检测的高斯模型构建

经验证，实验数据近似服从高斯分布，因此可以采用半监督的高斯分布方法进行异常检测。该方法的基本假设是数据集服从某个高斯分布，正常数据在该高斯分布中的概率密度较高，而异常数据在该高斯分布中的概率密度较低[23]。与其他半监督方法相比，高斯分布方法具有异常检测效果好、易于编程实现以及计算速度快等优势，可以较好地解决本章中的发动机间歇性异常检测问题。高斯分布方法的基本步骤如图 4-13 所示。

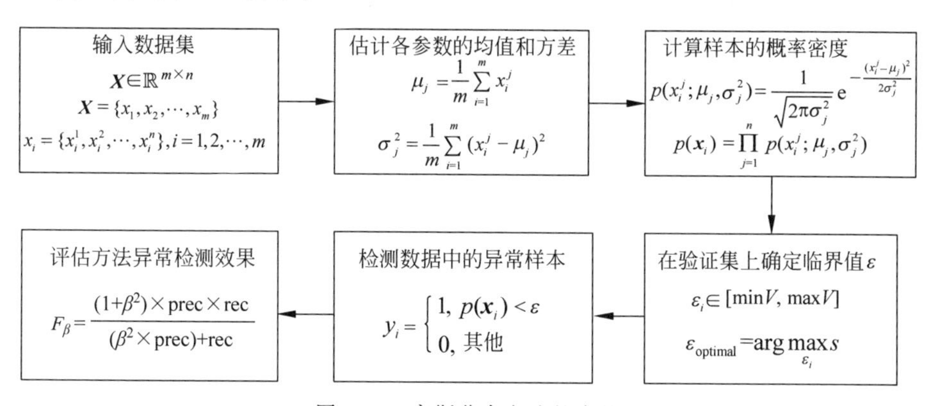

图 4-13　高斯分布方法的步骤

首先对一个数据集 $\boldsymbol{X}\in\mathbb{R}^{m\times n}$，采用最大似然估计方法估计其每个参数的均值和方差：

$$\mu_j = \frac{1}{m}\sum_{i=1}^{m} x_i^j \tag{4-12}$$

$$\sigma_j^2 = \frac{1}{m}\sum_{i=1}^{m} (x_i^j - \mu_j)^2 \tag{4-13}$$

式中，μ_j 为第 j 个参数的均值；σ_j^2 为第 j 个参数的方差；x_i^j 为第 i 个样本的第 j 个参数。

针对每个参数估计出其均值与方差以后，便可以计算每个样本的每个参数在其参数分布中的概率密度。经过 SDAE 无监督特征学习，提取的各个深度特征表示的相关性往往较低，因此可以假设各个参数相互独立，每个样本在高斯分布中的概率密度是所有参数的概率密度之积。第 i 个样本 x_i 在数据集分布中的概率密度用下式计算：

$$p(x_i^j; \mu_j, \sigma_j^2) = \frac{1}{\sqrt{2\pi\sigma_j^2}} e^{-\frac{(x_i^j - \mu_j)^2}{2\sigma_j^2}} \tag{4-14}$$

$$p(x_i) = \prod_{j=1}^{n} p(x_i^j; \mu_j, \sigma_j^2) \tag{4-15}$$

式中，$p(x_i)$为 x_i 在数据集高斯分布中的概率密度。

通常认为概率密度值较低的样本很可能是异常样本。假设存在一个临界值 ε，通过该临界值 ε 可以区分正常与异常样本。正常样本与异常样本的划分如下：

$$y_i = \begin{cases} 1, & p(x_i) < \varepsilon \\ 0, & \text{其他} \end{cases} \tag{4-16}$$

式中，y_i 为第 i 个样本的异常检测结果。

合适的临界值 ε 是保证高斯模型准确地识别异常样本的关键，通常的做法是根据模型在验证集上的异常检测效果确定最优的临界值 ε，验证集中通常需要同时包含正常与异常样本。在根据验证集确定最优的临界值 ε 时，首先需要计算验证集中所有样本的概率密度，然后在验证集样本概率密度的最小值与最大值之间均匀地取值作为候选临界值：

$$\varepsilon_i = v_{\min} + \frac{v_{\max} - v_{\min}}{a-1} \times (i-1), \quad i = 1, 2, \cdots, a \tag{4-17}$$

式中，$v_{\min}$ 为验证集样本概率密度最小值；$v_{\max}$ 为验证集样本概率密度最大值；ε_i 为第 i 个候选临界值；a 为自定义的候选临界值个数。

选取不同的 ε_i 值来对验证集中的所有样本进行异常检测，选取异常检测性能最大时的 ε_i 值作为优化值 $\varepsilon_{\text{optimal}}$，则

$$\varepsilon_{\text{optimal}} = \underset{\varepsilon_i}{\arg\max}\, s \tag{4-18}$$

式中，s 表示越大越好的异常检测性能指标，比如精度、查准率、查全率等。

本章中提出的发动机间歇性气路异常检测方法的总体框架如图 4-14 所示。

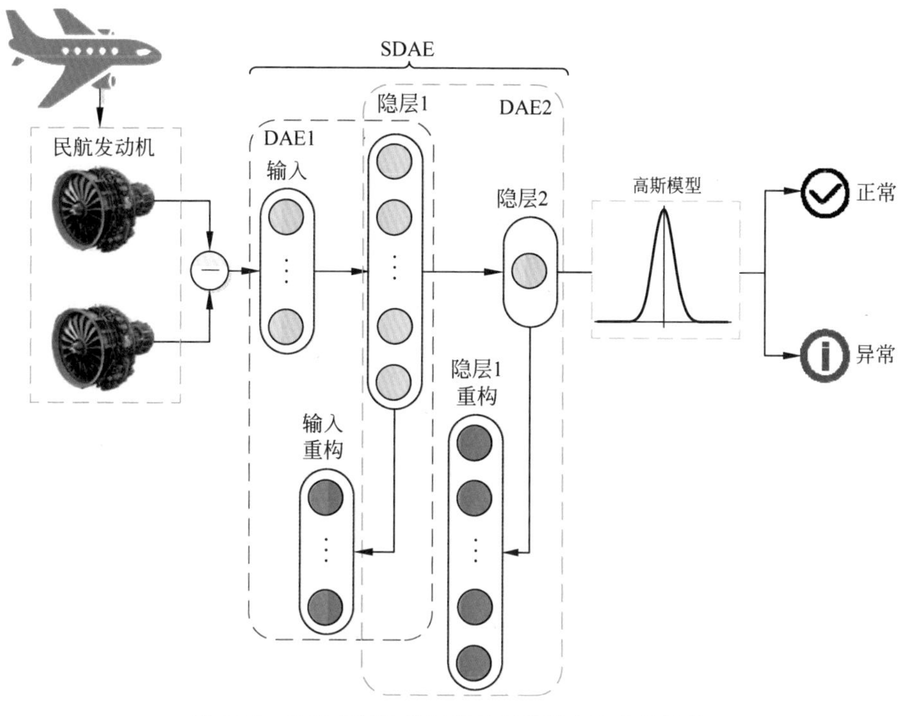

图 4-14　发动机间歇性气路异常检测方法总体框架

5. 发动机异常检测方法性能评估

机器学习中最常用的异常检测性能评估指标是错误率(error)与精度(acc)：

$$\text{error}=\frac{1}{m}\sum_{i=1}^{m}\Pi(h_{\theta}(x_i)\neq y_i) \tag{4-19}$$

$$\text{acc}=\frac{1}{m}\sum_{i=1}^{m}\Pi(h_{\theta}(x_i)=y_i)=1-\text{error} \tag{4-20}$$

式中，Π(・)为指示函数，若・为真则取值为 1，否则取值为 0；h_θ(・)表示学习得到的模型。

上述两个指标虽然常用，但是对于本章中的方法并不适合。工业数据集常常是类别不平衡的，即正常数据较多而异常数据较少。假设当前的数据集有 98 个正常样本和 2 个异常样本，即使模型完全无法识别异常样本，其精度和错误率也会分别达到 98%和 2%。数据类别不平衡的情况下更重要的是识别出的异常样本中有多少是真正的异常或者多少真正的异常样本被识别出来，即模型的查准率与查全率。用 prec 和 rec 分别表示查准率和查全率，有

$$\text{prec}=\frac{\text{tp}}{\text{tp}+\text{fp}} \tag{4-21}$$

$$\text{rec}=\frac{\text{tp}}{\text{tp}+\text{fn}} \tag{4-22}$$

式中，tp 为准确识别出的异常点（是异常并且算法正确判断其为异常）的数量；fp 为假异常点（不是异常并且算法错误判断其为异常）的数量；fn 为假正常点（是异常并且算法错误判断其为正常）的数量。

prec 与 rec 是一对矛盾的评估指标，一个升高往往伴随另一个降低。对于工业异常检测问题，prec 降低可能增加虚警而影响排故效率，rec 降低则可能忽略潜在异常，造成航班延误或取消甚至威胁人身安全。相比之下显然后者危害更大，所以本章中认为发动机气路异常检测中 rec 相比于 prec 更加重要。F_β 融合了查全率与查准率两个指标，并能够表现出对两者不同的重视程度，它的定义为

$$F_\beta = \frac{(1+\beta^2) \times \text{prec} \times \text{rec}}{(\beta^2 \times \text{prec}) + \text{rec}} \tag{4-23}$$

式中，$\beta(\beta>0)$ 为量度 rec 相对于 prec 重要性的参数，$\beta>1$ 时表明 rec 相对于 prec 更加重要。考虑民航业中的安全性相比于经济性更加重要，本章的所有实验中都设置 $\beta=1.25$。

实验中采用留出法进行评估，即将数据集划分为两个互斥的集合，一个作为训练集，另一个作为测试集，用测试集评估在训练集上训练好的模型。由于机器学习中训练集与测试集的划分方式以及初始化参数都会影响最终模型的评估效果，因此单次评估结果往往不够稳定可靠。为此，在实际实验中采用若干次随机划分，重复进行实验评估后的平均值作为留出法的结果。实验中具体使用的指标为宏查准率、宏查全率以及宏 F_β，它们的计算公式如下：

$$\text{macro-prec} = \frac{1}{c}\sum_{i=1}^{c} \text{prec}_i \tag{4-24}$$

$$\text{macro-rec} = \frac{1}{c}\sum_{i=1}^{c} \text{rec}_i \tag{4-25}$$

$$\text{macro-}F_\beta = \frac{(1+\beta^2) \times \text{macro-prec} \times \text{macro-rec}}{(\beta^2 \times \text{macro-prec}) + \text{macro-rec}} \tag{4-26}$$

式中，prec_i 为第 i 次实验的查准率；rec_i 为第 i 次实验的查全率；c 为重复进行实验评估的次数；macro-prec 为宏查准率；macro-rec 为宏查全率；macro-F_β 为宏 F_β。

本节后续的实验评估采用的主要是宏查准率、宏查全率以及宏 F_β 这三个指标。为了表述简洁，后文采用查准率、查全率以及 F_β 作为宏查准率、宏查全率以及宏 F_β 的简写。

4.4.3 应用案例

1. 实验数据

为了较为客观地评估提出方法的异常检测性能，下面采用真实的 QAR 数据来验证上述提出的方法。实验中选取了发生异常之时与恢复正常以后两台发动机

的QAR数据分别作为实验中的异常数据与正常数据。实验中一共搜集了730个正常样本与130个异常样本,随机选取60%的正常样本作为训练集,将其余的正常与异常样本随机平均地划分为验证集和测试集。最终实验中训练集中有438个正常样本,验证集与测试集中都包含146个正常样本与65个异常样本。在实验中选取了QAR数据中的10个参数,每个参数的采样频率都是1Hz,选取的10个参数如表4-2所示。

表4-2 针对发动机间歇性异常选取的10个参数

QAR文件中参数缩写	参数中文含义	参数单位
EGT	发动机排气温度	℃
WF	燃油流量	英镑/h
N1	低压转子转速	%
N2	高压转子转速	%
BP	燃烧室压力	lb/in^2
P25	低压压气机出口总压	lb/in^2
T25	低压压气机出口总温	℃
T3	高压压气机出口总温	℃
SVAPOS	静子叶片作动器开度	%
FMVWF	燃油计量活门燃油流量	英镑/h

为了验证上述提出的将发动机参数差异值作为输入的必要性,构建了两个数据集进行实验。2号发动机在飞行过程中出现了间歇性异常,数据集1是2号发动机的性能参数,而数据集2是1号与2号发动机的参数差异值。两个数据集都包含10个参数,无法直接对其进行可视化分析。因此采用目前最常用的t分布随机邻域嵌入(t-distributed stochastic neighbor embedding,t-SNE)[25]来对数据进行降维可视化从而判断其可分性,如图4-15所示。

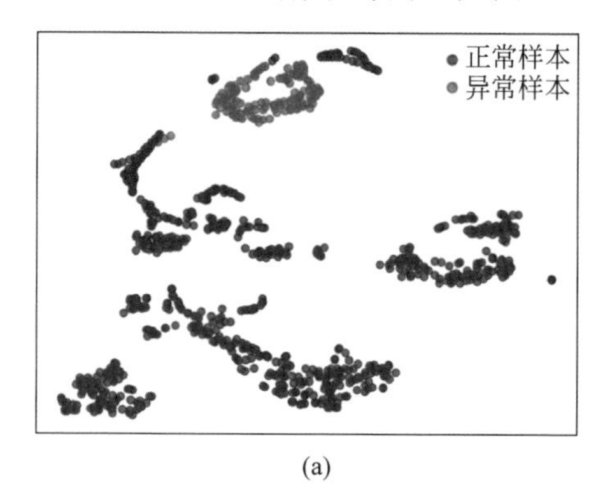

(a)

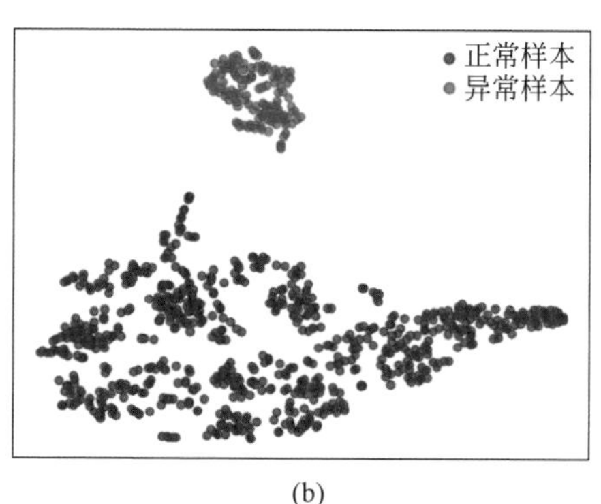

(b)

图4-15 两个数据集的降维可视化图对比

(a) 数据集1的降维可视化图;(b) 数据集2的降维可视化图

从图4-15中不难发现，图(a)中不仅无法用一条直线分开正常样本与异常样本，而且有少量异常样本与正常样本在位置上很接近，甚至是部分重合。而在图(b)中可以用一条直线分开正常样本与异常样本，正常样本与异常样本各自的分布比较集中，并且两类样本之间相距较远。因此数据集2的可分性明显高于数据集1，相同的模型在数据集2上的异常检测效果往往高于数据集1，这验证了提出的发动机参数差异值计算的必要性。

2. SDAE模型超参数设置

我们构建了一个两层的SDAE模型来对两个数据集进行无监督特征学习，该模型是由两个DAE模型DAE1与DAE2堆叠而形成的。SDAE模型的超参数是基于SDAE模型的基本准则、经验以及多次实验结果综合来确定的。根据SDAE模型的基本准则，输入神经元与输出神经元的数量是相等的，因此设置DAE1的输入与输出神经元个数都是10。由文献[25]可知，当第1个隐藏层的维度高于输入层维度时，非线性的自编码器往往能够得到对分类任务更有用的表示，因此DAE1的隐藏层神经元的数量应大于其输入层的神经元数量，将隐藏层神经元的数量设置为12，同时也决定了DAE2的输入与输出神经元个数都为12。为保证后续高斯分布模型的异常检测效果，SDAE提取的最终特征的维度应该较低以尽可能减少信息冗余，保证特征的致密性。上述超参数以外，其他超参数都是基于以往文献以及多次实验的验证结果来设置的。SDAE模型的超参数设置如表4-3所示。

表4-3　堆叠去噪自编码器模型超参数设置

参　数	SDAE	
	DAE1	DAE2
输入层神经元数量	10	12
隐藏层神经元数量	12	1
输出层神经元数量	10	12
激活函数	sigmoid	sigmoid
优化算法	Adadelta	Adadelta
学习率	1	1
噪声率	0.5%	0.5%
迭代步数	100	100
批量大小	16	16

3. 实验结果及分析

在两个数据集上验证提出方法的异常检测效果，并设计了另外两种方法进行对比。其中，第一种方法是不采用自编码器模型进行无监督特征提取，直接将输入数据导入到高斯分布模型中进行异常检测，通过该方法验证对原始数据进行无监督特征提取的必要性；另一种对比方法是采用单层的DAE模型提取输入数据的特征，然后将特征导入高斯分布模型中进行异常检测，通过该方法验证 SDAE 模型的特征提取效果是否强于单层的 DAE 模型。采用 3 种方法在两个数据集中分别进行实验，在异常检测性能量度中采用了 10 次留出法，最终的实验结果如表 4-4 所示，其对应的柱形图如图 4-16 所示。

表 4-4　QAR 数据实验结果

实验编号	数据集	方　法	查准率/%	查全率/%	F_β/%
1	1	高斯分布	87.20±0.00	**100.00**±0.00	94.58
2	1	DAE+高斯分布	90.06±2.14	98.31±1.45	94.91
3	1	SDAE+高斯分布	91.06±3.14	99.08±1.02	95.79
4	2	高斯分布	90.99±2.75	**100.00**±0.00	96.28
5	2	DAE+高斯分布	96.60±2.33	98.46±1.19	97.73
6	2	SDAE+高斯分布	**97.63**±1.75	**100.00**±0.00	**99.06**

注：表格中每一列的最高平均值用粗体表示。

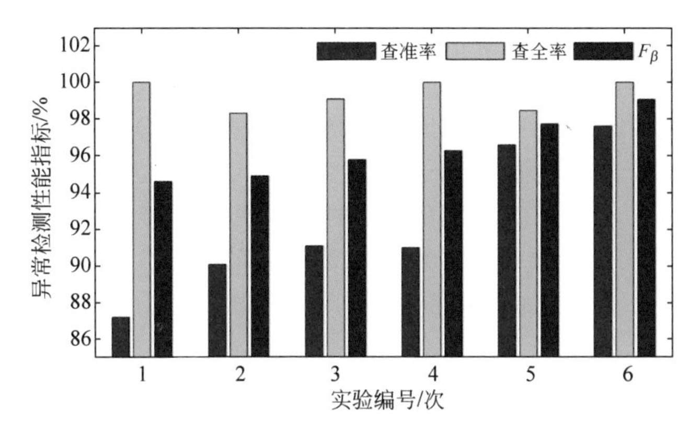

图 4-16　QAR 数据实验结果柱形图

由表 4-4 可以得出如下几点结论。

（1）在数据集 2 上，3 种方法的异常检测效果都高于数据集 1。3 种方法在数据集 2 上的查准率相对于数据集 1 分别提高了 3.79%、6.54%与 6.57%，查全率分别提高了 0、0.15%与 0.92%，F_β 值分别提高了 1.7%、2.82%与 3.27%。由上述数据不难发现，F_β 值的提升主要应该归功于查准率的提高，因为在计算 F_β 时给予了查全率更高的权重，所以 F_β 相对于查准率提高的要少一些。实验结果表明，发动机参数差异值相对于单台发动机参数缓解了外界环境与发动机工况变化带来的影响，能够更好地反映发动机当前的健康状态，减少异常检测过程中的虚警，提高查准率。图 4-16 中两个数据集的降维可视化结果也更加有力地证明了这一点。这些分析与实验结果都表明本章提出的将同机参数差异值作为模型输入的步骤是十分必要的。

（2）DAE+高斯分布方法相对于单独的高斯分布方法具有更好的异常检测效

果。在两个数据集上,DAE＋高斯分布方法相对于单独的高斯分布方法的 F_β 值分别提高了0.33%与1.45%,查准率分别提高了2.86%与5.61%,但是查全率分别下降了1.69%与1.54%。这表明采用DAE模型对输入数据进行无监督特征学习相对于输入数据本身能够获得更好的特征表示,较大程度地减少了虚警,但是小幅地提升了漏警,最终的异常检测效果仍然得到了提升。

(3) SDAE＋高斯分布方法相对DAE＋高斯分布方法具有更好的异常检测效果。在两个数据集上,SDAE＋高斯分布方法相对DAE＋高斯分布方法的 F_β 值分别提高了0.88%与1.33%,查准率分别提升了1%与1.03%,查全率分别提升了0.77%与1.54%。这表明采用SDAE模型进行无监督特征学习相比于DAE模型能够获得更好的特征表示,虚警与漏警的样本数量同时减少。这主要是因为在神经网络中多个非线性层的叠加能够更好地捕捉多变量之间的复杂关系。发动机气路参数之间的关系非常复杂,SDAE模型相比于DAE模型能够提取到数据中的更高层次、更加抽象的特征,而这些特征可以更好地表示参数间的复杂关系以及数据模式,同时减少数据中的次要信息以及噪声,增强模型的鲁棒性。

需要注意的是,根据(3)中的分析,似乎模型越深,提取的特征表示越好,但是实际情况并不是如此。本章中采用的两层SDAE模型在QAR数据上的异常检测效果已经非常不错。如果采用一个更高层数的SDAE模型,不仅异常检测的效果提升空间非常有限,而且SDAE模型层数的增多必然会导致其参数数量增多,提升模型训练难度,有可能导致异常检测效果反而下降。除此以外,其超参数的选择、训练与推理过程会变得更加复杂耗时。因此本章中仅采用两层SDAE模型对数据进行无监督特征学习。

4.5 基于ACARS数据的航空发动机持续性气路异常检测

当前我国航空公司主要依赖于OEM数据进行航空发动机持续性气路异常检测。然而OEM数据通常都被国外的OEM牢牢掌控,航空公司由于不知道发动机性能基线无法自己解算OEM数据。考虑ACARS数据具有易于获取、实时性好、包含的发动机气路状态信息丰富等优势,因而采用ACARS数据代替OEM数据进行发动机持续性气路异常检测。因此需要研究ACARS报文驱动的发动机持续性气路异常检测方法,提高独立自主的发动机持续性气路异常检测能力。

为实现上述目的,本节针对ACARS数据维度高、参数之间关系复杂、对发动机气路健康状况变化反映不明显,以及包含大量噪声的特点,提出一种基于GCDAE的发动机持续性气路异常检测方法。首先,基于ACARS数据各个参数之间的相关性将它们划分为几个彼此独立的变量组;其次,采用DAE对每个变量组内的ACARS数据序列进行无监督特征学习,并将学习获得的参数作为卷积特征映射参数;再次,对每个变量组内的ACARS数据序列独立地进行卷积特征映射与池化操作来提取其深度特征；最后，融合所有变量组的深度特征表示生成特征向量，并在此基础上构建 SVM 模型识别异常样本。

4.5.1　ACARS 报文特点与深度特征提取问题分析

1. ACARS 报文特点分析

ACARS 系统是航空公司为了减少机组人员的工作负荷，提高数据的完整性，在 20 世纪 80 年代末引入的一种在航空器和地面站之间通过无线电或者卫星传输报文的数字数据链系统。飞机上，ACARS 系统由一个被称为 ACARS 管理单元的航电计算机和一个控制显示器单元组成，其中 ACARS 管理单元用来发送和接收来自地面的甚高频无线电数字报文。地面上，ACARS 系统由一个包括多个无线电收发机的网络组成，它可以接收或发送数据链消息，并将其分发到网络上不同的航空公司。ACARS 系统的示意图如图 4-17 所示[26]。

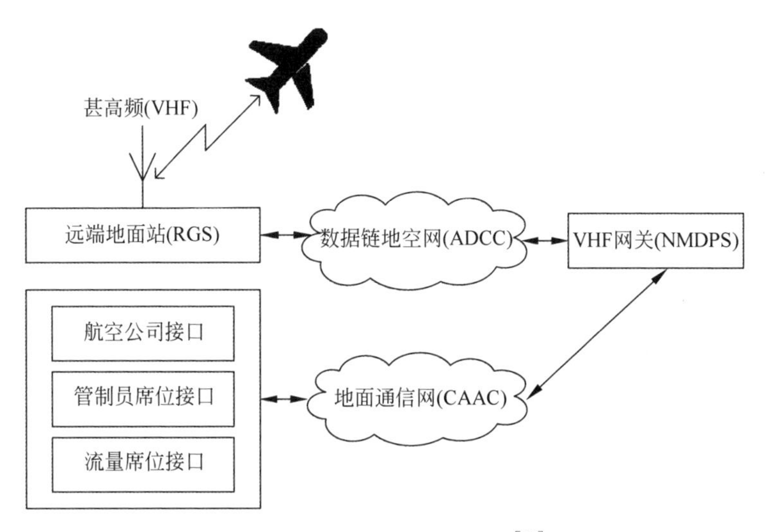

图 4-17　ACARS 系统示意图[26]

与 OEM 数据相比，ACARS 数据作为持续性气路异常检测的数据源具有诸多优势。首先，获取 ACARS 数据较为容易，ACARS 数据会直接传递到航空公司的系统接口而不需要经过 OEM，航空公司自身可以对 ACARS 数据进行译码并分析；其次，ACARS 数据的实时性较好，飞机在飞行过程中能够将 ACARS 数据实时地传输到地面工作站，使得航空公司能够实现对发动机气路健康状态的实时监测；最后，ACARS 数据记录的参数数量通常会达到十几个甚至更多，这些参数包含了丰富的发动机气路健康状态信息。因此，采用 ACARS 数据替代 OEM 数据进行发动机气路异常检测是可行的。为增强航空公司在经济、技术和安全性控制方面的自主性，有必要研究基于 ACARS 数据的发动机持续性气路异常检测。

但是，ACARS 数据作为持续性气路异常检测的数据源也存在一些劣势。某架飞机巡航阶段中一段平滑后的 OEM 数据与对应的 ACARS 数据(仅展示部分参数)对比如图 4-18 所示。从图中不难发现以下几点：首先，ACARS 数据的维度通常要高于 OEM 数据，巡航阶段 ACARS 数据的参数数量可以达到十几个，而 OEM 数据的参数数量通常只有 3 个。其次，ACARS 数据对发动机气路健康状态变化的反映没有 OEM 数据明显，因为在 OEM 数据的计算过程中考虑了发动机性能基线、推力以及外界环境条件的影响，OEM 数据可以被理解为 ACARS 数据的特征表示，其能够较为明显地反映发动机气路健康状态的变化。但是 ACARS 数据中的各个参数受发动机性能基线、推力以及外界环境条件的影响较大，各个参数之间相关关系复杂，发动机气路健康状态的变化通常隐藏在多个参数的复杂变化中。最后，ACARS 数据因为未经预处理而包含大量的噪声，这些噪声很容易干扰分析结果。

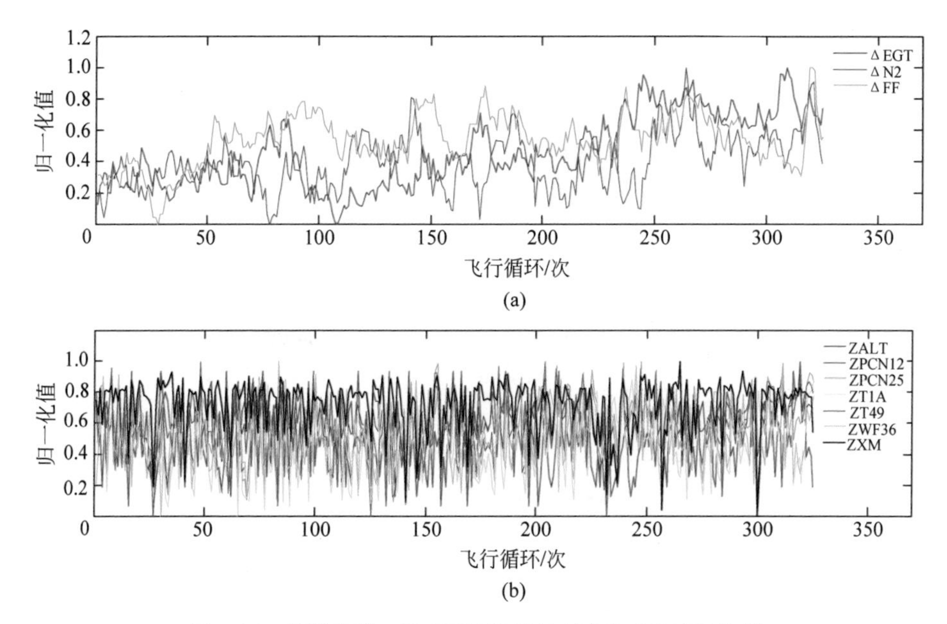

图 4-18　巡航阶段一段 OEM 数据与对应的 ACARS 数据

(a) OEM 数据；(b) ACARS 数据

综上所述，与 OEM 数据相比，ACARS 数据具有获取相对容易、实时性强以及包含发动机气路健康状态信息丰富等优势，但是其同时也具有维度高、各个参数之间相关关系复杂、对发动机气路健康状态变化反映不明显、包含大量噪声等缺点。将 ACARS 数据运用于发动机持续性气路异常检测研究时需要考虑 ACARS 数据的上述特点。

2. ACARS 数据深度特征提取问题分析

由于 ACARS 数据对发动机气路健康状态变化的反映不是那么明显，所以有必要提取 ACARS 数据的深度特征来更加明显地反映发动机气路健康状态的变化。与 OEM 数据一样，ACARS 数据同样是多维时间序列数据，因此本章中采用

CNN模型来提取ACARS数据的深度特征。ACARS数据维度较高、参数之间关系复杂，给ACARS数据的深度特征提取带来困难，导致提取的ACARS数据深度特征难以准确地表征ACARS数据的变化模式，降低发动机持续性气路异常检测模型的性能。同时ACARS数据维度较高，需要构建的CNN模型规模庞大，需要学习的卷积核参数较多，导致训练过程中的计算成本与时间成本也比较高。

数据维度较高除了导致难以提取到表示能力较强的ACARS数据深度特征以外，还会导致需要对大量的训练样本进行学习才能构建一个性能较优的发动机持续性气路异常检测模型。但是在实际工程中针对能够收集到的ACARS数据样本通常比较有限，会影响到构建模型中的参数学习。此外，ACARS数据由于未经过预处理操作通常包含大量的噪声，这些噪声会对模型中的参数学习带来不利影响，降低最终的发动机持续性气路异常检测模型的性能。

4.5.2 基于分组卷积去噪自编码器的发动机气路持续性异常检测

为应对提取ACARS数据深度特征所面临的难点，提出一种GCDAE方法在ACARS数据上进行发动机持续性气路异常检测。首先，针对高维ACARS数据深度特征提取困难的问题，受图像数据特点的启发而引入变量分组策略，依据变量之间的相关性强弱对它们进行分组，将相关性较强的变量放在同一个变量组中，相关性非常弱的变量放在不同的变量组中，之后再在每个变量组上独立地进行后续操作。通过将ACARS数据的所有变量划分为多个变量组，提高了模型提取特征的表示能力，且能够有效减少模型的参数数量，降低其计算开销与时间成本。

针对构建一个性能较优的发动机持续性气路异常检测模型需要大量ACARS数据样本的问题，提出采用无监督学习的方法获取卷积特征映射参数，这样可以明显降低对大量带有标签的ACARS数据样本的需求，降低计算成本与时间成本。同时考虑ACARS数据包含大量噪声，采用DAE模型对卷积特征映射参数进行无监督学习，这样可以在一定程度上消除ACARS数据中的噪声。GCDAE方法的具体步骤如下。

1. ACARS数据参数分组策略

在计算机视觉领域，通常对局部图像块进行无监督特征学习来获取CNN模型的参数[27]，这是因为局部图像块中各像素之间的联系较为紧密，相关性较强，此时提取的特征表示能力较强。受此启发，为提高所提取特征的表示能力，同时降低需要学习的参数数量，首先根据相关性对ACARS变量进行分组，将相关性较强的变量放在相同组，将相关性较弱的变量放入不同组。目前常用的变量分组方法有k-means、独立变量分组分析、凝聚独立变量分组分析（agglomerative independent variable group analysis，AIVGA）等。考虑到AIVGA方法具有自动确定最优分组数量、计算速度快等优势，本章中采用AIVGA方法对ACARS数据变量进行分组。

给定一个 m 维 ACARS 数据矩阵 $\boldsymbol{X}=[\boldsymbol{x}_1,\boldsymbol{x}_2,\cdots,\boldsymbol{x}_m]$,$\boldsymbol{x}_i=[x_i(1),x_i(2),\cdots,x_i(T)]^{\mathrm{T}}$ 是第 i 个参数的时间序列构成的向量,其长度为 T。AIVGA 算法的目的是将 ACARS 数据的 m 维变量分割成 n 个互不相连的子集 $G=\{G_i \mid i=1,2,\cdots,n\}$,使得不同变量组的模型 H_i 的边缘对数似然估计总和最大化。为获得边缘对数似然估计的近似值,采用变量贝叶斯近似 $q_i(\boldsymbol{\theta}_i)$ 拟合不同变量组模型的后验分布 $p(\boldsymbol{\theta}_i \mid \boldsymbol{X}_{G_i},H_i)$[28]。模型拟合过程中成本函数 C 被最小化,C 由下式计算:

$$
\begin{aligned}
C(G) &= \sum_i C(\boldsymbol{X}_{G_i} \mid H_i) = \sum_i \int \ln \frac{q_i(\boldsymbol{\theta}_i)}{p(\boldsymbol{X}_{G_i},\boldsymbol{\theta}_i \mid H_i)} q_i(\boldsymbol{\theta}_i)\mathrm{d}\boldsymbol{\theta}_i \\
&= \sum_i [D_{\mathrm{KL}}(q_i(\boldsymbol{\theta}_i) \parallel p(\boldsymbol{\theta}_i \mid \boldsymbol{X}_{G_i},H_i)) - \ln p(\boldsymbol{X}_{G_i} \mid H_i)] \\
&\geqslant -\sum_i \ln p(\boldsymbol{X}_{G_i} \mid H_i)
\end{aligned} \tag{4-27}
$$

式中,$D_{\mathrm{KL}}(q \parallel p)$为 q 和 p 之间的 Kullback-Leibler(KL)散度。

成本函数与互信息的近似关系为

$$
\begin{aligned}
&C(G) \geqslant -\sum_i \ln p(\boldsymbol{X}_{G_i} \mid H_i) \approx TI_G(\boldsymbol{x}) + TH(\boldsymbol{x}) \\
&I_G(\boldsymbol{x}) = \sum_i H(\{\boldsymbol{x}_j \mid j \in G_i\}) - H(\boldsymbol{x})
\end{aligned} \tag{4-28}
$$

式中,$H(\boldsymbol{x})$为随机向量 $\boldsymbol{x}$ 的熵;$I_G(\boldsymbol{x})$为分组 G 的互信息。

2. 卷积特征映射参数的无监督学习

DAE 模型容易构造、降维效果好、去噪能力强、提取的特征差异性与鲁棒性较强。因此本章中采用 DAE 模型分别对每个变量组的 ACARS 序列进行无监督特征学习。

FCDAE 方法将所有变量作为一个 DAE 模型的输入,提取的每个特征都是所有变量的函数。采用 FCDAE 方法提取的 ACARS 数据特征集合为

$$
F_{\mathrm{e}} = \{f_1(x_1,x_2,\cdots,x_m), f_2(x_1,x_2,\cdots,x_m),\cdots\} \tag{4-29}
$$

式中,F_{e} 表示提取的 ACARS 数据特征集合;f_1,f_2 分别为提取特征的函数。

GCDAE 方法中针对每个变量组 G_i 的 ACARS 数据序列都单独训练了一个 DAE 模型,因此 DAE 模型的数量等于变量组的数量。每个 DAE 模型提取的所有特征都是对应变量组中 ACARS 变量的函数。假设 ACARS 数据的 m 个变量被划分为 G_1、G_2 两个变量组,则此时提取的 ACARS 数据特征集合为

$$
\begin{cases}
G_1 \cap G_2 = \varnothing \\
F_{\mathrm{e}} = \{f_{11}(G_1), f_{12}(G_1),\cdots, f_{21}(G_2), f_{22}(G_2),\cdots\}
\end{cases} \tag{4-30}
$$

式中,f_{11}, f_{12} 为变量组 G_1 上提取的特征函数;f_{21},f_{22} 为变量组 G_2 上提取的特征函数。

将无监督特征学习放在每个变量组的 ACARS 数据上独立进行而不是直接在

包含所有变量的 ACARS 数据上进行至少有两点好处。

首先，对每个变量组中的 ACARS 数据独立地进行无监督学习提取的深度特征往往能够更好表示 ACARS 数据的分布。这是因为将大型问题转化为可以独立建模的子问题通常可以降低建模难度，提高模型的紧密性。由文献[28]可知，依据 ACARS 变量的相关性强弱将其划分为多个变量组，独立对每个变量组的数据进行建模可以获得更加紧密有效的模型。

其次，由于添加了变量分组操作，GCDAE 方法中的卷积特征映射参数数量相比 FCDAE 方法明显减少，计算开销与时间成本明显降低。假设进行无监督特征学习的 ACARS 数据片段长度为 l，DAE 模型的输入节点数量为 $m\times l$，为保证提取的特征不丢失过多信息，隐藏层节点数量通常比输入层节点数量稍微少点，则此时 DAE 模型的隐藏层节点数量为 $m\times l-s_1(s_1\ll m\times l)$。假设 ACARS 数据的 m 个变量被平均地划分为 n 组，则每个 DAE 模型的输入层节点数量为 $m\times l/n$，隐藏层节点数量为 $m\times l/n-s_2(n\ll m\times l, s_2\ll m\times l/n)$。FCDAE 方法与 GCDAE 方法的各项指标对比如表 4-5 所示。

表 4-5　FCDAE 方法与 GCDAE 方法的各项指标对比

指　　标	FCDAE 方法	GCDAE 方法
DAE 输入节点数量	$m\times l$	$m\times l/n$
DAE 隐藏层节点数量	$m\times l-s_1$	$m\times l/n-s_2$
DAE 输出节点数量	$m\times l$	$m\times l/n$
DAE 参数数量	$2(m\times l+1)(m\times l-s_1)$	$2(m\times l/n+1)(m\times l/n-s_2)$
DAE 数量	1	n
卷积特征映射参数数量	$(m\times l+1)(m\times l-s_1)$	$n(m\times l/n+1)(m\times l/n-s_2)$

GCDAE 方法与 FCDAE 方法的卷积特征映射参数之比为

$$\frac{n(m\times l/n+1)(m\times l/n-s_2)}{(m\times l+1)(m\times l-s_1)}=\frac{m\times l+n}{m\times l+1}\times\frac{m\times l/n-s_2}{m\times l-s_1}$$
$$\approx 1\times\frac{m\times l/n}{m\times l}=\frac{1}{n}<1 \tag{4-31}$$

GCDAE 方法中的卷积特征映射参数数量近似减少为 FCDAE 方法的 $1/n$。在每个变量组的 ACARS 数据上独立地学习卷积特征映射参数不仅可以减少参数数量、降低计算开销与时间成本，还有利于实现 DNN 的并行训练。由文献[29]可知，并行训练可以突破单台设备的性能极限，训练更大规模的 DNN 并获得更高的精度。

卷积特征映射参数的无监督学习如图 4-19 所示。由于 DAE 模型的输入只能是一维向量，因此每个变量组的 ACARS 数据片段需要转化为一维向量 $\boldsymbol{A}$ 才能够导入到 DAE 中。图 4-19 中 DAE 的隐藏层表示为 $\boldsymbol{h}$，优化后可以得到编码器的最优权重矩阵 $\boldsymbol{W}_{\mathrm{opt}}$ 与最优偏置向量 $\boldsymbol{b}_{\mathrm{opt}}$。$\boldsymbol{W}_{\mathrm{opt}}$ 与 $\boldsymbol{b}_{\mathrm{opt}}$ 分别转化为卷积核 $\boldsymbol{W}$ 与偏置向量 $\boldsymbol{b}$ 在卷积特征映射过程中使用。

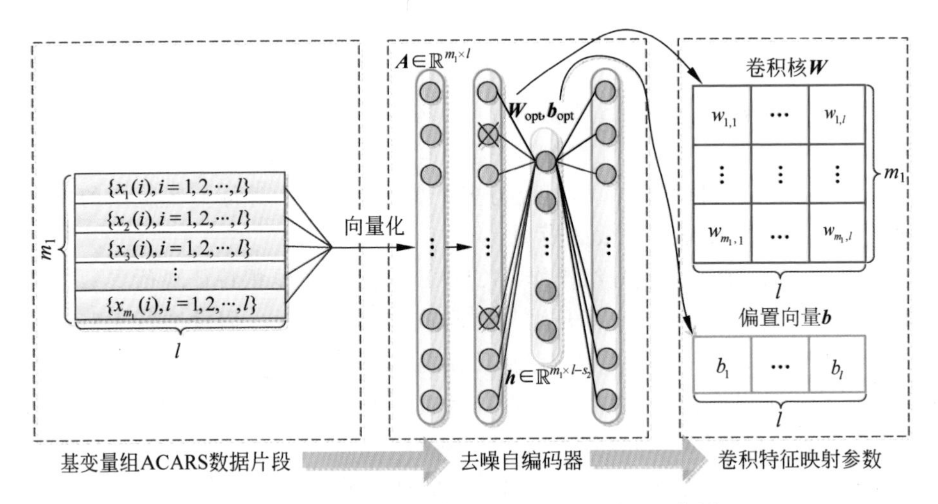

图 4-19　卷积特征映射参数的无监督学习示意图

3. 卷积特征映射与池化

为了通过增加训练样本的数量来提升模型性能，本章中采用滑动窗方法生成 ACARS 数据样本。假设滑动窗口长度为 d，滑动步长为 d_s，某个变量组的 ACARS 数据维度为 m_1。当滑动窗口的起始点到达 ACARS 数据的第 i 列时，其起始点是第 i 点而结束点是第 $i+d-1$ 点。获得当前窗口的 ACARS 数据样本以后，滑动窗口前移一步，此时滑动窗口的起始点和结束点分别变为第 $i+d_s$ 点和第 $i+d+d_s-1$ 点，新的 ACARS 数据样本生成。滑动窗口在 ACARS 数据中不断向前滑动以生成新的 ACARS 数据样本，直至到达 ACARS 数据的末端，如图 4-20 所示。

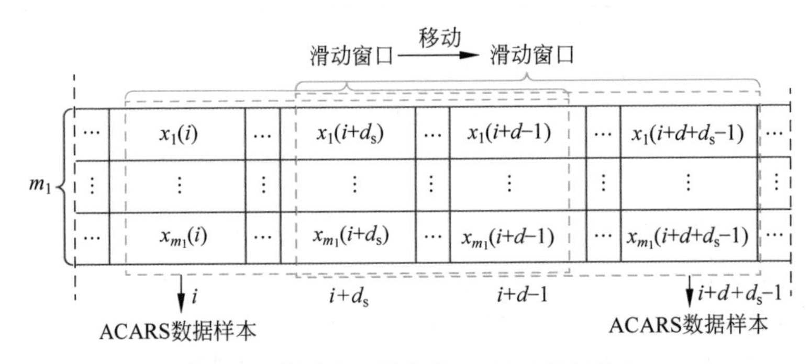

图 4-20　滑动窗口提取的 ACARS 数据样本

采用上一步骤学习获得的 $\boldsymbol{W}$ 与 $\boldsymbol{b}$ 对每个变量组的 ACARS 数据样本独立进行卷积特征映射来提取其深度特征。值得注意的是，进行卷积特征映射以前需要对所有的 ACARS 数据样本进行归一化处理，这是因为卷积特征映射参数是在归一化以后的 ACARS 数据片段上无监督特征学习得到的。卷积特征映射计算如下：

$$\boldsymbol{f}_{\mathrm{m}}=\sigma(\boldsymbol{s} * \boldsymbol{W}+\boldsymbol{b}) \tag{4-32}$$

式中，* 为卷积运算符号；f_m 为某变量组的卷积特征图；σ 为激活函数；s 为某变量组的 ACARS 数据样本。

根据图像局部相关原理，图像某个区域内只需一个像素点就能表达整个区域的信息，因而在 CNN 模型的结构中加入了池化函数。池化函数使用某一位置相邻输出的总体统计特征来代替网络在该位置的输出，例如最大池化函数给出了相邻矩形区域内的最大值。池化函数能够选择比较明显的数据特征，降低特征维度，提高网络计算效率。较为常用的池化方法有最大池化、平均池化、空间金字塔池化、随机池化，L^2 池化等[29-31]。池化紧随卷积操作之后，在每个变量组的 ACARS 数据样本的卷积特征图上独立进行。

完成池化操作以后，将所有变量组的 ACARS 数据样本的深度特征融合起来构成每个样本的特征向量。考虑 SVM 在解决非线性以及高维数据分类问题方面的较强优势，在每个样本的特征向量上构建 SVM 模型来识别 ACARS 数据中的异常样本。

4. 发动机气路持续性异常检测完整流程

GCDAE 方法的整体框架如图 4-21 所示。C_i 与 C'_i 分别是变量组 1 的卷积特征图 1 与变量组 2 的卷积特征图 2 中的第 i 个元素，P_i 与 P'_i 分别是变量组 1 的池

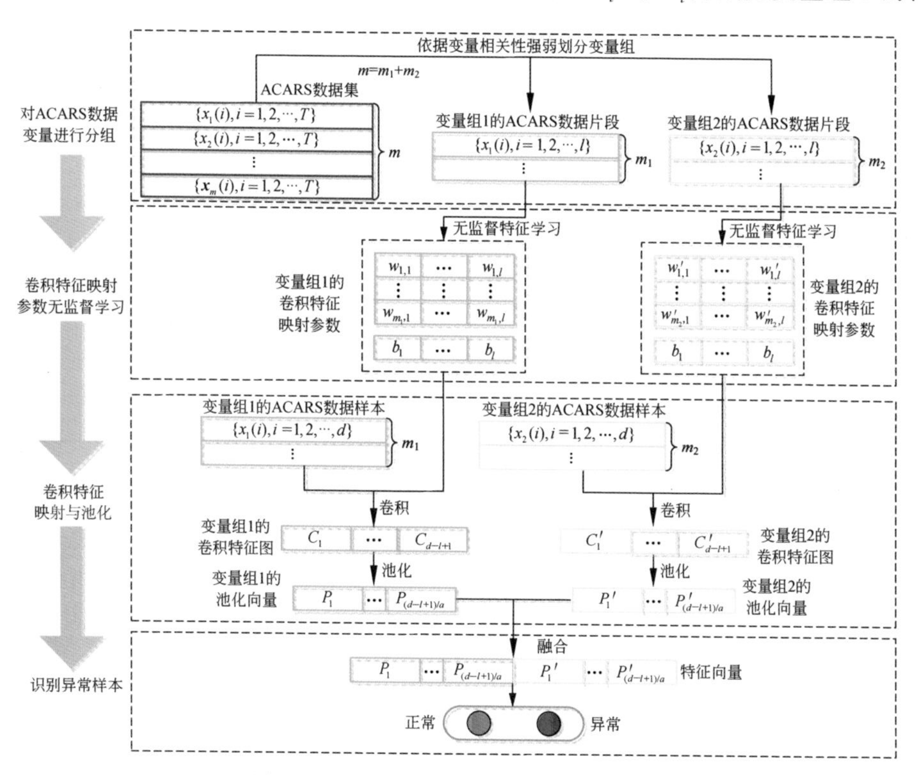

图 4-21 GCDAE 方法的整体框架示意图

化向量与变量组 2 的池化向量中的第 i 个元素，a 表示池化维度。GCDAE 方法的主要步骤为：①依据 ACARS 数据变量之间的相关性强弱划分变量组；②独立地对每个变量组的 ACARS 数据片段进行无监督特征学习来获取卷积特征映射参数；③独立地对每个变量组的 ACARS 数据样本进行卷积特征映射以及池化操作来提取其深度特征；④融合所有变量组的深度特征生成特征向量，并在特征向量上采用 SVM 检测异常样本。

4.5.3 应用案例

1. 实验数据

在真实的 ACARS 数据上进行实验，比较 GCDAE 方法与其他几种方法的异常检测性能。收集全新或大修以后的发动机稳定工作一段时间后的 ACARS 时间序列数据作为正常样本，采用 CNR 记录的且经过维护操作确认的异常所发生的时间段内的发动机 ACARS 时间序列数据作为异常样本。本实验中选用的 CFM56-7B26 发动机的 ACARS 参数如表 4-6 所示。

表 4-6 实验中 CFM56-7B26 发动机的 ACARS 参数

编号	简写	参数名	编号	简写	参数名
1	ZALT	高度	11	ZTLA_D	油门杆角度散度
2	ZPCN12	风扇指示转速	12	ZTOIL	油温
3	ZPCN25	核心机指示转速	13	ZVB1F	风扇前部振动
4	ZPCN25_D	核心机指示转速散度	14	ZVB1R	风扇后部振动
5	ZPHSF	风扇振动前相位	15	ZVB2F	核心机前部振动
6	ZPHSR	风扇振动后相位	16	ZVB2R	核心机后部振动
7	ZPOIL	油压	17	ZWF36	燃油流量
8	ZT1A	大气总温	18	ZWF36_D	燃油流量散度
9	ZT49	排气温度	19	ZXM	马赫数
10	ZT49_D	排气温度散度			

根据 CNR 的记录，实验中选定的所有发动机都至少出现过一次异常。具体发生的异常类型包括排气温度指示系统异常、燃油流量指示系统异常、大气总温指示系统异常等。实验中 CNR 判断发生异常的开始期与航空公司采取维护措施的结束期以内的 ACARS 数据被认为是异常样本，其他时间内发动机的 ACARS 数据都被认为是正常样本。

2. 实验设置

将归一化处理以后的实验数据作为 AIVGA 算法的输入，ACARS 变量分组结果如图 4-22 所示。

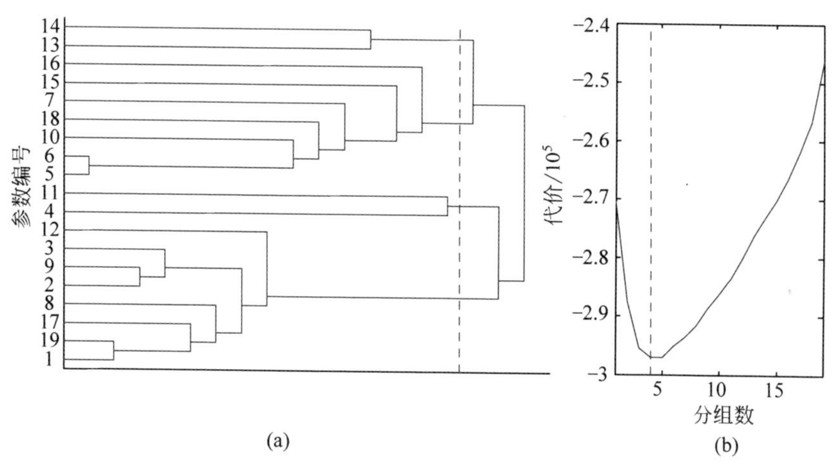

图 4-22　ACARS 变量分组结果

(a) 变量分组树状图；(b) 代价曲线

图 4-22(a)给出了每一步的分组结果，虚线处表示成本最小的分组方案，此时分组数量为 4。图 4-22(b)是代价曲线，其虚线与图 4-22(a)中的虚线相对应，同样在分组数量为 4 时代价最小。ACARS 参数的最优分组结果如表 4-7 所示。

表 4-7　ACARS 参数最优分组结果

参　　数	组　　号	参　　数	组　　号
ZALT	1	ZPHSF	3
ZPCN12	1	ZPHSR	3
ZPCN25	1	ZPOIL	3
ZT1A	1	ZT49_D	3
ZT49	1	ZVB2F	3
ZTOIL	1	ZVB2R	3
ZWF36	1	ZWF36_D	3
ZXM	1	ZVB1F	4
ZPCN25_D	2	ZVB1R	4
ZTLA_D	2		

设定无监督特征学习时的 ACARS 数据片段长度 $l=5$。根据表 4-7 的结果，所有的输入变量被划分为 4 个变量组。针对每个变量组需要单独训练 1 个 DAE 模型，所以一共需要训练 4 个 DAE 模型，DAE 模型的超参数主要依靠其基本原理与多次实验确定。

本章中采用最为常见的最大池化方法与平均池化方法进行实验。经多次实验验证，最终选用了最大池化方法。当池化维度为 5 时，模型的异常检测效果最好。实验中采用 LIBSVM 工具箱[32]构建 SVM 模型，SVM 的超参数设置如表 4-8 所示。

表 4-8　SVM 超参数设置

超　参　数	设　置　值
SVM 类型	C-SVC
核函数类型	径向基函数
惩罚因子 C	1
径向基核函数参数 γ	2

为验证提出的 GCDAE 方法的性能，选择了 SVM 方法、联合 DAE 与 SVM 方法、LCDAE 方法与 FCDAE 方法作为对比方法。采用一台个人计算机进行实验，它包含两个英特尔酷睿 i5(2.3GHz 主频)处理器、8GB 内存以及 Windows10 专业版操作系统。

3. 实验结果及分析

多次实验结果的平均值如表 4-9 所示，每一列中的最大值用粗体表示。从表 4-9 中可以观察到 SVM 在训练集中异常检测效果最好，但是在测试集中效果最差。这是因为将 ACARS 多维时间序列数据转化为向量导入 SVM 之后，样本的维度太高，并且参数之间存在较多冗余，导致使用 SVM 时出现了过拟合现象。第二种方法在 SVM 前增加了 DAE，这样做可以降低特征维度，消除 ACARS 数据中的部分冗余与噪声，因此该方法的泛化性能要优于第一种方法。

表 4-9　实验结果的平均值

方法	训练查准率	训练查全率	训练 F_β	测试查准率	测试查全率	测试 F_β
SVM	**1**	**0.9974**	**0.9984**	—	0	—
DAE+SVM	0.9688	0.7840	0.8471	0.9173	0.6626	0.7431
LCDAE	0.9961	0.8997	0.9350	0.9744	0.8334	0.8833
FCDAE	0.9988	0.9933	0.9954	**0.9901**	0.9167	0.9440
GCDAE	0.9979	0.9951	0.9962	0.9851	**0.9393**	**0.9567**

注：(1) 查准率与 F_β 有空值是因为此时算法将所有样本都识别为正常，没有检测到任何异常样本，因此无法计算查准率与 F_β；

(2) 粗体字为每列参数中的最高值。

因为 CNN 具有能够直接导入二维网格数据、稀疏连接、参数共享等优点，相比于前两种方法，后 3 种使用了 CNN 的方法具有更加优异的异常检测性能，是本章中的重点比较对象。后 3 种方法在测试集上的查准率、查全率以及 F_β 的箱形图如图 4-23 所示。

从图 4-23 中可以发现，尽管 GCDAE 方法在查准率上比 FCDAE 方法低一点，但是在查全率、F_β 上无论是中位值还是鲁棒性都要明显优于另外两种方法。相比于查准率和查全率，F_β 更能代表异常检测的综合性能。此外，在发动机健康管理

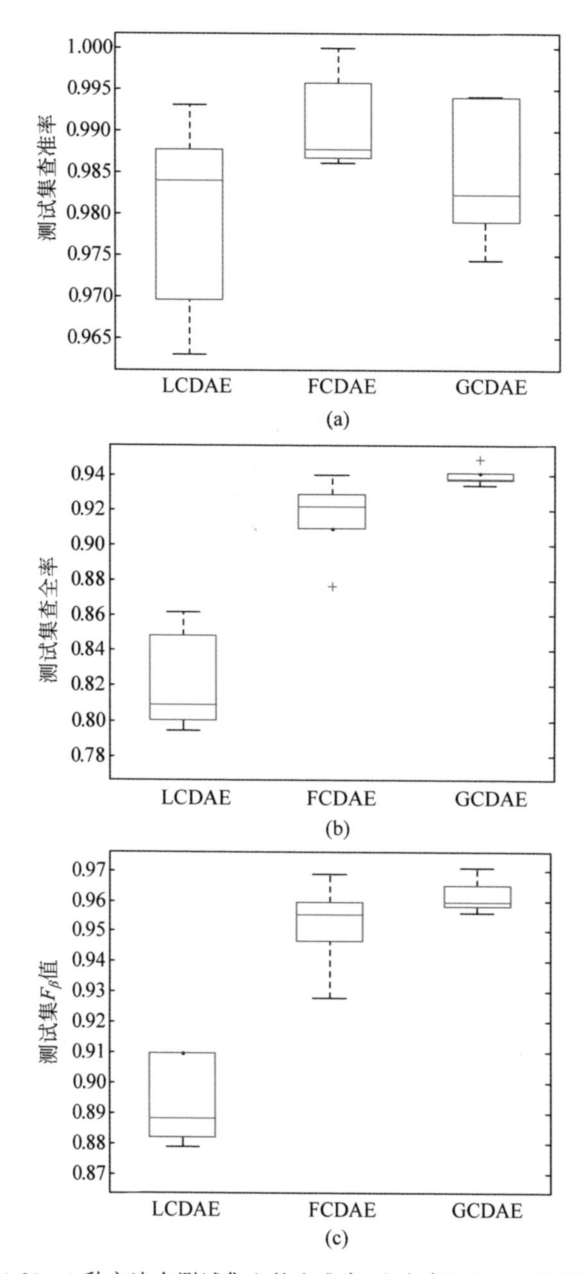

图 4-23　3 种方法在测试集上的查准率、查全率以及 F_β 的箱型图

(a) 3 种方法在测试集上的查准率箱型图；(b) 3 种方法在测试集上的查全率箱型图；(c) 3 种方法在测试集上的 F_β 箱型图

的工程实践中，查全率一般比查准率更加重要。这是因为查准率降低会增加工作量，但是查全率降低会减少飞机飞行的安全性。相比之下，在合理的范围内查全率要比查准率更加重要。因此相比于另外两种方法，GCDAE 方法更加适合于发动

机气路异常检测的工程实践。

LCDAE方法能够较好地提取图像特征表示。但ACARS是一种多维时间序列数据,其与图片数据之间存在明显的差异。一般来说,图片中像素点距离越近,则相关性较强。但是对于ACARS数据来说,时间轴上的点的距离越近,相关性较强,这点与图像比较一致。但是属性轴上的变量之间的相关性和距离远近没有相关关系。因此该方法在ACARS数据上效果并不很好。

与FCDAE方法相比,GCDAE方法中引入了变量分组操作,提取数据特征的所有步骤都是在每个变量组上独立进行的。前文已经分析,变量分组以后提取的特征具有更强的表示能力,降低了建模难度,因此GCDAE方法的异常检测综合性能更优,且鲁棒性更强。

GCDAE方法与FCDAE方法的计算时间以及参数数量对比如表4-10所示。从表4-10中可以发现,GCDAE方法中的参数数量近似为FCDAE方法的1/4,且其计算时间明显少于FCDAE方法。

表4-10 GCDAE方法与FCDAE方法的计算时间与参数数量对比

方法	计算时间/s	参数数量
FCDAE	269.814	9200
GCDAE	202.158	2356

4.6 本章小结

本章首先介绍了异常及异常检测的定义及分类,给出了几种典型的异常检测方法,包括基于复制神经网络的异常检测、基于孤立森林的异常检测、基于最近邻的异常检测、基于聚类的异常检测、基于统计的异常检测。然后,针对航空发动机气路异常检测的特点,介绍了基于QAR数据的间歇性气路异常检测方法与基于ACARS数据的持续性异常检测方法。

在基于QAR数据的间歇性气路异常检测方法方面,首先,依据发动机原理、工程师经验以及特定的准则选取QAR数据中的一些性能参数作为数据集;其次,为了减少发动机运行工况以及外界环境变化对异常检测带来的不利影响,计算同机双发的性能参数差异值并将其作为模型输入;再次,采用SDAE模型对输入数据进行无监督特征学习以提取其特征表示;最后,在提取的特征表示上建立高斯模型进行异常检测。实验结果表明,提出的联合SDAE与高斯分布方法在QAR数据上能够较好地识别发动机的间歇性异常,相比以往的方法可以在一定程度上降低计算量。

在基于ACARS数据的持续性异常检测方法方面,首先采用变量分组的策略来增强深度特征提取的能力,同时减少参数数量,降低计算开销与时间成本;其次，采用 DAE 模型对每一变量组的多维时间序列进行无监督特征学习来获取卷积核，降低所需要的训练数据的数据量，同时减少数据预处理的工作量；再次，在每一变量组的多维时间序列上独立地完成卷积特征映射与池化操作；最后，融合在每一变量组上提取的特征形成特征向量，采用 SVM 对特征向量进行分类来进行异常检测。实验结果表明，GCDAE 方法相对于对比方法具有更高的综合性能，参数数量与计算时间相对于以往的 FCDAE 方法大幅减少，更加适用于对 ACARS 数据进行异常检测。

参考文献

[1] 罗辉. 基于深度特征提取与迁移的民航发动机气路异常检测方法研究[D]. 哈尔滨：哈尔滨工业大学，2020.

[2] HAWKINS D M. Identification of Outliers[J]. Biometrics，2018，37(4)：860.

[3] CHANDOLA V，BANERJEE A，KUMAR V. Anomaly detection：A survey[J]. Acm Computing Surveys，2009，41(3)：1-58.

[4] SONG X，WU M，JERMAINE C，et al. Conditional anomaly detection[J]. IEEE Transactions on Knowledge & Data Engineering，2007，19(5)：631-645.

[5] GOLDBERGER A L，AMARAL L A N，GLASS L，et al. PhysioBank，PhysioToolkit，and PhysioNet Components of a New Research Resource for Complex Physiologic Signals[J]. Circulation，2000，101(23)：e215-e220.

[6] 陈飞宇. 基于集成学习算法的异常检测研究[D]. 南京：南京大学，2015.

[7] 吴佑寿，赵明生. 激活函数可调的神经元模型及其有监督学习与应用[J]. 中国科学：技术科学，2001，31(3)：263-272.

[8] 柳新民，刘冠军，邱静，等. 一种改进的无监督学习 SVM 及其在故障识别中的应用[J]. 机械工程学报，2006，42(4)：107-111.

[9] 蔡曲林，刘普寅. 一种新的概率神经网络有监督学习算法[J]. 模糊系统与数学，2006，20(6)：83-87.

[10] 焦李成，杨淑媛，刘芳，等. 神经网络七十年：回顾与展望[J]. 计算机学报，2016，39(8)：1697-1716.

[11] 刘小虎，李生. 决策树的优化算法[J]. 软件学报，1998，9(10)：797-800.

[12] 王晓晔，王正欧. *K*-最近邻分类技术的改进算法[J]. 电子与信息学报，2005，27(3)：487-491.

[13] 孙吉贵，刘杰，赵连宇. 聚类算法研究[J]. 软件学报，2008，19(1)：48-61.

[14] TARASSENKO L，HAYTON P，CERNEAZ N，et al. Novelty detection for the identification of masses in mammograms[C]//International Conference on Artificial Neural Networks. IET，1995：442-447.

[15] 沈清，汤霖. 模式识别导论[M]. 长沙：国防科技大学出版社，1997.

[16] BURGES C，VAPNIK V. Extracting support data for a given task[C]//International Conference on Knowledge Discovery and Data Mining. AAAI Press，1995：252-257.

[17] HAWKINS S，HE H，WILLIAMS G J，BAXTER R A. Outlier detection using replicator

neural networks [C]//In Proceedings of the 4th International Conference on Data Warehousing and Knowledge Discovery. Springer-Verlag,2002: 170-180.

[18] WILLIAMS G, BAXTER R, HE H, et al. A comparative study of RNN for outlier detection in data mining[C]//In Proceedings of the IEEE International Conference on Data Mining. IEEE Computer Society,2002: 709.

[19] T'OTH L,GOSZTOLYA G. Replicator neural networks for outlier modeling in segmental speech recognition[C]//Yin, F. -L. , Wang, J. , Guo, C. (eds.) ISNN 2004. LNCS, vol. 3173,pp. 996-1001. Springer, Heidelberg,2004.

[20] HINTON G E, Salakhutdinov R R. Reducing the dimensionality of data with neural networks[J]. Science,2006,313(5786): 504-507.

[21] SUN W, SHAO S, ZHAO R, et al. A sparse auto-encoder-based deep neural network approach for induction motor faults classification[J]. Measurement,2016,89: 171-178.

[22] VINCENT P, LAROCHELLE H, LAJOIE I, et al. Stacked denoising autoencoders: Learning useful representations in a deep network with a local denoising criterion[J]. Journal of Machine Learning Research,2010,11(12): 3371-3408.

[23] CHANDOLA V, BANERJEE A, KUMAR V. Anomaly Detection: A Survey[J]. Acm Computing Surveys,2009,41(3): 1-58.

[24] 周志华. 机器学习[M]. 北京: 清华大学出版社,2016.

[25] MAATEN L V D, HINTON G. Visualizing data using t-SNE[J]. Journal of Machine Learning Research,2008,9(11): 2579-2605.

[26] 黄俊祥. 航空器通信寻址报告系统数据处理技术研究[J]. 中国民航大学学报,2007,25(1): 1-3.

[27] MASCI J,MEIER U,D,et al. Stacked convolutional auto-encoders for hierarchical feature extraction[C]//International Conference on Artificial Neural Networks. Springer, Berlin, Heidelberg,2011: 52-59.

[28] HONKELA A, SEPPÄ J, ALHONIEMI E. Agglomerative independent variable group analysis[J]. Neurocomputing,2008,71(7-9): 1311-1320.

[29] HE K,ZHANG X,REN S,et al. Spatial Pyramid Pooling in Deep Convolutional Networks for Visual Recognition[J]. IEEE Transactions on Pattern Analysis & Machine Intelligence, 2014,37(9): 1904-1916.

[30] ZEILER M D, FERGUS R. Stochastic pooling for regularization of deep convolutional neural networks[J]. arXiv preprint arXiv,2013(1301): 3557.

[31] BOUREAU Y L,PONCE J,LECUN Y. A theoretical analysis of feature pooling in visual recognition[C]//Proceedings of the 27th international conference on machine learning (ICML-10),2010: 111-118.

[32] CHANG C C,LIN C J. LIBSVM: A library for support vector machines[J]. ACM Transactions on Intelligent Systems and Technology (TIST),2011,2(3): 27.

第5章

设备的故障诊断

5.1 故障诊断概述

故障诊断的主要任务是确定故障的部位、故障严重程度和预测故障的发生和发展趋势，能够为维修期限预测、维修工作范围决策、维修成本预测等提供有力的支持。本章结合航空发动机气路故障诊断的需求，阐述故障诊断方法的研究及应用。发动机在使用过程中因部件的故障会导致气路部件性能逐渐衰退，可根据气路中重要检测参数的变化量来定位发生故障的零部件或单元体。为解决气路故障诊断中监测参数少于故障模式、难以区分相似故障以及难以建立合适的故障诊断模型等困难，本章提出基于故障指印图的自组织特征映射神经网络的故障诊断方法，首先利用故障指印图进行故障代码分类，然后采用自组织特征映射神经网络进行故障分类判断，由多监测参数共同决定的故障归属来判别故障的模式。卷积神经网络具有优秀的分类能力，具有从大量的带标签的样本中学习丰富的特征表示的能力，但是这一特性使CNN在小样本问题应用中受限。为了解决小样本条件下的气路故障诊断问题，本章提出一种基于CNN与SVM相结合的迁移学习方法。本章展示如何用CNN在大规模带标签的发动机正常数据集上学习特征表示，并有效地迁移到具有少量训练数据的发动机气路故障识别任务中。

5.2 指印图与自组织特征映射网络相结合的发动机气路故障诊断

自组织特征映射网络(self-organizing feature map，SOFM)是一种采用无监督学习规则，由全连接神经元阵列组成的网络。该网络能够通过对客观事物内在规律的挖掘，自行进行事物的准确分类。这种学习方式大大拓宽了神经网络在模式识别和分类方面的应用。

SOFM

航空发动机气路受损，部件性能逐渐地恶化，会导致气路中重要监测参数如排气温度、转速和燃油流量等参数发生变化。因此可以根据气路中可测参数的变化来推算气路中各部件的故障。此时气路部件的故障向量为自变量，可测参数的变化量为因变量，于是气路参数的变化量向量 $\boldsymbol{Y}$ 可以写为部件的故障向量 $\boldsymbol{X}$ 的非线性函数：$\boldsymbol{Y}=F(\boldsymbol{X})$。而气路故障诊断的过程就是由已知的向量 $\boldsymbol{Y}$ 反求向量 $\boldsymbol{X}$ 的过程。

目前气路故障诊断存在的主要问题是由于误差原因造成的故障模式归类困难。SOFM 网络由于其特殊的学习模式，在解决该类问题时大大优于其他网络结构。因此，本章实现了 SOFM 在故障诊断中的应用，采用故障指印图与 SOFM 相结合的方法快速、准确地实现发动机气路故障诊断。

5.2.1 SOFM 神经网络模型

目前一种简单直观的气路故障诊断方法是故障指印图法，其原理是根据以往大量故障现象与参数的关系总结出有规律的样板，将具体的发动机性能参数变化情况和故障样板比较，判断发动机状态，然后利用别的方法进行故障隔离和故障定位。表 5-1 所示为普惠公司的 JT9D 发动机的故障指印图。

表 5-1 JT9D 发动机典型故障样本

序号	代号	名称	故障模式	测量参数			
				N_1/%	N_2/%	EGT/℃	FF/%
1	C1	CL10	3.0+3.5 放气活门打开	−0.20	+2.70	+44.2	+8.20
2	C2	CL11	3.0+3.5 放气活门打开	+1.00	+3.70	+26.0	+5.60
3	C3	CL12	3.0+3.5 放气活门打开	+0.10	+1.40	+41.6	+6.80
4	C4	CL13	3.0+3.5 放气活门打开	+0.70	+0.50	+20.8	+6.20
5	C5	CL14	3.0+3.5 放气活门打开	+0.70	+0.20	+10.4	+3.60
6	C6	CL15	3.0+3.5 放气活门打开	− 0.20	+2.70	+41.60	+7.80
7	C7	CL16	3.0 放气活门漏气	+0.20	+0.60	+14.3	+3.20
8	C8	CL20	3.5 放气活门打开	+0.70	+2.90	+28.6	+5.00
9	C9	CL21	3.5 放气活门打开	+0.40	+0.50	+13.0	+2.80
10	C0	CL30	扩压器机匣破裂	+0.40	+0.60	+9.10	+2.20
11	D1	CD21	LPC&HPC 外来物损伤	+0.20	+0.90	+16.9	+1.60
12	D2	CD24	HPC 外来物损伤	+0.30	+2.70	+0.00	+1.20
13	D3	CD25	HPC 外来物损伤	+0.40	+3.00	+20.8	+3.20
14	D4	CD30	HPC 第 7 级叶片脱落 1 片	+0.70	+0.80	+33.8	+1.80
15	T1	TA10	第 1 级涡轮工作叶片损伤	+0.20	−1.20	+20.8	+5.60
16	T2	TA20	第 1 级涡轮外密封间隙过大	+0.60	−0.70	+44.4	+6.00
17	T3	TA21	第 1 级涡轮外密封间隙过大	+0.00	+0.30	+13.0	+2.20
18	T4	TA22	第 1 级涡轮外密封间隙过大	−0.10	−0.90	+27.3	+3.00
19	T5	TA23	第 1 级涡轮工作叶片磨损	+0.80	−0.80	+18.2	+0.80
20	T6	TA40	第 1 级涡轮导向叶片烧毁 1 片	+0.20	−1.30	+18.2	+3.80
21	T7	TA41	第 1 级涡轮导向叶片损伤	+0.00	−0.20	+5.20	+1.20
22	T8	TA50	第 2 级涡轮工作叶片断裂	−0.60	−1.10	+10.4	+0.40
23	T9	TA52	第 2 级涡轮工作叶片断裂 3 片	−0.60	−0.80	+23.4	+5.20
24	T0	TA53	第 2 级涡轮工作叶片损坏	−0.10	−0.90	+16.9	+2.80

由表 5-1 可以看出，当气路参数测量值的变化量(即偏差值)与表中典型故障的偏差值为相同变化方向时，可以确定出相应的故障。然而由于故障模式大于测量参数个数以及误差的原因，使得一组偏差值可能对应多个故障模式，此时判断故障就需要非常高的专业知识和经验，并且需要对比故障模式的相似性。在没有精确的理论数值指导下，对于相似故障较难判断，这些因素都会大大增加工程师的工作量，而且当出现新的故障样本时，工程师还需要很长的学习记忆过程。而自组织特征映射网络的无监督学习方式恰好能够通过增大迭代次数将每一类故障分为一个区域，当测量参数出现一定的误差时，也能够将该数据归为某一类型，且可知道属于该类型的可能性有多大，当有新故障模式出现时，只需更新输入即可重新组织分类，提高了故障判别的效率和准确率。基于这样的原因，本章以指印图为已知的故障模式，联合自组织特征映射网络进行气路故障诊断。

SOFM 网络根据神经元的排列形式主要分为一维线阵型、二维平面阵型和三维栅格阵型。考虑到发动机气路故障模式较多，同时为了简化计算，提高计算效率，本章建立 m 个输入层神经元，$n=a\times b$ 个竞争层神经元的二维阵列 SOFM 神经网络模型，如图 5-1 所示，输入层与竞争层各神经元实现全连接。

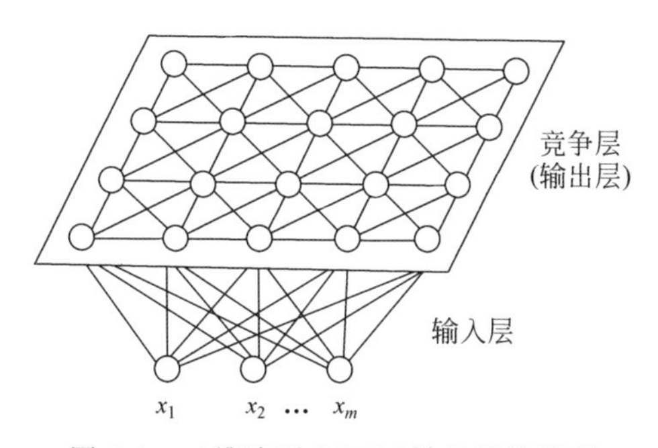

图 5-1　二维阵列 SOFM 神经网络模型

该网络结构主要包括 4 个部分：处理单元阵列、比较选择机制、局部互联作用和自适应过程。输入层接收外界的输入信息并将该信息传递给竞争层，竞争层对该输入模式进行比较分析，找出规律进行正确分类。

5.2.2　SOFM 网络的学习算法

SOFM 网络可以训练输入向量的分布特征和输入向量的拓扑结构。在权值更新时，获胜神经元与邻域内的神经元共同更新调整，距离获胜神经元越远调整力度越弱，最后使得输入向量成为各输入模式类的中心向量。并且当两个模式类的特征接近时，代表这两类的神经元在位置上也很接近，在输出层就形成能够反映样本模式类分布的有序特征图。

根据 SOFM 上述的运行原理，该网络采用如下的学习算法。

步骤 1　网络初始化。对网络的输入层与映射层之间的权值进行初始化，一般采用小的随机数进行赋值，用 $w_{ij}(i=1,2,\cdots,m;\ j=1,2,\cdots,n)$ 来表示，也记为向量 $\boldsymbol{W}_j$。将优胜的神经元记为 j^*，对初始的优胜邻域 $N_{j^*}(0)$ 赋以较大值，同时对学习效率 η 赋初始值。

步骤 2 构造模型的输入。首先进行归一化处理，然后把归一化后的输入向量 $\boldsymbol{X}=[x_1,x_2,\cdots,x_m]^{\mathrm{T}}$ 输入给输入层。

步骤 3 映射层权值向量和输入向量的相似性判断。向量的相似性判断依据主要有最小欧氏距离法和余弦法，本章采用最小欧氏距离法。映射层的第 j 个神经元和输入向量的距离如下式所示：

$$d_j=\|\boldsymbol{X}-\boldsymbol{W}_j\|=\sqrt{\sum_{i=1}^{m}(x_i(t)-w_{ij}(t))^2} \tag{5-1}$$

式中，w_{ij} 为输入层的 i 神经元和映射层的 j 神经元之间的权值。通过计算，得到一个具有最小距离的神经元，将其称为胜出神经元，记为 j^*，即确定出某个单元 k，使得对于任意的 j，都有 $d_k=\min\limits_j(d_j)$。

步骤 4 定义优胜邻域 $N_{j^*}(t)$。以 j^* 为中心确定 t 时刻的权值调整域，一般初始邻域 $N_{j^*}(0)$ 较大，训练过程中 $N_{j^*}(t)$ 随训练时间逐渐收缩。

步骤 5 权值的学习调整。按照下式调整输出神经元 j^* 及其邻域神经元的权值：

$$\Delta w_{ij}=w_{ij}(t+1)-w_{ij}(t)=\eta(t,N)[x_i(t)-w_{ij}(t)] \tag{5-2}$$

$$w_{ij}(t+1)=w_{ij}(t)+\eta(t,N)[x_i^p-w_{ij}(t)],\quad i=1,2,\cdots,n;\quad j\in N_{j^*}(t) \tag{5-3}$$

式中，$\eta(t,N)$ 是训练时间 t 和邻域内第 j 个神经元与获胜神经元 j^* 之间的拓扑距离 N 的函数，该函数一般有以下规律：

$$t\uparrow\ \rightarrow\eta\downarrow,\quad N\uparrow\ \rightarrow\eta\downarrow \tag{5-4}$$

可以构造如下函数：

$$\eta(t,N)=\eta(t)\mathrm{e}^{-N} \tag{5-5}$$

式中，$\eta(t)$ 可以采用 t 的单调下降函数。下面给出两种常用的单调下降函数，这种随时间单调下降的函数也称为退火函数：

$$\eta(t)=\frac{1}{t}\quad 或\quad \eta(t)=0.2\times\left(1-\frac{t}{10\ 000}\right) \tag{5-6}$$

步骤 6 计算输出 o_k：

$$o_k=f(\min_j\|\boldsymbol{X}-\boldsymbol{W}_j\|) \tag{5-7}$$

式中，$f(*)$ 一般为 0-1 函数或者其他非线性函数。

步骤 7 网络训练结束判断。SOFM 网络训练不存在类似 BP 网中输出误差的概念，训练何时结束以学习率 $\eta(t)$ 是否衰减到零或者某个预定的正小数为条件，不满足则回到步骤 2。

5.2.3 基于指印图的航空发动机气路故障诊断实例

以JT9D发动机的故障诊断为实例进行研究。从表5-1中可以看到，典型的气路故障为24个，为了增加计算效率，同时考虑以后有新的故障模式加入，本章的竞争层神经元取为10×10=100个。表5-1中每个故障样本中有4个特征，分别是转速N_1的偏差值、转速N_2的偏差值、排气温度偏差值和燃油流量偏差值。由于表中的各个特征具有不同的单位，导致数据差别很大，因此在使用之前，需要对其进行归一化处理。

首先，对已知的典型故障进行分类，结果如表5-2所示。

表5-2　不同训练次数下的故障分类结果

故障序号	10次	30次	50次	100次	200次	500次	1000次
1	2	100	20	10	8	100	10
2	11	60	100	100	1	91	100
3	2	100	9	40	30	89	18
4	12	76	38	67	61	23	95
5	60	66	37	74	42	43	93
6	2	100	20	10	8	100	20
7	100	15	75	44	47	68	53
8	11	60	100	80	3	71	89
9	70	46	68	64	63	45	73
10	80	27	68	63	53	64	71
11	100	8	76	43	55	76	51
12	70	20	98	61	34	94	60
13	11	60	60	89	14	93	49
14	4	75	15	96	92	21	***68***
15	79	51	1	16	60	4	36
16	12	95	4	47	81	1	***76***
17	100	14	84	31	66	59	21
18	100	31	41	4	89	7	***25***
19	99	92	36	94	91	41	91
20	79	51	21	15	69	15	45
21	100	13	93	21	75	48	32
22	100	21	91	1	96	20	1
23	100	21	81	1	100	9	5
24	100	11	53	3	77	28	13

从表5-2中可以看出，当网络训练步骤为500次以下时，故障类码相同的被分为了一类。可见，网络已经对样本进行了初步分类，只是分类的精度不够高。从数据中可以看出，随着训练次数的增加，分类的精度越来越高，当训练次数为1000次

时，能够将每个学习样本分为一类。本章采用1000次训练的分类结果作为最终结果。故障分类情况如图5-2所示。

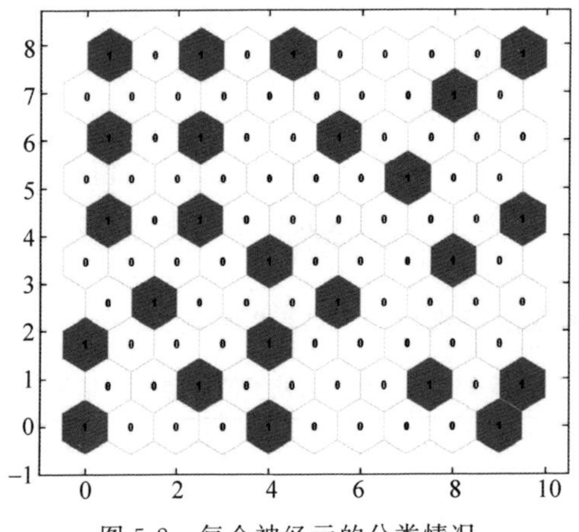

图5-2　每个神经元的分类情况

然后，收集了10条JT9D气路参数偏差值样本数据，如表5-3所示，其中前3条为有故障数据，后7条为无故障数据。对表5-3中各样本进行故障归类分析。判别结果如表5-4所示。对照表5-4与表5-2中黑色斜体部分可知，其中前3组为有故障数据，根据对应的脚码，数据点1对应的为第14类故障，数据点2对应的为第16类故障，数据点3对应的为第18类故障，其他为无故障数据，其结果与实际情况相符合。

表5-3　气路参数偏差值样本

序　号	DEGT	DFF	DN1	DN2
1	33.7	1.80	0.70	0.80
2	44.3	6.00	0.60	−0.70
3	27.3	3.00	−0.10	−0.90
4	12.7	0.50	−0.10	0.80
5	24.6	1.20	0.30	1.20
6	10.9	0.90	0.20	0.70
7	5.70	1.60	0.00	1.50
8	12.8	2.50	0.40	1.70
9	21.5	1.80	0.20	0.90
10	18.4	2.70	0.30	2.10

表5-4　气路故障诊断结果

数据点	1	2	3	4	5	6	7	8	9	10
原厂家数据故障脚码	68	76	25	23	52	61	41	48	58	48

该实例表明，本章提出的指印图与自组织竞争神经网络的故障诊断方法能够快速、有效并准确地识别气路故障。

5.3 小样本条件下基于迁移学习的发动机气路故障诊断

基于深度神经网络进行发动机气路故障诊断的前提是故障样本足够多。一旦样本过少，比如卷积神经网络，即便每类样本有几百个，依旧会使网络陷入过拟合，从而使算法失效[1]。相比于其他深度神经网络，卷积神经网络(convolutional neural networks，CNN)的优点在于能直接处理网格结构数据，对于OEM数据而言，能够直接将OEM数据中的各变量值以及它们之间的关系一起输入。然而，发动机属于高可靠性的工业产品，其发生故障的频率非常低，在实际飞行过程中故障案例较少，因此直接利用CNN对发动机进行故障诊断显然是不可行的。

为了能够在发动机真实故障小样本条件下，以更高精度提取OEM数据中的特征信息，实现更精确的故障定位和诊断，本章基于发动机实际运维数据，提出一种基于CNN与SVM相结合的发动机气路故障诊断方法。针对多数基于数据驱动的故障诊断算法丢失OEM数据中不同参数之间的相关关系的问题，使用CNN能对二维时间序列进行处理的特性，直接将OEM数据中的各变量值以及它们之间的关系一起输入；针对发动机个体差异大、故障样本少等问题，通过迁移学习建立发动机状态特征映射模型，而后利用建立的发动机状态特征映射模型将发动机原始故障数据映射到新的特征空间中，利用SVM实现小样本分类。

5.3.1 气路参数偏差值数据分析及样本设置

1. 气路参数偏差值数据分析

图5-3所示为CFM56-7B系列某台发动机排气温度偏差值(DEGT)的变化情况，从图中可以看出，气路参数偏差值数据存在着大量的噪声，而这些噪声会对精确的故障诊断造成严重的影响。图5-4所示为CFM56-7B系列的5台新发动机投入使用时最早300个循环性能参数DEGT变化图，从图中可以看出，即使是型号相同、状态相似的发动机，其DEGT值的变化都有较大的差异。因此，如果直接建立发动机的正常状态近似模型，势必会增加模型的复杂度，且难以选择统一的近似模型对每一台发动机进行表征。

根据OEM反馈给民航公司的CNR及结合文献[2]和文献[3]，OEM厂家主要利用发动机排气温度偏差值原始值(DEGT)、排气温度裕度(exhaust gas temperature margin，EGTM)、核心机转速偏差值(delta core speed)、燃油流量偏差值(delta

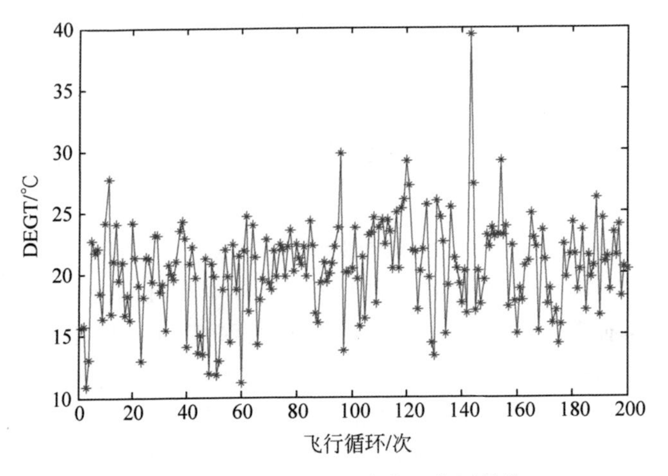

图 5-3 发动机排气温度偏差值原始值

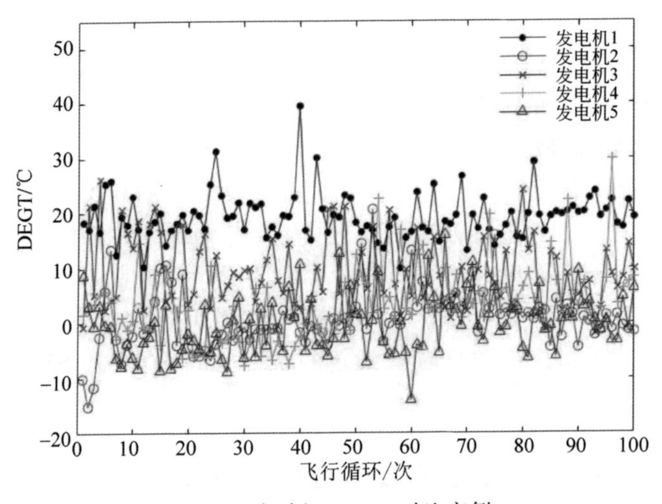

图 5-4 发动机 DEGT 对比实例

fuel flow,DFF)等 4 个性能参数对发动机气路进行监控。图 5-5 为发动机发生某故障时的气路性能参数的变化图,其中 T_1 表示发动机被 OEM 厂家确定为开始出现异常时的循环点,T_2 表示发动机被 OEM 厂家诊断为故障的循环点; A 点是发动机被诊断为故障时各性能参数的值,B 点是发动机开始发生异常时各性能参数的值; Δt 表示 T_2 时刻和 T_1 时刻之间间隔的循环数。对图 5-5(a)~(d)进行分析,从 T_1 时刻到 T_2 时刻,当发动机发生故障时,气路性能参数变化趋势均发生了显著的变化,其中 DEGT 持续减小、EGTM 持续增大、DFF 持续减小以及 DN2 持续增大,对于同一台发动机而言,Δt 是相同的。根据上述分析思路,对其他典型的气路故障类型进行相同的分析,得到气路故障类型和气路监控性能参数的变化趋势的关系如表 5-5 所示。

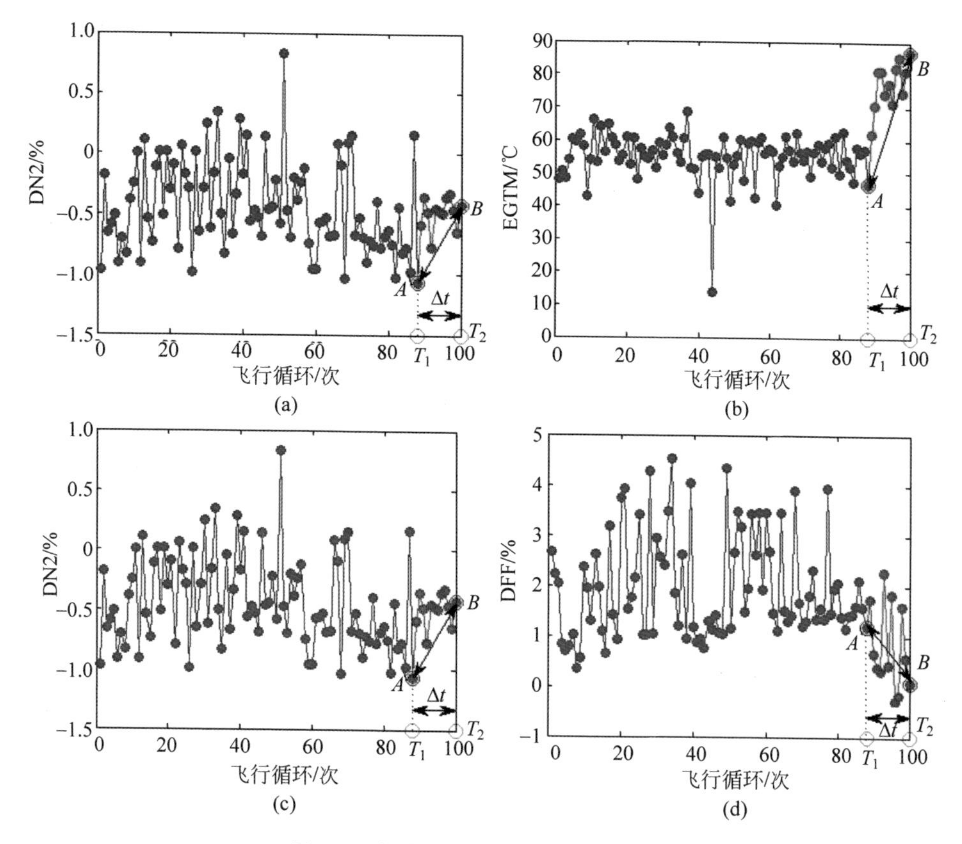

图 5-5 发动机故障气路参数变化示例

(a) 故障样本 DEGT 变化趋势实例；(b) 故障样本 EGTM 变化趋势实例；
(c) 故障样本 DN2 变化趋势实例；(d) 故障样本 DFF 变化趋势实例

表 5-5 民航发动机气路故障类型与性能参数变化趋势的关系

故障类型	气路性能参数变化趋势			
EGT 指示故障	DEGT 增加	EGTM 减小	—	—
TAT 指示故障	DEGT 减小	EGTM 增大	DN2 减小	DFF 增大
HPT 叶片故障	DEGT 减小	EGTM 增大	DN2 增大	DFF 减小

综上分析可知，利用 OEM 数据对发动机进行气路故障诊断时，需要综合分析各监控参数的变化趋势，同时还需要消除随机噪声、弱化个体差异对故障诊断造成的影响，才能实现更为精确的故障诊断。为了满足这些特性，本章通过迁移学习思想建立基于 CNN 的发动机状态特征映射模型，将复杂的 OEM 数据映射到新的特征空间中，在消除噪声和弱化个体差异性的同时，提高数据的辨识度。

2. 样本设置

由于发动机的原始气路参数中包含大量的测量误差和工况信息，因此难以直接用于发动机状态监控及故障诊断。一般情况下，OEM 利用 EGTM 预测民航发动机的在翼可用时间，用 DEGT、DN2、DFF 等数值的趋势进行发动机状态的监控，并结合指印图进行故障诊断。本章以某 CFM56-7B 系列的发动机队为样本机队，并以其 OEM 数据为基础，建立发动机的故障诊断模型。

结合图 5-5 和表 5-5，不难发现发动机气路性能参数从 T_1 时刻到 T_2 时刻之间的变化趋势发生明显的突变现象。因此，可以认为发动机发生故障时，其监控参数会产生明显的变化趋势，为了捕捉这一特征，本章将监控参数的这种变化趋势当作发动机的气路故障指征。具体故障征候数据的采集过程如下。

步骤 1 通过发动机的 CNR 报告和维修报告获得故障发动机 j 的故障时间 t_j，并从 OEM 数据中提取发动机 j 故障时间 t_j 前 m 个飞行循环的主要气路性能参数偏差值：DEGT、DN2、DFF、EGTM，可表示为

$$\begin{aligned}
&\mathrm{DEGT}=\{\mathrm{DEGT}_m,\mathrm{DEGT}_{m-1},\mathrm{DEGT}_{m-2},\cdots,\mathrm{DEGT}_i,\cdots,\mathrm{DEGT}_2,\mathrm{DEGT}_1\}\\
&\mathrm{DN2}=\{\mathrm{DN2}_m,\mathrm{DN2}_{m-1},\mathrm{DN2}_{m-2},\cdots,\mathrm{DN2}_i,\cdots,\mathrm{DN2}_2,\mathrm{DN2}_1\}\\
&\mathrm{DFF}=\{\mathrm{DFF}_m,\mathrm{DFF}_{m-1},\mathrm{DFF}_{m-2},\cdots,\mathrm{DFF}_i,\cdots,\mathrm{DFF}_2,\mathrm{DFF}_1\}\\
&\mathrm{EGTM}=\{\mathrm{EGTM}_m,\mathrm{EGTM}_{m-1},\mathrm{EGTM}_{m-2},\cdots,\mathrm{EGTM}_2,\mathrm{EGTM}_1\}
\end{aligned} \tag{5-8}$$

步骤 2 将步骤 1 中的 m 个循环按飞行时序进行分组，并将离故障确认点最近的一组选为故障征候组，其余各组为正常组。设 $\boldsymbol{Y}_n=[y_m,y_{m-1},\cdots,y_1]$表示故障时性能参数 n(n 表示 EGTM、DN2、DFF、DEGT)前 m 个连续飞行循环性能值，如果每组有 r 个飞行循环，那么 $\boldsymbol{Y}_n$ 将会被分成 k 个子序列，k 可以表示为

$$k=\left\lfloor\frac{m}{r}\right\rfloor \tag{5-9}$$

式中，$\lfloor\cdot\rfloor$ 为非整数 · 的整数部分取值符号。

分组后的发动机性能参数可表示为

$$\begin{cases}
\boldsymbol{Y}_{n,k}=[y_m,y_{m-1},\cdots,y_{m-r+1}]\\
\boldsymbol{Y}_{n,k-1}=[y_{m-r},y_{m-r-1},\cdots,y_{m-2r+1}]\\
\quad\vdots\\
\boldsymbol{Y}_{n,1}=[y_r,\cdots,y_2,y_1]
\end{cases} \tag{5-10}$$

式中，$\boldsymbol{Y}_{n,2},\boldsymbol{Y}_{n,3},\cdots,\boldsymbol{Y}_{n,k}$ 表示正常数据组，$\boldsymbol{Y}_{n,1}$ 表示故障征候数据组。

步骤 3 令 $\boldsymbol{M}_j=[\boldsymbol{Y}_{1j}^{\mathrm{T}},\boldsymbol{Y}_{2j}^{\mathrm{T}},\cdots,\boldsymbol{Y}_{nj}^{\mathrm{T}}]^{\mathrm{T}}$，$j=1,2,3,\cdots,k$，$\boldsymbol{Y}_{nj}$ 表示故障时第 i 个性能参数分组后的第 j 组数据。矩阵 $\boldsymbol{M}$ 可具体表示为图 5-6 所示。其中，$[\cdot]^{\mathrm{T}}$ 表示矩阵的转置；当且仅当 $j=1$ 时，$\boldsymbol{M}_1=[\boldsymbol{Y}_{11}^{\mathrm{T}},\boldsymbol{Y}_{21}^{\mathrm{T}},\cdots,\boldsymbol{Y}_{n1}^{\mathrm{T}}]^{\mathrm{T}}$ 表示故障样本。

相关性 C_r

DEGT(1)	···	DEGT(T)
DFF (1)	···	DFF (T)
DN2(1)	···	DN2(T)
EGTM(1)	···	EGTM(T)

参数值 V

图 5-6 发动机状态参数矩阵示意图

5.3.2 基于 CNN 与 SVM 的气路故障诊断方法

图 5-7 所示为本章提出的发动机气路故障诊断方法的原理图，主要包括两个过程：一个是利用 CNN 迁移学习实现发动机状态特征映射；另一个是利用支持向量机对映射特征进行分类。在获得发动机的正常数据样本组和故障征候数据样本组后，本章以足够多的正常样本作为 CNN 模型输入，以预设正常样本的标签作为正常样本的预期输出对 CNN 模型进行训练。待 CNN 模型训练完成，将 CNN 模型中的内层迁移到故障样本分类任务中并保持不变，建立发动机状态特征映射模型。当求解当次发动机故障征候样本的映射特征时，将故障征候样本组作为所建立的发动机状态映射模型的输入，通过发动机状态特征映射模型得到的输出即为故障征候样本的映射特征。最后利用支持向量机对映射特征进行分类。

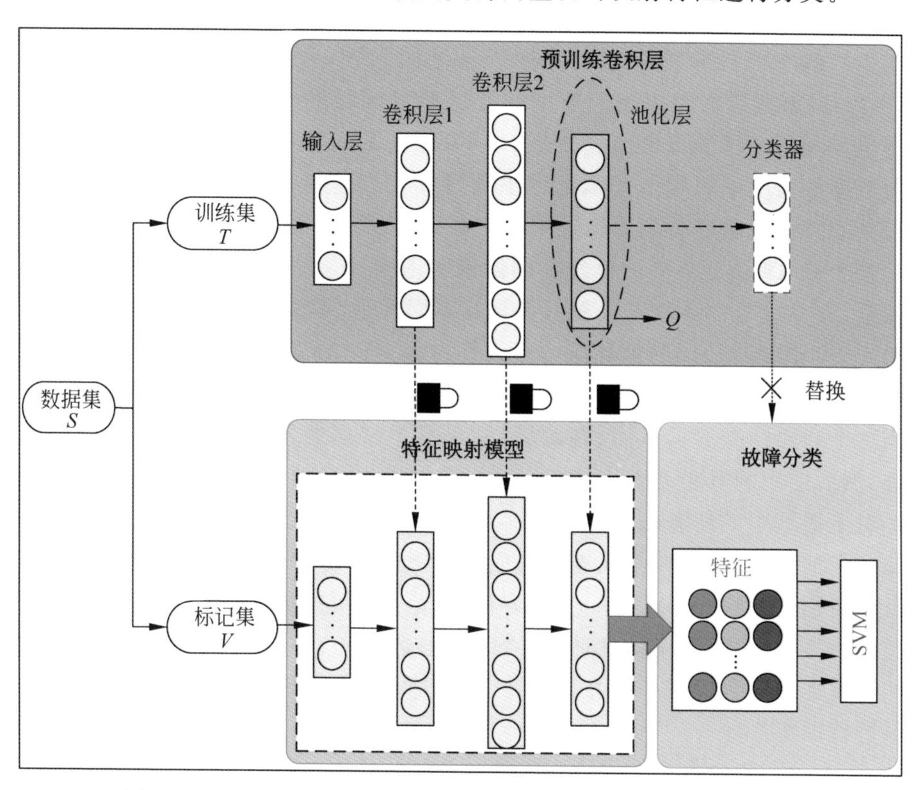

图 5-7　基于 CNN 与 SVM 的民航发动机气路故障诊断模型原理图

1. 基于迁移学习的发动机特征映射模型

卷积神经网络通过多次卷积和池化对输入矩阵进行特征学习，然后再利用分类器对学习到的特征进行分类[4]。这种网络能够完成对目标准确分类的前提是每种类别的训练样本足够多。然而发动机在实际运行过程中故障样本较少而正常样本足够多，是典型的类不平衡，如果直接利用CNN进行分类，就会导致训练出有偏向性的分类器。例如，若训练数据中有95个类标签为＋1的正常样本和5个类标签为－1的故障样本，分类器始终输出类标签为1就可以获得95％的训练正确率。但是故障样本的分类错误率代价远远高于正常样本，显然这种带偏向性的诊断结果是毫无意义的。最好的解决方法是增加每个类别的训练样本数，使网络学习到更具有鲁棒性和代表性的特征。显然，这种方法对于发动机真实运维数据是不可行的。

除了增加发动机故障样本外，迁移学习也是一个可行的用于提升人工智能辅助诊断性能的途径。迁移学习是一种解决问题的思想。它不局限于特定的算法或者模型，其目的是将源域中学习到的知识或训练好的模型应用到目标域中，从而在目标域提升预测性能或分类性能[5]。文献[6-7]通过在源域（训练样本足够多）中训练分类器，然后将训练好的模型迁移到目标域（类别和源域中的类别不同且训练样本少），解决了目标领域中训练样本不足的问题，并且取得了较好的效果。文献[8-10]的研究旨在解决相同类别的源域和目标领域中的不同数据分布问题，其根本也是利用迁移学习思想。文献[11]中设计了一种迁移学习模型，能够在没有学习数据的情况下识别出医学影像中的目标。与这些方法不同，本章将在源域中学习到的特征表示迁移到目标领域中。

基于CNN的迁移学习已经在图像识别领域[12-13]、自然语言处理领域[14]进行了探索，其方法与本章的方法相似。与其不同的是，本章首先在大规模的监督任务中对CNN中的卷积层和池化层进行训练，然后将训练好的卷积层和池化层参数迁移到目标领域中。实现该过程的核心思想是卷积神经网络的卷积层和池化层能够充当一个通用的映射器，可以在源域（这里是足够多的发动机正常样本）中进行预训练，然后应用到其他目标任务上（这里是少量的发动机故障样本），如图5-8所示。对于源域中的任务，设计了一个卷积神经网络进行学习。该网络由两个卷积层和一个池化层，以及3个全连层组成。对于目标域中的任务，我们希望一个能输出目标类别的网络，SVM是一个较好的选择，因为它在小样本条件下具有优秀的分类能力。卷积层C1、C2和池化层S3的参数首先在源任务中进行预训练，然后它们会被迁移到目标任务中并且保持不变。仅分类器SVM在目标任务中的训练集上进行训练。

2．性能参数的排列顺序对故障诊断模型性能的影响分析

CNN

CNN在图像识别领域已经取得了显著的效果。对输入的图像识别样本进行分析，将对分析发动机性能参数的排列顺序对故障诊断模型性能的影响具有一定的启示作用。本章选取了4种不同的图像识别样本，如图5-9所示。

将图5-9中的4个图像样本分别灰度化，得到灰度矩阵后，分析灰度矩阵中不同间距的行（列）的相关度，如图5-10所示。图5-10(a)、(b)和(c)中灰度矩阵不同行之间的平均相关度随行间距变大而变小，即位置相隔越近的各行之间的相关度

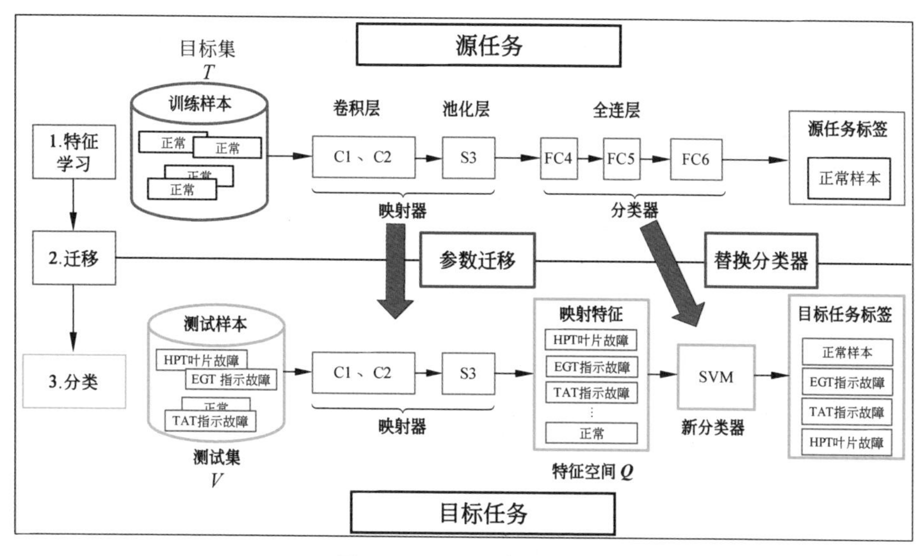

图 5-8　CNN 的参数迁移

图 5-9　不同的图像样本

(a) 中国画；(b) 照片；(c) 西方油画；(d) 手写稿

值较大。而在图 5-10(d)中灰度矩阵的行之间的平均相关度先随行间距变大而变小，随着行间距的继续增大，平均相关度反而增大。这是因为图 5-9 中第四个图像识别样本是一个对称图像。上述分析结果表明，对于不同的灰度矩阵，其各行(列)的排列存在不同的顺序，这也是 CNN 能够高效识别图像的原因之一。

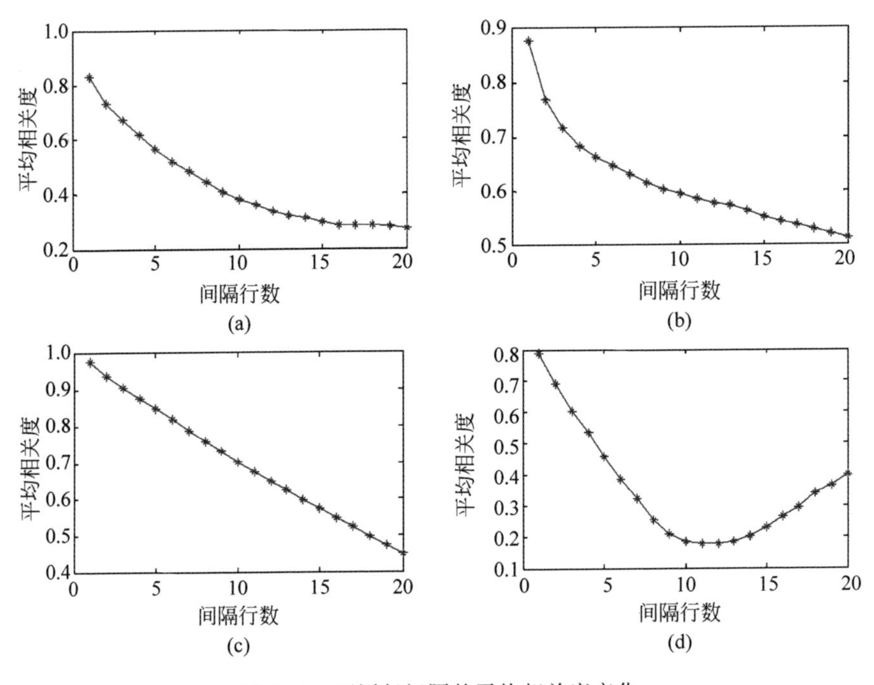

图 5-10 不同行间隔的平均相关度变化

(a) 中国画；(b) 照片；(c) 西方油画；(d) 手写稿

虽然从发动机原理上分析，发动机性能参数的排列顺序对故障诊断是没有影响的，但通过前述分析可知发动机各性能参数之间是具有一定的相关性的，那么性能参数在二维矩阵的排列顺序势必会对卷积层和池化层滤波器的输出结果产生不可忽视的影响。因此，可以利用性能参数之间的排列顺序对故障诊断模型进行优化。

5.3.3 实验步骤及数据的收集

1. 实验步骤

为了方便起见，记上述方法为 CNN-SVM 故障诊断方法。采用 CNN-SVM 方法进行发动机气路故障诊断的具体实施步骤如下。

步骤 1 根据样本设置方法，利用发动机原始气路监控数据构造如图 5-6 所示的状态矩阵。

步骤 2 构造训练样本集和测试样本集。其中，训练样本集全部由发动机正常状态数据矩阵组成，测试样本集由发动机故障指征数据矩阵及正常数据矩阵组成，并对不同的类型的样本给予相应的标签。

步骤 3 通过训练样本集对 CNN 的内层进行预训练，待网络训练完成后，将 CNN 的内层迁移到测试样本集中并保持不变，建立发动机状态特征映射模型。

步骤4 利用建立的特征映射模型将测试集中的所有样本映射到新的特征空间 Q 中，并按照一定的比例分别构造训练 SVM 的训练集和测试集。

步骤5 使用步骤4中的训练集训练 SVM，待 SVM 训练完成后，使用步骤4中的测试集对 SVM 进行测试。本章采用精度值 prec 作为指标评估分类的效果好坏，其具体计算公式为

$$\text{prec}=\frac{\text{tp}}{\text{tp}+\text{fp}} \tag{5-11}$$

式中，tp 为准确识别出的故障数量（例如，该验证样本是 a_i 类故障，算法正确地将其归类于 a_i 类故障），fp 为假异常点的数量（例如，该验证样本不是 a_i 类故障，算法错误地将其归类于 a_i 类故障）。

2. **数据收集**

根据 CNR 中的故障时间，从 OEM 数据中提取了各台发动机故障前100循环的主要气路性能参数偏差值：DEGT、DN2、DFF 和 EGTM。表5-6示出了某台因 HPT 叶片烧蚀故障的发动机故障前100循环的主要性能参数。

表5-6 发生故障前性能参数示例

故障前飞行循环	飞行时间	DEGT	DN2	DFF	EGTM
100	2015/7/6 13:50	42.4966	−0.9027	0.192	63.8976
99	2015/7/6 9:27	42.4154	−0.6383	−0.2476	64.8338
98	2015/7/6 4:38	46.2737	−0.9957	1.1354	66.0767
97	2015/7/6 1:26	38.7831	−0.4253	−0.2853	54.1084
96	2015/7/4 13:07	43.1757	−0.9276	0.4092	59.836
⋮	⋮	⋮	⋮	⋮	⋮
5	2015/4/613:28	44.2136	−0.4086	0.9811	52.9655
4	2015/4/6 10:13	43.5375	−0.5716	−0.0498	52.3259
3	2015/4/6 4:13	54.4686	−0.5441	2.0893	48.6776
2	2015/4/2 4:59	37.1006	−0.2143	0.4853	49.4429
1	2015/4/2 1:38	42.5038	−0.4861	1.1648	68.8308

根据对 OEM 厂家故障预报数据的分析可知，其选取的故障征候循环数（图5-5中 T_1 和 T_2 之间的飞行循环数）从5到130不等，且只有少数故障征候循环数超过10，因此，选取10个循环作为故障指征数据的区间段能够满足大部分的故障诊断需求。对某机队的发动机维修报告和 CNR 进行分析整理，按照本章故障指征采集方法，共获取了30组排气温度指示故障（EGT index）案例样本、22组进口总温指示故障（TAT index）案例样本、20组 HPT 叶片烧蚀故障（HPT_Blade）案例样本和3268组正常样本，具体标签如表5-7所示。实验时，在新的特征空间 Q 中训练和测试 SVM 的样本分布如表5-8所示。

表 5-7　样本个数及标签

样本类别	样本个数	标签
正常(源域)	3000	[1 0]
正常	268	0
EGT index	30	1
TAT index	22	2
HPT_Blade	20	3

表 5-8　训练-测试特征集分布

特征类别	训练	测试
正常	200	68
EGT index	20	10
TAT index	12	10
HTP_Blade	10	10

5.3.4　实验

下面利用发动机实际 OEM 数据对本章所提出的方法进行验证,并对所建立的发动机状态特征映射模型的结构参数进行优化。实验中支持向量机选用多项式核。

1. 基于迁移学习的状态特征映射模型的合理性验证

本章建立发动机状态特征映射模型的目的是将发动机原始的状态特征映射到新的特征空间 Q 中,以提高发动机状态数据的辨识度。由于发动机故障样本的缺乏,首先在源域中对 CNN 进行预训练,实验中 CNN 的结构参数如表 5-9 所示。而后将预训练后的 CNN 模型中的内层迁移到故障识别任务中并保持不变,建立发动机状态特征映射模型。通过迁移学习建立的发动机状态特征映射模型的合理性将通过以下实验进行验证。

表 5-9　CNN 模型参数设计

模型参数	C1	C2	S3	F5	F6	F7
特征图数量	12	18	18	50	30	2
特征图大小	4×10	4×10	2×5	1×1	1×1	1×1
学习参数	卷积核	卷积核	最大池化	批量大小	Epochs	迭代次数
	2×2	3×3	2×2	10	10	100

图 5-11(a)、(c)、(e)和(g)描述了归一化后的样本(从每类样本中随机选取 5 个样本)。通过观察样本,可以发现原始样本中的确存在大量的数据噪声,并且即使同型号发动机在发生同一类故障时,也存在较大的个体差异。

将上述样本通过本章建立的映射模型映射到新的特征空间 Q 中，如图 5-11(b)、(d)、(f)和(h)所示(图中仅描述了前 40 个特征)。通过对比可知，样本通过映射模型映射到高维特征空间 Q 中后，同类样本基本都聚合在一起，样本的个体差异性和数据噪声得到了很好的消除。实验结果证明了将原始状态数据通过所建立的发动机状态特征映射模型映射到新的特征空间 Q 中，可以很好地消除发动机原始数据中存在的数据噪声和个体差异性。

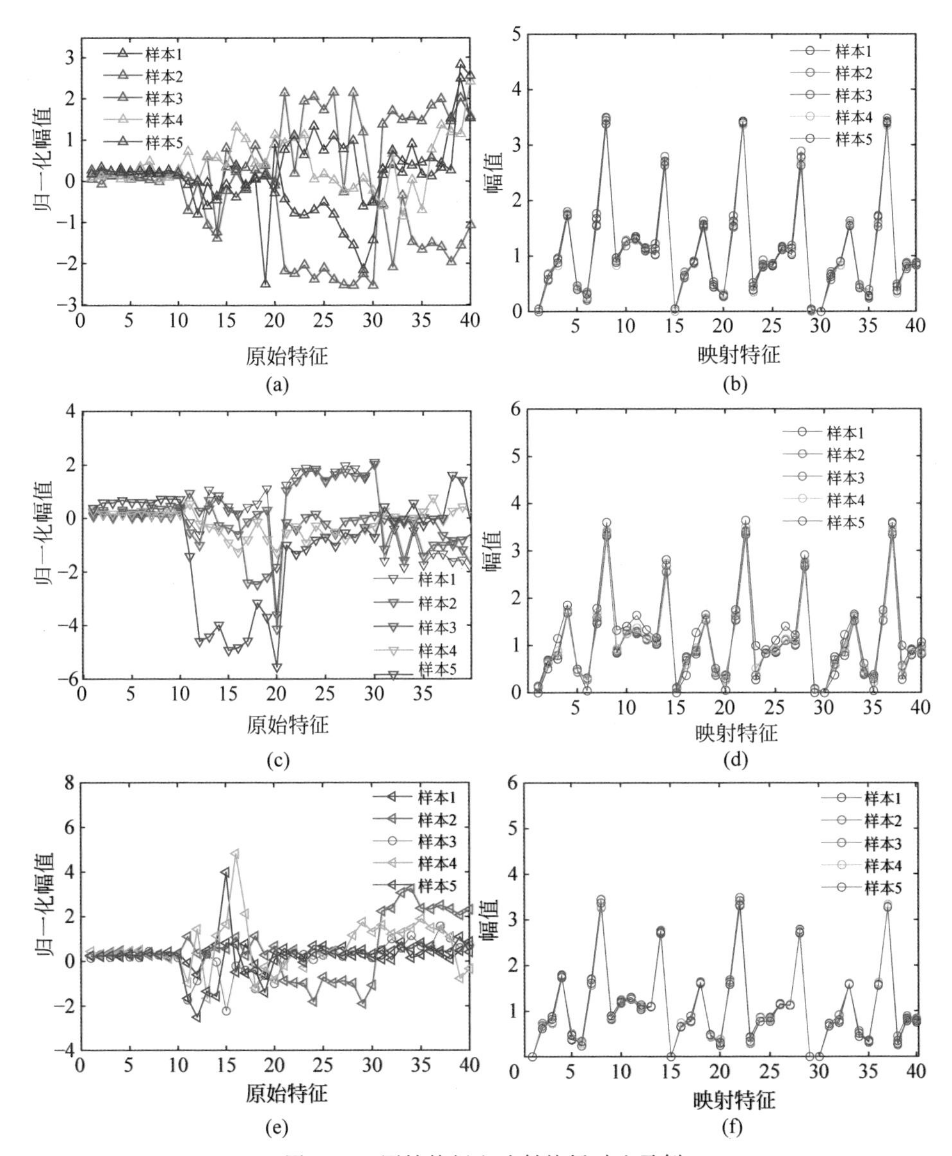

图 5-11 原始特征和映射特征对比示例

(a) EGT 指示故障原始特征；(b) EGT 指示故障映射后特征；(c) TAT 指示故障原始特征；(d) TAT 指示故障映射后特征；(e) HPT 叶片故障原始特征；(f) HPT 叶片故障映射后特征；(g) 正常样本原始特征；(h) 正常样本映射后特征

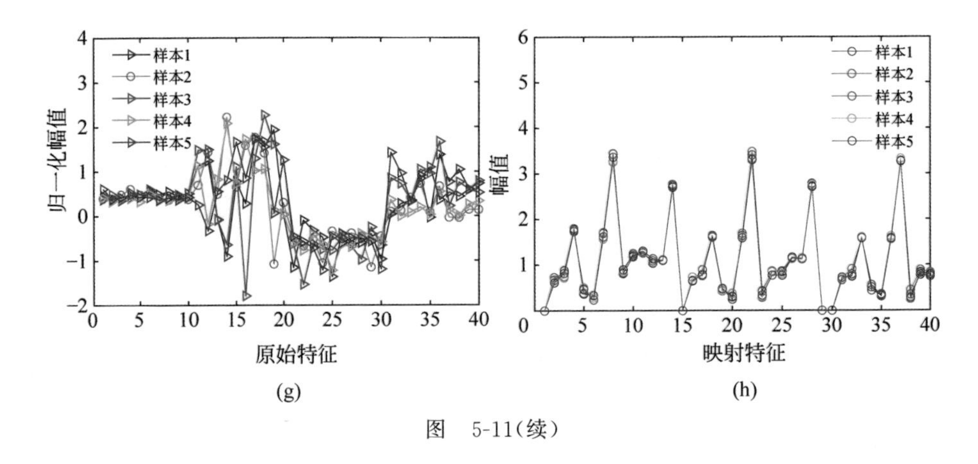

(g)

(h)

图 5-11(续)

然而,图 5-11 中没有明显地反映利用所建立的发动机状态特征映射模型将原始数据映射到新的特征空间 Q 中后,发动机状态数据的辨识度是否得到提高。因此,下面利用所建立的映射模型将 68 组正常样本、30 组 EGT 指示故障样本、22 组 TAT 指示故障样本和 20 组 HPT 叶片故障样本全部映射到新的特征空间 Q 中,映射结果如表 5-10 所示,然后对新的空间 Q 中的每一维特征进行详细分析。部分分析结果如图 5-12 所示(图 5-12 中依次示出了对高维特征空间 Q 中第 54 维、第 118 维、第 124 维、第 135 维、第 136 维、第 139 维映射特征分析的结果)。

表 5-10　映射特征示例

故障模式	编　号	特征空间 Q				
		特征 1	特征 2	…	特征 149	特征 150
正常	1	0.041	0.652	…	1.087	2.688
	2	0.0646	0.735	…	1.079	2.672
	⋮	⋮	⋮	⋮	⋮	⋮
	68	0	0.642	…	1.029	2.719
EGT 指示故障	1	0.0575	0.691	…	0.977	2.673
	2	0.0439	0.669	…	0.933	2.647
	⋮	⋮	⋮	⋮	⋮	⋮
	30	0	0.568	…	1.02	2.712
TAT 指示故障	1	0.1404	0.692	…	1.177	2.797
	2	0.111	0.646	…	1.171	2.79
	⋮	⋮	⋮	⋮	⋮	⋮
	22	0	0.586	…	1.434	2.962
HPT 叶片故障	1	0.008 47	0.651	…	1.099	2.708
	2	0.0135	0.654	…	1.092	2.754
	⋮	⋮	⋮	⋮	⋮	⋮
	20	0	0.621	…	0.1	2.698

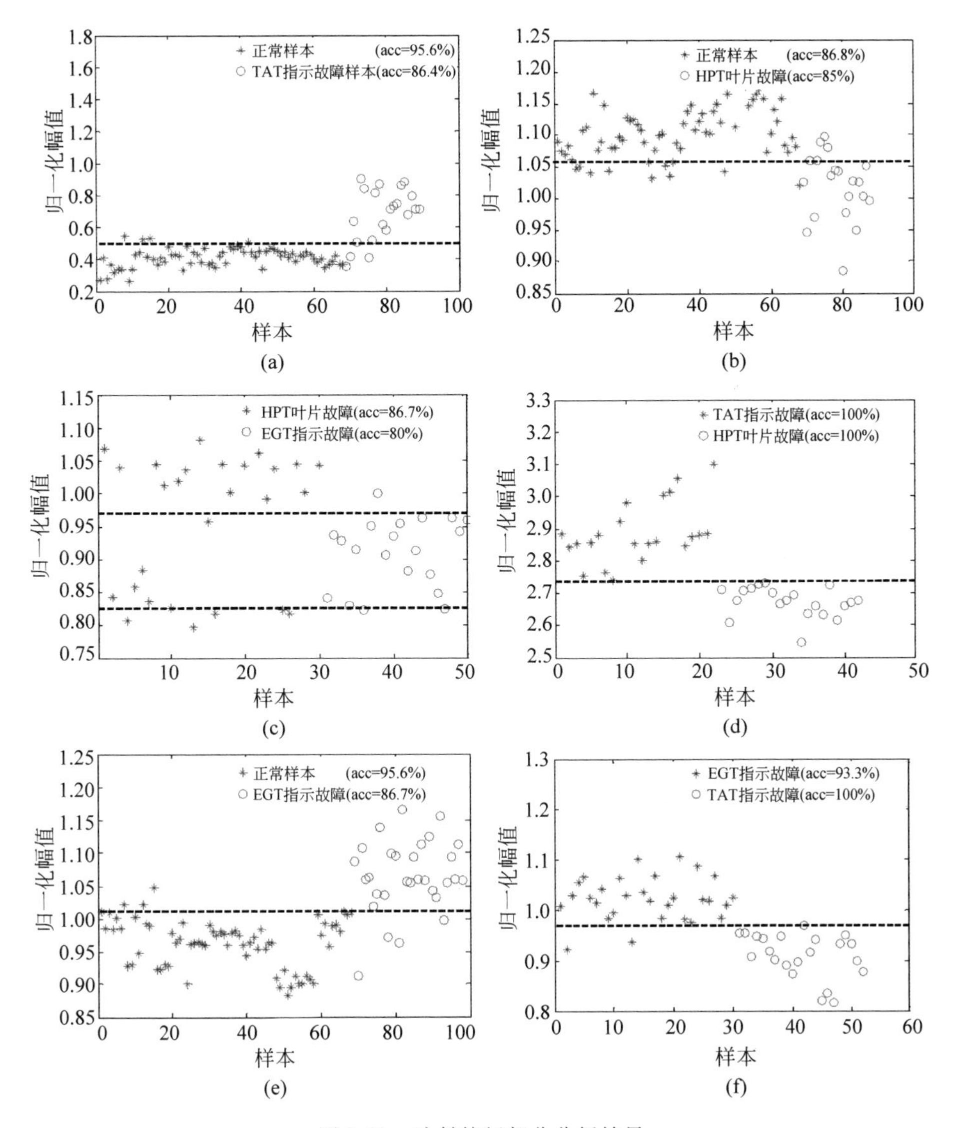

图 5-12　映射特征部分分析结果

(a) 映射特征第 54 维特征分析；(b) 映射特征第 118 维特征分析；(c) 映射特征第 124 维特征分析；(d) 映射特征第 135 维特征分析；(e) 映射特征第 136 维特征分析；(f) 映射特征第 139 维特征分析

结合上述实验分析结果可以发现，直接利用线性面进行二分类，分类正确率基本能达到 85%以上。观察图 5-12(a)、(b)和(e)，可以发现结合第 54 维、第 118 维和第 136 维映射特征，能够很好地检测正常样本和异常样本。为了进一步证明其可分性，图 5-13(a)中给出了其三维视图。观察图 5-12(c)、(e)和(f)，可以发现结合第 124 维、第 136 维、第 139 维特征，可以较好地检测出 EGT 指示故障样本，其三维视图如图 5-13(b)所示。观察图 5-12(b)、(c)和(d)，可以发现结合第 118

维、第124维和第135维特征，可以较好地检测出HPT叶片烧蚀故障样本，其三维视图如图5-13(c)所示。观察图5-12(a)、(d)和(f)，可以发现结合第54维、第135维和第139维映射特征可以较好地检测出TAT指示故障样本，其三维视图如图5-13(d)所示。上述实验结果证明，原始数据通过本章建立的映射模型映射到高维特征空间Q中后，可以很好地提高原始数据的辨识度。

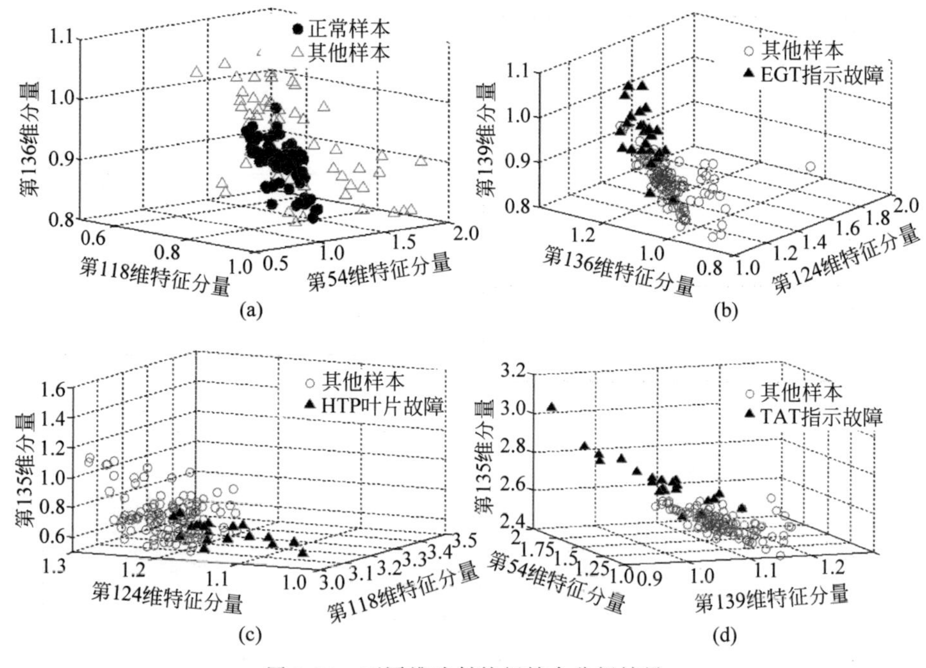

图5-13　不同维映射特征结合分析结果

(a) 第54维、第118维和第136维特征；(b) 第124维、第136维和第139维特征；(c) 第118维、第124维和第135维特征；(d) 第139维、第54维和第135维特征

上述实验结果表明，本章采用所建立的发动机状态特征映射模型，将发动机原始状态数据映射到高维特征空间Q中，可以在消除数据噪声和个体差异性的同时，较大地提高数据的辨识度。因此，本章所建立的发动机状态映射模型的合理性得以证明，同时上述实验结果也证明了本章所提出方法的可行性。

2. 状态特征映射模型结构参数的优化

本章采用的特征映射模型是基于卷积神经网络创建的，因此卷积神经网络的结构参数对所建立特征映射模型的映射效果有较大影响。对卷积神经网络影响较大的参数包括批量(batch)大小、迭代次数、卷积核尺寸大小。在讨论这些参数对模型的影响时，为了降低讨论的复杂性，保持其他参数为默认设置。

1) 批量大小的设计

在训练卷积神经网络时，每次更新网络参数所需要的损失函数并不是从全样本集训练获得，而是从全样本集中随机选取一组样本进行训练获得，这样一组样本所包含样本的个数就是一个批量大小(batch size)。batch size 过大,训练完一次全样本集所需的迭代次数减小,但会使网络的收敛精度陷入不同的局部极值；Batch size 过小,会使算法存在不收敛的风险,并且训练完一次全样本集所需的时间更长。而在合理的范围内增大 batch size,不仅使训练一次全样本集所需的时间减少,对于相同数据量的处理速度加快,而且随着 batch size 的增大,其确定的网络收敛方向越准,引起的训练振荡越小。

在验证 batch size 对所创建的映射模型的映射效果的影响时,为保证在同一标准下进行比较,除 batch size 以外,其他参数保持默认不变。为了充分研究 batch size 对 CNN 提取特征能力的影响,本章将 batch size 分别设为 1、5、10、20、30、40、50、60、70、80。为了消除实验结果的随机性,每次实验重复 5 次,取实验结果的平均值,实验结果如图 5-14 所示。

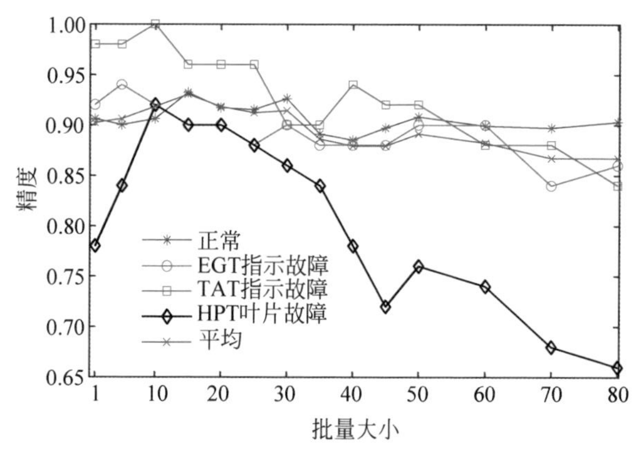

图 5-14　批量大小与分类精度之间的关系

从图 5-14 中可以看出,当 batch size 在 10～25 时,batch size 变化对分类的正确率的影响并不大；当 batch size 大于 25 时,随着 batch size 的增大,分类正确率明显下降,其中 HPT 叶片烧蚀故障表现最为显著；当 batch size 等于 10 时,TAT 指示故障识别率、HPT 叶片烧蚀故障识别率以及正常样本识别率和总体分类正确率均达到最优,同时 EGT 指示故障识别率也达到 90%以上。因此,综合故障分类正确率和训练时间成本,可将 batch size 设为 10。

2）迭代次数的设计

神经网络通过迭代不断地拟合和逼近样本,迭代次数过少,会导致拟合效果较差；迭代次数过多,则网络误差不再减小,但训练时间会增加。所以应选择合适的迭代次数,以满足诊断精度的同时,减少训练时间。

在验证迭代次数对所创建的映射模型的映射效果的影响时,为保证在同一标准下进行比较,除迭代次数以外,批量大小根据上述结论设为 10,其他参数保持默认不变。为了充分研究迭代次数对模型的影响,本章将迭代次数分别设为 1～20。为了消除实验结果的随机性,每次实验重复 5 次,取实验结果的平均值,实验结果如图 5-15 所示。

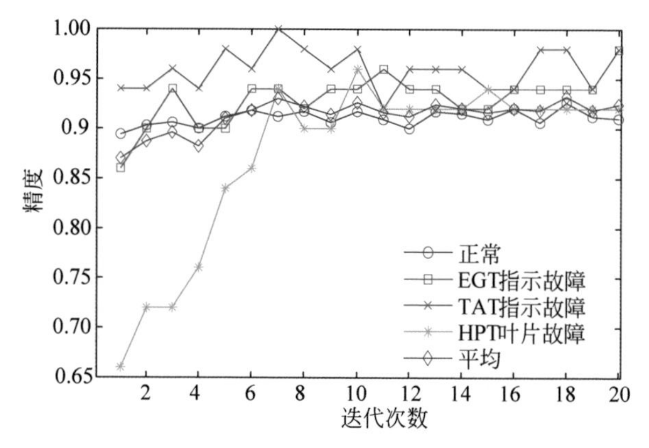

图 5-15　迭代次数与分类精度之间的关系

从图 5-15 中可以看出，随着迭代次数的增加，故障分类的正确率随之增加，尤其是 HPT 叶片烧蚀故障识别率随着迭代次数的增加而显著增加。当迭代次数大于 7 时，随着迭代次数增加，故障识别率均超过 90%；当迭代次数等于 10 时，故障识别率均超过 94%，而且随着迭代次数增加，分类准确率趋于稳定。因此，综合考虑训练时间和故障识别率，在本章的样本数量下，迭代次数选取 10 次最为合理。

3) 卷积核尺寸大小的设计

卷积核尺寸越大，能感受到输入矩阵的视野越大，学习能力越强，但需要训练的参数越多，模型的复杂度大大增强；卷积核尺寸小，可以很好地降低训练参数的个数以及计算复杂度，但感受视野变小，学习能力变差。

在验证不同卷积核尺寸对映射模型的映射效果的影响时，除两个卷积层卷积核尺寸大小外，根据前文结论将 batch size 大小设置为 10，迭代次数设为 10 次，其他参数保持默认不变。一般情况下，卷积核尺寸比输入矩阵尺寸小，现将两个卷积层的卷积核尺寸大小分别用 $k_1 \times k_1$ 和 $k_2 \times k_2$ 表示，由于本章输入矩阵尺寸大小为 4×10，所以 k_1 和 k_2 均要小于 4。因此，(k_1, k_2)组合只能为(2,2)、(2,3)、(3,2)以及(3,3)。为了消除实验结果的随机性，每次实验重复 5 次，取实验结果的平均值，实验结果如表 5-11 所示。

表 5-11　分类正确率与卷积核尺寸之间的关系

序号	(k_1, k_2)	EGT 指示故障(prec)	TAT 指示故障(prec)	HPT 叶片故障(prec)	正常(prec)	诊断正确数/样本总数
1	(2,2)	0.84	0.92	0.78	0.908	0.901
2	(3,2)	0.80	0.94	0.82	0.914	0.896
3	(2,3)	0.92	0.96	0.94	0.923	0.928
4	(3,3)	0.90	0.94	0.86	0.917	0.916

比较表 5-11 中的第 3、4 组和第 1、2 组的故障分类结果，当第二个卷积层卷积核尺寸大小为 3×3 时，分类效果明显优于其尺寸为 2×2 时的效果，因此可以将第二个卷积层卷积核尺寸设为 3×3。比较第 4 组和第 3 组的故障分类结果可以发现，当第一个卷积层卷积核尺寸设为 2×2 时，故障分类效果要好于其尺寸为 3×3 时的效果，因此可以将第一个卷积层卷积核尺寸设为 2×2。综上分析，在本章样本的条件下，将第一个卷积层卷积核尺寸设为 2×2，第二个卷积层卷积核尺寸设为 3×3。

3. 性能参数的最优排列顺序确定

本章共选取了 4 个发动机气路监控性能参数，将 4 个性能参数进行全排列，共有 24 种排列方式。对 24 种排列方式分别进行实验，寻找最优的排列方式。在实验过程中，其余的参数设置如下：迭代次数设为 10，批量大小设为 10，第一层卷积核大小为 2×2、个数设为 12，第二层卷积核大小为 3×3、个数设为 18，其他参数保持默认设置。为了消除实验结果的随机性，每次实验重复 5 次，取实验结果的平均值，实验结果如图 5-16 所示。

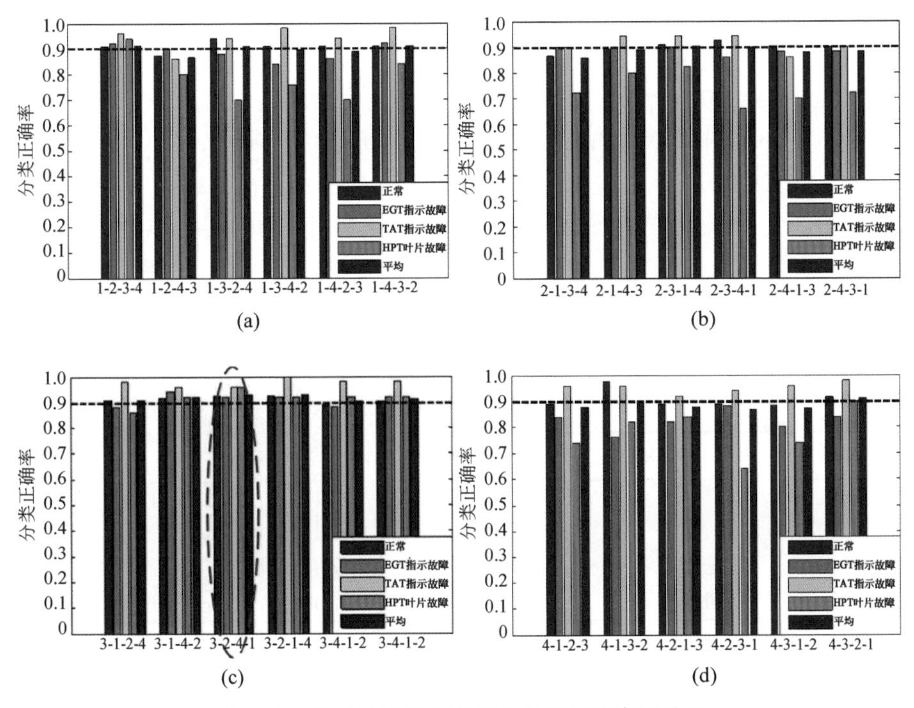

图 5-16　分类正确率与性能参数排列顺序的关系

(a) 顺序(1-X)；(b) 顺序(2-X)；(c) 顺序(3-X)；(d) 顺序(4-X)

图 5-16 中，1-X、2-X、3-X 和 4-X 分别代表以 DEGT、DN2、DFF 和 EGTM 为开始全排列的顺序，如：1-2-3-4 表示的排列顺序为 DEGT-DN2-DFF-EGTM。对比图 5-16(a)～(d)的结果，将 DFF 置于开始位置时，其分类效果远远好于将其他 3 个参数置于开始位置时的效果。对图 5-16(c)进行详细分析，排列顺序为 3-1-4-2、

3-2-4-1、3-2-1-4、3-4-1-2 时，分类正确率均超过 90%，其中当排列顺序为 3-2-4-1 时，TAT 指示故障和 HPT 叶片故障的分类正确率均为 96%，EGT 指示故障的分类正确率为 92%。综上分析，排列顺序为 DFF-DN2-EGTM-DEGT 时，诊断效果要优于其他排列顺序的诊断效果。因此，在本章的样本条件下，性能参数最优的排列顺序为：DFF-DN2-EGTM-DEGT。

4. 对比实验

通过上述实验对本章所建立的发动机状态映射模型的结构参数进行了优化，对最优的性能参数排列方式进行了确定。为了验证本章提出的故障诊断模型对民航发动机气路故障具有良好的识别能力，进行了 5 组实验。

第一组实验：直接利用支持向量机对民航发动机气路故障进行分类；

第二组实验：采用去噪自动编码器(DAE)对民航发动机气路故障进行特征提取，而后利用 SVM 进行故障诊断；

第三组实验：利用堆叠去噪自动编码器(SDAE)对民航发动机气路故障进行特征提取，而后利用 SVM 进行故障诊断；

第四组实验：直接利用卷积神经网络对民航发动机气路故障进行识别；

第五组实验：利用本章提出的诊断模型对民航发动机气路故障进行诊断。

实验中 CNN 和本章提出模型的参数设置如表 5-12 所示，SDAE 的参数设置如下：batch size 大小为 10，迭代次数 epoch=500，SDAE 模型结构由一个输入层、一个中间层和一个输出层组成，输入层节点数为 40 个，中间层节点数为 60 个，输出层节点数为 40 个。DAE 的参数设置如下：batch size 大小为 10，迭代次数 epoch=500，输入层节点数为 40 个，输出层节点数为 25 个。为了消除算法的随机性，每次实验重复 10 次，取实验结果的平均值，实验结果如表 5-13 所示。

表 5-12 CNN 及本章提出的模型结构参数设置

模型参数	输入层	卷积层 1	卷积层 2	池化层 1
特征图数量	1	12	18	18
特征图大小	4×10	4×10	4×10	2×5
学习参数	迭代次数 10	卷积核	卷积核	平均池化
	批量大小 10	2×2	3×3	过滤器 2×2

表 5-13 不同模型的故障识别率

模 型	训练精度	EGT 指示故障 (prec)	TAT 指示故障 (prec)	HPT 叶片故障 (prec)	正常 (prec)	诊断正确数/总数
SVM	1	50%	80%	50%	89.7%	80.6%
CNN	1	0	0	0	100%	69.39%
DAE+SVM	1	74%	86%	93%	95.6%	92.3%
SDAE+SVM	1	85%	95%	91.3%	93%	92.2%
CNN+SVM	1	94%	98%	94%	92.6%	93.44%

从表5-13中可以看出，上述5种方法在训练集上的训练精度都能达到100%，但是在测试集上的测试精度存在着明显的差异。CNN方法的测试精度最差，不能检测出3种故障类型，这是因为故障样本数量太少，导致训练CNN时出现了过拟合问题，再次证明了样本数量对CNN模型的重要性。SVM方法的测试精度也非常差，尤其是对EGT指示故障和HPTB故障不能识别，这是因为原始序列样本中参数属性之间存在冗余以及存在大量的噪声，导致SVM分类效果较差。相对于前两种方法，后面3种方法均是先利用神经网络将原始数据映射到不同的映射空间中，然后再利用SVM对特征进行分类，其诊断效果明显要优于前两种方法。

对比表5-13中后3种方法的故障识别率发现，第4种方法和第5种方法对故障的识别能力明显要优于第3种方法。第4种方法和第5种方法均是采用深度学习模型将原始数据映射到不同的映射空间进行分类，而第3种方法则是利用传统的浅层神经网络将原始数据映射到映射空间中进行分类。因此，利用深度学习模型学习得到的更高层更抽象的特征具有更好的辨识度。第4种方法使用的是一种比较流行的无监督深度学习模型——堆叠去噪自动编码器，但该模型只能接受向量形式的输入。对比第4种方法和本章提出的方法可知，尽管本章提出的方法对正常样本的识别率略低于第4种方法，但是对3种故障的识别能力明显优于第4种方法。更重要的是，对发动机气路进行故障诊断时，主要是对异常数据进行故障诊断。因此，相比于第4种方法，本章的方法具有优秀的故障诊断能力，更加适用于发动机故障诊断的工程实践。

5.4　本章小结

本章以航空发动机气路故障诊断为背景，首先提出了基于故障指印图和自组织特征映射神经网络相结合的发动机气路故障诊断方法。该方法能够提高气路故障诊断的准确率和效率，由于该方法能够快速地进行新增故障模式的识别，因此具有较好的实用价值。然后，针对小样本条件下的气路故障诊断问题，提出了一种基于CNN与SVM相结合的迁移学习方法。该方法首先利用基于CNN的迁移学习方法建立发动机状态特征映射模型，该模型将OEM数据中各变量值以及它们之间的关系一起输入，并将其映射到新的特征空间Q中，消除了噪声和个体差异，提高了数据的辨识度。由于航空发动机在实际飞行过程中故障样本较少而正常样本足够多，因此本章利用大量的正常样本对CNN的卷积层和池化层进行预训练，而后将卷积层和池化层迁移到小样本故障诊断中并保持不变，最后利用SVM实现小样本下的故障诊断。

参考文献

[1] CHOPRA S,HADSELL R,LECUN Y. Learning a Similarity Metric Discriminatively,with Application to Face Verification[C]//Computer Vision and Pattern Recognition,2005. CVPR 2005. IEEE Computer Society Conference on. IEEE,2005,1: 539-546.

[2] KIM K,MYLARASWAMY D. Fault Diagnosis and Prognosis of Gas Turbine Engines Based on Qualitative Modeling[C]//ASME Turbo Expo 2006: Power for Land,Sea,and Air,2006: 881-889.

[3] GANGULI R. Jet Engine Gas-Path Measurement Filtering Using Center Weighted Idempotent Median Filters[J]. Journal of Propulsion and Power,2003,19(5): 930-937.

[4] LECUN Y,BENGIO Y,HINTON G. Deep Learning[J]. Nature,2015,521(7553): 436.

[5] PAN S J,YANG Q. A Survey on Transfer Learning[J]. IEEE Transactions on Knowledge & Data Engineering,2010,22(10): 1345-1359.

[6] TOMMASI T,ORABONA F,CAPUTO B. Learning Categories From Few Examples With Multi Model Knowledge Transfer[J]. IEEE Transactions on Pattern Analysis & Machine Intelligence,2014,36(5): 928-941.

[7] AYTAR Y,ZISSERMAN A. Tabula rasa: Model transfer for object category detection [C]//International Conference on Computer Vision. IEEE Computer Society,2011: 2252-2259.

[8] FARHADI A,TABRIZI M K,ENDRES I,FORSYTH D. A latent model of discriminative aspect[C]//IEEE,International Conference on Computer Vision. IEEE,2009: 948-955.

[9] KHOSLA A,ZHOU T,MALISIEWICZ T,et al. Undoing the damage of dataset bias[C]// European Conference on Computer Vision,2012: 158-171.

[10] SAENKO K,KULIS B,FRITZ M,DARRELL T. Adapting Visual Category Models to New Domains[C]//European Conference on Computer Vision. Springer-Verlag,2010: 213-226.

[11] SOCHER R,GANJOO M,SRIDHAR H,et al. Zero-Shot Learning Through Cross-Modal Transfer[C]//Advances in Neural Information Processing Systems,2013: 935-943.

[12] AHMED A,YU K,XU W,et al. Training Hierarchical Feed-Forward Visual Recognition Models Using Transfer Learning from Pseudo-Tasks[C]//Computer Vision-ECCV 2008, European Conference on Computer Vision, Marseille, France, October 12-18, 2008, Proceedings. DBLP,2008: 69-82.

[13] OQUAB M,BOTTOU L,LAPTEV I,et al. Learning and Transferring Mid-level Image Representations Using Convolutional Neural Networks[C]//Computer Vision and Pattern Recognition. IEEE,2014: 1717-1724.

[14] COLLOBERT R,WESTON J,BOTTOU L,et al. Natural language processing (almost) from scratch[J]. Journal of Machine Learning Research,2011,12: 2493-2537.

第6章

短期状态趋势预测

6.1 短期状态趋势预测概述

预测是从过去推测未来的过程，该过程利用一定的方法有根据地推断设备状态的变化与发展，从而为后续的诊断决策提供科学依据。按预测时间范围的长短可将预测分为长期预测和短期预测。相对而言，短期预测对设备未来短时间内若干个时间点的状态预测具有更高的精度，结果可靠性高。应用短期状态预测技术不仅能够对系统或系统所处工作环境进行有效监视以避免恶性事故的发生或发展，同时也可为短期维护决策及维修计划提供支持。

复杂设备往往具有结构复杂和工况复杂的特点，导致建立精确的机理模型对其健康状态进行预测往往代价昂贵甚至难以实现。状态监控技术的发展使得获取丰富的复杂设备健康状态监测数据成为可能，从而可采用数据驱动方法建立预测模型对复杂设备健康状态进行预测。以人工神经网络为代表的智能学习模型具有较强的非线性逼近能力和泛化能力，因而被广泛地应用于旋转机械轴承剩余寿命预测[1-4]、发电设备健康状态预测[5,6]、航天器推进器剩余寿命预测[7]、航空发动机部件剩余可用寿命预测[8,9]等。但是，传统人工神经网络在解决复杂非线性时间序列预测问题时仍存在一定的局限性和不适应性，如：状态趋势预测的数据量较大，随着输入维数的增加，传统神经网络容易陷入“维数灾难”[10]；传统神经网路难以表达时间序列中实际存在的时间累积效应，导致其预测精度不高。另外，当前普遍以单一智能学习模型进行全局建模，而单一全局模型由于要对假设空间进行全局逼近，往往导致模型具有很高的复杂度而增加其参数优化的难度。特别是对大样本描述的复杂假设空间进行逼近时，其存在的模型复杂、难以优化的问题更为突出。本章针对以上问题，以发动机健康状态趋势预测为例，分别介绍支持向量机、过程神经网络以及集成学习等模型和算法在短期状态趋势预测问题上的应用。同时，考虑预测方法的不确定性和状态数据的波动特点，点预测方法难以满足状态参数预测的实际需求，本章还介绍一种基于神经网络的自适应区间预测模型。

6.2 基于改进支持向量回归的短期状态趋势预测

为了避免状态趋势预测时由于数据量较大导致预测模型可能出现的“维数灾难”问题，将支持向量机回归分析引入到设备状态趋势预测这类特殊预测建模分析中，建立预测模型，对设备的运行状态进行分析和判断，从而为非线性状态预测提供一种有效的解决方案。

6.2.1 支持向量回归模型

支持向量机最初用来解决分类问题，后来扩展到回归领域。给定一个训练集：

$$D=\{(\boldsymbol{x}_1,y_1),(\boldsymbol{x}_2,y_2),\cdots,(\boldsymbol{x}_m,y_m)\} \tag{6-1}$$

式中，$\boldsymbol{x}_i$ 是 n 维坐标，y_i 是 $\boldsymbol{x}_i$ 对应的值。在回归问题中，需要做的是找到一个函数来预测任何一个给定点 $\boldsymbol{x}$ 的值，使回归模型的误差最小，定义线性回归函数为

$$f(\boldsymbol{x})=\boldsymbol{\omega}\cdot\boldsymbol{x}+b \tag{6-2}$$

核技术在支持向量机中是非常重要的，在回归问题中，同样需要使用核技术将非线性问题转化为线性问题。该函数具有以下形式[11]：

$$f(\boldsymbol{x})=\boldsymbol{\omega}\cdot\Phi(\boldsymbol{x})+b$$

$$\Phi:\mathbb{R}^n\rightarrow F,\quad \boldsymbol{\omega}\in G$$

式中，$\boldsymbol{\omega}$ 为高维特征空间 G 下的广义参数，$(\cdot)$为内积，b 是常数项。

函数逼近问题需满足 $R_{\text{reg}}[f]$最小：

$$R_{\text{reg}}[f]=R_{\text{emp}}[f]+\lambda\|\boldsymbol{\omega}\|^2=\sum_{i=1}^{s}l(y_i-f(\boldsymbol{x}_i))+\frac{1}{2}\|\boldsymbol{\omega}\|^2 \tag{6-3}$$

式中，R_{emp} 为经验风险，$l(\cdot)$为损失函数。用 ε-不敏感损失函数来表征回归模型的误差，ε 为事先给定的小正数。

$$|y-f(\boldsymbol{x})|_{\varepsilon}=\max\{0,|y-f(\boldsymbol{x})|-\varepsilon\}$$

则经验风险为

$$R_{\text{emp}}^{\varepsilon}[f]=\frac{1}{s}\sum_{i=1}^{s}|y_i-f(\boldsymbol{x}_i)|_{\varepsilon}$$

式中，ε 是一个事先定义好的正参数，当预测值和观察值之间的差小于 ε 时，可认为不产生损失。这样可以增加模型的鲁棒性。与分类问题的思路相似，式(6-3)最小化，则训练误差和模型复杂度都需要控制，将这个问题转化为一个最优化问题[12]：

$$\min J=\frac{1}{2}\|\boldsymbol{\omega}\|^2+C\sum_{i=1}^{s}(\xi_i+\xi_i^*)$$

$$\text{s.t.}\begin{cases}y_i-\boldsymbol{\omega}\cdot\Phi(\boldsymbol{x}_i)-b\leqslant\varepsilon+\xi_i^*\\ \boldsymbol{\omega}\cdot\Phi(\boldsymbol{x}_i)+b-y_i\leqslant\varepsilon+\xi_i\\ \xi_i^*,\quad \xi_i\geqslant 0\end{cases} \tag{6-4}$$

式中，ξ_i^*、ξ_i 是当预测值和观察值的差大于 ε 时的松弛变量，允许有部分点落在距离预测函数比较远的地方；C 是当预测值和观察值的差大于 ε 时施加的惩罚。与分类问题相似，我们构建拉格朗日函数，计算极值点，获得对偶问题并最终计算权重向量和偏移。

利用核函数 $K(\boldsymbol{x}_i,\boldsymbol{x}_j)=\Phi(\boldsymbol{x}_i)\cdot\Phi(\boldsymbol{x}_j)$，将式(6-4)转化为

$$\max J=-\frac{1}{2}\sum_{i,j=1}^{s}(\alpha_i^*-\alpha_i)(\alpha_j^*-\alpha_j)K(\boldsymbol{x}_i,\boldsymbol{x}_j)+\sum_{i=1}^{s}\alpha_i^*(y_i-\varepsilon)-\sum_{i=1}^{s}\alpha_i^*(y_i+\varepsilon)$$

$$\text{s. t.}\begin{cases}\sum_{i=1}^{s}\alpha_i=\sum_{i=1}^{s}\alpha_i^*\\ 0\leqslant\alpha_i\leqslant C,\quad 0\leqslant\alpha_i^*\leqslant C\end{cases}\tag{6-5}$$

求解上述凸二次规划得到的非线性映射可表示为

$$f(\boldsymbol{x})=\sum_{i=1}^{s}(\alpha_i-\alpha_i^*)K(\boldsymbol{x}_i,\boldsymbol{x})+b\tag{6-6}$$

如何选择参数 C、ε 对模型的精度至关重要。C 和 ε 的选择非常复杂，如何选取这两个参数达到较好的回归效果是一个未解决的问题[13]。

6.2.2　改进的支持向量回归模型

由于二次规划问题计算复杂度相对较高，还需要存储变量，导致支持向量回归方法运算速度较慢，不适合用于解决大数据量的问题。为了提高支持向量回归算法的运算速度，降低支持向量机的训练复杂度，需要对支持向量回归学习的算法进行相应的改进，关键是解决二次规划问题的约束问题。

光滑化方法能将约束问题转换为无约束，这样求解限制少、二次规划的运算速度慢的问题可以得到较好处理。具体做法是将损失函数变为二次 ε 不敏感函数，则支持向量机回归可表示为

$$\min J=\frac{1}{2}\|\boldsymbol{\omega}\|^2+C\sum_{i=1}^{s}\xi_i^2+C\sum_{i=1}^{s}(\xi_i^*)^2$$

$$\text{s. t.}\begin{cases}y_i-\boldsymbol{\omega}\cdot\Phi(\boldsymbol{x}_i)-b\leqslant\varepsilon+\xi_i^*\\ \boldsymbol{\omega}\cdot\Phi(\boldsymbol{x}_i)+b-y_i\leqslant\varepsilon+\xi_i\\ \xi_i^*,\quad \xi_i\geqslant 0\end{cases}\tag{6-7}$$

将正则因子 C 换成 $\frac{C}{2}$，再添加一项 $\frac{b^2}{2}$，则式(6-7)成为

$$\min J=\frac{1}{2}(\|\boldsymbol{\omega}\|^2+b^2)+\frac{C}{2}\sum_{i=1}^{s}\xi_i^2+\frac{C}{2}\sum_{i=1}^{s}(\xi_i^*)^2$$

$$\text{s.t.}\begin{cases} y_i-\boldsymbol{\omega}\cdot\Phi(\boldsymbol{x}_i)-b\leqslant\varepsilon+\xi_i^* \\ \boldsymbol{\omega}\cdot\Phi(\boldsymbol{x}_i)+b-y_i\leqslant\varepsilon+\xi_i \\ \xi_i^*,\quad \xi_i\geqslant 0 \end{cases} \tag{6-8}$$

应用变换

$$z_i=\boldsymbol{\omega}\cdot\Phi(\boldsymbol{x}_i)+b-y_i-\varepsilon$$

$$z_i^*=y_i-\boldsymbol{\omega}\cdot\Phi(\boldsymbol{x}_i)-b-\varepsilon$$

定义函数$(u)_+=\max\{u,0\}$，再令$\xi_i=(z_i)_+$，$\xi_i^*=(z_i^*)_+$，则式(6-8)可转化为如下的无约束二次优化问题：

$$\min J=\frac{1}{2}(\|\boldsymbol{\omega}\|^2+b^2)+\frac{C}{2}\sum_{i=1}^{s}(z_i)_+^2+\frac{C}{2}\sum_{i=1}^{s}(z_i^*)_+^2 \tag{6-9}$$

式(6-9)的目标函数不是二次可微的。为此，定义一个严格凸且无限可微的光滑函数$p(u,a)=\frac{1}{\alpha}\ln(1+e^{\alpha u})$，$\alpha>0$，使用$p(u,a)$代替$(u)_+$，由此可以得到光滑支持向量回归目标函数

$$\min J=\frac{1}{2}(\|\boldsymbol{\omega}\|^2+b^2)+\frac{C}{2}\sum_{i=1}^{s}p(u,a)_+^2\ \frac{C}{2}\sum_{i=1}^{s}p(z_i^*,a)^2 \tag{6-10}$$

为比较人工神经网络与改进支持向量回归的有效性，用 MATLAB R2009a 编程进行对比。给定一连续函数模型：

$$y=\cos e^x+\sin x,\quad x\in[2,4]$$

核函数

采样间隔为 0.1，产生 21 个样本数据，RBF 神经网络训练 1000 次，训练最小误差设置为 0.002。在支持向量回归模型中采用 RBF 核函数，核参数$\sigma=0.07$，模型参数$C=600$，$\varepsilon=0.02$，对该连续函数模型的回归结果如图 6-1 所示。

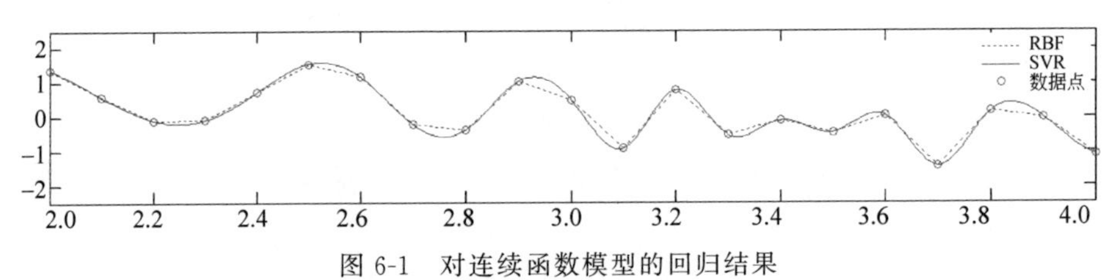

图 6-1　对连续函数模型的回归结果

从图中可以看出，两种模型预测曲线与实际预测点非常吻合，预测误差小，回归精度高，它们都能够反映出时间序列样本数据变化的规律。

但神经网络的主要问题是，回归曲线不够平滑，回归出的曲线几乎就是将各个样本点进行简单的直线连接，数据点间的回归曲线很不理想。相比较而言，SVR算法的回归曲线与连续函数模型的实际曲线很好地吻合，能有效地反映样本序列的变化规律，这说明 SVR 对复杂函数具备很高的回归精度。

造成这种情况的根本原因是提供给机器学习的训练样本较少，RBF 神经网络虽然具有很强的非线性逼近能力，但只是片面地追求误差最小，导致网络在很大程

度上丧失了推广能力，不能很好地挖掘时间序列内部所隐含的机制。SVR 体现了支持向量回归推广能力强，不单纯追求误差最小的特点，在实际问题方面有更好的应用价值[14]。

在不同噪声水平下 SVR 和神经网络预测误差如表 6-1 所示。从研究结果可以看出，在噪声水平较高时，神经网络的预测性能显著下降，只有在不含噪声或噪声很小的数据时它才具有较高的预测精度。噪声大小对 SVR 预测效果影响不大，这也说明了该算法具有很好的稳健性与推广能力。

表 6-1　不同噪声水平下 SVR、神经网络预测误差对比

预测模型	无噪声	1%噪声	5%噪声	15%噪声
神经网络	0	0.008 94	0.0462	0.2135
SVR	0	0.005 48	0.0137	0.0448

6.2.3　基于改进支持向量机回归的发动机振动趋势预测

本部分介绍的内容源于某型号民航发动机运行状态监控系统研制的需求：实现故障预警功能，以防止重大事故的发生。通常将一段时间的发动机振动烈度汇总构成振动特性曲线[15]，它是进行预测的依据。使用振动特性曲线的时机如下：

(1) 每次飞行后，应把记录的飞行中的振动值与标准振动特性曲线进行对比分析，并确保不超过容差边界；

(2) 发动机使用的时间一般根据发动机的技术状况确定，如 1000 h，此时，应将发动机的振动值与振动特性曲线进行对比分析，并确保不超过容差边界。

振动参数由机载设备直接采集，加速度传感器的安装部位如图 6-2 所示。

图 6-2　某型发动机加速度传感器的安装

每次飞行，测得 8 个振动数据，共获得 155 天的数据，构成 8×155 个时间序列。

将所有数据按时序表示出来，如图 6-3 所示。

为对数据进一步分析，对振动数据先进行消噪处理，每天提取一个振动烈度的最大值构成单变量时间序列，共由 155 个数据点组成，如图 6-4 所示。将这些数据分成训练数据(前 130 个)和验证数据(后 25 个)两部分。

首先对数据采用线性函数进行预测，预测趋势如图 6-5 所示。从图中可以看

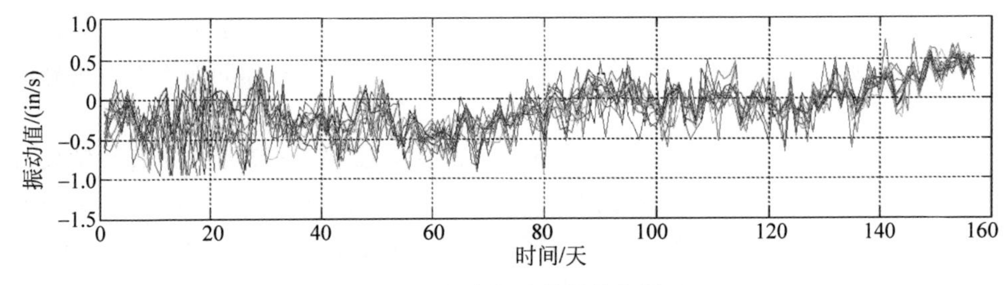

图 6-3　所有振动数据趋势图

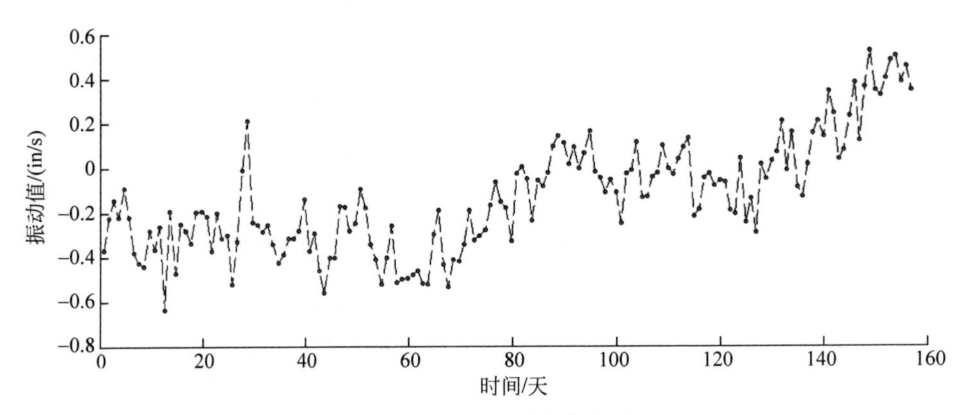

图 6-4　振动烈度单变量序列

出振动上升的趋势很明显。线性预测的特点是趋势简单明了，有利于判断发动机的故障问题，缺点是预测误差大，从图 6-5 下半部分的预测误差图可以看出预测值与实际值的误差较大，平均误差为 7.32%。

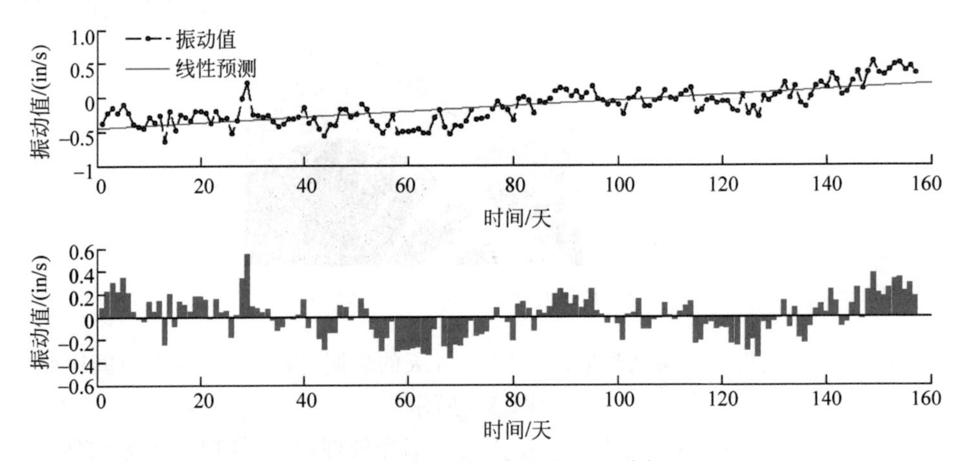

图 6-5　线性预测趋势图与误差分析

人工神经网络比较常用的是 BP 算法，设置 BP 神经网络所预测的目标误差为 0.001，网络训练 2000 次。BP 网络在 2000 次训练后没有达到事先所设定的目标值，将训练次数调整为5000次，训练误差调整为0.05，重新训练，经过3573次的训练，最终训练误差为0.049时网络停止了训练。数据预测趋势图与误差分析如图6-6所示，显然，BP算法的预测曲线也较好地反映了振动的真实变化趋势，但存在训练次数较多、训练误差大、运算时间长等问题。

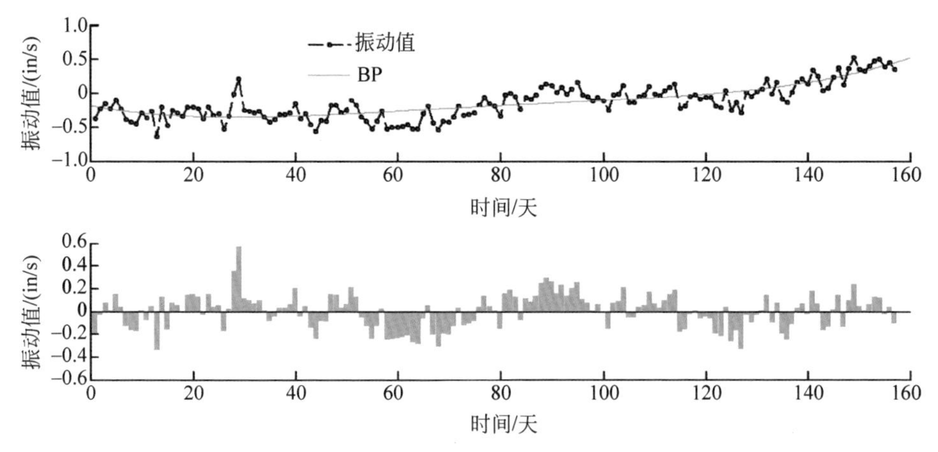

图6-6 神经网络预测趋势图与误差分析

SVR预测采用径向基核函数，参数设置为：$C=1200$，$\sigma=1.5$，$\varepsilon=0.005$，用130个数据进行训练，用25个数据进行检验。数据预测趋势图与误差分析。图6-7的SVR预测结果的平均相对误差为1.327%，表明SVR具有较强的非线性时间序列预测能力和对民航发动机状态预测的有效性。

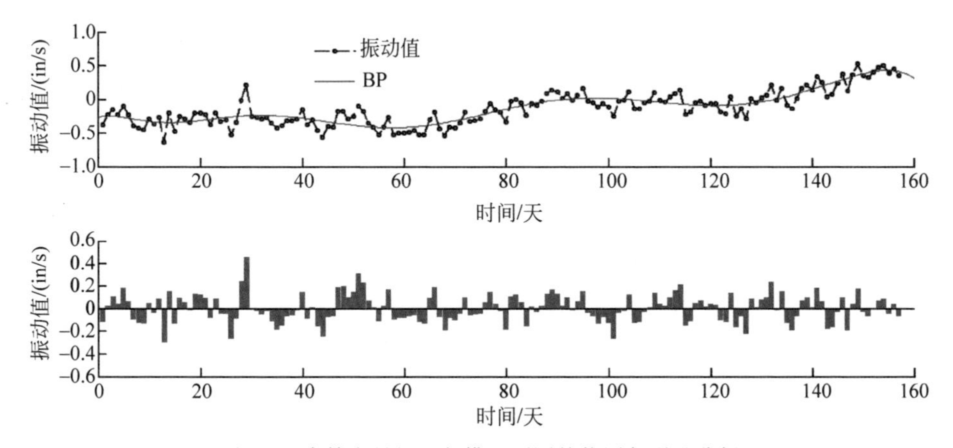

图6-7 支持向量机回归模型预测趋势图与误差分析

图6-8所示为SVR和BP网络对发动机预测结果误差的对比图，可以看出SVR预测的误差小，预测的平均相对误差减小了3.573%。

SVR的预测模型与神经网络相比不但误差小，而且推广能力很强；神经网络片面地追求误差最小化，在处理带有噪声的实际问题数据时，容易出现过拟合（或

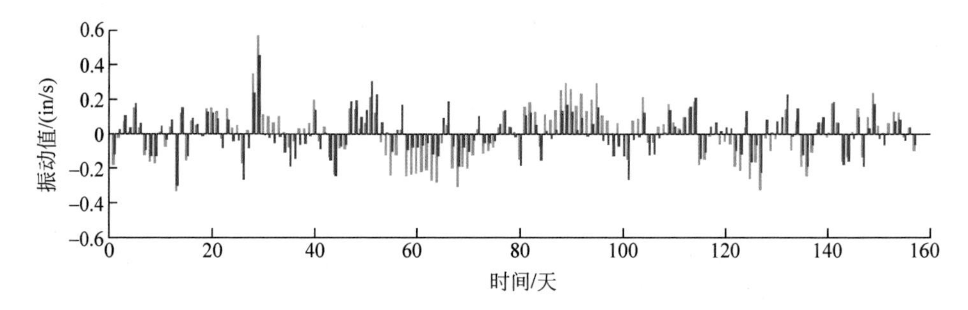

图 6-8　神经网络与支持向量回归模型预测误差的对比

过学习)现象，导致预测性能下降，在很大程度上丧失了推广能力，因而所建立的模型在进行预测时存在很大的误差。SVR 预测曲线与实际振动值的时间序列变化规律一致，在时间序列分析方面有更好的应用价值。

6.2.4　参数对预测性能的影响分析

SVR 方法的使用效果取决于不敏感系数 ε、惩罚因子 C 以及核函数类型及其参数 s 的选择，这些参数之间的相互关系较复杂，选择的理论基础一直未完全研究透彻。

1. 参数ε 的影响

该参数是决定支持向量数目的关键。如图 6-9 所示，ε 的数值代表套住所有数据点的管道宽度。随着 ε 值增加，支持向量的个数会减少，回归曲线趋于平坦，回归估计精度降低；如果 ε 值减小，回归估计精度要求高，但支持向量数量增多。因此 ε 的大小对回归精度影响较大。比较图 6-9(a)($\varepsilon=0.1$)与图 6-9(b)($\varepsilon=0.2$)的回归曲线，可以看出，随着 ε 增大，支持向量数减少，回归曲线更平滑。

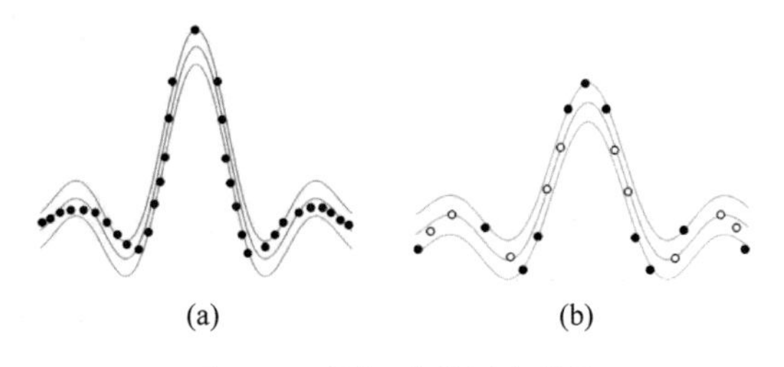

图 6-9　不同 ε 值的回归曲线

(a) $\varepsilon=0.1$；(b) $\varepsilon=0.2$

2. 参数 C 的影响

C 的选择对系统泛化能力影响比较大，C 取大值，对偶问题的最优解拉格朗日乘子取值就会较大，使较大的支持向量起到决定性作用；反之亦然。因此，正确选择参数 C 和 ε，可使回归模型对异常点不敏感，如图 6-10 所示。

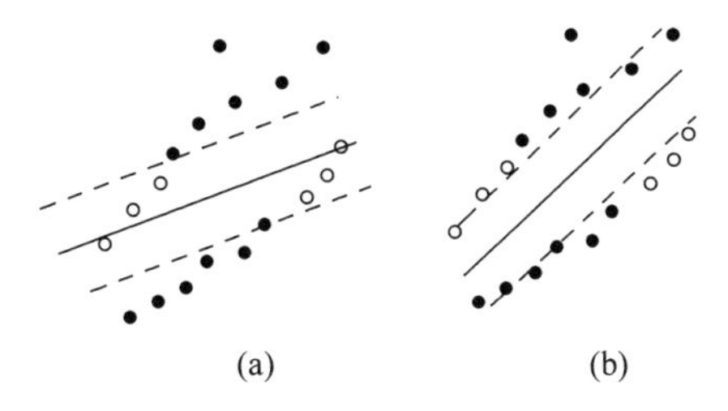

图 6-10　C 值增大时回归曲线对异常点敏感性增强

(a) C=0.1 时的回归曲线；(b) C=200 时的回归曲线

3. 核参数 s 的影响

采用径向基核函数时，需要确定的参数主要是核参数 s。当参数 s 较小时，惩罚因子 C 的调整作用突出，以适应此处的样本数据，估计的回归曲线会较为粗糙，易出现"过学习"现象，使回归模型过于复杂，模型的泛化能力较差。若 s 选择过大，支持向量间的影响较强，易出现"欠学习"现象，回归模型难以达到足够的精度。图 6-11 说明了上述状况。

图 6-11　s 值变化时回归曲线拟合效果

(a) s=0.3 时的回归曲线；(b) s=1 时的回归曲线

6.3　基于连续过程神经网络的短期状态趋势预测

6.3.1　过程神经网络与时间序列预测

仿照生物神经元建立的人工神经网络在时间序列预测问题上研究较多。然而，实际生物神经元的信息处理机制中既包含空间总和效应处理机制，也包含时间总和效应处理机制[16]，前者对来自多方面的信息进行处理，后者则对一定时间内的连续刺激进行处理，可以认为对连续刺激具有叠加效果。传统人工神经元只对生物神经元的空间总和效应进行了模拟，因而其输入是同步瞬时的。针对传统人工神经元的这一不足，何新贵院士于 2000 年首次提出了过程神经元和过程神经网络的概念。过程神经元同时对空间总和效应和时间总和效应进行了模拟，不仅能够对来自多方面的信号进行处理，而且能够对时变信号引起的持续激励进行响应。过程神经元的结构如图 6-12 所示。

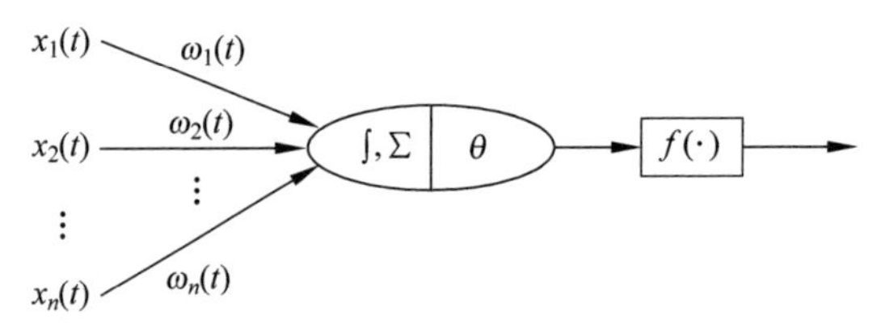

图 6-12　过程神经元模型

由图 6-12 可以看出,过程神经元具有与传统人工神经元类似的结构,均由输入单元、隐藏层神经元和输出单元构成。与传统神经元不同的是,过程神经元的输入以及与之相对应的连接权均为连续函数,用以模拟生物神经元的持续激励过程。此外,过程神经元引入了时间聚合算子以模拟生物神经元对于持续输入激励的响应,因此可以实现时间、空间二维信息的同时处理。

由若干过程神经元和传统人工神经元按一定的拓扑结构组成的网络称为过程神经网络。过程神经网络放宽了对系统输入的同步瞬时限制,从而使问题更为一般化,进一步拓宽了人工神经网络的应用领域。

同传统人工神经网络一样,按照神经元之间的连接方式以及信息传递有无反馈,可将过程神经网络分为前馈型和反馈型两种类型。目前比较常用的是多层前馈过程神经网络模型。图 6-13 所示的是一种多输入单输出的仅含 1 个隐藏层的前馈过程神经网络模型。

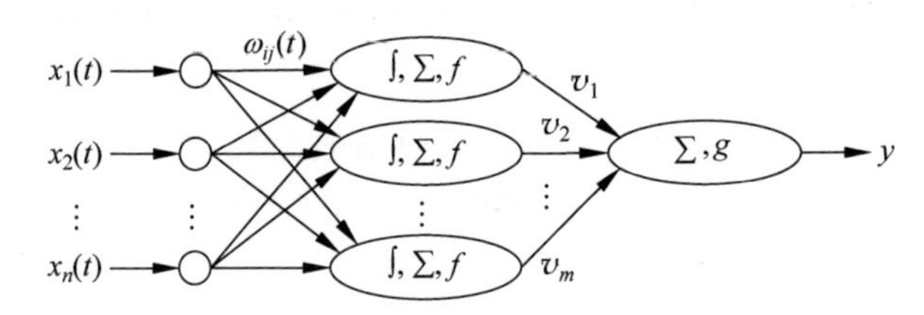

图 6-13　过程神经网络模型

设输出层的激励函数为线性函数 $g(z)=z$,且阈值为零,则图 6-13 所示的过程神经网络模型的系统输出为

$$y=\sum_{j=1}^{m} v_j f\left(\sum_{i=1}^{n}\int_0^T \omega_{ij}(t)x_i(t)\mathrm{d}t-\theta_j\right) \tag{6-11}$$

文献[17]系统地证明了此类过程神经网络模型的连续性定理、逼近能力定理以及计算能力定理等,为过程神经网络理论的深入发展提供了坚实的理论基础。

已经证明:对于任意的连续泛函,必存在一个过程神经网络能以任意精度逼近它;传统人工神经网络是过程神经网络的一种特例;过程神经网络的计算能力与图灵机等价。

时间序列预测问题在本质上可以看作是一个函数逼近问题。应用人工神经网络进行时间序列预测实际上就是根据时间序列$\{x_m\}$的历史观测数据 $x_m, x_{m-1}, \cdots$ 对

$x_{m+h}(h>0)$进行估计，也就是认为 x_{m+h} 与其前面的数据 $x_m, x_{m-1}, \cdots$之间存在某种函数映射关系，可用下式表达：

$$x_{m+h}=G(x_m, x_{m-1}, \cdots) \tag{6-12}$$

此时时间序列预测问题就转化为对函数 $G(\cdot)$的逼近问题。通常，当 $h=1$ 时称为单步预测问题，当 $h>1$ 时称为多步预测问题。

虽然人工神经网络可以解决很多用传统统计学预测方法不能或不易解决的预测问题，但其自身也存在一定的缺陷。由式(6-12)可以看出，由于受输入的瞬时同步限制，在利用传统人工神经网络对 x_{m+h} 进行预测时，$x_{m-1}, x_{m-2}, \cdots$对 x_m 的影响以及 $x_{m-2}, x_{m-3}, \cdots$对 x_{m-1} 的影响难以得到有效的表达，即难以表达时间序列中实际存在的时间累积效应，因而其预测精度不高。同时，传统人工神经网络实际上还难以解决较大样本的学习和泛化问题，因此传统人工神经网络在解决复杂非线性时间序列预测问题时还存在一定的局限性及不适应性。由于过程神经网络中的过程神经元增加了一个对时间的累积聚合运算算子，且网络的输入及相应的连接权都可以是时变函数，因而能够充分考虑时间序列中实际存在的时间累积效应并能对其进行直接处理，能够进一步提高对实际预测问题的适应性和预测精度。

基于过程神经网络的时间序列预测及其在工程中的实际应用是值得深入研究的一个方向，各种过程神经网络的模型也相继被提出，如：双并联前馈过程神经网络模型、Elman 型反馈过程神经网络模型、对向传播过程神经网络模型、连续小波过程神经网络模型及小波基函数过程神经网络模型、多分辨小波过程神经网络模型及多分辨尺度小波过程神经网络模型、框架小波过程神经网络模型等。同时，将过程神经网络与其他方法进行有效组合，可发挥模型各自的优势，更好地解决诸如航空发动机这样的多变量非线性时变动态系统的时间序列预测问题。

本节接下来介绍一种混合递归过程神经网络(hybrid recurrent process neural network，HRPNN)。混合递归过程神经网络同时包含输出和状态反馈，因此能够更有效地学习系统的历史信息；同时，由于其含有过程神经元，因此网络能够直接处理时变输入。后文中给出了混合递归过程神经网络的拓扑结构，基于正交基函数对其进行了简化，基于弹性 BP 算法(resilient backpropagation，Rprop)[18]开发了相应的学习算法，并通过 Mackey-Glass 混沌时间序列[19]预测标准测试实验验证了混合递归过程神经网络的方法有效性，最后将混合递归过程神经网络与其他几种神经网络方法应用到航空发动机气路参数预测的具体问题中。结果表明，较之于其他方法，混合递归过程神经网络在这一问题中有更好的工程可用性，混合递归过程神经网络是一种有效的航空发动机性能监视工具。

6.3.2　混合递归过程神经网络的拓扑结构

Jordan 网是递归神经网络鼻祖 Jordan 在处理语音时间序列问题时提出的一种带有输出层到隐藏层反馈的局部递归神经网络[20]，它可以较好地反映系统的输出特性，但却无法反映系统的状态特性；1990 年，Elman 在 Jordan 网的基础上提出了一种 Elman 网[21]，它可以很好地反映系统的状态特性，但忽略了系统输出的延时反馈影响。本节基于 Jordan 网和 Elman 网这两种最经典的局部递归神经网络模型的结构特点，提出一种能够同时反映系统输出及状态特性的过程神经网络模型——混合递归过程神经网络，它同时具有递归神经网络和过程神经网络的优点，也就是说混合递归过程神经网络是一种反馈型的过程神经网络。其拓扑结构见图 6-14（由于假定过程神经元的时间累积算子只对时变信息进行处理，而通过上下文层反馈回来的信息是非时变的，所以每个过程神经元在被激活之前被人为地描述成为两部分）。

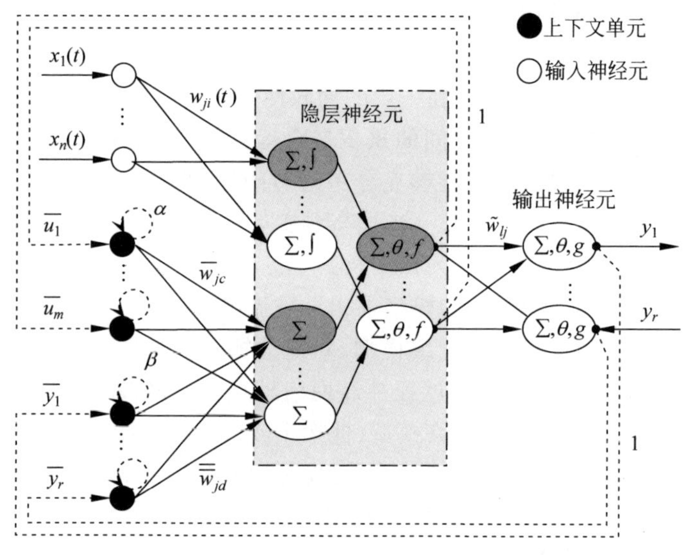

图 6-14 HRPNN 的拓扑结构

由图 6-14 可见，混合递归过程神经网络通过两个上下文层分别实现输出层到隐藏层和隐藏层到隐藏层的延时反馈。借鉴 Jordan 网的优点，两个上下文层分别设计了自反馈连接，自反馈连接可使网络在仿真动态系统时有更强的适应性[22]。同时，由于隐藏层神经元是过程神经元，因此网络可以直接输入时变信息。

在混合递归过程神经网络模型中，过程神经元空间聚合算子"⊕"和时间累积算子"⊗"被定义为

$$A(t)=\boldsymbol{X}(t)\oplus\boldsymbol{W}(t)=\sum_{i=1}^{n}x_i(t)w_i(t) \tag{6-13}$$

$$A(t)\otimes K(\cdot)=K(A(t))=\int_0^T A(t)K(t)\mathrm{d}t=\int_0^T A(t)\mathrm{d}t \tag{6-14}$$

因此，隐藏层的输出为

$$u_j = f\left[\int_0^T \left(\sum_{i=1}^{n} w_{ji}(t)x_i(t)\right)\mathrm{d}t + \sum_{c=1}^{m}\bar{w}_{jc}v_c + \sum_{d=1}^{r}\bar{\bar{w}}_{jd}z_d - \theta_j^{(1)}\right],$$

$$j = 1,2,\cdots,m \tag{6-15}$$

式中，$v_c = \bar{u}_c + \alpha\bar{v}_c$，$z_d = \bar{y}_d + \beta\bar{z}_d$。$x_i(t)$是第 i 个外部输入函数；$w_{ji}(t)$是第 j 个隐藏层过程神经元与第 i 个外部输入神经元的连接权函数；v_c 和 $\bar{v}_c$ 分别是第 c 个隐藏层到隐藏层反馈上下文单元的当前与前一时刻输出；$\bar{w}_{jc}$ 是第 j 个隐藏层过程神经元与第 c 个隐藏层到隐藏层反馈上下文单元的连接权；z_d 和 $\bar{z}_d$ 分别是第 d 个输出层到隐藏层反馈上下文单元的当前与前一时刻输出；$\bar{\bar{w}}_{jd}$ 是第 j 个隐藏层过程神经元与第 d 个输出层到隐藏层反馈上下文单元的连接权；$\bar{u}_c$ 是第 c 个隐藏层过程神经元前一时刻的输出；$\bar{y}_d$ 是第 d 个输出层神经元前一时刻的输出；α 和 β 分别是隐藏层到隐藏层反馈上下文单元和输出层到隐藏层反馈上下文单元的自反馈连接权，通常被取为[0,1]区间上的某一固定值；$\theta_j^{(1)}$ 是第 j 个隐藏层过程神经元的阈值；$f(\cdot)$为隐藏层激励函数。

因此，混合递归过程神经网络的输入与输出之间的映射关系为

$$\begin{aligned}
y_l &= g\left[\left(\sum_{j=1}^{m}\tilde{w}_{lj}u_j\right) - \theta_l^{(2)}\right] \\
&= g\left\{\sum_{j=1}^{m}\tilde{w}_{lj} f\left[\int_0^T\left(\sum_{i=1}^{n} w_{ji}(t)x_i(t)\right)\mathrm{d}t + \sum_{c=1}^{m}\bar{w}_{jc}(\bar{u}_c + \alpha\bar{v}_c) + \right.\right. \\
&\quad \left.\left.\sum_{d=1}^{r}\bar{\bar{w}}_{jd}(\bar{y}_d + \beta\bar{z}_d) - \theta_j^{(1)}\right] - \theta_l^{(2)}\right\}
\end{aligned} \tag{6-16}$$

式中，$\tilde{w}_{lj}$ 是第 l 个输出层神经元与第 j 个隐藏层过程神经元的连接权；$\theta_l^{(2)}$ 是第 l 个输出层神经元的阈值；$g(\cdot)$是输出层的激励函数；$l=1,2,\cdots,r$。

6.3.3　混合递归过程神经网络学习算法

1. 基于正交基函数的混合递归过程神经网络模型简化算法

显然，式(6-16)的计算十分复杂，且难以在计算机上实现。因此，在混合递归过程神经网络的输入函数空间 $C[0,T]^n$ 引入一组合适的正交基函数来简化混合递归过程神经网络模型的式(6-16)。

假设 $b_1(t),b_2(t),\cdots,b_p(t),\cdots \in C[0,T]$是一组标准正交基函数，用其将 $x_i(t)$和 $w_{ji}(t)$分别展开为

$$x_i(t) = \sum_{p=1}^{\infty} a_{ip}b_p(t),\quad a_{ip} \in \mathbb{R} \tag{6-17}$$

$$w_{ji}(t) = \sum_{p=1}^{\infty} w_{ji}^{(p)}b_p(t),\quad w_{ji}^{(p)} \in \mathbb{R} \tag{6-18}$$

$\forall \varepsilon > 0$，$\exists L_i$，使得 $\sup\limits_{0\leqslant t\leqslant T}\left|x_i(t) - \sum\limits_{p=1}^{L_i} a_{ip} b_p(t)\right| \leqslant \varepsilon$，$\sup\limits_{0\leqslant t\leqslant T}\left|w_{ji}(t) - \sum\limits_{p=1}^{L_i} w_{ji}^{(p)} b_p(t)\right| \leqslant \varepsilon$。如果令 $L=\max\{L_1,L_2,\cdots,L_n\}$，则在给定的精度要求内，式(6-17)和式(6-18)可以分别表示为

$$x_i(t)=\sum_{p=1}^{L} a_{ip} b_p(t),\quad a_{ip}\in \mathbb{R} \tag{6-19}$$

$$w_{ji}(t)=\sum_{p=1}^{L} w_{ji}^{(p)} b_p(t),\quad w_{ji}^{(p)}\in \mathbb{R} \tag{6-20}$$

因此，由正交基函数的性质 $\int_0^T b_p(t) b_q(t)\,\mathrm{d}t=\begin{cases}1, & p=q\\ 0, & p\neq q\end{cases}$ 可知，式(6-16)可以简化为

$$y_l = g\left\{\sum_{j=1}^{m} \tilde{w}_{lj} f\left[\sum_{i=1}^{n}\sum_{p=1}^{L} w_{ji}^{(p)} a_{ip} + \sum_{c=1}^{m} \bar{w}_{jc}(\bar{u}_c+\alpha \bar{v}_c) + \sum_{d=1}^{r} \bar{\bar{w}}_{jd}(\bar{y}_d+\beta \bar{z}_d) - \theta_j^{(1)}\right] - \theta_l^{(2)}\right\} \tag{6-21}$$

2. **基于弹性 BP 算法的混合递归过程神经网络学习算法**

严格来说，含有反馈的神经网络需要利用动态学习算法[23-24]进行训练，但由于动态学习算法大大增加了计算的复杂性，在实际中并不常用。为降低算法的计算复杂度，通常可以忽略因反馈引起的误差变化，而采用普通的静态算法作近似的计算，如弹性 BP 算法等[25]。弹性 BP 算法是一种自适应步长算法。不同于其他梯度算法的是，Rprop 忽略了梯度的大小，而只是用梯度的符号来指明迭代时参数应该的变化方向，这使得它有更快的收敛速度，尤其是在训练局部递归神经网络时[18]。因此，本节基于弹性 BP 算法实现混合递归过程神经网络模型学习算法。

定义混合递归过程神经网络的误差函数为

$$\begin{aligned} E &= \sum_{s=1}^{S}\sum_{l=1}^{r}(y_l^{(s)}-d_l^{(s)})^2 \\ &= \sum_{s=1}^{S}\sum_{l=1}^{r}\left\{g\left(\sum_{j=1}^{m}\tilde{w}_{lj} f\left[\sum_{i=1}^{n}\sum_{p=1}^{L} w_{ji}^{(p)} a_{ip}^{(s)} + \sum_{c=1}^{m}\bar{w}_{jc}(u_c^{(s-1)}+\alpha v_c^{(s-1)}) + \right.\right.\right. \\ &\quad \left.\left.\left. \sum_{d=1}^{r}\bar{\bar{w}}_{jd}(y_d^{(s-1)}+\beta z_d^{(s-1)}) - \theta_j^{(1)}\right] - \theta_l^{(2)}\right) - d_l^{(s)}\right\}^2 \end{aligned} \tag{6-22}$$

式中，$\theta_j^{(1)}$，$\theta_l^{(2)}$ 分别为混合递归过程神经网络中需要调整的阈值参数；$w_{ji}^{(p)}$，$\bar{w}_{jc}$，$\bar{\bar{w}}_{jd}$，$\tilde{w}_{lj}$ 分别为混合递归过程神经网络中需要调整的权值参数；S 为样本容量。

基于弹性 BP 算法，以 $w_{ji}^{(p)}$ 为例，给出网络迭代运算时权值及阈值的调整规

则如下：

$$w_{ji}^{(p)}(h+1)=w_{ji}^{(p)}(h)-\operatorname{sign}\left(\frac{\partial E}{w_{ji}^{(p)}}(h)\right)\Delta_{ji}(h) \tag{6-23}$$

式中，h 为网络学习迭代次数；$\Delta_{ji}(h)$ 为参数变化量即步长，且有

$$\Delta_{ji}(h)=\begin{cases}\min(\eta^{+}\Delta_{ji}(h-1),\Delta_{\max}), & \dfrac{\partial E}{w_{ji}^{(p)}}(h-1)\cdot\dfrac{\partial E}{w_{ji}^{(p)}}(h)>0\\ \max(\eta^{-}\Delta_{ji}(h-1),\Delta_{\min}), & \dfrac{\partial E}{w_{ji}^{(p)}}(h-1)\cdot\dfrac{\partial E}{w_{ji}^{(p)}}(h)<0\end{cases} \tag{6-24}$$

式中，η^{-}，η^{+} 分别为迭代步长因子，通常取为常量，$0<\eta^{-}<1<\eta^{+}$；$\Delta_{\max}$，$\Delta_{\min}$ 分别为步长的上限和下限。

并且

$$\frac{\partial E}{w_{ji}^{(p)}}(h)=2\sum_{s=1}^{S}\sum_{l=1}^{r}\left[(y_l^{(s)}-d_l^{(s)})g'(M_j)\sum_{j=1}^{m}\tilde{w}_{lj}f'(Q_j)\cdot\sum_{i=1}^{n}\sum_{p=1}^{L}a_{ip}^{(s)}\right] \tag{6-25}$$

式中，$Q_j=\sum_{i=1}^{n}\sum_{p=1}^{L}w_{ji}^{(p)}a_{ip}^{(s)}+\sum_{c=1}^{m}\bar{w}_{jc}(u_c^{(s-1)}+\alpha v_c^{(s-1)})+\sum_{d=1}^{r}\bar{\bar{w}}_{jd}(y_d^{(s-1)}+\beta z_d^{(s-1)})-\theta_j^{(1)}$；$M_j=\sum_{j=1}^{m}\tilde{w}_{lj}f(Q_j)-\theta_l^{(2)}$；$f(\cdot)$和 $g(\cdot)$的导数视具体的激励函数形式而定。

式(6-24)可以解释为，如果某一权值或阈值的偏导在迭代过程中改变符号，那么说明前一次迭代步长过大并且算法跳过了局部极小，应通过 η^{-} 减小步长 $\Delta_{ji}(h)$；如果某一权值或阈值的偏导在迭代过程中保持原符号，应通过 η^{+} 稍微增大步长以使算法加速收敛。

综上所述，混合递归过程神经网络的学习算法可完整地描述如下。

步骤1　选取合适的正交基函数，将网络的输入函数和连接权函数在给定的精度下按式(6-19)、式(6-20)同时展开。

步骤2　给定网络学习精度 ε；初始化学习迭代次数 $h=0$，设定最大学习迭代次数 H。

步骤3　初始化网络待训练参数 $w_{ji}^{(p)}$、$\bar{w}_{jc}$、$\bar{\bar{w}}_{jd}$、$\tilde{w}_{lj}$、$\theta_j^{(1)}$、$\theta_l^{(2)}$，分别设定这些参数的初始值为 Δ_0，分别初始化它们的偏导为0；设定网络其他参数 α、β、η^{-}、η^{+}、$\Delta_{\max}$、$\Delta_{\min}$。

步骤4　根据式(6-22)计算网络学习误差 E，如果 $E<\varepsilon$ 或 $h>H$ 或满足网络其他迭代终止条件则转步骤6。

步骤5　根据式(6-23)～式(6-25)定义的学习规则调整网络待训练参数 $w_{ji}^{(p)}$、$\bar{w}_{jc}$、$\bar{\bar{w}}_{jd}$、$\tilde{w}_{lj}$、$\theta_j^{(1)}$、$\theta_l^{(2)}$；令 $h+1\rightarrow h$，转步骤4。

步骤6　输出学习结果，结束。

6.3.4 混合递归过程神经网络预测的应用案例

1. 混合递归过程神经网络有效性验证

混沌时间序列

在确定性的非线性动态系统中，其混沌状态对初始条件有极强的敏感性，这限制了非线性动态系统的状态预测。Mackey-Glass 混沌时间序列是典型的确定性非线性动态系统，因此，本节通过对 FNN、PNN、ERNN、Elman 型过程神经网络(Elman-type process neural network，EPNN)[26]以及前文提出的 HRPNN 等几种不同的神经网络模型分别进行 Mackey-Glass 混沌时间序列预测标准测试实验，来验证混合递归过程神经网络在解决非线性动态系统预测问题时的方法有效性，以保证混合递归过程神经网络可用于诸如航空发动机这样的非线性动态系统的预测问题中。Mackey-Glass 混沌时间序列由 Mackey-Glass 混沌时延微分方程定义如下：

$$\frac{\mathrm{d}x(t)}{\mathrm{d}t}=\frac{0.2x(t-\tau)}{1+x(t-\tau)^{10}}-0.1x(t) \tag{6-26}$$

式中，τ 为系统时延。

设 $\tau=17$，x 的初始值为 $x(0)=1.2$。针对方程(6-26)采用四阶 Runge-Kutta 方法，以 0.1 为步长，可以得到一个非周期的、发散的 Mackey-Glass 混沌时间序列。取其前 141 个数据，从 $t=5$ 到 $t=145$，按下式将数据划分为 140 组，构成本仿真实验的训练和测试样本集。

$$\{x(t-5),x(t-4),x(t-3),x(t-2),x(t-1),x(t);x(t+1)\} \tag{6-27}$$

其中，前 98 组样本组成训练样本集，后 42 组样本组成测试样本集；$x(t+1)$为某一被测神经网络的输出。样本选取如图 6-15 所示。

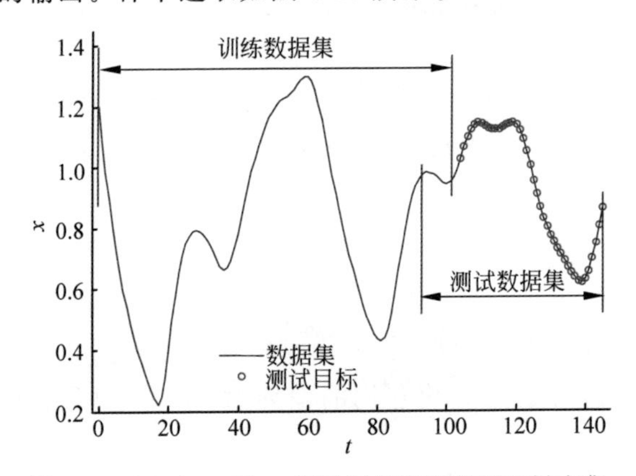

图 6-15 Mackey-Glass 混沌时间序列预测的样本集

设定所有被测神经网络都是单输入单输出网络。对于 FNN 和 PNN 等前馈型神经网络，隐藏层节点数分别设为 30；对于 ERNN、EPNN 以及 HRPNN 等反馈型神经网络，隐藏层节点数分别设为 8。对于 PNN、EPNN 和 HRPNN 等过程神经网络，用 3 次样条函数分别将式(6-27)所示各组数据中前 6 个数据拟合成各神经网络的输入函数，相应的第 7 个数据作为网络输出，然后用 5 次勒让德正交多项式将输入函数展开。对于 HRPNN，α 和 β 分别取为 0.6 和 0.8。为保证仿真实验的公平性，所有被测神经网络都采用 Rprop 算法训练，终止准则为迭代 5000 次。

仿真结果如图 6-16 所示。可见，与 FNN、PNN 和递归型神经网络如 ERNN、EPNN 相比较，由于混合递归过程神经网络同时具有输出层到隐藏层反馈、隐藏层到隐藏层反馈以及上下文层自反馈，使得它能够更好地学习系统的动态特性，获得更好的预测精度。同时，与 FNN 和 ERNN 相比，由于混合递归过程神经网络包含过程神经元，可以直接处理时变输入，所以它有更快的收敛速度。上述结果表明，混合递归过程神经网络在应用于诸如 Mackey-Glass 混沌时间序列这样的非线性动态系统预测时是有效的。这使得基于混合递归过程神经网络的航空发动机气路参数预测成为可能。

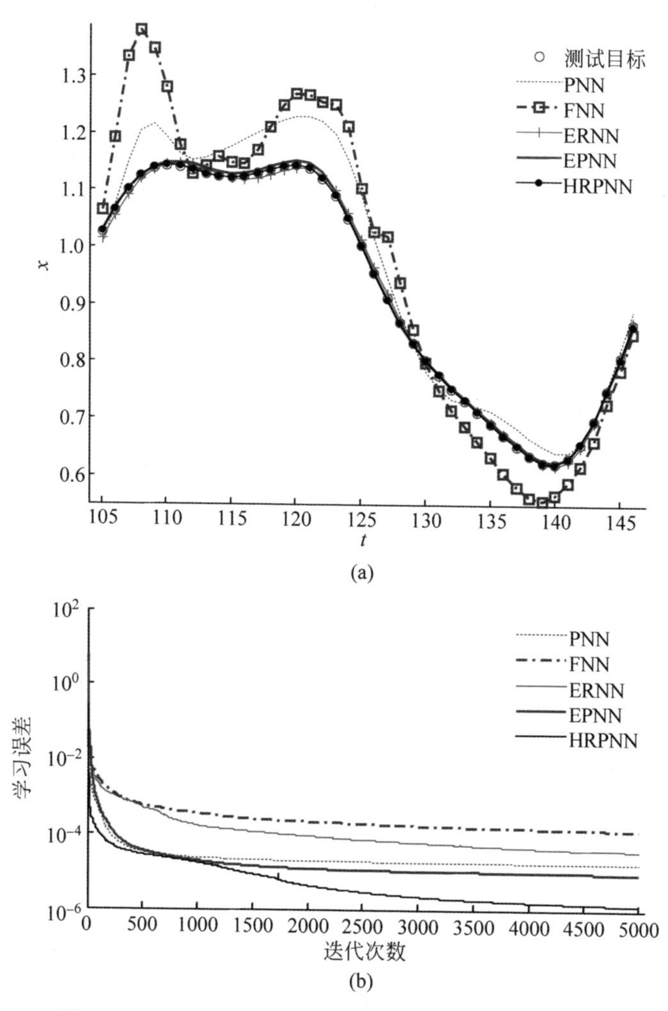

图 6-16　Mackey-Glass 混沌时间序列预测标准测试实验

（a）各网络预测结果；（b）各网络训练误差曲线

2.发动机气路参数预测

航空发动机性能监视的主要参数有发动机排气温度(exhaust gas temperature，EGT)、燃油流量(fuel flow，FF)、高压转子转速 N_2 及低压转子转速 N_1 等气路参数。由于航空发动机热部件长期工作在高温环境下，为保证其正常工作并延长其使用寿命，必须控制发动机燃烧室出口温度，这就需要及时获得该数值，但实际工作中这是相当困难的。因此，实际工作中常通过监视涡轮排出气体的温度 EGT 并将其控制在 EGT 红线值以内，来实现对发动机燃烧室出口温度的控制，保证发动机在未来的使用循环中不会超温。因此，预测 EGT 具有重要意义。

随着使用时间的增加，发动机效率降低，为了获得同等条件下同样的推力，就必须增加 FF，这就使得 EGT 升高。这说明 FF 在某种程度上影响着 EGT 的变化，因此为了更好地实现对 EGT 的预测，在监视 EGT 的同时也应该参考 FF 的变化。但是，正常情况下两者有很强的相关性(图 6-17 为国航某发动机 6～4001 飞行循环 EGT 与 FF 相关性示意图)。同样，EGT 与 N_2、N_1 也有一定的相关性。

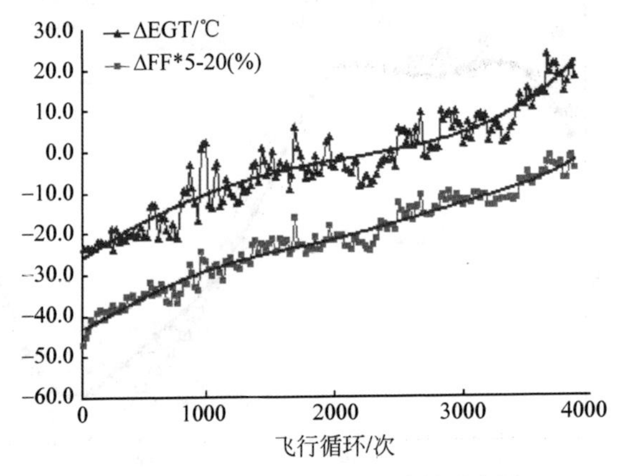

图 6-17　EGT 与 FF 的相关性示意图

实际工作中，发动机的工作环境通常是千差万别的，因此，为了更好地监视发动机的状态，发动机气路参数的实际测量值通常被修正到某种标准状况下(一定的场温、场压、海平面高度)得到相应气路参数的修正值，该修正值相对于发动机装机初始状态下的参数观测值的偏差量或偏差比才是实际的发动机状态监视中的被监视参数，通过对它们的监视可以进行发动机的横向性能对比，使发动机性能监视更有意义。对于 EGT 而言，实际的监视参数是 DEGT(ΔEGT)。因此，为实现对发动机性能的监视，本章将 DEGT 作为被监视参数和被预测参数，即将 DEGT 作为神经网络的输入和输出。如果通过网络预测发现 EGT 变化异常，可以用网络对 FF 甚至是 N_2、N_1 对应的实际监视参数进行预测，以期找到 EGT 异常的原因。

样本来源于国航某发动机巡航数据，采样间隔约为 15 个飞行循环，可近似地认为是等间隔采样。从该发动机第 1 个飞行循环到第 12501 个飞行循环，共采集

101 个数据，如表 6-2 所示。

表 6-2　DEGT 预测数据集

t/d	DEGT/℃											
1～12	38.9	29.3	28.7	33.1	31.8	33.6	39	31.1	29.3	30.3	31.7	32
13～24	38.4	38.5	33.1	35.5	32.1	35.8	36.3	36.3	34.2	36.2	35.4	34.3
25～36	34.3	35.9	37.8	34.3	38.7	38.7	39.2	35.8	34.6	36.5	35.3	39.4
37～48	36.5	34.5	38.7	37.7	36.9	35.1	33.2	35.7	33.8	36.7	33.9	34.9
49～60	34.5	36.6	38.6	36.6	35.4	38.1	35.5	36.3	41.1	39.6	40	41
61～72	40.4	41.8	43	38.6	39.7	39.7	41.9	41.8	42.2	39.5	40.3	41.7
73～84	43.6	44.4	46	43.1	43.1	43.1	45.6	46.1	50	49.1	44	50.2
85～96	47.3	44.5	52	41.5	45.3	48.4	47.1	48	48	47.8	50.3	50.7
100～101	49.5	51.6	49.1	47.7	49.7							

根据式(6-28)定义的采样方法，从 $t=5$ 到 $t=100$ 将数据划分为 95 组，构成训练和测试样本集(这里 t 是对应于发动机飞行循环的采样点数)。

$$\{[\mathrm{DEGT}(t-i)]_{i=0}^{5};\ \mathrm{DEGT}(t+1)\} \tag{6-28}$$

其中，前 86 组样本为网络训练样本，后 9 组样本组成网络测试样本集。DEGT$(t+1)$为某一被测神经网络的输出。样本选取如图 6-18 所示。

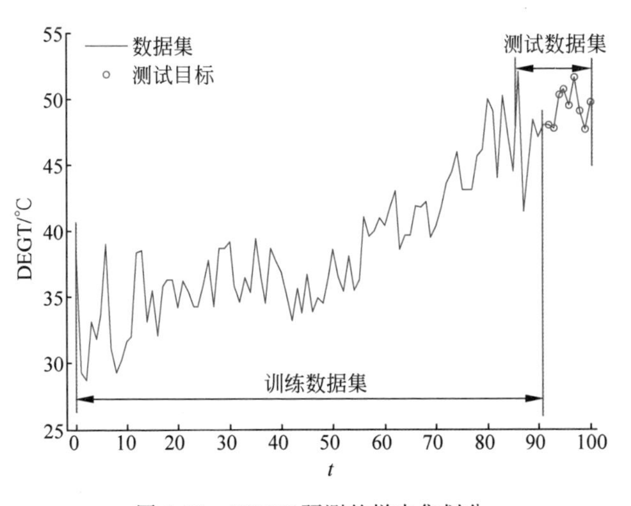

图 6-18　DEGT 预测的样本集划分

这里仍然使用 6.2 节所使用的几种神经网络模型进行 DEGT 预测，很显然，所有被测神经网络都应被设定为单输入单输出网络。对于 FNN 和 PNN 等前馈型神经网络，隐藏层节点数分别设为 80；对于 ERNN、EPNN 和 HRPNN 等反馈型神经网络，隐藏层节点数分别设为 60。对于 PNN、EPNN 和 HRPNN 等过程神经网络，用 3 次样条函数分别将式(6-28)所示各组数据中前 6 个数据拟合成各神经网络的输入函数，相应的第 7 个数据作为网络输出，然后用 5 次勒让德正交多项式将输入函数展开。对于 HRPNN,α 和β 分别取为 0.6 和 0.5。为保证仿真实验的公平性,所有被测神经网络都采用 Rprop 算法训练,终止准则为迭代 20 000 次。

由图 6-19 及表 6-3 可见,HRPNN 的预测性能好于其他几种网络,虽然 HRPNN 的预测精度比 EPNN 的预测精度高得不多,但其预测的 DEGT 的变化趋势同时也比 EPNN 的预测结果更准确一些,这一点在发动机性能监视中更为重要,原因在于发动机性能变化趋势才是发动机状态监视工程师最关心的。综上可见,混合递归过程神经网络是一种有效的发动机性能监视工具。

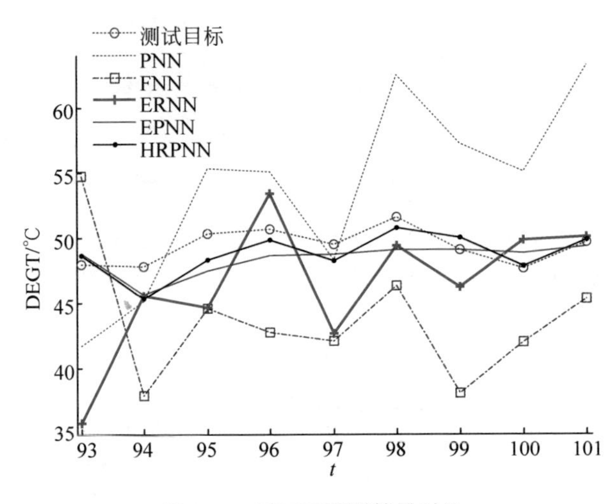

图 6-19 DEGT 预测结果对比

表 6-3 DEGT 预测结果对比

神经网络	最大绝对误差/℃	平均绝对误差/℃	最大相对误差/%	平均相对误差/%
PNN	13.4868	6.5802	0.2714	0.1328
FNN	10.9432	7.1051	0.2229	0.1443
ERNN	12.1228	4.1067	0.2526	0.0837
EPNN	2.7545	1.4057	0.0548	0.0283
HRPNN	2.4229	1.0115	0.0507	0.0205

6.4 基于动态集成算法的短期状态趋势预测

基于数据驱动的时间序列预测方法可根据历史数据拟合出系统模型以进行预测。大多数研究往往基于单一学习模型进行预测,其中神经网络由于具有良好的性能而得到广泛的应用。而采用单一神经网络预测参数属于一种全局建模方法,对应的网络结构比较复杂,且易陷入局部最优,可以考虑应用集成学习机克服此问题。虽然集成学习机的预测精度往往高于单一模型的预测精度,但是常用的集成预测算法忽略了基学习机在不同局部空间内的预测性能的差异性。现有的集成学习机所采用的组合方法大多属于取平均(mean)、取中值(median)或它们的加权形式。Kourentzes[27]指出,平均及其加权形式的组合方法易受到离群值的影响,分布的不对称性对取平均和取中值及其加权形式的组合方法都有影响,而核密度估计组合方法对上述两种情况均不敏感,但是 Kourentzes 没有将基学习机的局部性能考虑进来。

在分析现有集成学习算法的基础上,本节接下来将基学习机局部性能评估和加权核密度估计结合,介绍动态加权核密度估计(dynamic weighted kernel density estimation, DWKDE)组合方法,采用该组合方法的集成学习机称为动态加权核密度估计集成学习机。本节将该组合方法应用于 AdaBoost. RT 和 AdaBoost. R2 算法分别得到 DWRT(DWKDE-based AdaBoost. RT)算法和 DWR2(DWKDE-based AdaBoost. R2)算法,将该算法运用于 Mackey-Glass 时间序列以验证其有效性。

6.4.1　时间序列相空间重构

在预测时间序列时,应对序列重构以发现序列的内部规律。相空间重构(phase space reconstruction,PSR)[28]是时间序列分析的基础,预测模型的建立与使用都是在相空间内完成的。相空间重构的关键是确定嵌入维数和延迟时间。参考文献[28]和文献[29],这里选用延迟时间为1。

对于时间序列$\{z_i\}_{i=1}^N$,假设$z_{m+1}(h \in \mathbb{Z}^+)$可采用之前的$p(p \in \mathbb{Z}^+)$个历史数据$z_{m-p+1},\cdots,z_{m-1},z_m$预测,即

$$z_{m+1}=F(z_{m-p+1},\cdots,z_{m-1},z_m) \tag{6-29}$$

对时间序列进行预测也就等价于采用学习算法得到式(6-29)。当$h=1$时,称为对时间序列进行一步预测,即短期预测。而长期预测可以看作由多次一步预测迭代而成。

选择合适的嵌入维数p,对时间序列$\{z_i\}_{i=1}^N$进行相空间重构,生成用于一步预测的输入和输出样本。重构结果为

$$\boldsymbol{X}=\begin{bmatrix} \boldsymbol{x}_1 \\ \boldsymbol{x}_2 \\ \vdots \\ \boldsymbol{x}_{N-p} \end{bmatrix}=\begin{bmatrix} z_1 & z_2 & \cdots & z_p \\ z_2 & z_3 & \cdots & z_{p+1} \\ \vdots & \vdots & & \vdots \\ z_{N-p} & z_{N-p+1} & \cdots & z_{N-1} \end{bmatrix} \tag{6-30}$$

$$\boldsymbol{Y}=\begin{bmatrix} y_1 \\ y_2 \\ \vdots \\ y_{N-p} \end{bmatrix}=\begin{bmatrix} z_{p+1} \\ z_{p+2} \\ \vdots \\ z_N \end{bmatrix} \tag{6-31}$$

时间序列$\{z_i\}_{i=1}^N$重构之后为$\{\boldsymbol{x}_i,y_i\}_{i=1}^{N-p}$,可以将之用作学习机的训练集和测试集。训练集的输入、输出分别记为$\boldsymbol{X}_{\text{train}}$、$\boldsymbol{Y}_{\text{train}}$,测试集的输入、输出分别记

为 $\boldsymbol{X}_{\text{test}}$、$\boldsymbol{Y}_{\text{test}}$。

6.4.2 动态加权核密度估计集成学习机

将原始序列重构之后即可用于训练学习机。本节将分析 AdaBoost.RT 集成学习算法的特点，根据分析结果对学习机组合方法进行改进。

1. AdaBoost.RT 算法分析

集成学习机含有多个基学习机，每个基学习机的预测结果通过一定的组合方法集成起来通常可获得比单一基学习机要好的结果。AdaBoost.RT 算法[30]是一种将 AdaBoost.M1 应用于回归问题的算法。该算法引入一种相对误差绝对值的阈值，将训练数据分为两类：预测正确的和预测错误的。实验证明，通常情况下 AdaBoost.RT 的预测效果要优于另外一种常用的 AdaBoost.R2 算法[30]，尤其是在数据中含有离群样本时。

AdaBoost.RT 算法简述如下。

1）输入

用于训练的集合为$\mathcal{L}=\{\boldsymbol{x}_i, y_i\}_{i=1}^{M}, y\in\mathbb{R}$；选择基学习算法 BaseLearner：$\{f_t\}_{t=1}^{T}$；指定总迭代次数 T（也表示最终生成基学习机的数目）；指定相对误差绝对值(absolute relative error，ARE)的阈值 ϕ。在训练时根据 ϕ 将训练样本分为预测正确的样本和预测错误的样本。

2）初始化

令初始迭代次数 $t=1$；令第一次训练时，训练样本权值分布为 $D_t(i)=\dfrac{1}{M}$，$i=1,2,\cdots,M$；令初始误差率 $\varepsilon_t=0$。

3）迭代过程

对于第 t 次迭代，执行以下步骤。

步骤1 在权值为 D_t 的训练样本集$\mathcal{L}$上训练第 t 个 Base Learner。

步骤2 记第 t 个学习机 f_t 对第 j 个样本 $\boldsymbol{x}_j$ 的预测结果为 $f_t(\boldsymbol{x}_j)$，而真实值为 y_i。计算 f_t 的误差率：

$$\varepsilon_t=\sum_j D_t(j),\quad j:\left|\frac{f_t(\boldsymbol{x}_j)-y_j}{y_j}\right|>\phi$$

步骤3 设置 $\beta_t=\varepsilon_t^n$，n 可以为 1、2 或 3，本节取 3。

步骤4 更新样本权值 D_t：

$$D_{t+1}(i)=\frac{D_t(i)}{Z_t}\times\begin{cases}\beta_t, & \left|\dfrac{f_t(\boldsymbol{x}_j)-y_j}{y_j}\right|\leqslant\phi\\ 1, & \text{其他}\end{cases}$$

其中，Z_t 是标准化因子，保证 $D_{t+1}(i)$是一个分布，即 $\sum\limits_i D_{t+1}(i)=1$。

4）输出

对于新样本 $\boldsymbol{x}_{\text{new}}$，将每个基学习机 $\{f_t\}_{t=1}^{T}$ 的预测结果集成起来：

$$f_{\text{fin}}(\boldsymbol{x}_{\text{new}})=\frac{\sum_t \ln(1/\beta_t) f_t(\boldsymbol{x}_{\text{new}})}{\sum_t \ln(1/\beta_t)}$$

AdaBoost. RT 算法流程图如图 6-20 所示。

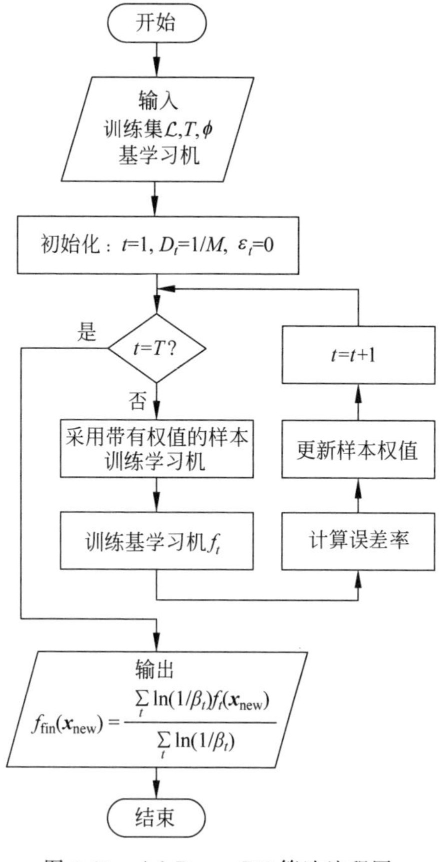

图 6-20　AdaBoost. RT 算法流程图

步骤 1 中，要求基学习机能对具有特定分布的数据进行学习，可以采用重赋权法（re-weighting）；对于不能处理带有权重的样本的基学习机，应采用重采样法（re-sampling），即每次都要根据样本权值进行重采样，根据重采样得到的样本进行训练，然后根据在训练集上的预测结果更新每个训练样本的权值 D_t（步骤 4）[31]。本节选择基学习机为神经网络，由于神经网络本身不能处理带有权重的样本，故选择重采样法。

样本权值更新步骤（步骤 4）中，在第 t 步被基学习机 f_t 预测正确的样本的权值变小，而被预测错误的样本的权值将会相对变大。在第 t 步预测正确的样本，在第 $t+1$ 步进行重采样时被选中的概率要小于在第 t 步被选中的概率；反之，在第 t 步预测正确的样本，在第 $t+1$ 步进行重采样时被选中的概率要大于在第 t 步被选中的概率。由此可见，该算法将集中“精力”学习那些被预测错误的“难样本”。由此可见，“难样本”可以得到足够的训练。此处“难样本”指的是单个学习机预测效果较差的样本。

从上述的 AdaBoost. RT 算法中可以看出，对任何一个测试样本 $\boldsymbol{x}_{\text{new}}$ 的预测结果 $f_{\text{fin}}(\boldsymbol{x}_{\text{new}})$ 来说，第 t 个基学习机输出结果 $f_t(\boldsymbol{x}_{\text{new}})$ 所占的权重始终为 $\dfrac{\ln(1/\beta_t)}{\sum_t \ln(1/\beta_t)}$，该权重不随测试样本的变化而变化。这种在全部基学习机训练结束后，基学习机的权值就固定不变的集成学习机称为基于静态权值的集成学习机。

每次迭代过程中，根据当次迭代时的样本权值进行 m（令 $m=M$）次有放回的抽样，每次抽到的训练样本未包含全部 M 个样本[32]，则每个基学习机的训练样本都是原始样本集的一个子集，且训练各学习机所使用的子集各不相同。因此，通过 AdaBoost. RT 算法得到的每个基学习机只是由部分训练样本训练得到的局域模型。如式(6-30)，训练样本的输入有多个维度，可张成一个高维空间(设待预测样本 $\boldsymbol{x}_{\text{new}}$ 在高维空间表现为一个点，记为 Q)，则各学习机的训练样本分布在不同空间，因此各学习机在不同局部空间的学习能力是不一致的[33]。设有处于不同局部空间的测试样本 $\boldsymbol{x}_{\text{new1}}$ 和 $\boldsymbol{x}_{\text{new2}}$，设 f_{p1} 和 f_{p2} 是两个基学习机，设 f_{p1} 对 $\boldsymbol{x}_{\text{new1}}$ 所在局部空间预测精度较高而对 $\boldsymbol{x}_{\text{new2}}$ 所在局部空间预测精度较低，而 f_{p2} 刚好相反。在用 AdaBoost. RT 集成学习机预测 $\boldsymbol{x}_{\text{new1}}$ 时，f_{p1} 和 f_{p2} 对最终结果 $f_{\text{fin}}(\boldsymbol{x}_{\text{new1}})$ 的贡献权值分别为 $\dfrac{\ln(1/\beta_{p1})}{\sum\limits_t \ln(1/\beta_t)}$ 和 $\dfrac{\ln(1/\beta_{p2})}{\sum\limits_t \ln(1/\beta_t)}$；在用 AdaBoost. RT 预测 $\boldsymbol{x}_{\text{new2}}$ 时，f_{p1} 和 f_{p2} 对最终结果 $f_{\text{fin}}(\boldsymbol{x}_{\text{new2}})$ 的贡献权值同样分别为 $\dfrac{\ln(1/\beta_{p1})}{\sum\limits_t \ln(1/\beta_t)}$ 和 $\dfrac{\ln(1/\beta_{p2})}{\sum\limits_t \ln(1/\beta_t)}$。因此，这种静态权值不能反映基学习机的局部性能变化，也浪费了在某一局域内预测精度高的基学习机的预测能力。

因此，应将基学习机的局部性能因素考虑进来，使各学习机在不同局部空间内具有不同的权值，以保证在 $\boldsymbol{x}_{\text{new}}$ 所在局部空间内预测精度较高的基学习机的权值较大，预测精度较低的基学习机的权值较小。因此，每个基学习机的权值将随预测样本所在局部空间的变化而变化，这种集成学习机称为基于动态权值的集成学习机，一般可以获得比基于静态权值的集成学习机更好的效果[32]。

另外，AdaBoost. RT 的组合方法是一种加权平均的方式。平均及其加权形式的组合方法易受到离群值的影响，分布的不对称性对取平均和取中值及其加权形式的组合方法都有影响，而核密度估计组合方法对上述两种情况均不敏感。

将学习机的局部性能评估引入核密度估计，得到加权核密度估计，且其权值可根据不同测试样本而动态改变。下文介绍将加权核密度估计和基学习机的局部性能评估结合起来的动态加权核密度估计组合方法。

2. 加权核密度估计

核密度估计是一种根据样本数据来估计密度曲线表达式的方法。设对于待预测样本 $\boldsymbol{x}_{\text{new}}$(点 Q)，T 个基学习机($\{f_t\}_{t=1}^T$)对它的预测结果为$\{s_t\}_{t=1}^T$，其核密度函数为 $p(s)$。$p(s)$的核密度估计的表示形式为

$$\hat{p}(s)=\frac{1}{T}\cdot\frac{1}{h}\cdot\sum_{t=1}^{T}K\left(\frac{s-s_t}{h}\right) \tag{6-32}$$

式中，$K(\cdot)$为核函数；T 为基学习机个数，为了保证核密度估计效果，一般要求 $T\geqslant 30$；h 为窗宽。此时每个预测结果对应的贡献权值均为 $1/T$。

而 $p(s)$的加权核密度估计的表示形式为

$$\hat{p}(s)=\frac{1}{h}\cdot\sum_{t=1}^{T}w(s_t)\cdot K\left(\frac{s-s_t}{h}\right) \tag{6-33}$$

式中，$w(s_t)$为权值。此时每个预测结果对应的贡献权值为 $w(s_t)$。式(6-32)是式(6-33)的特殊形式。

从定义中可以看出，核函数属于一种权函数，在估计数据点 s 的核密度时，该函数利用数据点 $s_t \sim s$ 的距离($s-s_t$)和 s_t 对应的 $w(s_t)$同时决定数据点 s_t 对估计数据点 s 的核密度的重要性大小。决定加权核密度估计表达式的有核函数、窗宽和 $w(s_t)$。

常用的一维核函数有高斯核函数、均匀核函数、指数核函数等。通常，核函数的选择并不是影响核密度估计的最关键因素，而 $\hat{p}(s)$的光滑程度主要由窗宽 h 决定，h 直接决定了核密度估计性能的优劣[34]。本节采用常用的高斯核函数，其定义如下：

$$K(x)=\frac{1}{\sqrt{2\pi}}\mathrm{e}^{-\frac{x^2}{2}} \tag{6-34}$$

带宽 h 的选择是估计 $\hat{p}(s)$的关键，若 h 太大，则 $\hat{p}(s)$会显得过于平滑，而忽略一些细节；若 h 太小，则 $\hat{p}(s)$曲线(尤其是尾部)会出现很大的波动。窗宽的主要选择方法有拇指法、最大似然估计法和最优理论窗宽等。用拇指法计算出来的带宽对于高斯核函数来说已经足够[27]。带宽计算公式如下：

$$h=\left(\frac{4\hat{\sigma}^5}{3T}\right)^{\frac{1}{5}} \tag{6-35}$$

式中，$\hat{\sigma}$ 为$\{s_t\}_{t=1}^{T}$ 的标准差。

使得加权核密度函数估计 $\hat{p}(s)$取得最大值的 s 记作 s_{Mode}，即各学习机集成之后的值，其计算公式为

$$s_{\text{Mode}}=\underset{s}{\operatorname{argmax}}\frac{1}{h}\cdot\sum_{t=1}^{T}w(s_t)\cdot K\left(\frac{s-s_t}{h}\right) \tag{6-36}$$

核密度估计需要大量的预测值(即需要大量的基学习机)，一般情况下在基学习机数目大于 30 的情况下能取得比较理想的结果[27]。

确定 $w(s_t)$是计算 $\hat{p}(s)$的重要步骤，本节将 $w(s_t)$与基学习机 f_t 的局部性能结合起来。若在 $\boldsymbol{x}_{\text{new}}$ 局部空间内 f_t 的预测精度较高，则基学习机 f_t 的预测结果 s_t 对应的权值 $w(s_t)$稍大；反之，则 $w(s_t)$稍小。$w(s_t)$的具体数值需要根据 f_t 的局部性能确定，因此需要对基学习机的局部性能进行评估。

3. 学习机局部性能评估

由于学习机对新样本 Q 的预测能力与它在其近邻样本上的学习能力有关[35]，所以学习机对其预测的好坏可以通过对其近邻样本预测的好坏来近似评估，进而由在近邻样本上的预测效果确定基学习机对应的权值。

因此，确定学习机对应的权值主要有以下 3 个步骤：①根据一定的准则在训练集中寻找 $\boldsymbol{x}_{\text{new}}(Q)$的近邻样本；②评估各学习机在其近邻样本上的性能；③确定基学习机权值。

1）在训练集中寻找 $\boldsymbol{x}_{\text{new}}$ 的近邻样本

在训练集中寻找新样本 $\boldsymbol{x}_{\text{new}}$ 的近邻样本的过程就是计算样本空间中各点之间的距离的过程，各点的坐标由时间序列得到，即需衡量不同序列之间的相似性。时间序列距离的量度方法主要有闵可夫斯基(Minkowski)距离、最长公共子串(longest common subsequence，LCS)距离等[36]。最常用的是闵可夫斯基距离。假设两个样本的输入向量为$(v_1,v_2,\cdots,v_p)$、$(v'_1,v'_2,\cdots,v'_p)$，则它们的闵可夫斯基距离可表示为

$$L=\left[\sum_{i=1}^{p}|v_i-v'_i|^n\right]^{\frac{1}{n}} \tag{6-37}$$

当 $n=1$ 时，式(6-37)成为曼哈顿距离；当 $n=2$ 时，式(6-37)成为欧几里得距离；当 $n=\infty$时，式(6-37)成为切比雪夫距离，即 $L=\max\limits_{i=1,2,\cdots,p}\{|v_i-v'_i|\}$。本节采用 $n=2$，即欧几里得距离来量度序列之间的距离。

计算所有训练样本与 Q 的距离，按从小到大的顺序进行排列，按照 k 近邻法(k-nearest neighbor，k-NN)选择 k 个近邻样本。

2）评估各学习机在其近邻样本上的性能

计算 k 个近邻样本与 Q 的欧几里得距离 d_i，$i=1,2,\cdots,k$。归一化的距离为

$$d'_i=\frac{d_i}{\sum\limits_{j=1}^{k}d_j},\quad i=1,2,\cdots,k \tag{6-38}$$

设 i 个近邻样本的真实输出为 y_i，$i=1,2,\cdots,k$，设第 t 个基学习机对第 i 个近邻样本的预测值为 f_{ti}，$t=1,2,\cdots,T$。计算第 t 个基学习机对样本 Q 的第 i 个近邻样本的预测误差 $e_{ti}=f_{ti}-y_i$。计算加权平均绝对值误差(weighted mean absolute error，WMAE)，在本节定义为

$$e_{tQ}^{\text{WMAE}}=\sum_{i=1}^{k}d'_i\cdot|e_{ti}| \tag{6-39}$$

可见，WMAE 同时将学习机在 Q 的近邻样本上的绝对值误差和近邻样本到 Q 的距离考虑进来。距离 Q 越近的样本，其对学习机性能评估的影响越大。在 Q 的邻域内，预测性能好的基学习机对应的 e_{tQ}^{WMAE} 较小；反之，较大。则可以根据 WMAE 来确定基学习机的权值。

3）确定权值

对于待预测样本(Q)，基于 WMAE 计算第 t 个基学习机对应的权值，公式为

$$w_{tQ}=Z\cdot\frac{1}{e_{tQ}^{\text{WMAE}}} \tag{6-40}$$

式中，Z 为标准化因子，且 $\sum\limits_{t=1}^{T}w_{tQ}=1$。

计算得到的 w_{tQ} 即是加权核密度估计小节中的 $w(s_t)$。

4. 动态加权核密度估计组合方法及算法

将核密度估计组合方法和学习机局部性能评估结合起来，得到动态加权核密度估计(DWKDE)组合方法。利用该组合方法可动态调整权值，在 Q 所在局部空间内预测精度高的基学习机的贡献权值较大；反之，贡献权值较小，而该权值正是加权核密度估计所需权值。可以给出动态加权核密度估计组合方法的框架，如图 6-21 所示(图中仅以取 5 个近邻样本为例)。

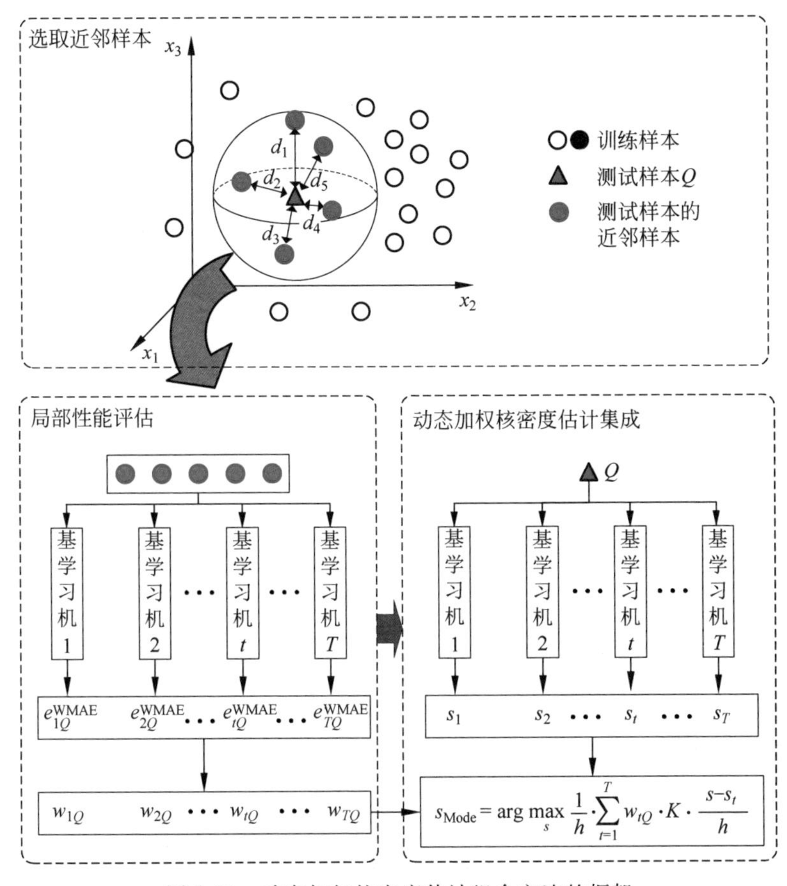

图 6-21　动态加权核密度估计组合方法的框架

采用动态加权核密度估计组合方法的集成学习机称为动态加权核密度估计集成学习机。将动态加权核密度估计组合方法应用于 AdaBoost. RT 算法，得到基于动态加权核密度估计组合方法的 AdaBoost. RT 算法(DWKDE-based AdaBoost. RT，DWRT)。DWRT 算法的具体步骤如下。

1) 输入

用于训练的集合为$\mathcal{L}=\{\boldsymbol{x}_i,y_i\}_{i=1}^{M}, y\in\mathbb{R}$；选择基学习算法(base learner)：$\{f_t\}_{t=1}^{T}$；指定总迭代次数 T(也表示最终生成基学习机的数目)；指定相对误差绝

对值(absolute relative error,ARE)的阈值 ϕ。在训练时,根据 ϕ 将训练样本分为预测正确的样本和预测错误的样本。

2) 初始化

令初始迭代次数 $t=1$;令第一次训练时,训练样本权值分布 $D_t(i)=\frac{1}{M}, i=1,2,\cdots,M$;令误差率 $\varepsilon_t=0$;令绝对值误差矩阵 $\boldsymbol{E}$ 为 $m\times T$ 的零矩阵,矩阵的每一列代表每个学习机对每个训练样本预测的绝对值误差。

3) 迭代过程

对于第 t 次迭代,执行以下步骤。

步骤1 在权值分布为 D_t 的训练样本集$\mathcal{L}$上训练第 t 个 base learner。

步骤2 计算 $\boldsymbol{E}$ 的第 t 列——第 t 个学习机对训练样本预测的绝对值误差:

$$E(j,t)=\mid f_t(\boldsymbol{x}_j)-y_j \mid,\quad j=1,2,\cdots,M$$

步骤3 记第 t 个学习机 f_t 对第 j 个样本 $\boldsymbol{x}_j$ 的预测结果为 $f_t(\boldsymbol{x}_j)$,而真实值为 y_i。计算 f_t 的误差率:

$$\varepsilon_t=\sum_j D_t(j),\quad j:\left|\frac{f_t(\boldsymbol{x}_j)-y_j}{y_j}\right|>\phi$$

步骤4 设置 $\beta_t=\varepsilon_t^n$,n 可以为1、2或3,本节取1。

步骤5 更新样本权值 D_t:

$$D_{t+1}(i)=\frac{D_t(i)}{Z_t}\times\begin{cases}\beta_t, & \left|\frac{f_t(\boldsymbol{x}_j)-y_j}{y_j}\right|\leqslant\phi\\ 1, & \text{其他}\end{cases}$$

式中,Z_t 是标准化因子。保证 $D_{t+1}(i)$是一个分布,即 $\sum_i D_{t+1}(i)=1$。

4) 选取近邻样本

对于待预测样本 $\boldsymbol{x}_{\text{new}}$,根据 k-NN 算法在训练集中寻找出 k 个近邻样本。

5) 基学习机局部性能评估及权值确定

从绝对值误差矩阵 $\boldsymbol{E}$ 中找到每个基学习机对 k 个近邻样本预测的绝对值误差,并根据式(6-38)和式(6-39)计算加权平均绝对值误差 e_{tQ}^{WMAE}。

根据式(6-40)计算第 t 个基学习机对 Q 预测结果的权值 w_{tQ}。

6) 输出

将每个基学习机$\{f_t\}_{t=1}^T$ 的预测结果$\{s_t\}_{t=1}^T$ 集成起来:

$$s_{\text{Mode}}=\underset{s}{\operatorname{argmax}}\frac{1}{h}\cdot\sum_{t=1}^T w_{tQ}\cdot k\cdot\frac{s-s_t}{h}$$

6.4.3 基于动态集成算法的趋势预测应用案例

本节将各算法运用到两个 EGTM 序列上。首先将 DWRT 算法应用于实际航空发动机预处理后的 EGTM 序列的预测任务中，采用前面 1150 个数据来预测最后 150 个样本。训练时将其归一化至[0.1,0.9]，在计算 MAE 等指标时先反归一化再计算指标数值。采用的神经网络的结构为 6-10-1，则相空间重构时 $p=6$，因此重构后共有 1294 个样本，本节将前 1144 个样本作为训练集，将最后的 150 个样本作为测试集。实验的具体设置为：训练最大迭代次数为 200，训练精度为均方误差达到 0.0001，学习率为 0.05，训练算法选择 Levenberg-Marquardt(LM)算法，设置输出层激活函数为线性函数，隐藏层激活函数为 Log-Sigmoid 型函数。选定神经网络作为基学习机生成算法，采用一步预测法预测。EGTM 序列预测实验配置如表 6-4 所示。

表 6-4　EGTM 序列预测实验配置

模型	隐藏层神经元个数	学习机个数	阈值	近邻样本个数 K
单个 NN	10	1	—	—
ORT	10	40	0.000 05	7
KDERT	10	40	0.000 05	7
DWRT	10	40	0.000 05	7

将 DWR2 算法运用于该 EGTM 序列的预测中。设置 AdaBoost. R2 系列算法(OR2、KDER2 和 DWR2)，采用线性形式(linear form)计算损失函数。令 $T=40$，其余实验设置均和 AdaBoost. RT 的实验设置一致。

所有实验均重复 10 次取均值。单个 NN、ORT、KDERT 和 DWRT 对测试集的预测结果见表 6-5；OR2、KDER2 和 DWR2 对测试集的预测结果见表 6-6。表 6-5 和表 6-6 中的各指标最优的数值以粗体表示。

表 6-5　EGTM 序列预测结果(基于 NN 和 AdaBoost. RT 系列算法)

模型	MAE	RMSE	MAPE	MASE
单个 NN	0.009 46	0.011 87	0.020 09	0.061 19
ORT	0.006 14	0.007 74	0.013 00	0.039 74
KDERT	0.007 07	0.009 38	0.014 96	0.045 75
DWRT	**0.004 04**	**0.005 60**	**0.008 58**	**0.026 13**

表 6-6　EGTM 序列预测结果(基于 AdaBoost. R2 系列算法)

模型	MAE	RMSE	MAPE	MASE
OR2	0.023 39	0.027 30	0.049 73	0.151 26
KDER2	0.006 28	0.008 31	0.013 28	0.040 62
DWR2	**0.003 83**	**0.005 49**	**0.008 14**	**0.024 77**

从表 6-5 中可以看出，相对于单个 NN，ORT、KDERT 和 DWRT 均能提高预测精度，表明集成学习是有效的。采用核密度估计组合方法的 KDERT 算法的精

度提升效果不如 ORT,可见核密度估计组合方法的效果并不总是优于 ORT 的效果。而采用本节提出的基于动态加权核密度估计组合方法的 DWRT 算法,能有效提高预测精度。在 RMSE 指标上,DWRT 分别比 NN、ORT 和 KDERT 下降了 52.82%、27.65%和 40.30%。预测结果如图 6-22 所示。

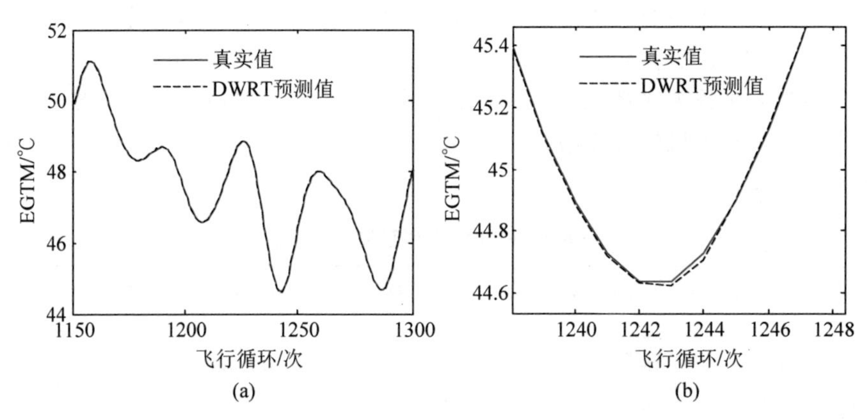

图 6-22　DWRT 在 EGTM 测试集上的预测结果

(a) DWRT 对 EGTM 测试集预测结果；(b) 绝对值误差最大处放大图

从表 6-6 中可以看出,相对于单个 NN, KDER2 和 DWR2 在 RMSE 指标上分别下降了 30.00%和 53.75%,而 OR2 的 RMSE 要高于单个 NN,这表明,核密度估计组合方法和动态加权核密度估计组合方法是有效的学习机组合方法,且本章的动态加权核密度估计组合方法结合了 KDE 和基学习机局部性能评估可以得到更好的预测结果。与表 6-6 相比,在 RMSE 指标上,KDER2 比 KDERT 下降了 11.41%,DWR2 比 DWRT 下降了 1.96%,这表明 AdaBoost. R2 在采用了 KDE 和 DWKDE 组合方法后,预测精度要优于 AdaBoost. RT 采用了这两种组合方法后的预测精度。DWR2 在 EGTM 测试集上的预测结果如图 6-23 所示。

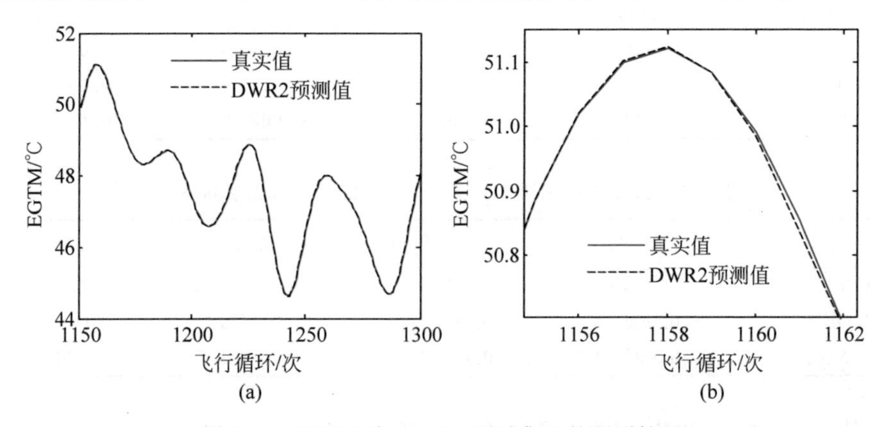

图 6-23　DWR2 在 EGTM 测试集上的预测结果

(a) DWR2 对 EGTM 测试集预测结果；(b) 绝对值误差最大处放大图

采用另外一台发动机的 500 个循环的 EGTM 序列(记为 EGTM3)再次对各算法进行验证。该 EGTM3 序列预处理前后的结果如图 6-24 所示。研究对象为预处理后的序列,采用前面 470 个点预测后面 30 个点。选用的神经网络结构为 9-10-1,DWRT 算法和 DWR2 算法对测试集的预测结果如图 6-25 所示。实验具体结果如表 6-8 所示,各指标最优的数值以粗体表示。

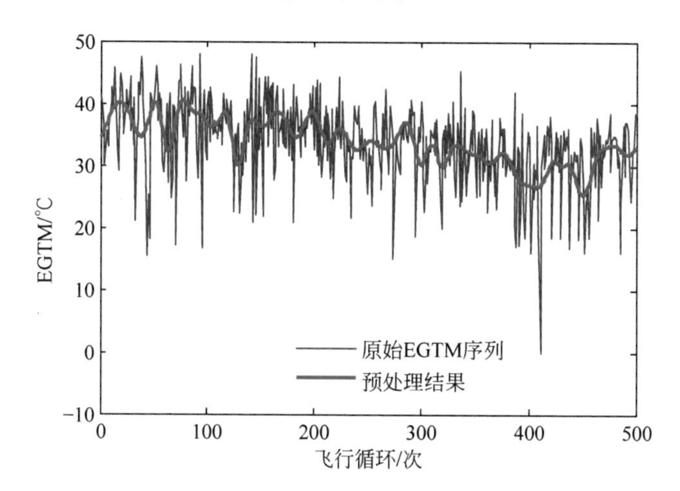

图 6-24　发动机 EGTM3 序列预处理结果

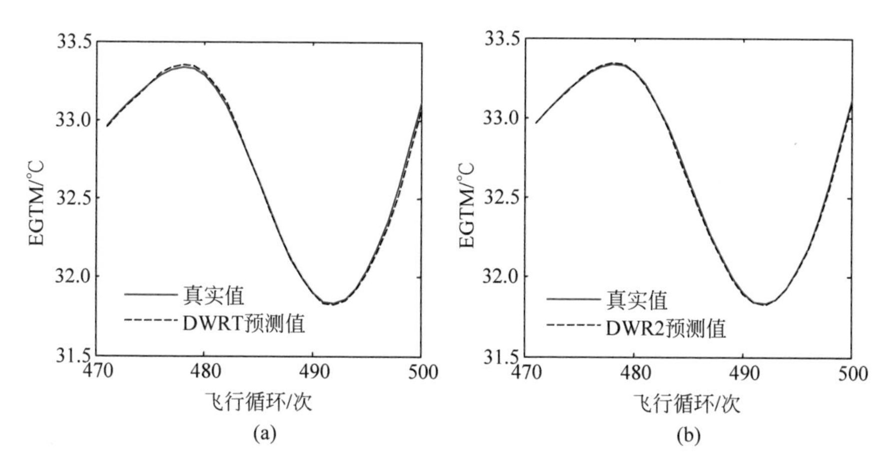

图 6-25　在 EGTM3 测试集上的预测结果

(a) DWRT 在 EGTM3 测试集上的预测结果;(b) DWR2 在 EGTM3 测试集上的预测结果

从表 6-7 中可见,对于 EGTM3 序列,本节提出的 DWRT 算法和 DWR2 算法依然可以获得相对较优的结果,其中改进的 AdaBoost. R2 算法(DWR2)取得了最优的预测结果。该实验也验证了 DWRT 和 DWR2 在气路参数点预测任务上的有效性。

表 6-7 EGTM3 序列预测结果

模型	MAE	RMSE	MAPE	MASE
单个 NN	0.018 43	0.023 44	0.056 39	0.168 93
ORT	0.013 60	0.017 61	0.041 56	0.124 65
KDERT	0.014 12	0.019 06	0.043 13	0.129 37
DWRT	0.012 64	0.016 38	0.038 65	0.115 86
OR2	0.098 60	0.102 13	0.301 96	0.903 68
KDER2	0.012 04	0.015 12	0.036 81	0.110 38
DWR2	**0.009 95**	**0.012 58**	**0.030 44**	**0.091 23**

6.5 状态参数自适应区间预测模型

DWRT 算法获得的结果是一系列确定的数据点,无法得到该点预测结果出现的概率。事实上,采用神经网络的预测会存在不确定性,得到的预测结果有不同程度的误差。另外,设备状态参数在一定范围内波动属于正常现象[37]。不含精度信息的点预测方法难以满足实际需求,而预测区间可以表征在不同置信度下的气路参数变动区间,有助于评估设备的潜在运行风险。

针对波动性较大的序列,本节提出了基于神经网络的自适应区间预测(neural network-based adaptive interval forecasting, NNBAIF)模型。该模型将参数序列及其趋势项同时作为 NN 的输入,该输入同时考虑了信号细节和趋势性;该模型含有两个输出,分别对应预测区间上界和下界。同时,本节提出了构建训练集输出的自适应构造方法,采用和声搜索算法得到使得改进的预测区间效果量度指标最小的最优构造控制参数。

6.5.1 预测区间效果量度指标

预测区间(prediction interval,PI)表示的是一个区间,由 PI 上界(prediction interval upper bound,PIUB)和下界(prediction interval lower bound,PILB)组成。理想的 PI 应具有以下特征:所有的目标值均介于 PIUB 和 PILB 之间;同时 PIUB 和 PILB 的距离应尽量小。因此,PI 的效果主要由两个指标进行评估,分别是 PI 覆盖率(PI coverage probability, PICP)和平均 PI 宽度(mean PI width, MPIW)。目标值落在 PI 内的概率为$(1-\alpha)\%$,称为置信水平(confidence level)。若 $\mathrm{PICP}\approx(1-\alpha)\%$,则认为所预测的 PI 是可靠的,否则所预测得到的 PI 将被弃用。

PICP 表示目标值落在预测区间内的概率,计算如下:

$$\mathrm{PICP}=\frac{1}{n_{\text{test}}}\sum_{i=1}^{n_{\text{test}}}c_i \tag{6-41}$$

$$c_i = \begin{cases} 1, & t_i \in [L_i, U_i] \\ 0, & t_i \notin [L_i, U_i] \end{cases} \tag{6-42}$$

式中，n_{test} 为测试样本数目；L_i 为第 i 个 PI 的下界；U_i 为第 i 个 PI 的上界；t_i 为观测值。

PI 的宽度可以通过平均 PI 宽度来衡量：

$$\text{MPIW} = \frac{1}{n_{\text{test}}} \sum_{i=1}^{n_{\text{test}}} (U_i - L_i) \tag{6-43}$$

本质上，PICP 和 MPIW 相互矛盾，若要使 PICP 增大，则使 MPIW 增大即可，但是太宽的 PI 不能满足实际需求。相反，若追求较小的 MPIW，可能会使得 PICP 下降，使得预测的 PI 的可信度下降。因此，应权衡两指标的关系，同时将 PICP 和 MPIW 因素考虑进来，以期在获得较高 PICP 的同时获得较小的 MPIW。PICP 和 MPIW 都从一个角度对预测区间的效果进行评价，将之结合的准则称为基于覆盖率和宽度的准则（coverage width-based criterion，CWC）。文献[38]提出了综合考虑 PICP 和 NMPIW（Normal mean PI width）的 CWC 指标，但是该指标的正确性受到质疑[39]。本节给出如下改进的 CWC 评估准则：

$$\text{CWC} = \text{MPIW} + \gamma(\text{PICP}) \mathrm{e}^{-\eta(\text{PICP}-\mu)} \tag{6-44}$$

$$\gamma(\text{PICP}) = \begin{cases} 0, & \text{PICP} \geqslant \mu \\ 1, & \text{PICP} \leqslant \mu \end{cases} \tag{6-45}$$

式中，η 为 PICP 和 MPIW 之间的权衡控制参数；μ 和置信度 $(1-\alpha)\%$ 有关，令 $\mu = 1-\alpha$。

可见，CWC 从两方面对 PI 进行评估：信息度（较小的 MPIW）和正确度（满意的 PICP）。评估 PI 的效果时，CWC 越小，区间预测效果越好。

6.5.2　基于神经网络的自适应区间预测模型

本节选择去除粗大误差后的序列（记为 z'）作为研究对象。采用有两个输出的神经网络（如图 6-26 所示）作为区间预测模型，第一个输出作为 PIUB，第二个输出作为 PILB。此时也相当于采用 NN 分别对 PIUB 和 PILB 进行点预测，获得的两个点预测结果所构成的区间（[PILB，PIUB]）即是预测得到的 PI。

1. 模型输入构造

预测 PI 应考虑较多的信号细节，同时需要寻找序列内部的规律性（趋势性）。若直接将含较多细节、波动性较大、随机性较强的 z' 序列作为 NN 的输入来预测 PI，则很难发现内部的规律性；若直接用预处理后的序列（或趋势项）来预测 PI，虽然会有很好的趋势性，但是会失去很多信号细节，很多数据点将无法被预测的 PI 覆盖，导致获得较低的 PICP。因此，需要研究一种将序列的细节和趋势性同时考虑的输入构造方法。

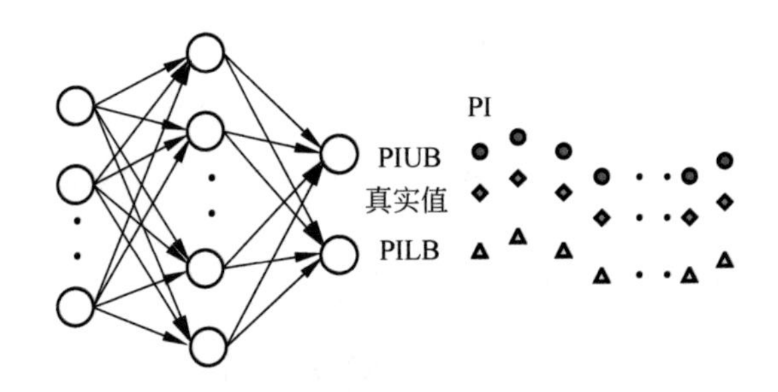

图 6-26　区间预测模型的双输出神经网络拓扑结构

细节用 z' 的序列点表示，而趋势性可用序列的趋势项来表示。可采用 EMD 方法求出序列的趋势项。对去除粗大误差后的设备状态参数序列进行 EMD 分解得到若干项 IMF 和 1 项 RES。由于预测 PI 时应考虑较多的信号细节，则应选用含有较多信号细节的趋势项。选用细节较多的 IMF 和 RES 可重构出信号的趋势项(记作 z'')。

为同时考虑序列细节和趋势性，本节选用的 NN 训练集的输入由去除粗大误差后的序列和含有较多序列细节的趋势项构成。记序列长度为 N，选择序列的重构系数为 p，则图 6-26 中的输入可以表示为

$$
\boldsymbol{X}=\begin{bmatrix}\boldsymbol{x}_1\\ \boldsymbol{x}_2\\ \vdots\\ \boldsymbol{x}_{N-p}\end{bmatrix}=\begin{bmatrix}z'_1 & z'_2 & \cdots & z'_p & z''_1 & z''_2 & \cdots & z''_p\\ z'_2 & z'_3 & \cdots & z'_{p+1} & z''_2 & z''_3 & \cdots & z''_{p+1}\\ \vdots & \vdots & & \vdots & \vdots & \vdots & & \vdots\\ z'_{N-p} & z'_{N-p+1} & \cdots & z'_{N-1} & z''_{N-p} & z''_{N-p+1} & \cdots & z''_{N-1}\end{bmatrix} \tag{6-46}
$$

因此输入层神经元个数为 $2p$。

2. 自适应输出构造

NN 训练集的输出是序列点的区间，训练时使用的目标区间可以通过某种策略围绕目标值上下微动产生[40]，微动幅度应根据 NN 预测的特点和序列的特点来确定。

当序列波动较大时，用 NN 预测远离趋势项的“尖点”时会出现较大的误差；而靠近序列趋势的数据点具有较强的规律性，能准确预测。本章中，距离趋势项较远的数据点称为“难点”，而靠近序列趋势项的数据点称为“易点”。对于“易点”，给定较小的微动幅度；对于“难点”，给定较大的微动幅度。该微动幅度可根据序列点与趋势项的距离自适应确定。每个数据点的微动幅度确定后，该点的区间也对应确定。该自适应微动幅度的确定方法如下。

如图 6-27 所示，去除粗大误差后的序列为 z'，其趋势项为 z''，序列点和趋势项的距离($z'-z''$)记为 d。以序列 z' 上的 A 点为例，确定 A 点区间的过程就是确定

区间上界点 B 和区间下界点 C 的过程。设 A、B 两点的距离称为上微动幅度，记为 $h_1(t \leqslant h_1 \leqslant h_0, 0 < t \leqslant h_0)$，$A$、$C$ 两点的距离称为下微动幅度，记为 $h_2(t \leqslant h_2 \leqslant h_0, 0 < t \leqslant h_0)$，其中 t 和 h_0 分别称为微动幅度下限和微动幅度上限。可知，要确定区间的 B 和 C 两点，只需确定 h_1 和 h_2 即可。

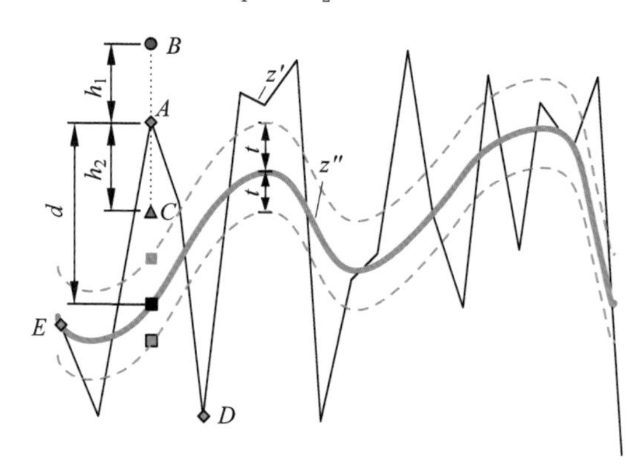

图 6-27 训练集输出构造(区间构造)示意图

当 $|d| \leqslant t$ 时，该序列点称为“易点”，该点的区间容易预测，令 h_1 和 h_2 均为 t。

当 $d > t$ 时，该序列点称为“难点”且在趋势项上侧，该点的区间不容易预测。用 NN 对该点进行预测时，得到的点预测结果通常会在该序列点的下方[41]，如图 6-27 中对点 A 进行预测时，NN 对其的预测结果通常在 A 点的下面。根据 NN 预测的这种特点，令 h_1 为较大的值，h_2 为较小的值。h_1 和 h_2 的数值由下式计算：

$$\begin{cases} h_1 = d\alpha \\ h_2 = d\beta \end{cases} \tag{6-47}$$

式中，α 为区间放大系数，$\alpha > 1$；β 为区间缩小系数，$0 < \beta < 1$。

当 $d < -t$ 时，该序列点称为“难点”且在趋势项下侧，该点的区间不容易预测。用 NN 对该点进行预测时，得到的预测结果通常会在该序列点的上方。例如对图 6-27 中的 D 点进行预测时，NN 对其的预测结果通常在 D 点的上面。根据 NN 预测的这种特点，令 h_1 为较小的值，h_2 为较大的值。h_1 和 h_2 的数值由下式计算：

$$\begin{cases} h_1 = d\beta \\ h_2 = d\alpha \end{cases} \tag{6-48}$$

最终，可得本节确定训练所用区间的步骤如下。

步骤 1 计算 $d = z' - z''$。

步骤 2 确定微动幅度下限 $t(t > 0)$。将趋势项 z'' 向上、向下分别平移 t，得到一个区间带。在该区间带中的数据点属于“易点”，满足 $|d| \leqslant t$；在该区间之外的数据为“难点”，满足 $|d| > t$。

步骤 3　计算上微动幅度 h_1 和下微动幅度 h_2。

步骤 4　限制 $|h_1|$ 和 $|h_2|$ 的大小。若 $h_1>h_0$，则 $h_1=h_0$；若 $h_2>h_0$，则 $h_2=h_0$。

步骤 5　计算目标区间。记 A 点的值为 a。将 A 点向上平移 h_1 得到点 B，向下平移 h_2 得到点 C，即 A 点的 $\mathrm{PIUB}=a+h_1$，$\mathrm{PILB}=a-h_2$。

步骤 6　对训练集中的所有数据点重复步骤 2～步骤 5，即可完成用于训练的目标区间构建。

6.5.3　基于和声搜索的输出构造控制参数优化

将上述构造的输入和输出（区间）作为图 6-26 所示神经网络的训练集。训练后的 NN 是最终的区间预测模型。在区间构建过程中，α、β、t、h_0 4 个参数对训练集输出的构造至关重要。为了选取较为合适的 α、β、t、h_0，采用启发式优化算法（和声搜索）优化该 4 个参数。

CWC 越小，NN 预测的 PI 的效果越好。双输出 NN 是由 6.5.2 节构造的输入和输出训练得到的，而输出的构造由 α、β、t、h_0 控制。因此 CWC 的数值与 α、β、t、h_0 有关。由此可以得到以下优化问题：

$$
\begin{aligned}
&\min_{\alpha,\beta,t,h_0} \mathrm{CWC} = \mathrm{MPIW} + \gamma(\mathrm{PICP})\mathrm{e}^{-\eta(\mathrm{PICP}-\mu)} \\
&\text{s.t.}\ \ \alpha \in [\alpha_1, \alpha_2] \\
&\qquad \beta \in [\beta_1, \beta_2] \\
&\qquad t \in [t_1, t_2] \\
&\qquad h_0 \in [h_3, h_4]
\end{aligned}
$$

采用和声搜索对上述优化问题进行求解。和声搜索（harmony search，HS）是一种新型的元启发式优化算法，在一些多维函数优化问题上可以获得比传统遗传算法和模拟退火法更好的结果。该算法模拟音乐师不停地调节各种乐器的音调，最后将乐器音调组成最优和声状态的过程。记和声记忆库为 HM，HM 中的任意一个和声向量 $\boldsymbol{x}$ 对应的 CWC 记为 $\mathrm{CWC}(\boldsymbol{x})$；在 HM 中使得 CWC 最小的和声向量称为最优和声向量，记为 $\boldsymbol{x}_{\mathrm{best}}$；使得 CWC 最大的和声向量称为最差和声向量，记为 $\boldsymbol{x}_{\mathrm{w}}$；设优化问题的维数为 D，第 d 维取值范围记为 $[x_{\min,d}, x_{\max,d}]$；在 HM 中，第 a 个和声向量的第 d 维的数值记为 $\boldsymbol{x}_a(d)$；记 rand 为在[0,1]上均匀分布的实数。

和声搜索算法的主要步骤[42]如下。

步骤 1　设置参数：迭代次数 MaxItr，和声记忆库大小 HMS，记忆库取值率 HMCR∈(0,1)，音调微调率 PAR∈(0,1)和音调微调带宽 bw。根据设置的参数初始化 HM，并找出 $\boldsymbol{x}_{\mathrm{best}}$ 和 $\boldsymbol{x}_{\mathrm{w}}$。

步骤 2　评估在 HM 中个体的适应度，即式(6-44)的 CWC。

步骤 3　while 未满足迭代停止条件

```
for d = 1 : D
  if rand < HMCR
    x_new(d) = x_a(d), 其中 a ∈ {1,2,…,HMS}
    if rand < PAR
      在旧解附近产生新解：
        x_new(d) = x_old(d) + bw(2×rand−1)
    end if
  else
    在范围内产生新解：
    x_new(d) = x_min,d(d) + rand×(x_max,d(d) − x_min,d(d))
  end if
end for
若 CWC(x_new) < CWC(x_w)，则 x_w = x_new
更新最优的和声向量 x_best
end while
```

在本节中，$D=4$。文献[42]指出，HMCR 取值接近于 1 时，更注重局部搜索，最终得到的解可能无法满足要求；若 HMCR 取值接近于 0，则注重全局搜索，搜索速度慢；HMCR 的取值范围一般为[0.7,0.95]。PAR 取值接近于 1 时，和声向量在不停地变化，会导致算法无法收敛；若 PAR 取值接近于 0，算法会早熟；PAR 的取值范围一般为[0.1,0.5]。

综上，本节提出的基于 NN 的自适应区间预测方法如图 6-28 所示。

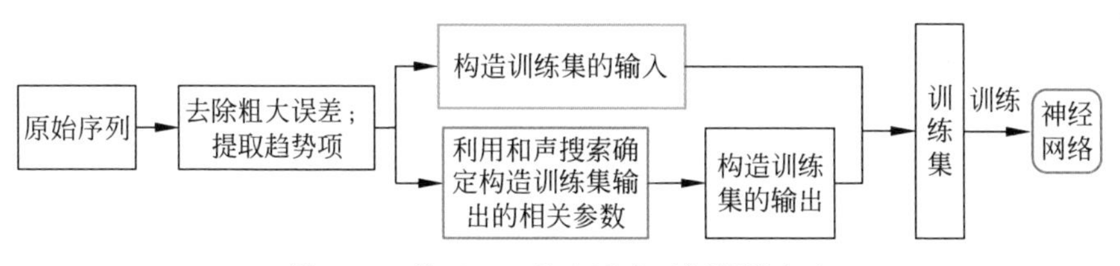

图 6-28　基于 NN 的自适应区间预测方法

6.5.4　航空发动机 EGTM 序列区间预测应用案例

取某 EGTM 序列做区间预测。选择序列重构维数 $p=6$，采用的双输出 NN 的结构为 12-20-2。EGTM 序列长度为 1300，重构后共有 1294 个样本，本案例将前 1144 个样本作为训练集，将最后的 150 个样本作为测试集。

在和声搜索优化前，需确定式(6-44)中的 η 和 μ，η 的范围一般为[10,100]，数值代表在 PICP 不满足要求的情况下，对 PICP 的惩罚度[40]，本案例中取 $\eta=30$；$\mu=(1-\alpha)\%$ 为期望置信度，本案例期望在测试集上预测得到的 PI 可以达到 90% 左右的覆盖率。优化时在训练集上采用 5 次 5 折交叉验证法计算每一组 α、β、t、h_0

的 CWC,利用和声搜索寻找到最小 CWC 对应的最优解——α^*、β^*、t^*、h_0^*,以用于构造训练集的输出。

预测区间模型 NN 是由训练集训练得到的,因此测试集上的覆盖率通常要小于训练集的覆盖率。在训练集上利用和声搜索算法寻找 α^*、β^*、t^*、h_0^* 时,μ 应设置为大于在测试集上的期望覆盖率(90%)的数值,本案例设置 $\mu=0.97$。设置和声搜索算法的参数:MaxItr=600,HMS=20,HMCR=0.8,PAR=0.3,bw=0.2。最终由实验确定最优参数为 $\alpha=1.0791$,$\beta=0.7775$,$t=7.8943$,$h_0=12.0791$。该实验编号为 1。

用构造的训练集训练 NN 并分别应用于训练集和测试集,为了避免随机性的干扰,重复 10 次取平均值,最终预测得到的 PI 如图 6-29 和图 6-30 所示。

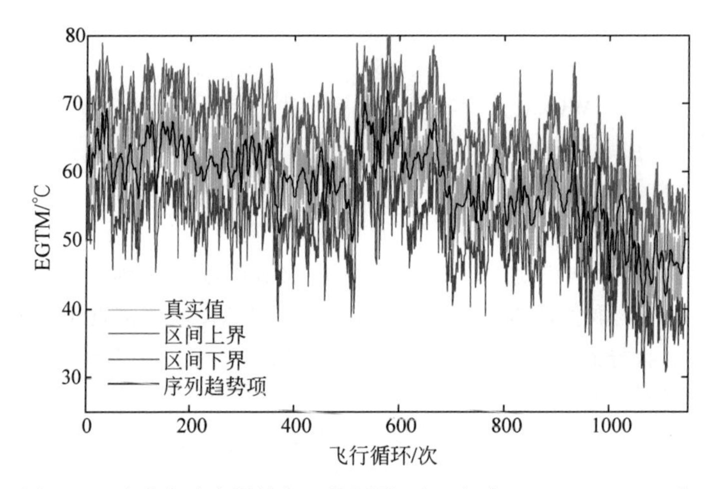

图 6-29 本节方法在训练集上的预测区间(实验 1,PICP=97.47%)

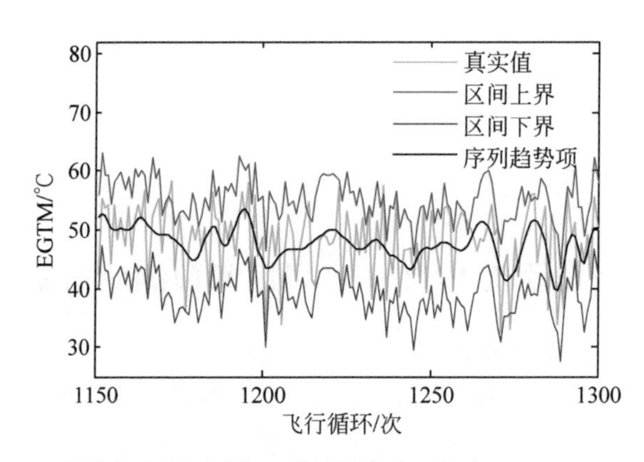

图 6-30 本节方法在测试集上的预测区间(实验 1,PICP=90.67%)

极限学习机

同时,本案例选用文献[43]提出的基于比例系数法的区间预测方法做对比实验。比例系数法的主要思想是:采用极限学习机(ELM)进行点预测,然后将点预测结果通过比例系数法扩充成预测区间，最后采用取中值组合方法得到最终的 PI。主要理论在此不再赘述，以下具体符号含义和相关实验设置与该文献一致。

去除粗大误差后的 EGTM 序列长度为 1300，序列重构维数为 $p=6$，即用前面 6 个时刻的数据点（$z'_{i1}, z'_{i2}, \cdots, z'_{i5}$）预测后面一个数据点的 PI，则序列重构后获得 1294 个样本。同时，为了增强 ELM 的学习能力，加上与采样时刻相关的特征输入量 z'_{i7}、z'_{i8}，计算公式为

$$\begin{cases} z'_{i7} = \sin \dfrac{2\pi k}{96} \\ z'_{i8} = \cos \dfrac{2\pi k}{96} \end{cases} \tag{6-49}$$

式中，k 为各数据点对应的坐标（$k=1,2,\cdots,1294$）。

因此，共有 8 个特征输入量。本案例将前面 844 个样本作为训练集，将最后 150 个样本作为测试集，剩余的 300 个样本作为验证集。

设置 ELM 的隐藏层数目随机取值范围为[6,25]，集成 ELM 的个数为 100，比例系数 α 和 β 的和声搜索取值范围分别为[0.03,0.25]和[0.05,0.30]。设置和声搜索算法的参数：MaxItr=2000，HMS=20，HMCR=0.80，PAR=0.3，bw=0.2。

训练出 100 个 ELM 模型，分别求解对应的最优 α^* 和 β^*，然后分别将之运用于测试集上，获得 100 对上下界。每个测试样本获得了 100 个 PIUB 和 100 个 PILB，分别取中值作为最终的区间预测结果。实验要求该方法在测试集上的 PICP 能达到 90%左右，该实验编号为 2。比例系数法在测试集上的区间预测结果如图 6-31 所示。

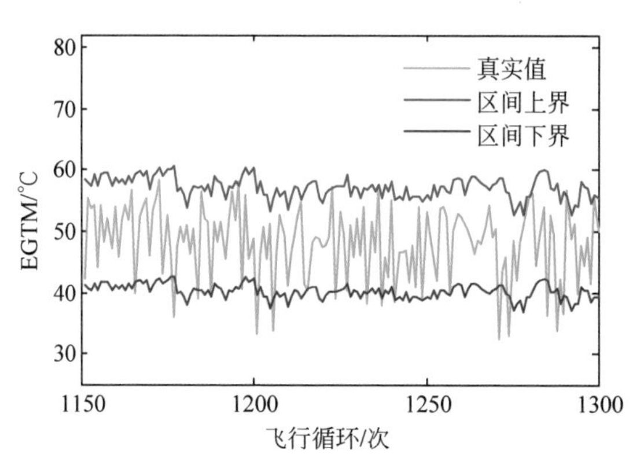

图 6-31　比例系数法在测试集上的预测区间（实验 2，PICP=85.33%）

实验 1 和实验 2 是在测试集上能达到约 90%的覆盖率的要求下进行的。为了研究本章方法和比例方法在其他覆盖率要求下的差异，本案例开展了实验 3 和实验 4。实验要求方法能在测试集上实现 74%左右的覆盖率，各方法在测试集上的预测效果如图 6-32 所示。

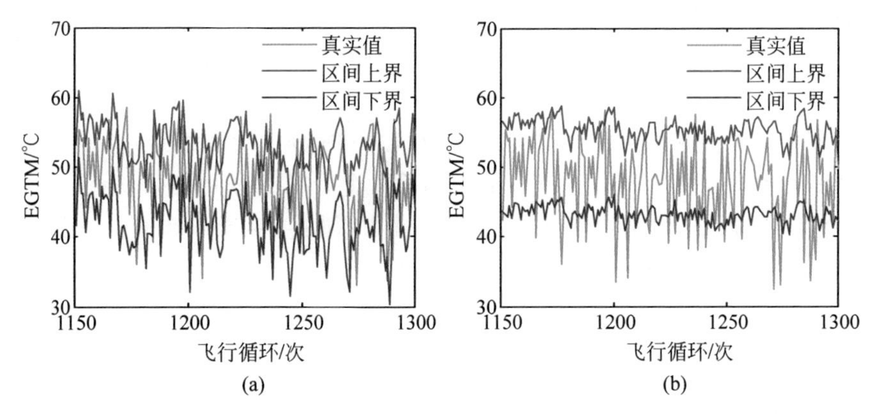

图 6-32　本节方法和比例系数法在测试集上的预测区间(实验 3,4)

(a) 本节方法(实验 3,PICP＝74.00％)；(b) 比例系数法(实验 4,PICP＝74.00％)

在比例系数法中,ELM 的输入为带有如式(6-49)所示的三角函数项,加入该三角函数项能有效提高学习机对不同时间戳的数据的辨识能力,即学习机的输入是由原始序列和三角函数项构成的。而本节所提出的输入构造方法是用原始序列的趋势项和原始序列重构出学习机的输入。为了验证本节提出输入构造方法的有效性,将实验 2 的输入集用作训练本方法 NN 的输入集,训练所用的输出集仍然是实验 1 的输出集。本实验记为实验 5。

实验 1～实验 5 的结果总结至表 6-8。在测试集上的预测结果用粗体表示。

表 6-8　航空发动机 EGTM 序列的区间预测结果汇总

实验编号	方法	样本集	PICP/％	MPIW/℃	效果图
1	本节方法	训练集	97.47	15.99	图 6-29
		测试集	**90.67**	**16.11**	图 6-30
2	比例系数法	验证集	87.33	17.59	—
		测试集	**85.33**	**16.87**	图 6-31
3	本节方法	训练集	87.50	10.67	—
		测试集	**74.00**	**11.22**	图 6-32(a)
4	比例系数法	验证集	70.00	12.83	—
		测试集	**74.00**	**12.19**	图 6-32(b)
5	本节方法(采用实验 2 的输入)	训练集	90.82	16.16	—
		测试集	**85.33**	**16.26**	图 6-33

如图 6-33 所示,在测试集的 150 个样本中,共有 14 个数据点出 PI 边界,它们的序号为 23、27、31、56、64、82、86、111、120、124、130、131、135 和 136。在测试集的前 75 个样本中有 5 个数据点未被 PI 覆盖,后 75 个样本中,有 9 个数据点未被 PI 覆盖,可见距离训练集时间较远的测试样本的区间预测难度较大,因此在实验 1 对 α、β、t、h_0 寻优时需设置较大的 μ,以保证能得到满足要求的 PI。

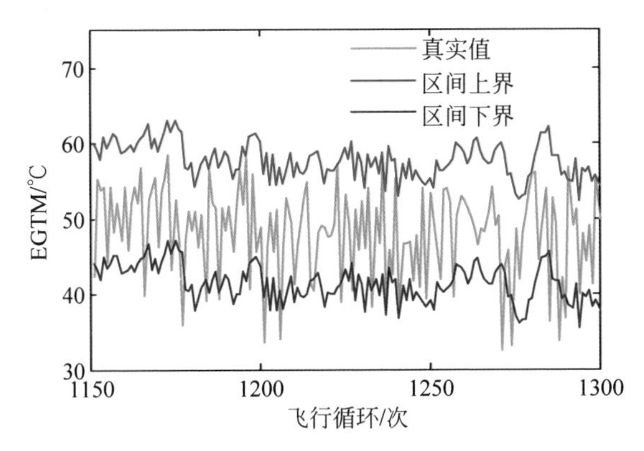

图 6-33　本节方法(采用实验 2 的输入)在测试集上的预测区间
(实验 5,PICP=85.33%)

对比实验 1 和实验 2,可知在测试集上的 PICP 约为 90%时,与比例系数法相比,本节方法在取得较高的 PICP 的同时,可以取得较低的 MPIW。对比图 6-30 和图 6-31 可知,本节方法能更好地感知到时间序列的变化趋势,能预测得到效果更好的 PI,而比例系数法预测得到的 PI 没有有效跟随序列趋势,其预测得到的 PI 接近于“直线”。

对比实验 3 和实验 4,可知两方法在测试集上的 PICP 均为 74%时,与比例系数法相比,本节方法在取得较高的 PICP 的同时,仍然可以取得较低的 MPIW。对比图 6-32 的(a)和(b)可知,本节方法仍能更好地感知到时间序列的变化趋势,能预测得到更优的 PI,而比例系数法的效果不如本节方法好。

因此,本节提出的方法能更准确地反映序列本身存在的不确定性,在实际使用中,本节方法预测的 PI 能表示更多的信息,以便为决策者做出合理运维计划打下基础。

对比实验 1 和实验 3、实验 2 和实验 4 可知,随着所要求覆盖率的下降,所得到的 PI 的宽度有所增大。因此,在实际使用中,若工程师要想做出较为保守的(安全的)运维策略,那么可以调高覆盖率 PICP,使获得的 PI 的平均宽度更宽;反之,则调低 PICP 以获得较窄的 MPIW。

实验 5 中训练 NN 的输入集为实验 2 的输入集,其余运算过程均与实验 1 一致。对比两实验,可以发现 6.5.2 节的输入构造方法既能有效跟踪变化趋势,也能捕捉到数据细节,本节的区间预测模型在测试集上取得较高 PICP 的同时,也能有效降低 MPIW,获得较优的 PI。

实验 5 与实验 2 采用相同的输入集,而采用不同的 PI 估计方法。从表 6-8 中可以看出,两实验在测试集上的 PICP 均为 85.33%,而与比例系数法相比,采用本节提出的基于 NN 的自适应区间预测模型在 MPIW 指标上降低了 0.61℃。

综上所述,与比例系数法相比,本节提出的 NNBAIF 模型能有效处理波动性较大的航空发动机气路参数数据。获得较优的 PI 的原因主要有：①本节提出的输入构造方法既能有效跟踪变化趋势也能掌握数据细节，效果要好于简单地通过原始数据加上三角函数项的输入构造方法；②利用序列的趋势项和序列的关系，自动调整用于训练 NN 的目标区间（输出），在波动性较大的序列上仍然可以获得较优的 PI。

6.6 本章小结

本章介绍了支持向量机、过程神经网络、集成学习以及区间预测方法在复杂设备状态短期趋势预测中的应用。首先，利用光滑化方法对支持向量回归算法进行了改进，降低了训练的复杂度。其次，介绍了一种混合递归过程神经网络，通过 Mackey-Glass 混沌时间序列预测实验对混合递归过程神经网络与几种传统神经网络进行了预测能力对比，验证了网络的有效性。另外，将基学习机局部性能评估和加权核密度估计相结合，介绍了一种动态加权核密度估计组合方法。相比于传统的取平均、取中值及其加权形式的组合方法，该组合方法不易受离群值和不对称性分布的影响。最后，针对波动性较大的状态参数的区间预测问题，介绍了基于神经网络的自适应区间预测模型。该模型将原始序列及其趋势项作为神经网络的输入，在此基础上定义了输出样本的构造控制参数，并利用和声搜索算法优化构造控制参数。实验结果表明，相比于预测区间的比例系数法，该模型在 EGTM 序列上不需要点预测结果即可获得更好的区间预测结果。

参考文献

[1] HENG A，ZHANG S，TAN A C C，et al. Rotating Machinery Prognostics：State of the Art，Challenges and Opportunities[J]. Mechanical Systems and Signal Processing，2009，23(3)：724-739.

[2] HENG A，TAN A C C，MATHEW J，et al. Intelligent Condition-based Prediction of Machinery Reliability [J]. Mechanical Systems and Signal Processing，2009，23 (5)：1600-1614.

[3] TIAN Z G. A Neural Network Approach for Remaining Useful Life Prediction Utilizing Both Failure and Suspension Data[C]//Piscataway：IEEE，2010.

[4] TIAN Z. An Artificial Neural Network Approach for Remaining Useful Life Prediction of Equipments Subject to Condition Monitoring[C]//Los Alamitos：IEEE Computer Society，2009.

[5] ÖZGÖREN Y Ö，ÇETINKAYA S，SARIDEMIR S，et al. Predictive Modeling Of Performance of a Helium Charged Stirling Engine Using an Artificial Neural Network[J]. Energy Conversion and Management，2013，67：357-368.

[6] YULIANG D，YUJIONG G，KUN Y，et al. Applying PCA to Establish Artificial Neural

Network for Condition Prediction on Equipment in Power Plant[C]//Piscataway: IEEE,2004.

[7] YU P,HONG W,JIANMIN W,et al. A Modified Echo State Network based Remaining Useful Life Estimation Approach[C]//Los Alamitos: IEEE Computer Society,2012.

[8] BYINGTON C S,WATSON M,EDWARDS D. Data-driven Neural Network Methodology to Remaining Life Predictions for Aircraft Actuator Components[C]//Piscataway: IEEE,2004.

[9] ROEMER M J,BYINGTON C S,KACPRZYNSKI G J,et al. An Overview of Selected Prognostic Technologies with Application to Engine Health Management[C]//New York: Amer Soc Mechanical Engineers,2006.

[10] KAMALI M,ATAEI M. Prediction of blast induced vibrations in the structures of Karoun III power plant and dam[J]. Journal of Vibration & Control,2011,17(4): 541-548.

[11] 陈华,郭靖,熊伟. 应用光滑支持向量机预测汉江流域降水变化[J]. 长江科学院院报,2008,25(6): 28-32.

[12] BOSSI L,ROTTENBACHER C,MIMMI G,et al. Multivariable predictive control for vibrating structures: An application[J]. Control Engineering Practice,2011,19(10): 1087-1098.

[13] 徐红敏. 基于支持向量机理论的水环境质量预测与评价方法研究[D]. 长春: 吉林大学,2007.

[14] MOSCHIONI G,SAGGIN B,TARABINI M. Prediction of data variability in hand-arm vibration measurements[J]. Measurement,2011,44(9): 1679-1690.

[15] KHANDELWAL M. Blast-induced ground vibration prediction using support vector machine[J]. Engineering with Computers,2011,27(3): 193-200.

[16] 欧阳楷,邹睿,刘卫芳. 基于生物的神经网络的理论框架——神经元模型[J]. 北京生物医学工程,1997,16(2): 93-101.

[17] 何新贵,梁久祯. 过程神经元网络的若干理论问题[J]. 中国工程科学,2000,2(12): 40-44.

[18] RIEDMILLER M. Advanced supervised learning in multi-layer perceptrons—From backpropagation to adaptive learning algorithms[J]. Int Journal of Computer Standards & Interfaces,1994,16(3): 265-278.

[19] MACKEY M,GLASS L. Oscillation and chaos in physiological control systems[J]. Science,1977,197(4300): 287-289.

[20] JORDAN M I. Attractor dynamics and parallelism in a connectionist sequential machine [C]//Proceedings of the 8th Annual Conference of the Cognitive Science Society,1986, Erlbaum.

[21] ELMAN J L. Finding Structure in Time[J]. Cognitive Science,1990,14(2): 179-211.

[22] PHAM D T,KARABOGA D. Training Elman and Jordan networks for system identification using genetic algorithms[J]. Artificial Intelligence in Engineering,1999,13(2): 107-117.

[23] PEARLMUTTER B A. Gradient calculations for dynamic recurrent neural networks: a survey[J]. Neural Networks IEEE Transactions on,1995,6(5): 1212-1228.

[24] CAMPOLUCCI P,UNCINI A. On-line learning algorithms for locally recurrent neural

networks[J]. Neural Networks IEEE Transactions on,1999,10(2)：253-271.

[25] 丛爽,高雪鹏.几种递归神经网络及其在系统辨识中的应用[J].系统工程与电子技术,2003,25(2)：194-197.

[26] 何新贵,许少华.一类反馈过程神经元网络模型及其学习算法[J].自动化学报,2004,30(6)：801-806.

[27] KOURENTZES N,BARROW D K,CRONE S F. Neural Network Ensemble Operators for Time Series Forecasting [J]. Expert Systems with Applications, 2014, 41 (9): 4235-4244.

[28] DELAFROUZ H,GHAHERI A,GHORBANI M A. A Novel Hybrid Neural Network Based on Phase Space Reconstruction Technique for Daily River Flow Prediction[J]. Soft Computing,2017,22(7)：2205-2215.

[29] KHASHEI M,BIJARI M. An Artificial Neural Network (p,d,q) Model for Time Series Forecasting[J]. Expert Systems with Applications,2010,37(1)：479-489.

[30] SOLOMATINE D P, SHRESTHA D L. AdaBoost. RT：a Boosting Algorithm for Regression Problems[C]. Piscataway：IEEE,2004.

[31] 周志华.机器学习[M].北京：清华大学出版社,2016：171-191.

[32] 雷达.基于智能学习模型的民航发动机健康状态预测研究[D].哈尔滨：哈尔滨工业大学,2013：13-87.

[33] XUE F, SUBBU R, BONISSONE P. Locally Weighted Fusion of Multiple Predictive Models[C]. Piscataway：IEEE,2006.

[34] 王姚瑶.基于非参数核密度估计的沪深300股指期货收益率研究[D].南京：南京大学,2015：1621.

[35] 张春霞.集成学习中有关算法的研究[D].西安：西安交通大学,2010：1-25.

[36] 孙建乐.基于时间序列相似性的股价趋势预测研究[D].重庆：重庆交通大学,2014：9-18.

[37] 安伟光,孙振明,张辉.预测区间技术在航天器数据处理中的理论与应用研究[J].宇航学报,2006,27(B12)：109-112.

[38] KHOSRAVI A, NAHAVANDI S, Creighton D, et al. Comprehensive Review of Neural Network-Based Prediction Intervals and New Advances[J]. IEEE Transactions on Neural Networks,2011,22(9)：1341-1356.

[39] PINSON P, TASTU J. Discussion of "Prediction Intervals for Short-Term Wind Farm Generation Forecasts" and "Combined Nonparametric Prediction Intervals for Wind Power Generation"[J]. IEEE Transactions on Sustainable Energy,2014,5(3)：1019-1020.

[40] SHRIVASTAVA N A,KHOSRAVI A,PANIGRAHI B K. Prediction Interval Estimation of Electricity Prices Using PSO-Tuned Support Vector Machines[J]. IEEE Transactions on Industrial Informatics,2015,11(2)：322-331.

[41] ZHANG G P. Time Series Forecasting Using a Hybrid ARIMA and Neural Network Model[J]. Neurocomputing,2003,50：159-175.

[42] WANG G, GUO L. A Novel Hybrid Bat Algorithm with Harmony Search for Global Numerical Optimization[J]. Journal of Applied Mathematics,2013,2013：1-21.

[43] 李知艺,丁剑鹰,吴迪,等.电力负荷区间预测的集成极限学习机方法[J].华北电力大学学报,2014,41(2)：78-88.

第 7 章

长期状态趋势预测

7.1 长期状态趋势预测概述

长期状态趋势预测面向中长期维修计划的需求，与短期状态预测不同，长期趋势预测并不注重对未来某个时刻状态的精确预测，而是注重对未来较长时间内设备状态发展趋势的准确把握。由于时间跨度较长，干扰因素较多，设备性能衰退复杂，设备性能衰退模式挖掘和状态趋势长期预测往往很困难。本章首先介绍基于性能衰退模式挖掘的长期状态趋势预测方法[1]，然后介绍基于 DBSA-GMM 的长期状态趋势预测方法[2]，并以航空发动机为例，对上述两种预测方法进行验证。

7.2 基于性能衰退模式挖掘的长期状态趋势预测

7.2.1 性能衰退模式分析

设备性能衰退经常会表现出一定的规律性。对单台设备，性能衰退经常会表现出一定的阶段性，如设备新出厂或大修后，会有一个快速的性能衰退阶段，磨合期结束后，就进入了正常衰退阶段。图 7-1 所示为某型号航空发动机 2007 年 12 月到 2012 年 12 月 EGTM 时序数据趋势图。可以看出，随着飞行循环的不断增长，EGTM 呈现下降趋势，但是在某些时刻 EGTM 反而出现整体突然上升的情况。这主要是因为目前航空公司普遍对发动机进行定期水洗，能够恢复发动机的部分性能。此外，EGTM 时序数据中前一个阶段的衰退趋势要明显大于后一个阶段的衰退趋势，表现出明显的阶段性。

7.2.2 快速衰退阶段模式挖掘

对设备快速衰退阶段性能衰退模式挖掘的基本思路是对多台同一型号设备的性能时序数据进行聚类处理，将具有相似性能衰退规律的设备归为一类，从而挖掘

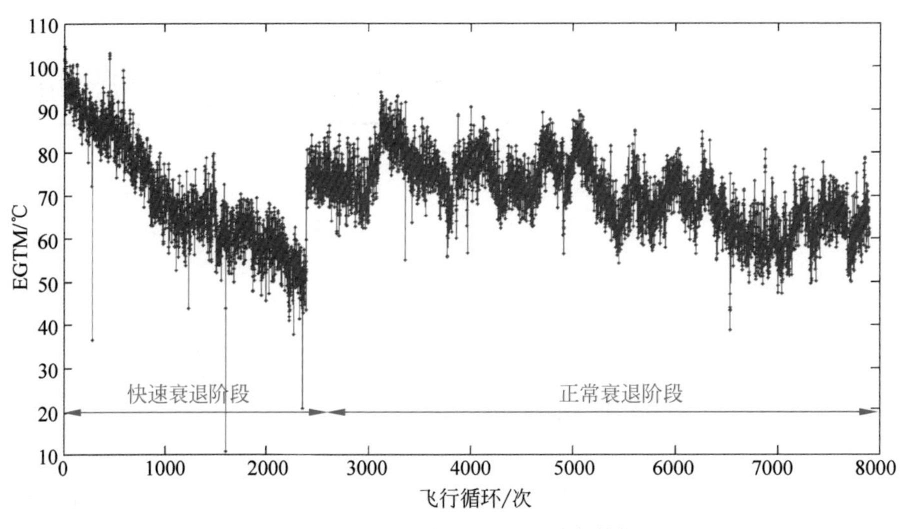

图 7-1 航空发动机 EGTM 时序数据

出共同的衰退模式。本章将基于 K 近邻的快速密度峰值搜索和高效分配样本的聚类算法(KNN-FSFDP)[3,4]对设备性能时序数据进行聚类分析。

该算法首先确定聚类中心,然后将数据点分配到距离其最近且局部密度大于该点的数据点所在的类中。聚类中心由样本点局部密度 ρ_i 和样本点之间的距离 δ_i 共同决定,其中 δ_i 表示样本点 x_i 和局部密度大于该点且距离该点最近的样本点 x_j 的距离;将 ρ_i 和 δ_i 都比较大的数据点选择为聚类中心。本章以变量 $\gamma_i(\gamma_i=\rho_i\delta_i)$作为聚类中心的判别依据,$\gamma_i$ 数值越大,数据点 x_i 越有可能被选为聚类中心[3]。

对于两个样本点 x_i 和 x_j,其距离量度定义为

$$\begin{aligned} d_{i,j} &= \mathrm{dist}(x_i,x_j)=\mathrm{dist}(x_i^*,x_j^*) \\ &= \frac{1}{N_{\mathrm{length},i,j}^*}\sqrt{\sum_{k=1}^{N_{\mathrm{length},i,j}^*}(x_{i,k}^*-x_{j,k}^*)^2} \end{aligned} \tag{7-1}$$

式中,x_i^*,x_j^* 分别为将 x_i 和 x_j 处理成初始值基本相等,且等长度的时序数据;$N_{\mathrm{length},i,j}^*$ 为 x_i^* 和 x_j^* 的长度;$x_{i,k}^*$,$x_{j,k}^*$ 分别为 x_i^* 和 x_j^* 的第 k 个采样点。

考虑样本集 $X=\{x_1,x_2,\cdots,x_n\}$,$\mathrm{KNN}(x_i)$表示样本点 x_i 的 k 个近邻样本点的集合,那么 ρ_i 和 δ_i 的计算公式分别为

$$\rho_i=\sum_{x_j=\mathrm{KNN}(x_i)}\exp(-d_{i,j}) \tag{7-2}$$

$$\delta_i=\min_{j:\rho_j>\rho_i} d_{i,j} \tag{7-3}$$

为了避免离群点影响样本点分配的精度,在样本点分配之前,首先需要筛选出离群点。离群点集合 Outlier 可以通过下式计算确定:

$$
\begin{cases}
k_{\text{dist}}(i) = \max\limits_{j \in \text{KNN}(x_i)} \{d_{i,j}\} \\
\text{threshold} = \dfrac{1}{n}\sum\limits_{i=1}^{n} k_{\text{dist}}(i) \\
\text{Outlier} = \{o \mid k_{\text{dist}}(o) > \text{threshold}\}
\end{cases}
\tag{7-4}
$$

下面对该算法的步骤进行详细描述。

步骤1　按照式(7-1)计算各样本点之间的距离，确定样本近邻数 k，初始化每个样本点 x_i 的类别 $C_i=-1$(表示样本未分配)。

步骤2　计算每个样本点的局部密度 ρ_i 和距离 δ_i，确定样本点的 γ_i 值，绘制 γ 决策图，据此确定出聚类中心集合CI。

步骤3　根据式(7-4)确定离群点集合Outlier。

步骤4　对除聚类中心点之外的非离群点采用分配策略一(见下文)进行处理。

步骤5　对经分配策略一未分配的非离群点和离群点集合Outlier中的样本点采用分配策略二(见下文)进行处理。

步骤6　将经上述步骤未分配的样本点标记为噪声点。

样本分配策略一的详细步骤如下所述。

步骤1　从聚类中心集合CI中选择一个新的聚类中心ci，然后将ci从CI中删除。

步骤2　将ci点的 k 近邻集合KNN(ci)中的样本点并入ci所在的类别，初始化队列 V_q，并将KNN(ci)中的样本点依次加入队列 V_q。

步骤3　将 V_q 中的首个样本点 q 取出，并将 q 从 V_q 中删除；对于集合KNN(q)中的每个样本 r 而言，如果满足条件：①$C_r=-1$，②不属于离群点集，③$d_{q,r} \leqslant \text{mean}(\{d_{q,j} \mid x_j \in \text{KNN}(r)\})$，则判断样本 r 属于 q 所在的类别，并将样本点 r 放入队列 V_q 的末尾。

步骤4　判断 V_q 是否为空，若为空，则继续，否则跳转至步骤3。

步骤5　判断CI是否为空，若为空，则结束策略一，否则跳转至步骤1。

样本分配策略二的详细步骤如下所述。

步骤1　确定识别矩阵 $\boldsymbol{S}$：初始化未分配样本集合Un，对Un中的每个元素 u_i，统计KNN(u_i)中属于类别 $c(c=1,2,\cdots,|\text{CI}|)$ 的样本数 $N_c(u_i)$，得到一个 $1\times|\text{CI}|$ 的向量 $\boldsymbol{N}(u_i)$，则Un中的全部元素构成一个 $|\text{Un}|\times|\text{CI}|$ 的识别矩阵 $\boldsymbol{S}$，其中，$s(i,j)=N_j(i), i=1,2,\cdots,|\text{Un}|, j=1,2,\cdots,|\text{CI}|$。

步骤2　执行样本分配：从矩阵 $\boldsymbol{S}$ 中选择出将被分配的样本 p(矩阵 $\boldsymbol{S}$ 中元素最大值对应的样本)，即 $N_k(p)=\max\{N_j(i) \mid i=1,2,\cdots,|\text{Un}|; j=1,2,\cdots,|\text{CI}|\}$，对样本点 p 按照如下方式分配：

(1) 如果 $N_k(p)=K$，则将矩阵 $\boldsymbol{S}$ 中最大值为 K 的全部样本分配到最大值所对应的类别，继续步骤3；

(2) 如果 $0<N_k(p)<K$,则从矩阵 $\boldsymbol{S}$ 中随机选择一个最大值为 $N_k(p)$ 的样本点,将该样本点分配到最大值所对应的类别,标记被分配样本为 p,继续步骤 3;

(3) 否则结束策略二。

步骤 3 更新识别矩阵 $\boldsymbol{S}$:对于 KNN(p)中没有分配的样本 q,令 $N_k(q)=N_k(q)+1$,并将该样本点对应的向量 $\boldsymbol{N}(p)$ 从 $\boldsymbol{S}$ 中删除。

步骤 4 更新集合 Un,判断 Un 是否为空,若为空,则结束策略二,否则跳转至步骤 2。

按照上述方法进行聚类处理,可获得设备性能时序数据分类结果,将每一类中的数据分别采用适合的多项式函数进行拟合,即可获得快速衰退阶段的性能衰退模式。

7.2.3 正常衰退阶段模式挖掘

在正常衰退阶段,设备性能衰退比较缓慢。对航空发动机来说,在实际运行过程中,因其始终暴露在空气中,使得空气中悬浮的污染物不断进入发动机内部并黏附在零部件上,使其表面粗糙度以及几何形状产生变化,导致如压气机空气流量减少、工作效率降低、散热性能恶化等问题,严重时还会引起喘振。如果空气中盐雾含量较大,湿度大,那么叶片上会黏附盐渍,长久下来形成腐蚀。可见,污染物的堆积会对发动机造成严重的损害。为了及时清除发动机内部的污染物,航空公司每隔一段时间就会对发动机进行一次水洗。这是发动机每隔一段时间性能得以回升的一个重要原因。从总体上看,发动机进入到正常衰退阶段后性能衰退比较缓慢,且总体逐渐趋于线性变化。由图 7-1 可知,该台发动机经过 5500 个循环 EGTM 大约下降 10℃。因此,可以通过线性回归模型描述设备在该阶段的性能衰退模式。

7.2.4 基于模式匹配的长期状态趋势预测

在分别挖掘出设备快速衰退阶段和正常衰退阶段的性能衰退模式后,将这两个阶段的性能衰退模式结合在一起即可获得完整的设备性能衰退模型:

$$p=f_{\mathrm{p}}(t) \tag{7-5}$$

式中,p 表示性能参数值,t 表示飞行循环。

在对某设备进行长期的性能状态趋势预测时,可以根据该设备已有的性能时序数据匹配挖掘到的性能衰退模型,匹配成功后,可以认为该设备未来的性能状态趋势应按照匹配到的性能衰退模型发展,这样就实现了设备的长期性能状态趋势预测。

7.2.5 应用案例

2007—2012 年共收集到 36 台某型号航空发动机的 EGTM 时序数据。首先采用箱型图法去除数据中的粗大误差，并采用经验模态分解对 EGTM 时序数据进行降噪，然后采用 KNN-FSFDP 算法进行聚类。对每一类中的多条 EGTM 时序数据分别采用适合的多项式函数进行拟合，即可获得快速衰退阶段的性能衰退模式，如图 7-2 所示。

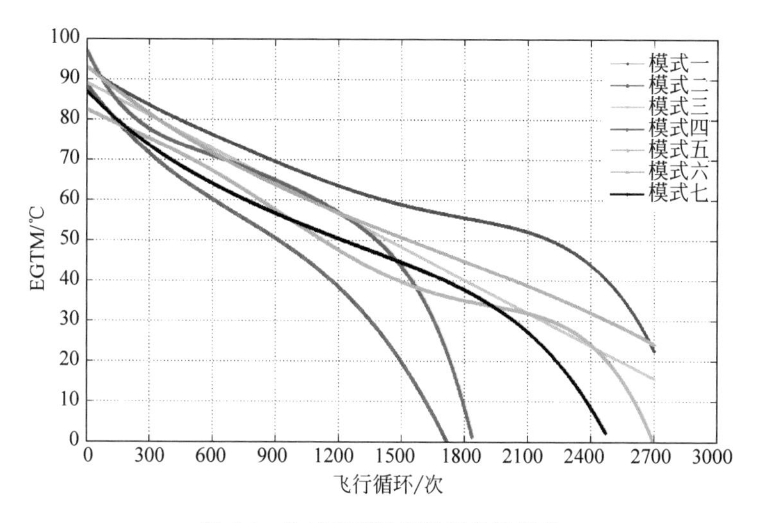

图 7-2　快速衰退阶段性能衰退模式

为了获得 EGTM 正常衰退阶段的衰退模式，利用收集到的发动机 EGTM 时序数据样本，采用一元线性回归方法拟合出发动机正常衰退阶段的衰退模式。以衰退模式一为例，该类发动机在正常衰退阶段的 EGTM 衰退率为 0.005 71℃/循环。

根据航空公司发动机工程师的经验，本章将发动机快速衰退阶段的前 500 个飞行循环的衰退模式和正常衰退阶段的性能衰退模式结合在一起，作为发动机完整的衰退模型。以图 7-2 中模式一为例，将其与正常衰退阶段的性能衰退模式结合后获得的完整的性能衰退模式如图 7-3 所示，其模型可以表示为

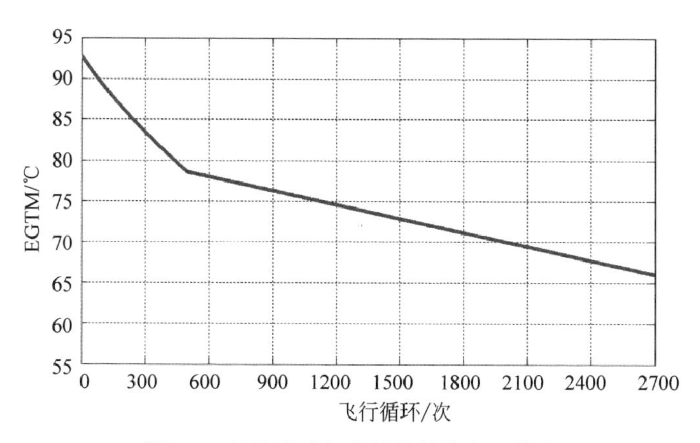

图 7-3　民航发动机完整的性能衰退模式

$$f_{\mathrm{p}}(t)=\begin{cases}3.784\times10^{-15}t^5+1.961\times10^{-11}t^4-3.581\times10^{-8}t^3+\\3.273\times10^{-5}t^2-3.815\times10^{-2}t+92.820, & t\leqslant 500\\-0.00571t+81.409, & t>500\end{cases}\tag{7-6}$$

7.3 基于 DBSA-GMM 的长期状态趋势预测

7.3.1 多元时间序列长期预测技术概述

很多设备的健康状态衰退过程可以用多个健康特征参数的协同演变所形成的特征轨迹来表达，可将其称作衰退轨迹。该衰退轨迹包含了设备的衰退模式信息，对其发展趋势进行预测，便能够把握设备在未来时间点的性能状态。该衰退轨迹具有 $M+1$ 个维度，即 M 个特征参数维度和 1 个时间维度。这样的衰退轨迹预测属于多元时间序列预测。大部分多元时间序列长期预测技术，如卡尔曼滤波[5] (Kalman filter，KF)、粒子滤波(particle filter，PF)等，都能够给出概率性预测结果。Yan 等[6]采用 KF 与 ANN 相结合的方式给出了具有概率形式的发动机涡轮叶片的剩余寿命预测方法，而为解决 KF 对具有非高斯观测方程的系统状态的预测能力较差的问题，Orchard 等[7]提出使用 PF 方法模拟系统的非高斯观测方程，并将 PF 与 ANSYS 仿真相结合对系统状态进行持续性刷新，从而提高了行星齿轮架的剩余寿命预测精度。Zhu 等[8]在发动机涡轮盘的裂纹扩展长度预测方面开展的 PF 预测实验同样获得了不错的结果。KF 和 PF 等滤波方法能够给出健康特征参数的长期分布，却不能估计特征参数在未来各个时间点的概率密度函数(probability density function，PDF)。与此同时，KF 和 PF 由于不具有时间累积效应，对衰退轨迹信息的整体把握能力较差[9]。着眼于这个问题，有研究学者提出了基于相似性的预测方法(similarity based prediction，SBP)理论框架，进而发展出一系列适用于长期性能预测的方法[10-13]。SBP 提出了一种假设，规定若待预测特征轨迹与某些历史样本在对应阶段的轨迹片段相似，那么其以后的发展趋势一定与这部分历史样本的后续轨迹片段相似。基于这个假设，SBP 方法首先评估待预测轨迹与历史数据库中各样本轨迹的相似性[13-14]，而后利用得到的相似程度和历史轨迹的后续片段重构待预测轨迹在未来各个时间点的 PDF。凭此，SBP 能有效利用历史样本提供的同构信息进行目标样本未来发展趋势刻画，从而提高长期的预测精度。

本章拟采用 SBP 类方法对设备衰退轨迹进行预测。为了捕捉到健康特征参数衰退轨迹中所包含的信息并估算其未来发展趋势，SBP 类算法提出了一种两步走的策略：

步骤 1 将目标衰退轨迹与各历史轨迹的对应片段进行相似性比较，以得出包含目标轨迹与所有历史轨迹相似性的相似性向量。

步骤 2　利用相似性向量和各历史轨迹的后续片段重构目标轨迹在未来各时间点的 PDF。

根据步骤 1 和步骤 2 的描述可以得知，保证 SBP 算法预测能力的两个关键要素分别是正确的多元参数轨迹之间的相似性量度方式以及合理的 PDF 重构方法。现有的 SBP 方法由于提出时间较晚，在相似性量度步骤和 PDF 重构步骤中都存在不足之处，从而限制了其实际应用效能。在轨迹相似性量度方面，传统 SBP 方法采用了统一协方差矩阵，对不同轨迹样本的噪声之间差异性区分能力不强；利用加权平均的方式将逐点空间距离转化为轨迹之间的距离，忽略了数据当中的统计性信息；通过带主观设定参数的指数函数将轨迹之间的距离性量度转化为轨迹之间的相似性量度，扭曲了数据当中所包含的原始信息。在 PDF 重构方面，传统的 SBP 方法通过加权似然估计(weighted likelihood estimation，WLE)方法和核密度估计(kernel density estimation，KDE)方法等聚合方式完成 GMM 的高斯元权重估计，忽略了离群轨迹样本与总体样本群体的差异性，降低了算法的泛化能力。

鉴于此，本章提出基于统计距离的序列化高斯元聚合方法(distance based sequential aggregation with Gaussian mixture model，DBSA-GMM)来解决上述问题。首先，该方法对各历史轨迹和目标轨迹的噪声大小分别进行评估，得到目标轨迹和历史轨迹之间的逐点距离的特征序列，并借助得到的逐点距离特征序列评估目标轨迹与各历史轨迹之间的统计距离向量；其次，该方法直接利用得到的统计距离向量和历史样本，针对每个预测时间点上的单个特征元素，利用历史轨迹样本集合生成假想高斯元集合；最后，该方法利用本章中提出的降序聚合(descending order aggregation，DOA)方法将所有假想高斯元聚合为 GMM 模型，从而让所有历史样本以相等的权重参与到目标轨迹的概率密度函数的重构过程当中。为了方便表述，定义仅在本章中使用的部分概念如下。

定义 7.1　特征是由经过标准化后的发动机健康特征参数组成的多元向量。

定义 7.2　特征元素是特征中的某个单一元素。

定义 7.3　距离向量是包含目标轨迹与所有历史轨迹样本之间的距离的向量。

定义 7.4　相似性向量是包含目标轨迹与所有历史轨迹样本之间的相似程度的向量，通常通过将距离向量以指数函数映射后获得。

7.3.2　性能衰退轨迹的 SBP 预测问题描述

作为一种轨迹趋势预测方法，SBP 的具体执行流程概念图如图 7-4 所示。

如图 7-4 所示，SBP 算法通常在目标轨迹所包含的观测点数量超过预设阈值时被激活。SBP 首先计算目标轨迹与各个历史轨迹之间的统计距离 $d_i(\boldsymbol{X}_o, \boldsymbol{X}_i)$，并将其通过

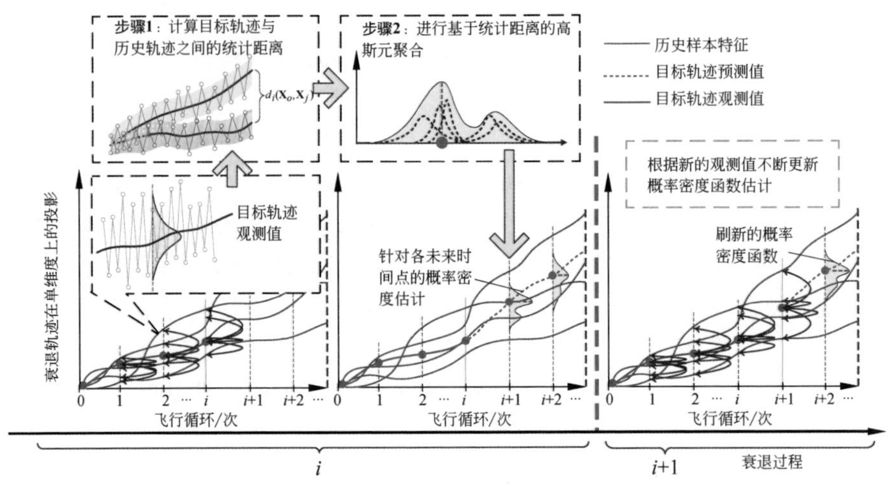

图 7-4　SBP 算法流程概念图

$$\begin{cases} \boldsymbol{S}_T=(s_i), \quad i=1,2,\cdots,N \\ s_i=\exp(-\beta d_i) \end{cases} \tag{7-7}$$

形式的指数函数转化得到相似性向量 $\boldsymbol{S}_T$。式中，d_i 表示目标轨迹 $\boldsymbol{X}_o$ 与第 i 条历史轨迹样本 $\boldsymbol{X}_i$ 之间的距离，下标 T 表示 $\boldsymbol{X}_o$ 当前长度，N 表示当前样本库中所包含的历史轨迹样本容量。而后，SBP 方法利用 GMM 模型对任意 PDF 的无限逼近能力[15]，假设 $\boldsymbol{X}_o$ 在未来任意时刻的 PDF 具有 GMM 形式，并且通过 WLE 或 KDE 方法确定 GMM 中各高斯元的均值、方差以及权重，从而描绘出 $\boldsymbol{X}_o$ 的未来变化趋势及置信区间。当 $\boldsymbol{X}_o$ 的长度因新的观测值的出现大于 T 后，SBP 会基于新的 $\boldsymbol{X}_o'$ 重新进行 $\boldsymbol{S}_{T'}(T'>T)$ 和 PDF 的刷新，以持续地修正预测结果。当目标发动机衰退至待维修状态，即 $\boldsymbol{X}_o$ 的长度达到最大时，$\boldsymbol{X}_o$ 会被归并入历史数据库当中用以支持新的目标轨迹的预测，从而以增量化的形式不断增强 SBP 的性能。

SBP 方法适用于如下情形：

(1) 衰退轨迹样本库中样本数量充足且目标轨迹具有足够长度；

(2) 特征元素的噪声服从高斯分布且各特征元素的噪声之间相互独立；

(3) 由于高维向量之间的相似度不具有传递性[16]，特征具有较低维度。

传统 SBP 方法除了具有之前提及的噪声幅值差异性区分能力不强、距离统计信息丢失和距离信息扭曲等缺陷外，最重要的缺陷是采用 WLE 方法和 KDE 方法所导致的泛化能力不足的问题。如图 7-5 所示，在不失一般性的前提下，若将问题简化到极端情形，即发动机只具有两个典型衰退模式且这两个模式之间具有较大的区分性，可以认为大部分的历史衰退轨迹都分属于两个衰退模式所主导的轨迹集束，即轨迹集束 A 和轨迹集束 B。显然，当目标轨迹出现在轨迹集束 A 和轨迹集束 B 之间时，传统 SBP 方法所采用的加权平均聚合方法(WLE 和 KDE)能够有效利用近邻历史轨迹样本以完成目标轨迹的趋势预测。然而，当目标轨迹为离群样本（如图 7-5 中的红色实线轨迹），即出现在各轨迹束外围时，根据步骤 1 所得到的相似性向量，加权平均聚合方法会误认为目标轨迹处于轨迹集束 A 和轨迹集束 B 之间（如图中的红色点画线所示），从而在错误的位置重构目标轨迹的后续发展趋势。换言之，加权平均方法将历史轨迹作为泛函意义上的基来使用，从而导致了重构的趋势会不可避免地处于各个历史衰退轨迹在高维特征空间所组成的包络面内部。这种特性势必会造成预测模型包含难以消除的系统误差，从而给模型的泛化能力带来巨大损害。

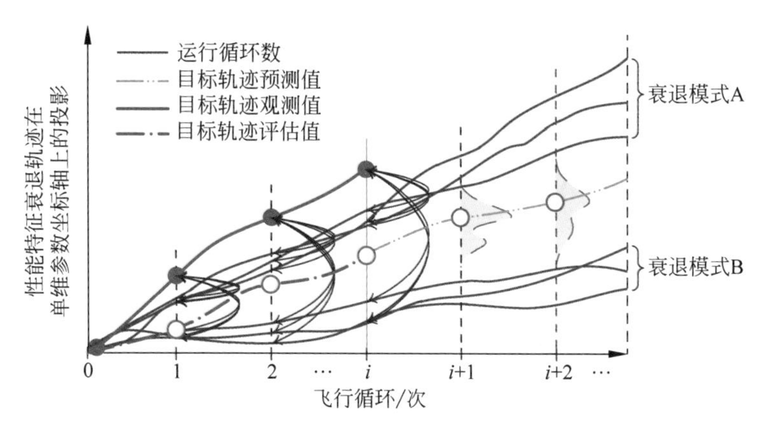

图 7-5　WLE 和 KDE 方法的泛化能力缺陷示意图

随着特征维度的升高，历史样本的包络面将越来越狭窄[17]，使离群样本在整个样本群体中所占的比重显著提升。由于离群样本相对于历史样本群体所表现出的普遍不相似性，使得传统 PDF 重构手段难以找到可信的参考样本，最终导致预测结果失去意义。

为了解决上述两方面问题，本章提出 DBSA-GMM 方法。该方法针对步骤 1 采用了新提出的统计距离来衡量轨迹之间的相似性，并在步骤 2 中利用新提出的 DOA 方法直接将统计距离应用于 PDF 的重构，从而提升 SBP 方法的泛化能力。

7.3.3　基于统计距离的序列化高斯元聚合方法

为了从特征轨迹当中挖掘出性能衰退模式信息并预测其未来发展趋势，DBSA-GMM 方法首先要估计出目标轨迹与历史样本之间的统计距离以得到距离向量，而后通过得到的距离向量与 GMM 模型构造出目标轨迹在未来各个时间点的 PDF。

1. 统计距离估计

为了方便表述，现定义包含 M 维特征的目标轨迹和第 i 个历史轨迹样本分别为 $\boldsymbol{X}_o=(\boldsymbol{X}_o^t)$，$\boldsymbol{X}_i=(\boldsymbol{X}_i^t)$，$t\in(1,2,\cdots,T)$，根据 7.3.2 节给出的第二条 SBP 方法

适用性条件，若认为 $\boldsymbol{X}_o^t$ 和 $\boldsymbol{X}_i^t$ 的真值分别为 $[u_{o1}^t, u_{o2}^t, \cdots, u_{oM}^t]^{\mathrm{T}}$ 和 $[u_{i1}^t, u_{i2}^t, \cdots, u_{iM}^t]^{\mathrm{T}}$，则 $\boldsymbol{X}_o^t$ 和 $\boldsymbol{X}_i^t$ 的第 p 个特征元素可以写作

$$\begin{cases} x_{op}^t \sim N(u_{op}^t, (\sigma_{op}^t)^2) \\ x_{ip}^t \sim N(u_{ip}^t, (\sigma_{ip}^t)^2) \end{cases} \tag{7-8}$$

式中，$N(\cdot)$表示高斯分布；x_{op}^t 和 x_{ip}^t 分别为 $\boldsymbol{X}_o$ 和 $\boldsymbol{X}_i$ 在第 t 个时刻点的第 p 个特征元素，且 $t<T$；σ_{op}^t 和 σ_{ip}^t 表示特征元素的标准差。由此可以推得

$$(x_{op}^t - x_{ip}^t) / \sqrt{(\sigma_{op}^t)^2 + (\sigma_{ip}^t)^2} \sim N((u_{op}^t - u_{ip}^t) / \sqrt{(\sigma_{op}^t)^2 + (\sigma_{ip}^t)^2}, 1) \tag{7-9}$$

与此同时，鉴于欧几里得距离（简称欧氏距离）是一种被广泛应用于表达高维空间中点之间的距离的量度，而欧氏距离的数学表达式为

$$d_{\mathrm{E}}(\boldsymbol{X}_o^t, \boldsymbol{X}_i^t) = \sqrt{(\boldsymbol{X}_o^t - \boldsymbol{X}_i^t)^{\mathrm{T}}(\boldsymbol{X}_o^t - \boldsymbol{X}_i^t)} \tag{7-10}$$

参照欧氏距离的数学表达式，将式(7-9)的两边同时平方，并沿维度方向对获得的各个元素进行求和运算，可以得到一个具有单一维度的距离特征量：

$$\varphi_t(\boldsymbol{X}_o^t, \boldsymbol{X}_i^t) = \sum_{p=1}^{M} [(x_{op}^t - x_{ip}^t) / \sqrt{(\sigma_{op}^t)^2 + (\sigma_{ip}^t)^2}]^2 \tag{7-11}$$

令 $t=1,2,\cdots,T$，并沿时间轴方向逐点计算 φ_t，便可以得到距离特征的时间序列，这个距离特征序列传递了两个多元轨迹的逐点距离信息[18]：

$$\Phi(\boldsymbol{X}_o, \boldsymbol{X}_i) = \{\varphi_t(\boldsymbol{X}_o^t, \boldsymbol{X}_i^t)\}, \quad t = 1, 2, \cdots, T \tag{7-12}$$

式中，$\varphi_t(\boldsymbol{X}_o^t, \boldsymbol{X}_i^t)$为单点距离特征量，$\Phi(\boldsymbol{X}_o, \boldsymbol{X}_i)$为距离特征序列。

再次结合之前提出的噪声独立假设，并结合统计学知识可得：当 $\boldsymbol{X}_o \equiv \boldsymbol{X}_i$ 时，$\varphi_t(\boldsymbol{X}_o^t, \boldsymbol{X}_i^t)$服从 M 自由度的中心卡方分布；否则，$\varphi_t(\boldsymbol{X}_o^t, \boldsymbol{X}_i^t)$服从 M 自由度的非中心卡方分布。其中，考虑 $\boldsymbol{X}_o \equiv \boldsymbol{X}_i$ 的情况几乎不可能出现，$\varphi_t(\boldsymbol{X}_o^t, \boldsymbol{X}_i^t)$一般会服从非中心卡方分布，其概率密度函数为[19]

$$f_\chi(z \mid \nu, \lambda) = 2^{-1}\exp[-(z+\lambda)/2](z/\lambda)^{\nu/4-1/2} I_{\nu/2-1}(\sqrt{\lambda z}) \tag{7-13}$$

式中，$z=\varphi$；ν 为卡方分布的自由度；λ 为表示所有高斯元均值平方和的卡方分布非中心参数；$I_{\nu/2-1}(\cdot)$ 表示修正的第一类贝塞尔函数，具有如下形式：

$$I_{\nu/2-1}(y) = \sum_{k=0}^{+\infty} (y/2)^{\nu/2-1+2k} (k!\Gamma(\nu/2+k))^{-1} \tag{7-14}$$

其中，$\Gamma(\cdot)$表示欧拉-伽马函数，其表达式为

$$\Gamma(l) = \int_0^{+\infty} t^{l-1} \mathrm{e}^{-t} \mathrm{d}t \tag{7-15}$$

观察式(7-13)～式(7-15)可以看出，非中心参数 λ 实际上代表的是两个具有高斯噪声的多元时间序列之间的距离特征序列的平方的期望。由于该期望值可以通过参数估计手段从 $\Phi(\boldsymbol{X}_o, \boldsymbol{X}_i)$中获得，且能够表达两条轨迹之间逐点距离的统计

特性，因此，本章定义$\sqrt{\lambda}$为两个多元时间序列之间的统计距离 SD。

作为量度多元时间序列相似程度的关键要素，距离量度的构造方法一直是该领域的研究热点。除了被最广泛采用的欧氏距离和马氏距离之外，Pearson 相关系数以及相关距离[20]、均方根距离[21]、短期序列距离[22]等量度方式也比较常见，且在不同的应用范围内具有不同的适应性。和这些距离量度方式相比，本章提出的统计距离对样本的信噪比之间的差异性具有更高的区分度，同时也满足标准距离定义所包含的非负性、对称性、自反性要求。该统计距离不满足三角不等式，然而，根据文献[18]所给出的数学证明可知，$\varphi_t(\boldsymbol{X}_o^t,\boldsymbol{X}_i^t)$对多元时间序列相似程度的排序结果与欧氏距离具有等价意义，而$\sqrt{\lambda}$作为$\varphi_t(\boldsymbol{X}_o^t,\boldsymbol{X}_i^t)$的统计形式，也具有类似的数理特性。从数学角度来说，本章所提出的统计距离实际上是一种伪距离，其能够根据样本噪声的大小动态判断样本所包含的信息的可参考程度，从而弱化含有较大噪声的样本的影响。

根据观测到的数据来估计统计距离的过程是典型的参数估计过程。为了根据获取的特征距离序列Φ求取非中心参数λ，本章对多种经典的非中心卡方分布参数估计方法进行了参考，事实证明，当λ和ν皆未知时，λ的求解需要经历非常耗时的逼近——寻优的迭代过程[23]。在本章中，因为已知$\nu=M$，提出了一种λ的简化求解方法，该方法为无导数优化过程，极大地降低了求解运算量。

采用极大似然估计的方式对λ进行求解，λ的对数似然函数为

$$\ln(L(\Phi \mid \nu,\lambda))=\sum_{t=1}^{T}\ln(f_{\chi}(\varphi_t \mid \nu,\lambda)) \tag{7-16}$$

已知$\nu=M$，则$\ln(L(\Phi|\nu,\lambda))$相对于λ的导数为

$$\begin{aligned}
&\mathrm{dln}(L(\Phi \mid \nu=M,\lambda))/\mathrm{d}\lambda \\
&=\left[\sum_{t=1}^{T}2^{-M-1}\lambda^{-1}(I_{M/2-1}(\sqrt{\lambda\varphi_t}))^{-1}(\sqrt{\lambda\varphi_t})^{M}\cdot\right. \\
&\quad\sum_{j=0}^{+\infty}2^{-2j}\left(j!\int_0^{+\infty}t^{M+j}\mathrm{e}^{-t}\mathrm{d}t\right)^{-1}(M+2j)(\sqrt{\lambda\varphi_t})^{2j}+ \\
&\quad\left.(2-M-2\lambda)/4\lambda\right]T
\end{aligned} \tag{7-17}$$

令$\mathrm{dln}(L(\Phi|\nu=M,\lambda))/\mathrm{d}\lambda=0$，可以求得$\lambda$的最大似然估计。显然，利用式(7-17)求$\lambda$的最大似然估计比较复杂。通过对式(7-13)～式(7-15)进行观察，可以发现$f_{\chi}(\cdot)$的表达式与各特征的索引p无关，仅仅与各个特征之间距离的平方和相关。借助这一特性，本章在此对$f_X(\cdot)$的表达式进行重构，并不妨令

$$\begin{cases}
(x_{op}^t-x_{ip}^t)/\sqrt{(\sigma_{op}^t)^2+(\sigma_{ip}^t)^2}\sim N(\sqrt{\lambda},1), & p=1 \\
(x_{op}^t-x_{ip}^t)/\sqrt{(\sigma_{op}^t)^2+(\sigma_{ip}^t)^2}\sim N(0,1), & p=2,3,\cdots,M
\end{cases} \tag{7-18}$$

式中，第一行表示第一个特征元素服从均值为$\sqrt{\lambda}$的正态分布，且其平方服从具有一个自由度的非中心卡方分布；第二行表示剩余的第 2～M 个特征元素服从标准正态分布。因为卡方分布之和仍然为卡方分布，所以 $f_X(\cdot)$可以看作一个由第一个特征元素平方生成的自由度 ν_1 为 1 的非中心卡方分布与第 2～M 项平方和生成的自由度ν_2 为 $M-1$ 的中心卡方分布之和。其中，根据概率密度函数的字面意义，$f_\chi(\cdot)$的表达式可以改写为

$$
\begin{aligned}
& f_\chi(z_1 \mid \nu_1=1,\lambda)=\lim_{h\to 0}\frac{\Pr(z_1\leqslant l\leqslant z_1+h)}{h} \\
& x=\pm\sqrt{z_1},x\sim N(\sqrt{\lambda},1)\text{ 或者 } x\sim N(-\sqrt{\lambda},1) \\
& \Rightarrow \\
& f_\chi(z_1 \mid \nu_1=1,\lambda)=(2\sqrt{z_1})^{-1}(\phi(\sqrt{z_1}-\sqrt{\lambda})+\phi(\sqrt{z_1}+\sqrt{\lambda})) \\
& \qquad =(\sqrt{2\pi z_1})^{-1}\exp[-(z_1+\lambda)/2]\cosh\sqrt{\lambda z_1}
\end{aligned}
\tag{7-19}
$$

式中，$\phi(\cdot)$为标准正态分布。而后，将两个卡方分布的概率密度函数做卷积，$f_\chi(z|M,\lambda)$即可重构为

$$
\begin{aligned}
f_\chi(z \mid M,\lambda) &= \int_0^z f_\chi(z_1 \mid 1,\lambda) f_\chi(z-z_1 \mid M-1,0)\mathrm{d}z_1 \\
&= C\mathrm{e}^{-(\lambda+z)/2}\int_0^z (z-z_1)^{(M-1)/2-1} z_1^{-1/2}\cosh\sqrt{z_1\lambda}\,\mathrm{d}z_1
\end{aligned}
\tag{7-20}
$$

式中，$C=(1/2)^{(M-1)/2}[\sqrt{2\pi}\,\Gamma((M-1)/2)]^{-1}$，当 M 已知时，C 为常数。与之对应地，式(7-16)相对于 λ 的导数可以写作

$$
\begin{aligned}
& \mathrm{d}\ln(L(\Phi \mid \nu=M,\lambda))/\mathrm{d}\lambda \\
& = \sum_{t=1}^{T}(f_\chi(\varphi_t \mid M,\lambda))^{-1}\cdot \mathrm{d}f_\chi(\varphi_t \mid M,\lambda)/\mathrm{d}\lambda \\
& = \sum_{t=1}^{T}(-0.5+\zeta^{-1}\cdot \mathrm{d}\zeta/\mathrm{d}\lambda)
\end{aligned}
\tag{7-21}
$$

式中，$\zeta=\int_0^{\varphi_t}\cosh\sqrt{x\lambda}\,(\varphi_t-x)^{(M-3)/2}x^{-1/2}\mathrm{d}x$。

这里值得一提的是，在时间序列分析研究中，通常认为时间距离较近的特征样本具有更强的代表性。因此，随着时间久远程度的提升，往往会赋予样本以相对较小的权重。考虑到时间序列分析的这一特性，对 φ_t 的权重加以调整，令其权重为

$$
w_t=\exp(-\|T-t\|^2\cdot(2\rho^2)^{-1})
\tag{7-22}
$$

式中，ρ 是用以调整权重衰减速率的控制参数。相应的，根据式(7-16)～式(7-21)的推导，最终的对数似然函数 $L'(\Phi|\nu=M,\lambda)$及其相对于 λ 的导数为

$$
L'(\Phi \mid \nu=M,\lambda)=\sum_{t=1}^{T}w_t\ln(f_\chi(\varphi_t \mid \nu,\lambda))
$$

$$\begin{aligned}\mathrm{dln}(L'(\Phi \mid \nu=M,\lambda))/\mathrm{d}\lambda &= \sum_{t=1}^{T} w_t(-0.5+\zeta^{-1}\cdot \mathrm{d}\zeta/\mathrm{d}\lambda) \\ &= \sum_{t=1}^{T} w_t\Big[-0.5+(2\sqrt{\lambda}\zeta)^{-1}\cdot \\ &\quad \int_0^{\varphi_t}\sinh\sqrt{\lambda x}(\varphi_t-x)^{(M-3)/2}\mathrm{d}x\Big]\end{aligned} \tag{7-23}$$

通过观察式(7-23)，可以发现求和运算中的$-0.5+(2\sqrt{\lambda}\zeta)^{-1}$项相对于$\lambda$是单调递减函数(证明过程较为简单，此处不予给出)。因此，本章采用斐波那契方法，便能够完成λ的快速求解。

2. 基于降序聚合方法的概率密度函数估计

SBP方法的预测的第二个步骤为目标轨迹PDF的重构。为了克服传统SBP方法泛化能力的不足，以及避免将距离变量转换为相似性变量中所导致的信息扭曲问题，DBSA-GMM方法选择直接利用统计距离，而非将统计距离转化为相似性量度的方式重构目标轨迹的PDF。首先，根据每一个历史轨迹和目标轨迹之间的统计距离，可以在未来的各个时间点上生成代表目标轨迹未来可能所处位置的假想高斯元；而后通过DOA方法，按统计距离的降序对所有假想高斯元进行聚合，从而得到目标轨迹在未来时刻的概率密度函数。

为了表述方便，本章用$\Theta=\{\boldsymbol{X}_i\}, i\in\{1,2,\cdots,N\}$表示整个历史样本群体，用$\boldsymbol{D}_T=[\sqrt{\lambda_T(\boldsymbol{X}_i,\boldsymbol{X}_o)}], i=1,2,\cdots,N$表示距离向量。其中$N$为历史样本的个数，$\boldsymbol{X}_o$表示目标样本并且$\boldsymbol{X}_o\notin\Theta$，$T$表示距离向量是根据$\boldsymbol{X}_o$在$t\in[1,T]$时间段内观察到的数据获得的。

为了根据第i个历史轨迹估算目标轨迹的第p个特征元素在$t^*>T$时刻的均值和方差(假设第p个特征元素在$t^*>T$时刻仍符合高斯分布)，可以根据7.3.2节所做出的SBP适用性假设，列出下式：

$$\sigma_{ip}^{t^*}/\sigma_{opi}^{t^*}=\hat{\sigma}_{ip}^{T}/\hat{\sigma}_{op}^{T} \tag{7-24}$$

式中，$\hat{\sigma}_{ip}^{T}$和$\hat{\sigma}_{op}^{T}$分别为根据$t\in[1,T]$观测值所得到的$\boldsymbol{X}_i$和$\boldsymbol{X}_o$第p个特征元素的标准差的无偏估计，$\sigma_{ip}^{t^*}$为$x_{ip}^{t^*}$的标准差。$\hat{\sigma}_{ip}^{T}$、$\hat{\sigma}_{op}^{T}$和$\sigma_{ip}^{t^*}$可以通过对轨迹先进行滤波降噪，并对残差进行参数估计的方法获得。$\sigma_{opi}^{t^*}$是根据$\boldsymbol{X}_i$所获取的$x_{op}^{t^*}$的标准差。每个$\boldsymbol{X}_i$的噪声变化不同，其所对应的$\sigma_{opi}^{t^*}$也会发生不同的变化。

因此，在$x_{ip}^{t^*}$已知，并且设定$\varphi_{t^*}(\boldsymbol{X}_i^{t^*},\boldsymbol{X}_o^{t^*})$与$\lambda_T(\boldsymbol{X}_i,\boldsymbol{X}_o)$成正比例的前提下，如果假定$\boldsymbol{D}_T$与整个样本群体所组成的轨迹束的分散度成比例变化，便可以推得：

$$(x_{op}^{t^*}-x_{ip}^{t^*})/\sqrt{(\sigma_{ip}^{t^*})^2+(\sigma_{op}^{t^*})^2}\sim N(d_{pi}^{t^*},1) \tag{7-25}$$

式中，$d_{pi}^{t^*}=S_p(t^*,\Theta)/S_p(T,\Theta)\cdot\sqrt{\lambda_T(\boldsymbol{X}_i,\boldsymbol{X}_o)/M}$，分母 M 表示算法默认各个特征元素对统计距离的贡献度相等。$S_p(\cdot)$的表达式为

$$S_p(T,\Theta)=T^{-1}\sum_{t=1}^{T}N^{-1}\left[x_{ip}^{t}-\left(N^{-1}\sum_{j=1}^{N}x_{jp}^{t}\right)\right]^2 \tag{7-26}$$

用于表达整体样本库所组成的轨迹束的分散度。

因此，以 $x_{op}^{t^*}$ 为例，从第 i 个历史样本的观察角度来说，通过 $\lambda_T(\boldsymbol{X}_i,\boldsymbol{X}_o)$和 $x_{ip}^{t^*}$，可以获得一个包含两个等权重的高斯元的 $x_{op}^{t^*}$ 的假想概率密度分布函数：

$$\begin{cases}G_{opi}^{t^*}(x)=\omega_{ip}^{1t^*}G_{opi}^{1t^*}(x)+\omega_{ip}^{2t^*}G_{opi}^{2t^*}(x)\\ G_{opi}^{1t^*}(x)=N\left(x;\ x_{ip}^{t^*}-d_{pi}^{t^*}\sqrt{(\sigma_{ip}^{t^*})^2+(\sigma_{opi}^{t^*})^2},(\sigma_{opi}^{t^*})^2\right)\\ G_{opi}^{2t^*}(x)=N\left(x;\ x_{ip}^{t^*}+d_{pi}^{t^*}\sqrt{(\sigma_{ip}^{t^*})^2+(\sigma_{opi}^{t^*})^2},(\sigma_{opi}^{t^*})^2\right)\end{cases} \tag{7-27}$$

式中，$\omega_{ip}^{1t^*}$ 和 $\omega_{ip}^{2t^*}$ 分别表示两个高斯元的权重，而在没有其他外界条件信息的情况下，可以认为 $\omega_{ip}^{1t^*}=\omega_{ip}^{2t^*}=0.5$。同样的，根据其他的历史轨迹样本和与之所对应的统计距离，并分散各个高斯元的权重，可以获取一个包含 $2N$ 个等权重高斯元的集合$\{G_{opi}^{t^*}\}$，$i\in\{1,2,\cdots,N\}$。观察式(7-27)可以得知，$x_{op}^{t^*}$ 的概率密度函数可以被粗略地估计为

$$\hat{f}_{op}^{t^*}=\sum_{i=1}^{N}G_{opi}^{t^*}/N \tag{7-28}$$

而只要 N 足够大，所得到的 PDF$\hat{f}_{op}^{t^*}$ 就会具有足够的可靠性。

观察式(7-27)可知，对于 $\boldsymbol{X}_o$，每一个 $\boldsymbol{X}_i$ 都会产生两个关于其自身对称的成对的假想高斯元分支。然而，从客观事实的角度来看，在实际场景中 $\boldsymbol{X}_o$ 的位置一定是唯一的，因而不可能存在其同时出现在另一个高斯元两侧的情形。因此可以推断，每个成对高斯元其中的一个一定是算法在非中心参数开方过程中生成的虚构分支。为此，本章提出了 DOA 方法用以剔除式(7-28)中所包含的虚假高斯元，使得到的 PDF 更为紧凑且精度更高。DOA 通过计算各个高斯元与排除其自身在外的剩余历史样本群体生成的 GMM 分布的相容性来实现成对高斯元之间的可置信度的比较。其中，剩余样本群体所生成的 GMM 分布为

$$g_{opi}^{t^*}=\left(\sum_{j=1,j\neq i}^{N}G_{opj}^{t^*}\right)/(N-1) \tag{7-29}$$

此处所采用的单一高斯元与剩余样本群体所生成的 GMM 分布的相容性计算方法根据 McLachlan[24]所提出的概率密度函数在积分空间中的相关系数计算公式推导得来：

$$O_{opi}^{st^*}=\int_{-\infty}^{+\infty}G_{opi}^{st^*}g_{opi}^{t^*}\mathrm{d}x\left(\sqrt{\int_{-\infty}^{+\infty}(G_{opi}^{st^*})^2\mathrm{d}x}\sqrt{\int_{-\infty}^{+\infty}(g_{opi}^{t^*})^2\mathrm{d}x}\right)^{-1},\quad s=\{1,2\} \tag{7-30}$$

DOA 的算法流程在图 7-6 中给出。

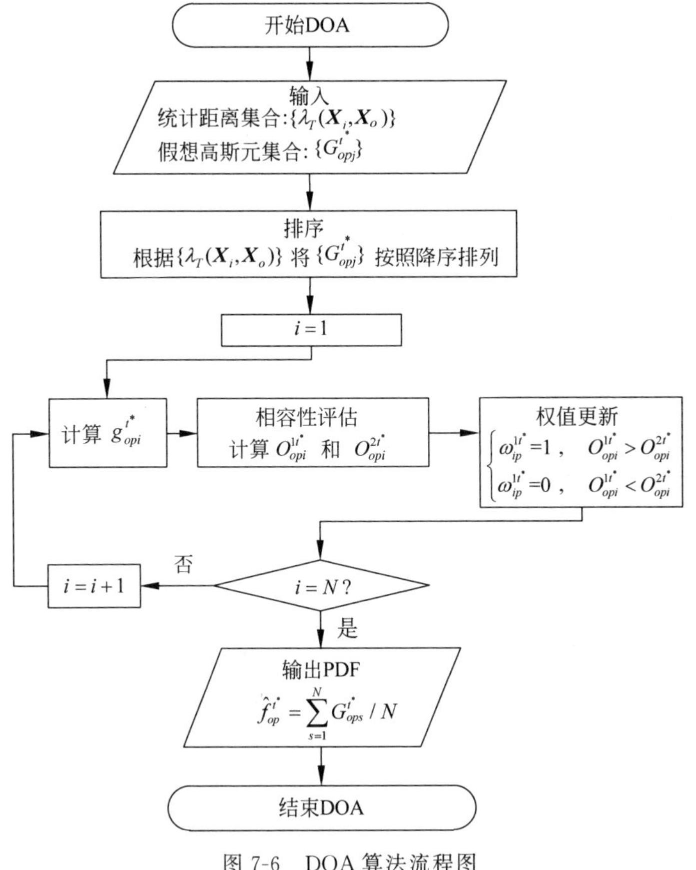

图 7-6 DOA 算法流程图

步骤 1 将获得的 $G_{opi}^{t^*}(x)$序列按照它们与目标轨迹的统计距离进行降序排列。

步骤 2 初始化，令 $i=1$。

步骤 3 根据式(7-27)～式(7-29)，分别计算各个 $G_{opi}^{t^*}$ 和相对应的 $g_{opi}^{t^*}$。

步骤 4 计算相容系数：

$$O_{opi}^{1t^*}=\int_{-\infty}^{+\infty}g_{opi}^{t^*}(x)G_{opi}^{1t^*}(x)\mathrm{d}x,\quad O_{opi}^{2t^*}=\int_{-\infty}^{+\infty}g_{opi}^{t^*}(x)G_{opi}^{2t^*}(x)\mathrm{d}x$$

步骤 5 根据相容系数更新成对高斯元的权重：

$$\begin{cases}\omega_{ip}^{1t^*}=1,\omega_{ip}^{2t^*}=0, & O_{opi}^{1t^*}>O_{opi}^{2t^*}\\ \omega_{ip}^{1t^*}=0,\omega_{ip}^{2t^*}=1, & O_{opi}^{1t^*}<O_{opi}^{2t^*}\end{cases}$$

步骤 6 重复步骤 3～步骤 5 直到所有 $\omega_{Np}^{1t^*}$、$\omega_{ip}^{2t^*}$ 被更新。

步骤 7 根据式(7-28)输出 $x_{op}^{t^*}$ 的最终概率密度函数。

DOA 算法的本质是：对应于更大统计距离的成对高斯元之间具有更高的分离度，从而变得容易取舍。对其进行优先区分，能够及早地排除具有较大偏差的高斯元，并为对应于较低统计距离的成对高斯元的取舍提供可靠的参考信息。

通过 DOA 算法，DBSA-GMM 方法能够给出概率形式的预测结果。当需要获得确定性预测结果时，也为了方便与其他方法进行性能比较，DBSA-GMM 方法的确定性预测结果可以取所有时刻点的概率密度函数的顶点所连成的轨迹，或者取概率密度函数的中位数和期望值。

7.3.4 应用案例

1. 实验数据及实验安排

为了验证 DBSA-GMM 方法的优越性，本章采用来自一个由同型号航空发动机组成的机队的性能衰退数据作为验证实验的样本。所使用的健康特征参数为气路偏差值数据 DEGT、DN2、DFF①。这 3 个参数所对应的原始参数测量位置如图 7-7 所示。

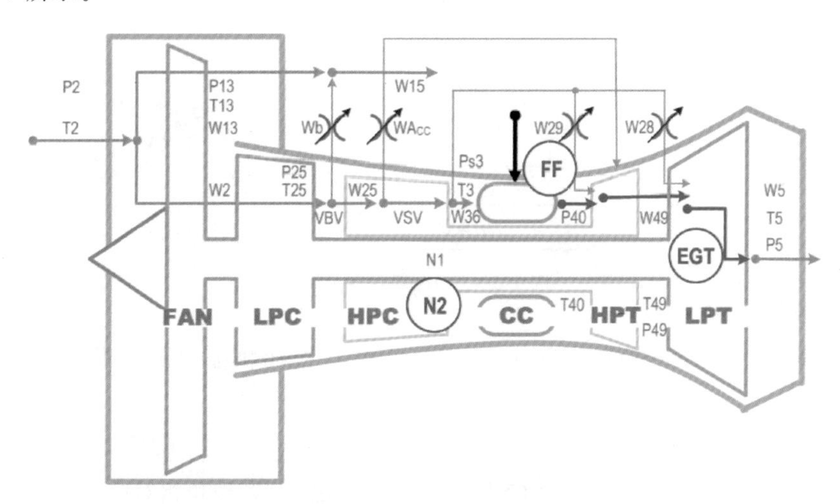

图 7-7 原始参数测量位置

为了保证样本库中有充足的样本，初选了 120 条完整的发动机气路参数偏差值衰退轨迹。考虑发动机的维修有大修和小修之分，为了保证所有的衰退轨迹都处于同一起点，本章对样本库进行了进一步筛选并择取了起点为发动机新服役状态或大修后的轨迹样本，最终获得了 77 条衰退轨迹。这些轨迹平均长度约为 4000

① DEGT 为排气温度偏差值；
DN2 为核心机转速偏差值；
DFF 为燃油流量偏差值。

个飞行循环，照此估算，整个历史样本库总共包含 77 条轨迹和 30 万条以上的飞行循环数据，对于实现维度为 3 的特征空间内的轨迹相似性对比来说样本量比较充足[25]。图 7-8 给出了其中两条轨迹的气路偏差值数据作为说明范例。图中颜色条所标注的是数据采集所位于的时间点相对于整个衰退轨迹的时间长度的比值。如图 7-8 所示，由于参数噪声的影响，航空发动机的健康特征值的演变轨迹并非是平滑的曲线，而往往呈现出有向点云的形式。与此同时，不同的衰退轨迹的曲折程度、噪声大小也具有较大的差异性。这种类型的长期预测任务对于多数传统的多元时间序列预测方法具有极高难度，而对传统 SBP 类方法也因对样本噪声的区分能力不足而难以胜任此项工作。而这正是 DBSA-GMM 方法所适用的场合。

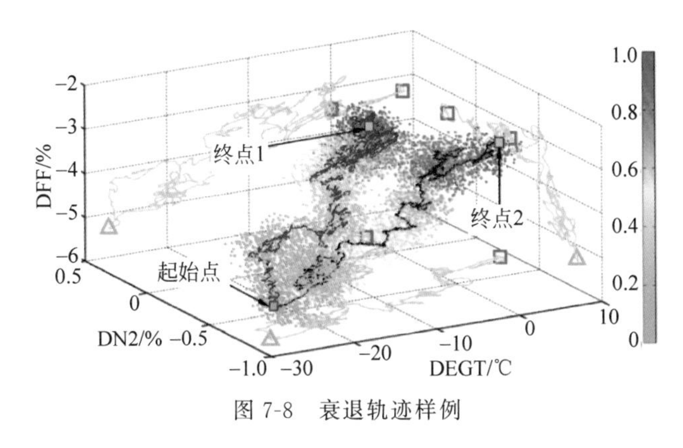

图 7-8　衰退轨迹样例

由于不同轨迹样本的参数噪声幅值具有较大差异，DBSA-GMM 在执行两步式的预测之前首先会对各条轨迹样本进行粗大误差剔除、曲线平滑，并且根据其残差评估各条轨迹的噪声。在本章中，所采用的粗大误差剔除方法为拉依达法则，平滑方法为高斯核平滑方法，用来验证残差是否符合正态分布的方法为 Kolmogorov-Smirnov 验证法(简称 K-S 方法)，而估计残差的均值和方差的算法为贝叶斯参数估计方法。K-S 方法通过将提取出的残差与服从正态分布的随机序列进行对比来验证目标序列是否服从正态分布。而贝叶斯方法能够对残差的方差进行估计，从而评估不同样本滤波残差的方差。

作为性能对比，本章同时使用自 ARMA① 方法和 BP-ANN 方法作为对比以评估 DBSA-GMM 方法的性能。与此同时，为了验证本章所提出的统计距离相对于传统 SBP 方法所采用的相似度量度方法的优越性，本章复现了文献[12]和文献[11]中的方法以用于性能对比。此外，参照文献[13]，本章将统计距离和 KDE 方法相结合，构造了 SD-KDE 方法并投入到发动机性能状态预测实验中，专以用来验证 DOA 方法能够加强预测算法泛化能力的设想。SD-KDE 方法所采用的距离量度

自回归滑动平均模型

① ARMA 表示自回归滑动平均模型(auto-regressive and moving average model)。

方式为本章所提出的统计距离，而采用 KDE 方法进行 PDF 重构。SD-KDE 所给出的特征元素在未来各时间点的概率密度函数为

$$\hat{f}_{op}^{t^*}(x)=(\sqrt{2\pi}N)^{-1}\cdot\sum_{j=1}^{N}G_{opj}^{t^*}/\gamma\cdot\exp(-\lambda_T(\boldsymbol{X}_j,\boldsymbol{X}_o)/2\gamma^2) \tag{7-31}$$

式中，γ 为高斯核的宽度参数。

本章采用交叉实验的方法，即在 77 个样本中轮流挑选出 1 个作为目标样本，剩余的 76 个作为历史样本，对各方法在所有样本上的预测性能加以测试，各个预测算法将分别执行 77 次。鉴于最短的衰退轨迹仅包含 1916 个数据点，本章采用前 1200 个样本点来训练各个预测模型，而以后续的 716 个样本点作为验证样本。部分数据在表 7-1 中给出。

表 7-1 发动机特征参数部分数据

飞行循环	发动机 1			发动机 2			发动机 3		
	DEGT	DN2	DFF	DEGT	DN2	DFF	DEGT	DN2	DFF
1	−25.10	−0.19	−6.16	−31.89	0.65	−5.32	−27.30	0.23	−6.67
2	−24.69	−0.26	−5.95	−30.64	0.91	−5.44	−27.30	0.32	−6.76
3	−25.29	−0.23	−5.64	−27.00	0.89	−5.27	−20.03	0.43	−5.97
4	−25.09	−0.06	−6.00	−30.99	0.87	−5.34	−20.09	0.24	−6.18
5	−22.91	−0.35	−5.05	−28.24	0.86	−5.49	−21.47	0.12	−6.20
6	−24.87	−0.35	−5.72	−26.55	0.88	−4.43	−21.54	0.45	−5.97
7	−24.36	−0.43	−5.71	−28.26	0.67	−5.00	−19.34	0.58	−4.99
8	−23.25	−0.20	−5.57	−27.73	0.64	−5.05	−27.35	0.25	−6.94
9	−41.12	−0.24	−8.49	−29.27	0.57	−3.84	−42.62	−0.34	−14.26
10	−23.75	−0.12	−5.15	−27.92	0.63	−5.42	−20.70	0.27	−6.81
11	−24.79	−0.25	−6.56	−26.53	0.64	−5.03	−19.24	0.39	−5.93
12	−22.02	−0.45	−5.83	−32.89	0.59	−7.30	−24.67	0.33	−6.32
13	−21.22	−0.23	−5.78	−31.29	0.65	−5.31	−35.93	0.61	−7.73
14	−22.69	−0.32	−5.25	−33.06	0.60	−5.07	−18.22	0.58	−5.29
15	−22.98	−0.30	−5.65	−32.08	0.79	−4.98	−18.95	0.40	−5.11
16	−20.86	−0.21	−5.69	−29.98	0.74	−4.72	−25.56	0.31	−7.04
17	−22.00	−0.41	−5.35	−30.71	0.68	−5.26	−16.70	0.45	−5.80
18	−21.48	−0.37	−5.64	−28.85	0.63	−4.34	−18.90	0.28	−5.11
19	−20.27	−0.20	−5.98	−30.63	0.81	−4.98	−23.35	0.32	−6.09
20	−18.47	−0.18	−5.68	−26.78	0.62	−4.37	−22.45	0.48	−5.68
21	−20.53	−0.56	−5.72	−28.29	0.77	−5.58	−17.68	0.36	−5.86
22	−17.06	−0.15	−5.37	−28.11	0.63	−4.46	−25.60	0.32	−6.70
23	−15.78	−0.36	−4.87	−30.95	0.62	−5.17	−21.32	0.16	−5.21

续表

飞行循环	发动机1			发动机2			发动机3		
	DEGT	DN2	DFF	DEGT	DN2	DFF	DEGT	DN2	DFF
24	−20.96	−0.36	−5.25	−26.10	0.52	−4.41	−20.73	0.23	−5.82
25	−16.73	−0.22	−5.17	−24.10	0.68	−4.41	−20.56	0.42	−6.63
26	−22.09	−0.18	−6.06	−27.79	0.55	−4.78	−21.47	0.41	−5.64
27	−17.58	−0.50	−5.72	−29.79	0.53	−4.74	−20.45	0.42	−5.94
28	−20.82	−0.44	−5.27	−23.73	0.63	−4.15	−19.31	0.46	−6.13
29	−20.11	−0.12	−5.60	−25.89	0.62	−5.09	−17.41	0.35	−6.18
⋮		⋮			⋮			⋮	
1914	−6.29	0.56	−5.06	−36.13	−0.56	−9.49	−9.38	0.36	−6.29
1915	−3.81	0.72	−4.09	−23.94	−0.13	−6.37	−18.28	0.22	−7.43
1916	−13.97	0.15	−7.31	−11.00	0.70	−2.55	−15.38	−0.03	−6.53

2. 实验结果及分析

所有的预测方法对DEGT、DN2和DFF的预测精度以数字的形式在表7-2中给出，其中，粗斜体数字表示所有预测方法针对单一参数进行预测的最优结果。由于DEGT、DN2、DFF之间不具有本质上的差异性，本章只给出了各类方法对DEGT的预测误差曲线，结果如图7-9所示。图7-9和表7-2中给出的误差值和误差曲线皆为77组交叉预测实验的均值。此外，为了对比各方法的泛化能力，本章对所有的历史衰退轨迹两两之间的统计距离进行了统计，统计结果如图7-10所示。根据图中每一列数值的平均值，选取了与其他的样本群体偏离程度最高的10个样本作为离群样本，并对各类方法在离群样本群体上的预测结果加以统计以评估方法的泛化能力。各类方法对于离群样本的预测结果也在图7-9和表7-2中给出。

表7-2 所有预测方法的平均相对误差

方法	DEGT	DFF	DN2	DEGT(离群)	DFF(离群)	DN2(离群)
ARMA	—	—	—	—	—	—
BP-ANN	0.253	0.241	0.344	0.249	0.237	0.359
文献[12]	0.122	0.197	0.555	0.154	0.198	0.665
文献[11]	0.107	0.160	0.177	0.117	0.119	0.151
SD-KDE	0.062	0.060	0.110	0.094	0.092	0.135
DBSA-GMM	0.062	0.063	0.105	0.064	0.079	0.135

正如之前的SBP预测方法研究案例所体现的一样，图7-9中，ARMA和BP-ANN方法在预测初始的30个循环内都取得了较高的预测精度，然而，当滚动预测继续执行时，预测误差开始急剧上升，迅速地超过了SBP类预测方法。当超过40个循环后，ARMA方法的预测误差呈指数状上升，并且迅速突破了50%，而BP-ANN

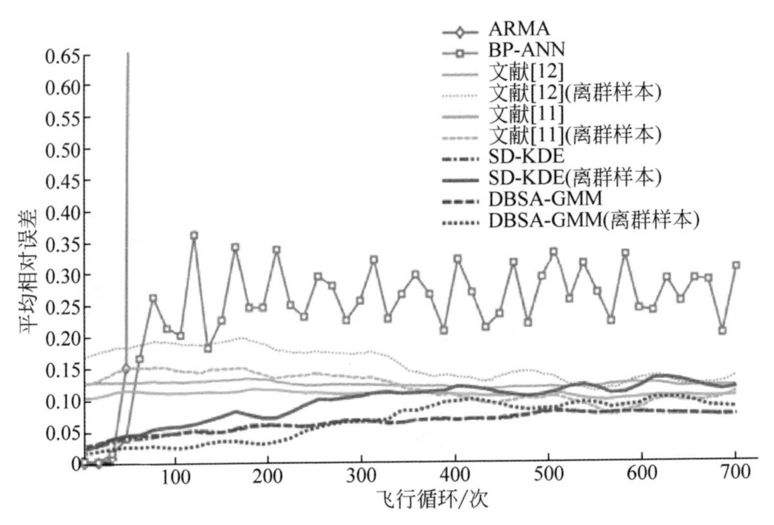

图 7-9 6 种预测方法对 DEGT 进行预测的平均相对误差

方法则因为其输出层所带有的 sigmoid 函数而使得误差限制在 50%以下，然而由于其预测误差呈不规则波动，可以认为此时 BP-ANN 的输出已经失去了预测的意义。出现这种现象一方面是因为 ARMA 和 BP-ANN 将趋势分析焦点过分地集中于时间序列的短期动态特性，而只能在短期范围内把握时间序列的发展趋势；另一方面原因则是由于 ARMA 和 BP-ANN 需要借助于滚动预测过程来扩展其预测时间范围，致使误差持续累积，使算法最终预测失败。

反观之，得益于基于相似性分析的算法结构，无论 SD-KDE、DBSA-GMM，还是文献[11]和文献[12]中给出的方法都取得了不错的预测效果。而仔细加以分析，却可以看出本章提出的统计距离确实能够比传统的相似性指标更为客观地体现衰退轨迹之间的相似程度。由图 7-9 可知，文献[11]和文献[12]所给出的传统 SBP 方法确实能够给出较为平稳的预测趋势，但是当预测的时间距预测起始点较近时，此两种预测方法却并没有取得比距预测起始点较远的时间点更高的预测精度。根据待预测的时间点距离越远随机因素的影响越大的假设，SBP 方法的预测误差应该与预测时间点距起始点的距离呈正相关，然而图 7-9 中，传统 SBP 方法的预测结果却并不能显著地反映出这一趋势。与此同时，当对离群样本进行预测时，传统 SBP 方法给出的预测误差随预测时间点的变远反而呈现出与预期相反的下降趋势。这说明传统 SBP 方法所采用的逐点平均马哈拉诺比斯距离对衰退轨迹之间的相似程度产生了一定的误判，从而导致算法在目标轨迹未来时间点 PDF 重构的过程中参照了错误的历史样本。另一个值得注意的现象是，文献[11]中提出的方法在轨迹相似性量度的过程中依照轨迹历史采样点距预测起始点的距离而动态地赋予了历史采样点以不同的权值，因而取得了高于文献[12]提出的方法的预测精度。对比传统 SBP 方法而言，SD-KDE 和 DBSA-GMM 方法取得了明显更高的

马哈拉诺比斯距离

预测精度，而且此两种算法所给出的预测误差随着预测时间点距预测起始点的距离的增加而缓慢上升，预测结果与预测时间范围越长预测误差越大的假设相吻合。通过比较两种算法在整个样本群体上的预测精度可以发现二者的性能十分接近，而当对比二者在离群样本上的表现时可以看出 DBSA-GMM 的预测精度更高，说明本章提出的 DOA 方法确实能够提升 SBP 类方法的泛化能力。

图 7-10 给出了本章所收集的所有轨迹样本库中的样本之间的一对一统计距离。从图中可知，由于发动机的衰退过程通常符合少数几种典型衰退模式，因此大部分的样本之间具有较高的相似性，可以视为普通样本。然而，图中的少数样本与其他样本之间普遍具有较大的统计距离，说明该部分样本与其他样本之间的相似程度都比较有限，属于离群样本。为了进一步阐明 DOA 算法对离群样本趋势预测中的优势，本章根据图 7-9 中的统计距离均值选取了特异性最强的离群样本进行了单样本预测实验。与前述实验相同的是，此次实验仍采用剩余的 76 个样本作为历史轨迹样本，且采用所有轨迹的前 1200 个循环的数据进行模型的训练；而与前述实验的不同之处在于，鉴于该离群轨迹样本共包含 4005 个采样点，本实验将预测范围延伸到了预测起始点之后的 2800 个循环以覆盖其整个衰退过程。

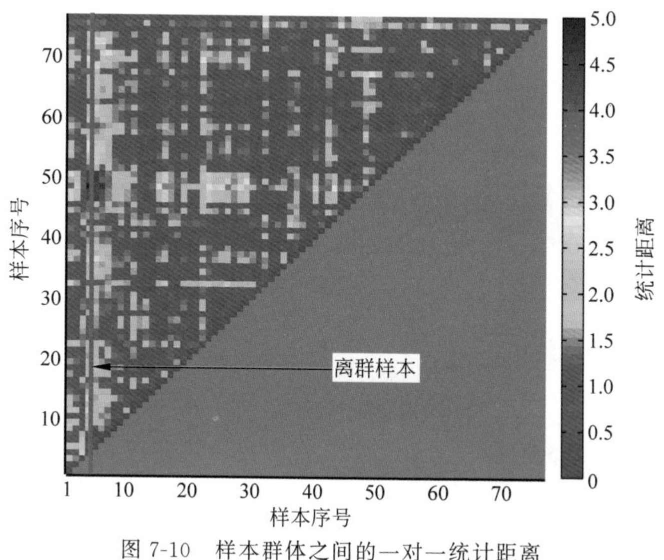

图 7-10 样本群体之间的一对一统计距离

图 7-11 给出了该离群轨迹样本以及与该样本最为接近的 10 个历史样本轨迹的平滑值在 DEGT 轴上的投影。可以看出，除了被安装在同一架飞机上的另一台发动机产生的衰退轨迹之外，其他 9 条轨迹样本与目标轨迹的相似程度都很低。这种现象会导致传统 SBP 方法在进行 PDF 重构时找不到足量的与目标轨迹相似的样本而预测失败。而相对 DBSA-GMM 方法而言，在其 PDF 重构过程中，所有的历史轨迹样本的权重均相等，使得 DOA 能够有效驱动所有的历史样本完成预测过程，从而避免了上述问题的发生。

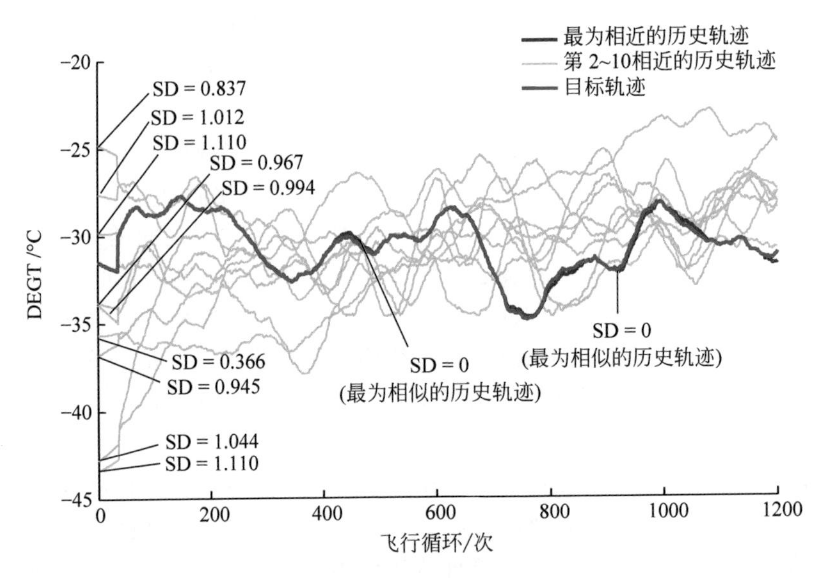

图 7-11　离群轨迹样本及 10 个与之最为相似的历史轨迹样本平滑值在 DEGT 轴上的投影

如 7.3.4 节所述，DBSA-GMM 算法在进行预测之前会先对各个历史样本进行预处理操作，对粗大误差进行剔除，对曲线进行平滑，以及验证残差是否符合正态分布。作为算例，图 7-12 给出了某个历史轨迹样本的预处理结果。

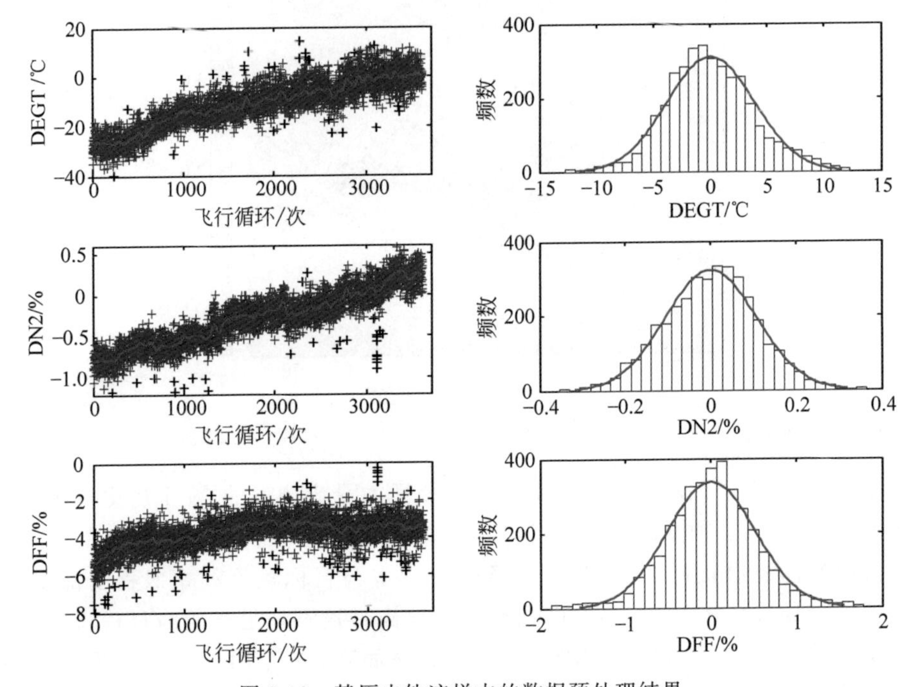

图 7-12　某历史轨迹样本的数据预处理结果

图7-12中，左侧3个图中的蓝色十字表示原始数据，黑色星号表示被剔除的粗大误差，红色曲线表示轨迹平滑值；右侧3个图则是DEGT、DN2、DFF的平滑后残差的直方图。图中给出的数据预处理结果表明，利用拉依达法则能够对粗大误差进行有效剔除，而轨迹经过平滑后所得到的残差都能够以0.05的显著性通过K-S正态分布验证，从而说明平滑曲线包含了所有轨迹的趋势信息，而残差则几乎全部由随机噪声构成。图中给出的残差直方图也说明了残差与正态分布符合程度良好。

图7-13给出了所有SBP方法对离群样本的DEGT的预测结果。图中包含了DEGT的原始值、平滑值，所有预测方法的预测值，以及DBSA-GMM方法给出的95%置信区间。为了更清楚地表达DBSA-GMM的预测结果，在图7-14中给出了DBSA-GMM方法对离群样本在未来各个时间点DEGT的PDF的预测结果。

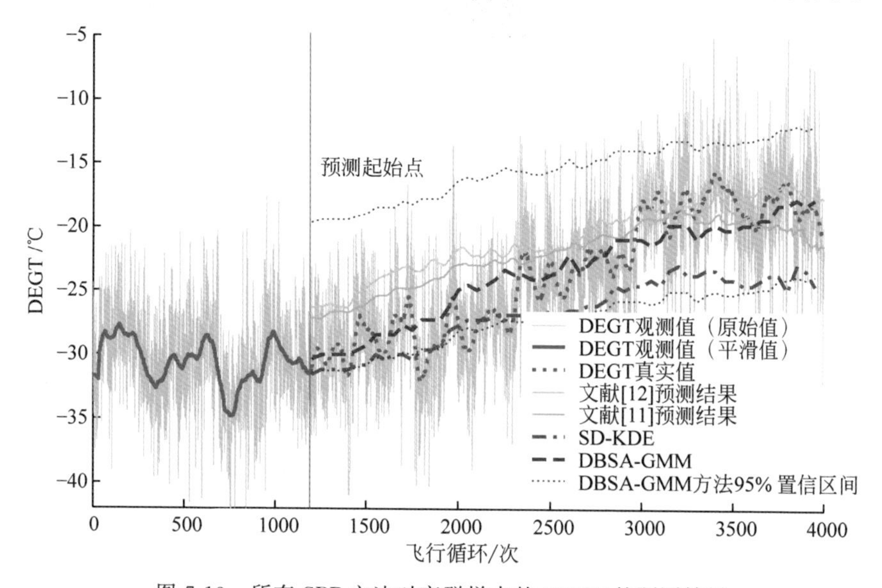

图7-13　所有SBP方法对离群样本的DEGT的预测结果

由图可知，文献[11]和文献[12]中给出的方法在较短的预测范围内表现出了较大的预测误差，而这个现象也与图7-9所绘制出的平均相对误差曲线相吻合。这是因为传统的SBP方法将距离变量转化为相似度变量，扭曲了距离变量中所包含的原始信息，从而使最相似的轨迹被分配为近乎为1的权重，而其他轨迹的权重近乎为0。这种权重分配方式使得概率密度函数的重构过分倚重于单一历史样本，从而造成了历史数据的低效利用。与此同时，由于样本之间数据噪声的差异性，传统的相似性量度方法比较容易造成具有不同噪声大小的轨迹之间相似程度的误判，也在某种程度上拉低了算法的预测精度。对比传统SBP方法，SD-KDE和DBSA-GMM的预测精度更高。在较短的预测范围内，SD-KDE与DBSA-GMM的预测精度相当。但是值得注意的是，由于SD-KDE采用了KDE过程，所以输出的预测结果具有明显的偏差，而当预测时间点逐渐变远时，SD-KDE的误差升高则

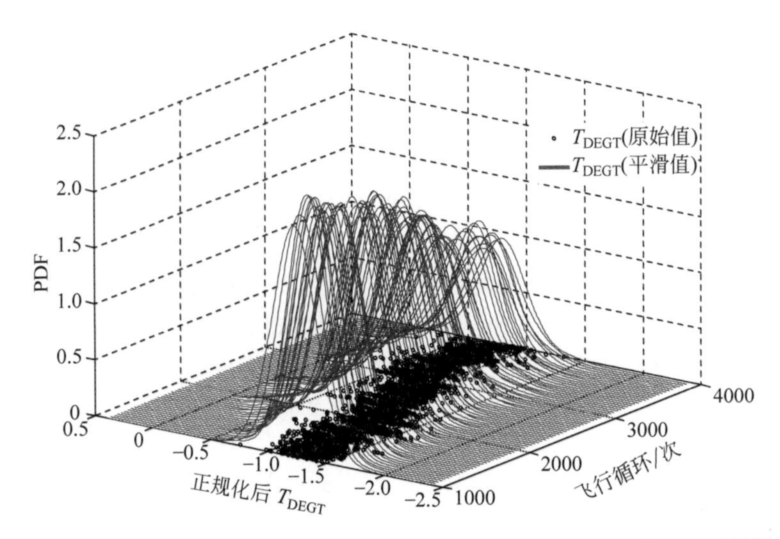

图 7-14　DBSA-GMM 对离群样本的未来各时间点概率密度函数的预测结果

更为明显。与 SD-KDE 不同的是，DBSA-GMM 的预测结果与实际的 DEGT 发展趋势一直具有较高的贴合度，并且其给出的 95％置信区间也几乎完全覆盖了实际的 DEGT 发展趋势曲线。

从图 7-14 给出的概率密度函数来看，DBSA-GMM 给出的结果具有较高的峰度，因而能够较为明确地预测目标轨迹的未来趋势。这是因为 DBSA-GMM 所采用的 DOA 能够以等权重的方式综合各个历史样本提供的信息以完成概率密度函数的重构，从而最大化地利用了历史样本所能提供的信息。从图 7-9 所示的 SD-KDE 和 DBSA-GMM 的性能对比曲线可以看出，二者在整个样本群体中的预测精度相近，而对于离群样本 DBSA-GMM 具有更高的预测精度，这说明对于非离群样本群体而言，SD-KDE 方法的预测精度要高于 DBSA-GMM，而这样的现象也符合 SBP 方法的算法特点。因此，在执行预测任务时，可以先计算目标样本与各个历史样本的统计距离，而后根据其特异性的强弱酌情选择 SD-KDE 或 DBSA-GMM 方法进行预测。

与所有的 SBP 方法一样，SD-KDE 和 DBSA-GMM 方法不依赖算法的外延过程来实现滚动预测，因此能够支持并行计算、避免误差积累、节省计算时间，使得 SD-KDE 和 DBSA-GMM 方法对发动机性能状态的长期预测问题兼具运算效率和预测精度方面的优势。

7.4　本章小结

为了对设备的长期状态趋势进行预测，本章介绍了两种方法，即基于衰退模式挖掘的长期状态趋势预测和基于 DBSA-GMM 的长期状态趋势预测。第一种方法是将设备性能衰退分为多个阶段，如快速衰退和正常衰退两个阶段，并采用 KNN-FSFDP 方法挖掘出快速衰退阶段的模式，采用线性回归分析的方法挖掘出正常衰退阶段的模式，将这两个阶段的性能衰退模式结合在一起即可获得完整的设备性能衰退模型，并通过模式匹配实现长期状态趋势预测。第二种方法是首先估计目标衰退轨迹与历史衰退轨迹之间的统计距离，而后采用本章提出的 DOA 方法对历史数据加以聚合，最终得到目标衰退轨迹的未来较长时间范围内的概率密度函数。为了追求更高的计算效率，DBSA-GMM 在重构目标轨迹的概率密度函数时采用了将统计距离平均分配在各个特征维度上的分解策略，省略了特征之间联合概率密度分布的估算。

参考文献

[1] 付旭云. 机队航空发动机维修规划及其关键技术研究[D]. 哈尔滨：哈尔滨工业大学，2010.

[2] 谭治学. 多源信息融合的民航发动机性能预测方法研究[D]. 哈尔滨：哈尔滨工业大学，2018.

[3] RODRIGUEZ A，LAIO A. Clustering by fast search and find of density peaks[J]. Science，2014，344(6-191)：1492-1496.

[4] 谢娟英，高红超，谢维信. *K* 近邻优化的密度峰值快速搜索聚类算法[J]. 中国科学：信息科学，2016，46(2)：258-280.

[5] KALMAN R E，BUCY R S. New Results in Linear Filtering and Prediction Theory[C]//Trans. ASME，Ser. D，J. Basic Eng，1961.

[6] YAN J，LV M，WANG P，et al. Kalman Filter Based Neural Network Methodology for Predictive Maintenance：A Case Study on Steam Turbine Blade Performance Prognostics[C]//ASME 2006 International Mechanical Engineering Congress and Exposition，2006.

[7] ORCHARD M E. A particle filtering-based framework for on-line fault diagnosis and failure prognosis[J]. Transactions of the Institute of Measurement and Control，2007，31(3-4)：221-246.

[8] ZHU S P，HUANG H Z，PENG W，et al. Probabilistic Physics of Failure-based framework for fatigue life prediction of aircraft gas turbine discs under uncertainty[J]. Reliability Engineering & System Safety，2016，146：1-12.

[9] SORJAMAA A，HAO J，REYHANI N，et al. Methodology for long-term prediction of time series[J]. Neurocomputing，2007，70(16)：2861-2869.

[10] WANG T，YU J，SIEGEL D，et al. A similarity-based prognostics approach for Remaining Useful Life estimation of engineered systems[C]//International Conference on Prognostics and Health Management，2008.

[11] BLEAKIE A，DJURDJANOVIC D. Analytical approach to similarity-based prediction of manufacturing system performance[J]. Computers in Industry，2013，64(6)：625-633.

[12] LIU J，DJURDJANOVIC D，NI J，et al. Similarity based method for manufacturing process performance prediction and diagnosis[J]. Computers in Industry，2007，58(6)：558-56.

[13] WANG T. Trajectory Similarity Based Prediction for Remaining Useful Life Estimation [D]. University of cincinnati,2010.

[14] DAIGLE M,GOEBEL K. Multiple damage progression paths in model-based prognostics [C]//IEEE Aerospace Conference Proceedings,2011.

[15] LINDSAY B G. Mixture Models: Theory,Geometry and Applications[C]//NSF-CBMS Regional Conference Series in Probability and Statistics,2010.

[16] GIONIS A,INDYK P,MOTWANI R. Similarity Search in High Dimensions via Hashing [J]. 1999,8(2): 518-529.

[17] BELLMAN R. Dynamic Programming[J]. Science,196,153(3731): 34-37.

[18] KUMAR M,PATEL N R,WOO J. Clustering seasonality patterns in the presence of errors[C]//Eighth ACM SIGKDD International Conference on Knowledge Discovery and Data Mining,2002.

[19] WALCK C. Handbook on STATISTICAL DISTRIBUTIONS for experimentalists[R]. Particle Physics Group,Fysikum University of Stockholm,2007.

[20] GOLAY X,KOLLIAS S,STOLL G,et al. A new correlation-based fuzzy logic clustering algorithm for FMRI[J]. Magnetic Resonance in Medicine,2010,40(2): 249-260.

[21] KUMAR T. Solution of Linear and Non Linear Regression Problem by K Nearest Neighbour Approach: By Using Three Sigma Rule[C]//IEEE International Conference on Computational Intelligence & Communication Technology,2015.

[22] MÖLLERLEVET C S,KLAWONN F,CHO K,et al. Fuzzy Clustering of Short Time-Series and Unevenly Distributed Sampling Points [C]//International Symposium on Intelligent Data Analysis,2003.

[23] SAXENA K M L,ALAM K. Estimation of the Non-Centrality Parameter of a Chi Squared Distribution[J]. Annals of Statistics,1982,10(3): 1012-1016.

[24] MCLACHLAN G J. Discriminant Analysis and Statistical Pattern Recognition[M]. John Wiley & Sons,Inc. ,1992.

[25] HELLERSTEIN J M,KOUTSOUPIAS E,PAPADIMITRIOU C H. On the analysis of indexing schemes[C]//ACM Sigact-Sigmod-Sigart Symposium on Principles of Database Systems,1997.

第8章

设备的短期维修规划

8.1 短期维修规划概述

复杂设备在使用过程中需要持续性地进行维护、维修或大修工作才能正常地运行。设备维修规划则是在对设备运行状态信息进行辨识、获取、处理和融合并预测设备的性能及其变化趋势、故障发生时机和剩余使用寿命的基础上，确定设备什么时候维修(维修时机)以及修什么(维修工作范围)，目的是延缓设备的性能衰退、排除设备故障和预测备件需求等。合理规划设备的维修时机与维修工作范围，能够有效降低设备的维修成本，提高设备运行的安全性。与设备状态的短期预测与长期趋势预测相对应，设备维修规划也可以分为短期维修规划和长期维修规划。短期维修规划是指仅考虑单次送修的维修规划，这主要是指围绕最近一次维修计划的规划，或当次送修规划。设备状态的短期预测是短期维修规划的基础。而长期维修规划则是从全寿命角度考虑设备在未来某一时间段内的维修规划，设备状态的长期趋势预测是长期维修规划的基础。设备状态趋势预测的复杂性决定了设备维修时机优化的复杂程度。当设备结构复杂时，由于实现某一维修目标的维修工作范围方案的多解性和影响因素关联的复杂性，也给设备维修工作范围的优化增加了难度。航空发动机是典型的高端机电设备，其结构复杂，工况恶劣，状态预测困难，影响维修时机和维修工作范围的因素多且关联关系复杂，所以航空发动机维修规划具有典型性，对其他复杂设备的维修规划具有借鉴意义。本章以航空发动机为例，对其短期维修规划进行介绍[1,2]。这些方法对其他复杂装备短期维修规划有很好的借鉴作用。

8.2 维修时机优化

8.2.1 维修期限预测

1. 影响维修期限的因素

维修期限是设备的最晚维修时机，它是维修时机优化的最主要约束条件。每种设备影响维修期限的因素有所差异。对航空发动机来说，主要影响因素有排气温度(exhaust gas temperature，EGT)、适航指令(airworthiness directive，AD)/服务通告(service bulletin，SB)、寿命件(life limited part，LLP)、硬件损伤、退租日期(对于租赁发动机)等。下面对各影响因素进行具体分析。

1) EGT

用于制造发动机的材料只能在一定的温度条件下进行工作，超过温度限制会发生材料组织的改变，导致变形或者破坏而影响发动机的安全使用。因此，发动机的 EGT 不能超过一个特定的阈值，称为"红线值"。红线值与实际 EGT 值的差值称为 EGT 裕度。随着发动机使用时间的增加，发动机的性能逐渐衰退，而 EGT 会逐渐升高，随之而来的是 EGT 裕度值逐渐减少。当 EGT 裕度减少到规定值的时候，发动机就不能再使用。

2) AD/SB

适航指令

AD 是适航当局针对指定的飞机、发动机或部件颁发的强制性要求，可能涉及改装、检查或其他预防性措施[3]。SB 是航空产品生产厂家针对其产品生产工艺、使用材料等产生的质量问题，提出的检查要求、使用限制或产品召回、修理或改装措施[4]。AD/SB 状态控制是发动机构型管理的重要内容。AD/SB 中规定的指令操作中的一部分需要将发动机从飞机上拆下才可以进行，因此执行这些操作的时间限制就成了发动机维修的时间限制。一般对于同一台发动机而言，可能需要执行多个 AD/SB，这些 AD/SB 中需要将发动机拆下才能进行操作的指令的时间限制就是发动机维修的限制条件。

3) LLP

LLP 是发动机上装有的具有寿命限制的零部件。LLP 的使用时间与寿命限制一般用飞行循环数或飞行小时数表示。

4) 硬件损伤

硬件损伤主要指发动机转动件磨损和核心机损伤。前者通过对滑油系统进行监控获得损伤信息，后者通过孔探检查获得损伤信息。滑油消耗率和滑油金属含量是判断发动机本体磨损的重要依据，通过对滑油消耗率和滑油金属含量的分析，可以了解和预测发动机的磨损程度以及发动机润滑系统的工作状况，进而判断发动机的可用性。发动机核心机损伤一方面会导致损伤部件的效率降低，另一方面可能导致发动机部件如涡轮叶片的损坏而造成空中停车的重大安全事故，因此它是判断发动机可用性的重要依据。孔探数据是通过孔探检查获得的发动机核心机损伤数据，反映了发动机核心机损伤的严重程度，因此可以作为影响发动机维修的关键因素。

5) 退租日期

为了保证飞机机队的持续正常飞行，防止因为发动机数量不够使得飞机停飞造成经济损失，航空公司需要保证一定的备发数量。由于发动机的价格昂贵，为了节省发动机的购买费用，航空公司一般采用向发动机制造商、租赁商或其他航空公司租赁闲置发动机的办法来解决一部分备发问题。而在发动机租借日期到期的时候，航空公司应当归还发动机以免增加不必要的费用支出。

6）其他影响因素

燃油流量、振动等因素也影响发动机的使用，因此也是影响发动机维修的因素。

在影响发动机维修期限的众多因素之中，退租日期是发动机使用的外加约束，而不是发动机本身的影响因素。燃油流量对发动机维修时机的影响更多的是从经济性的角度来考虑的，不是发动机维修的硬性约束。振动也是影响发动机维修期限的重要因素，但由于发动机振动机理的复杂性，目前航空公司对振动的监控方法更多地偏向于实时监控和试车，同时发动机的振动趋势分析以及在此基础上的发动机维修期限预测模型的建立也非常困难，在实际应用中基于振动的维修期限预测不易操作。因此，在工程应用中，常常选定EGT、AD/SB、LLP、硬件损伤为发动机维修期限的硬性限制条件，这些因素是影响发动机维修期限的关键因素。

2. 维修期限预测方法

在选择了影响发动机维修期限的关键因素之后，就可以进行维修期限预测了。具体方法是，首先根据各个单因素分别对发动机的维修期限进行预测，然后比较各个单因素预测的维修期限，选择其中最近的维修期限作为发动机的预测维修期限。下面对具体的维修期限预测方法进行说明。

1）基于AD/SB的维修期限预测

AD/SB中经常使用飞行循环数或者日期对发动机进行的某项工作进行时限规定。如果规定是以日期的形式表示的，可以将日期直接作为维修期限；如果是以飞行循环的形式规定的，例如规定某型号发动机需要在14635飞行循环之后执行SB73-192、SB72-563，可以将执行相应AD/SB的循环限制作为发动机的维修期限限制。

下面以飞行循环限制为例说明如何进行基于AD/SB的维修期限预测。假设一台发动机有 n 个AD/SB需要执行，这些AD/SB的循环限制可以记为 $\{ADSB_1, ADSB_2, \cdots, ADSB_n\}$。如果该台发动机的平均日循环数为 C_{avg}，则发动机基于AD/SB的预测维修期限可以由下式进行计算：

$$D_{prediction} = \frac{\min\{ADSB_i\} - C_0}{C_{avg}} + D_{current}, \quad i = 1, 2, \cdots, n \tag{8-1}$$

式中，$D_{prediction}$ 为预测维修期限；$D_{current}$ 为当前日期；C_0 为发动机当前已用循环数；C_{avg} 为发动机平均日循环数；$\min\{ADSB_i\}$ 为多个AD/SB中规定的最小飞行循环数限制。

2）基于LLP的维修期限预测

一台发动机往往具有多个LLP，例如某型号发动机就有低压压气机转轴、高压压气机盘片、低压涡轮转轴、高压涡轮盘片等4种类型的寿命件。每个LLP可能具有不同的使用寿命。

假设某台发动机具有 n 个LLP,其寿命均使用飞行循环数来表示,而且各LLP的剩余寿命可以表示为 $\{LLP_1, LLP_2, \cdots, LLP_n\}$。如果该台发动机的平均日循环数为 C_{avg},则发动机基于LLP的预测维修期限可以由下式进行计算:

$$D_{prediction} = \frac{\min\{LLP_i\}}{C_{avg}} + D_{current}, \quad i = 1, 2, \cdots, n \tag{8-2}$$

式中,$D_{prediction}$ 为预测维修期限;$D_{current}$ 为当前日期;C_{avg} 为发动机平均日循环数;$\min\{LLP_i\}$为多个LLP中的最小剩余寿命。

3)基于EGT衰退的维修期限预测

在前面提到过,发动机的排气温度EGT会随着发动机的使用而升高,导致EGT裕度减小,发动机的性能衰退。这种EGT升高的现象称为EGT衰退,当EGT衰退到使EGT裕度值低于规定的阈值的时候,发动机就不能继续使用,而是应当拆发进行修理。所以,通过对EGT的衰退率进行预测可以实现对发动机的剩余在翼寿命的预测,然后在此基础上进行维修期限的预测。如果已知EGT的平均衰退率,则发动机的预测维修期限可按下式进行计算:

$$D_{prediction} = \frac{M_{EGT} - T_{EGT}}{D_{EGT} C_{avg}} \times 1000 + D_{current} \tag{8-3}$$

式中,$D_{prediction}$ 为预测维修期限;$D_{current}$ 为当前日期;C_{avg} 为发动机平均日循环数;M_{EGT} 为EGT裕度;T_{EGT} 为EGT裕度阈值;D_{EGT} 为EGT衰退率,℃/千循环。

4)基于硬件损伤的维修期限预测

这种维修期限预测通过对滑油金属含量、滑油消耗率、损伤尺寸进行分析,综合得出。

在完成了上述基于单因素的维修期限预测后,对各个维修期限进行比较,选择其中离当前时间最近的维修期限作为最终的维修期限。假设各个单因素预测维修期限记为 $\{D_{ADSB}, D_{LLP}, D_{EGT}, D_{DAMAGE}\}$,依次为基于AD/SB的维修期限 D_{ADSB}、基于LLP的维修期限 D_{LLP}、基于EGT衰退的维修期限 D_{EGT}、基于硬件损伤的维修期限 D_{DAMAGE},记综合维修期限为 D_{final},则 D_{final} 为上述单因素维修期限中的最小值:

$$D_{final} = \min\{D_{ADSB}, D_{LLP}, D_{EGT}, D_{DAMAGE}\} \tag{8-4}$$

8.2.2 基于维修期限的维修时机优化

1. 问题描述

维修期限是发动机的最晚维修时机。提前拆下发动机,从短期看,会造成其性能和寿命件的浪费,从长期看,会增加其维修次数,这两种情况都会造成发动机运营成本的增加[5]。延迟拆下发动机,一则国家适航条令不允许,二则会对飞行安全产生严重影响。对单台发动机来说，最优的维修时机就是维修期限。但对整个机队来说，发动机的维修时机还需要综合考虑机队的备发情况、维修基地生产能力、发动机出租机会等的影响。

发动机拆下后，必须在机队的可用备发中为其服役的飞机选择更换的发动机。一般情况下，各台备发的构型、性能、剩余寿命、部件损伤情况等均不相同，要结合飞机服役的地理位置、季节、其他发位的发动机情况等选择合适的备发。对于不同的机型，衡量备发对飞机适合程度的规则也不尽相同。总的来说，可以将这些规则分成两大类，一类是必须满足的，属于备发选择的硬约束；另一类是优先满足的，属于备发选择的软约束。如果没有合适的备发，即出现所谓的零备发，一般有 4 种解决方案。第一种解决方案是飞机停场。对航空公司来讲，飞机停场是不可接受的，因为它不仅造成航空公司实有运力下降、营业收入减少，甚至还会带来不良的社会影响[6]。第二种解决方案是购买新发。对于由于航空公司备发水平过低导致的零备发问题，购买新发是一个比较好的解决办法。如果航空公司的备发水平本身比较高，只是因为短期的拆换率过高导致零备发问题，购买新发就不可取了。第三种解决方案是租发。一般情况下，租发的日使用费用要高于自有发动机。但从长期看，租发并不会增加航空公司的拥有成本。第四种解决方案是提前拆下发动机。发动机维修时机越早，其修后成为可用备发的时间就越早。虽然提前拆下发动机会造成发动机运营成本的升高，但如果因此解决了后期出现的零备发问题，则不失为一种好的解决方案。当然，提前拆下发动机也不是没有限制的提前，需要在寿命件和性能允许的浪费之内。本章后续模型建立时认为研究的机队目前的备发水平是合理的，所以主要采用提前拆下发动机和租发的方法解决零备发问题。

航空公司各维修基地的生产能力都是有限的。当维修基地某段时间拆换的发动机数量超过了它的生产能力时，需要考虑将超出生产能力的发动机调整到别的时间段进行拆换。如果别的时间段也没有生产能力剩余，维修基地就需要“赶工”了。当然扩大维修基地规模也是一个方案，但这种做法航空公司很少采用，所以本章不考虑这一选择。

当航空公司有剩余的备发资源时，可以通过出租发动机获取一定的收益。出租发动机要满足一定的条件。一般情况下，可用备发数量在两台及以上，且某一台发动机连续可用时间大于等于有效出租天数时，就可以出租了。有效出租天数和市场情况相关，一般最短为半年。

综上，可以把机队发动机维修时机优化问题描述为：对机队某一段时间内的送修任务进行安排，确定维修时机并为其选择合适的备发作为更换的发动机。约束条件是：①维修时机不晚于维修期限；②提前拆发造成的性能或者寿命件的浪费在预定范围之内；③选择的备发在拆换时必须是可用的；④满足所有备发选择的硬约束。目标是：①尽可能不租发；②维修时机相对维修期限的提前量尽可能小；③送修任务的安排尽量不超过维修基地的生产能力；④尽可能满足备发选择的软约束；⑤尽量提高发动机的出租机会。

组合优化

从问题的描述可以看出，机队发动机维修时机优化问题属于多目标组合优化问题，具有如下3个特点。

(1) 决策变量和约束条件多。决策变量和约束条件的数量取决于机队送修任务的数量。如果机队有 n 个送修任务，那么决策变量的数量为 $2n$，约束条件的数量至少为 $4n$。

(2) 动态性。发动机具有可修复的特点。发动机送车间维修完成后，成为可用备发，可以作为以后送修任务的更换的发动机，而且维修时机直接影响着其成为可用备发的时间。

(3) 多目标。各个目标之间不仅存在着联系，更存在着矛盾，而且重要性也不尽相同。所以，问题不存在最优解。

2. 前提约定

对 N_{task} 个送修任务和 N_{spare} 台初始备发的维修时机优化问题，做如下前提约定。

(1) 维修时机优化的开始日期记为 d_{start}，结束日期记为 d_{end}。为了方便，本章中所有日期均采用其相对于 d_{start} 的滞后天数表示，显然，$d_{\text{start}}=0$。

(2) 发动机更换后，新装上的发动机会一直工作到 d_{end} 之后，即在维修时机优化期内不会产生新的送修任务。

(3) 维修基地集合记为 $O_{\text{opr}}=\{o_{\text{opr},l} \mid l=1,2,\cdots,N_{\text{opr}}\}$，$o_{\text{opr},l}$ 的生产能力采用每隔多少天能执行一次送修任务来衡量，记为 c_l。

(4) 送修任务集合记为 $O_{\text{task}}=\{o_{\text{task},i} \mid i=1,2,\cdots,N_{\text{task}}\}$，在不至于引起混淆的情况下，送修发动机也采用 $o_{\text{task},i}$ 表示，$o_{\text{task},i}$ 的维修期限记为 $d_{\text{due}}(o_{\text{task},i})$，$o_{\text{task},i}$ 拆下后恢复为可用备发的周期记为 $t_{\text{wait}}(o_{\text{task},i})$，$o_{\text{task},i}$ 最多允许提前拆下的天数记为 $t_{\text{adv}}(o_{\text{task},i})$。一般在确定维修时机时，只会规定最多允许浪费的排气温度裕度和寿命件循环数，但都可以通过 EGTM 平均衰退率和日利用率折算成天数。

(5) 初始备发的集合记为 $O_{\text{spare}}^0=\{o_{\text{spare},j}^0 \mid j=1,2,\cdots,N_{\text{spare}}\}$，$o_{\text{spare},j}^0$ 的可用日期记为 $d_{\text{available}}(o_{\text{spare},j}^0)$。

(6) $o_{\text{task},i}$ 的解记为二元组 $x_i=(d_{\text{removal}}(o_{\text{task},i}),o_{\text{install},i})$，$d_{\text{removal}}(o_{\text{task},i})$ 表示 $o_{\text{task},i}$ 的送修日期，$o_{\text{install},i}$ 表示拆下 $o_{\text{task},i}$ 后更换的发动机，所以该问题的解向量 $\boldsymbol{X}$ 可以表示为 $\boldsymbol{X}=(x_1,x_2,\cdots,x_{N_{\text{task}}})^{\mathrm{T}}$。将更换的发动机的集合记为 $O_{\text{install}}=\{o_{\text{install},i} \mid i=1,2,\cdots,N_{\text{task}}\}$。

3. 备发选择约束的处理

由问题描述可知，备发的选择受到硬约束和软约束的影响，且不同机型的硬约束和软约束都不尽一致。以 CFM56-3 发动机为例，硬约束有：构型转换限制，即某些 CFM56-3B 发动机不能转成 CFM56-3C 发动机。软约束有：①租机拆下发动机优先装机；②租机拆下发动机尽可能装回原位；③性能差的发动机尽可能不在夏季使用；④性能差的发动机尽可能不在高原使用；⑤梯次调整的发动机不能优先装机。如果将所有的软约束都作为决策目标，一则会大大增加问题求解的难度，二则会导致求解算法失去通用性。为了解决这个问题，下面给出软约束适合度的定义。

高原机场难在哪

定义 8.1　软约束适合度是表征发动机对所有软约束满足程度的无量纲量，表示为 $f_{\text{soft}}(o_{\text{task},i}, o_{\text{install},i})$。

可以通过对各个软约束进行评分，再进行加权和的方法计算软约束适合度。软约束①的评分准则如下：

$$f_{\text{score1},i} = \begin{cases} 1, & o_{\text{install},i} \text{ 是租机} \\ 0, & o_{\text{install},i} \text{ 不是租机} \end{cases} \tag{8-5}$$

式中，$f_{\text{score1},i}$ 为 $o_{\text{install},i}$ 对软约束①的得分。

这样，可以将 $o_{\text{install},i}$ 对各个软约束的得分表示为向量：

$$\boldsymbol{F}_{\text{score},i} = (f_{\text{score1},i}, f_{\text{score2},i}, \cdots, f_{\text{score5},i})^{\mathrm{T}}$$

根据各个软约束的重要程度确定的权重如表 8-1 所示。

表 8-1　CFM56-3 备发软约束权重

软约束类别	①	②	③	④	⑤
权重	0.23	0.09	0.27	0.27	0.14

将软约束权重记为向量 $\boldsymbol{W} = (w_1, w_2, \cdots, w_5)^{\mathrm{T}}$，软约束适合度 $f_{\text{soft}}(o_{\text{task},i}, o_{\text{install},i})$可以按下式计算：

$$f_{\text{soft}}(o_{\text{task},i}, o_{\text{install},i}) = \boldsymbol{F}_{\text{score},i}{}^{\mathrm{T}} \cdot \boldsymbol{W} \tag{8-6}$$

这样，备用发动机 $o_{\text{install},i}$ 中，软约束适合度 $f_{\text{soft}}(o_{\text{task},i}, o_{\text{install},i})$最大的发动机将被优先选用装机。

4. 维修时机优化模型

综上，对 N_{task} 个送修任务和 N_{spare} 台初始备发的维修时机优化问题，可以形式化地描述为

(1) $\min n(O_{\text{install}} \backslash O^0_{\text{spare}} \backslash O_{\text{task}})$

(2) $\min \sum\limits_{i=1}^{N_{\text{task}}} (d_{\text{due}}(o_{\text{task},i}) - d_{\text{removal}}(o_{\text{task},i}))$

(3) $\min \sum\limits_{l=1}^{N_{\text{opr}}} n(O_{\text{exceed},l})$

(4) $\max \sum\limits_{i=1}^{N_{\text{task}}} f_{\text{soft}}(o_{\text{task},i}, o_{\text{install},i})$

(5) $\max t_{\text{leasing}}(\boldsymbol{X})$

$$\text{s.t. } 0 \leqslant d_{\text{due}}(o_{\text{task},i}) - d_{\text{removal}}(o_{\text{task},i}) \leqslant t_{\text{adv}}(o_{\text{task},i}), \quad i=1,2,\cdots,N_{\text{task}}$$

$$\begin{cases} d_{\text{available}}(o_{\text{install},i}) \leqslant d_{\text{removal}}(o_{\text{task},i}), & \text{若 } o_{\text{install},i} \in O_{\text{spare}}^{0} \\ d_{\text{removal}}(o_{\text{install},i}) + t_{\text{wait}}(o_{\text{install},i}) \leqslant d_{\text{removal}}(o_{\text{task},i}), & \text{若 } o_{\text{install},i} \in O_{\text{task}} \end{cases}$$

$$f_{\text{hard}}(o_{\text{task},i}, o_{\text{install},i}) = 1$$

式中,$n(\cdot)$为集合元素的数量;$O_{\text{exceed},l}$ 为超过维修基地 $o_{\text{opr},l}$ 生产能力的送修任务的集合,可以表示为$\{o_{\text{task},k} \mid d_{\text{removal}}(o_{\text{task},k}) - d_{\text{removal}}(o_{\text{task},k-1}) < c_l, k=2,3,\cdots,N_{\text{oprtask},l}\}$,其中 $o_{\text{task},k}$ 表示维修基地 $o_{\text{opr},l}$ 执行的送修任务按照送修日期升序排列的有序集中的第 k 个送修任务,$N_{\text{oprtask},l}$ 表示该有序集元素的数量;$t_{\text{leasing}}(\boldsymbol{X})$为发动机可以出租的总天数;$f_{\text{hard}}(o_{\text{task},i}, o_{\text{install},i})$表示拆下 $o_{\text{task},i}$ 后更换的发动机 o_{install}^{i} 是否满足备发选择的硬约束,当满足时,其值为 1,不满足时,其值为 0。

5. 基于启发式算法的维修时机优化

因为机队发动机维修时机优化问题各个优化目标之间存在着矛盾,所以不存在使各个优化目标同时达到最优的"绝对"最优解。为了求解多目标优化问题,人们提出了很多解的概念,比如有效解、约束解、多重解、评价函数解、满意解等[7]。考虑机队发动机维修时机优化问题的复杂性和航空公司的需求,下面研究寻找该问题满意解的启发式算法。

本章采用逐步构解策略对模型进行求解。对构造的解的要求是在保证主要目标达到或接近最优的情况下,次要目标也能够获得一定程度的兼顾。为了达到该要求,首先分析单目标情况下的最优解或者较好解的产生规则。

目标 1 租发数量最小。在执行送修任务时,如果找不到满足约束条件的备发作为更换的发动机,则产生租发。从模型可以看出,备发的可用日期越早,越容易满足该约束条件,而备发的可用日期依赖于其最近一次的维修时机。为了达到目标 1,送修任务的维修时机要在不引进租发的情况下尽量提前。这样可以获得目标 1 的较好解。

目标 2 维修时机提前量最小。显然,目标 2 要求维修时机越晚越好。最优解可以在所有送修任务的维修时机取维修期限的情况下获得。

目标 3 超过生产能力的送修任务数量最小。为了达到目标 3,各个送修任务的维修时机应该尽量分散。

目标 4 更换的发动机的软约束适合度最大。显然,对于所有的送修任务,在选择更换的发动机时,要选择软约束适合度最高的备发。这样可以获得目标 4 的较好解。

目标 5 发动机可以出租的总天数最大。可以出租的前提是确定完维修时机后还有连续可用时间比较长的备发,这就要求在选择更换的发动机时,要选择可用时间最晚的备发。

可以看出，各个目标对解都有不同的要求。将目标 1 和目标 2 作为主要目标，目标 3～5 作为次要目标，在上述分析的基础上，产生本章的算法。算法的基本思想是按照维修期限从前到后逐步处理送修任务，首先确定维修时机为维修期限；然后在满足约束的备发集合中寻找软约束适合度最高的发动机作为更换的发动机，如果有几台发动机的适合度相同，选择可用日期最晚的作为更换的发动机；如果没有满足约束的备发，则首先通过对已完成送修任务的维修时机向前调整的方式进行解决。如果通过调整还是不存在满足约束的备发，则进行租发。为了描述方便，不妨设 $d_{\text{due}}(o_{\text{task},1}) \leqslant d_{\text{due}}(o_{\text{task},2}) \leqslant \cdots \leqslant d_{\text{due}}(o_{\text{task},N_{\text{task}}})$。算法的具体迭代步骤如下。

步骤 1　初始化送修任务遍历变量 $i=1$。

步骤 2　令 $d_{\text{removal}}(o_{\text{task},i}) = d_{\text{due}}(o_{\text{task},i})$。

步骤 3　执行 $o_{\text{task},i}$ 的维修基地为 $o_{\text{opr},l}$，找到 $o_{\text{opr},l}$ 执行完的维修时机距离 $d_{\text{removal}}(o_{\text{task},i})$ 最近的送修任务 $o'_{\text{task},i}$，如果存在 $o'_{\text{task},i}$，且 $d_{\text{removal}}(o_{\text{task},i}) - d_{\text{removal}}(o'_{\text{task},i}) < c_l$，那么检查 $o'_{\text{task},i}$ 的维修时机是否可以向前调整 $c_l - [d_{\text{removal}} \cdot (o_{\text{task},i}) - d_{\text{removal}}(o'_{\text{task},i})]$ 天且不超过 $o_{\text{opr},l}$ 的生产能力。如果可以，将 $o'_{\text{task},i}$ 的维修时机向前调整 $c_l - [d_{\text{removal}}(o_{\text{task},i}) - d_{\text{removal}}(o'_{\text{task},i})]$ 天。

步骤 4　在 O^{i-1}_{spare} 中寻找满足如下两个条件的备发集合 $O^{i-1,1}_{\text{spare}}$：

(1) $d_{\text{removal}}(o_{\text{task},i}) \geqslant d_{\text{available}}(o^{i-1}_{\text{spare},j})$，

(2) $f_{\text{hard}}(o_{\text{task},i}, o^{i-1}_{\text{spare},j}) = 1$。

设 $O^{i-1,2}_{\text{spare}}$ 为 $O^{i-1,1}_{\text{spare}}$ 中 $f_{\text{soft}}(o_{\text{task},i}, o^{i-1}_{\text{spare},j})$ 最大的子集，在 $O^{i-1,2}_{\text{spare}}$ 中寻找可用日期最晚的一台备发，不妨将其记为 $o^{i-1}_{\text{spare},i^*}$，令 $o_{\text{install},i} = o^{i-1}_{\text{spare},i^*}$，$O^{i-1}_{\text{spare}} = O^{i-1}_{\text{spare}} \backslash \{o^{i-1}_{\text{spare},i^*}\}$，转步骤 7，如果没有找到 $o^{i-1}_{\text{spare},i^*}$，则进行下一步。

步骤 5　在 O^{i-1}_{spare} 中寻找满足如下 4 个条件的备发集合 $O^{i-1,1}_{\text{spare}}$：

(1) $d_{\text{removal}}(o_{\text{task},i}) < d_{\text{available}}(o^{i-1}_{\text{spare},j})$，

(2) $o^{i-1}_{\text{spare},j} \in \{o_{\text{task},1}, o_{\text{task},2}, \cdots, o_{\text{task},i-1}\}$，

(3) $d_{\text{available}}(o^{i-1}_{\text{spare},j}) - d_{\text{removal}}(o_{\text{task},i}) \leqslant t_{\text{adv}}(o^{i-1}_{\text{spare},j}) - (d_{\text{due}}(o^{i-1}_{\text{spare},j}) - d_{\text{removal}}(o^{i-1}_{\text{spare},j}))$，

(4) $f_{\text{hard}}(o_{\text{task},i}, o^{i-1}_{\text{spare},j}) = 1$。

设 $O^{i-1,2}_{\text{spare}}$ 为 O^{i-1}_{spare} 中 $d_{\text{available}}(o^{i-1}_{\text{spare},j}) - d_{\text{removal}}(o_{\text{task},i})$ 最小的子集，在 $O^{i-1,2}_{\text{spare}}$ 中寻找 $f_{\text{soft}}(o_{\text{task},i}, o^{i-1}_{\text{spare},j})$ 最大的一台备发，不妨将其记为 $o^{i-1}_{\text{spare},i^*}$，将 $d_{\text{removal}}(o^{i-1}_{\text{spare},i^*})$ 提前 $d_{\text{available}}(o^{i-1}_{\text{spare},i^*}) - d_{\text{removal}}(o_{\text{task},i})$ 天，则调整完后的 $o^{i-1}_{\text{spare},i^*}$ 的可用日期 $d^{\text{new}}_{\text{available}}(o^{i-1}_{\text{spare},i^*}) = d_{\text{removal}}(o_{\text{task},i})$。令 $o_{\text{install},i} = o^{i-1}_{\text{spare},i^*}$，$O^{i-1}_{\text{spare}} = O^{i-1}_{\text{spare}} \backslash \{o^{i-1}_{\text{spare},i^*}\}$，转到步骤 7，如果没有找到 $o^{i-1}_{\text{spare},i^*}$，则进行步骤 6。

步骤 6 将新租发作为 $o_{\text{install},i}$。

步骤 7 $O_{\text{spare}}^{i-1}=O_{\text{spare}}^{i-1}\cup\{o_{\text{task},i}\}$，$o_{\text{task},i}$ 的可用日期为 $d_{\text{removal}}(o_{\text{task},i})+t_{\text{wait}}(o_{\text{task},i})$，更新 O_{spare}^{i-1} 为 $O_{\text{spare}}^{i}=\{o_{\text{spare},1}^{i},o_{\text{spare},2}^{i},\cdots,o_{\text{spare},N_{\text{spare}}}^{i}\}$。

步骤 8 令 $i=i+1$，如果 $i>N_{\text{task}}$，结束；否则转到步骤 2。

下面对算法进行时间复杂度分析。时间复杂度分析的第一步是确定算法的基本操作。虽然一个算法中涉及的基本操作可能很多，但算法的性能只由其中的少数几个决定[8]。从步骤 4 和步骤 5 中可以看出，备发选择约束的检查操作是算法的时间复杂度的决定性操作。对 N_{task} 个送修任务和 N_{spare} 台初始备发的维修时机优化问题，备发选择约束的检查操作的频度之和 $T_{\text{h}}(N_{\text{task}},N_{\text{spare}})$ 满足下式：

$$T_{\text{h}}(N_{\text{task}},N_{\text{spare}})\leqslant N_{\text{task}}\times N_{\text{spare}} \tag{8-7}$$

所以本算法的时间复杂度为 $O(N_{\text{task}}\times N_{\text{spare}})$。

从算法中可以看出，$t_{\text{adv}}(o_{\text{task},i})$ 对解有着直接的影响。因为该值一般根据工程师设置的性能或者寿命件的浪费阈值确定，受人的主观影响比较大，所以可以通过对性能或者寿命件的浪费阈值设置多组不同的值产生不同的解，构成机队发动机维修时机优化问题的方案集。为了从方案集中选出较好的方案，可以采用优劣系数法[9]。优劣系数法主要是通过计算各个方案的优系数和劣系数比较各个方案的优劣。计算优系数和劣系数的前提是确定各目标的权数。常用的权数确定方法有简单编码法、环比法、优序图。本章采用简单编码法。目标 5 到目标 1 的重要性依次增加，所以目标 5 的权数取 1，目标 4 的权数取 2，依次类推，目标 1 的权数取 5。确定权数后，需要对各个目标值进行标准化，标准化公式为

$$X=\frac{99(C-B)}{A-B}+1 \tag{8-8}$$

式中，A 为目标的最优值；B 为目标的最差值；C 为待评价的目标值；X 为目标的标准化值。

标准化后，就可以进行优系数和劣系数的计算了。具体地，优系数等于一方案优于另一方案的目标所对应的权数之和与全部权数之和的比率，劣系数等于劣极差除以优极差与劣极差之和。优极差是一方案优于另一方案的目标中数值相差最大者，劣极差是一方案劣于另一方案的目标中数值相差最大者。

8.2.3 应用案例

以某航空公司 CFM56-3 机队为例对本章提出的方法进行验证。机队共有 7 台初始备发，其可用日期见表 8-2。根据性能、寿命件、适航指令/服务通告等因素确定发动机的维修期限，发现从 2009 年 1 月 1 日到 2010 年 12 月 31 日共有 30 个送修任务，其维修期限见图 8-1。

表 8-2 初始备发可用日期

发动机序号	可用日期	发动机序号	可用日期
** 7562	2009-1-1	** 6603	2009-1-21
** 8780	2009-1-1	** 7320	2009-2-15
** 4851	2009-1-6	** 1472	2009-3-1
** 6363	2009-1-15		

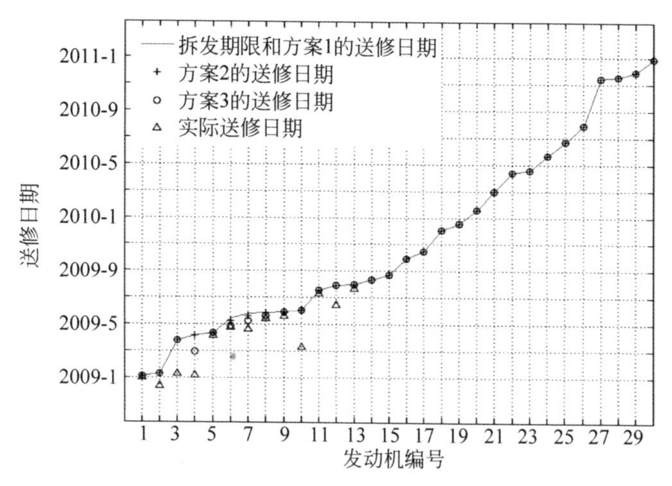

图 8-1 维修期限和维修时机

设置性能和寿命件的浪费阈值分别为(0,0)、(2,100)、(4,200),采用本章提出的启发式算法进行求解,得到 3 个方案。各个方案确定的发动机维修时机见图 8-1,详细比较见表 8-3。

表 8-3 维修时机优化方案比较

项　目	方案 1	方案 2	方案 3
新租发数量/台	4	1	0
维修时机提前量/d	0	10	76
超过生产能力的送修任务数量/个	1	1	0
软约束适合度	0.745	0.723	0.716
可以出租的总天数/d	2541	1155	693

经过计算,方案 1 和方案 2 相比较,方案 1 的优劣系数分别为 0.47 和 0.497,方案 2 的优劣系数分别为 0.33 和 0.503,所以方案 1 优于方案 2;方案 1 和方案 3 相比较,方案 1 的优劣系数分别为 0.47 和 0.5,方案 3 的优劣系数分别为 0.53 和 0.5,所以方案 3 优于方案 1。综上,选择方案 3 作为最终的维修时机优化方案。将 2009 年 1 月 1 日到 2009 年 7 月 31 日的实际送修情况进行比较发现:实际送修日期一般要早于计划送修日期,而实际选择的备发和计划选择的备发有较大的出入。

这主要是因为在实际的发动机管理中,工程师一般采取倾向于安全的态度,对备发的选择则表现出比较大的随意性。

8.3 送修目标导向的维修工作范围决策

8.3.1 决策过程

发动机送修时,面临的首要问题是确定在车间要做什么样的工作,即确定维修工作范围。发动机的维修工作范围直接影响着维修成本以及修后性能。发动机维修工作范围制定得不合理,会出现所谓的过维修和欠维修问题[10]。过维修会增加维修成本,欠维修则达不到送修目标,对飞行安全产生严重影响。目前,航空公司在确定发动机维修工作范围时,一般是参考发动机制造商提供的工作范围计划指导文件(workscope planning guide,WPG)。因为 WPG 没有考虑各个航空公司的实际情况,如果完全按照 WPG 进行维修工作范围的制定,结果往往不符合航空公司的要求,所以发动机维修工作范围制定得是否合理,更多地依赖于工程师的实践经验。现代发动机结构越来越复杂,即使是经验丰富的工程师,在制定发动机维修工作范围时,也需要耗费大量的时间和精力[11],所以有必要对发动机维修工作范围的决策进行研究。

目前,发动机在结构设计中大多采用单元体的设计思想,发动机一般由多个可拆换的单元体组成。在结构模块化和规格化的单元体设计思想驱动下,发动机的维修是以单元体为中心展开的。每次发动机送修时,首先将发动机从飞机上拆下来运输到修理厂,然后将发动机拆分为单元体,以单元体为维修单元,更换单元体内到寿或者即将到寿的寿命件,同时对单元体进行一定等级的维修。因此,发动机维修工作范围决策的主要内容是确定单元体的维修级别以及需更换的寿命件。

以国内应用较多的 CFM56-5B 型号发动机为例,其整机由 4 个主单元、17 个子单元体和 20 个寿命件组成,其结构如图 8-2 所示。

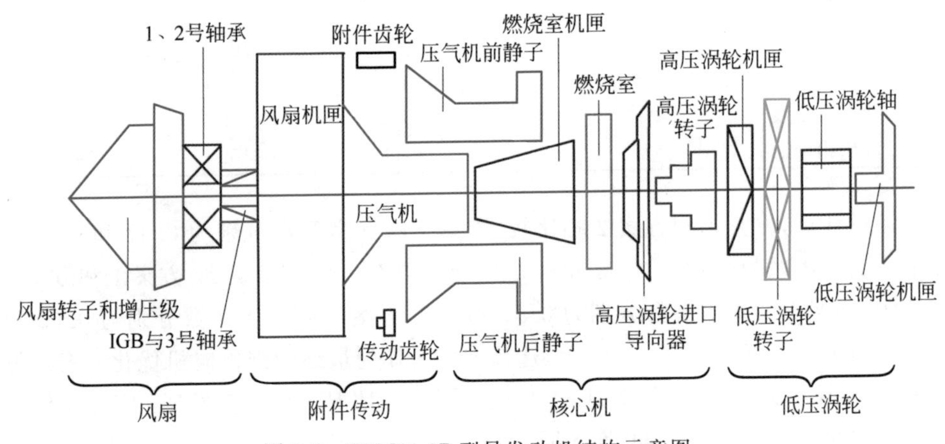

图 8-2 CFM56-5B 型号发动机结构示意图

从机队管理的角度出发,发动机送修时,一般都会对修后状态有一个期望值,即送修目标。对于将要退租的发动机,送修目标可能是满足租发合同规定的退租条件就可以了;对于将要出售的发动机,送修目标可能是综合考虑送修成本和出售价格的结果;对于继续服役的发动机,送修目标可能是综合考虑机队当前状况的结果[12]。发动机的送修目标主要有4个方面:①修后能服役的总小时数,记为H_{goal};②修后能服役的总循环数,记为C_{goal};③修后的EGTM,记为E_{goal};④修后的AD/SB状态。为了达到送修目标,必须从以下5个方面对各个单元体进行评估:

(1) 寿命件。对于一个有循环限制的寿命件,设当前使用总循环为C_{tcpre},限制循环为$C_{hardlim}$,如果$C_{tcpre}+C_{goal}>C_{hardlim}$,那么该寿命件必须进行更换。对于有小时限制的寿命件或者既有小时又有循环限制的寿命件,判断逻辑是类似的。这样可以得到发动机送修时各个单元体必须更换的寿命件清单。

(2) 部件损伤。对于有损伤的零部件,必须根据发动机手册或者历史损伤数据评估其在使用H_{goal}或者C_{goal}后是否超标[13]。如果超标,该零部件必须进行修理或者更换;反之,可以不做任何工作。这样可以得到发动机送修时单元体必须进行修理或者更换的零部件清单。

(3) 软时限。单元体软时限是根据零部件的可靠性并考虑机会维修等因素确定的[14]。一般来说,如果单元体的大修后总小时(time since overhaul,TSO)或者大修后总循环(cycle since overhaul,CSO)即将到达或超过单元体软时限,则单元体的维修级别为大修。

(4) AD/SB状态。根据发动机当前的AD/SB状态和修后的AD/SB状态,可以获得发动机送修时单元体必须执行的AD/SB清单。

(5) EGTM。EGTM是发动机性能监控中最重要的参数之一[15]。设发动机当前的EGTM为E_{pre},如果$E_{goal}-E_{pre}=E_{re}>0$,则必须通过对发动机各个单元体的维修使得EGTM至少恢复E_{re}。一般情况下,不同单元体的不同维修级别能够恢复的EGTM不同。显然,存在使EGTM恢复E_{re}的多个方案。

单元体的不同维修级别都对应不同的分解范围和维修深度,所以如果要更换某个零部件或者执行某个AD/SB,单元体维修级别必须至少是某个确定的级别。这样,根据单元体必须更换的寿命件清单、必须进行修理或者更换的零部件清单、必须执行的AD/SB清单,就可以确定单元体的最低维修级别了。可以看出,根据寿命件、部件损伤、软时限、AD/SB 4个方面确定的最低维修级别是唯一的,但是根据EGTM确定的维修级别存在多种方案。因为不同单元体的不同维修级别产生的维修成本不一样,所以各个方案对应的发动机维修成本也存在差异。从多个方案中寻找出维修成本最小的方案,对于航空公司就很有意义。对于一台发动机,为了获得维修成本最小的方案,需要"两步走":

步骤1 对于任意一个单元体,根据寿命件、部件损伤、软时限、AD/SB 4个方面分别确定相应的最低维修级别,选取其中级别最高的维修级别作为该单元体的初始维修级别。

步骤 2 记各个单元体执行初始维修级别后发动机能够恢复的 EGTM 值为 E'_{re}，如果 $E'_{re} \geqslant E_{re}$，则将初始维修级别作为最终的维修级别；否则，提升初始维修级别，从使 EGTM 至少恢复 E_{re} 的多个方案中选择维修成本最小的方案作为最终方案。

提升各个单元体的初始维修级别满足 E_{goal} 的过程，实质就是将 E_{re} 和 E'_{re}的差值分配到各个单元体上，可以将这个过程称作单元体性能恢复值分配。

因为机队管理经验的不同，对于某些系列的发动机，不同单元体不同维修级别能够恢复的 EGTM 可以给出确定的数值，对于其他系列的发动机，则不能给出确定的数值。下面分别对这两种情况进行研究。

8.3.2 确定条件下单元体性能恢复值分配优化

1. 问题建模

为了建立单元体性能恢复值分配优化模型，首先做如下约定：

(1) 发动机由 n 个单元体组成，M_i 表示第 i 个单元体。

(2) 对于 M_i，由寿命件、部件损伤、软时限、AD/SB 状态确定的初始维修级别记为 $W_{i,0}$，可选的维修级别的总数，即级别不低于 $W_{i,0}$ 的维修级别的总数记为 m_i+1，用 W_{i,j_i} 表示第 j_i 个可选维修级别，$0 \leqslant j_i \leqslant m_i$。$W_{i,j_i}$ 和 $W_{i,0}$ 相比，增加的维修成本为 $c_i(j_i)$，增加的 EGTM 恢复值为 $t_i(j_i)$，显然，$c_i(j_i) \geqslant 0$，$t_i(j_i) \geqslant 0$。对于 $0 \leqslant a \leqslant b \leqslant m_i$，不妨设 $c_i(a) \leqslant c_i(b)$，$t_i(a) \leqslant t_i(b)$。

(3) 通过单元体维修级别的提升还需恢复的 EGTM 为 $E_{re}-E'_{re}$，记为 t^*。

(4) $\sum_{i=1}^{n} t_i(m_i) \geqslant t^*$，即所有单元体执行最高维修级别还能够恢复的最大 EGTM 不小于 t^*，保证存在可行的分配方案。

综上，建立基于维修成本最小的单元体性能恢复值分配优化模型：

$$\begin{cases} \min f = \sum_{i=1}^{n} c_i(x_i) \\ \text{s. t. } \sum_{i=1}^{n} t_i(x_i) \geqslant t^* \\ 0 \leqslant x_i \leqslant m_i \\ x_i \in \mathbb{Z} \end{cases} \tag{8-9}$$

式中，x_i 为 M_i 可以选择的维修级别的编号；$\mathbb{Z}$ 为整数集合。

从式(8-9)中可以看出，单元体性能恢复值分配问题是一个整数规划问题。对于整数规划问题，常用的求解方法主要有群举法、分支定界法、割平面法等。群举法和分支定界法都有计算量大的问题，而割平面法存在收敛慢的缺点。和分支定界法相比，动态规划因为利用了原问题可以分解为重复子问题的特点，所以计算量相对小很多。启发式算法的时间复杂度一般情况下要远远低于动态规划,但是存在经常不能获得最优解的缺点。下面研究模型求解的动态规划算法和启发式算法。

2. **动态规划求解**

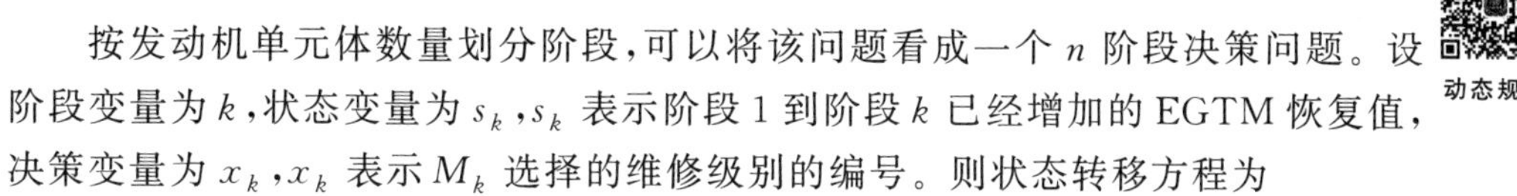

按发动机单元体数量划分阶段,可以将该问题看成一个 n 阶段决策问题。设阶段变量为 k,状态变量为 s_k,s_k 表示阶段 1 到阶段 k 已经增加的 EGTM 恢复值,决策变量为 x_k,x_k 表示 M_k 选择的维修级别的编号。则状态转移方程为

$$s_{k-1}=s_k-t_k(x_k) \tag{8-10}$$

允许的决策集合为

$$D_k(s)=\{0,1,\cdots,m_k\}$$

最优值函数 $f_k(s)$是 $M_1 \sim M_k$ 选择的维修级别能够增加的 EGTM 恢复值不低于 s 时维修成本的最小值,即

$$f_k(s)=\min_{\substack{\sum_{i=1}^{k} t_i(x_i)\geqslant s \\ 0\leqslant x_i\leqslant m_i,\text{且为整数}}} \sum_{i=1}^{k} c_i(x_i) \tag{8-11}$$

所以可以写出动态规划的顺序递推关系:

$$f_1(s)=\min_{\substack{t_1(x_1)\geqslant s \\ x_1=0,1,\cdots,m_1}} c_1(x_1) \tag{8-12}$$

$$f_k(s)=\min_{\substack{\sum_{i=1}^{k} t_i(x_i)\geqslant s \\ x_k=0,1,\cdots,m_k}} \{c_k(x_k)+f_{k-1}(s-t_k(x_k))\},\quad 2\leqslant k\leqslant n \tag{8-13}$$

然后,逐步计算出 $f_1(s),f_2(s),\cdots,f_n(s)$及相应的决策函数 $x_1(s),x_2(s),\cdots,x_n(s)$,最后得出的 $f_n(t^*)$就是所求的最小维修成本,其相应的最优策略由反推运算即可得出。

3. **启发式算法求解**

对于单元体性能恢复值分配问题,有这样一种直观的认识:如果优先选择那些增加的 EGTM 恢复值高,但增加的维修成本低的维修级别,则最终的方案可能要好一些。基于此,首先定义有效 EGTM 单价。

定义 8.2 为发动机各个单元体选择维修级别。如果单元体 M_i 选择维修级别 $W_{i,j}$ 后,发动机能够恢复的 EGTM 超出 E_{goal} 为 $e_{i,j}$,则称

$$p_{i,j}=\begin{cases}\dfrac{c_i(j)}{t_i(j)-e_{i,j}}, & e_{i,j}>0\\[2ex] \dfrac{c_i(j)}{t_i(j)}, & e_{i,j}\leqslant 0\end{cases} \tag{8-14}$$

为维修级别 $W_{i,j}$ 的有效 EGTM 单价。

基于有效 EGTM 单价，给出如下启发式算法。

步骤 1 各个单元体的高于初始维修级别的维修级别组成待选维修级别集合，计算所有待选维修级别的有效 EGTM 单价 $p_{i,j}$，将待选维修级别按照 $p_{i,j}$ 从低到高排序。

步骤 2 检查当前各个单元体选择的维修级别能够恢复的 EGTM 是否满足 E_{goal}，如果满足，计算结束；否则，进行步骤 3。

步骤 3 检查各个待选维修级别的 $p_{i,j}$ 是否需要重新计算，如果需要，对其进行计算，并将其按照 $p_{i,j}$ 从低到高排序。

步骤 4 对于待选维修级别集合中的 $p_{i,j}$ 最小的维修级别 $W_{i,j}$，判断 M_i 的维修级别 $W_{i,j'}$ 是否为 $W_{i,0}$，如果是，将 $W_{i,j}$ 作为 M_i 的维修级别；如果不是，比较 $t_i(j)$ 和 $t_i(j')$ 的大小，选择较大的作为 M_i 的维修级别，将 $W_{i,j}$ 从待选维修级别集合中删除，返回步骤 2。

4. 算法比较

为了对单元体性能恢复值分配优化问题的动态规划和启发式算法进行比较，首先随机产生 50 个单元体性能恢复值分配优化问题。具体地，发动机单元体的数量符合 10～40 的平均分布，各个单元体能够选择的维修级别的数量符合 0～3 的平均分布，各个维修级别能够恢复的 EGTM 相比低一级的维修级别的增量符合 0～6 的平均分布，维修成本的增量符合 10～40 的平均分布，还需恢复的 EGTM 符合 0～40 的分布，然后分别采用动态规划和启发式算法对问题进行求解。按照这种方法进行了 5 次实验，具体比较结果见表 8-4。

表 8-4 启发式算法和动态规划的比较 %

实验编号	启发式算法/动态规划		
	时间消耗比	求得最优解的问题数量比	和最优值的相对平均偏差
1	5.7	60	7.7
2	5.8	44	10.1
3	5.2	64	8.7
4	7.9	46	8.8
5	6.6	62	7.5
平均	6.24	55.2	8.56

从表 8-4 中可以看出，启发式算法的求解速度远远高于动态规划，平均所需时间不足动态规划的 1/16；动态规划可以保证获得问题的最优解，启发式算法获得最优解的数量平均占到 55.2%；对于使用启发式算法没有获得最优解的问题，和最优值的相对平均偏差最大为 10.1%，平均为 8.56%。所以，在实际应用中，如果对求解时间有比较高的要求，比如在制定发动机年度维修成本预算时，需要估计全机队预计送修的发动机的维修工作范围，这时候可以采用启发式算法进行求解；

如果对解的质量要求比较高，比如在发动机实际送修时确定维修工作范围，可以采用动态规划进行求解。

8.3.3　不确定条件下单元体性能恢复值分配优化

1. 单元体性能恢复值的模糊化

对于某些系列的发动机，因为机队管理经验的缺乏，工程师难以比较精确地给出不同单元体不同维修级别能够恢复的 EGTM，只能给出一个大概的数值或者区间，比如 3℃ 左右、[1.5℃，3.2℃]等，即不同单元体不同维修级别能够恢复的 EGTM 是一个模糊量。为了建模方便，对于单元体 M_i，将与初始维修级别 $W_{i,0}$ 相比，维修级别 W_{i,j_i} 增加的 EGTM 恢复值表示为$[t_i(j_i)-\Delta_1(j_i), t_i(j_i)+\Delta_2(j_i)]$的形式，其中 $t_i(j_i)$表示增加的可能性最大的 EGTM 恢复值，$\Delta_1(j_i)$表示最大的左偏差，$0\leqslant\Delta_1(j_i)\leqslant t_i(j_i)$，$\Delta_2(j_i)$表示最大的右偏差，$\Delta_2(j_i)\geqslant 0$。进一步地，增加的 EGTM 恢复值可以表示为一个模糊数。下面首先给出模糊数的定义。

定义 8.3[16]　设$\mathbb{R}$为实数域，$\tilde{a}$ 是定义在$\mathbb{R}$上的模糊集，称 $\tilde{a}$ 为模糊数，如果：

(1) $\tilde{a}$ 是正规的，即存在 $x_0\in\mathbb{R}$，使 $\tilde{a}(x_0)=1$；

(2) $\forall\alpha\in(0,1]$，$\tilde{a}_\alpha$ 是闭区间。

定义 8.3 中，$\tilde{a}(x_0)$表示 x_0 在 $\tilde{a}$ 上的隶属度，$\tilde{a}_\alpha$ 表示 $\tilde{a}$ 的 α-截集。

将增加的 EGTM 恢复值表示为三角模糊数 $\tilde{t}_i(j_i)$：

$$\tilde{t}_i(j_i)=(t_i(j_i)-\Delta_1(j_i), t_i(j_i), t_i(j_i)+\Delta_2(j_i)) \tag{8-15}$$

模糊数 $\tilde{t}_i(j_i)$的隶属函数为

$$\tilde{t}_i(j_i)(x)=\begin{cases}\dfrac{x-t_i(j_i)+\Delta_1(j_i)}{\Delta_1(j_i)}, & t_i(j_i)-\Delta_1(j_i)\leqslant x\leqslant t_i(j_i)\\ \dfrac{t_i(j_i)+\Delta_2(j_i)-x}{\Delta_2(j_i)}, & t_i(j_i)\leqslant x\leqslant t_i(j_i)+\Delta_2(j_i)\\ 0, & \text{其他}\end{cases} \tag{8-16}$$

从图 8-3 中可以看出，当 $x=t_i(j_i)$时，$\tilde{t}_i(j_i)(x)=1$；当 x 远离 $t_i(j_i)$时，$\tilde{t}_i(j_i)(x)$逐渐变小，直到为 0。

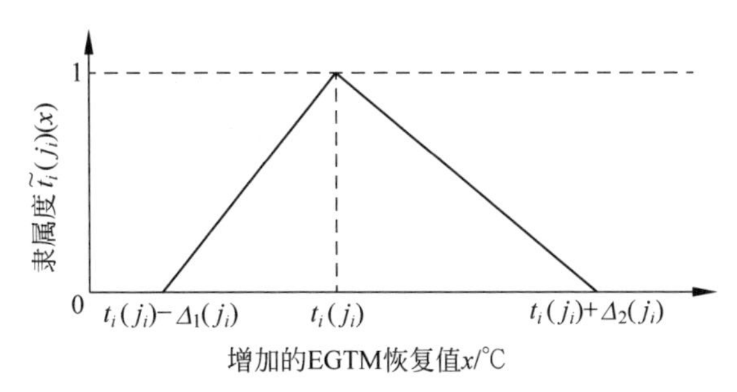

图 8-3　单元体性能恢复值的隶属函数

2. 不确定条件下的单元体性能恢复值分配优化问题建模

当单元体性能恢复值是模糊数时，“所有单元体还能够恢复的最大 EGTM 不小于 t^*”这个约束条件就转化为“所有单元体还能够恢复的最大 EGTM 不小于 $\tilde{t}^*$ 的可能性至少是某一置信水平 α”了。

所以，可以建立不确定条件下的单元体性能恢复值分配优化模型：

$$\begin{cases} \min f = \sum_{i=1}^{n} \sum_{j_i=0}^{m_i} c_i(j_i) x_{i,j_i} \\ \text{s.t. Pos}\left\{ \sum_{i=1}^{n} \sum_{j_i=0}^{m_i} \tilde{t}_i(j_i) x_{i,j_i} - \tilde{t}^* \geqslant 0 \right\} \geqslant \alpha \\ \sum_{j_i=0}^{m_i} x_{i,j_i} = 1 \\ x_{i,j_i} \in \{0,1\} \end{cases} \tag{8-17}$$

式中，x_{i,j_i} 为决策变量，其值由单元体 M_i 是否选择维修级别 W_{i,j_i} 确定，如果选择，$x_{i,j_i}=1$，否则 $x_{i,j_i}=0$；$\tilde{t}^*$ 为$(t^*-\Delta_1^*, t^*, t^*+\Delta_2^*)$；$\text{Pos}\{\cdot\}$表示可能性。

由式(8-17)可以看出，该优化模型属于模糊机会约束规划模型[17]。对于这类模型的求解，首选的方法是将其转化为相应的清晰等价类，然后再对它的清晰等价类进行求解。

3. 基于清晰等价类的求解

首先不加证明地给出定理 8.1[18]。

定理 8.1 设三角模糊数为 $\tilde{a}=(a-\Delta_{a,1}, a, a+\Delta_{a,2})$，则对任意给定的置信水平 α，$0 \leqslant \alpha \leqslant 1$，$\text{Pos}\{\tilde{a} \geqslant b\} \geqslant \alpha$ 当且仅当 $a+\Delta_2(1-\alpha) \geqslant b$。

将 $\sum_{i=1}^{n} \sum_{j_i=0}^{m_i} \tilde{t}_i(j_i) x_{i,j_i} - \tilde{t}^*$ 表示成 $\sum_{i=1}^{n} \sum_{j_i=0}^{m_i} x_{i,j_i} \tilde{t}_i(j_i) - \tilde{t}^*$，因为$\tilde{t}_i(j_i)$ 和$\tilde{t}^*$ 是三角模糊数，根据三角模糊数的加法和乘法运算，$\sum_{i=1}^{n} \sum_{j_i=0}^{m_i} x_{i,j_i} \tilde{t}_i(j_i) - \tilde{t}^*$ 也是三角模糊数，并且可以表示成

$$\sum_{i=1}^{n} \sum_{j_i=0}^{m_i} x_{i,j_i} \tilde{t}_i(j_i) - \tilde{t}^* = \begin{bmatrix} \sum_{i=1}^{n} \sum_{j_i=0}^{m_i} x_{i,j_i} [t_i(j_i) - \Delta_1(j_i)] - (t^* + \Delta_2^*) \\ \sum_{i=1}^{n} \sum_{j_i=0}^{m_i} x_{i,j_i} t_i(j_i) - t^* \\ \sum_{i=1}^{n} \sum_{j_i=0}^{m_i} x_{i,j_i} [t_i(j_i) + \Delta_2(j_i)] - (t^* - \Delta_1^*) \end{bmatrix}^{\mathrm{T}}$$

$$
=\begin{bmatrix}
\left(\sum_{i=1}^{n}\sum_{j_i=0}^{m_i}x_{i,j_i}t_i(j_i)-t^*\right)-\left(\sum_{i=1}^{n}\sum_{j_i=0}^{m_i}x_{i,j_i}\Delta_1(j_i)+\Delta_2^*\right)\\
\sum_{i=1}^{n}\sum_{j_i=0}^{m_i}x_{i,j_i}t_i(j_i)-t^*\\
\left(\sum_{i=1}^{n}\sum_{j_i=0}^{m_i}x_{i,j_i}t_i(j_i)-t^*\right)+\left(\sum_{i=1}^{n}\sum_{j_i=0}^{m_i}x_{i,j_i}\Delta_2(j_i)+\Delta_1^*\right)
\end{bmatrix}^{\mathrm{T}} \tag{8-18}
$$

根据定理 8.1,机会约束 $\mathrm{Pos}\left\{\sum_{i=1}^{n}\sum_{j_i=0}^{m_i}\tilde{t}_i(j_i)x_{i,j_i}-\tilde{t}^*\geqslant 0\right\}$ 的清晰等价类为

$$
\left(\sum_{i=1}^{n}\sum_{j_i=0}^{m_i}x_{i,j_i}t_i(j_i)-t^*\right)+(1-\alpha)\left(\sum_{i=1}^{n}\sum_{j_i=0}^{m_i}x_{i,j_i}\Delta_2(j_i)+\Delta_1^*\right)\geqslant 0 \tag{8-19}
$$

式(8-19)进一步化简为

$$
\sum_{i=1}^{n}\sum_{j_i=0}^{m_i}[t_i(j_i)+(1-\alpha)\Delta_2(j_i)]x_{i,j_i}\geqslant t^*-(1-\alpha)\Delta_1^* \tag{8-20}
$$

由式(8-20),式(8-18)表示的模型等价于

$$
\begin{cases}
\min f=\sum_{i=1}^{n}\sum_{j_i=0}^{m_i}c_i(j_i)x_{i,j_i}\\
\text{s. t. }\sum_{i=1}^{n}\sum_{j_i=0}^{m_i}[t_i(j_i)+(1-\alpha)\Delta_2(j_i)]x_{i,j_i}\geqslant t^*-(1-\alpha)\Delta_1^*\\
\sum_{j_i=0}^{m_i}x_{i,j_i}=1\\
x_{i,j_i}\in\{0,1\}
\end{cases} \tag{8-21}
$$

如果以单元体 M_i 可以选择的维修级别的编号 x_i 为决策变量建立优化模型,则式(8-21)表示的模型转化为

$$
\begin{cases}
\min f=\sum_{i=1}^{n}c_i(x_i)\\
\text{s. t. }\sum_{i=1}^{n}[t_i(x_i)+(1-\alpha)\Delta_2(x_i)]\geqslant t^*-(1-\alpha)\Delta_1^*\\
0\leqslant x_i\leqslant m_i\\
x_i\ \text{是整数}
\end{cases} \tag{8-22}
$$

将式(8-22)和式(8-9)进行对比,可以发现模型的结构是完全一样的。所以,对于不确定条件下的单元体性能恢复值分配优化问题,只要在求解前将 $\tilde{t}_i(j_i)$ 和 $\tilde{t}^*$ 根据置信水平 α 替换为 $t_i'(j_i)=t_i(j_i)+(1-\alpha)\Delta_2(j_i)$ 和 $t'^*=t^*-(1-\alpha)\Delta_1^*$,如图 8-4 所示,就可以采用 8.3.2 节的动态规划和启发式算法进行求解了。

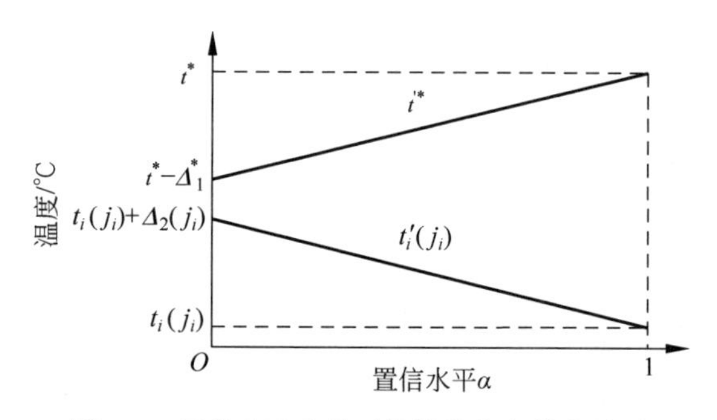

图 8-4　置信水平和单元体性能恢复值的关系

8.3.4　应用案例

以一台 CFM56-5B 发动机为例对本节提出的发动机维修工作范围决策方法的有效性进行验证。样本发动机于 2010 年 2 月 1 日因为寿命件到寿拆下。本次的送修目标为：①修后能服役的总小时数 H_{goal}=15 000h；②修后能服役的总循环数 C_{goal}=8000 个；③修后的 EGTM E_{goal}=70℃；④执行 CAD2009-MULT-52。

(1) 根据样本发动机的寿命件时间清单，发现高压压气机转子单元体的前轴、3 级盘、后空气封严、高压涡轮转子单元体的后轴、前空气封严等的剩余循环低于 C_{goal}；在最近一次孔探时，发现燃烧室单元体的两个喷嘴间的双孔板上有多个位置有烧蚀，其中伴有径向裂纹，最长约 20mm；根据单元体时间清单，发现所有单元体都没有到达性能恢复的软时限，只需要进行目视检查；本次送修时需要执行 CAD2009-MULT-52，该 AD 涉及的单元体只有低压涡轮/静子单元体。综上，从寿命件、部件损伤、软时限、AD/SB 4 个方面确定的单元体最低维修级别及初始维修级别如表 8-5 所示。

表 8-5　单元体初始维修级别

单元体名称	寿命件	部件损伤	软时限	AD/SB 状态	初始维修级别
风扇转子和增压级	N/A	N/A	VI	N/A	VI
1、2 号轴承	N/A	N/A	VI	N/A	VI
IGB 与 3 号轴承	N/A	N/A	N/A	N/A	N/A
风扇机匣	N/A	N/A	VI	N/A	VI
高压压气机转子	FOH	N/A	VI	N/A	FOH
高压压气机前静子	N/A	N/A	VI	N/A	VI
高压压气机后静子	N/A	N/A	VI	N/A	VI
燃烧室机匣	N/A	N/A	VI	N/A	VI
燃烧室	N/A	PER	VI	N/A	PER
高压涡轮进口导向器	N/A	N/A	VI	N/A	VI

续表

单元体名称	寿命件	部件损伤	软时限	AD/SB 状态	初始维修级别
高压涡轮转子	FOH	N/A	VI	N/A	FOH
低压涡轮进口导向器	N/A	N/A	VI	N/A	VI
低压涡轮转/静子	PER	N/A	VI	PER	PER
低压涡轮轴	FOH	N/A	VI	N/A	FOH
低压涡轮机匣	N/A	N/A	VI	N/A	VI
附件齿轮	N/A	N/A	VI	N/A	VI
传动齿轮	N/A	N/A	VI	N/A	VI

注：VI 表示目视检查，PER 表示性能恢复，FOH 表示大修，N/A 表示不适用。

(2) 确定各个单元体的初始维修级别后，根据表 8-6 计算得初始维修级别能够恢复的 EGTM 值为 $E'_{re}=12℃$，发动机当前的 EGTM 值为 $E_{pre}=44℃$，所以发动机还需恢复的 EGTM 为 $t^*=E_{goal}-E_{pre}-E'_{re}=14℃$。分别采用动态规划和启发式算法进行单元体性能恢复值分配优化，结果见表 8-7。

表 8-6　维修级别对应的性能恢复值和维修成本

单元体名称	性能恢复值/℃				维修成本(除寿命件)/美元			
	VI	MIN	PER	FOH	VI	MIN	PER	FOH
风扇转子和增压级	0	0	1	2	0	22 000	61 700	99 200
1、2 号轴承	0	N/A	N/A	0	350	N/A	N/A	5900
IGB 与 3 号轴承	N/A	0	N/A	0	N/A	6300	N/A	97 700
风扇机匣	0	N/A	0	0	190	N/A	111 300	177 200
高压压气机转子	0	0	3	4	5200	43 500	90 600	143 200
高压压气机前静子	0	0	2	3	8200	36 000	86 900	121 800
高压压气机后静子	0	0	2	3	1940	9000	21 000	30 100
燃烧室机匣	0	N/A	0	0	13 800	N/A	80 400	113 600
燃烧室	0	N/A	0	0	6000	N/A	42 600	60 800
高压涡轮进口导向器	0	N/A	2	3	5600	N/A	26 000	433 000
高压涡轮转子	0	N/A	4	6	2400	N/A	40 400	60 400
低压涡轮进口导向器	0	N/A	4	6	7200	N/A	318 800	515 900
低压涡轮转/静子	0	0	2	3	10 000	64 500	16 000	253 900
低压涡轮轴	0	0	N/A	0	2360	16 000	N/A	61 900
低压涡轮机匣	0	0	N/A	0	200	3000	N/A	8000
附件齿轮	0	0	0	0	0	1600	40 300	59 100
传动齿轮	0	N/A	N/A	0	100	N/A	N/A	5800

注：VI 表示目视检查，MIN 表示最小修理，PER 表示性能恢复，FOH 表示大修，N/A 表示不适用。

表 8-7　单元体最终维修级别

单元体名称	确定条件		不确定条件	
	动态规划	启发式算法	动态规划	启发式算法
风扇转子和增压级	FOH	FOH	FOH	FOH
1、2 号轴承	VI	VI	VI	VI
IGB 与 3 号轴承	N/A	N/A	N/A	N/A
风扇机匣	VI	VI	VI	VI
高压压气机转子	FOH	FOH	FOH	FOH
高压压气机前静子	FOH	FOH	FOH	FOH
高压压气机后静子	FOH	FOH	FOH	FOH
燃烧室机匣	VI	VI	VI	VI
燃烧室	PER	PER	PER	PER
高压涡轮进口导向器	VI	PER	VI	VI
高压涡轮转子	FOH	FOH	FOH	FOH
低压涡轮进口导向器	FOH	PER	PER	PER
低压涡轮转/静子	PER	FOH	FOH	FOH
低压涡轮轴	FOH	FOH	FOH	FOH
低压涡轮机匣	VI	VI	VI	VI
附件齿轮	VI	VI	VI	VI
传动齿轮	VI	VI	VI	VI
维修成本(除寿命件)/美元	1 261 340	1 412 540	1 152 140	1 152 140

注：VI 表示目视检查，PER 表示性能恢复，FOH 表示大修，N/A 表示不适用。

从表 8-7 中可以看出，和初始维修级别相比，为了使发动机修后性能满足送修目标，动态规划优化结果还要求对风扇转子和增压级、高压压气机前静子、高压压气机后静子、低压涡轮进口导向器进行大修。启发式算法优化结果基本和动态规划优化结果一致，不同点在于对高压涡轮进口导向器和低压涡轮进口导向器进行了性能恢复，而不是目视检查和大修，并对低压涡轮转/静子进行了大修。从维修成本角度比较，启发式算法优化结果比动态规划优化结果多出 151 200 美元。

实际上，表 8-6 中给出的性能恢复值是一个估计值。对于影响性能的维修级别(即性能恢复值不为 0 的维修级别)，其性能恢复值都允许有一个 0～1℃左右的偏差。采用本章不确定条件下的单元体性能恢复值分配模型进行优化，机会约束 $\mathrm{Pos}\left\{\sum_{i=1}^{n}\sum_{j_i=0}^{m_i}\tilde{t}_i(j_i)x_{i,j_i}-\tilde{t}^*\geqslant 0\right\}$ 的置信水平 $\alpha=0.8$，优化结果如表 8-7 所示。

从表 8-7 中可以看出，和确定条件下的动态规划优化结果相比，不确定条件下的动态规划优化结果不要求对低压涡轮进口导向器进行大修，只需要进行性能恢复，但要求对低压涡轮转/静子进行大修，相应的维修成本也减少了 109 200 美元。同时可以看到，启发式算法也得到了最优解。

8.4 基于生存分析的维修工作范围决策

8.3节提出的方法依赖于单元体性能恢复值。在工程实践中，很多时候往往难以给出这样的数值，但能够收集到一定量的历史送修数据。本节将运用生存分析的相关知识，基于历史送修数据，从修后性能恢复可靠度的角度建立单元体维修级别生存分析模型，基于单元体维修级别生存分析模型，提出民航发动机维修工作范围优化方法，为民航发动机维修工作范围的确定和优化提供理论支持。

8.4.1 单元体维修级别生存分析模型

民航发动机经过车间修理，其可靠性和性能会有一定程度的恢复。在优化民航发动机维修工作范围时，需要考虑进厂维修的另一送修目标——预期修后性能。单台民航发动机的预期修后性能是航空公司制定机队调度计划的重要考虑依据。因此，估算民航发动机执行某维修工作范围后其性能参数能否满足送修目标，对于各单元体维修级别的制定有着重要的意义。

然而，由于各台发动机制造维护、使用工况和自身性能的差异，在某些条件下，即使采用了相同的维修工作范围，其修后的性能恢复程度也会有较大的差异。同时，由于承修厂维修能力的差异，以及发动机车间维修过程中存在的大量随机因素，使得影响民航发动机修后性能的因素更加复杂。在目前的发动机维修工程管理中，还难以准确地预测出民航发动机在采用某维修工作范围后的性能恢复情况。

为了研究民航发动机单元体维修级别与修后性能恢复之间的关系，为民航发动机维修工作范围的制定和优化提供理论支持，本小节以生存分析的相关理论为基础，综合民航发动机各单元体的历史维修级别及送修前后的性能参数，建立民航发动机单元体维修级别生存分析模型。通过对性能恢复生存函数的分析求解，估计民航发动机在采用某维修工作范围后能够达到预期性能的可靠度。

1. 单元体维修级别及性能影响分析

生存分析方法是通过对被研究对象的一个或者多个影响因素进行统计分析，运用相应的数学方法对被研究对象的表征量进行估计和推断。民航发动机进厂维修后，其修后的性能恢复情况可以看作“治疗”后的“生理指标”。制定民航发动机整机的维修工作范围时，可将各单元体的维修级别当作具体的“治疗方法”。因此，可利用采取某维修工作范围后恢复至预期性能目标的可靠度，判定维修工作范围是否合理。

由于民航发动机失效模式的多样性、劣化过程的随机性以及车间维修工作水平和送修前性能状态的差异，影响发动机修后性能恢复的因素较为复杂。准确地预测出发动机采用某维修工作范围后的性能恢复情况还不易实现。通常情况下，即使两台发动机采用相同的维修工作范围，其修后的性能恢复情况也会存在较大的差异。

图 8-5 所示为某航空公司注册号为 ** 6286 的 CFM56-7B 型号民航发动机的 EGTM 变化趋势图,根据发动机的修理报告可知：该发动机曾在 2008 年 12 月 31 日有一次进厂维修的记录,其进厂前的 EGTM 约为 59.25℃,采用某维修工作范围后,其 EGTM 恢复到约 66.048℃。

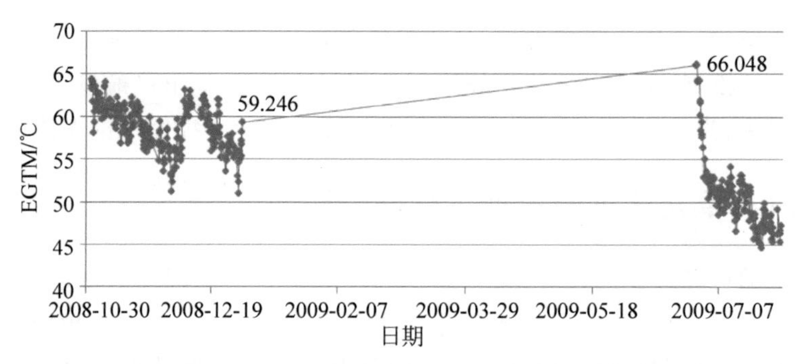

图 8-5　** 6286 发动机送修前后 EGTM 散点图

图 8-6 所示为该航空公司注册号为 ** 6199 的同型号发动机的 EGTM 变化趋势图,其在 2009 年 1 月 9 日有一次进厂维修记录,进厂时的 EGTM 为 16.88℃,出厂后的 EGTM 恢复至约 48.631℃。

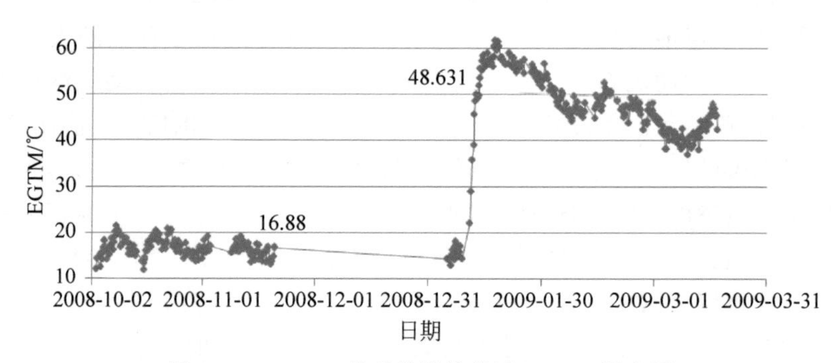

图 8-6　** 6119 发动机送修前后 EGTM 散点图

根据修理报告可知,** 6199 与 ** 6286 发动机进厂修理时各单元体的维修级别完全相同,但修后性能恢复情况却有较大的差别。

同时,两台送修前性能状态相似的民航发动机,若进厂修理时各单元体所采用的维修级别有一定的差异,其修后性能恢复将有很大的差别。图 8-7 和图 8-8 分别是某航空公司另两台注册号分别为 ** 8947 和 ** 0922 的 CFM56-7B 型号民航发动机送修前后的 EGTM 变化趋势图。

由两台发动机的性能监控数据和进厂修理报告可知：两台发动机送修前的性能参数较为相似,如表 8-8 所示。但由于两台发动机进厂维修过程中各单元体采用了不同的维修级别,其修后的性能变化有着较大的差别。

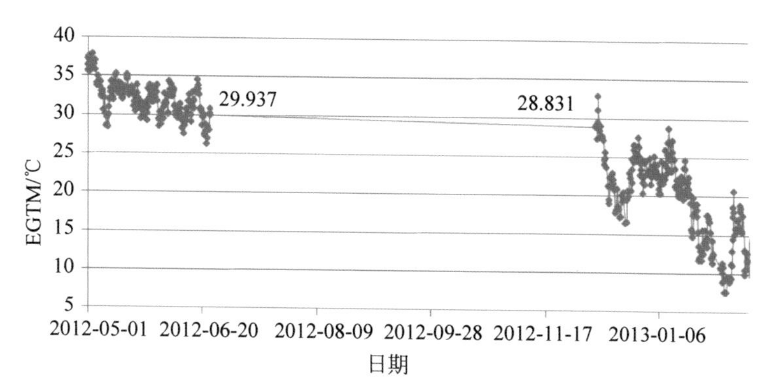

图 8-7　** 8947 发动机送修前后 EGTM 散点图

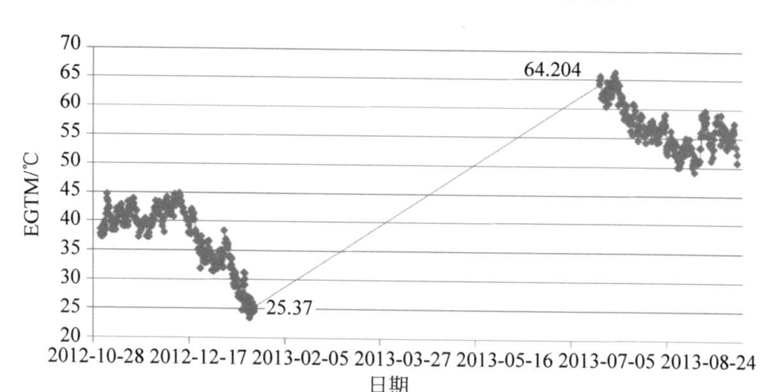

图 8-8　** 0922 发动机送修前后 EGTM 散点图

表 8-8　** 8947 与 ** 0922 发动机送修前在翼性能参数对比

注册号	送修前在翼性能参数				
	EGTM/℃	DEGT/℃	FF/(lb/h)	N_1/%	N_2/%
** 8947	29	43	3462	85	94.6
** 0922	28.4	40.4	2896	87.5	93.7

综合对比民航发动机各单元体维修级别及送修前性能参数对其修后性能的影响可知，发动机的修后性能与各主要单元体所采用的维修级别、发动机送修前的性能状态以及车间的维修维护水平有关。但由于民航发动机车间维修过程会受到大量随机因素的影响，目前还难以对这些影响因素进行准确的量化表征和估计。因此，为揭示民航发动机修后性能与各单元体维修级别及送修前状态之间的关系，所建立的民航发动机单元体维修级别生存分析模型中，以发动机各单元体的维修级别及送修前的性能参数为影响因素，估算发动机采用某维修级别后恢复至目标性能的可靠性。图 8-9 所示为所建立的民航发动机的单元体维修级别生存分析模型的技术路线图。

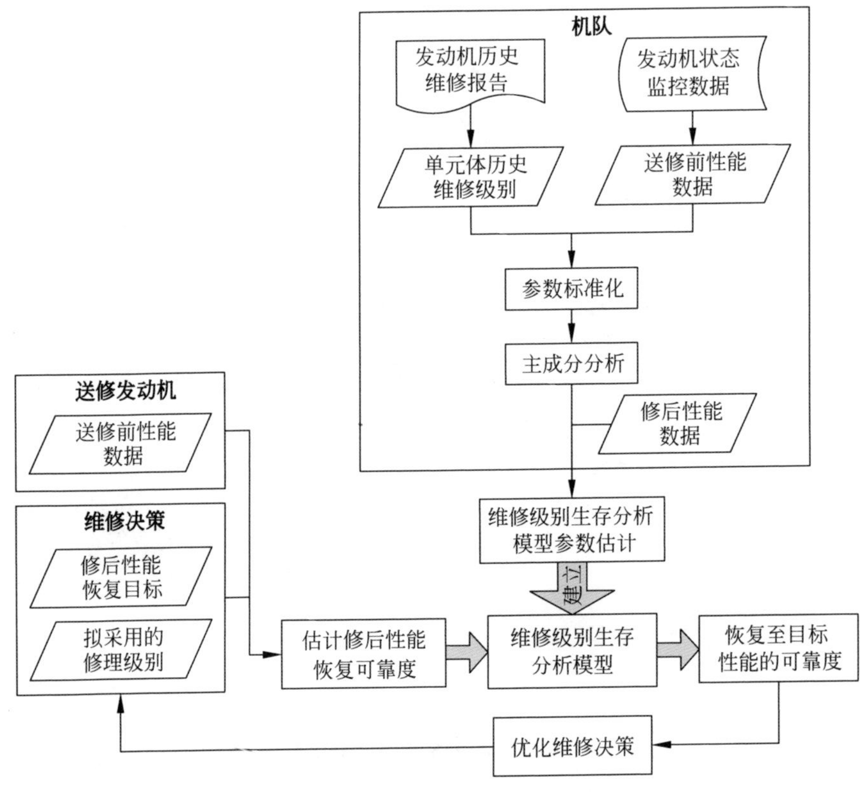

图 8-9　单元体维修级别生存分析模型技术路线图

建立民航发动机的单元体维修级别生存分析模型时，需要对适用于各单元体的维修级别进行综合分析。由于民航发动机各单元体的维修级别是定性变量，不易代入数学模型中进行优化分析，因此，需要对各单元体的维修级别进行定量编码。

以 PW4077D 型号民航发动机为例，将其各单元体的维修级别进行如表 8-9 所示的整数编码。

表 8-9　PW4077D 民航发动机单元体维修级别编码

维修级别名称	维修级别缩写	整数编码
目视检查	VC	1
一般性维修	REP	2
气路恢复	GPR	3
深层修理	HM	4

同时，所建立的单元体维修级别生存分析模型还需要考虑发动机送修前的性能状态对修后性能的影响。而发动机的性能状态参数如排气温度裕度(EGMT)、燃油流量偏差值(delta fuel flow，DFF)、低压转子转速偏差值(delta fan speed，DN1)、高压转子转速偏差值(delta core speed，DN2)等的量纲和量级均有一定差

异,若直接运用这些量纲、量级均不相同的参数进行生存分析模型参数的估计,会对模型的准确性产生一定的影响。因此,需要对维修级别生存分析模型的样本数据进行标准化处理。

数据的标准化处理是指将不同量纲和量级的参数转换到某一范围[19],以消除不同量纲和量级参数对模型的影响,进而可在同一模型中对不同量纲和量级的参数进行分析。常见的参数标准化方法有极值正规化法、log 函数法、arctan 函数法、均值化法、正规化法等。本章采用正规化法对生存分析模型的样本数据进行标准化处理。

首先,将民航发动机各单元体的维修级别与当次送修前的性能参数整理为民航发动机单元体维修级别生存分析模型的影响参数,即 $\boldsymbol{X}=(x_1,x_2,\cdots,x_p)$,其中 $x_1,x_2,\cdots,x_p$ 为各影响因素的原始样本变量。对同型号发动机的 n 次历史维修进行整理,可以得到各单元体历史维修级别和送修前的性能参数的 n 组样本数据,可用式(8-23)表示:

$$\boldsymbol{X}=\begin{bmatrix} x_{11} & x_{12} & \cdots & x_{1p} \\ x_{21} & x_{22} & \cdots & x_{2p} \\ \vdots & \vdots & & \vdots \\ x_{n1} & x_{n2} & \cdots & x_{np} \end{bmatrix} \tag{8-23}$$

运用下式(8-24)对模型的原始样本的各观测量参数进行标准化处理,便可得到标准化样本参数 $\boldsymbol{X}^*$。为便于后续计算,令样本参数 $\boldsymbol{X}=\boldsymbol{X}^*$,则

$$x_{ij}^*=\frac{x_{ij}-\bar{x}_j}{\sqrt{\operatorname{var}(x_j)}},\quad i=1,2,\cdots,n;\ j=1,2,\cdots,p \tag{8-24}$$

式中,$\bar{x}_j$ 为每组第 j 个观测样本的平均值,

$$\bar{x}_j=\frac{1}{n}\sum_{i=1}^{n}x_{ij} \tag{8-25}$$

$\operatorname{var}(x_j)$为观测样本 x_j 的方差,

$$\operatorname{var}(x_j)=\frac{1}{n-1}\sum_{i=1}^{n}(x_{ij}-\bar{x}_j)^2,\quad j=1,2,\cdots,p \tag{8-26}$$

民航发动机进厂维修时,其修后性能参数往往受到当次维修各单元体维修级别和送修前性能的综合影响。各单元体维修级别及送修前性能参数之间存在着互影响的作用关系。由于民航发动机各单元体结构复杂,且目前技术条件下难以挖掘各性能参数之间的影响关系模型,若直接运用标准化得到的模型参数进行建模,则会重复放大某些因素的影响,进而降低生存分析模型的预测精度。因此,本章利用主成分分析法,对单元体生存分析模型的各影响参数进行进一步的处理。

主成分分析法能够通过矩阵降维将样本原有的多个参数项约减为较少的几个综合变量[20],同时主成分综合变量包含样本参数中的大部分信息[21]。得到的综合变量可以减少样本参数项之间的信息冗余[22],提高生存分析模型估计的准确性。对样本参数进行主成分分析,其核心步骤是利用原始样本参数的相关性关系,

求得主成分综合变量转换矩阵 $\boldsymbol{A}$,进而将原始参数 $\boldsymbol{X}$ 转换为主成分综合变量 $\boldsymbol{F}$,$\boldsymbol{F}=\boldsymbol{AX}$。主成分综合变量和原始样本参数之间存在如下转换关系:

$$\operatorname{var}(\boldsymbol{F})=\operatorname{var}(\boldsymbol{AX})=(\boldsymbol{AX})\cdot(\boldsymbol{AX})'=\boldsymbol{AXX'A'}=\boldsymbol{\Lambda}$$

$$=\begin{bmatrix}\lambda_1 & & & \\ & \lambda_2 & & \\ & & \ddots & \\ & & & \lambda_p\end{bmatrix} \tag{8-27}$$

为求得主成分综合变量转换矩阵 $\boldsymbol{A}$,首先需要计算原始样本参数的相关系数矩阵 $\boldsymbol{R}$。$\boldsymbol{R}$ 与 $\boldsymbol{A}$ 之间存在如下关系:

$$\boldsymbol{R}\cdot\boldsymbol{A}=\begin{bmatrix}r_{11} & r_{12} & \cdots & r_{1p}\\ r_{21} & r_{22} & \cdots & r_{2p}\\ \vdots & \vdots & & \vdots\\ r_{p1} & r_{p2} & \cdots & r_{pp}\end{bmatrix}\cdot\begin{bmatrix}a_{11} & a_{21} & \cdots & a_{p1}\\ a_{12} & a_{22} & \cdots & a_{p2}\\ \vdots & \vdots & & \vdots\\ a_{1p} & a_{2p} & \cdots & a_{pp}\end{bmatrix}$$

$$=\begin{bmatrix}a_{11} & a_{21} & \cdots & a_{p1}\\ a_{12} & a_{22} & \cdots & a_{p2}\\ \vdots & \vdots & & \vdots\\ a_{1p} & a_{2p} & \cdots & a_{pp}\end{bmatrix}\cdot\begin{bmatrix}\lambda_1 & & & \\ & \lambda_2 & & \\ & & \ddots & \\ & & & \lambda_p\end{bmatrix} \tag{8-28}$$

其中,相关系数矩阵的各元素可由下式计算:

$$r_{ij}=\frac{1}{n-1}\sum_{t=1}^{n}x_{ti}x_{tj},\quad i,j=1,2,\cdots,p \tag{8-29}$$

将式(8-29)展开为齐次方程组的形式:

$$\begin{cases}(r_{11}-\lambda_1)a_{11}+r_{12}a_{12}+\cdots+r_{1p}a_{1p}=0\\ r_{21}a_{11}+(r_{22}-\lambda_1)a_{12}+\cdots+r_{2p}a_{1p}=0\\ \quad\vdots\\ r_{p1}a_{11}+r_{p2}a_{12}+\cdots+(r_{pp}-\lambda_1)a_{1p}=0\end{cases} \tag{8-30}$$

其中,λ_i 是相关系数矩阵 $\boldsymbol{R}$ 的特征值,可利用下式计算:

$$|\boldsymbol{R}-\boldsymbol{\lambda I}|=0 \tag{8-31}$$

将计算得到的原始样本参数特征根进行升序排列,$\lambda_1\geqslant\lambda_2\geqslant\cdots\geqslant\lambda_p$,各特征根所对应的特征向量可用 $\boldsymbol{a}_j$ 表示,即

$$\boldsymbol{A}=\begin{bmatrix}a_{11} & a_{12} & \cdots & a_{1p}\\ a_{21} & a_{22} & \cdots & a_{2p}\\ \vdots & \vdots & & \vdots\\ a_{p1} & a_{p2} & \cdots & a_{pp}\end{bmatrix}=\begin{bmatrix}\boldsymbol{a}_1\\ \boldsymbol{a}_2\\ \vdots\\ \boldsymbol{a}_p\end{bmatrix} \tag{8-32}$$

经过变化后,原始样本参数 $\boldsymbol{X}$ 可表示为

$$\begin{cases} F_1 = a_{11}x_1 + a_{12}x_2 + \cdots + a_{1p}x_p \\ F_2 = a_{21}x_1 + a_{22}x_2 + \cdots + a_{2p}x_p \\ \quad\vdots \\ F_p = a_{p1}x_1 + a_{p2}x_2 + \cdots + a_{pp}x_p \end{cases} \tag{8-33}$$

经主成分分析处理得到的综合变量 $\boldsymbol{F}=(F_1,F_2,\cdots,F_p)$ 具有彼此之间不相关且协方差递减的特性，也就是各主成分综合变量所包含原始样本参数的信息是依次减少的。在建立单元体维修级别生存分析模型时，没有必要对所有的主成分参数进行分析。因此，可根据主成分综合变量的累加贡献率并结合样本参数的实际情况选取前 k 个综合变量。前 k 个主成分综合变量的累加贡献比率 η_k 为

$$\eta_k = \sum_{i=1}^{k}\eta_i = \frac{\sum_{i=1}^{k}\lambda_i}{\sum_{j=1}^{p}\lambda_j} \tag{8-34}$$

当 $\eta_k \geqslant \eta_0$ 时，即取前 k 个主成分参数 $\boldsymbol{F}=(F_1,F_2,\cdots,F_k)$ 为单元体维修级别生存分析函数的样本参数。一般情况下，η_0 的取值为 $\eta_0 \geqslant 85\%$。得到的主成分综合变量的具体形式如下：

$$\boldsymbol{F}_k = \begin{bmatrix} F_{11} & F_{12} & \cdots & F_{1k} \\ F_{21} & F_{22} & \cdots & F_{2k} \\ \vdots & \vdots & & \vdots \\ F_{n1} & F_{n2} & \cdots & F_{nk} \end{bmatrix} \tag{8-35}$$

经过主成分分析，将民航发动机各单元体的历史维修级别、送修前性能参数等原始样本转换为主成分综合变量。主成分综合变量能够表征各维修级别及性能参数的特征信息，在一定程度上去除冗余的相关信息，从而保证了民航发动机的单元体维修级别生存分析模型的准确性。

2. 单元体维修级别生存分析模型的建立

完成生存分析模型样本参数的预处理后，综合民航发动机历史修后性能参数 $\boldsymbol{T}=(t_1,t_2,\cdots,t_i)^{\mathrm{T}}$，建立单元体维修级别的生存分析模型。由于民航发动机的修后性能可靠性要求较高，通常假设修后性能参数 $\boldsymbol{T}$ 服从威布尔分布[23]。根据生存分析的相关知识，民航发动机的修后性能参数 $\boldsymbol{T}$ 与当次维修的各单元体维修级别及送修前性能参数 $\boldsymbol{X}$ 构成生存分析的位置刻度模型，且变量 $\boldsymbol{X}$ 不影响位置刻度模型的形状参数，只会对刻度参数产生一定的影响，其关系可表示为

$$\ln\boldsymbol{T} = \mu(\boldsymbol{X}) + \boldsymbol{\sigma}\varepsilon \tag{8-36}$$

其中，$\mu(\boldsymbol{X})=\boldsymbol{X}^{\mathrm{T}}\boldsymbol{\beta}$；$\boldsymbol{\sigma}$ 为位置参数；ε 的分布函数为 $G(x)$，其与 $\mu(\cdot)$ 及 $\boldsymbol{\sigma}$ 无关，且符合威布尔分布 $G(x)=1-\exp\{-\mathrm{e}^x\}$。为方便计算，在这里仍以 $\boldsymbol{X}$ 表示经过样本参数预处理后的主成分综合变量，即 $\boldsymbol{X}=\boldsymbol{F}=\boldsymbol{A}\boldsymbol{X}$。因此当影响因素 $\boldsymbol{X}$ 已知

时，修后性能参数 $\boldsymbol{T}$ 的生存函数有如下形式：

$$S(t \mid \boldsymbol{X})=\bar{G}\left(\frac{\ln t-\mu(\boldsymbol{X})}{\boldsymbol{\sigma}}\right) \tag{8-37}$$

其中，$\bar{G}=1-G(x)$，则 $\bar{G}=\exp\{-\mathrm{e}^{x}\}$。

生存函数可用来表示某时间段内某事件的统计特征，可表述为某时间段内发生某事件的概率。在所建立的民航发动机单元体维修级别生存分析模型中，对生存函数式(8-37)的描述是：处于某性能状态的民航发动机，其各单元体在采用某维修级别后，修后性能恢复至送修目标 t 的可靠度。

在对民航发动机单元体维修级别的生存函数进行求解时，首先要得到生存模型的影响因素 $\boldsymbol{X}=(x_1,x_2,\cdots,x_n)^{\mathrm{T}}$，并将其进行标准化和主成分分析处理。在对民航发动机某次维修的维修级别进行生存分析时，各单元体的维修级别和送修前性能是已知的，但各主成分参数的模型系数是未知的，需要通过同型号发动机各单元体历史维修级别及性能参数进行估计。

通过对同型号 n 台民航发动机的历史修理报告及性能监控数据进行整理，可以得到该型号民航发动机的单元体历史维修级别和送修前性能参数样本数据：$(t_1,\delta_1,\boldsymbol{X}_1),(t_2,\delta_2,\boldsymbol{X}_2),\cdots,(t_n,\delta_n,\boldsymbol{X}_n)$。其中，$\boldsymbol{X}_i$ 是序号为 i 的发动机的影响因素向量，其展开形式可以表示为 $\boldsymbol{X}_i=(x_{i1},x_{i2},\cdots,x_{in})^{\mathrm{T}}$。$\delta_i$ 为删失系数，在此模型中只取 0 或 1。若 $\delta_i=1$，则表示 t_i 是第 i 台发动机修后性能恢复度的精确值；若 $\delta_i=0$，则表示 t_i 是第 i 台发动机修后性能恢复度的右删失数据，即第 i 台发动机的修后性能恢复度大于 t_i。

为化简生存分析模型的相关形式，令：$\boldsymbol{Y}=\ln\boldsymbol{T}$，$y_i=\ln t_i$。因此，$\boldsymbol{Y}$ 的分布函数可写成如下形式：

$$f(y \mid \boldsymbol{X})=\frac{1}{\sigma}g\left(\frac{y-\boldsymbol{X}^{\mathrm{T}}\boldsymbol{\beta}}{\sigma}\right) \tag{8-38}$$

所以，可以用式(8-38)对生存分析模型中的参数 $y_1,y_2,\cdots,y_n$ 进行极大似然估计：

$$L(\boldsymbol{\beta},\sigma)=\prod_{i\in D}\frac{1}{\sigma}g\left(\frac{y_i-\boldsymbol{X}_i^{\mathrm{T}}\boldsymbol{\beta}}{\sigma}\right)\cdot\prod_{i\in C}\bar{G}\left(\frac{y_i-\boldsymbol{X}_i^{\mathrm{T}}\boldsymbol{\beta}}{\sigma}\right) \tag{8-39}$$

其中，$D=\{i:1\leqslant i\leqslant n,\delta_i=1\}$ 为民航发动机修后性能恢复度的精确数据集合；$C=\{i:1\leqslant i\leqslant n,\delta_i=0\}$ 为民航发动机修后性能恢复度的右删失数据集合。

由于式(8-39)在运算过程中具有一定的复杂性，因此，对其两边同取对数可得

$$\ln L(\boldsymbol{\beta},\sigma)=\sum_{i\in D}\ln\frac{1}{\sigma}g\left(\frac{y_i-\boldsymbol{X}_i^{\mathrm{T}}\boldsymbol{\beta}}{\sigma}\right)+\sum_{i\in C}\ln\bar{G}\left(\frac{y_i-\boldsymbol{X}_i^{\mathrm{T}}\boldsymbol{\beta}}{\sigma}\right) \tag{8-40}$$

因此，若要求生存分析模型参数的估计值$(\hat{\boldsymbol{\beta}},\hat{\sigma})$，只需对下述方程进行求解：

$$\begin{cases}\dfrac{\partial\ln L}{\partial\beta_j}=0, & j=1,2,\cdots,p\\[2mm]\dfrac{\partial\ln L}{\partial\sigma}=0\end{cases} \tag{8-41}$$

根据以上方程可求解出所建立的民航发动机单元体维修级别生存分析模型的影响因素系数$\boldsymbol{\beta}=(\beta_1,\beta_2,\cdots,\beta_n)^{\mathrm{T}}$。其具体方程可化为下式：

$$\begin{cases} 0=-\dfrac{1}{\sigma}\sum\limits_{i=1}^{n}x_{i1}+\dfrac{1}{\sigma}\sum\limits_{i=1}^{n}x_{i1}\mathrm{e}^{z_i} \\ 0=-\dfrac{1}{\sigma}\sum\limits_{i=1}^{n}x_{i2}+\dfrac{1}{\sigma}\sum\limits_{i=1}^{n}x_{i2}\mathrm{e}^{z_i} \\ \qquad\vdots \\ 0=-\dfrac{1}{\sigma}\sum\limits_{i=1}^{n}x_{in}+\dfrac{1}{\sigma}\sum\limits_{i=1}^{n}x_{in}\mathrm{e}^{z_i} \\ 0=-\dfrac{r}{\sigma}-\dfrac{1}{\sigma}\sum\limits_{i=1}^{n}z_i+\dfrac{1}{\sigma}\sum\limits_{i=1}^{n}z_i\mathrm{e}^{z_i} \end{cases} \tag{8-42}$$

其中，$z_i=(y_i-\boldsymbol{X}_i^i\boldsymbol{\beta})/\sigma,i=1,2,\cdots,n$；$r$ 为精确数据的个数。

求得$\boldsymbol{\beta}$ 及 σ 后，便可利用式(8-37)对民航发动机各单元体在采用某维修级别后能够达到目标性能恢复度 t 的概率进行分析估计。

3. 应用案例

为验证所建立的民航发动机单元体维修级别生存分析模型，对国内某航空公司自 2008 年至 2013 年间送修的 42 台次 PW4077D 型号民航发动机的修理报告进行了整理分析，获得了该型号发动机各单元体历次维修的详细情况。并通过对各台发动机送修前后的性能数据进行追踪，获得每台发动机送修前后的性能参数 EGTM 值。

PW4000 系列民航发动机是普惠公司(P&W)在 JT9D-7R4 和 PW2037 涡轮风扇发动机的技术基础上设计的一种双转子、高涵道比涡扇发动机。其中的 PW4077D 型号发动机主要为波音 777 型飞机提供动力，其单台推力可达 77 000lbf，约为 340kN。PW4000 基本型号与衍生型号的结构对比如图 8-10 所示。

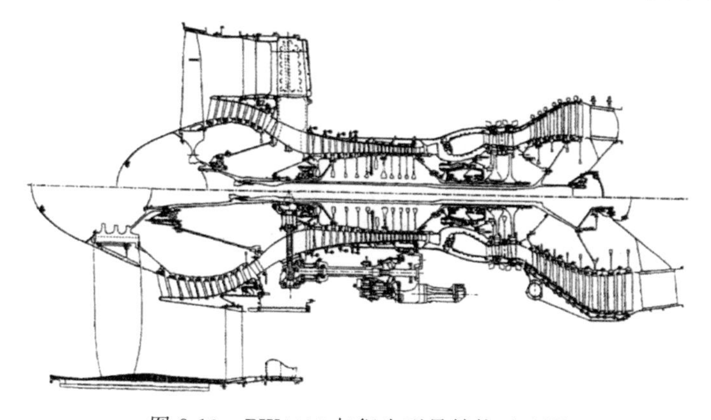

图 8-10　PW4000 与衍生型号结构对比图

根据PW4077D民航发动机的结构可知，其共有风扇叶片（fan blade，FAN）、低压压气机（low pressure compressor module，LPC）、高压压气机（high pressure compressor module，HPC）、高压涡轮导向器（nozzle guide vane，NGV）、高压涡轮（high pressure turbine，HPT）、低压涡轮（LPT）等12个单元体。根据机队管理及维修工程经验，需要对PW4077D型号发动机的EGTM、DEGT、DFF、DN1、DN2等性能参数进行监控。发动机的性能参数较多，在验证所建立的单元体生存分析模型时，仅对12个单元体的维修级别以及上述5个主要性能参数共17个参数进行分析。

由于篇幅有限，仅列出10组各主要单元体维修级别及送修前后性能的数据，如表8-10所示。

表8-10　PW4077D维修级别及性能数据示例

项次	各单元体维修级别						送修前状态	送修后状态
	FAN	LPC(01)	HPC(04)	NGV(06)	HPT(07)	LPT(08)	EGTM/℃	EGTM/℃
1	VC	REP	HM	HM	HM	VC	55	67
2	HM	HM	HM	VC	HM	VC	18	54
3	HM	HM	HM	HM	HM	HM	17	62
4	HM	REP	HM	VC	HM	VC	30	55
5	HM	HM	HM	VC	HM	VC	22	70
6	VC	HM	HM	VC	HM	VC	38	82
7	VC	REP	HM	VC	HM	HM	35	71
8	HM	REP	HM	VC	GPR	REP	29	68
9	HM	HM	HM	HM	HM	HM	37	70
10	HM	HM	HM	HM	HM	REP	41	76

为方便对各单元体的维修级别及整机的性能参数进行综合分析，将各维修级别进行整数编码，并对量纲和量级有差异的样本数据进行标准化和主成分分析预处理。随后，随机抽取32组数据作为样本数据，其余10组数据作为模型的检验数据。

对样本数据进行主成分分析预处理后，得到样本参数各相关系数矩阵的特征根分别为：4.236 34、2.519 12、2.2703、1.866 02、1.382 38、1.120 86、0.878 287、0.678 912、0.517 228、0.444 773、0.298 284、0.251 874、0.223 185、0.124 117、0.085 617 7、0.057 879 3、0.044 802 2。各特征根所对应的主成分综合变量的贡献率变化曲线如图8-11所示。

由图8-11可知，前8个主成分综合变量的累加贡献率可达到87.95％，因此选取前8组主成分综合变量为所建立民航发动机单元体维修级别生存分析模型的分析参量。由于得到的主成分参数数据量较多，仅列出第一主成分系数变化矩阵 $\boldsymbol{a}$ = (1.5736, 6.7034, 6.2690, 5.6172, 6.4073, 4.8711, 3.9896, 3.2069, 1.7300,

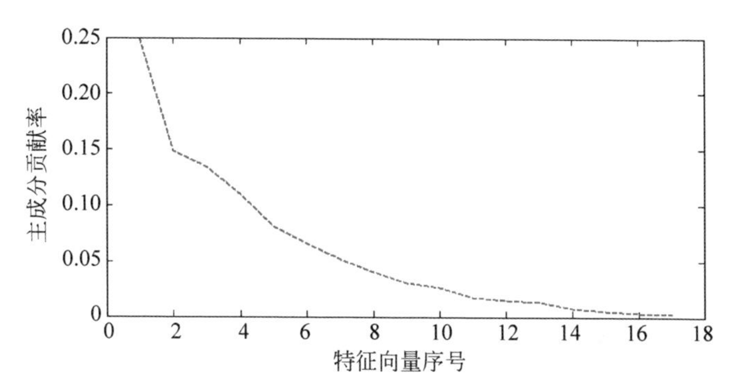

图 8-11　主成分综合变量贡献率曲线

4.0581,5.1226,4.0807,5.2145,1.7390,4.5518,2.7446,1.9184,1.4421,4.3531,1.5918,－1.4017,4.9628,2.4908,0.8211,3.3419,0.5151,2.5764,1.4830,4.3641,1.7089,4.1685,0.7341,2.1423,1.1642,3.7094,0.1403,4.0602,5.1325,4.2233,－0.2990,－1.1597,5.0809)。

将经过主成分分析预处理后的参数和送修后的性能参数代入前文所建立的民航发动机单元体维修级别生存分析模型中,对各主成分综合变量的生存分析模型影响因数向量$\boldsymbol{\beta}=(\beta_1,\beta_2,\beta_3,\beta_4,\beta_5,\beta_6,\beta_7,\beta_8)$进行求解:

$$\begin{cases} \dfrac{\partial \ln L}{\partial \beta_1}=-\dfrac{1}{\sigma}\sum\limits_{i=1}^{n}x_{i1}+\dfrac{1}{\sigma}\sum\limits_{i=1}^{n}x_{i1}\mathrm{e}^{z_i} \\ \dfrac{\partial \ln L}{\partial \beta_2}=-\dfrac{1}{\sigma}\sum\limits_{i=1}^{n}x_{i2}+\dfrac{1}{\sigma}\sum\limits_{i=1}^{n}x_{i2}\mathrm{e}^{z_i} \\ \qquad\vdots \\ \dfrac{\partial \ln L}{\partial \beta_8}=-\dfrac{1}{\sigma}\sum\limits_{i=1}^{n}x_{i8}+\dfrac{1}{\sigma}\sum\limits_{i=1}^{n}x_{i8}\mathrm{e}^{z_i} \\ \dfrac{\partial \ln L}{\partial \sigma}=-\dfrac{r}{\sigma}-\dfrac{1}{\sigma}\sum\limits_{i=1}^{n}z_i+\dfrac{1}{\sigma}\sum\limits_{i=1}^{n}z_i\mathrm{e}^{z_i} \end{cases} \tag{8-43}$$

由于方程(8-43)的形式较为复杂,可采用智能优化算法或数值求解方法对其进行求解。利用数值法对其进行求解,获得了 PW4077D 型民航发动机各主成分参数的影响因数向量:$\boldsymbol{\beta}=(0.0539,0.0615,-0.0537,0.1175,-0.3379,-0.4854,0.2082,-0.0570)$,并求得误差估计函数系数$\sigma=0.2831$。

为了对生存分析模型进行验证,将$\boldsymbol{\beta}$和σ及检验组的民航发动机各单元体维修级别、送修前性能参数代入下式中,对修后所能达到目标性能的概率进行估计计算:

$$S_Y(y \mid Z)=\exp\left[-\exp\left(\frac{y-\boldsymbol{\beta}\boldsymbol{X}}{\sigma}\right)\right] \tag{8-44}$$

测试组的发动机各单元体维修级别、性能参数及运用所建立的民航发动机单元体维修级别生存分析模型获得的生存分析概率如表 8-11 所示。为了对比验证本章所提出的民航发动机单元体维修级别生存分析模型，表 8-11 中同时还列出了运用传统的 K-M 方法对修后恢复至目标性能的概率估计。

表 8-11　生存分析模型预测结果对比

项次	各单元体维修级别						送修前性能	修后性能恢复	恢复度生存率	K-M 估计
	FAN	LPC	HPC	NGV	HPT	LPT	EGTM/℃	EGTM/℃	估计概率	估计概率
1	1	2	4	4	4	1	55	+12	0.9993	0.8947
2	4	4	4	1	4	1	18	+36	0.905	0.3580
3	4	2	4	1	4	1	30	+25	0.9656	0.7105
4	4	4	4	1	4	1	22	+48	0.6809	0.0955
5	1	4	4	1	4	1	38	+44	0.7676	0.1671
6	4	4	4	4	4	2	41	+35	0.9783	0.4296
7	4	4	3	4	4	4	48	+26	0.9942	0.6579
8	4	4	4	4	4	4	31	+44	0.8459	0.1671
9	4	4	4	4	4	4	37	+33	0.907	0.5263
10	4	3	4	4	4	2	45	+27	0.9796	0.6316

经对比分析，运用本章所建立的民航发动机单元体维修级别生存分析模型对修后性能恢复至目标值的可靠度估计中，运用了发动机各单元体的历史维修级别、维修前后的性能参数等数据信息，增加了对修后性能恢复可靠度估计的科学性。用所建立的民航发动机单元体维修级别生存分析模型得到的目标性能恢复概率明显优于传统的 K-M 估计方法。但由于收集到的民航发动机的送修样本数据数量的限制，本模型在个别情况下的估计准确率还有待完善。

8.4.2　维修工作范围优化模型

1. 优化模型

民航发动机维修工作范围可按如下步骤进行确定和优化。

(1) 由发动机的当次进厂维修的拆发原因，如需要更换或维修的重要件、需要执行的 AD/SB、需要更换的时寿件等确定民航发动机当次维修的最低维修级别，即 $\boldsymbol{X}_1=(x_1^1,x_2^1,\cdots,x_n^1)^{\mathrm{T}}$。

(2) 判定各单元体的最低维修级别 $\boldsymbol{X}_1=(x_1^1,x_2^1,\cdots,x_n^1)^{\mathrm{T}}$ 能否满足民航发动机的送修目标。若满足，则将最低维修级别当作目标维修级别，即 $\boldsymbol{X}_2=\boldsymbol{X}_1$；如果最低维修级别不能满足送修目标，则根据送修目标对最低维修级别进行优化[24]，获得目标维修级别 $\boldsymbol{X}_2=(x_1^2,x_2^2,\cdots,x_n^2)^{\mathrm{T}}$。

(3) 获得目标维修级别 $\boldsymbol{X}_2$ 后，分析执行该维修工作范围后能够达到当次维修的目标性能恢复度 t_i 的可靠度 $S(t_i|\boldsymbol{X}_2)$。即，将目标维修级别及送修前性能参数作为输入，运用本章提出的民航发动机单元体维修级别生存分析模型估计能够

达到目标性能恢复的可靠度。当性能恢复可靠度满足民航发动机运维企业工程管理部门的要求时，目标维修级别 $\boldsymbol{X}_2$ 即可当作民航发动机的最终维修工作范围，即 $\boldsymbol{X}_3=\boldsymbol{X}_2$；当性能恢复可靠度不符合工程管理部门的要求时，则需要以目标维修级别 $\boldsymbol{X}_2$ 为基础，并综合当次维修的目标性能恢复度 t_i 及当次维修的性能恢复可靠度 $S(t_i|\boldsymbol{X}_i)$ 对维修工作范围进行优化。

一般情况下，优化得到的维修工作范围中，各单元体的维修级别应不低于目标维修级别 $\boldsymbol{X}_2$。因此，以民航发动机当次维修的目标维修级别 $\boldsymbol{X}_2$ 为约束，以当次维修的性能恢复可靠度 $S(t_i|\boldsymbol{X}_i)$ 为优化目标，运用粒子群优化算法对民航发动机当次维修的工作范围优化步骤如下。

步骤 1　初始化粒子群 K，以民航发动机各单元体当次维修的目标维修级别 $\boldsymbol{X}_2=(x_1^2,x_2^2,\cdots,x_n^2)^{\mathrm{T}}$ 为初始位置，即为 $\boldsymbol{x}_0$。在限定范围内初始化速度 v_0，记录粒子的初始最优位置 $\boldsymbol{P}_{\mathrm{best}}=\boldsymbol{x}_0$，并记 $S(t_i|\boldsymbol{X}_2)=S(t_i|\boldsymbol{P}_{\mathrm{best},h}(t))$。

步骤 2　根据粒子最初的位置和速度状态，对粒子进行一次更新：

$$\begin{cases}v_h(1)=[wv_h+(c_1r_1+c_2r_2)(P_{\mathrm{best},h}(t)-x_0)]\\ x_h(1)=[x_0+v_h(1)],\quad h=1,2,\cdots,K\end{cases}\tag{8-45}$$

式中，$P_{\mathrm{best},h}(t)=x_0$；由于民航发动机各单元体维修级别的编码都有 1 到 4 的整数，因此更新各单元体维修级别的过程中只取整数值，其中[・]表示大于・的最小正整数。

步骤 3　在更新例子的位置 $x_h(1)$时，优化的维修工作范围的各单元体维修级别一定要大于目标维修级别 $\boldsymbol{X}_2=(x_1^2,x_2^2,\cdots,x_n^2)^{\mathrm{T}}$，即

$$x_i^2\leqslant x_h(1),\quad i=1,2,\cdots,n;\ h=1,2,\cdots,n\tag{8-46}$$

完成更新后，将当次维修的目标性能恢复度代入民航发动机维修工作范围生存分析模型中，计算该方案的性能恢复可靠度 $S(t_i|x_h(1))$，并与目标维修工作范围的性能恢复可靠度 $S(t_i|\boldsymbol{X}_2)$进行比较。若符合下式，则更新 $P_{\mathrm{best},h}(t)$，否则不进行更新。

$$|S(t_i|x_h(1))-S_0|<|S(t_i|P_{\mathrm{best},h}(t))-S_0|\tag{8-47}$$

步骤 4　对维修工作方案的维修级别和粒子群算法的粒子速度进行更新。由下式完成对粒子位置和速度的更新：

$$\begin{cases}v_h(t+1)=[wv_h+(c_1r_1+c_2r_2)(P_{\mathrm{best},h}(t)-x_h(t))]\\ x_h(t+1)=[x_h(t)+v_h(t+1)],\quad h=1,2,\cdots,K\end{cases}\tag{8-48}$$

式中，w 称为惯性权重，它影响全局寻优能力和收敛速度；c_1、c_2 称为学习因子，表示对全体粒子的学习能力。

步骤 5　根据步骤 3 的内容，对维修工作范围的优化结果进行更新，并记录更新粒子遍历的最好位置，更新粒子的 $P_{\mathrm{best},h}(t)$，即为当次优化的民航发动机维修工作范围。

当次维修所送修的民航发动机各单元体的工作级别为 $\boldsymbol{X}_3=P_{best,h}(t)=(x_1,x_2,\cdots,x_n)^T$。民航发动机维修工作范围优化方法确定维修工作范围的计算流程如图 8-12 所示。

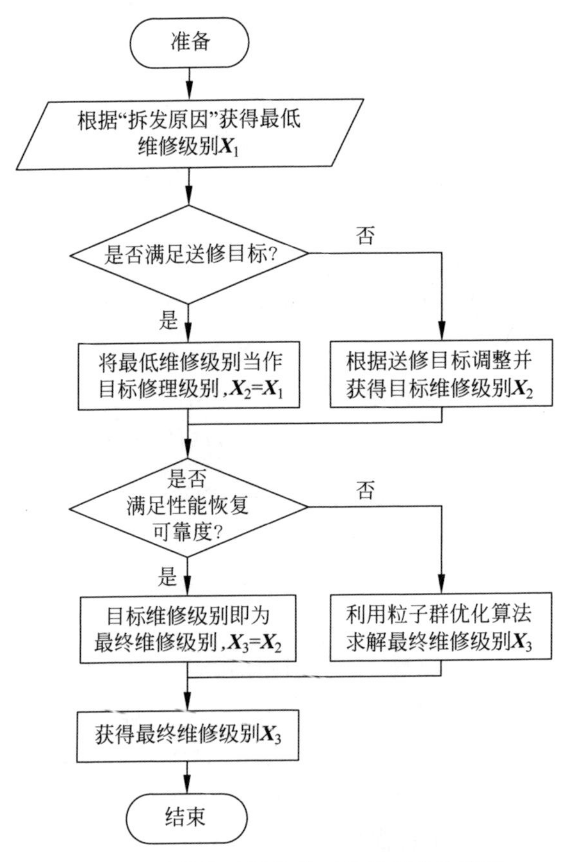

图 8-12　民航发动机维修工作范围优化流程

2. 应用案例

以某航空公司 2013 年 6 月完工的一台 PW4077D 民航发动机(发动机序号：** 2124)为例,对本章提出的民航发动机维修工作范围优化方法进行验证。该发动机拆发前的基本信息如表 8-12 所示。

表 8-12　** 2124 发动机送修前信息

修后装机时间	拆发原因	TSN/h	CSN/循环	EGTM/℃
2013-06-29	硬件损伤	27 829	10 597	18

由拆发原因可知,该发动机是由于发现硬件损伤征兆而需要进厂维修。因此,需要对其气路主要单元体进行"性能恢复"级别以上的维修。根据某航空公司的机

队管理经验,并综合考虑该发动机全使用寿命周期的综合成本,获得其当次送修目标为:在翼时间 12 000h。根据机队发动机的统计数据,该发动机的小时循环比为 2.728h/循环。则其目标在翼循环为 4398.82 循环。根据该型号发动机的性能恢复可靠性要求,其修后性能参数 EGTM 恢复至 50℃的概率为 90%。

根据该发动机的目标在翼时间/循环,可以计算得到当次维修需要更换的时寿件清单,如表 8-13 所示。

表 8-13　** 2124 更换的时寿件清单

单元体号	时寿件名称	剩余循环	期望剩余循环
04	DISK-HPC 9 STAGE	2503	4398
04	DISK-HPC 14 STAGE	3403	4398
04	SEAL-AIR DIFFUSER	3411	4398
04	DISK-HPC 15 STAGE	1973	4398
04	DISK-HPC 13 STAGE	2403	4398
07	PLATE-HPT 2 STAGE BLADE RETAINING	3073	4398
07	HUB-TURBINE FRONT	1403	4398

根据民航发动机维修工作流程,若单元体有时寿件需要更换,则该单元体的维修级别最低应是一般性维修(REP)。同时,考虑该发动机的拆发原因,还应该对相关单元体进行拆解检查以上的维修。综合该发动机的排故需求及送修目标,其各单元体的目标维修级别如表 8-14 所示。

表 8-14　** 2124 单元体目标维修级别

FAN	LPC	FC	AGB	IC	HPC	D/C	NGV	HPT	LPT	TEC	MGB
VC	HM	VC	HM	HM	HM	VC	VC	HM	VC	HM	HM

将表 8-14 所示的各单元体的目标维修级别及 ** 2124 送修前 EGTM、DEGT、DFF、DN1、DN2 代入单元体维修级别生存分析模型中,计算可知,若采用目标维修级别,当次维修恢复至目标性能的可靠度为 86.40%,不能满足当次维修"修后性能参数 EGTM 恢复至 50℃的概率为 90%"的条件,需要对各单元体的维修级别进行优化。采用本章提出的民航发动机维修工作范围优化方法得到各单元体的维修级别,如表 8-15 所示。

表 8-15　** 2124 优化后单元体维修级别

FAN	LPC	FC	AGB	IC	HPC	D/C	NGV	HPT	LPT	TEC	MGB
HM	HM	VC	HM	HM	HM	VC	VC	HM	VC	HM	HM

经过生存分析模型估计,采用优化后的维修工作范围,该发动机修后性能参数 EGTM 恢复至 50℃的可靠度为 93.63%,满足优化目标。经过对该台发动机送修

情况的跟踪可知，该发动机修后装机性能参数 EGTM 为 54℃，可以证明本章所提出的民航发动机维修工作范围优化方法具有一定的适用性。

8.5 本章小结

本章以航空发动机为例，首先介绍了基于 EGT、LLP、AD/SB、硬件损伤等关键因素的短期维修期限预测方法，建立了发动机维修时机多目标组合优化模型，并提出一种基于逐步构解策略的启发式算法进行模型的求解。其次，提出了一种送修目标导向的发动机维修工作范围决策方法，针对决策过程中单元体性能恢复值分配存在的难点，建立了确定条件下和不确定条件下以维修成本最小为目标的单元体性能恢复值分配优化模型，采用动态规划和启发式算法对模型进行了求解。最后，通过对各单元体维修级别及送修前后性能参数的综合分析，建立了单元体维修级别生存分析模型，该模型能够估计发动机在某维修级别下达到目标性能恢复值的可靠度，在此基础上，提出了基于生存分析的维修工作范围决策方法。

参考文献

[1] 付旭云. 机队航空发动机维修规划及其关键技术研究[D]. 哈尔滨：哈尔滨工业大学，2010.

[2] 李臻. 民航发动机维修工作范围优化方法及其应用[D]. 哈尔滨：哈尔滨工业大学，2014.

[3] KINNISON H A. 航空维修管理[M]. 李建瑂，李真，译. 北京：航空工业出版社，2007.

[4] 代媛媛，葛漫江. 航材适航指令和服务通告的控制[J]. 航空维修与工程，2005(2)：34-35.

[5] CHOO B S. Best Practices in Aircraft Engine MRO：A Study of Commercial and Military Systems[D]. Massachusetts Institute of Technology Master's Thesis，2003：51-70.

[6] 韦昀. 利用统计技术确定航空公司备发数量[J]. 民航科技，2003(98)：48-52.

[7] 唐国春，张峰，罗守成，等. 现代排序论[M]. 上海：上海科学普及出版社，2003：202-212.

[8] SEDGEWICK R. Algorithms in C++，Parts 1-4：Fundamentals，Data Structure，Sorting，Searching (3rd ed)[M]. Addison-Wesley Professional，1998：27-68.

[9] 徐国祥. 统计预测和决策[M]. 2 版. 上海：上海财经大学出版社，2005.

[10] HOPP W J，KUO Y L. An Optimal Structured Policy for Maintenance of Partially Observable Aircraft Engine Components[J]. Naval Research Logistics，1998，45(4)：335-352.

[11] GOH S，COLEMAN C P. Sustainment of Commercial Aircraft Gas Turbine Engines：an Organizational and Cognitive Engineering Approach[C]//AIAA's 3rd Annual Aviation Technology，Integration，and Operations (ATIO) Tech. Denver，2003：7-9.

[12] 封涛. 加强送修管理，提高民航发动机的使用可靠性[J]. 民航科技，2004(5)：89-90.

[13] BARRON M L. Crack Growth-Based Predictive Methodology for the Maintenance of the Structural Integrity of Repaired and Nonrepaired Aging Engine Stationary Components [R]. National Technical Information Service，DOT/FAA/AR-97/88. Virginia，1999：5-17.

[14] SARANGA H. Opportunistic Maintenance Using Genetic Algorithms[J]. Journal of Quality in Maintenance Engineering,2004,10(1):6-74.

[15] 付尧明.民用涡扇发动机在使用和维护中的EGT裕度管理[J].航空维修与工程.2005(1):44-45.

[16] 胡宝清.模糊理论基础[M].武汉:武汉大学出版社,2004:76-88.

[17] 刘宝碇,赵瑞清.随机规划与模糊规划[M].北京:清华大学出版社,1998:164-183.

[18] KASPERSKI A,KULEJ M. The 0-1 Knapsack Problem with Fuzzy Data[J]. Fuzzy Optimization and Decision Making,2007,6(2):163-172.

[19] 俞立平,潘云涛,武夷山.学术期刊综合评价数据标准化方法研究[J].图书情报工作,2009,53(12):136-139.

[20] HAYKIN S. Neural Networks: A Comprehensive Foundation[M]. 2nd ed. New Jersey: Pearson Education Inc,1999.

[21] 王学民.应用多元分析[M].上海:上海财经大学出版社,1999:209-234.

[22] 顾绍红,王永生,王光霞.主成分分析模型在数据处理中的应用[J].测绘科学技术学报,2007,24(5):387-390.

[23] 凌丹.威布尔分布模型及其在机械可靠性中的应用研究[D].西安:西安电子科技大学,2010.

[24] DIEDERIK J W,JAN A H. Coordinated condition-based Repair Strategies for Components of A Multi-component System with Discounts[J]. Theory and Methodology,1997,98(1):52-63.

第9章

面向全寿命的设备维修规划

9.1 全寿命维修规划概述

对于长寿命的复杂设备，在其全寿命期内需要进行多次维修。在全寿命期内，设备的运行和维护是一个相互影响的关联整体，每次维修都会对后续的运行和维修产生一定的影响。此外，维修时机与维修工作范围之间也存在着复杂的关联关系。例如在某一次维修决策时，如果某一个寿命件到寿了，在本次维修时将会更换这一到寿的寿命件，而对于还没有到寿但不久的将来将要到寿的寿命件是否更换，就要综合考虑该寿命件剩余寿命浪费造成的损失与发动机的维修成本来决定了。如果该寿命件剩余寿命不多，一般会一并更换，否则会在下一次维修中予以更换，目的是使寿命件的更换总成本最小。传统的维修规划方法更多地只是考虑当次维修，且将维修时机优化与维修工作范围决策分割为两个独立的问题，难以实现维修时机和维修工作范围的全面优化。在实际应用中，需要从全寿命角度综合考虑前后维修的维修时机和维修工作范围，建立面向全寿命的维修决策优化模型，实现复杂设备维修策略在全寿命范围内的全局优化。本章仍以航空发动机为例，建立面向全寿命的维修规划模型，以实现维修时机与维修工作范围的同时优化[1]。

9.2 基于智能优化的全寿命维修规划

9.2.1 全寿命维修规划建模

1. 问题描述

发动机是典型的长寿命复杂设备，其全寿命周期内需要进行多次的维修，并且前后维修工作范围之间相互关联。发动机的每次送修，由于发动机的拆装、运输等都会产生一笔固定的进厂维修费用。

发动机寿命件属于严格使用寿命控制的零部件，当其使用时间到达寿命限制时，必须进行更换。一台发动机一般具有多个寿命件。由于各个寿命件的工作环境和结构等存在差异，各寿命件的寿命限制也相差很大。例如，CFM56-5B 型号发动机的增压机转子寿命限制是 30 000 飞行循环，而高压涡轮转子盘的寿命限制为 20 000 飞行循环。在实际工程应用中，航空公司一般采用机会更换的思想[2]一次性更换发动机内多个寿命件。这样做的优点是大大减少了发动机的送修次数，但是会造成一部分寿命件的浪费。

单元体与寿命件是相互影响的一个整体，在发动机送修时，往往也会对单元体进行维修。对于发动机单元体，航空公司一般划分了不同的维修级别。以 CFM56-5B 系列发动机为例，单元体的维修级别可以分为目视检查、最小修理、性能恢复和大修。其中大修是指将单元体进行完全的分解，执行最全面的恢复。其等级最高、最重要，维修费用也最多。以 CFM56-5B 发动机风扇机匣单元体为例，其单次送修的大修成本为 10 万美元左右。

对于发动机单元体大修，工程上一般给出其相应的大修软时限和大修硬时限。大修硬时限指单元体大修后使用时间的限制，类似于寿命件的寿命限制。单元体在大修软时限进行维修，经济性最好。若在非大修软时限对单元体进行大修，则可能导致发动机的过度维修或者维修不足，间接增加维修成本。

当发动机的使用时间到达全寿命限制时，发动机将不能再使用。但是发动机内有些寿命件和单元体并未到寿，因此还具有一定的剩余价值，主要包括寿命件的剩余价值和单元体剩余价值。

综上，发动机全寿命维修规划问题就是，对于一台给定的发动机，需要根据发动机当前的状态，制定其全寿命周期内的最优维修计划。即确定发动机全寿命历次维修时机、单元体的维修策略和寿命件更换策略，使得发动机全寿命周期内寿命件更换成本尽量少，单元体维修成本尽量低，发动机到寿命限制时剩余价值尽量多。

2. 形式化描述

设发动机全寿命限制为 T_{lim}，包含 $p(p\geqslant 1)$个单元体 $M_i(i=1,2,\cdots,p)$和 n 个寿命件 $L_j(j=1,2,\cdots,n)$。记发动机每次送修的固定维修成本为 C_0，是一个常量。发动机初始使用时间为 T_0，发动机当前使用时间记为 T。

寿命件 L_j 的限制寿命记为 t_{lim,L_j}，使用时间记为 $t_{\text{use},L_j}(T)$，剩余寿命记为 $t_{\text{res},L_j}(T)$，更换成本记为 C_{L_j}。

单元体 M_i 的大修硬时限记为 T_{lim,M_i}，大修软时限记为 T_{OPT,M_i}，使用时间记为 $t_{\text{use},M_i}(T)$，剩余寿命记为 $t_{\text{res},M_i}(T)$。本章将发动机单元体维修级别简化为大修和小修两个等级。大修成本记为 C_{OH,M_i}，小修成本记为 C_{MIN,M_i}。单元体非大修软时限进行大修产生的大修惩罚记为 C_{penalty,M_i}，其计算公式为

$$C_{\text{penalty},M_i}=\frac{|t_{\text{use},M_i}(T)-t_{\text{OPT},M_i}|}{t_{\text{lim},M_i}}C_{\text{OH},M_i}\tag{9-1}$$

当发动机的使用时间 T 到达发动机全寿命限制 T_{lim} 时，记发动机的剩余价值

为 V,包括寿命件剩余价值 V_{LLP} 和单元体剩余价值 V_{MOD},其计算公式如下:

$$V_{\mathrm{LLP}}=\sum_{j=1}^{n}\frac{t_{\mathrm{res},L_j}(T_{\mathrm{lim}})}{t_{\mathrm{lim},L_j}}C_{L_j} \tag{9-2}$$

$$V_{\mathrm{MOD}}=\sum_{i=1}^{p}\frac{\left|t_{\mathrm{OPT},M_i}-t_{\mathrm{use},M_i}(T_{\mathrm{lim}})\right|}{t_{\mathrm{lim},M_i}}C_{\mathrm{OH},M_i} \tag{9-3}$$

设发动机全寿命维修 m 次,历次维修时机为 $T_k(k=1,2,\cdots,m)$(这里的 T_k 是指从发动机初始状态到第 k 次维修间的时间间隔)。第 k 次维修寿命件 L_j 是否更换记为 $e_{L_j}(T_k)$,单元体维修级别记为 $e_{M_i}(T_k)$。全寿命周期寿命件总更换成本记为 C_{LLP},单元体的维修总成本记为 C_{MOD},其计算公式如下:

$$C_{\mathrm{LLP}}=\sum_{k=1}^{m}\sum_{j=1}^{n}C_{L_j}(1-e_{L_j}(T_k)) \tag{9-4}$$

$$\begin{aligned}C_{\mathrm{MOD}}=\sum_{k=1}^{m}\sum_{i=1}^{p}[(C_{\mathrm{OH},M_i}+C_{\mathrm{penalty},M})e_{M_i}(T_k)+\\ C_{\mathrm{MIN},M_i}(1-e_M(T_k))]\end{aligned} \tag{9-5}$$

m 不同,T_k 不同,则每次维修时更换的寿命件、单元体的维修级别也不同,发动机全寿命周期的总成本 C 就不同。发动机全寿命维修规划的目标就是确定 m、T_k、$e_{L_j}(T_k)$、$e_{M_i}(T_k)$,使得全寿命周期总维修成本 C 最小,可以形式化表示为

$$\begin{cases}\min C(\boldsymbol{s})=mC_0+C_{\mathrm{LLP}}+C_{\mathrm{MOD}}-V\\ \qquad\qquad =mC_0+C_{\mathrm{LLP}}+C_{\mathrm{MOD}}-V_{\mathrm{LLP}}-V_{\mathrm{MOD}}\\ \text{s. t.}\begin{cases}0\leqslant T_1<T_2<\cdots<T_m<T_{\mathrm{lim}}\\ t_{\mathrm{use},L_j}(T)\leqslant t_{\mathrm{lim},L_j},j=1,2,\cdots,n\\ t_{\mathrm{use},M_i}(T)\leqslant t_{\mathrm{lim},M_i},i=1,2,\cdots,p\\ T_m+T_0+1+\min(t_{\mathrm{res},L_j}(T_m+T_0+1),t_{\mathrm{res},M_i}(T_m+T_0+1))\geqslant T_{\mathrm{lim}}\end{cases}\end{cases} \tag{9-6}$$

式中,$\boldsymbol{s}$ 为决策变量构成的解向量,$\boldsymbol{s}=(m,T_1,\cdots,T_m,e_{L_j}(T_k),\cdots,e_{M_i}(T_k))$。

3. 解空间分析

发动机全寿命维修规划问题是典型的组合优化问题。根据各决策变量的定义,可以分析出发动机全寿命维修规划问题的解空间规模:

$$\sum_{m=1}^{T_{\mathrm{lim}}}T_{\mathrm{lim}}{}^{m}\cdot 2^{p+n} \tag{9-7}$$

根据对发动机历史维修数据的统计,可以估算出发动机前后两次送修时间间隔的取值范围$[T_{\mathrm{interval,min}},T_{\mathrm{interval,max}}]$,形式化表示为

$$T_{k+1}-T_k\in[T_{\mathrm{interval,min}},T_{\mathrm{interval,max}}] \tag{9-8}$$

根据发动机送修间隔，可以估算出发动机全寿命最小送修次数 $m_{\min}$ 和最大送修次数 $m_{\max}$。因此，可以对发动机维修规划问题的解空间规模进行简化：

$$\sum_{m=m_{\min}}^{m_{\max}} T_{\text{interval}}^{m} \cdot 2^{p+n} \approx \frac{T_{\text{interval}}^{m_{\min}} \cdot (1 - T_{\text{interval}}^{m_{\max}-m_{\min}+1})}{1 - T_{\text{interval}}} \cdot 2^{p+n}$$

$$\approx T_{\text{interval}}^{m_{\max}} \cdot 2^{p+n} \tag{9-9}$$

式中，$T_{\text{interval}} = T_{\text{interval,max}} - T_{\text{interval,min}}$。可以看出，解空间规模受发动机送修间隔 T_{interval}、全寿命最大送修次数 $m_{\max}$、单元体数量 p 和寿命件数量 n 的影响。

分析可知，即使发动机的单元体数量和寿命件数量比较少，解空间规模也是非常大的，采用遍历方法根本无法求解。直接采用一些优化算法进行求解，例如粒子群优化算法、蚁群算法等，由于决策变量太多、解空间规模太大，也会存在求解消耗时间非常长、求解结果不好等问题。因此，需要对发动机维修规划问题进行解耦。

4. **模型建立**

研究发现，当发动机的历次维修时机 T_k 确定之后，可以根据一定的规则或者方法求解出该维修时机方案下的全寿命周期单元体最优维修策略及其成本，以及寿命件最优更换策略及其成本。根据单元体的维修成本和寿命件更换成本，可以反推该维修时机是否为最优维修时机。如此反复迭代，就能求得问题的最优解，如图 9-1 所示。

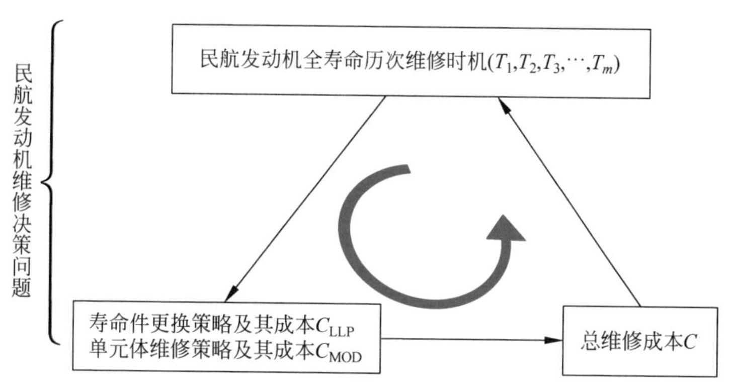

图 9-1　维修规划问题解耦图

因此，本章将发动机全寿命维修规划问题进行分解，分解为一个主问题和两个子问题。主问题为确定发动机的历次维修时机。子问题 1 为根据主问题中的维修时机确定发动机单元体的最优维修策略，子问题 2 为根据主问题中的维修时机确定发动机寿命件的最优更换策略。

建模过程如下：首先根据发动机维修间隔估算发动机维修次数的取值范围；然后对于每一种情况，将发动机的历次维修时机作为决策变量，全寿命周期总维修成本作为目标函数,采用粒子群优化算法进行求解;最后比较每种维修次数情况下求解的结果,将维修成本最小对应的解作为最优解。建立的数学模型为

$$\begin{cases} \min C(\boldsymbol{s}) = mC_0 + C_{\text{LLP}}(T_1, T_2, \cdots, T_m) + C_{\text{MOD}}(T_1, T_2, \cdots, T_m) - \\ \qquad V_{\text{LLP}} - V_{\text{MOD}} \\ \text{s. t.} \begin{cases} T_1 < T_2 < \cdots < T_m \\ T_m + T_0 < T_{\text{lim}} \\ T_{k+1} - T_k \in [T_{\text{interval,min}}, T_{\text{interval,max}}], \quad k = 1, 2, \cdots, m-1 \end{cases} \end{cases} \tag{9-10}$$

式中,$\boldsymbol{s}$ 为决策变量构成的解向量,$\boldsymbol{s}=(T_1, T_2, \cdots, T_m)$。

可见,该建模方案下,粒子群算法只需要对维修时机进行求解,问题解空间的规模大大缩小。

9.2.2 在全寿命维修时机确定条件下的单元体最优维修策略

单元体维修级别确定就是在已知发动机历次维修时机 $T_k(k=1,2,\cdots,m)$ 的情况下,求解全寿命每次维修时单元体的维修级别,使得全寿命周期单元体的维修成本最小。设单元体全寿命总维修成本为 C_{MOD},有

$$C_{\text{MOD}} = \sum_{k=1}^{m} \sum_{i=1}^{p} [(C_{\text{OH},M_i} + C_{\text{penalty},M_i}) \cdot e_{M_i}(T_k) + (1 - e_{M_i}(T_k)) \cdot C_{\text{MIN},M_i})] \tag{9-11}$$

式中,$e_{M_i}(T_k)$为单元体 M_i 第 k 次维修级别,取值为 1 代表大修,取值为 0 代表小修。

单元体与寿命件不同,单元体不仅存在大修硬时限 t_{lim,M_i},同时还存在大修软时限 t_{OPT,M_i},因此寿命件更新规则不适用于单元体的维修级别确定。单元体的维修具有阶段性,因此,在已知历次维修时机和单元体的初始状态情况下,可以采用动态规划的方法来求解单元体的全寿命历次维修级别。

动态规划算法[3]的原理是将问题分解为多个子问题,通过求解子问题来获得原问题的解,相比于枚举法,动态规划算法能减少一定的计算量,提高求解速度。根据上文建立的发动机维修模型可知,发动机包含 p 个单元体,则每次维修都有 2^p 种组合维修策略,将单元体的维修策略从 1 至 2^p 进行编号。设 $f_k(S)$表示由初始状态到第 k 次维修单元体的维修总成本,作为动态规划算法的决策函数。$C_{k,i}$ 表示第 k 次维修选择维修策略 i 的维修成本,其计算公式为

$$C_{k,i} = \sum_{i=1}^{p} [(C_{\text{OH},M_i} + C_{\text{penalty},M_i}) \cdot e_{M_i}(T_k) + (1 - e_{M_i}(T_k)) \cdot C_{\text{MIN},M_i}] \tag{9-12}$$

最后可以写出动态规划算法的递推关系:

$$f_k(S) = \min[f_{k-1}(S') + C_{k,i}] \tag{9-13}$$

式中，S 代表发动机历次维修时的维修策略，$S=\{e_{M_1}(T_1),e_{M_2}(T_1),\cdots,e_{M_p}(T_1),e_{M_1}(T_2),\cdots,e_{M_p}(T_m)\}$。

动态规划算法的具体步骤如下。

步骤1 将单元体维修根据维修时机划分为 m 个阶段，将 p 个单元体的维修策略组合由 $1\sim2^p$ 进行标号。

步骤2 令 $k=1$。

步骤3 根据式(9-12)计算所有维修策略对应的维修成本并保存。

步骤4 令 $k=k+1$。

步骤5 判断 $k\leqslant m$ 是否成立，若成立则跳转到步骤3；若不成立，则跳转到步骤6。

步骤6 根据式(9-13)求解 m 次维修的最优维修总成本和对应的最优维修策略。

9.2.3 在全寿命维修时机确定条件下的寿命件最优更换策略

研究发现，在已知发动机历次维修时机前提下，寿命件更换存在一定的规则，该规则下寿命件的更换总成本最小。规则描述如下：如果某次送修寿命件不更换会导致下次送修时超寿，则该次送修时必须更换；否则不需更换(如图9-2所示)。

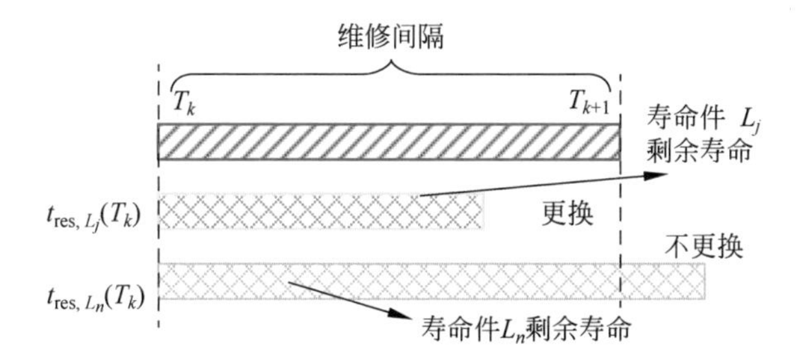

图9-2 寿命件更换规则示意图

以上规则可以形式化表示为

$$e_{L_j}(T_k)=\begin{cases}1, & t_{\mathrm{res},L_j}(T_k)<T_{k+1}-T_k, & k<m\\0, & t_{\mathrm{res},L_j}(T_k)\geqslant T_{k+1}-T_k, & k<m\\1, & t_{\mathrm{res},L_j}(T_k)<T_{\lim}-T_k, & k=m\\0, & t_{\mathrm{res},L_j}(T_k)\geqslant T_{\lim}-T_k, & k=m\end{cases}\tag{9-14}$$

式中，$e_{L_j}(T_k)$代表第 k 次维修时寿命件 L_j 是否更换，取值为1代表更换，取值为0代表不换。

要证明规则，即证明对于任意违反规则的寿命件更换策略，总能找到一种策略不会比该策略差。证明过程如图9-3所示。

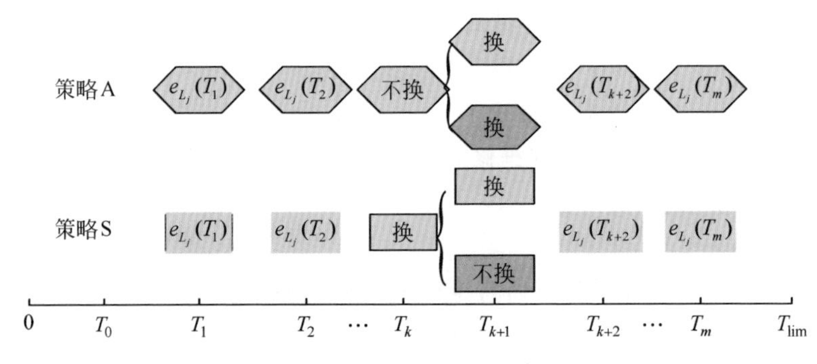

图 9-3　寿命件最优更换规则证明图

图中横轴代表发动机全寿命周期，$e_{L_j}(T_k)$代表寿命件 L_j 第k 次维修是否更换。设任意违反规则的策略为 S,在第 k 次维修,寿命件 L_j 剩余寿命大于下次维修到此次维修的维修间隔,但是采用的是更换策略。那么对于策略 S 的第 $k+1$ 次维修,存在两种情况：更换或者不更换。不管策略 S 第 $k+1$ 次采用哪种策略,都存在策略 A,第 k 次维修采用不换策略,第 $k+1$ 次采用更换策略,其余维修时机采用和策略 S 一样的策略,使得策略 A 的维修成本总是不会比策略 S 的多。规则即得证。

9.2.4　基于粒子群优化算法的发动机维修规划模型求解

通过上文的分析可知,针对发动机全寿命维修规划问题的复杂性,本章首先对发动机维修规划问题进行解耦,然后建立一种只以发动机的历次维修时机作为决策变量的发动机全寿命维修规划模型。相比于直接建模方法,本章建立的以发动机维修时机为决策变量的发动机维修规划模型的解空间规模大大缩小,但是仍然无法通过遍历的方法来求最优解。

发动机全寿命维修规划问题,实质上是个组合优化问题[4]。目前组合优化问题的求解算法主要有动态规划法、遗传算法、启发式算法、蚁群算法、粒子群算法等。粒子群优化算法是一种实现容易、收敛速度快、计算精度较高的快速搜索算法,在工程实践中很有优越性,本章将采用粒子群优化算法进行模型的求解。

1. 粒子群优化算法的基本原理

类似鸟群觅食过程,粒子群优化算法随机初始多个粒子,把每个粒子作为模型的一个解。每个粒子在解空间占据一个位置 x_i,同时具有一个速度值 v_i 和适应度值 $f(x_i)$。粒子根据适应度值来更新速度,并根据速度来决定位置更新方向和更新距离。所有的粒子在解空间内不断地迭代更新自己,不断向着当前最优粒子靠近,同时也不断地迭代更新当前全局最优粒子。

现设粒子搜索空间的维度为 d,粒子种群大小为 N。随机初始的第 i 个粒子在解空间的位置为 $x_i=\{x_{i1},x_{i2},\cdots,x_{id}\}$,速度为 $v_i=\{v_{i1},v_{i2},\cdots,v_{id}\}$。第 i 个

粒子在历次迭代过程中,迄今为止搜索到的最优位置称为个体极值,记为 $\text{pbest}_i=\{p_{i1},p_{i2},\cdots,p_{id}\}$。整个粒子群体在迭代过程中,迄今为止搜索到的最优位置称为全局极值,记为 $\text{gbest}=\{g_{i1},g_{i2},\cdots,g_{id}\}$。粒子在迭代中根据个体极值和全局极值来更新自己的位置和速度,即

$$x_i^{k+1}=x_i^k+v_i^{k+1} \tag{9-15}$$

$$v_i^{k+1}=w\cdot v_i^k+c_1r_1(\text{pbest}_i^k-x_i^k)+c_2r_2(\text{gbest}^k-x_i^k) \tag{9-16}$$

式中,c_1,c_2 为学习因子; w 为惯性因子; r_1,r_2 为[0,1]范围内随机数。

粒子群优化算法综合自身的当前位置、速度、历史最优位置和群体最优位置来不断更新自身的位置和速度,因此能够较快地收敛到一个比较好的结果。

2. 基于粒子群优化的发动机维修规划算法流程

根据上文建立的发动机全寿命维修规划模型和粒子群优化算法的基本原理,本章将发动机的历次维修时机作为决策变量,发动机全寿命维修成本 $C(s)$作为粒子群优化算法的适应度函数。其算法执行步骤如下,流程图如图 9-4 所示。

步骤 1 首先根据发动机维修间隔估计全寿命最小送修次数 $m_{\min}$ 和最大送修次数 $m_{\max}$。

步骤 2 设置粒子群规模 S,发动机维修间隔$[T_{\text{interval,min}},T_{\text{interval,max}}]$,最大迭代次数 N,学习因子 c_1、c_2,权重 w、r_1、r_2,发动机维修次数 $m=m_{\min}$。

步骤 3 令粒子维度 $q=m$。

步骤 4 随机初始化 S 个满足约束条件的粒子,各个粒子的位置为 $x_i=\{T_{i1},T_{i2},\cdots,T_{im}\}$、速度为 $v_i=\{v_{i1},v_{i2},\cdots,v_{im}\}$,迭代次数 $i=0$。

步骤 5 判断各个粒子是否满足约束条件。是,则根据粒子的位置$\{T_{i1},T_{i2},\cdots,T_{im}\}$计算寿命件更换最小成本 $C_{\text{LLP}}(x_i)$和单元体维修最小成本 $C_{\text{MOD}}(x_i)$,然后根据式(9-10)计算总维修成本 $C(x_i)$,并将总维修成本的负数作为每个粒子的适应度值,即 $f(x_i)=-C(x_i)$; 否,则将粒子适应度设置为负无穷,即 $f(x_i)=-\infty$。

步骤 6 把粒子当前的适应度值与当前粒子自身经历的个体极值pbest_i 进行比较。如果适应度值更高,则把它作为新的个体极值; 如果个体极值更高,则不更新。

步骤 7 把粒子个体极值与全局极值进行比较,若个体极值更高,则把它作为新的全局极值; 如果全局极值更高,则不更新全局极值。

步骤 8 更新粒子的位置,更新粒子的速度,迭代次数为 $i+1$。位置更新公式如式(9-15),速度更新公式如式(9-16)。

步骤 9 判断迭代次数 i 是否超过 N 次。如果超过,则记录结果result_m: 全局极值 gbest,全局极值对应的位置点 x_{gbest},寿命件最优更换策略,单元体最优维修级别,维修次数 $m+1$; 如果未超过,则跳转到步骤 5。

步骤 10 判断维修次数 m 是否超过 $m_{\max}$。若超过,则比较 result 中的全局极值,全局极值最大对应的就是发动机最优维修规划; 若不超过,则跳转到步骤 3。

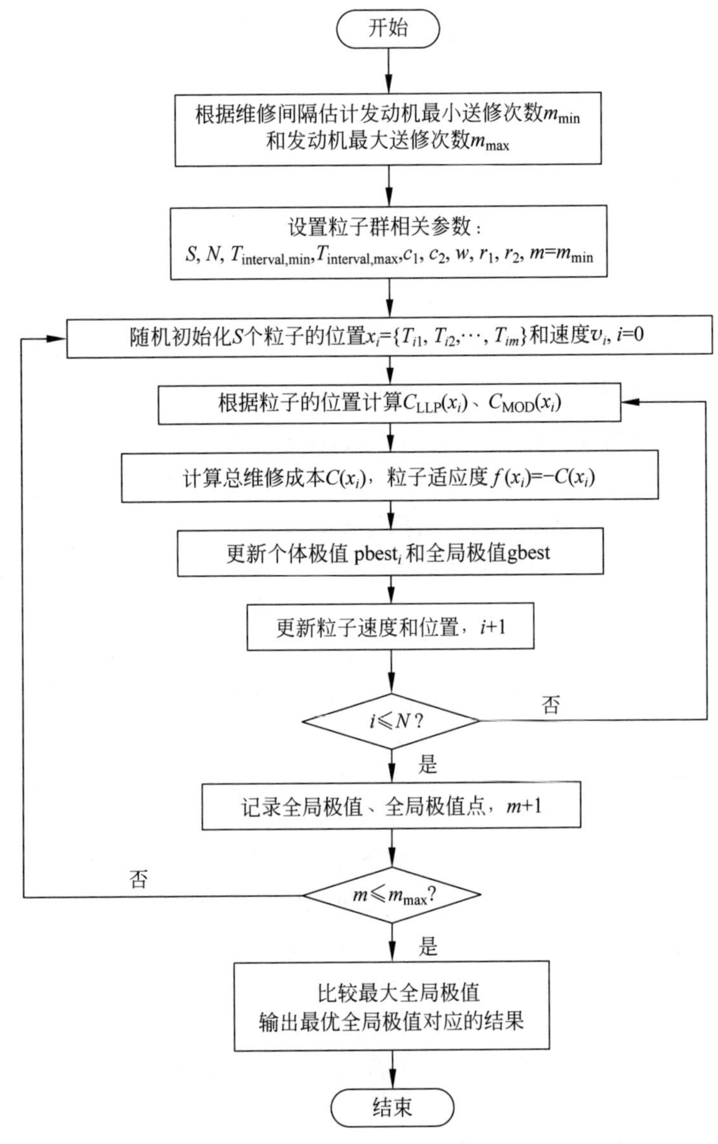

图 9-4　粒子群优化算法基本流程图

9.2.5　应用案例

1. 数值实验

采用随机生成多组发动机的初始状态对本章提出的算法进行验证评估。令单元体数量 $p \in \{1,2,3,4,5,10,15\}$，寿命件数量 $n \in \{2,3,4,5,10,15,20\}$，$n \geqslant p$。在数值验证实验中，为了能够将粒子群求解结果与最优解进行比较，设全寿命 $T_{\text{lim}}=600$，维修间隔为$[80,160] \cap N$。寿命件的寿命限制 $t_{\text{lim},L_j} \sim U(200,300)$，

寿命件更换成本 $C_{L_j} \sim U(7000, 15\,000)$，单元体的大修硬时限 $t_{\mathrm{lim},M_i} \sim U(150, 350)$、大修软时限 $t_{\mathrm{OPT},M_i} \sim t_{\mathrm{lim},M_i} - U(50,100)$、大修成本 $C_{\mathrm{OH},M_i} \sim U(7000, 15\,000)$ 和小修成本 $C_{\mathrm{MIN},M_i} \sim C_{\mathrm{OH},M_i} - U(3000, 6000)$。在随机初始化发动机状态时，令发动机初始使用时间 $T_0 \sim U(1, 200)$，寿命件的初始使用时间 $t_{\mathrm{use},L_j}(T_0) \sim U(0, t_{\mathrm{lim},L_j})$，单元体的初始使用时间 $t_{\mathrm{use},M_i}(T_0) \sim U(0, t_{\mathrm{lim},M_i})$。

对于每一种 (p,n) 情况，随机生成 20 个问题进行实验。算法采用 Java 实现。在普通计算机上采用本章提出的粒子群算法对每组问题进行求解。粒子种群数量设为 3000，最大迭代次数为 100 次，学习因子 $c_1=2, c_2=2$，惯性因子 $w=0.5$。采用遍历方法求解每个问题的最优解，记录粒子群算法每组求解结果与最优解的平均相对偏差 r、与最优解的最大相对偏差 R。表 9-1 所示为实验结果。

表 9-1　实验结果

(p,n)	r/%	R/%	(p,n)	r/%	R/%	(p,n)	r/%	R/%
(2,3)	0.085	1.409	(2,10)	0.129	1.403	(10,15)	0.983	3.353
(3,3)	0.043	0.141	(3,10)	1.579	5.693	(15,15)	0.269	1.445
(2,4)	0.265	0.805	(4,10)	0.288	0.557	(2,20)	0.062	0.898
(3,4)	0.089	0.865	(5,10)	0.919	3.947	(3,20)	0.099	1.104
(4,4)	0.416	1.224	(10,10)	0.858	8.751	(4,20)	0.233	0.847
(2,5)	0.019	0.108	(2,15)	0.113	1.722	(5,20)	0.614	3.327
(3,5)	0.220	2.610	(3,15)	0.045	1.983	(10,20)	0.347	1.325
(4,5)	0.472	2.136	(4,15)	0.413	2.453	(15,20)	0.243	2.485
(5,5)	0.449	0.654	(5,15)	0.731	7.125			

由表 9-1 所示每组粒子群优化算法求解结果与遍历求解的最优解的平均相对偏差 r、最大相对偏差 R 可知，本章提出方法的求解结果与最优解平均相对偏差保持在 2%以内，最大相对偏差保持在 9%以内，说明本章提出的基于粒子群优化的发动机维修规划方法能够求解出较好的发动机维修策略。随着单元体和寿命件数量的增加，求解结果与最优值的平均相对偏差 r 并没有增大，说明本章提出的方法对于包含寿命件和单元体数量较多的发动机维修规划问题也适用。

为了探究寿命件数量 n 与算法求解时间 t 的关系，再进行一组实验。令发动机单元体数量 $p=3$，寿命件数量 $n=\{3,4,5,10,15,20\}$，对于每种发动机型号 (p,n) 随机生成 100 个问题进行求解，记录算法的求解时间 t，如图 9-5 所示。

为了探究单元体数量 p 与算法求解时间 t 的关系，进行一组实验，令发动机寿命件数量 $n=20$，单元体数量 $p=\{3,4,5,10,15\}$，对于每组 (p,n) 随机生成 100 个问题进行求解，记录算法平均求解时间 t。实验结果如图 9-6 所示。

从图 9-5 和图 9-6 中可以看出，随着寿命件数量 n 或单元体数量 p 的增加，算法仍然能够求解，但是算法求解耗时 t 总体上呈现增加的趋势。说明对于包含寿

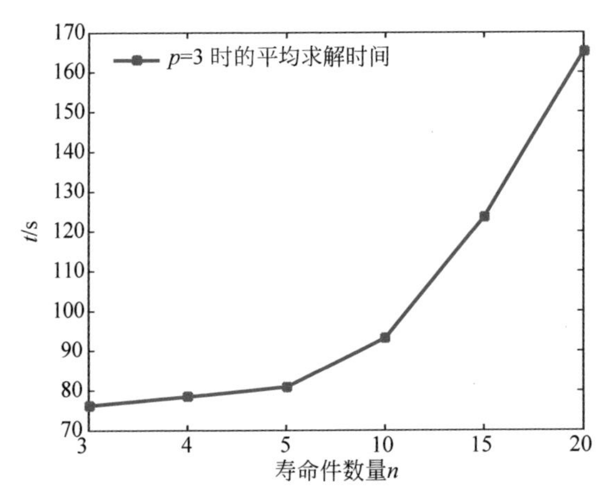

图 9-5　寿命件数量与算法求解时间关系图

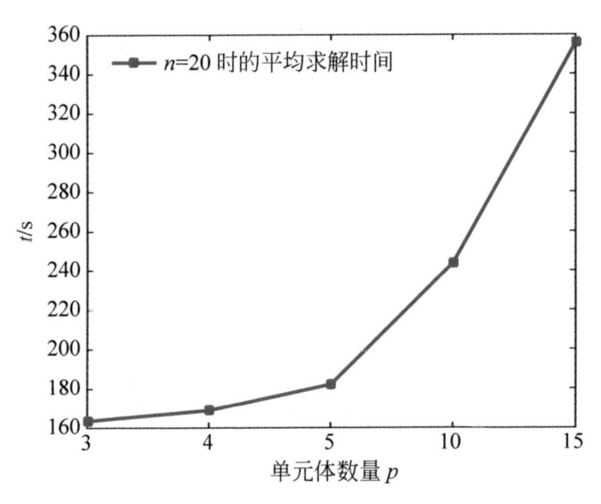

图 9-6　单元体数量与算法求解时间关系图

命件和单元体数量较多的发动机全寿命维修规划问题，本章提出的方法也适用。但是随着单元体或者寿命件数量的增加，算法求解耗时也会急剧增加。

2. 应用案例

以某台发动机为例，采用本章提出的粒子群优化算法进行发动机的全寿命维修规划优化问题求解。

该型号的发动机包含 17 个单元体和 20 个寿命件，表 9-2 所示为单元体清单及各个单元体的当前使用时间，表 9-3 所示为寿命件清单及各个寿命件的当前使用时间。发动机每次进厂送修的固定维修费用为 12 万美元，全寿命限制寿命 $T_{\lim}=60\ 000$ 飞行循环，发动机当前总飞行循环 $T_0=10\ 907$ 飞行循环。采用本章提出的基于粒子群优化方法求解，设粒子种群大小为 3000，迭代最大次数为 300，学习因子 $c_1=c_2=2$，惯性权重 $w=0.5$。

表 9-2　单元体清单

单元体编号	大修成本/美元	小修成本/美元	大修硬时限/飞行循环	大修软时限/飞行循环	当前使用时间/飞行循环
21	99 200	22 036	34 500	30 000	7326
22	5858	12 432	13 800	12 000	7326
23	177 183	39 524	34 500	30 000	18 203
31	143 153	43 485	17 250	15 000	8901
32	121 734	36 051	17 250	15 000	7790
33	30 110	8989	17 250	15 000	5092
41	113 630	27 042	17 250	15 000	5503
42	60 767	18 045	17 250	15 000	9084
51	432 904	67 298	13 800	12 000	4029
52	60 397	15 259	17 250	15 000	9252
53	515 893	132 943	13 800	12 000	3302
54	253 899	64 454	28 750	25 000	10 727
55	61 890	15 965	28 750	25 000	10 727
56	8034	3032	28 750	25 000	15 727
61	97 674	21 903	13 800	12 000	4408
62	5757	1320	17 250	15 000	6083
63	59 149	16 958	28 750	25 000	18 209

表 9-3　寿命件清单

寿命件编号	寿命限制/飞行循环	当前使用时间/飞行循环	成本/美元
1	30 000	28 717	152 200
2	30 000	7326	221 700
3	30 000	7326	110 200
4	20 000	19 927	48 320
5	20 000	19 927	79 880
6	20 000	19 927	114 000
7	20 000	9252	254 500
8	20 000	19 927	35 360
9	20 000	9252	212 500
10	20 000	19 717	192 100
11	20 000	9252	67 900
12	20 000	10 727	91 920
13	20 000	15 727	288 900
14	20 000	14 927	156 700
15	25 000	10 727	104 600
16	25 000	10 727	88 410
17	25 000	19 927	78 600
18	25 000	23 717	89 960
19	25 000	10 727	77 610
20	25 000	10 727	159 400

算法历时756.6s收敛，求解得到一个较优解，全寿命维修4次，维修总成本为1366.933万美元。求解结果如图9-7所示。

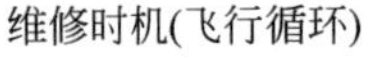

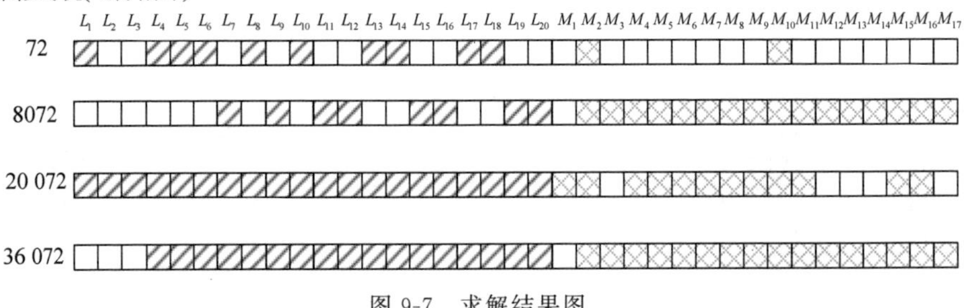

图9-7 求解结果图

图9-7中，寿命件对应的方框，斜线填充代表寿命件进行更换，未填充代表寿命件不更换。单元体对应的方框，网格填充代表单元体进行大修，未填充代表单元体进行小修。

9.3 基于Q学习的全寿命维修规划

为了提高管理效率和降低维修成本，航空公司一般对同一型号的所有发动机进行统一管理，称同一型号所有发动机的总和为机队[5]。在多机型、大机队的发展趋势下，航空公司一般具有多个机队，每个机队一般拥有几十甚至上千台发动机。针对单台发动机的维修决策问题，9.2节提出的基于粒子群优化算法的方法能够有效地求解。但是，当发动机寿命件、单元体初始状态不同时，采用粒子群算法就需要分别进行求解。这就导致机队中每台发动机都需分别求解。因此，对于大机队、多台发动机的全寿命维修决策问题，9.2节提出的基于粒子群优化的方法存在求解耗时长、效率低等缺点。近些年来增强学习在解决决策优化问题方面取得了不少突出成果。增强学习模拟人类学习的过程，即智能体与环境之间不断互交，通过试错机制来学习，从而使智能体的决策能力得到提升。相对于粒子群优化算法，增强学习能够将训练过程中学习到的知识进行存储，且具有求解速度快、求解效果好等优点。Q学习算法是一种基于无模型的增强学习算法，具有无须建立环境模型、收敛效果好等优点。本章将研究基于Q学习的民航发动机全寿命维修决策方法。

9.3参考

9.3.1 基于Q学习的民航发动机维修规划建模

Q学习

在9.2节建立的发动机维修决策模型中，将全寿命历次维修时机作为决策变量，全寿命维修总成本最小为优化目标。Q学习是基于马尔可夫决策过程的增强学习算法，解决的是贯序决策问题。即根据当前状态，智能体决策动作，环境执行动作并转移到下一个状态，如此循环直到状态终点。显然，如果将发动机的历次维修时机作为 Q 学习的决策变量，则无法构成马尔可夫决策过程。因此，需要对民航发动机维修决策问题重新建模。

1. 马尔可夫决策过程建模

研究发现，发动机的使用过程本身具有时序性。如果对发动机的每一飞行循环都进行一次维修决策，则可以将发动机的全寿命维修决策过程转化为马尔可夫决策过程，如图 9-8 所示。

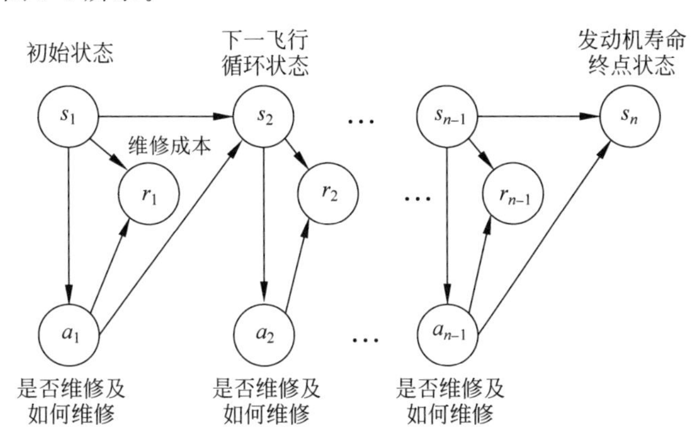

图 9-8　民航发动机维修马尔可夫决策过程示意图

图 9-8 中，s_t 代表发动机的当前状态，a_t 代表发动机的维修动作，r_t 代表执行维修动作得到的即时回报，t 指马尔可夫决策过程中的第 t 步，是索引下标。

根据发动机当前的状态，对发动机是否送修以及具体的维修动作进行决策。然后根据维修动作，发动机状态转移到维修后的状态。根据发动机的状态和维修动作计算维修成本，如此循环，直到发动机的使用寿命到达全寿命限制。Q 学习的目标是长期回报最大，而民航发动机维修决策目标是全寿命维修成本最小。因此，如此建立民航发动机维修决策模型，即将发动机全寿命维修过程转化为一个完整的马尔可夫决策过程，可以利用 Q 学习算法进行求解。下面逐一介绍发动机维修决策模型中的状态、动作、回报以及 Q 学习中的 Q 表设计。

2. 状态设计

状态是马尔可夫决策过程的基本元素之一，每个状态包含着智能体所处环境中的位置信息，引导智能体做出决策。因此发动机的状态设计需要能够很好地表达智能体所处当前环境的位置信息。

本章从全寿命周期考虑发动机的全寿命维修决策。因此，发动机的状态既要包括发动机自身当前单元体和寿命件的状态，同时也要包含发动机所处全寿命周期中的状态。本章将民航发动机当前使用时间 T、各个寿命件的使用时间 $t_{\text{use},L_j}(T)$、各个单元体的使用时间 $t_{\text{use},M_i}(T)$ 组成的 $n+p+1$ 维向量作为发动机的状态 s。如此设计的发动机状态，既能表达发动机所处全寿命周期位置，同时还能描述各个寿命件和单元体的位置。形式化表示为

$$s_t=\{T,t_{\text{use},L_1}(T),\cdots,t_{\text{use},L_n}(T),t_{\text{use},M_1}(T),\cdots,t_{\text{use},M_p}(T)\} \tag{9-17}$$

式中，T 为发动机当前使用时间；$t_{\text{use},L_j}(T)$为发动机使用时间为 T 时寿命件 L_j 的使用时间；$t_{\text{use},M_i}(T)$为发动机使用时间为 T 时单元体 M_i 的大修后使用时间。

显然发动机所有的可能状态组成的状态集 S 的大小受发动机全寿命限制 T_{lim}、发动机寿命件数量 n、单元体数量 p、各个寿命件的寿命限制 t_{lim,L_j} 和各个单元体的寿命限制 t_{lim,M_i} 的影响。

3. 动作设计

智能体处于环境中的某个状态 s_t，根据策略 π 选择一个动作 a_t，然后转移到下一个状态 s_{t+1}。在发动机的马尔可夫决策过程模型中，每次飞行循环后都对发动机进行一次维修决策。因此，本章将发动机各个寿命件是否更换 $e_{L_j}(T)$以及单元体的维修等级 $e_{M_i}(T)$作为马尔可夫决策过程的动作 a_t：

$$a_t=\{e_{L_1}(T),\cdots,e_{L_n}(T),e_{M_1}(T),\cdots,e_{M_p}(T)\} \tag{9-18}$$

根据上述对动作的设计，可以得出马尔可夫决策过程中的状态转移过程：

$$\begin{cases}T=T+1\\ t_{\text{use},L_j}(T+1)=\begin{cases}t_{\text{use},L_j}(T)+1, & e_{L_j}(T)=0\\ 1, & e_{L_j}(T)=1\end{cases}\\ t_{\text{use},M_i}(T+1)=\begin{cases}t_{\text{use},M_i}(T)+1, & e_{M_i}(T)=0\\ 1, & e_{M_i}(T)=1\end{cases}\end{cases} \tag{9-19}$$

4. 回报设计

回报的设计对算法能否收敛具有重要影响。当发动机处于状态 s_t 时，执行动作 a_t，会得到一个相应的即时回报 r_t。智能体根据即时回报 r_t 来更新决策能力。

有些维修动作会导致寿命件使用时间超过寿命限制或者单元体的使用时间超过大修硬时限，这类动作均是错误的动作。因此，在设计回报中，若智能体决策的动作是正确的，即执行动作 a_t 不会导致寿命件使用时间超过寿命限制或者单元体使用时间超过大修硬时限，将执行动作得到的维修成本的负数作为回报 r_t。若智能体决策的动作是错误的，则给予一个负无穷的数作为回报 r_t。

当发动机的使用时间到达全寿命限制时，发动机还有一部分剩余价值。因此，在回报设计中，当发动机的使用时间到达全寿命限制时，将执行动作得到的维修成本减去发动机的剩余价值得到的数，然后取负数作为回报 r_t，即

$$r_t=\begin{cases}-(C_0+C_{\text{LLP}}(T)+C_{\text{MOD}}(T)), & t_{\text{use},L_j}(T)\leqslant t_{\text{lim},L_j},t_{\text{use},M_i}\leqslant t_{\text{lim},M_i},T<T_{\text{lim}}\\ -\infty & t_{\text{use},L_j}(T)>t_{\text{lim},L_j}\ \|\ t_{\text{use},M_i}>t_{\text{lim},M_i},T<T_{\text{lim}}\\ -(C_0+C_{\text{LLP}}(T)+C_{\text{MOD}}(T)-V), & T=T_{\text{lim}}\end{cases} \tag{9-20}$$

式中，寿命件更换成本 $C_{\text{LLP}}(T)$ 的计算公式为

$$C_{\text{LLP}}(T)=\sum_{j=1}^{n}e_{L_j}(T)\cdot\left(C_{L_j}+\frac{t_{\lim,L_j}-t_{\text{use},L_j}(T)}{t_{\lim,L_j}}C_{L_j}\right) \tag{9-21}$$

单元体维修成本 $C_{\text{MOD}}(T)$ 的计算公式为

$$C_{\text{MOD}}(T)=\sum_{i=1}^{p}e_{M_i}(T)\cdot\left(C_{\text{OH},M_i}+\frac{|t_{\text{OPT},M_i}-t_{\text{use},M_i}(T)|}{t_{\lim,M_i}}C_{\text{OH},M_i}\right) \tag{9-22}$$

发动机剩余价值 V 的计算公式为

$$V=\sum_{j=1}^{n}\frac{t_{\lim,L_j}-t_{\text{use},L_j}(T_{\lim})}{t_{\lim,L_j}}C_{L_j}+\sum_{i=1}^{p}\frac{|t_{\text{OPT},M_i}-t_{\text{use},M_i}(T_{\lim})|}{t_{\lim,M_i}}C_{\text{OH},M_i} \tag{9-23}$$

5. Q 表设计

Q 学习是增强学习中的一种无关模型的、基于状态-行为值函数的、离策略的增强学习算法。离策略是指，智能体 agent 不是利用初始的策略 π 去生成训练样本来更新策略 π，而是利用策略 μ 来与环境互交生成训练样本，然后利用这些样本去更新策略 π。其 Q 值的更新公式如下：

$$Q(s_t,a_t)\leftarrow Q(s_t,a_t)+\alpha[r_t+\gamma\max_a Q(s_{t+1},a)-Q(s_t,a_t)] \tag{9-24}$$

式中，α 为学习率；γ 为回报折扣率；s_t 为第 t 步时智能体所处状态；a_t 为第 t 步时智能体决策的动作；$Q(s_t,a_t)$ 为状态-行为值函数。

Q 学习采用表格的形式来存储学习到的知识，即状态-动作值。Q 学习算法的训练实质是根据式(9-24)不断地更新用于储存状态-动作值的 Q 表。通过不断地迭代更新 Q 表中的每个状态-动作值，直到 Q 表收敛。Q 表训练好后，最终得出的策略是根据 Q 表来决定的，即根据当前状态选择 Q 表中最大 Q 值对应的动作作为输出。因此，本章将 Q 表设计为存储状态和动作对 Q 值的矩阵：

$$\boldsymbol{Q}(s,a)=[s,a] \tag{9-25}$$

9.3.2 算法流程

将基于 Q 学习的民航发动机维修决策模型中的状态、动作、回报、Q 表设计好后，开始算法的训练。算法训练步骤如下。

步骤 1 设置算法相关参数：折扣率 γ、学习率 α、最大迭代次数 N、贪婪率 ε。

步骤 2 随机初始化 Q 表，迭代次数 episode=0。

步骤 3 随机初始化发动机状态 s_t，$t=0$。

步骤 4 根据 Q 表，利用 ε 贪心策略选择状态 s_t 对应的 Q 值最大的动作 a_t，作为该发动机状态下的维修动作。

步骤 5 发动机执行维修动作 a_t，转移到下一状态 s_{t+1}，计算获得的相应回报 r_t。

步骤 6 更新 Q 表：

$$Q(s_t,a_t) \leftarrow Q(s_t,a_t)+\alpha[r_t+\gamma\max_a Q(s_{t+1},a)-Q(s_t,a_t)]$$

步骤 7 判断是否有寿命件的使用时间超过寿命限制或者单元体的使用时间超过大修硬时限，是则跳转到步骤 9；否则执行下一步。

步骤 8 判断发动机使用时间是否到达全寿命周期限制，是则执行下一步；否则令 $t=t+1, s_t=s_{t+1}$，跳转到步骤 3。

步骤 9 判断 episode 是否超过最大迭代次数 N，是则执行下一步；否则跳转到步骤 2，将 episode+1。

步骤 10 结束训练，保存 Q 表。

算法训练流程如图 9-9 所示。

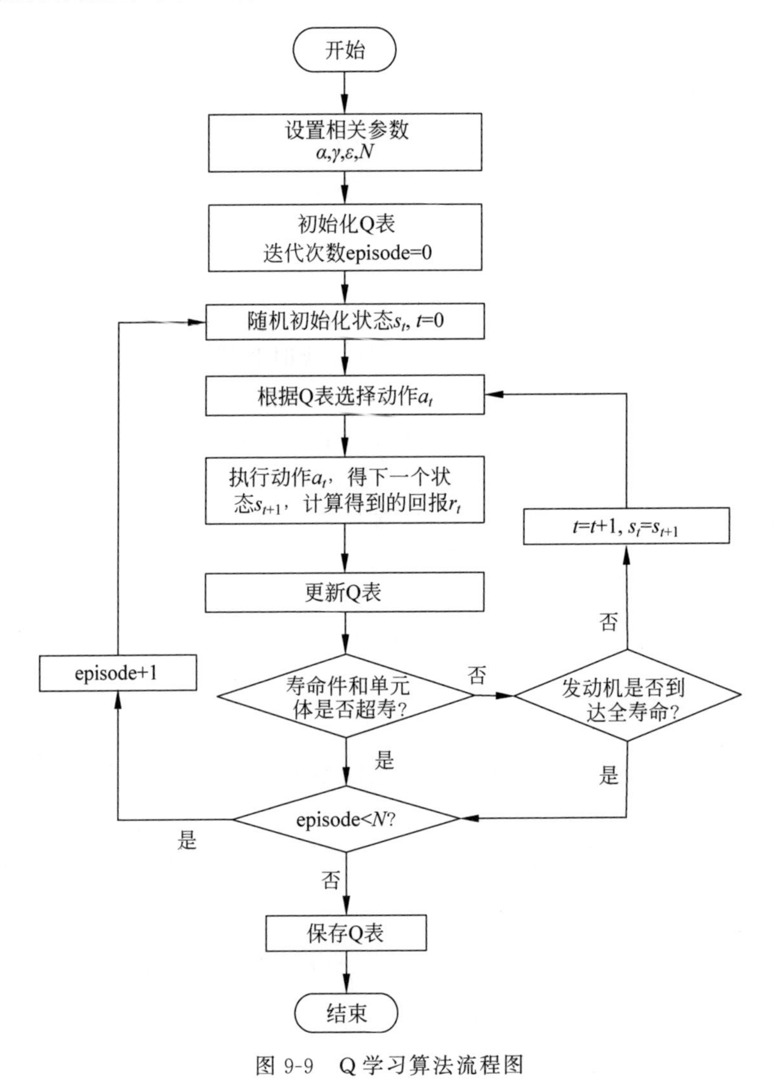

图 9-9 Q 学习算法流程图

9.3.3　应用案例

采用随机生成多组问题的方法对本章提出的算法进行验证和评估。为了将算法的结果与最优解进行比较，令全寿命周期 $T_{\lim}=60$，$t_{\lim,L_j}\sim U(20,30)$，$C_{L_j}\sim U(1000,25\,000)$，$t_{\lim,M_i}\sim U(25,35)$，$t_{\mathrm{OPT},M_i}\sim U(10,20)$，$C_{\mathrm{OH},M_i}\sim U(8000,15\,000)$，$C_{\mathrm{MIN},M_i}\sim U(1000,5000)$。在随机生成问题时，令初始使用时间 $T_0\sim U(1,30)$，各个寿命件的初始使用时间 $t_{\mathrm{use},L_j}(T_0)\sim U(0,t_{\lim,L_j})$，各个单元体的初始使用时间 $t_{\mathrm{use},M_i}\sim U(0,t_{\lim,M_i})$。

以包含1个单元体2个寿命件的系统为例，随机生成50个问题。算法采用Java实现。在普通计算机上采用本章提出的Q学习算法对每个问题进行求解。针对不同的回报折扣率 γ 和迭代次数 N，分别记录算法的训练耗时 t 和平均求解耗时 $\bar{t}$，并将求解结果与遍历求解得出的最优解进行对比，记录求解结果与最优解的平均相对偏差 r、最大相对偏差 $R_{\max}$ 和最小相对偏差 $R_{\min}$。实验结果如表9-4所示。

表9-4　不同折扣率和迭代次数实验结果

γ	N/次	t/h	$\bar{t}$/ms	r/%	$R_{\max}$/%	$R_{\min}$/%
0.7	1000	3.92	15	31.356	49.927	0.251
0.8	1000	4.32	15	27.226	46.154	0.071
0.9	1000	4.91	15	21.113	42.279	1.116
0.99	1000	5.47	15	9.805	33.776	0
0.99	1500	6.42	15	9.805	33.776	0
0.99	2000	6.96	15	9.805	33.776	0

折扣率 γ 越接近1，智能体越注重长期回报。由表9-4可知，随着折扣率 γ 的增大，算法的求解结果逐渐接近最优解，说明实验结果与理论相符合。

从表9-4中算法的训练时间和求解时间可以看出，Q学习算法训练时间较长，但是当Q学习算法训练好后，求解速度非常快。遍历求解方法针对每一个问题，都需要重新进行遍历求解，单个问题求解的时间长，当问题数量较多时，总的求解时间将会非常长。此外，从表9-4中的最小相对偏差和平均相对偏差可以看出，Q学习能求解出比较好的结果。

为了评估寿命件数量 n、单元体数量 p 和全寿命限制 $T_{\lim}$ 对本章提出方法的影响，令 $(T_{\lim},n,p)\in\{60+10i\,|\,i=0,1,2\}\times\{j\,|\,j=0,1,2\}\times\{k\,|\,(k=2,3,4)\cap k\geqslant j\}$。对于任意 $(T_{\lim},n,p)$ 均生成100个问题，采用本章提出的方法求解。记录算法的训练时间 t、与遍历方法求解的最优解的平均相对偏差 r、最大相对偏差 $R_{\max}$ 和最小相对偏差 $R_{\min}$，实验结果如表9-5所示。

表 9-5　不同单元体数量和寿命件数量对算法的影响

T_{lim}/飞行循环	(p,n)	t/min	r/%	R_{min}/%	R_{max}/%
60	(0,2)	2.237	0.068	0	2.387
60	(0,3)	274.7	0.049	0	0.854
60	(0,4)	—	—	—	—
60	(1,2)	194.9	9.084	0	33.776
60	(1,3)	—	—	—	—
60	(1,4)	—	—	—	—
60	(2,2)	—	—	—	—
60	(2,3)	—	—	—	—
60	(2,4)	—	—	—	—
70	(0,2)	3.1	0.097	0	3.010
70	(0,3)	491.4	0.197	0	2.43
70	(0,4)	—	—	—	—
70	(1,2)	211.4	8.537	0.281	37.615
70	(1,3)	—	—	—	—
70	(1,4)	—	—	—	—
70	(2,2)	—	—	—	—
70	(2,3)	—	—	—	—
70	(2,4)	—	—	—	—
80	(0,2)	4.1	0.203	0	6.102
80	(0,3)	567.1	0.190	0	2.439
80	(0,4)	—	—	—	—
80	(1,2)	518.3	9.152	0.321	38.551
80	(1,3)	—	—	—	—
80	(1,4)	—	—	—	—
80	(2,2)	—	—	—	—
80	(2,3)	—	—	—	—
80	(2,4)	—	—	—	—

表 9-5 中"—"表示训练过程中因内存溢出导致无法训练。从表 9-5 所示的实验结果可以发现，对于只有寿命件类型的问题，Q 学习算法求解结果与最优解很接近，说明了 Q 学习应用到民航发动机维修决策问题的可行性。观察表 9-5 中训练时间一栏，可以看出，随着全寿命周期 T_{lim}、寿命件数量 n 和单元体数量 p 增加，算法的训练时间显著增加。当寿命件数量与单元体数量的总和超过 4 时，程序出现内存溢出，无法进行求解。Q 学习是将学习到的知识以表格的形式存储到 Q 表之中，也就是将状态-行为对对应的 Q 值采用表格的形式进行存储，而表格的存储内存有限，当状态-行为对数量过多时将无法存储。通过上文对发动机状态的定义可知，发动机的状态空间大小与发动机所包含的单元体数量、寿命件数量等相关。通过分析得知，当发动机单元体和寿命件的数量总和为 4 时，状态空间大小的量级为

亿级。如此大的状态空间，Q 表已经难以存储，因此才会出现内存溢出情况。综上说明，增强学习应用到民航发动机维修决策问题具有可行性，但是基于 Q 学习的民航发动维修决策方法只适用于包含寿命件数量和单元体数量较少的民航发动机全寿命维修决策问题。

9.4 参考

9.4　基于 DQN 的全寿命维修规划

在 Q 学习中，以表格的形式存储状态-行为值。当发动机所包含的寿命件和单元体数量增多时，发动机的状态空间和动作空间都成指数级增长，状态空间太大，表格将无法储存如此大的状态空间，算法失效。深度增强学习将深度学习的感知能力和增强学习的决策能力结合起来，利用深度学习模型来拟合增强学习中的决策函数。深度 Q 学习(deep Q-network，DQN)是深度增强学习中最基本的一种算法，其原理是用深度卷积神经网络来拟合 Q 表，同时增加了双网络结构和经验池结构，很好地解决了 Q 学习存在的 Q 表存储空间有限、状态空间出现“维数灾难”等问题。本节将研究基于 DQN 的发动机全寿命维修规划方法。

9.4.1　深度 Q 学习理论简介

Q 学习是基于马尔可夫决策过程的增强学习算法，解决的是贯序决策问题，即根据当前状态，智能体决策动作，环境执行动作并转移到下一个状态，如此循环直到状态终点。传统的 Q 学习存在维数灾难问题。解决该问题的比较好的方法是利用一个非线性函数或函数模型来近似表示 Q 学习中的值函数 $Q(s,a)$，即

$$f(s,a) \approx Q(s,a) \tag{9-26}$$

$f(s,a)$代表函数模型或者非线性函数。DQN 就是采用深度卷积神经网络来拟合 $Q(s,a)$。深度学习的训练往往采用的是有监督训练，而增强学习是通过智能体与环境之间的互交学习。为了训练卷积神经网络，DQN 利用 Q 学习原理，将回报 r 和 Q 值结合，构造卷积神经网络的训练标签。DQN 网络训练的损失函数为

$$\begin{cases} \text{Loss} = (y_j - Q(s_j, a_j; \theta))^2 \\ y_j = \begin{cases} r_j, & d_j = 1 \\ r_j + \gamma \max\limits_{a'} \hat{Q}(s_{j+1}, a'; \theta^-), & d_j = 0 \end{cases} \end{cases} \tag{9-27}$$

式中，Loss 为损失函数；s_j 表示第 j 步时智能体所处状态；a_j 表示第 j 步时智能体决策的动作；θ 为评估网络参数；r_j 表示第 j 步决策得到即时回报；d_j 表示第 j 步智能体是否处于终止状态；γ 为回报折扣率；s_{j+1} 表示第 $j+1$ 步时智能体所处状态；θ^- 为目标网络参数；$\hat{Q}$ 为目标网络输出的 Q 值；Q 为评估网络输出的 Q 值。

增强学习中智能体与环境互交产生的数据往往具有很强的相关性。为了打破数据相关性，DQN 采用一种历史经验池策略，将智能体与环境互交产生的历史数据存储到经验池，训练时从经验池中随机采样，并且不断地更新经验池。为了提高算法的稳定性和加速收敛，DQN 采用双网络结构：目标网络和评估网络。其基本原理如图 9-10 所示。

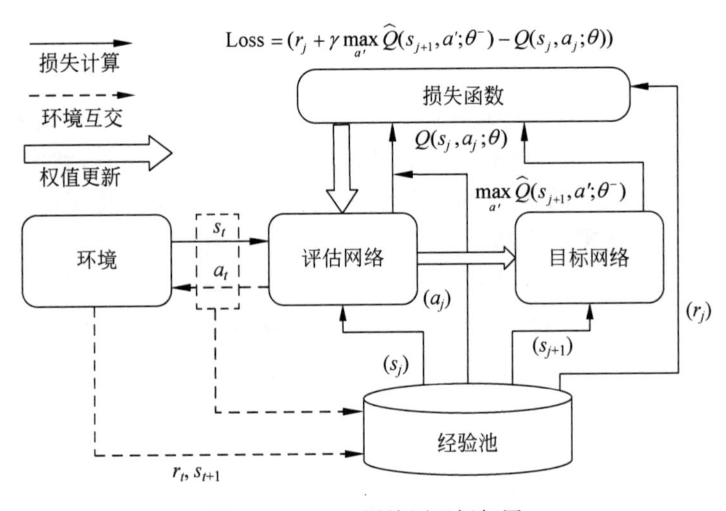

图 9-10　DQN 训练原理框架图

9.4.2　基于 DQN 的维修规划建模

如 9.3.1 节所述，可以将发动机的全寿命维修规划转化为马尔可夫决策过程。此时，发动机维修规划问题的状态空间 S 大小和动作空间 A 大小如下：

$$S=T_{\text{lim}}\cdot\prod_{j=1}^{n}t_{\text{lim},L_j}\cdot\prod_{i=1}^{p}t_{\text{lim},M_i} \tag{9-28}$$

$$A=2^{p+n} \tag{9-29}$$

可以看出，状态空间受发动机寿命限制 T_{lim}、寿命件寿命限制 t_{lim,L_j}、寿命件数量 n、单元体寿命限制 t_{lim,M_i}、单元体数量 p 的影响。动作空间受寿命件数量 n 和单元体数量 p 的影响。设发动机只有 10 个寿命件 8 个单元体，则发动机的状态空间约为 10^{76} 级别，动作空间为 2^{18}。显然，如此大的状态空间，采用 Q 表根本无法储存。DQN 采用卷积神经网络来拟合 Q 表，能解决 Q 学习存在的“维数灾难”问题。但是面对发动机维修决策问题如此巨大的状态空间和动作空间，DQN 仍然存在算法难以收敛、训练时间非常长、求解效果不好等问题。因此需要对发动机维修决策模型进行调整，缩小发动机的状态空间和动作空间。

1. 发动机维修时机确定规则

在研究中发现，发动机的维修时机必然是某个寿命件使用时间到寿或者单元体的使用时间到达大修软时限。因此，本节提出一种发动机维修时机确定规则。可以描述为：设发动机所有寿命件剩余寿命中最小剩余寿命为 $t_{\mathrm{res},L}=\min(t_{\mathrm{res},L_j}(T))$，所有单元体最小剩余大修寿命为 $t_{\mathrm{res},M}=\min(t_{\mathrm{res},M_i}(T))$，若 $t_{\mathrm{res},L}\leqslant t_{\mathrm{res},M}$，则下次维修时机为 $t_{\mathrm{res},L}$；若 $t_{\mathrm{res},L}>t_{\mathrm{res},M}$，则下次维修时机为剩余大修寿命最小的单元体对应的剩余大修软时限(如图 9-11 所示)。

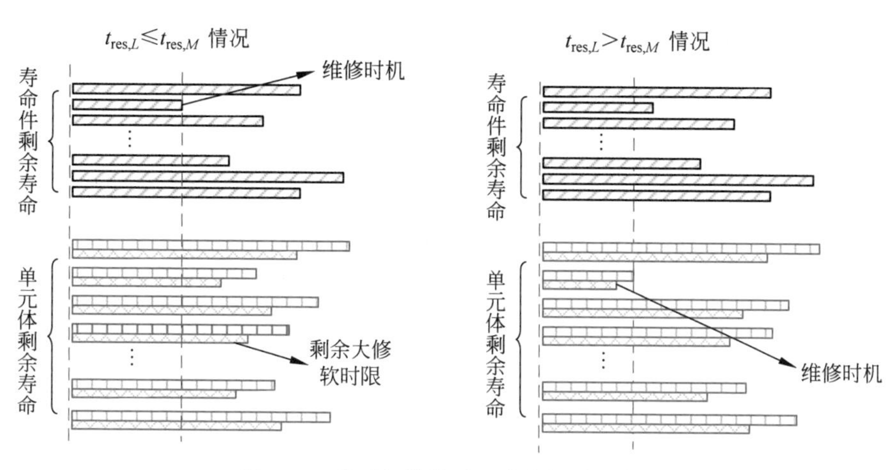

图 9-11　发动机维修时机确定规则示意图

发动机维修时机确定规则类似于文献[6]中的命题 3，其证明也可参考文献[6]。根据发动机维修时机确定规则，智能体将不再每一个飞行循环都进行维修规划，而是在发动机有寿命件使用时间到寿或者单元体使用时间到达大修软时限状态进行维修规划。首先随机初始化得到一个发动机状态 $\widehat{s_t}$ $(t=0)$，根据状态可以确定发动机的下次维修时机 T_t，以及发动机送修时的状态 s_t。智能体只需对状态 s_t 进行维修规划即可，因此，智能体的决策空间将大大缩小。

2. 单元体维修策略和寿命件更换策略确定规则

在研究过程中发现，发动机的单元体维修和寿命件更换存在一定的规则。可以描述为：若剩余寿命为 $t_{\mathrm{res},L_j}(T)$ 的寿命件进行更换，则剩余寿命小于 $t_{\mathrm{res},L_j}(T)$ 的寿命件都进行更换，剩余寿命小于 $t_{\mathrm{res},L_j}(T)$ 的单元体都进行大修，如图 9-12 所示。

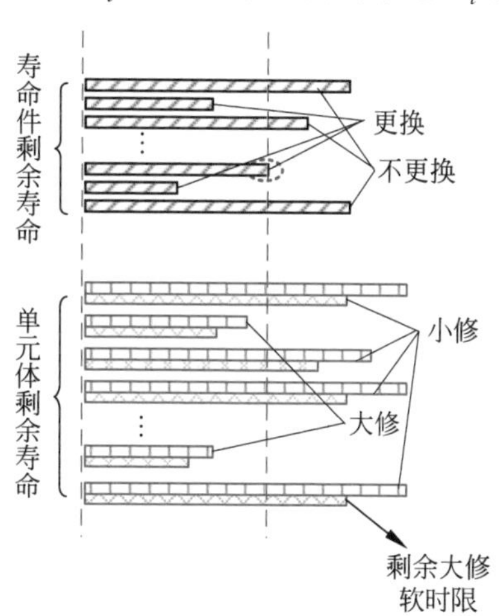

图 9-12　寿命件更换和单元体维修规则示意图

根据单元体维修和寿命件更换规则，本节将动作 a 设计为大修单元体和更换寿命件数量的总和。例如，假设动作为 a，那么如何确定更换哪些寿命件和大修哪些单元体呢？首先计算发动机的各个寿命件剩余寿命和单元体剩余大修寿命，并进行编号。其次对剩余寿命按照从小到大的顺序进行排序。最后根据规则，将排在前 a 内的寿命件进行更换，排在前 a 内的单元体进行大修。具体流程如图 9-13 所示。

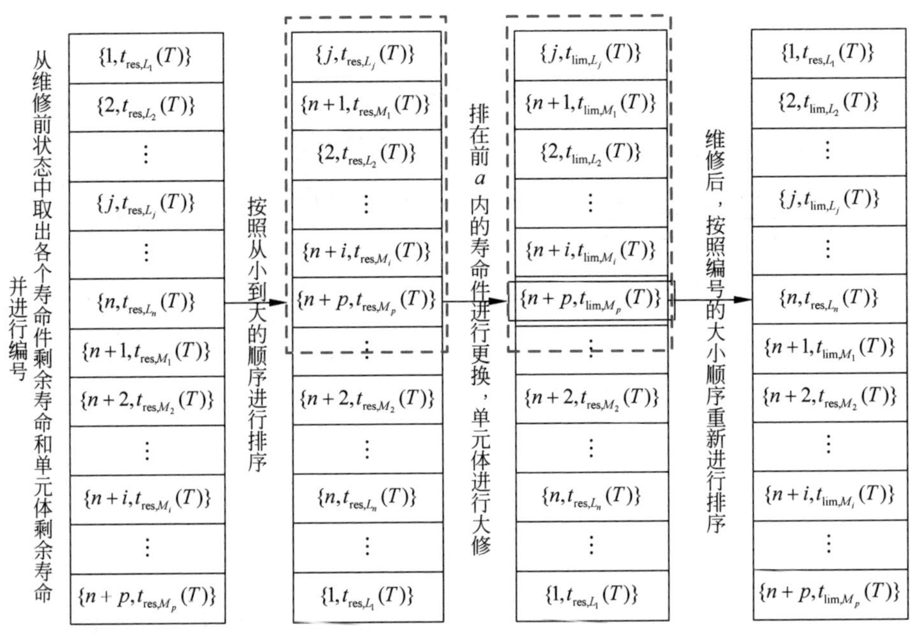

图 9-13　发动机维修动作执行过程示意图

3. 马尔可夫决策过程建模

结合发动机维修时机确定规则和寿命件更换、单元体维修等级确定规则，最后建立的发动机维修规划模型如图 9-14 所示。

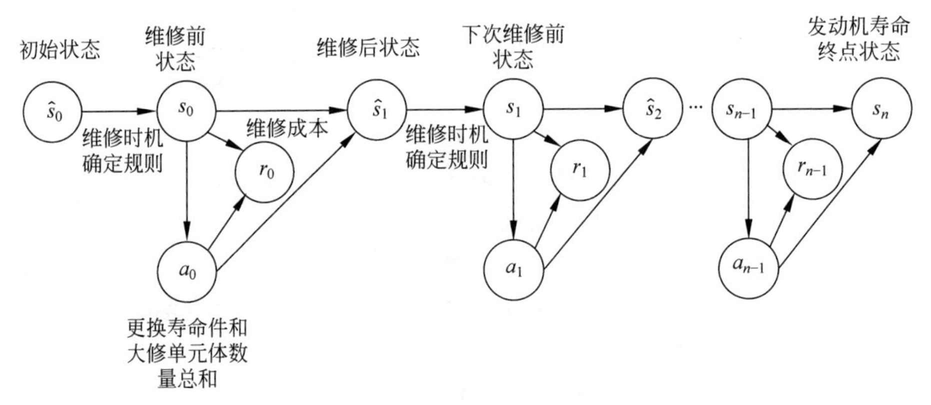

图 9-14　发动机维修规划模型示意图

首先随机初始化得到一个发动机状态$\widehat{s_t}(t=0)$。根据状态确定发动机的下次维修时机T_t，根据维修时机T_t状态转移到下次维修前状态s_t。其次将维修前状态输入智能体进行决策，得到动作a_t。环境执行动作a_t得到维修后状态$\widehat{s_{t+1}}$和即时回报r_t。最后根据维修后状态$\widehat{s_{t+1}}$确定下次维修时机T_{t+1}，根据下次维修时机T_{t+1}将修后状态转移到下次维修前状态s_{t+1}，如此循环直到达到状态终点。其中回报设计同9.3.1节，动作设计如上一小节中介绍。下面逐一介绍发动机的状态设计、卷积神经网络和经验池。

1）状态设计

为了更好地表达发动机的状态信息，本章将发动机当前的使用时间T、剩余总寿命T_{res}、各个寿命件使用时间$t_{\mathrm{use},L_j}(T)$、各个寿命件剩余寿命$t_{\mathrm{res},L_j}(T)$、各个单元体使用时间$t_{\mathrm{use},M_i}(T)$、各个单元体剩余大修寿命$t_{\mathrm{res},M_i}(T)$、各个单元体剩余大修软时限$t_{\mathrm{res,Opt},M_i}(T)$组成的$2+2n+3p$维向量作为发动机的状态，可以形式化表示为

$$s=\{T,T_{\mathrm{res}},t_{\mathrm{use},L_1}(T),\cdots,t_{\mathrm{res},L_1}(T),\cdots,t_{\mathrm{res},M_i}(T),\cdots,$$
$$t_{\mathrm{res,Opt},M_1}(T),\cdots,t_{\mathrm{res,Opt},M_p}(T)\} \tag{9-30}$$

2）卷积神经网络

卷积神经网络一般由卷积层、池化层和全连层组成。池化层的目的是防止过拟合和进一步降低数据维度。本章研究的发动机维修规划问题状态空间较大，很难出现过拟合现象。输入数据的维度也不高，因此，本章中不采用池化层。在本章中，神经网络的输入为发动机的状态，根据上文的设计，状态是一维向量。因此，采用一维卷积进行卷积操作。一维卷积操作原理如图9-15所示。

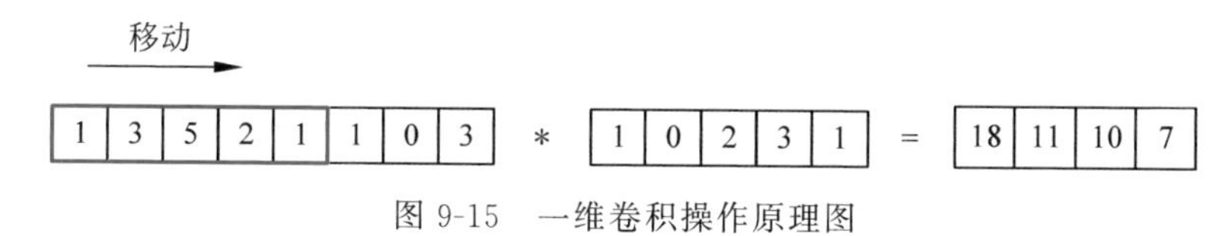

图9-15　一维卷积操作原理图

卷积神经网络对数据进行卷积操作后，往往都要加入非线性激活层进行激活操作。实验中发现，由于发动机马尔可夫决策过程产生的数据具有很大的非均衡性，容易导致网络训练过程中，在经过激活层后，神经元大量“失活”的现象。为了避免神经元大量“失活”的现象，在激活函数前加入批量归一化操作。批量归一化不仅仅能够避免神经元大量“失活”，同时还能加速网络的训练，提升网络效果。

3）经验池

经验池是为了存储智能体与环境之间互交产生的数据，即经验池存储的是一组组数据元组$(s_t,a_t,r_t,s_{t+1},d_t)$。其中，$s_t$为发动机当前状态即维修前状态，$a_t$为当前动作，$s_{t+1}$为执行动作后发动机得到的下一状态即下次维修前状态，r_t为当前得到的即时回报，d_t标志着发动机状态s_{t+1}是否为终止状态。为了加速智

能体的训练，本章首先根据规则与环境互交产生一些比较好的数据。根据对CFM56-5B型号发动机历史维修数据的统计，发动机的大修间隔在8000～15 000飞行循环。因此设定当某次送修时，寿命件剩余寿命低于8000则进行更换，单元体剩余寿命低于8000则进行大修。以此规则先产生一定数量的数据存储到经验池，然后采用这些数据对网络进行预训练。经过预训练的智能体具有一定的决策能力。训练结束后，开始智能体与环境互交学习，互交产生的数据直接存储到经验池中。

9.4.3 算法训练流程

确定好发动机维修规划过程中状态、动作、回报、卷积神经网络结构、经验池等后，开始网络的训练。训练步骤如下。

步骤1 初始化容量为N_1的经验池D。设置预训练次数N_2，目标网络更新的训练循环数N_3，采样批量大小B。设置学习率α、回报折扣率γ、贪心率ε，最大迭代次数N。

步骤2 利用规则与环境互交产生数量为N_4的较好数据并存储到经验池D。

步骤3 随机初始化评估网络的权值θ。采用经验池数据对评估网络进行N_2次训练，每次训练随机采样B个样本。

步骤4 初始化目标网络，目标网络的结构和评估网络一样，将评估网络权值θ复制给目标网络。初始化训练循环episode=0。

步骤5 随机初始化得到发动机初始状态$\widehat{s_t}(t=0)$，智能体与环境互交步数$t=0$。

步骤6 根据发动机维修时机确定规则确定下次维修时机，并且将发动机初始状态$\widehat{s_t}$转移到维修前状态s_t。

步骤7 智能体根据维修前状态s_t，采用ε贪心策略根据$\mathrm{argmax}_a Q(s_t, a; \theta)$决策出动作$a_t$。

步骤8 环境执行动作a_t得到修后状态$\widehat{s_{t+1}}$、即时回报r_t和d_t。

步骤9 根据发动机维修时机确定规则确定下次维修时机，并将发动机状态$\widehat{s_{t+1}}$转移到下次维修前状态s_{t+1}。

步骤10 将智能体与环境互交得到的数据$(s_t, a_t, r_t, s_{t+1}, d_t)$储存到经验池$D$，$s_t = s_{t+1}$，$t = t+1$。

步骤11 从经验池D中随机采样B数量样本组成训练集样本$(s_j, a_j, r_j, s_{j+1}, d_j)$。构造损失函数，见式(9-27)。

采用梯度下降方法更新评估网络参数θ。

步骤12 判断s_{t+1}是否为终止状态，是则episode+1，进行下一步；否则跳转到步骤7。

步骤13 判断episode是否为目标网络更新循环N_3的整数倍，是则将评估网络的权重复制给目标网络权重，然后进入下一步；否则直接进入下一步。

步骤14 判断迭代次数episode是否大于N，是则保存网络权重，终止训练；

否则跳转到步骤 5。

算法训练流程图如图 9-16 所示。

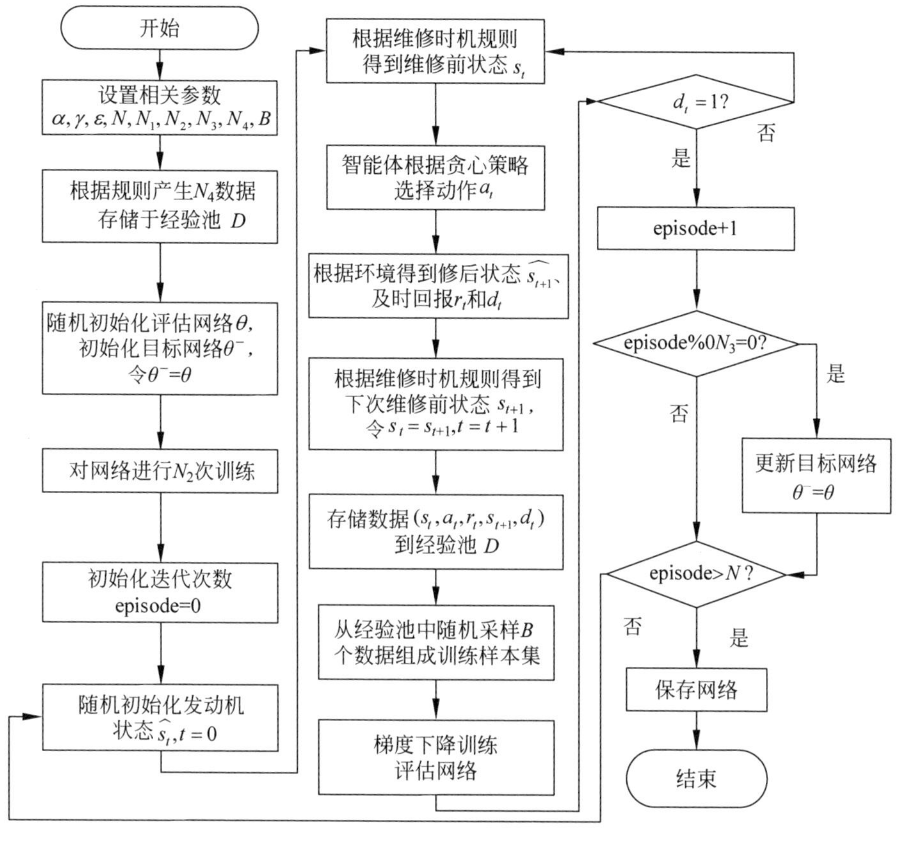

图 9-16　算法训练流程图

9.4.4　应用案例

1. 数值实验

随机生成多组发动机型号参数和多组发动机的初始状态对本章提出的算法进行验证评估。令全寿命限制 $T_{\lim}=600$，寿命件寿命限制 $t_{\lim,L_j}\sim U(200,300)$，寿命件成本 $C_{L_j}\sim U(7000,15\,000)$，单元体大修硬时限 $t_{\lim,M_i}\sim U(150,350)$，单元体大修软时限 $t_{\mathrm{OPT},M_i}\sim t_{\lim,M_i}-U(50,150)$，单元体的大修维修成本 $C_{\mathrm{OH},M_i}\sim U(7000,15\,000)$，小修成本 $C_{\mathrm{MIN},M_i}\sim C_{\mathrm{OH},M_i}-U(3000,6000)$，每次送修固定成本 $C_0=12\,000$。

令发动机单元体数量 $p=2$，寿命件数量 $n=\{4,5,10,15,20\}$，以每组(p,n)随机生成 20 个问题。在随机生成问题时，令发动机初始使用时间 $T_0\sim U(1,200)$，寿命件的初始使用时间 $t_{\mathrm{use},L_j}(T_0)\sim U(0,t_{\lim,L_j})$，单元体的初始使用时间 $t_{\mathrm{use},M_i}(T_0)\sim U(0,t_{\lim,M_i})$。

采用遍历方法求每个问题的最优解。采用本章提出的基于DQN的发动机维修规划方法进行求解，将求解结果与最优解、基于粒子群优化的发动机维修规划方法求解结果进行比较。记录每组求解结果与最优解的平均相对偏差 r 和最大偏差 R，结果分别如图9-17和图9-18所示。

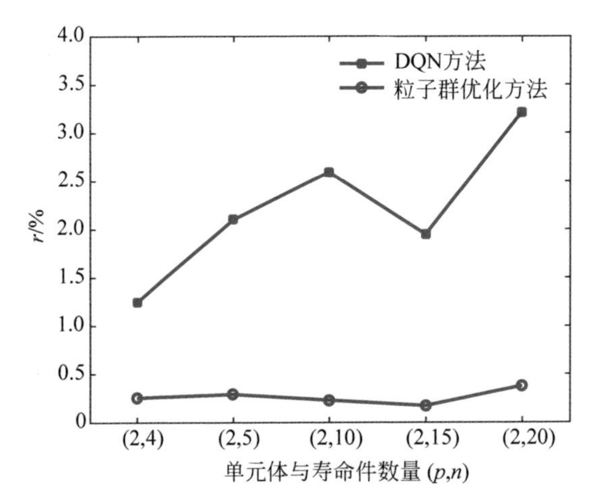

图9-17　不同方法求解平均相对偏差 r 对比

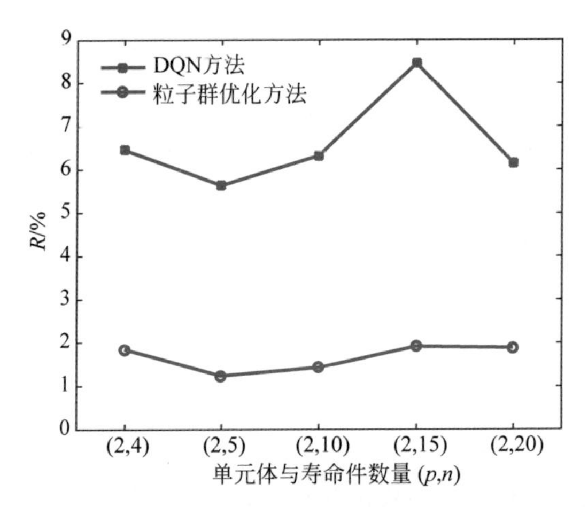

图9-18　不同方法求解最大相对偏差 R 对比

可以看出，DQN求解结果与最优解的平均偏差 r 和最大相对偏差 R 都比粒子群优化方法要大，说明DQN方法求解结果比粒子群优化方法求解结果稍微差些。但与最优解相差不大，而且随着寿命件数量的增加，变化不大，说明本节提出的基于DQN的方法能满足实际工程应用。记录算法求解平均耗时 t，如图9-19所示。

从图9-19中可以看出，DQN算法训练好后求解速度非常快，而且几乎不受寿命件数量的影响。而粒子群优化算法的求解时间随着寿命件数量的增加显著增加。说明基于DQN的方法能够快速求解发动机维修规划问题，对于大规模的发

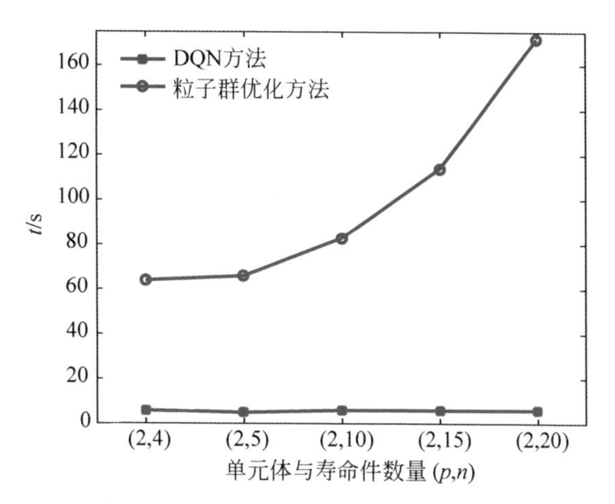

图 9-19 不同方法求解平均耗时 t 对比

动机维修规划问题也适用，且具有求解速度快的优点。

2. 应用案例

以 9.2.5 节应用案例中的发动机为例，下面采用本节提出的基于 DQN 的民航发动机维修规划方法进行发动机全寿命维修规划问题求解。实验中采用的卷积神经网络结构参数和训练参数如表 9-6 所示。

表 9-6 卷积神经网络参数表

参　数	数值	参　数	数值
输入层大小	1×93×1	折扣率 γ	0.9
卷积层 1 卷积核大小	3×1×5	学习率 α	0.001
卷积层 2 卷积核大小	3×5×5	贪心率 ε	0.1
卷积层 3 卷积核大小	3×5×10	训练批量 B 大小	3000
卷积层 4 卷积核大小	5×10×10	经验池容量 N_1	1 000 000
全连层 1 神经元数量	80	网络预训练次数 N_2	3000
全连层 2 神经元数量	40	目标网络更新训练次数 N_3	2000
输出层大小	1×37	根据规则产生数据数量 N_4	100 000
		最大迭代次数 N	10 000 000

算法训练耗时 6h，测试耗时 15s。全寿命维修 5 次，全寿命维修成本 1375.0188 万美元，与 9.2.5 节提出的基于粒子群优化方法求解结果 1366.933 万美元相差不大，说明本节提出的基于 DQN 的发动机维修规划方法适用于大规模机队维修规划问题。求解结果如图 9-20 所示。

图 9-20 中，寿命件对应的方框，斜线填充代表寿命件进行更换，未填充代表寿命件不更换；单元体对应的方框，网格填充代表单元体进行大修，未填充代表单元体进行小修。

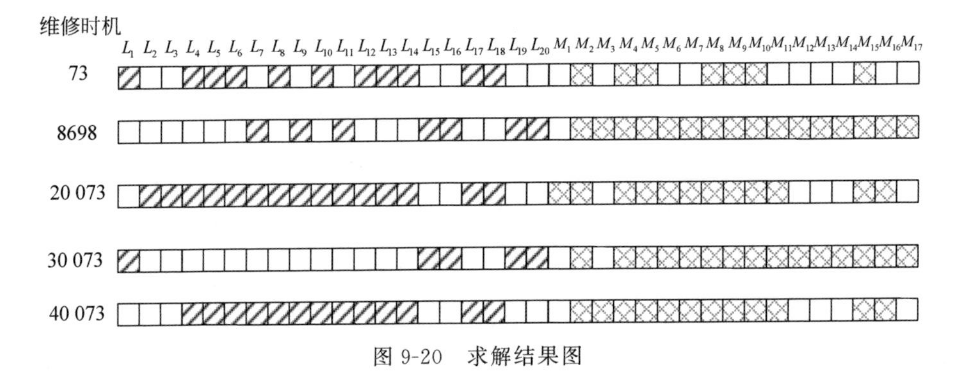

图 9-20　求解结果图

9.5　本章小结

针对目前短期维修规划存在的不足，本章以航空发动机为例，综合考虑发动机全寿命维修规划中的维修时机、单元体维修策略和寿命件更换策略等多因素，展开发动机全寿命维修规划方法的研究。首先，对发动机全寿命维修规划问题进行了分析，通过对其解耦，建立了一种以全寿命维修时机为决策变量的发动机维修规划模型，并采用粒子群优化算法进行了求解。其次，受到增强学习的启发，将增强学习中的 Q 学习应用到发动机维修规划问题中，建立了一种基于 Q 学习的发动机全寿命维修规划模型。最后，为了解决发动机状态空间和动作空间太大的问题，提出了发动机维修时机确定规则、单元体维修策略和寿命件更换策略确定规则，建立了一种基于 DQN 的发动机全寿命维修规划模型。上述面向全寿命的维修规划策略对于其他复杂装备的长期维修规划也有很好的借鉴作用。

参考文献

[1] 陈海波. 基于增强学习的民航发动机全寿命维修决策方法及其应用[D]. 哈尔滨：哈尔滨工业大学，2019.

[2] JORGENSON R D W. Opportunistic Replacement of a Single Part in the Presence of Several Monitored Parts[J]. Management Science，1963，10(1)：70-84.

[3] 吴涛. 动态规划算法应用及其在时间效率上的优化[D]. 南京：南京理工大学，2008.

[4] COOK W J，CUNNINGHAM W H，PULLEYBLANK W R，et al. Combinatorial Optimization[M]. Canada：John Wiley&Sons，Inc.，1998.

[5] 白芳. 民航发动机机群调度优化与视情维修决策方法研究[D]. 南京：南京航空航天大学，2009.

[6] ALMGREN T，ANDRÉASSON N，PATRIKSSON M，et al. The opportunistic replacement problem：theoretical analyses and numerical tests[J]. Mathematical Methods of Operations Research，2012，76(3)：289-319.

第10章

维修成本与备件需求预测

10.1 概述

准确地对维修成本进行预测，能够为企业维修成本预算制定、维修合同谈判等提供可靠的决策支持。维修成本可以分为直接维修成本和间接维修成本。直接维修成本又进一步可以分为日常维护成本和车间维修成本。一般情况下，车间维修成本占比较高，所以车间维修成本一直是人们研究的重点。本章重点对车间维修成本预测进行介绍[1]。

备件及时供应是大型装备制造企业售后服务体系的重要部分。备件库存管理效率决定着备件能否及时到达需求发生地，同时也直接影响着制造企业的服务体系及市场竞争力。备件库存管理依赖于对备件需求的准确把握。根据备件的需求特性可将备件需求预测问题简单地划分为连续性需求预测问题和间断性需求预测问题。连续需求是指在每个相同的时间间隔内都会有需求发生，一般一些常规的快速流动的备件都是连续性的。而对于那些价钱昂贵、需求较少的关键备件而言，其需求一般为间断的，间断需求是指需求发生的间隔时间是随机的。本章分别对易损件和关键件的备件需求预测问题进行介绍[2]。

10.2 维修成本预测

10.2.1 维修成本构成分析

常用的成本预测方法主要有工程估算法、参数估算法和类比法。工程估算法是一种按照成本分解结构中各成本单元自下而上的累加方法，该方法预测精度高，但复杂、烦琐、费时。采用工程估算法时必须对研究对象有系统详尽的了解。参数估算法认为研究对象和其影响因素(比如几何参数、性能参数、使用时间)具有某种映射关系，可根据已有的成本数据运用统计回归方法建立估算模型，该方法简单，和工程估算法相比，比较粗略，精度不高。类比法建立在相似理论基础上，通过对现有相似对象的各项费用进行修正得到新系统的费用，适用于存在相似对象的情况,其误差较大。随着技术的进步,一些比较新的方法也已应用于成本预测,比如偏最小二乘回归法、神经网络和参数估算法结合的方法、遗传算法和类比法结合的方法,取得了不错的效果。

维修成本构成是维修成本预测的基础。设备送修时,设备拥有方和承修厂会签订送修合同。送修合同不同,车间维修成本的划分方法也不同。目前,最常见的两种合同模式是工时+材料、固定价。

工时+材料合同模式是指承修厂按照设备维修过程中发生的实际工时费和材料费向设备拥有方收费的合同模式。工时+材料合同模式下的车间维修成本构成如图 10-1 所示。

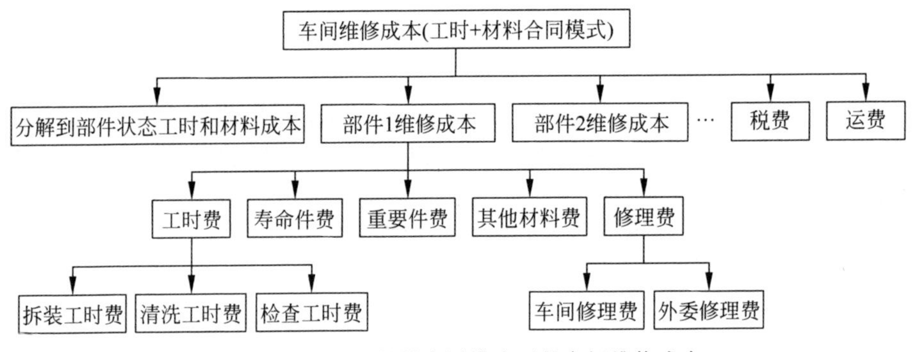

图 10-1 工时+材料合同模式下的车间维修成本

下面对工时+材料合同模式下的车间维修成本逐项进行说明。

(1) **分解到部件状态工时和材料成本** 指从设备整机状态分解到部件状态过程中发生的工时费和材料费。这一部分费用主要和部件维修工作范围相关。对于相同系列设备的相同维修工作范围,这一部分费用基本相同。

(2) **部件维修成本** 指在该部件修理过程中发生的工时费、寿命件费、重要件费、其他材料费和修理费。其中,工时费特指该部件拆装、清洗和检查过程中发生的工时费,主要和该部件的维修级别相关。寿命件费指购买更换的寿命件的实际费用及购买过程中发生的手续费和关税。寿命件费主要和该部件更换的寿命件清单、寿命件价格、手续费率、关税率相关。重要件指的是除寿命件外的对设备车间维修成本影响比较大的零部件。重要件费的构成和寿命件费是类似的。其他材料指的是除寿命件、重要件外的所有零部件及修理过程中需要的消耗材料。其他材料费的构成和寿命件费也是类似的。对航空发动机来说,寿命件费、重要件费、其他材料费一般要占到发动机车间维修成本的 75%~80%[3]。修理费指的是对该部件的零部件进行修理发生的费用,进一步可分为车间修理费和外委修理费。外委修理费是指设备承修厂对某些零部件无维修能力,将这些零部件转送到其他厂家进行修理所发生的费用。修理费主要和该部件的维修级别、健康状态相关。

(3) **税费** 按照国家相关规定收取。

(4) **运费** 指设备送修运至承修厂及修后运回设备拥有方时产生的费用。

固定价合同模式是指承修厂以一个固定价格承包某些维修项目的合同模式。固定价合同模式下的车间维修成本构成如图 10-2 所示。

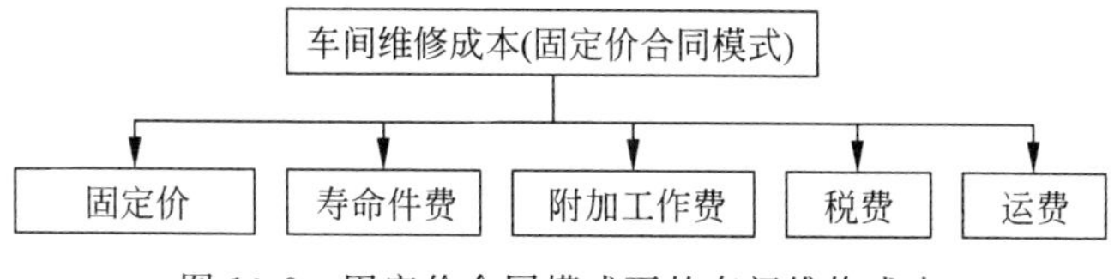

图 10-2 固定价合同模式下的车间维修成本

固定价合同模式下的寿命件费、税费、运费的意义和材料＋工时合同模式下的意义是一样的。下面仅对固定价和附加工作费进行说明。

(1) **固定价** 指设备拥有方和承修厂经谈判确定的一个固定收费标准。如果固定价内的维修项目发生的实际维修费用超出了固定价,承修厂会承担超出部分的费用。

(2) **附加工作费** 指固定价外的维修项目发生的费用,比如扩大部件的分解范围等。

固定价和工时＋材料这两种合同模式下的车间维修成本构成实质上是一致的,只是在固定价合同模式下,工时费和材料费很大程度上都体现在固定价上。实际上,在固定价合同谈判时,设备拥有方和承修厂都会从工时费和材料费的角度对固定价的合理性进行判断。可以说,工时＋材料合同模式体现的是设备车间维修成本的本质构成,而固定价合同模式更多的是从商务角度考虑的。本章将以工时＋材料合同模式下的车间维修成本构成为例对设备车间维修成本进行分析。

文献[4]中将车间维修成本分为确定型成本和不确定型成本两类。确定型成本采用工程法进行预测,不确定型成本则根据历史数据挖掘设备性能参数和成本之间的映射关系进行预测。本章沿用该思想,并结合图 10-1 将车间维修成本分为:确定Ⅰ型成本、确定Ⅱ型成本、不确定Ⅰ型成本、不确定Ⅱ型成本。

定义 10.1 将在设备进行车间维修前能够确定的且和设备维修工作范围无关的成本称为确定Ⅰ型成本。

定义 10.2 将在设备进行车间维修前能够确定的且和设备维修工作范围相关的成本称为确定Ⅱ型成本。

定义 10.3 将在设备进行车间维修前不能确定的且和设备维修工作范围无关的成本称为不确定Ⅰ型成本。

定义 10.4 将在设备进行车间维修前不能确定的且和设备维修工作范围相关的成本称为不确定Ⅱ型成本。

根据定义 10.1～定义 10.4,确定Ⅰ型成本包括寿命件费、运费。确定Ⅱ型成本包括分解到部件状态工时和材料成本、各个部件工时费。不确定Ⅰ型成本包括重要件费。不确定Ⅱ型成本包括各个部件的其他材料费和修理费。将设备车间维

修成本记为 C_{TOTAL}，确定Ⅰ型成本记为 C_{D1}，确定Ⅱ型成本记为 C_{D2}，不确定Ⅰ型成本记为 C_{P1}，不确定Ⅱ型成本记为 C_{P2}，税费记为 C_{VAT}，则

$$C_{\text{TOTAL}} = C_{\text{D1}} + C_{\text{D2}} + C_{\text{P1}} + C_{\text{P2}} + C_{\text{VAT}} \tag{10-1}$$

C_{D1}、C_{D2}、C_{VAT} 的计算都比较简单，且能保证很高的精度。比如，寿命件费可以根据更换的寿命件清单、寿命件价格、手续费率、关税率计算得到；如果存在一定数量的按照工时+材料合同模式下的设备车间维修成本构成归集的历史数据，那么运费、分解到部件状态工时和材料成本、各个部件的工时费都可以通过统计得到；税费可以根据税率计算得到。下面讨论有归集数据条件下 C_{P1} 和 C_{P2} 的计算。

10.2.2 大样本条件下的维修成本预测

1. 不确定Ⅰ型成本的预测

不确定Ⅰ型成本 C_{P1} 只包括重要件费。设设备某次车间维修共更换了 N_{CIMP} 种重要件 $P_{\text{IMP},i}(i=1,2,\cdots,N_{\text{CIMP}})$，$P_{\text{IMP},i}$ 的数量为 $N_{\text{IMP},i}$，报废率为 $r_{\text{IMP},i}$，每件价格为 $p_{\text{IMP},i}$，手续费率为 r_{CC}，关税率为 r_{CU}，则

$$C_{\text{P1}} = (1 + r_{\text{CC}} + r_{\text{CU}}) \sum_{i=1}^{N_{\text{CIMP}}} N_{\text{IMP},i} \cdot r_{\text{IMP},i} \cdot p_{\text{IMP},i} \tag{10-2}$$

式(10-2)中，除报废率 $r_{\text{IMP},i}$ 外，其他参数在设备进行车间维修前都是已知的，所以对不确定Ⅰ型成本 C_{P1} 的预测就转化为对各个重要件的报废率 $r_{\text{IMP},i}$ 的预测了。

设备进厂后，如果发现重要件不满足使用要求，就应该报废。在可靠性理论中，产品满足使用要求的能力使用可靠度来衡量，而可靠度是一个随机变量，所以重要件报废也可以采用一个随机变量来表示。因为相邻零部件或者控制系统发生故障产生的二次损伤，重要件报废时的寿命一般要短于其设计寿命。此外，当重要件的剩余寿命和设备下次送修时的间隔不匹配时，重要件也会提前报废[3]。借鉴可靠性理论中累积故障概率的定义，下面给出累积报废概率的定义。

定义 10.5 产品在规定的条件下和规定的时间内报废的概率称为累积报废概率，表示为

$$S(t) = P(\xi \leqslant t) \tag{10-3}$$

式中，$S(t)$为累积报废概率；ξ 为产品报废前的工作时间；t 为规定的时间。

定义 10.6 对于累积报废概率 $S(t)$，存在非负函数 $s(t)$，使对于任意 t 有

$$S(t) = \int_0^t s(t)\mathrm{d}t \tag{10-4}$$

则称 $s(t)$为报废密度函数。

可以根据重要件的历史报废数据估计其累积报废概率。因为设备拥有方一般不对重要件的小时循环进行控制，所以认为重要件的小时循环和设备的大修后小

时循环是一致的。表10-1所示为CFM56-5B发动机车间维修的高压压气机(high pressure compressor,HPC)转子的5级叶片的报废件历史数据。

表10-1 CFM56-5B HPC转子5级叶片报废件统计

序号	送修日期	大修后循环	总数量	报废数量观测值	报废数量计算值
1	2009-9-28	435	75	0	0.005
2	2009-9-4	672	75	1	0.014
3	2010-1-25	914	75	0	0.028
4	2009-7-16	3629	75	3	0.63
5	2009-9-18	5481	75	4	1.59
6	2009-10-30	9218	75	8	5.018
7	2009-12-14	13 639	75	10	11.565
8	2009-9-6	13 951	75	9	12.12
9	2009-6-1	19 929	75	26	24.405
10	2009-11-30	22 373	75	30	30.008

威布尔分布是可靠性理论中常用的较复杂的一种分布,适用性强。三参数威布尔分布的累积报废概率和报废密度函数分别为

$$S(t)=1-\mathrm{e}^{-\left(\frac{t-t_0}{\eta}\right)^m} \tag{10-5}$$

$$s(t)=\frac{m}{\eta}\left(\frac{t-t_0}{\eta}\right)^{m-1}\cdot \mathrm{e}^{-\left(\frac{t-t_0}{\eta}\right)^m} \tag{10-6}$$

式中,m为形状参数;η为尺度参数;t_0为位置参数。

假设CFM56-5B发动机HPC转子5级叶片的累积报废概率服从两参数威布尔分布(即$t_0=0$),对大修后循环和累积报废概率观测值进行回归分析。考虑式(10-5)的复杂性,难以采用最小二乘法求出m和η的解析解,所以采用粒子群优化算法获得数值解。粒子群优化算法的适应度函数为

$$\text{fitness}=\sum_{i=1}^{10}(S(t_i)-S'_i)^2 \tag{10-7}$$

式中,t_i为第i个观测点的大修后循环;$S(\cdot)$为两参数威布尔分布的累积报废概率;S'_i为第i个观测点的累积报废概率观测值。种群规模为80,最大迭代次数为1000,学习因子均为2,惯性权重为0.6。迭代完成后,结果为:$m=2.254$,$\eta=30\,136.818$,如图10-3所示。

对回归方程进行显著性检验。根据下式计算得相关系数$R=0.9821$,查相关系数检验表得$\gamma_{0.01,8}=0.765$,显然$R>\gamma_{0.01,8}$,所以回归方程在显著性水平0.01下显著。

$$R=\sqrt{1-\sum_{i=1}^{n}(S_i-\hat{S}_i)^2\Big/\sum_{i=1}^{n}(S_i-\bar{S})^2} \tag{10-8}$$

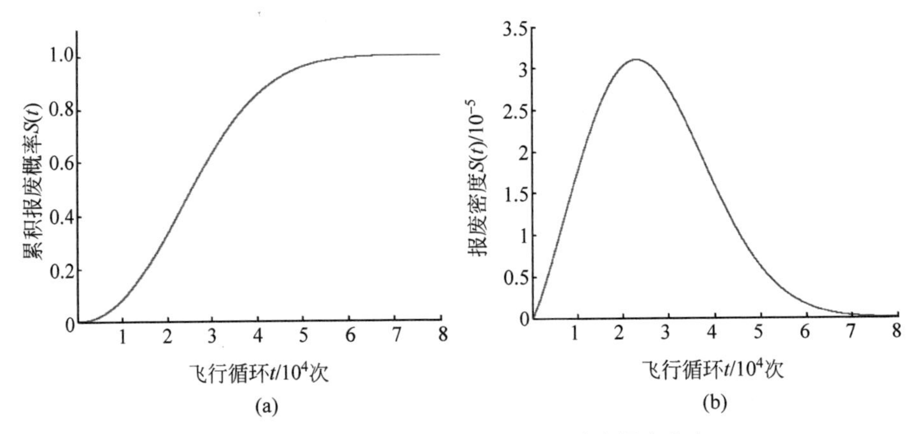

图 10-3 CFM56-5B HPC 转子 5 级叶片报废分布

(a) 累积报废概率；(b) 报废密度函数

式中，n 为数据量；S_i 为累积报废概率的实际值；$\hat{S}_i$ 为累积报废概率的计算值；$\bar{S}$ 为累积报废概率的总平均值。

同理，分别假设 CFM56-5B 发动机 HPC 转子 5 级叶片的累积报废概率服从指数分布、正态分布和伽马分布，按照上述方法求得的回归方程的相关系数和残余方差如表 10-2 所示。从表 10-2 中可以看出，威布尔分布假设下的相关系数最大，残余方差最小，所以选择威布尔分布作为 CFM56-5B 发动机 HPC 转子 5 级叶片的累积报废概率。威布尔分布下的报废数量计算值也列在表 10 1 中。

表 10-2 相关系数与残余方差比较

项　目	指数分布	正态分布	威布尔分布	伽马分布
相关系数	0.9205	0.9795	0.9821	0.9789
残余方差	0.0035	0.0009	0.0008	0.0009

获得各个重要件的累积报废概率后，就可以将其作为重要件的报废率进行不确定Ⅰ型成本 C_{P1} 的计算了。随着数据的积累，需要对各个重要件的累积报废概率进行修正，这样，对 C_{P1} 的预测也会更加准确。

2. 不确定Ⅱ型成本的预测

不确定Ⅱ型成本 C_{P2} 包括各个部件的其他材料费和修理费。设备共有 N_{MOD} 个部件 $M_{MOD,j}$ $(j=1,2,\cdots,N_{MOD})$，$M_{MOD,j}$ 的其他材料费和修理费为 $c_{P2,j}$，则

$$C_{P2}=\sum_{j=1}^{N_{MOD}}c_{P2,j} \tag{10-9}$$

对 $c_{P2,j}$ 影响最大的因素是部件 $M_{MOD,j}$ 的维修级别。部件的维修级别是离散变量，而且各维修级别的 $c_{P2,j}$ 差异很大，所以以各部件的各维修级别为单位进

行 $c_{P2,i}$ 的预测。表 10-3 所示为 CFM56-5B 发动机车间维修的 HPC 转子的大修级别的其他材料费和修理费历史数据。

表 10-3　CFM56-5B HPC 转子其他材料费和修理费统计

序号	送修日期	大修后循环	其他材料费和修理费		
			观测值/美元	计算值/美元	相对误差/%
1	2009-7-16	3629	42 189	43 683	3.5
2	2009-9-18	5481	53 938	50 057	−7.2
3	2009-10-30	9218	57 312	58 600	2.2
4	2009-12-14	13 639	59 087	65 023	10.0
5	2009-9-6	13 951	66 430	65 385	−1.6
6	2009-6-1	19 929	74 674	70 765	−5.2
7	2009-11-30	22 373	72 564	72 350	−0.3

对于某个部件的某个维修级别，其他材料费和修理费取决于除寿命件、重要件外的其他件的报废情况及可修复件的故障情况，这些因素都有随机性，所以其他材料费和修理费也具有随机性。对于某个部件的某个维修级别，其可能发生的其他材料费和修理费必存在一个最大值。定义其他材料费和修理费为这个最大值的概率为累积成本概率，记为 $C(t)$，其概率密度函数称为成本密度函数，记为 $c(t)$。CFM56-5B 发动机 HPC 转子大修的其他材料费和修理费的最大值取样本最大值的 110%。分别假设 CFM56-5B 发动机 HPC 转子大修的累积成本概率服从指数分布、正态分布、两参数的威布尔分布和伽马分布。采用粒子群优化算法对大修后循环和累积成本概率观测值进行回归分析。粒子群优化算法的适应度函数为

$$\text{fitness} = \sum_{i=1}^{7} (C(t_i) - C'_i)^2 \tag{10-10}$$

式中，t_i 为第 i 个观测点的大修后循环；$C(\cdot)$为累积成本概率；C'_i为第 i 个观测点的累积成本概率观测值，即其他材料费和修理费的观测值与该部件该维修级别下的其他材料费和修理费的最大值的比值。种群规模为 80，最大迭代次数为 1000，学习因子均为 2，惯性权重为 0.6。求出各个分布的参数后对回归方程进行显著性检验。除指数分布外，其他分布均通过了显著性检验。各个分布假设下的回归方程的相关系数与残余方差如表 10-4 所示。

表 10-4　相关系数与残余方差比较

项　　目	指数分布	正态分布	威布尔分布	伽马分布
相关系数	0.7213	0.9527	0.9509	0.9531
残余方差	0.0110	0.0021	0.0022	0.0021

从表 10-4 中可以看出，伽马分布假设下的相关系数最大，残余方差最小，所以最后选择伽马分布作为 CFM56-5B 发动机 HPC 转子大修的累积成本概率，如

图 10-4 所示。伽马分布下的其他材料费和修理费的计算值也列在表 10-3 中。

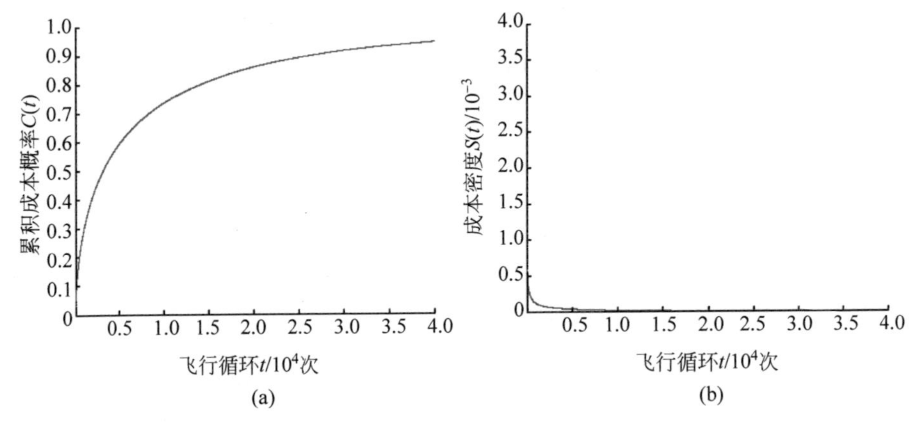

图 10-4 CFM56-5B HPC 转子其他材料费和修理费分布

(a) 累积成本概率；(b) 成本密度函数

获得各个部件各个维修级别的累积成本概率后，就可以进行不确定Ⅱ型成本 C_{P2} 的计算了。

3. 应用案例

下面以一台 CFM56-5B 发动机的维修成本预算制定为例对本节提出的方法进行验证。

首先计算确定Ⅰ型成本 C_{D1}。根据历史数据统计获得运费为 20 500 美元。根据送修目标获得计划更换的寿命件清单，如表 10-5 所示。可以算得 $C_{D1}=$ 20 500 美元+990 792.6 美元=1 011 293 美元。

表 10-5 更换的寿命件清单

名　　称	件　　号	价格/美元	手续费率	关税率	成本/美元
高压压气机转子前轴	1386M56P03	79 880	0.01	0.05	84 672.8
高压压气机 4～9 级转子	1588M89G03	254 500	0.01	0.05	269 770
高压压气机转子 3 级盘	1590M59P01	35 360	0.01	0.05	37 481.6
高压涡轮转子盘	1498M43P06	212 500	0.01	0.05	225 250
高压涡轮前旋转空气封严	1795M36P02	192 100	0.01	0.05	203 626
高压涡轮后轴	1864M90P05	68 450	0.01	0.05	72 557
高压涡轮转子前轴	1873M73P01	91 920	0.01	0.05	97 435.2
总计					990 792.6

其次计算确定Ⅱ型成本 C_{D2}。根据历史数据统计获得分解到单元体状态工时和材料成本为 124 258 美元，统计获得各个单元体的工时费如表 10-6 所示，为 40 474 美元。可以算得 $C_{D2}=$124 258 美元+40 474 美元=164 732 美元。

表 10-6　单元体的维修成本

单元体名称	维修级别	工时费/美元	重要件费/美元	其他材料和修理费/美元	合计/美元
IGB 与 3 号轴承	MIN	0	0	6329	6329
高压压气机转子	FOH	18 058	59 749	63 941	141 748
高压压气机前静子	VI	0	0	8166	8166
高压压气机后静子	VI	0	0	1937	1937
燃烧室机匣	VI	3236	0	10 540	13 776
燃烧室	VI	0	0	6036	6036
高压涡轮进口导向器	VI	0	0	5571	5571
高压涡轮转子	FOH	11 324	9680	39 393	60 397
低压涡轮进口导向器	FOH	7856	380 374	127 663	515 893
低压涡轮转/静子	VI	0	0	10 031	10 031
…					
总计					772 985

注：MIN 表示最小修理；FOH 表示大修；VI 表示目视检查。

然后计算不确定Ⅰ型成本 C_{P1}。以 HPC 转子为例进行说明。HPC 转子包括 9 种重要件，各个单元体的重要件费如表 10-6 所示，$C_{P1}=449\ 803$ 美元。各重要件的报废率根据各自的累积报废概率计算得到，如表 10-7 所示，计算得重要件费为 59 748.64 美元。

表 10-7　HPC 转子重要件清单

名称	件号	价格/美元	数量	报废率	手续费率	关税率	成本/美元
1 级叶片	P331P07	1127	38	0.339	0.07	0.05	16 260.18
2 级叶片	P392P01	539	53	0.338	0.07	0.05	10 814.32
3 级叶片	P333P05	477.5	60	0.337	0.07	0.05	10 813.66
4 级叶片	P394P06	332.75	68	0.209	0.07	0.05	5296.53
5 级叶片	P335P11	344	75	0.130	0.07	0.05	3756.48
6 级叶片	P396P05	283.5	82	0.236	0.07	0.05	6144.65
7 级叶片	P397P04	281.25	82	0.122	0.07	0.05	3151.26
8 级叶片	P398P02	254.75	80	0.125	0.07	0.05	2853.20
9 级叶片	P399P01	249.5	76	0.031	0.07	0.05	658.36
总计							59 748.64

再次计算不确定Ⅱ型成本 C_{P2}。根据各单元体的各维修级别的累积成本概率及其他材料费和修理费的最大值可以获得各单元体的其他材料费和修理费，如表 10-6 所示。可以算得 $C_{P2}=282\ 708$ 美元。

最后，取税率为 17%，可以算得税费 $C_{VAT}=320\ 966$ 美元。

综上，该台发动机的车间维修成本为 $C_{TOTAL}=2\ 229\ 502$ 美元。

10.2.3 小样本条件下的维修成本预测

很多情况下，设备拥有方并不对设备车间维修成本按照工时＋材料合同模式下的车间维修成本构成进行归集，而且可供成本预测使用的样本很少，往往不足30条，属于小样本问题[5]。这种情况下，就不可能按照前面的方法进行成本预测了。车间维修成本主要受本次更换的寿命件清单、维修工作范围、送修时的小时循环、健康状况等影响。更换的寿命件越多、维修工作范围越大、送修时的小时循环越高、健康状况越差，车间维修成本越高。因为寿命件费的计算可以按照前面的方法进行，本节将在小样本条件下挖掘设备各个维修工作范围下的除寿命件费的车间维修成本和送修时的小时循环、健康状况之间的映射关系，以实现车间维修成本的预测。

1. 基于信息扩散支持向量机的预测模型

小样本问题的实质是信息不足，不能反映整个样本空间的分布，可以说样本空间是不完备的[6]。样本空间的非完备性带来了样本的模糊性。支持向量机是植根于VC维(Vapnik-Chervonenkis Dimension)理论的结构风险最小化原则基础上的机器学习模型。由于支持向量机的优化目标是结构风险最小化，同时考虑了经验风险和置信范围的最小化，从而保证了支持向量机具有非常好的泛化能力。大量应用实例已经表明支持向量机能够较好地处理小样本的分类和回归问题[7]，但传统的支持向量机不能处理样本的模糊性，限制了支持向量机的性能。

为了使支持向量机能够充分学习小样本的模糊性，下面将信息扩散引进到支持向量机中，建立基于信息扩散支持向量机的预测模型。

首先不加证明地给出信息扩散原理[8]：当用一个不完备数据估计一个关系时，一定存在合理的扩散方式将观测值变为模糊集，以补充由不完备性造成的部分缺陷以改进非扩散估计。

对数据的扩散是通过扩散函数实现的。最常用的扩散函数是正态扩散函数，如下式所示：

$$\mu(x,u)=\exp\left(-\frac{(x-u)^2}{2h^2}\right),\quad x\in X,u\in U \tag{10-11}$$

式中，X 为样本集，$X=\{x_i \mid i=1,2,\cdots,n\}$；$U$ 为等距的监测集，$U=\{u_j \mid j=1,2,\cdots,m\}$；$h$ 为扩散系数，可以按照下式计算：

$$h=\begin{cases}0.6841(b-1), & n=5\\ 0.5404(b-1), & n=6\\ 0.4482(b-a), & n=7\\ 0.3839(b-a), & n=8\\ 2.6851(b-a)/(n-1), & n\geqslant 9\end{cases} \tag{10-12}$$

式中，$b=\max\limits_{1\leqslant i\leqslant n}\{x_i\}$；$a=\min\limits_{1\leqslant i\leqslant n}\{x_i\}$。

通过扩散函数，就可以将 X 扩散为 U 上的模糊集。

小样本预测从某种意义上说是使用小样本数据估计总体模型。因为样本容量小，因此可以看成是不完备数据。根据信息扩散原理，一定存在某种扩散方式将小样本数据变为模糊集，并改进总体模型。基于此，在传统支持向量机的输入层和隐藏层之间再增加一个隐藏层，建立信息扩散支持向量机（information diffusion support vector machine，IDSVM）。信息扩散支持向量机由 4 层组成：输入层、第一隐藏层、第二隐藏层和输出层，其拓扑结构如图 10-5 所示。其中，第一隐藏层实现输入数据向模糊集的转换，第二隐藏层实现模糊集从低维空间向高维空间的映射。

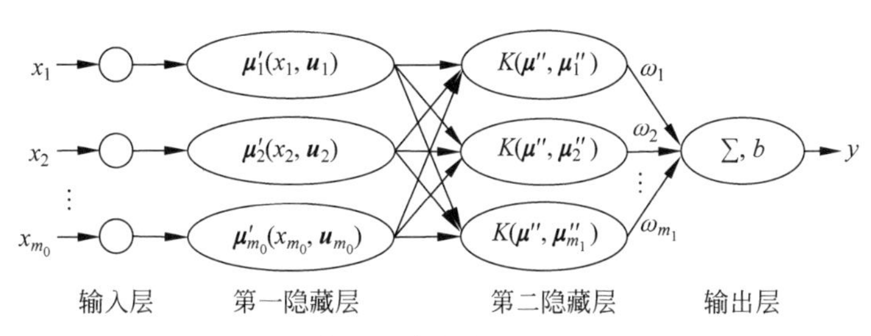

图 10-5　信息扩散支持向量机拓扑结构

图 10-5 中，$\boldsymbol{x}=(x_1,x_2,\cdots,x_{m_0})^{\mathrm{T}}$ 为输入向量，$\boldsymbol{\mu}_i'(x_i,\boldsymbol{u}_i)=(\mu_{i,1}',\mu_{i,2}',\cdots,\mu_{i,n_i}')^{\mathrm{T}}(i=1,2,\cdots,m_0)$ 为 x_i 在 $\boldsymbol{u}_i=(u_{i,1},u_{i,2},\cdots,u_{i,n_i})^{\mathrm{T}}$ 上扩散的模糊向量，$\mu_{i,j}'=\mu_{i,j}\Big/\sum\limits_{j=1}^{n_i}\mu_{i,j}(j=1,2,\cdots,n_i)$，$\mu_{i,j}=\boldsymbol{\mu}_i(x_i,u_{i,j})$，$\boldsymbol{\mu}_i$ 为扩散函数，$\boldsymbol{\mu}''=(\boldsymbol{\mu}_1'^{\mathrm{T}},\boldsymbol{\mu}_2'^{\mathrm{T}},\cdots,\boldsymbol{\mu}_{m_0}'^{\mathrm{T}})^{\mathrm{T}}$，$K$ 为核函数，$\boldsymbol{\omega}=(\omega_1,\omega_2,\cdots,\omega_{m_1})^{\mathrm{T}}$ 为权向量，m_1 为支持向量的数量，b 为偏差。

信息扩散支持向量机的输出可表示为

$$y=\sum_{k=1}^{m_1}\omega_k K(\boldsymbol{\mu}'',\boldsymbol{\mu}_k'')+b \tag{10-13}$$

2. 车间维修成本预测主要步骤

采用信息扩散支持向量机处理设备车间维修成本预测问题的主要步骤如下。

(1) **收集样本数据**。针对特定系列的设备特定的维修工作范围，收集车间维修成本数据及相应的送修时的小时循环、性能监控数据，具体包括大修后总小时、大修后总循环、相关性能参数。

(2) **预处理样本数据**。预处理样本数据主要是对数据进行标准化。数据标准化是将数据的取值转换到某一指定的范围，一般为[−1,1]或[0,1]，目的是消除量纲的影响。常用的数据标准化方法主要有最大-最小法、Z-Score 法和小数定标法。

这几种标准化方法都是对原始数据进行线性变换。最大-最小法和小数定标法都需要事先确定原始数据的最大值或者最小值,而Z-Score法不依赖于最大值或者最小值,可以将原始数据标准化为均值为0、方差为1的数据。Z-Score法的标准化公式如下:

$$x' = \frac{x - \overline{A}}{\sigma_A} \tag{10-14}$$

式中,x'为标准化后的值;x为原始值;$\overline{A}$为均值;σ_A为均方差。

(3) **选择模型的输入和输出**。模型的输出是车间维修成本,输入是小时循环、性能监控数据。当模型的输入过多时,其精度往往会降低,所以必须对输入进行选择。常用的选择方法主要有相关系数分析法、逐步回归法、变量投影重要性分析法等。变量投影重要性分析法是基于偏最小二乘回归的变量筛选方法,通过对变量投影重要性指标(variable importance in projection,VIP)的比较进行自变量的筛选,具有计算简捷、自变量可以多于样本数的优点,比较适合小样本问题。具体地,对于VIP值很小的自变量可以直接删去,但在VIP值相差不大,相互间比较均衡时,变量投影重要性分析法需要结合自变量间的相关关系分析来进行。如果自变量间具有强相关性,要根据实际情况去掉其中一个自变量。

(4) **选择模型的参数**。对于各个输入,需要确定信息扩散所依赖的监测集和扩散函数。为了描述方便,将监测集表达为向量的形式,称作监测向量。监测向量的各元素之间是等距的,所以监测向量可以根据其元素的最小值、最大值、向量长度计算出来。设输入x_i的监测点数量为$n_i(n_i \geqslant 0)$,当$n_i=0$时,认为x_i不进行扩散,直接输入信息扩散支持向量机的第二隐藏层,即$\boldsymbol{\mu}'_i(x_i, \boldsymbol{u}_i)=(x_i)$,监测点的最小值为$\mathrm{mgl}_i$,监测点的最大值为$\mathrm{mgu}_i$,则$x_i$的监测向量的第$j$个元素可以表示为

$$u_{i,j} = \begin{cases} \mathrm{mgl}_i + (j-1)(\mathrm{mgu}_i - \mathrm{mgl}_i)/(n_i - 1), & n_i \geqslant 2 \\ (\mathrm{mgu}_i + \mathrm{mgl}_i)/2, & n_i = 1 \end{cases} \tag{10-15}$$

如果采用Z-Score法进行数据的标准化,因为标准化后的输入的均值为0,所以扩散范围可以认为是对称的,即$\mathrm{mgu}_i = -\mathrm{mgl}_i$。

一般情况下,模型中所有输入的扩散函数可以选择如式(10-11)所示的正态扩散函数,核函数选择常用的高斯核函数$K(\boldsymbol{x}_i, \boldsymbol{x}_j)=\exp(-\|\boldsymbol{x}_i - \boldsymbol{x}_j\|^2/\sigma^2)$。

综上,模型中需要确定的参数有:正则化参数C、不敏感系数ε、高斯核半径σ、各个输入的n_i、mgl_i、mgu_i,共$3m_1+3$个参数,如果$\mathrm{mgu}_i = -\mathrm{mgl}_i$,则为$2m_1+3$个参数。这些参数之间相互作用,一起影响着信息扩散支持向量机的泛化性能。因为需要选择的参数数量比较多,不宜采用枚举方法,可以采用粒子群优化算法、遗传算法或者模拟退火等智能优化算法进行参数的选择。

(5) **训练预测**。将训练样本输入信息扩散支持向量机,训练完成后,将测试样本输入,获得预测结果。

3. 基于粒子群优化算法的参数选择

粒子群优化算法是一种实现简单的群集智能优化算法，主要用于求解连续优化问题。为了使该算法能够适应于离散优化问题，人们进行了大量的研究，提出了二进制编码的粒子群优化算法[9]、顺序编码的粒子群优化算法、基于近似取整策略的粒子群优化算法[10]等。因为信息扩散支持向量机需要优化的参数既有连续变量，又有离散变量，所以对标准粒子群优化算法的粒子位置更新方式进行修改，对粒子的各个分量采用不同的策略。具体地，连续变量的更新方式和标准粒子群优化算法一样，离散变量则采用近似取整策略。

粒子群优化算法的适应度函数应该反映信息扩散支持向量机的泛化能力。估计其泛化能力的方法主要有留一法和 k-fold 交叉验证法。对于小样本问题，常采用留一法。留一法的基本思路是逐次从样本训练集中去掉一个样本，然后采用剩余的样本训练支持向量机，并使用训练好的支持向量机对去掉的样本进行预测，最后取所有训练结果的预测精度的平均值作为估计精度。当预测精度采用预测误差的标准差表示时，适应度函数可以表示为

$$\text{fitness}=\sqrt{\frac{1}{m_2}\sum_{i=1}^{m_2}(y_i-\hat{y}_i)} \tag{10-16}$$

式中，m_2 为训练样本数量；y_i 为实际值；$\hat{y}_i$ 为预测值。

算法的流程如下。

步骤 1　在整个搜索空间内随机初始化粒子群的位置 $\boldsymbol{z}_i=(z_{i,1},z_{i,2},\cdots,z_{i,D})$ 和速度 $\boldsymbol{v}_i=(v_{i,1},v_{i,2},\cdots,v_{i,D})$，$1\leqslant i\leqslant m_3$，其中 D 为需要进行优化的参数数量，m_3 为群体大小。

步骤 2　计算每个粒子的适应值 fitness_i。

步骤 3　对于每个粒子，将其适应值 fitness_i 与所经历过的最好位置 $\boldsymbol{p}_i$ 的适应值 pbest_i 进行比较，如果 $\text{fitness}_i<\text{pbest}_i$，那么 $\text{pbest}_i=\text{fitness}_i$，$\boldsymbol{p}_i=\boldsymbol{x}_i$。

步骤 4　对于每个粒子，将其历史最优适应值 pbest_i 与群体内所经历的最好位置 $\boldsymbol{g}_i$ 的适应值 gbest 进行比较，如果 $\text{pbest}_i<\text{gbest}$，那么 $\text{gbest}=\text{pbest}_i$，$\boldsymbol{g}_i=\boldsymbol{p}_i$。

步骤 5　根据下式对粒子的速度和位置进行更新：

$$v_{i,d}^{k+1}=\omega v_{i,d}^{k}+c_1\xi(p_{i,d}^{k}-z_{i,d}^{k})+c_2\eta(p_{g,d}^{k}-z_{i,d}^{k}) \tag{10-17}$$

$$z_{i,d}^{k+1}=\begin{cases}z_{i,d}^{k}+v_{i,d}^{k}, & \text{当第 } d \text{ 个参数是连续变量时}\\ \lfloor z_{i,d}^{k}+v_{i,d}^{k}\rfloor, & \text{当第 } d \text{ 个参数是离散变量时}\end{cases} \tag{10-18}$$

式中，ω 为惯性权重；c_1、c_2 为学习因子；ξ、η 为在[0,1]区间内均匀分布的伪随机数；$\lfloor z_{i,d}^{k}+v_{i,d}^{k}\rfloor$表示对 $z_{i,d}^{k}+v_{i,d}^{k}$ 向下取整，即取不大于 $z_{i,d}^{k}+v_{i,d}^{k}$ 的最大整数。

步骤 6　若未达到终止条件，则转步骤 2。一般将终止条件设置为一个足够好

的适应值或达到一个预设的最大迭代次数。

4. 应用案例

下面以 CFM56-7B 发动机大修工作范围的车间维修成本预测为例对本节提出的方法进行验证。表 10-8 所示为原始样本数据。

表 10-8 CFM56-7B 车间维修成本原始样本数据

序号	送修日期	维修成本/美元	TSO/h	CSO/循环	EGTM/℃	ΔEGT/℃	ΔFF/%	ZVB1/%	ZVB2/%
1	2009-10-23	4 251 334	26 779	12 074	36.77	27.42	0.33	0.27	−0.033
2	2009-9-23	3 311 041	25 915	11 891	35.08	22.85	−1.72	0.017	0
3	2009-9-17	4 045 197	20 876	11 589	20.25	47.25	0.86	0.068	0.05
4	2009-11-2	3 792 942	21 042	11 872	3.67	48.32	1.89	−0.097	0.018
5	2009-1-8	2 301 128	24 714	14 711	13.69	20.29	0.52	−0.14	−0.068
6	2008-5-31	2 833 012	24 119	13 772	5.67	21.17	0.14	−0.086	−0.056
7	2008-9-9	3 889 097	24 347	13 959	40.29	32.56	0.61	−0.013	0.013
8	2008-8-29	3 519 331	22 803	13 147	46.24	33.32	2.33	0.013	−0.013
9	2008-3-21	3 007 354	22 598	12 779	39.71	27.86	2.01	−0.05	0.038
10	2008-7-2	3 191 931	23 885	14 245	32.61	35.97	1.56	−0.2	−0.05
11	2008-4-19	3 487 194	24 078	14 618	35.54	31.47	0.75	0.13	−0.038
12	2009-3-15	2 021 048	18 207	10 124	34.82	31.15	1.04	0	0.025
13	2009-8-21	1 769 574	25 388	11 785	33.61	25.31	1.32	−0.33	−0.15
14	2009-10-23	3 030 595	19 852	11 222	54.26	33.31	0.065	0.013	0
15	2009-9-17	3 285 657	22 328	12 819	56.64	28.06	−3.43	0.085	0.026

首先采用 Z-Score 法对原始样本数据进行标准化。部分数据如表 10-9 所示。

表 10-9 CFM56-7B 车间维修成本部分标准化数据

序号	送修日期	维修成本	TSO	CSO	EGTM	ΔEGT	ΔFF	ZVB1	ZVB2
1	2009-10-23	1.481	1.546	−0.467	0.266	−0.447	−0.152	2.041	−0.337
2	2009-9-23	0.178	1.180	−0.603	0.159	−1.003	−1.541	0.275	0.307
3	2009-9-17	1.196	−0.954	−0.825	−0.786	1.969	0.211	0.639	1.274
4	2009-11-2	0.846	−0.884	−0.617	−1.841	2.099	0.905	−0.526	0.661
5	2009-1-8	−1.221	0.671	1.479	−1.203	−1.316	−0.023	−0.860	−1.009
13	2009-8-21	−1.958	0.957	−0.681	0.0650	−0.703	0.521	−2.172	−2.595
14	2009-10-23	−0.210	−1.388	−1.096	1.380	0.270	−0.330	0.245	0.307
15	2009-9-17	0.143	−0.339	0.0826	1.531	−0.368	−2.694	0.756	0.816

然后采用变量投影重要性分析法确定模型的输入。各个输入的 VIP 值如表 10-10 所示。

表 10-10　各个输入的 VIP 值

输入名	TSO	CSO	EGTM	ΔEGT	ΔFF	ZVB1	ZVB2
VIP 值	0.992	0.727	0.386	1.198	0.337	1.508	1.230

从表 10-10 中可以看出，ZVB1、ZVB2、ΔEGT、TSO 的 VIP 值均大于或者接近 1，选择它们作为模型的输入。所有输入的扩散函数均选为正态扩散函数，核函数选为高斯核函数。将表 10-8 中的前 12 条数据作为训练样本，后 3 条数据作为测试样本。信息扩散支持向量机的初始参数选为：$C=10^9$，$\varepsilon=10^{-6}$，$\sigma=200$，$n_1=2$，$n_2=2$，$n_3=2$，$n_4=2$，$\mathrm{mgu}_1=-\mathrm{mgl}_1=2.2$，$\mathrm{mgu}_2=-\mathrm{mgl}_2=2.6$，$\mathrm{mgu}_3=-\mathrm{mgl}_3=2.1$，$\mathrm{mgu}_4=-\mathrm{mgl}_4=2.1$。然后采用粒子群优化算法对参数进行选择。种群规模为 80，最大迭代次数为 200，学习因子均为 2，惯性权重为 0.6。迭代完成后，选定的参数为：$C=80\ 200\ 000$，$\varepsilon=0.019$，$\sigma=425.59$，$n_1=1$，$n_2=1$，$n_3=1$，$n_4=2$，$\mathrm{mgu}_4=-\mathrm{mgl}_4=2.75$。将训练样本输入信息扩散支持向量机，训练完成后，将测试样本输入，预测结果如表 10-11 所示。为了进行对比，采用线性回归方法和传统支持向量机进行预测，预测结果也列在表 10-11 中。传统支持向量机的核函数也选为高斯核函数，同样采用粒子群优化算法对参数进行选择。迭代完成后，选定的参数为：$C=1\ 520\ 000\ 000$，$\varepsilon=0.0068$，$\sigma=423.86$。

表 10-11　发动机车间维修成本预测结果

序号	实际维修成本/美元	预测值/美元		
		线性回归	传统支持向量机	信息扩散支持向量机
1	1 769 574	2 372 970	1 866 207	1 840 661
2	3 030 595	2 600 015	2 643 413	3 194 519
3	3 285 657	3 110 780	3 163 985	3 281 651
平均相对误差绝对值		17.9%	7.3%	3.2%

从表 10-11 中可以看出，信息扩散支持向量机的平均相对误差绝对值为 3.2%，远远低于采用线性回归方法的预测结果，也低于传统支持向量机的预测结果。信息扩散支持向量机的最大相对误差为 5.4%，能够满足实际工程的需要。

10.3　易损件的备件需求预测

环比

同比

很多设备如泵车、拖泵等，结构复杂，零部件种类比较多，一般将其分为易损件和关键件。其中，易损件的备件需求量占备件总需求量的 70% 左右，是备件库存管理中的主要内容，而备件库存管理工作能够顺利进行的前提条件是精确的备件需求预测。然而，备件总部计划部门简单地采用同比和环比分析并结合个人经验来预测备件需求量，其预测误差比较大，不能用于指导备件库存决策的制定。影响备件需求的原因是多方面的，除了备件的可靠性之外，备件的使用、维护方式及维修策略等均可能影响备件的需求量。受这些复杂关系的影响,不同种类的备件,或者相同种类的备件其销售地区不一样,需求模式仍然有所不同。很多设备的易损件因其需求量比较大,一般表现为连续型需求。

对于连续型备件需求的预测问题,常用的预测方法有指数平滑法、加权移动平均法、线性回归模型等。另外,智能学习算法、拟合分布预测方法也都可以应用到连续型的备件需求预测中。宋之杰等运用最小二乘支持向量机模型进行需求预测,并对模型中的参数运用变异粒子群算法进行优化[11]。罗亦斌等针对影响备件需求的因素,建立广义回归神经网络[12]。备件本质上是一种商品,具有一般产品生命周期的 3 个阶段,新产品的备件需求呈上升趋势,衰退期的产品备件需求呈下降趋势。对于上升趋势的备件需求预测,Holt 在指数平滑法的基础上加以改进,即对趋势项也采用平滑处理,提出了 Holt 线性方法[13]。Gardner 在 Holt 预测方法的基础上引入了阻尼系数,从而能够更好地预测趋势项[14]。对于下降趋势的备件需求预测,Taylor 对指数平滑法进行改进,提出了 DMT 方法[15]。处于稳定期的产品,其备件需求受多个复杂因素的影响,需求模式有可能呈周期性变化,即其历史需求时间序列中含有随机性成分和周期性成分。备件需求时间序列中含有周期性成分时,基于时间序列的预测方法一般分为两类,第 1 类是使用差分法、经验模态分解法对时间序列进行平稳化,然后应用 ARMA 预测模型等对处理后的时间序列进行预测,这样就剔除了历史需求数据中的周期性成分,从而遗漏了数据中的重要信息[16]。第 2 类是将周期性成分分离出来,分别使用预测方法计算预测值。从需求时间序列中分离周期性成分有多种方法,如 Holt-Winters 模型[17]以及改进的 Holt-Winters 模型[18],然而该方法对于初始参数值的确定以及平滑常数的确定仍有一定的困难。或者使用周期趋势模型来拟合非平稳时间序列[19],但需要估计的未知参数较多且难以计算。除此之外,针对周期型备件的需求预测,还有移动平均周期系数法,即采用系数来表征时间序列中的周期性成分[20]。

本节主要针对易损件的周期型需求模式和非周期需求模式进行需求预测。

10.3.1 周期型需求模式下的备件需求预测

需求模式呈周期性变化的备件,其历史需求时间序列中含有随机性成分和周期性成分。现有的备件需求预测研究中关于周期型需求数据的预测研究并不多,有移动平均周期系数法,前提是需知道备件需求数据的周期长度,而且,该方法的预测误差也比较大。本章提出的预测方法是,根据备件历史需求时间序列计算周期长度,并且对备件原始需求数据按照周期长度进行分段,然后对各段进行多项式拟合以提取周期项。为消除随机因素的影响,对各个周期段的多项式函数进行合成得到新的多项式函数,以此作为预测模型来预测下一个周期的需求量。

1. 周期长度检测

通常备件的需求数据虽然呈现出一定的周期性,但是其周期性并不是表现为以周期间隔的需求数据相等，而是具有相似的波动形式。假定时间序列 $\boldsymbol{X}=(x_1, x_2, \cdots, x_n)$，对于时间序列中以周期间隔的两个数据，如果有 $x_{t+T}=x_t+\varepsilon_t$，其中 ε_t 为独立的随机变量，则说明该时间序列是周期为 T 的隐周期序列[21]。为获得隐周期时间序列的周期长度，一般将时间序列等分成 N 段，分别比较各段时间序列的相似度，如果平均相似度满足一定的阈值，则说明时间序列存在该长度的周期。因此，为检测时间序列的周期，最重要的是解决如何准确地量度时间序列的相似度这一问题。

在相似性量度的研究中，大部分采用欧式距离来量度两个时间序列的相似性，距离量度值越小，则两个时间序列越相似。对于两个等长的时间序列 $\boldsymbol{H}=(h_1, h_2, \cdots, h_m)$ 和 $\boldsymbol{L}=(l_1, l_2, \cdots, l_m)$，其中 $\boldsymbol{H}$ 是目标时间序列，$\boldsymbol{L}$ 是需要进行相似度测量的时间序列，它们之间的欧式距离定义为

$$d(\boldsymbol{H}, \boldsymbol{L})=\frac{1}{m}\sqrt{\sum_{i=1}^{m}(h_i-l_i)^2} \tag{10-19}$$

但是，欧式距离只是表征了两个时间序列在距离上的接近程度，并未体现其动态变化趋势。两个数据的相似性也表现为它们的整体波动趋势一致，具有一定的相关性，因此可以用相关系数作为相似性量度的另一个量值。当相关系数大于0时，表现为正相关，即 $\boldsymbol{H}$ 上升，$\boldsymbol{L}$ 也上升，$\boldsymbol{H}$ 下降，$\boldsymbol{L}$ 也下降，此时具有较大的相似度。当相关系数小于0时，表现为负相关，即 $\boldsymbol{H}$ 上升时，$\boldsymbol{L}$ 下降，$\boldsymbol{H}$ 下降时，$\boldsymbol{L}$ 上升，此时，两序列相似度较小。在计算相似度时，需要同时考虑两时间序列的欧式距离和相关系数。因此，对两个长度相等的时间序列 $\boldsymbol{H}=(h_1, h_2, \cdots, h_m)$ 和 $\boldsymbol{L}=(l_1, l_2, \cdots, l_m)$，其相似性量度函数为

$$f(\boldsymbol{H}, \boldsymbol{L})=d(\boldsymbol{H}, \boldsymbol{L})-\rho_{\boldsymbol{HL}} \tag{10-20}$$

式中，$\rho_{\boldsymbol{HL}}$ 为时间序列 $\boldsymbol{H}$ 和 $\boldsymbol{L}$ 的相关系数。

用式(10-20)计算两个时间序列的相似度，当 $f(\boldsymbol{H}, \boldsymbol{L})\leqslant\alpha$ 时，则认为两个时间序列具有相似性。以上介绍的是两个数列的相似度的判断方法，下面介绍基于相似度的时间序列的周期长度检测方法。

给定时间序列 $\boldsymbol{X}=(x_1, x_2, \cdots, x_n)$，设序列 $\boldsymbol{H}=(x_t, x_{t+1}, \cdots, x_{t+T-1})$ 为原始时间序列中的 T 片段，则序列集合 $\{(x_{1+KT}, x_{2+KT}, \cdots, x_{(K+1)T}) \mid K=0\sim[n/T]\}$（$[\cdot]$表示取整）为时间序列 $\boldsymbol{X}$ 的 T 片段集合，计为 X_T。对于时间序列 $\boldsymbol{X}=(x_1, x_2, \cdots, x_n)$，当时间长度为 T 时，$\boldsymbol{X}$ 按照时间长度 T 分段后，该时间序列的 T 片段集合 X_T 的平均相似度为

$$F(T)=\frac{2}{[n/T]([n/T]-1)}\sum_{\boldsymbol{H}_i, \boldsymbol{H}_j\in X_T} f(\boldsymbol{H}_i, \boldsymbol{H}_j) \tag{10-21}$$

那么 $\boldsymbol{X}$ 的周期 $\overline{T}$ 的计算公式为

$$\overline{T}=\min\{F(T) \mid T=a\sim b \text{ 且 } F(T)\leqslant\alpha\} \tag{10-22}$$

式中，$a=1, b=[n/2]$。阈值 α 根据需要主观确定，可以是均值或中值的10%左右。

对于周期 $\overline{T}$ 的求解，当时间序列比较长时，给出的周期长度取值范围比较大，若采用穷举法来试探出周期长度，那么计算量就比较大，所以需要给出优化算法来近似求出周期长度。周期长度的取值在 a 和 b 之间，因此其搜索方向已经确定，当采用可变的步长进行搜索时，能较快地搜索出周期长度的值。以式(10-22)为目标函数，则搜索步骤为：

(1) 设定步长 h，在区间 $[a,b]$ 之间以步长 h 进行搜索，即令 $T_n=a+nh$（其中 $n=1,2,\cdots,\left[\frac{b-a}{h}\right]$），代入式(10-21)中并比较 $F(T_n)$ 的大小；

(2) 根据目标函数(10-22)选出相对较优的前 m 个时间长度 T_n，重新标记为 $T_1,T_2,\cdots,T_m$；

(3) 分别以 $T_1,T_2,\cdots,T_m$ 为中心，搜索宽度为中心左右两边各 $h/2$ 的范围，以步长 $h/4$ 在中心左右两边分别进行搜索，即令 $T_n=T_m+nh/4$（其中 $n\in[-2,2]$，n 为整数），代入式(10-21)中并比较 $F(T_n)$ 的大小；

(4) 根据目标函数(10-22)选出相对较优的前 l 个时间长度，重新标记为 $T'_1,T'_2,\cdots,T'_l$；

(5) 以同样方式进行搜索，直到步长缩减为 l，根据目标函数(10-22)选出最优的 T 值，即为时间序列的周期长度 $\overline{T}$。

2. 预测模型的建立

由上文得到时间序列的周期长度，则可以将整个时间序列按照其周期长度划分成各个周期段。各个周期段内的函数解析式未知，只是已知其上 m 个数据点 (x_i,y_i)，$i\in[1,m]$，为提取各个周期段内的周期函数，需对已知的各个周期内的数据点进行函数拟合。由于各个周期内的备件需求受到的外界因素影响是不一样的，由拟合函数所提取的周期项并不能代表整个时间序列上的周期趋势。为消除随机因素的影响，可将各个周期段内的拟合函数进行合成，得到一个新的拟合函数，综合所有周期内的需求趋势，以此作为整个时间序列上的周期项表达式。

对于离散数据点的拟合，本章采用应用最为广泛的多项式拟合法。设 Φ 为所有次数不超过 $n(n\leqslant m)$ 的多项式构成的函数类，对数据点 (x_i,y_i)，$i\in[1,m]$，即求 $p(x)=\sum_{k=0}^{n}a_kx^k\in\Phi,k=0,1,\cdots,n$，使得

$$I=\min\sum_{i=0}^{m}[p(x_i)-y_i]^2=\min\sum_{i=0}^{m}\left(\sum_{k=0}^{n}a_kx_i^k-y_i\right)^2 \tag{10-23}$$

上述问题的求解最终可转换为求极值的问题，最后可求解出参数 $a_k(k=0,1,\cdots,n)$ 的值，得到拟合多项式的表达式：

$$p(x)=a_kx^k+a_{k-1}x^{k-1}+\cdots+a_1x+a_0 \tag{10-24}$$

空间中任意多个向量采取两两合成的方法最终可以合成一个向量，由多个函数最终合成为一个函数也可以借鉴向量合成的思想。对于时间序列中任意两个周期段内的多项式拟合函数，获取函数的特征集合，函数的特征即为能够将函数区分

开来的对象,通过向量合成的方式可以将多个函数特征集合合成为一个新的函数特征集合,由此合成的函数特征集合再转换成一个新的多项式拟合函数,这样就将多个函数合成转换为对函数特征集合的合成。

各周期段内的离散数据点均采用多项式进行拟合,拟合函数的表达式为 $p(x)=\sum_{k=0}^{n}a_k x^k$,则各周期段的拟合函数可以认为是以 $x^k(k=0,1,\cdots,n)$ 为基函数的线性加权求和。当各个周期段对离散数据点的拟合采用相同的拟合次数时,可以认为拟合各周期段离散数据点的函数表达式形式相同,区别各个周期段拟合函数的特征量即为基函数的系数,因此可以将基函数的系数视作函数的特征量。

以 $f(x)=\sum_{i=1}^{n}h_i\bar{x}_i+h_0$ 为参照,表达式(10-24)建立了一个 n 维坐标空间中的超平面,x^k 相当于坐标空间中第 i 维坐标 $\bar{x}_i$,系数 a_k 相当于坐标值 h_i,常量 h_0 为平移量。在表达式(10-24)中,取系数 a_k 为函数特征,周期段的多项式函数的特征集合为 $\{a_n,a_{n-1},\cdots,a_0\}$。对各周期段多项式函数的合成可以通过对多项式函数特征集合的合成来实现。

下面以多项式次数为 3 时的两个周期函数为例解释两个函数的合成过程,如图 10-6 所示。假设第一个和第二个周期段内的数据点经拟合后得到的多项式函数表达式分别为 $p_1(x)=a_3x^3+a_2x^2+a_1x^1+a_0$ 和 $p_2(x)=b_3x^3+b_2x^2+b_1x^1+b_0$。这两个函数的特征集合分别为 $P_1=\{a_3,a_2,a_1,a_0\}$、$P_2=\{b_3,b_2,b_1,b_0\}$。系数 a_k 和 $b_k(k=1,2,3)$ 相当于坐标空间中第 i 维坐标 $\bar{x}_i$ 上的坐标值,按照向量合成模式,新合成的特征集合为对应的坐标值之和取平均。

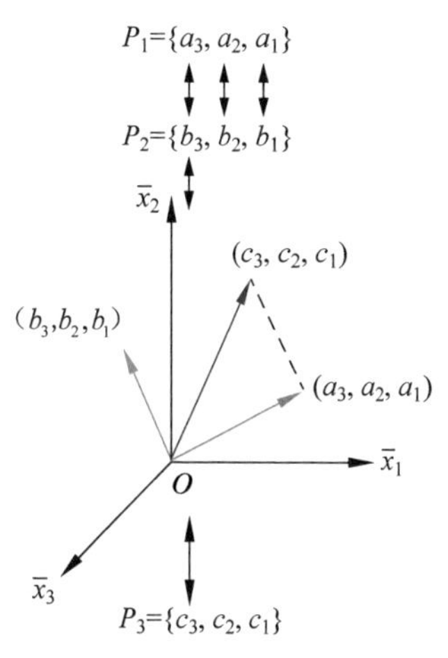

图 10-6　特征集合合成过程

设新的特征集合为 $P_3=\{c_3,c_2,c_1,c_0\}$,则有 $c_k=(a_k+b_k)/2,k=0,1,2,3$,最后根据合成的新的特征集合还原成新的多项式函数为 $p_3(x)=c_3x^3+c_2x^2+c_1x^1+c_0$。考虑历史需求信息对预测未来周期段内的备件需求量的预测作用是不一样的,对于新合成函数的特征值的计算采用加权求和法,而不是求和取平均,即 $c_k=w_1a_k+w_2b_k$。一般而言,最近期的数据最能预示未来的情况,故权值的确定采用“近大远小”的原则,即远离所预测周期段的数据分配较小的权值,对临近预测周期段的数据分配较大的权值。如图 10-7 所示,当需要预测第 4 个周期段的数据时,则临近的周期段 3 分配较大的权值,周期段 2 的权值适中,最远的周期段 1 分配最小的权值。当多项式函数的次数为其他次数,周期段函数有多个时,按照同样的方式依次进行合成。

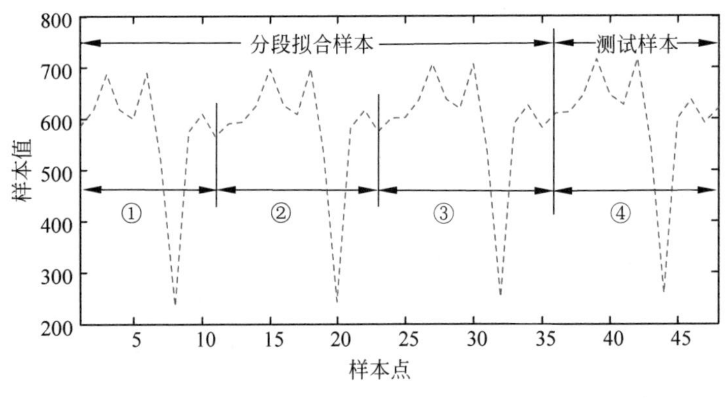

图 10-7　权值分配原则

下面基于实例介绍周期预测模型的建立过程，并用实验说明加权合成方式所建立的预测模型比求和取平均合成方式所建立的预测模型更精确。采用矿用高强度圆环链的需求数据进行验证，圆环链也是工程机械的备件，实验数据来自文献[22]，有 2007 年 1 月至 2010 年 12 月 4 年的数据。已知备件历史需求数据，周期长度 T 的取值为 1～24，阈值 α 为备件需求数据均值的 10%，利用 10.3.1 节介绍的周期长度检测算法计算得出备件需求时间序列的周期为 12。建立备件需求预测模型后，计算最后 12 个月的备件需求量预测值，并和需求真实值进行对比。按照周期长度将样本数据分成 4 个周期段，将前面 3 个周期段分别进行多项式拟合。多项式拟合次数的选择采用实验的方法进行判断，选择使预测误差最低的值。表 10-12 列出了各数值对应的预测误差。

表 10-12　各多项式次数对应的预测误差

拟合次数	8	9	10	11	12	13	14	15
误差/%	28.17	20.46	12.00	11.82	11.84	11.74	23.00	42.16

从表 10-12 中可以看出，当多项式次数为 $n=13$ 时，预测误差最小，因此，采用多项式回归模型拟合备件需求数据时，多项式次数为 $n=13$。得到各段的拟合多项式，其中第一个周期段的多项式拟合如图 10-8 所示。提取多项式函数的特征集合如表 10-13 所示，按顺序依次是第一、二、三个周期段多项式函数的特征值。

表 10-13　各周期段多项式函数的特征值

n	11	10	9	8	7	6	5	3	0
a_n	0	0.7	−7.1	47.8	−215.9	612.2	−872.7	1137.1	485.2
b_n	0	0.5	−5.6	38.7	−182.8	544.8	−813.8	1134.5	675.6
c_n	0.004	−0.005	0.14	3.94	−50.0	248.9	−506.3	961.6	855.5

注：表中 n 的取值范围为 0～13；表中未列出的特征值，其值为 0。

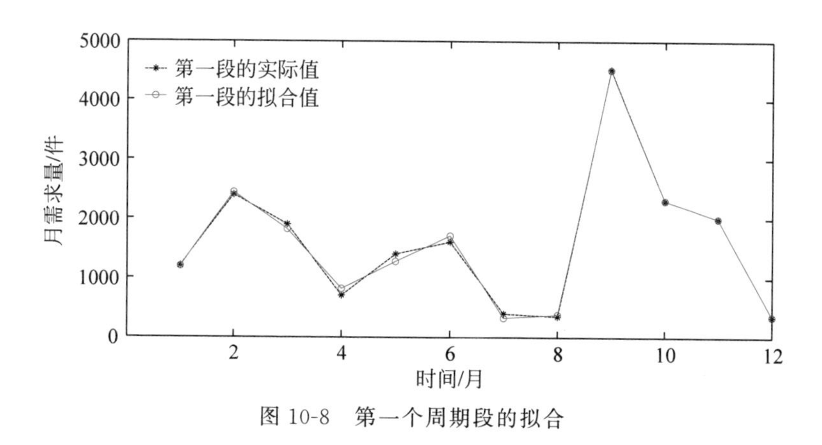

图 10-8　第一个周期段的拟合

分别采用求和取平均的方式和加权求和的方式来合成新的特征集合，即 $d_n = (a_n + b_n + c_n)/3$，$\bar{d}_n = w_1 a_n + w_2 b_n + w_3 c_n$。其中，$0 \leqslant w_1 \leqslant w_2 \leqslant w_3 \leqslant 1$，这 3 个值的确定与多项式次数的确定方式类似，也是通过实验分析得出。当 $w_1 = 0.1$，$w_2 = 0.1$，$w_3 = 0.8$ 时，预测精度是最高的，因此 $\bar{d}_n = 0.1a_n + 0.1b_n + 0.8c_n$。合成后的特征值如表 10-14 所示，其中第二行是求和取平均得到的特征值，第三行是加权求和得到的特征值。合成得到的新的特征集合还原成新的多项式函数，加权合成过程如图 10-9 所示。

表 10-14　合成后的特征值

n	11	10	9	8	7	6	5	3	0
d_n	0	0.4	−4.2	30.1	−149.6	468.6	−730.9	1077.7	672.1
$\bar{d}_n$	−0.005	0.086	−1.16	11.8	−79.8	314.8	−573.7	996.4	800.5

注：表中 n 的取值范围为 0～13；表中未列出的特征值，其值为 0。

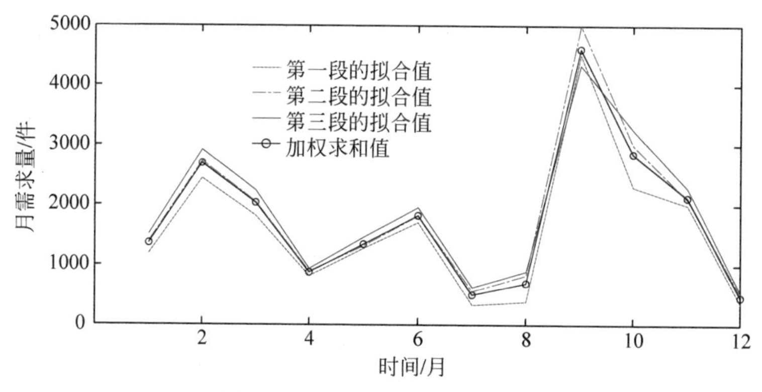

图 10-9　3 个周期段的加权合成

用新的多项式函数对下一个周期的需求数据进行预测，预测结果如图 10-10 所示。同时计算下一个周期中各月份预测值的相对误差，结果如表 10-15 所示。

表10-15中第二行所示为平均合成方式所建立的预测模型的平均相对误差，为18.4%；第三行所示为加权求和方式所建立的预测模型的平均相对误差，为11.7%。从表10-15中数据可以看出，加权合成方式所建立的预测模型的预测精度更高。

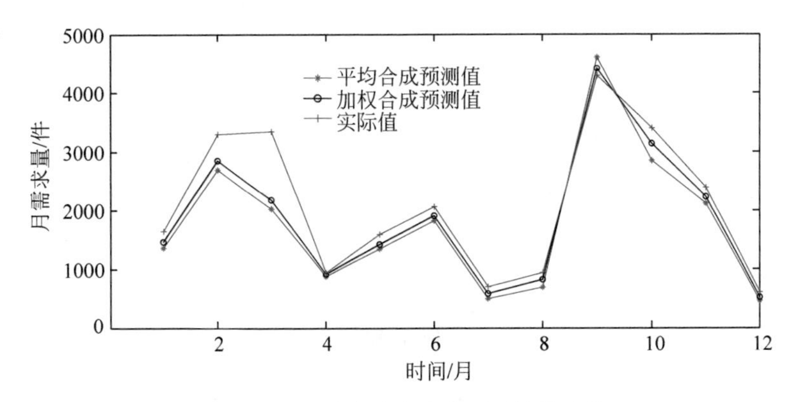

图10-10　两种合成方式的预测结果比较

表10-15　两种合成方式预测结果相对误差比较　　%

月份	1	2	3	4	5	6	7	8	9	10	11	12
平均合成误差	17.3	18.3	39.3	6.4	15.7	11.7	28.5	25.8	7.3	16.0	11.0	23.9
加权合成误差	10.9	13.5	34.9	2.2	10.9	7.5	16.9	11.8	2.8	7.7	6.5	14.9

3. 应用案例

某设备在辽宁地区的砼活塞需求模式为周期型，然而砼活塞历史需求数据只有25个月，大致为两个周期，数据量太少，无法对本章所提出的方法进行验证，因此，对本章所提出的预测方法的验证实验数据分为以下两种。

(1) 以这两个周期段的平均值为基础，加入噪声，扩展第三个周期的需求数据，用前面两个周期的数据建立预测模型，对第三个周期的需求实际值进行验证。假设前两个周期段的平均时间序列为$\boldsymbol{X}=(x_1,x_2,\cdots,x_T)$，第三个周期段的需求数据为$\boldsymbol{X}'=(x'_1,x'_2,\cdots,x'_T)$，则有

$$x'_t=x_t+\varepsilon_t,\quad \varepsilon_t\sim N(\mu,\sigma) \tag{10-25}$$

式中，$\mu=0$，$\sigma=6$。

(2) 采用矿用圆环链的需求数据，圆环链为采煤机等的备件，需求数据来自文献[22]。

1) 砼活塞的需求预测

总共有25个月的需求数据，周期长度的取值为1～13，阈值为均值的10%，用本节中的周期长度检测算法计算得到序列的周期长度为11。将需求数据扩展成33个月的需求时间序列，将数据分成3个数据段，分别对前两个数据段进行多项式拟合，得到数据段的周期项，用于预测第三个周期段的真实值。当$n=10$时，预

测误差最小，因此拟合多项式次数为 $n=10$。得到各段的拟合多项式函数。表 10-16 中第二行和第三行分别是前两个周期段拟合多项式函数的特征值。

通过加权合成方式得到新的特征值为 $d_n=0.3a_n+0.7b_n$，即表 10-16 中第四行所示数据。对前两个周期段通过加权合成方式建立新函数的过程如图 10-11 所示。用新合成的特征值还原成多项式函数，以此作为预测模型用于预测第四个周期段的数据。

表 10-16 多项式函数的特征值

n	8	7	6	5	4	3	2	1	0
a_n	−2	35	−340	2144	−8896	23 750	−38 592	33 917	−11 887
b_n	−4	55	527	3281	−13 443	35 500	−57 169	49 914	−17 477
d_n	−3	49	−471	2940	−12 079	31 975	−51 596	45 115	−15 800

注：表中 n 的取值范围为 0～10；表中未列出的特征值，其值为 0。

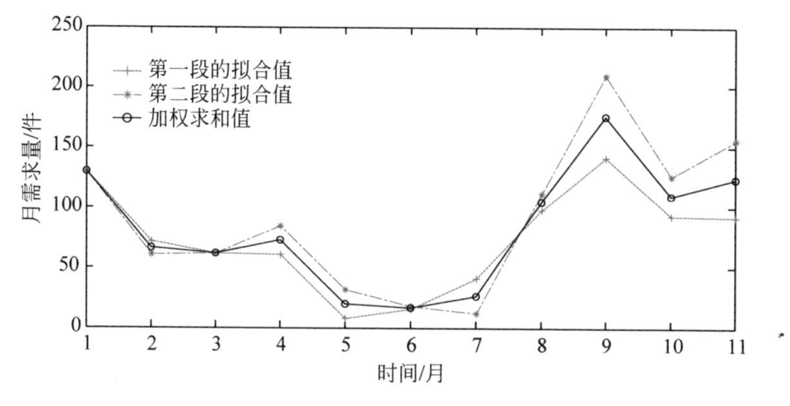

图 10-11 加权求和过程

预测值与实际值的比较如图 10-12 所示。实验表明，备件需求的实际值与预测值的平均相对误差为 9.4%。当采用移动周期系数法预测备件需求量时，预测值与实际值的平均相对误差为 13.0%。

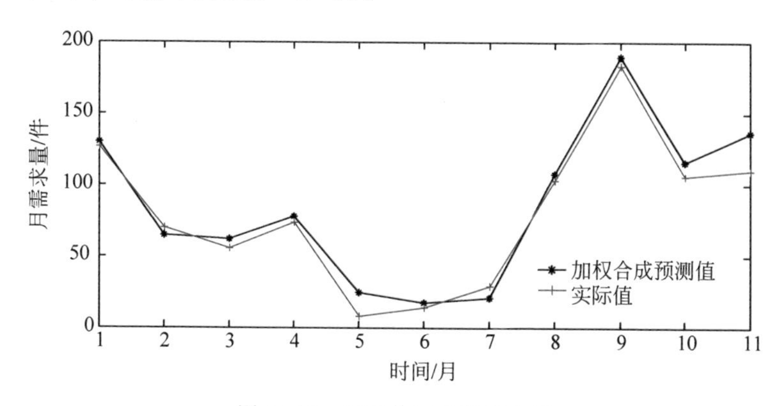

图 10-12 预测值与实际值比较

2）圆环链的需求预测

用本章所提出的预测方法对圆环链的需求进行预测，同时和移动平均周期系数法进行对比分析。在本节的分析中，已经给出了预测模型的建立过程，并且说明了加权合成方式的预测模型比平均合成方式的预测模型更加精确。应用该模型计算 2010 年 12 个月的备件需求量数据，图 10-13 所示为备件需求量实际数据、本章所述方法的预测数据的对比，可以看出预测值比较接近实际值。

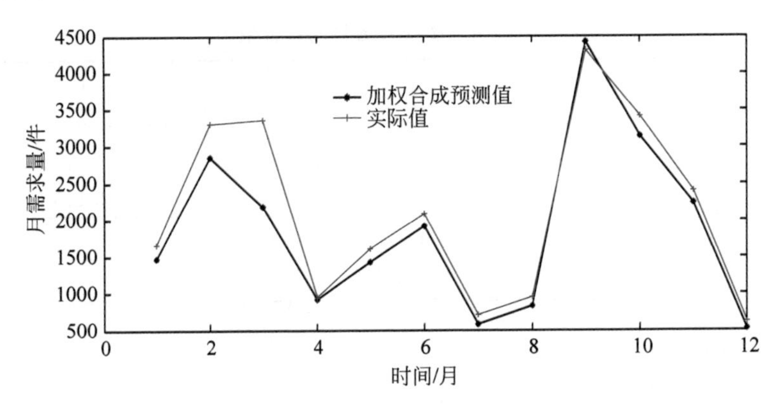

图 10-13　多项式拟合模型的预测结果

本章所介绍的预测模型与移动平均周期系数法的预测结果比较如表 10-17 所示。从表 10-17 中的数据可以计算得出：移动平均周期系数法的备件需求实际值与预测值的平均绝对误差为 286.83，平均相对误差为 12.77%；多项式拟合模型的预测值与实际值的平均绝对误差为 250.75，平均相对误差为 11.7%。可以看出本章提出的预测模型的预测效果比较好。

表 10-17　两种预测模型结果对比

时序（月份）	实际值/件	移动平均周期系数法			本章所提预测方法		
		预测值/件	绝对误差/%	相对误差/%	预测值/件	绝对误差/%	相对误差/%
1	1650	1456	194	11.8	1469	181	10.9
2	3300	2789	511	15.5	2854	446	13.5
3	3350	2194	1156	34.5	2178	1172	34.9
4	940	850	90	9.6	919	21	2.2
5	1600	1462	138	8.6	1425	175	10.9
6	2070	1824	246	11.9	1915	155	7.5
7	700	631	69	9.9	582	118	16.8
8	940	838	102	10.9	829	112	11.9
9	4300	4656	356	8.3	4419	119	2.7
10	3400	3122	278	8.2	3137	263	7.7
11	2390	2187	209	8.7	2234	156	6.5
12	610	517	93	15.3	519	91	14.9
平均值			286.83	12.77		250.75	11.7

10.3.2　非周期需求模式下的备件需求预测

连续型备件需求预测方法具有多种,如指数平滑法、加权移动平均法等。指数平滑法是对移动平均法的改进,而且该方法形式简单,易于实现,能较准确地反映需求数据的变化,在实际中应用广泛。因此,本章选择指数平滑法作为非周期需求模式的备件需求预测方法。

1. 指数平滑预测模型

指数平滑法的预测值是全部历史观测值的加权和,对近期的数据给以较大的权值,远期的数据给以较小的权值。当备件历史需求数据不具有线性趋势时,则可以采用简单指数平滑法。假设备件历史需求时间序列为 $\boldsymbol{X}=(x_1,x_2,\cdots,x_n)$,则备件需求预测模型为

$$x'_{t+1}=\alpha x_t+(1-\alpha)x'_t \tag{10-26}$$

式中,α 为平滑常数,$\alpha\in(0,1)$;x'_{t+1} 为 $t+1$ 期的预测值。

当备件需求时间序列具有线性趋势时,则需要对备件需求时间序列进行两次平滑,预测模型为

$$\begin{cases} s_{t+1}=\alpha x_t+(1-\alpha)s_t \\ x'_{t+1}=\alpha s_{t+1}+(1-\alpha)x'_t \end{cases} \tag{10-27}$$

式中,α 为平滑常数,$\alpha\in(0,1)$;s_{t+1} 为 $t+1$ 期的一次平滑值。

采用指数平滑法对备件需求进行预测,初始值和平滑系数对预测结果有较大影响。可选取需求时间序列的前几期观测值的平均数作为初始值。而对于平滑参数的选择,本章采用如下方法。

(1) 将需求时间序列的 3/4 作为训练样本,1/4 作为测试样本。

(2) 由训练样本获得本次需求时间序列的最佳平滑参数。以训练样本中预测值和实际值的均方根误差最小为目标函数,采用 10.3.1 节介绍的搜索算法计算最佳平滑常数 α。

搜索到最佳的平滑常数后,将其代入式(10-26)和式(10-27)中,即可计算测试样本的需求量预测值。

2. 实验验证

首先对非线性趋势的备件需求数据进行验证。实验数据为上海地区 25 个月的砼活塞需求量,统计时间为 2011 年 9 月至 2013 年 9 月。以砼活塞总需求数据的 3/4 为训练样本,训练样本前三期需求数据的平均值作为式(10-26)的初始值,计算得到最佳的平滑常数 $\alpha=0.83$。以砼活塞总需求数据的 1/4 为测试样本,将 $\alpha=0.83$ 代入式(10-26)中,对备件需求量进行预测,需求预测结果如表 10-18 和图 10-14 所示。从表 10-18 中可以看出,砼活塞需求的预测值比较接近实际值,平

均相对误差为18.0%。

表10-18　简单指数平滑法预测结果　件

月份	1	2	3	4	5	6	7
实际值	113	118	79	70	81	77	115
预测值	122	115	117	85	73	80	78

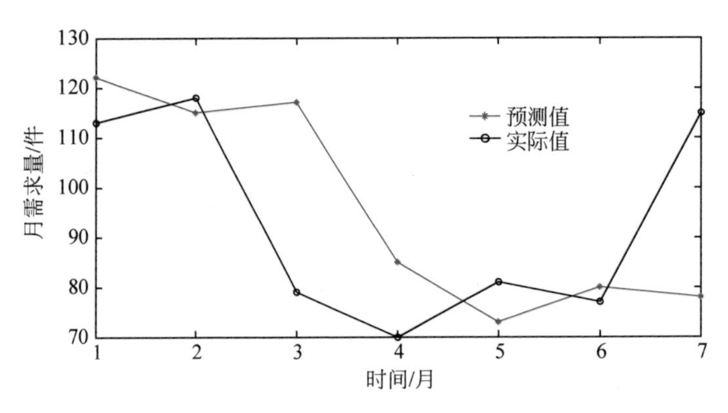

图10-14　上海地区砼活塞需求预测结果

对具有线性趋势的备件需求数据进行验证。实验数据为江西地区25个月的砼活塞需求量,统计时间为2011年9月至2013年9月。以砼活塞总需求数据的3/4为训练样本,训练样本前三期需求数据的平均值作为式(10-27)的初始值。由于此次实验数据中有少量的零需求,故在搜索最佳平滑常数时,不能以均方根误差最小作为目标函数,本章采用式(10-28)作为目标函数。

$$\begin{cases} \min \text{acc} = \dfrac{\sum_{t=1}^{n} |x(\alpha)'_t - x_t|}{\sum_{t=1}^{n} x_t} \\ \text{s.t.} \ \alpha \in (0,1) \end{cases} \tag{10-28}$$

计算得到最佳的平滑常数 $\alpha=0.67$。以砼活塞总需求数据的1/4为测试样本,将 $\alpha=0.67$ 代入式(10-27)中,对备件需求量进行预测,需求预测结果如表10-19和图10-15所示。从表10-19中可以看出,砼活塞需求的预测值比较接近实际值,平均相对误差为11.3%。

表10-19　二次指数平滑法预测结果　件

月份	1	2	3	4	5	6	7
预测值	104	101	103	106	100	116	113
实际值	97	106	110	92	136	106	125

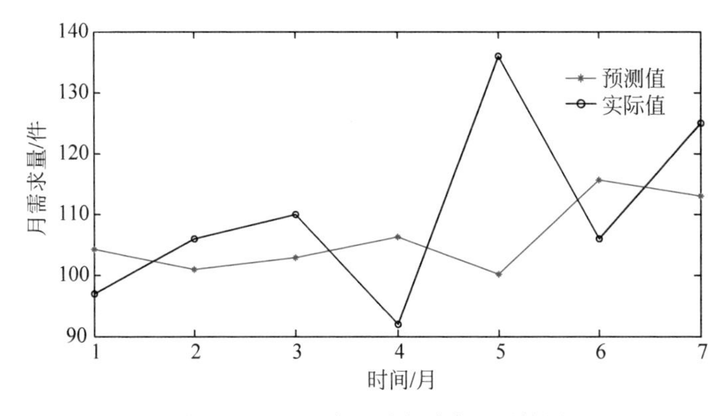

图 10-15　江西省砼活塞需求预测结果

10.4　关键件的备件需求预测

关键件是指精度高、制造难度大，在设备中起关键作用的零部件，如泵车的主液压缸、臂架、臂架油缸等。关键件的备件需求量不高，但由于其价值比较高，且一般不能被替代，停机损失比较大，因此，是备件库存管理中的重要内容。关键件的备件需求模式一般为间断型，表现为需求发生随机，即备件历史需求时间序列中含有较多零值，需求量的波动比较大。Johnston 给出了间断型需求的判别方法：相邻两次需求发生的间隔时间大于 1.25 倍的观测周期[23]。

备件的需求时间序列为间断型，即表现为需求中含有零值，零值的出现使得时间序列的处理过程复杂化，经典的预测方法如加权移动平均法、指数平滑法等并不适用。间断型备件预测方法主要有基于时间序列分析的预测方法、基于统计理论的预测方法和基于人工智能算法的预测方法[24]。Croston 最早证明了指数平滑法在间断需求上的不适用性，并在指数平滑法的基础上提出了 Croston 预测方法，该方法分别采用指数平滑法对需求量和需求间隔进行预测[25]。但 Croston 方法存在有偏估计的问题。针对这个问题，Syntetos 等在 Croston 方法的基础上进行改进，提出了 SBA 方法，用 Croston 方法中的预测值乘以 $1-\alpha/2$，其中 α 为平滑参数，解决了 Croston 方法的有偏估计问题[26]。直到目前为止，仍有很多文献对 Croston 方法进行改进以解决其有偏估计问题或者获得更高的预测精度。Prestwich 等将贝叶斯方法和 Croston 方法结合起来，用于预测备件的需求[27]，Petropoulos 等采用启发式算法对 Croston 预测方法中的平滑参数进行取值，而不是凭借经验取值[28]。Croston 方法假设需求服从正态分布，但事实上，实际的备件需求历史序列具有多样性，不仅仅是服从正态分布。Efron 最早介绍了 Bootstrap 方法，通过多次采样历史需求数据来得到需求量的分布。Snyder 首先采用伯努利分布来拟合需求发生的概率，然后应用 Bootstrap 方法得到备件的需求分布[29]。Willemain

等将马尔可夫过程和 Bootstrap 方法结合起来进行预测，用马尔可夫概率转移矩阵预测 0-1 时间序列以获得提前期的需求发生概率，用 Bootstrap 方法求得备件的需求分布[30]。Hua 等在 Willemain 提出的方法的基础上加以改进，将外部因素对需求的影响考虑进去，提出了整合预测方法[31]。Hua 等在整合预测方法的基础上加以改进，将 logistic 和 SVM 方法结合起来预测备件需求发生，而需求量的预测则采用 Bootstrap 方法，得到备件的需求分布[32]。Bootstrap 方法假定需求时间序列存在自相关性难以得到保证，并且只能得到提前期需求分布。陈凤腾等分析了航空备件的故障特性，建立相应的故障分布模型，引入维修度到备件的需求预测中[33]。Lengu 等通过理论分析和实验验证了用复合泊松分布拟合备件实际需求对预测误差的影响，并据此提出了基于复合泊松分布的备件分类策略[34]。另外，智能学习算法被广泛应用到需求预测中，Gutierreza 等使用神经网络方法进行需求预测，并与指数平滑法、SBA 法的预测结果比较，实验证明，神经网络的预测效果比较好[35]。Nikolaos 改进了神经网络模型，提出的预测方法不仅克服了 Croston 的局限性，也解决了拟合样本有限的问题[36]。张瑞采用支持向量机模型预测需求发生时间[37]。此外，时间聚合方法近年来也被应用到间断需求预测中以减小零值及波动性[38]，Nikolopoulos 据此提出 ADIDA 预测方法，并用实验分析了该方法的预测效果[39]。Babai 等用实验分析了时间聚合在间断需求备件库存管理中的作用[40]。但备件需求数据聚合后，不可避免地会丢失一些信息，如观测值减少。

综上，根据间断需求模式的特点提出精确的需求预测方法变得尤其重要。本章提出一种间断需求预测方法，能预测需求发生时间以及需求量值。将实际备件需求时间序列转换为 0-1 需求发生时间序列，采用神经网络对调制后的 0-1 需求发生时间序列进行预测，利用时间聚合方法对实际备件需求时间序列进行预测，解聚合后得到备件需求预测值。

10.4.1 需求发生时间预测

为了对需求发生时间进行预测，首先将实际备件需求时间序列 $\boldsymbol{X}=(x_1,x_2,\cdots,x_n)$转换为 0-1 需求发生时间序列 $\boldsymbol{F}=(f_1,f_2,\cdots,f_n)$。在 0-1 时间序列中，“0”表示未发生需求，“1”表示发生需求。神经网络具有拟合任意非线性函数的能力及一定的泛化能力，是一种比较成熟的预测模型，但神经网络不适合预测含 0 值较多的时间序列。然而需求发生时间序列中只含有 0 和 1，因此需要将 0-1 需求发生时间序列转换为连续平滑的序列。

将 0-1 需求发生时间序列转换为平滑连续的时间序列，可以借鉴数字调制技术。调制是将信号加到载波上，使载波随信号的变化而变化，因此调制后的时间序列依然能够保持原始的数据信息，但同时更加容易被神经网络模型拟合。比较简单的调制方法是幅度调制，即载波幅度随原始信号变化。调制的关键在于载波的设计，从原理上来讲，载波波形可以是任意的，由于正弦信号形式简单，通信系统中一般选择正弦信号作为载波。本章对 0-1 时间序列进行调制的目的在于使 0-1 时间序列拓展成一个平滑连续的时间序列，因此对载波的选择根据预测精度而定。选择正弦函数、二次函数、高斯函数以及墨西哥草帽小波函数几个偶函数分别进行实验，通过实验对比分析后，以下式中所示的一组数字信号作为载波，其预测精度是最高的。

$$h(n)=\mathrm{e}^{-\frac{n^2}{2}},\quad n=-2,-1.5,-1,-0.5,0,1,1.5,2,4 \tag{10-29}$$

以这组数字信号作为载波时，两个相邻载波的过渡更加平缓，因此，预测可能更加准确。

为减少已调制序列中的零值，用-1代替需求发生时间序列 $\boldsymbol{F}$ 中的 0 值，令新的需求发生时间序列为 $\boldsymbol{P}$，那么，已调制序列 $\boldsymbol{Y}$ 为

$$Y_t(n)=p_t\mathrm{e}^{\frac{-n^2}{2}},\quad n=-2,-1.5,-1,-0.5,0,1,1.5,2,4 \tag{10-30}$$

将需求发生时间序列 $\boldsymbol{F}$ 转换为平滑的时间序列 $\boldsymbol{Y}$ 后，采用神经网络模型外推得到其预测值。通过对已调制信号进行分析可知，当 $f_t=1$ 时，$Y_t(n)>0$，当 $f_t=0$ 时，$Y_t(n)<0$，$n=-2,-1.5,-1,-0.5,0,1,1.5,2$。因此，可以通过预测值是否大于零来判断对应时间是否有需求发生。以完整波形作为神经网络的输入，输出下一个波形的前面两个值 $\bar{Y}_{t+1}(n=-2)$ 和 $\bar{Y}_{t+1}(n=-1.5)$，由于第一个值 $\bar{Y}_{t+1}(n=-2)$ 处于两个波形之间的过渡阶段，相对来说比较难以正确预测，因此选择第二个值 $\bar{Y}_{t+1}(n=-1.5)$ 来判定对应时间段的需求发生预测值 $\bar{f}_{t+1}$。当 $\bar{Y}_{t+1}(n=-1.5)>0$ 时，$\bar{f}_{t+1}=1$；当 $\bar{Y}_{t+1}(n=-1.5)<0$ 时，$\bar{f}_{t+1}=0$。

以下给出 0-1 需求发生时间序列预测的具体步骤。

步骤 1　将实际备件需求时间序列 $\boldsymbol{X}=(x_1,x_2,\cdots,x_n)$ 转换为 0-1 需求发生时间序列 $\boldsymbol{F}=(f_1,f_2,\cdots,f_n)$，其中，

$$f_t=\begin{cases}0, & x_t=0\\ 1, & x_t>0\end{cases},\quad t=1,2,\cdots,n \tag{10-31}$$

为方便后面步骤的调制处理，一般文献中，需求发生时间序列中用 0 代表没有发生需求。在本章中，0 值用-1代替，令新的需求发生时间序列为 $\boldsymbol{P}$，有

$$p_t=\begin{cases}-1, & f_t=0\\ 1, & f_t=1\end{cases},\quad t=1,2,\cdots,n \tag{10-32}$$

步骤 2　对需求发生时间序列 P 按式(10-32)进行调制处理，得到已调制序列 $Y_t(n)$。

步骤 3　使用神经网络模型对调制后的序列进行预测得到预测值 $\bar{Y}_{t+1}(n=-1.5)$。

步骤 4　将已调制序列的预测值 $\bar{Y}_{t+1}(n=-1.5)$ 转换为 0-1 需求发生时间序列的预测值 $\bar{f}_{t+1}$：

$$\bar{f}_{t+1}=\begin{cases}0, & \bar{Y}_{t+1}(n=-1.5)<0\\ 1, & \bar{Y}_{t+1}(n=-1.5)>0\end{cases} \tag{10-33}$$

在步骤3中，采用比较广泛的BP神经网络模型。只有一个隐藏层的神经网络，只要隐藏层节点数足够多，就可以以任意精度逼近一个非线性函数[41]，因此设计的BP神经网络为3层。输入层节点数和隐藏层节点数的选取会影响BP网络的预测精度，但目前并没有标准方法来选择这两个参数，只能对多种网络结构进行大量学习实验后确定合适的值。当神经网络的结构比较简单时，这样训练的神经网络具有较好的泛化性[42]。因此，设计隐藏层节点数为3，这是逼近任意一个复杂的非线性函数所需要的最小的隐藏层节点数。以整数个载波波形作为输入，每个载波波形中有9个离散点，则输入层节点数为$9n$，其中，n为正整数。以预测精度为评判标准，对多种输入节点进行大量实验，以此来确定神经网络的输入节点数。输出层节点数为2。

下面通过备件需求实例详细介绍需求发生时间的预测。需求实例分析采用核电设备备件需求数据，实验数据有两组，分别来自文献[37]、[43]，其信息在10.4.3节介绍。将实际备件需求时间序列转换为0-1需求发生时间序列，如图10-16所示，对其进行调制处理，调制后的时间序列如图10-17所示。

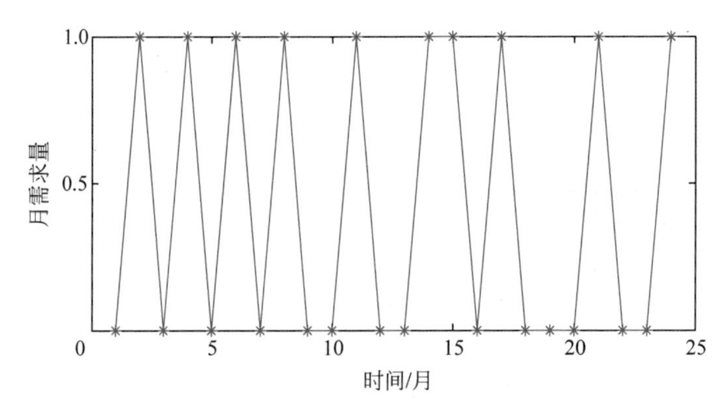

图10-16　备件1需求发生时间序列

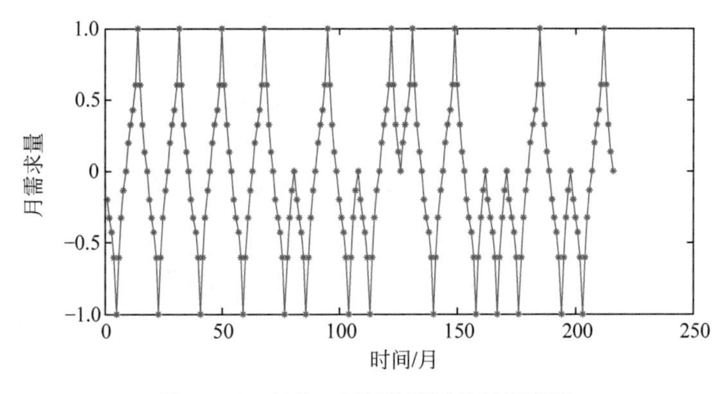

图10-17　备件1调制处理后的时间序列

采用 BP 神经网络模型对数据进行预测。通过大量实验后，经比较确定：输入层节点数为 27，隐藏层传递函数为 tansig，输出层传递函数为 purelin。用总体数据的 4/5 作为训练数据，1/5 作为测试数据，得到备件 1、2 需求发生时间的预测结果如图 10-18 和图 10-19 所示。在图 10-18 和图 10-19 中，纵坐标没有单位，需求发生时间的预测值为 0 或者 1，0 表示没有发生需求，1 表示发生需求。

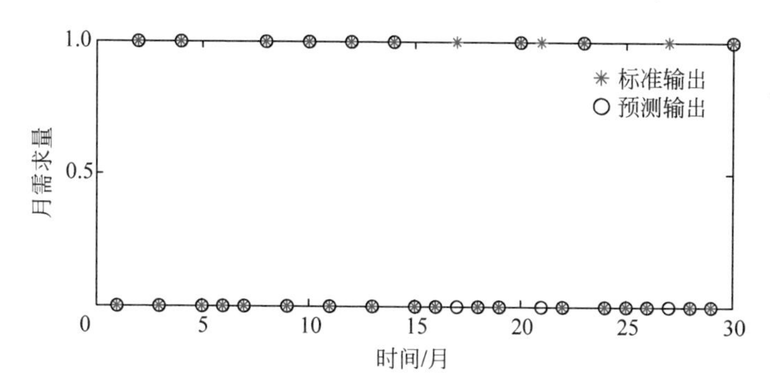

图 10-18　备件 1 的需求发生时间预测结果

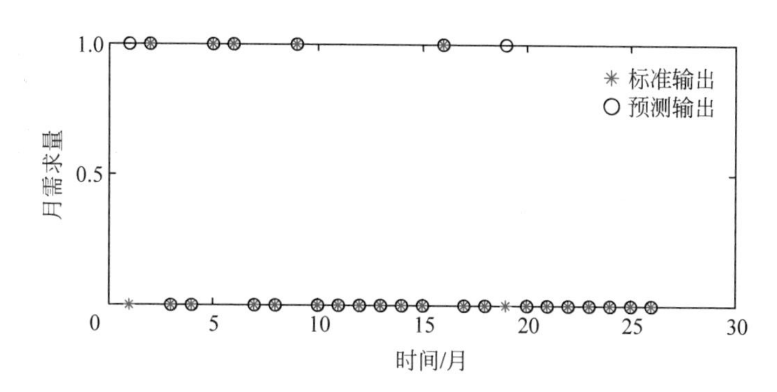

图 10-19　备件 2 的需求发生时间预测结果

备件 1、2 需求发生时间的预测结果汇总如表 10-20 所示，其中 0-1 需求发生时间序列的预测精度计算公式在 10.4.3 节介绍。

表 10-20　备件 1、2 的预测精度　　%

备件	总体预测精度	0 值预测精度	1 值预测精度
备件 1	90.0	100.0	75.0
备件 2	92.3	90.5	100.0

取不同载波形式，备件 1、2 的 0-1 需求发生时间序列的预测结果如表 10-21 所示。从表中预测结果可以看出，当载波选择高斯函数时，其预测精度是最高的。取高斯函数中的离散点作为载波时，两个相邻载波的过渡更加平缓，因此，预测值可能更加准确。

表 10-21　不同载波形式的备件预测结果对比　%

备件	总体预测精度			
	高斯函数	正弦函数	小波函数	二次函数
备件 1	90	67	61	58
备件 2	92	79	76	72

10.4.2　基于时间聚合的需求量预测

间断型备件需求时间序列具有两个特点：①零星性，即有的时间段上没有需求发生；②变化性，即需求量值的起伏波动比较大。基于这两个特点，间断时间序列的预测误差很大。对于间断时间序列，时间聚合是一个有效的预测方法。时间聚合预测过程如图 10-20 所示，主要预测步骤如下。

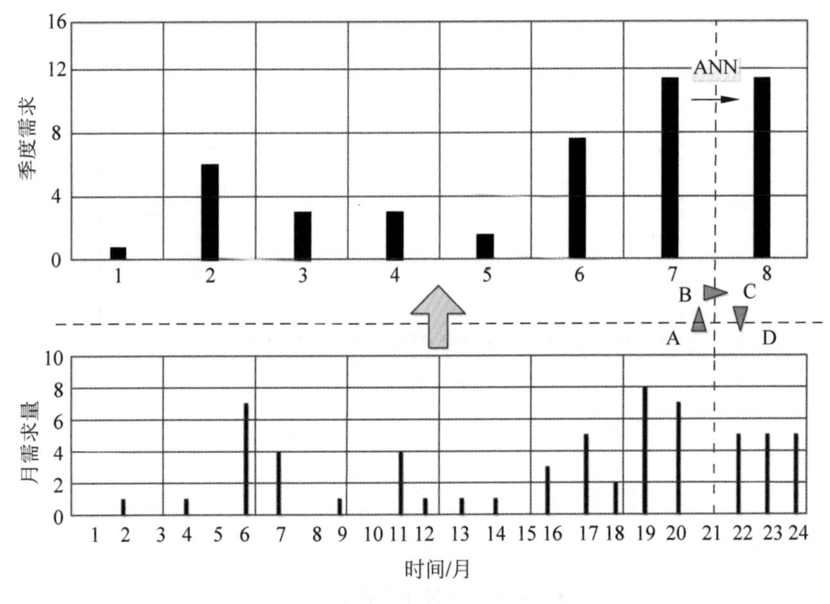

图 10-20　时间聚合预测过程

(1) 原始数据聚合。时间聚合即改变观测周期长度，若实际备件需求数据中的观测值为月需求量，当聚合水平为 3 时，相邻 3 个月的需求量相加得到 1 个季度的需求量。对于聚合水平的选择，一般是通过实验获得一个比较好的数值。

(2) 聚合数据预测。实际备件需求数据聚合后，采用神经网络对聚合后的数据进行预测。实际备件需求时间序列聚合后，不再表现出间断特性，或间断特性不是很明显，因此预测方法可以有多种选择，本节仍然采用神经网络对聚合后的时间序列进行预测。

（3）解聚合。对聚合时间序列预测值进行解聚合，即仍使用原始的时间长度作为观测周期长度，例如将季度需求量转换为月需求量。若聚合水平为 α，解聚合后得到 α 个时间段的预测值 $\bar{x}_t$，$t=n+1,n+2,\cdots,n+a$。由 10.4.1 节的预测方法获得 0-1 需求发生时间序列的预测值 $\bar{f}_t$，$t=n+1,n+2,\cdots,n+a$。$\bar{f}_t=0$ 表示需求未发生，需求量预测值 $\bar{x}_t=0$。$\bar{f}_t=1$ 表示发生需求，假设预测 $t=n+1,n+2,\cdots,n+a$ 时间段中有 z 个时间段发生需求，通过聚合后的需求量预测值 $\bar{y}_m$ 平均，可以得到对应时间段需求发生时的需求量预测值 $\bar{x}$：

$$\bar{x}=\bar{y}_m/z \tag{10-34}$$

下面给出基于时间聚合的预测方法的具体算法。

步骤 1　设聚合水平为 α，实际备件需求时间序列 $\boldsymbol{X}=(x_1,x_2,\cdots,x_n)$，计算聚合时间序列 $\boldsymbol{Y}=(y_1,y_2,\cdots,y_m)$，$m=[n/a]$，即 $y_m=x_{(m-1)a+1}+x_{(m-1)a+2}+\cdots+x_{ma}$。

步骤 2　用神经网络模型计算 $\boldsymbol{Y}=(y_1,y_2,\cdots,y_m)$ 的预测值 $\bar{y}_{m+1}$。$\bar{y}_{m+1}$ 对应时间段的 0-1 需求发生时间序列预测值为 $(\bar{f}_{n+1},\bar{f}_{n+2},\cdots,\bar{f}_{n+a})$，设定 $z=0$，$t=n+1$。

步骤 3　判断 $\bar{f}_t$ 是否为 0，如果 $\bar{f}_t=0$，那么 $x_t=0$；如果 $\bar{f}_t\neq 0$，那么 $z=z+1$。

步骤 4　令 $t=t+1$，如果 $t\leqslant n+a$，则转到步骤 3；如果 $t>n+a$，则转到步骤 5。

步骤 5　$\bar{f}_t$ 中值为 1 对应的时间段集合为 $\boldsymbol{I}=\{i\mid \bar{f}_i=1\}$，$i\in\{n+1,n+2,\cdots,n+a\}$，则第 i 期的需求量预测值为 $\bar{x}_i=\bar{y}_{m+1}/z$。

在运用时间聚合的方法对实际备件需求时间序列进行预测时，还存在这样一个问题：10.4.1 节中 0-1 需求发生时间的预测是一种单步预测，而本小节的预测方法是一种多步预测。若对需求发生时间也进行多步预测，则预测精度会降低。为解决这个问题，本小节采用一种滚动预测方法，其实质是通过不断更新实际需求时间序列来达到单步预测的目的。具体算法如下。

步骤 1　初始时刻，设 $i=0$，定义 α 为聚合水平，n 为当前期。

步骤 2　获得聚合时间序列的预测值 $\bar{y}_{m+1}$。

步骤 3　对 0-1 需求发生时间序列进行 $a-i$ 步预测，获得 0-1 需求发生时间序列的预测值 $\bar{f}_t$，$t=n+1+i,n+2+i,\cdots,n+a$。

步骤 4　$\bar{y}_{m+1}$ 解聚合后获得需求量预测值 $\bar{z}_t$，$t=n+1+i,n+2+i,\cdots,n+a$，则 $n+i+1$ 期的需求量预测值为 $\bar{x}_{n+1+i}=\bar{z}_{n+1+i}$。

步骤 5　获得更新的实际备件需求时间序列。

步骤 6　令 $i=i+1$，如果 $i<a$，转到步骤 2；如果 $i\geqslant a$，转到步骤 7。

步骤 7 结束。

10.4.3 应用案例

1. 实验数据

对所提出的预测方法进行的验证实验数据分为两种：①通过在砼活塞的需求数据中随机插入零值来获得间断型需求数据，由不同地区砼活塞的连续型需求数据产生 5 组间断型需求数据；②采用两组核电设备关键件的备件需求数据，分别来自文献[37]、[43]。两种实验数据的统计信息如表 10-22 和表 10-23 所示。

表 10-22 砼活塞需求数据统计信息

数据	平均间隔信息			需求量/件	
	总数	0 值数	平均间隔长度/月	均值	标准差
数据 1	60	35	2.1	114.3	172.1
数据 2	65	40	2.9	105.5	168.0
数据 3	70	45	3.2	36.4	59.2
数据 4	75	50	3.3	34.0	57.9
数据 5	80	55	3.2	31.7	50.4

表 10-23 核电设备备件需求数据统计信息

备件	平均间隔信息			需求量/件	
	总数	0 值数	平均间隔长度/月	均值	标准差
备件 1	132	91	2.9	0.44	0.76
备件 2	144	105	3.9	0.78	2.67

2. 预测精度判定方法

1) 0-1 需求发生时间的预测精度计算公式

0-1 需求发生时间序列的预测精度计算公式为

$$\mathrm{acc}=1-\frac{1}{n}\sum_{i=1}^{n}|\overline{y_i}-y_i| \tag{10-35}$$

根据公式定义，对于 i 时间段，只有当预测值 $\overline{y_i}$ 和实际值 y_i 都等于 1 或者都等于 0 时，预测结果才正确。汇总预测错误的次数，除以总的期数 n，可以获得平均需求发生时间的预测精度 acc。

2) 需求量预测误差计算公式

对于需求量的预测误差可以用相对误差来衡量，但是由于某些时间段的需求量为 0，为降低分母中出现零值的概率，采用下式作为误差计算公式：

$$\mathrm{MAPE}=\frac{\sum_{i=1}^{n}|\bar{d}_i-d_i|}{\sum_{i=1}^{n}d_i} \tag{10-36}$$

式中，d_i 为第 i 期的实际备件需求量；$\bar{d}_i$ 为第 i 期的备件需求量预测值。

3. 间断时间序列验证

首先对由砼活塞需求数据所产生的间断时间序列进行预测。间断时间序列转换为0-1序列，对其进行调制处理，采用BP神经网络模型对数据进行预测。通过大量实验后，经比较确定：输入层节点数为27，隐藏层传递函数为tansig，输出层传递函数为purelin。用总体数据的3/4作为训练数据，剩余1/4作为测试数据，得到数据1的预测结果如图10-21所示。

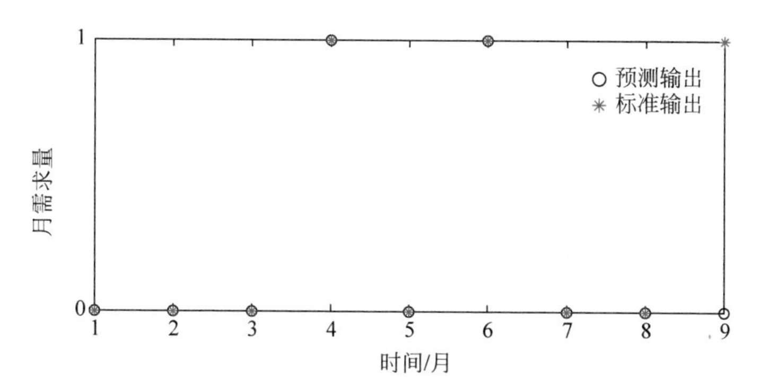

图10-21　数据1的需求发生预测结果

0-1时间序列的预测统计信息如表10-24所示，从表中数据可以发现，5组数据的需求发生时间的总体预测精度为90%左右，说明该方法具有可行性。

表10-24　5组数据的需求发生时间预测精度　　%

数　据	总体预测精度	0值预测精度	1值预测精度
数据1	88.9	85.7	100.0
数据2	85.7	90.0	75.0
数据3	90.9	83.3	100.0
数据4	87.5	90.0	83.3
数据5	87.5	80.0	100.0

以下是数据1的预测实现过程。通过大量实验后，经比较确定：聚合水平为3，神经网络的输入层节点数为3，隐藏层传递函数为tansig，输出层节点数为1，传递函数为purelin。使用总数据的3/4作为训练数据，1/4为测试数据，预测结果如图10-22所示。

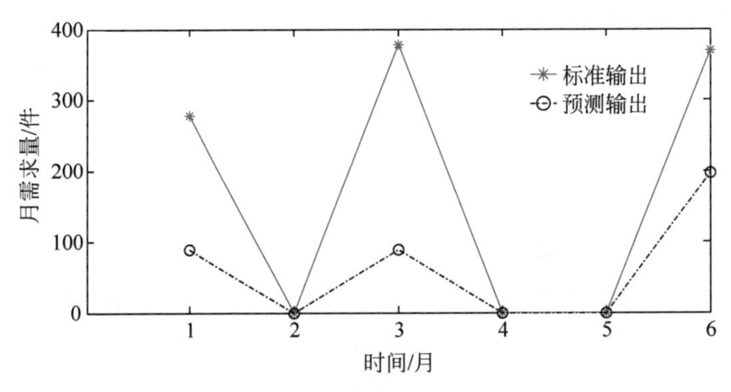

图 10-22　数据 1 的预测结果

其他各组数据的最终预测误差的汇总结果如表 10-25 所示，并与 Croston 方法的预测误差作了对比，在相关文献中，一般将 Croston 方法用于对比实验。

表 10-25　5 组数据的预测误差　　%

项　目	数据 1	数据 2	数据 3	数据 4	数据 5
本章所提方法的预测误差	63.5	69.4	64.1	56.3	70.4
Croston 方法的预测误差	118.0	124.2	128.4	125.6	123.2

从以上的预测结果中可以看出，5 组数据的预测误差在 60%左右，而 Croston 方法的预测误差在 120%左右。上述结果证明本章提出的预测方法是有效的。

4. 备件需求实例验证

在 10.4.1 节中完成了核电设备备件 1、2 中 0-1 需求发生时间序列的预测，并用图表形式呈现了预测结果。在需求量值的预测实验中，聚合水平的确定通过实验分析获得，表 10-26 给出了不同聚合水平时核电设备备件 1 的需求量预测精度，当聚合水平为 3 时，预测精度最高，因此，选择备件 1 的聚合水平为 3，同理可获得备件 2 的聚合水平为 3。

表 10-26　不同聚合水平的预测误差对比　　%

聚合水平	1	2	3	4	5	6	7
预测误差	100.0	71.6	66.0	68.7	71.9	89.6	111.9

神经网络模型的输入节点数为 2，隐藏层传递函数为 tansig，输出层节点数为 1，传递函数为 purelin。解聚合后其预测值如图 10-23 和图 10-24 所示，从图 10-23 和图 10-24 所示的预测结果中可以看到，预测值比较接近真实值。

表 10-27 给出了本章提出的方法、指数平滑法、Croston 方法以及神经网络模型的预测误差结果比较。可以看出本章所提出的预测方法的预测误差小于其他预测方法，实验对比分析表明本章所提出的预测方法的预测效果更好。

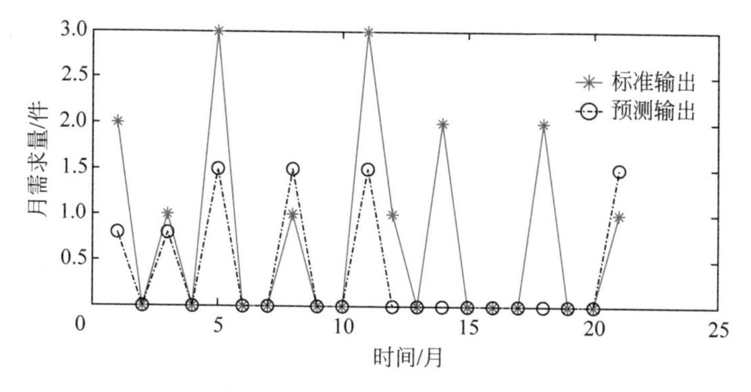

图 10-23 备件 1 的预测结果

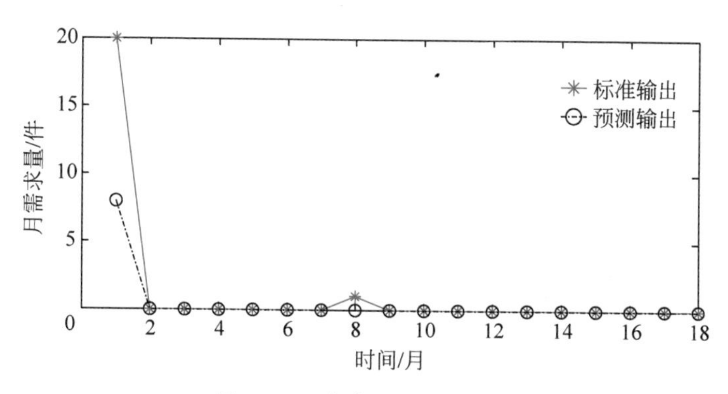

图 10-24 备件 2 的预测结果

表 10-27 核电设备备件需求预测误差对比 %

备件	预测误差			
	本章的预测方法	指数平滑法	Croston 方法	神经网络模型
备件 1	66.0	112.9	111.6	106.3
备件 2	62.7	136.3	122.0	118.6

10.5 本章小结

本章首先从车间维修成本构成出发，将维修成本分为确定Ⅰ型成本、确定Ⅱ型成本、不确定Ⅰ型成本、不确定Ⅱ型成本 4 个部分，分别叙述了有归集数据和无归集数据条件下的车间维修成本预测问题。其次，介绍了易损件的备件需求预测问题，并使用指数平滑法对非周期需求模式的备件需求量进行预测，采用砼活塞的历史需求数据验证了指数平滑的预测效果。对于需求模式为周期型的维修备件需求预测问题，提出了一种新的预测方法。首先用基于相似度的周期长度检测方法计算周期长度，其次将数据按其周期长度分成数段，并分别用多项式拟合已提取出数据的周期项，运用多项式拟合周期段内的数据，将多项式函数进行合成得到新的多项式函数，采用该多项式函数作为预测模型对下一个周期内的需求量进行预测。最后，叙述了关键件的备件需求预测问题。关键件的备件需求模式一般为间断型，间断型需求预测是个热点和难点问题。本章通过分析间断模式备件需求时间序列的相关特性，提出了相应的备件需求预测方法，通过该方法能预测备件需求发生时间以及备件需求发生时的需求量值。

参考文献

[1] 付旭云. 机队航空发动机维修规划及其关键技术研究[D]. 哈尔滨：哈尔滨工业大学，2010.

[2] 陈湘芝. 基于需求预测的库存管理技术与系统研发[D]. 哈尔滨：哈尔滨工业大学，2015.

[3] DAY M J，STAHR R S. A Technique for Engine Maintenance Cost Forecasting[C]//4th International Symposium on Air Breathing Engines，1979：45-52.

[4] 梁剑. 基于成本优化的民用航空发动机视情维修决策研究[D]. 南京：南京航空航天大学，2005：58-77.

[5] 张恒喜，郭基联，朱家元，等. 小样本多元数据分析方法及应用[D]. 西安：西北工业大学出版社，2002：1-9.

[6] HUANG C F. Information Diffusion Techniques and Small-sample Problem [J]. International Journal of Information technology & Decision Making，2002，1(2)：229-249.

[7] 吴静敏. 民用飞机全寿命维修成本控制与分析关键问题研究[D]. 南京：南京航空航天大学，2006：74-96.

[8] HUANG C F. Principle of Information Diffusion[J]. Fuzzy Sets and Systems，1997，91(1)：69-90.

[9] KENNEDY J，EBERHART R C. A Discrete Binary Version of the Particle Swarm Algorithm[C]//Proc of the World Multiconference on Systemics，Cybemetics and Informatics. 1997：4104-4109.

[10] SALMAN A，AHMAD I，AI-MADANI S. Particle Swarm Optimization for Task Assignment Problem[J]. Microprocessors and Microsystems，2002，26(8)：363-371.

[11] 宋之杰，付赞，王晗，等. 港口备件需求预测模型研究[J]. 物流技术，2014，33(4)：84-87+103.

[12] 罗亦斌，徐克林. 基于广义回归神经网络的设备备件需求预测[J]. 精密制造与自动化，2014，33(2)：37-38+46.

[13] HOLT C C. Forecasting Seasonal and Trends by Exponentially Weighted Moving Averages[J]. International Journal of Forecasting，2004，20(1)：5-10.

[14] GARDNER E S，MCKENZIE E. Forecasting Trends in Time Series[J]. Management Science，1985，31(10)：1237-1246.

[15] TAYLOR J W. Exponential Smoothing with a Damped Multiplicative Trend [J]. International Journal of Forecasting，2003，19(4)：715-725.

[16] 采峰，曾凤章. 产品需求量非平稳时序的 ANN-ARMA 预测模型[J]. 北京理工大学学报，2007，27(3)：277-282.

[17] VINKO L, MARIJA A. Forecasting Electricity Consumption by Using Holt-Winters and Seasonal Regression Models[J]. Economics and Organization, 2011, 8(4): 421-431.

[18] ABDESSELAM M, KARIMA A, KAYS H, et al. Forecasting Demand: Development of a Fuzzy Growth Adjusted Holt-Winters Approach[C]//Advanced Materials Research, 2014, 903: 402-407.

[19] 王振龙. 时间序列分析[M]. 北京：中国统计出版社，2000：18-20.

[20] 董笑晓. 基于需求预测的轨道交通备件库存控制研究[D]. 上海：上海交通大学，2012：30-34.

[21] 李晓光，宋宝燕，于戈，等. 基于小波的时间序列流伪周期检测方法[J]. 软件学报，2010，21(9)：2161-2172.

[22] 李志. 基于支持向量机的兖矿集团备件需求研究[D]. 青岛：中国海洋大学，2012：38.

[23] SYNTETOS A A, BOYLAN J E, CROSTON J D. On the Categorization of Demand Patterns[J]. Journal of the Operational Research Society, 2005, 56(5): 495-503.

[24] 任喜，赵建军，刘新江，等. 舰船装备备件需求预测方法研究[J]. 舰船电子工程，2013，33(9)：137-138+167.

[25] CROSTON J D. Forecasting and Stock Control for Intermittent Demands[J]. Operational Research Quarterly, 1970, 23(3): 289-303.

[26] SYNTETOS A A, BOYLAN J E. The Accuracy of Intermittent Demand Estimates[J]. International Journal of Production Economics, 2005, 21(2): 303-314.

[27] PRESTWICH S D, TARIM S A, ROSSI R, et al. Forecasting Intermittent Demand by Hyperbolic-Exponential Smoothing[J]. International Journal of Forecasting, 2014, 30(4): 928-933.

[28] PETROPOULOS F, NIKOLOPOULOS K, SPITHOURAKIS G P, et al. Empirical Heuristics for Improving Intermittent Demand Forecasting[J]. Industrial Management & Data Systems, 2013, 113(5): 683-696.

[29] SNYDER R. Forecasting Sales of Slow and Fast Moving Inventories[J]. European Journal of Operational Research, 2002, 140(3): 684-699.

[30] WILLEMAIN T R, SMART C N, SCHWARZ H F. A New Approach to Forecasting Intermittent Demand for Service Parts Inventories[J]. International Journal of Forecasting, 2004, 20(3): 375-387.

[31] HUA Z S, ZHANG B, YANG J, et al. A New Approach of Forecasting Intermittent Demand for Spare Parts Inventories in the Process Industries[J]. The Journal of the Operational Research Society, 2007, 58(1): 52-61.

[32] HUA Z S, ZHANG B. A Hybrid Support Vector Machines and Logistic Regression Approach for Forecasting Intermittent Demand of Spare Parts[J]. Applied Mathematics and Computation, 2006, 181(2): 1035-1048.

[33] 陈凤腾，左洪福. 基于可靠性和维修性的航空备件需求和应用[J]. 机械科学与技术，2008，27(6)：779-783.

[34] LENGU D, SYNTETOS A A, BABAI M Z. Spare Parts Management: Linking Distributional Assumptions to Demand Classification[J]. European Journal of Operational Research, 2014, 235(3): 624-635.

[35] GUTIERREZA R S, SOLISB A O, MUKHOPADHYAYB S. Lumpy Demand Forecasting

Using Neural Networks[J]. International Journal of Production Economics,2008,111(2): 409-420.

[36] NIKOLAOS K. Intermittent Demand Forecasts with Neural Networks[J]. International Journal of Production Economics,2013,14(3): 198-206.

[37] 张瑞.不常用备件需求预测模型与方法研究[D].武汉:华中科技大学,2011.

[38] ALTAY N, LITTERAL L A. Service Parts Management: Demand Forecasting and Inventory Control[M]. London: Springer-Verlag London Limited,2011: 89-101.

[39] NIKOLOPOULOS K,SYNTETOS A A,BOYLAN J E,et al. An Aggregate-Disaggregate Intermittent Demand Approach (ADIDA) to Forecasting: An Empirical Proposition and Analysis[J]. Journal of the Operational Research Society,2011,62(3): 544-554.

[40] BABAI M Z, MOHAMMAD M A, KONSTANTINOS N. Impact of Temporal Aggregation on Stock Control Performance of Intermittent Demand Estimators: Empirical Analysis[J]. Omega,2012,40(6): 713-721.

[41] 张立明.人工神经网络的模型及其应用[M].上海:复旦大学出版社,1995: 32-36.

[42] CHENG X,DING S Q,LEE T H. Geometrical Interpretation and Architecture Selection of MLP[J]. IEEE Transactions on Neural Networks,2005,1(16): 84-96.

[43] 王玮.集成多 SVM 的不常用备件需求预测支持系统研究[D].武汉:华中科技大学,2007: 44-45.

第11章

车间维修过程管理

11.1 车间维修过程管理概述

车间维修决策是设备维修决策的重要组成部分。维修车间是典型的离散事件动态系统，与离散制造车间不同，维修车间具有维修等级的不确定性、设备构型的动态性、维修时间的随机性以及过程数据采集困难和维修设备柔性差等特点。为提高维修车间作业的自动化和决策科学化的水平，需要开展维修车间多层面模型的建模与应用研究。目前对车间维修系统的建模主要侧重在3个层次上，即逻辑层次、时间层次和统计层次[1]。逻辑层次即研究事件的状态和状态按逻辑时间的次序，而不涉及物理时间问题，如设备分解、装配活动中的作业工序；时间层次不仅涉及系统中时间和状态变化的逻辑关系，而且还涉及事件在物理时间划分和演化过程对生产周期的影响；统计层次是从统计平均的角度研究系统性能，如设备的作业效率、资源的瓶颈等。装备车间维修系统是一类典型而复杂的离散事件系统，为提高维修车间作业的自动化、信息化，决策的科学化水平，对其进行建模、分析、优化显得尤为必要。本章针对维修车间的维修决策、规划、过程控制等问题，将Petri网理论运用于航空发动机维修车间逻辑层次、时间层次和统计层次的建模中，建立了面向维修等级决策、分解装配序列规划、工作流验证、资源调度的Petri网模型。并根据航空发动机维修过程的特点，对现行的Petri网建模方法和分析算法进行改进。

Petri网理论

11.2 车间维修分解装配序列规划

11.2.1 基于Petri网的分解装配建模

1. 发动机结构的划分与管理

从装配工艺观点来看，发动机结构系统是由零部件、子单元体和单元体组成的。设计装配工艺规程时，根据发动机的结构和装配工艺特点把发动机划分成若干子单元体，划分的原则如下：

(1) 每个子单元体能够独立地进行装配，并形成一个独立装配单元，总装配时子单元体的连接不互相干扰。

(2) 每个子单元体不仅在安装尺寸上具有可互换性，而且性能上也具有可互换性，即更换某一子单元体后不影响发动机性能。

发动机结构体现了发动机构成的层次结构，根据PW4000系列发动机的零件图解目录手册(illustrate parts catalog)，将发动机划分为由单元体/子单元体构成的如图11-1所示的层次结构图。装配层次关系清晰地表达了发动机的结构和组成关系，而装配关系则蕴含在子单元体层中。子单元体是管理零部件，构成发动机本体的基本单元，因此本章探讨的分解装配序列规划是指在子单元体层次的零部件序列规划。

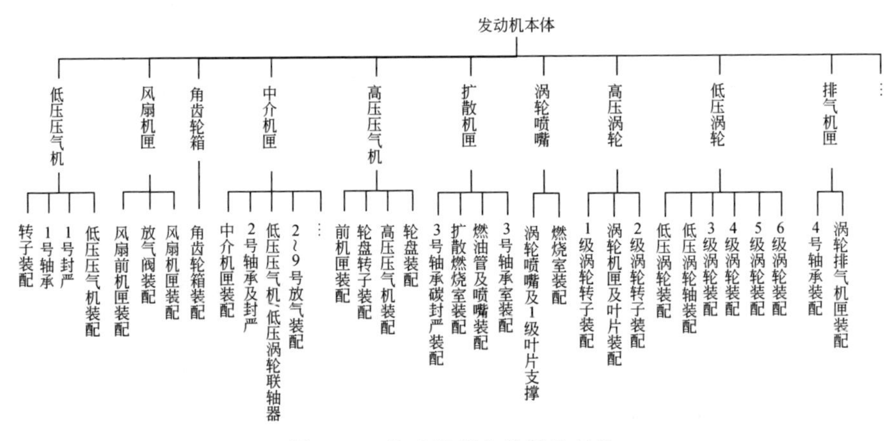

图11-1 发动机划分的层次结构

本章探讨的分解装配序列规划是指在子单元体层的线性单调序列。线性是指每次分解装配操作都是对具有唯一编号的零部件的操作，即不对部件、组件进行二次序列规划；单调是指所有的装配关系都在一次作业中建立，该装配关系在随后的装配过程中不再变动。

2. 装配工艺与装配序列建模

航空发动机装配工艺规程是以工艺部件、组件、单元体和整机为对象，用装配工艺卡形式描述，工艺卡以图形表示装配关系，用文字说明装配过程、方法和要求。装配工艺程序的编制是在充分了解发动机系统结构，并进行了装配工艺分析的基础上进行的[2]。装配工艺系统图用图表的方式表示组成整机或部件、组件各部分之间的相互关系及装配过程的先后次序，它对维修装配工艺的设计规程具有指导作用。在装配工艺系统图中，每一种零部件都用长方格表示，方格中间部分标注零部件的名称，右端标注零部件数量，左端标注零部件的件号，根据装配的先后次序，用线条连接长方格组成工艺系统图。如图11-3所示为图11-2所示的涡轮转子的装配工艺系统图。

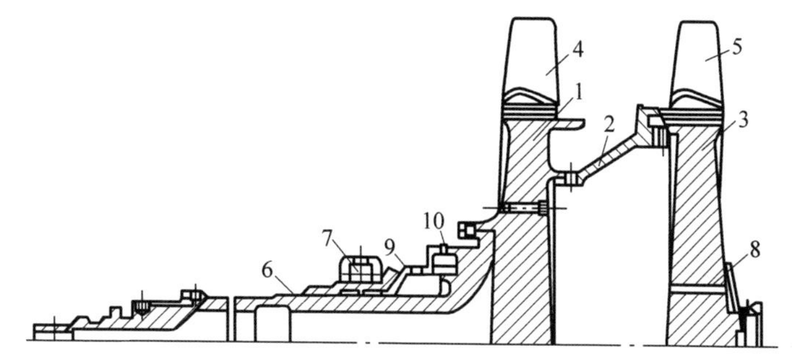

图 11-2　航空发动机涡轮转子装配图

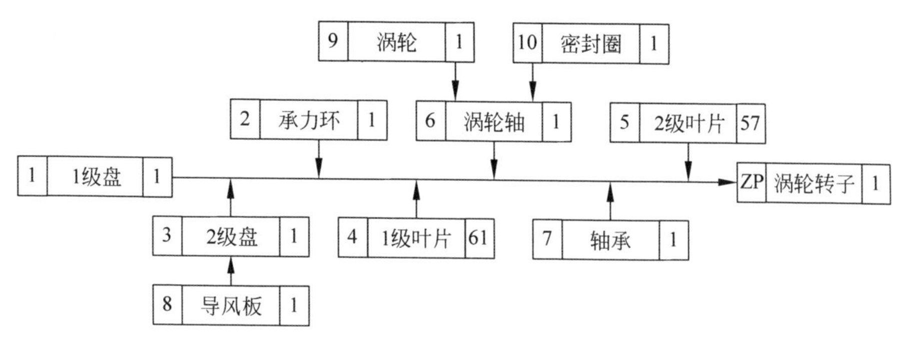

图 11-3　航空发动机涡轮转子装配工艺系统图

装配工艺系统图给出了一种可行的装配工艺，很难用计算机表达和推理，无法在给定的评价准则下推理出更优的装配工艺，因此可将零部件间的装配优先约束关系转化为装配优先矩阵。装配优先矩阵(assembly precedence matrix，APM)表达了发动机零部件之间基于工艺的装配优先约束关系，也是一种复杂的 AND/OR 关系，且优先关系中包含了方向性，如“c_i 在 x 方向上优先于 c_j”意味着在 x 方向上 c_i 必须首先装配，然后才能装配 c_j[3]。假设已经从发动机的安装手册信息得到装配优先矩阵：$\boldsymbol{B}=[b_{ij}]$，$i,j=1,2,\cdots,n$，其中，

$$b_{ij}=\begin{cases}1, & \text{零部件 } c_i \text{ AND 优先于零部件 } c_j \\ d, & \text{零部件 } c_i \text{ 在 } d \text{ 方向上 OR 优先于零部件 } c_j \\ 0, & \text{其他}\end{cases}$$

在下面的讨论中假设：$\boldsymbol{B}_{i-}$ 代表矩阵 $\boldsymbol{B}$ 的第 i 行，$\boldsymbol{B}_{-j}$ 代表矩阵 $\boldsymbol{B}$ 的第 j 列。分析矩阵 $\boldsymbol{B}$ 主要有如下几种情况：

(1) 矩阵 $\boldsymbol{B}$ 的第 j 列全为零($\boldsymbol{B}_{-j}=\boldsymbol{0}$)，则零部件 c_j 不存在任何优先部件，即部件 c_j 的装配为发动机装配的初始条件。

(2) 矩阵 $\boldsymbol{B}$ 的第 i 行全为零($\boldsymbol{B}_{i-}=\boldsymbol{0}$)，则零部件 c_i 不优先于任何其他部件，即零部件 c_i 装配完毕为发动机装配完毕的充分条件。

(3) 矩阵 $\boldsymbol{B}$ 的第 j 列包含多个元素“1”($\exists i,k\in\mathbb{N}$，$b_{ij}=b_{kj}=1$)，则零部件 c_i AND 优先于零部件 c_j 的装配，即优先的零部件都必须在 c_j 之前装配。

(4) 矩阵 $\boldsymbol{B}$ 的第 j 列包含多个不同的方向 $d(\forall b_{ij},b_{kj}\in D)$，则零部件 c_i 在方向 d 上 OR 优先于零部件 c_j 的装配，即至少有一个部件必须在 c_j 之前装配。

(5) 矩阵 $\boldsymbol{B}$ 的第 j 列同时包含多个方向，且在方向 d 上至少两个相同$(\exists b_{ij},b_{kj}\in D,b_{ij}=b_{kj},k\neq i)$，则零部件 c_i 与 c_k AND 优先于零部件 c_j 的装配，同时该关系与其他的装配方向为 OR 优先的关系。

(6) 矩阵 $\boldsymbol{B}$ 的第 j 列同时包含方向 d 和元素“1”$(B_{-j}=\{b_{ij}\mid b_{ij}=\{0,1,d\}\})$，则零部件集合$\{c_i\mid b_{ij}=1\}$与至少一个部件$\{c_k\mid b_{kj}=d\}$必须优先于 c_j 之前装配。

3. 分解装配 Petri 子网建模

装配模型是分解装配序列规划的基础，由于在装配建模中，在零部件之间的关系上加载了工程含义，从而保证了分解装配序列规划的可行性[4-5]。

定义 11.1 装配 Petri 网(assembly Petri nets)定义为六元组：$\mathrm{APN}=(P,T,\boldsymbol{Pre},\boldsymbol{Post},D,\boldsymbol{m}_0)$，其中：$P=\{p_i,\cdots,p_m\}$为库所集合，这里表示装配的零部件的先决条件的集合；$T=\{t_i,\cdots,t_n\}$为变迁集合，这里表示所有装配操作的集合；$\boldsymbol{Pre}:P\times T\mapsto\mathbb{N}$ 为前向关联矩阵，$\mathbb{N}$ 为非负整数集。$\boldsymbol{Post}:P\times T\mapsto\mathbb{N}$ 为后向关联矩阵；$D:T\mapsto\{0,1\}$为装配方向变换函数，$D(t_i)$表示 t_i 在装配 Petri 网中装配的方向的改变次数；$\boldsymbol{m}_0$ 为初始标识，表示装配的初始状态。

零部件装配的优先顺序关系可以分解为如表 11-1 所示的 6 种基本的 Petri 子网。其中，库所 p_b、p_f 分别表示产品全部装配开始和结束的状态，t_b、t_f 分别表示产品装配开始和装配结束。

表 11-1 装配 Petri 子网的基本形式

装配优先关系	优先矩阵	装配 Petri 网模型	装配方向变换函数
没有任何零部件优先于 c_j	$\begin{bmatrix}0 & 0 & 0 & 0\end{bmatrix}$	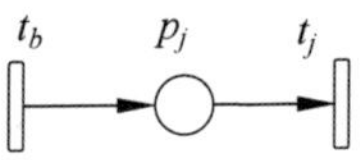 t_b p_j t_j	$\begin{cases}D(t_b)=0\\D(t_j)=1\end{cases}$
c_i 不优先于任何零部件	$\begin{bmatrix}0\\0\\0\\0\end{bmatrix}$	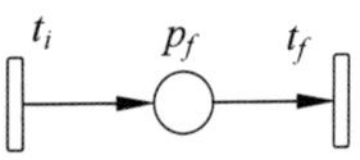 t_i p_f t_f	$D(t_f)=D(t_i)$
有一个或一个以上的零部件 AND 优先于 c_j	$\begin{bmatrix}0\\1\\0\\1\end{bmatrix}$	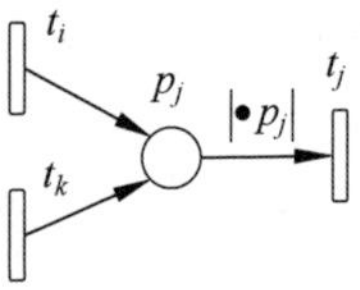 t_i p_j t_j $\lvert\bullet p_j\rvert$ t_k	$\begin{cases}D(t_j)=0, & \text{if}\{d(t_j)=d(t_i)\ \text{and}\ d(t_j)=d(t_k)\}\\D(t_j)=1, & \text{else}\end{cases}$
至少有两个零部件 OR 优先于 c_j	$\begin{bmatrix}0\\x\\0\\y\end{bmatrix}$	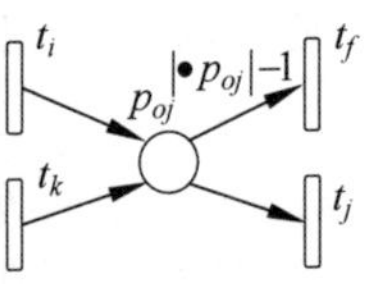 t_i $\lvert\bullet p_{oj}\rvert-1$ t_f p_{oj} t_k t_j	$\begin{cases}D(t_j)=0, & \text{if}\{d(t_j)=d(t_i)\ \text{or}\ d(t_j)=d(t_k)\}\\D(t_j)=1, & \text{else}\end{cases}$

续表

装配优先关系	优先矩阵	装配 Petri 网模型	装配方向变换函数
两个部件分别在多个不同的方向上 AND 优先于 c_j	$\begin{bmatrix} y \\ x \\ y \\ x \end{bmatrix}$	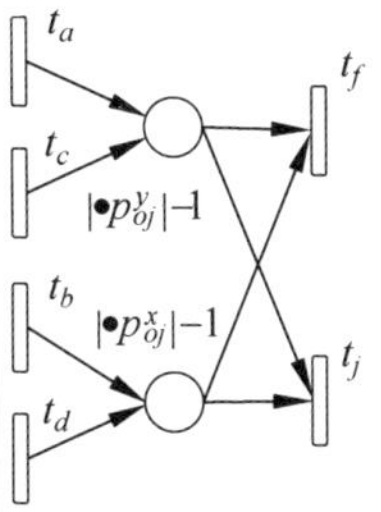 t_a, t_c, t_b, t_d, t_f, t_j, $\lvert\bullet p_{oj}^{y}\rvert-1$, $\lvert\bullet p_{oj}^{x}\rvert-1$	$\begin{cases} D(t_j)=0, & \text{if}\begin{Bmatrix} \{d(t_j)=d(t_a) \text{ and } d(t_j)=d(t_c)\}\text{or} \\ \{d(t_j)=d(t_b) \text{ and } d(t_j)=d(t_d)\} \end{Bmatrix} \\ D(t_j)=1, & \text{else} \end{cases}$
至少有 3 个零部件 AND/OR 优先于 c_j	$\begin{bmatrix} 0 \\ x \\ 1 \\ x \end{bmatrix}$	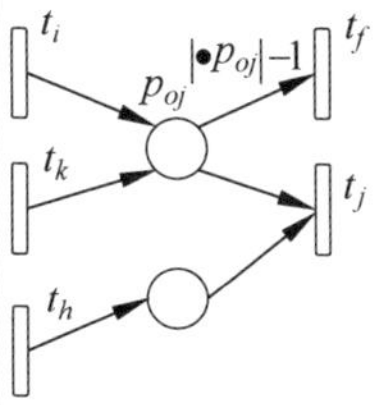 t_i, t_k, t_h, p_{oj}, $\lvert\bullet p_{oj}\rvert-1$, t_f, t_j	$\begin{cases} D(t_j)=0, & \text{if}\begin{Bmatrix} \{d(t_j)=d(t_i) \text{ and } d(t_j)=d(t_k)\} \\ \text{or}\{d(t_j)=d(t_h)\} \end{Bmatrix} \\ D(t_j)=1, & \text{else} \end{cases}$

Kendra E. Moore 等假设在装配结束变迁 t_f 与装配初始状态 p_b 之间存在着连接弧，得出 APN 是强连接的。在以下的讨论中，引入终止库所 p_e，且假设该弧由 t_f 指向 p_e，则不存在任何激发变迁序列由初始标识 $\boldsymbol{m}_0$ 激发后再回到初始 $\boldsymbol{m}_0$。因此，APN 不存在 T-不变量 $\boldsymbol{y}\neq\boldsymbol{0}$，使得 $\boldsymbol{C}\cdot\boldsymbol{y}=\boldsymbol{0}$（$\boldsymbol{C}=\boldsymbol{Post}-\boldsymbol{Pre}$，为关联矩阵）。由上述几种基本 Petri 子网构成的装配 Petri 网有如下一些性质。

性质 11.1　设 APN 由 $\boldsymbol{m}_0$ 经过变迁集合 T_a 激发后达到标识 $\boldsymbol{m}_i$，若 $\# T_a(t_i)\leqslant 1$，则一定存在 T_s 及 $\boldsymbol{m}_d$ 使得 $\boldsymbol{m}_i[T_s>\boldsymbol{m}_d$，其中 T_s 满足 $\# T_s(t_i)\leqslant 1$，$\boldsymbol{m}_d$ 满足 $\boldsymbol{m}_d(p_e)\neq\boldsymbol{0}$。

Zussman 等认为可将 APN 反向得到分解 Petri 网(disassembly Petri net)。因此，分解 Petri 网可以定义为六元组：DPN＝$(P,T,\overline{\boldsymbol{Pre}},\overline{\boldsymbol{Post}},\overline{D},\overline{\boldsymbol{m}}_0)$。与 APN 不同的是：DPN 中库所集合 P 表示分解零部件的先决条件的集合；变迁集合 T 表示所有分解操作的集合；输入输出弧均反向，因此有 $\overline{\boldsymbol{Pre}}=\boldsymbol{Post}$，$\overline{\boldsymbol{Post}}=\boldsymbol{Pre}$；$\overline{D}$ 表示分解方向变换函数，$\overline{\boldsymbol{m}}_0$ 为初始标识，表示分解开始的状态。DPN 除了具有与 APN 相同的性质外，还有如下的性质。

性质 11.2　设 APN 由 $\boldsymbol{m}_0$ 经过变迁集合 T_a 激发后达到标识 $\boldsymbol{m}_i$，DPN 由 $\overline{\boldsymbol{m}}_0$ 经过一系列变迁集合 T_s 激发后达到标识 $\boldsymbol{m}_i$，则有 $T_a\cap T_s=\varnothing$。

证明：由 Petri 网的运行规则，给初始标识 $\boldsymbol{m}_0$，$\boldsymbol{m}_i$ 为可达标识的必要条件可描述为存在一个非负整数解向量 $\boldsymbol{u}$，满足方程 $\boldsymbol{m}_i=\boldsymbol{m}_0+\boldsymbol{C}\cdot\boldsymbol{u}$。设 APN 中变迁经过有限次激发达到标识 $\boldsymbol{m}_i=\boldsymbol{m}_0+\boldsymbol{C}\cdot\boldsymbol{u}_i$，DPN 中变迁经过有限次激发也可达到 $\boldsymbol{m}_i=\overline{\boldsymbol{m}}_0+\overline{\boldsymbol{C}}\cdot\overline{\boldsymbol{u}}_i$。因分解的结束状态也即装配的初始状态，$\boldsymbol{m}_0=\overline{\boldsymbol{m}}_0+\overline{\boldsymbol{C}}\cdot\boldsymbol{e}^{\mathrm{T}}$，其中 $\boldsymbol{e}=[1\quad 1\quad \cdots\quad 1]$。因 $\overline{\boldsymbol{C}}=-\boldsymbol{C}$，故 $\boldsymbol{C}\cdot(\boldsymbol{u}_i+\overline{\boldsymbol{u}}_i-\boldsymbol{e}^{\mathrm{T}})=\boldsymbol{0}$，因 APN 不存在

T-不变量，方程只有零解，即 $\boldsymbol{u}_i+\bar{\boldsymbol{u}}_i=\boldsymbol{e}^{\mathrm{T}}$，表明 $\boldsymbol{u}_i$ 分量中激发的变迁在 $\bar{\boldsymbol{u}}_i$ 中一定不激发，$\bar{\boldsymbol{u}}_i$ 分量中激发的变迁在 $\boldsymbol{u}_i$ 中一定不激发，即 T_s 为 T_a 的补集。命题得证。

采用 Petri 网建模后，分解装配序列规划问题将转化为变迁合法激发序列问题。依据航空发动机分解装配的评价准则，本章将对变迁合法激发序列问题进行拓展，分别给出面向目标分解和最优装配序列的规划算法。

11.2.2　Petri 网的最优变迁激发序列规划

1. 分解装配序列规划的评价准则

对于发动机或单元体，在分解或装配序列规划过程中，需要对分解装配方案进行评价，以获得最优的分解装配序列。根据不同的目标及生产条件，分解装配序列的评价标准也各不相同。

航空发动机维修部装车间的组织形式为固定分散式，发动机的全部工作分散为各组件、部件、单元体和总装等几个固定的工作台，分别由几个小组完成，各工作台位有专用工装或高效的机械工装，工作台间设有专用的车、架运输。由于航空发动机轴类零部件较多，而且轴向方向尺寸较大，改变一次装配方向需要增加工装的安装时间，因此在装配过程中以选择装配方向改变次数最少为标准。若在装配状态 $\boldsymbol{m}_i$ 下装配 t_i 对应的零部件后达到 $\boldsymbol{m}_{i+1}$，即 $\boldsymbol{m}_i[t_i>\boldsymbol{m}_{i+1}$，那么 $\sum D(t_k)$ 为标识 $\boldsymbol{m}_{i+1}$ 状态下的装配方向总改变次数。因此在初始装配状态 $\boldsymbol{m}_0$ 下，经过 d 次装配操作达到装配完成状态 $\boldsymbol{m}_d$ 时的最优装配序列评价函数为

$$\min\left\{\sum_{k=0}^{d-1}D(t_k),T_a=\{t_1,t_2,\cdots,t_{d-1}\}\mid \boldsymbol{m}_0[T_a>\boldsymbol{m}_d\right\} \tag{11-1}$$

在发动机排故工作中，误拆误换零部件而导致的维修成本占有相当的比例，同时也消耗了大量的人工时，甚至引起航班不正常，导致一些间接维修成本。排故分解是为给定装配体和一组需要被分解的零部件，在分解最少的零部件目标下自动生成分解序列。设 T_i 为目标零部件集合，面向维修的分解序列规划在于寻找最优的变迁激发序列 $T_s\supseteq T_i$，其中 $\bar{\boldsymbol{m}}_0[T_s>\boldsymbol{m}_i$，称 T_s 为关于 T_i 的分解变迁集，因此面向维修的分解序列评价函数为

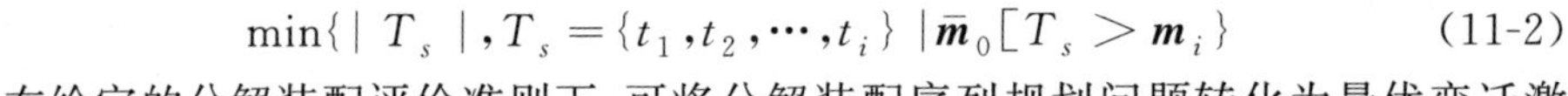

$$\min\{\mid T_s\mid,T_s=\{t_1,t_2,\cdots,t_i\}\mid \bar{\boldsymbol{m}}_0[T_s>\boldsymbol{m}_i\} \tag{11-2}$$

在给定的分解装配评价准则下，可将分解装配序列规划问题转化为最优变迁激发序列问题，为解决分解装配 Petri 网的最优激发序列问题，本章将引入离散时间的 pontryagin 最小值原理(discrete time pontryagin's maximum principle，DTPMP)。

pontryagin
最小值原理

2. 面向 Petri 网的离散最优控制原理

航空发动机装配序列采用 Petri 网建模后，分解装配序列规划问题将转化为最优变迁序列激发问题，激发序列的优化是在可行激发序列集合内实现的，因此本章

首先给出变迁合法激发序列问题的描述。

对于 Petri 网 $PN=(P,T,\boldsymbol{Pre},\boldsymbol{Post},\boldsymbol{m}_0)$，设 $|P|=n$，$|T|=m$，则系统的状态方程为

$$\boldsymbol{m}(d)=\boldsymbol{m}(0)+\boldsymbol{C}\cdot\boldsymbol{u} \tag{11-3}$$

其中，$\boldsymbol{u}=[u_i]$。初始标识定义在欧氏空间 $\mathbb{R}^{(n)}$，初始条件为

$$\boldsymbol{m}(0)=\boldsymbol{m}_0 \tag{11-4}$$

可行激发向量定义在欧氏空间 $\mathbb{R}^{(m)}$，满足如下条件：

$$\boldsymbol{u}(k)\in U\subset\mathbb{R}^{(m)} \tag{11-5}$$

经过 d 步激发后最终标识由如下约束给出：

$$\boldsymbol{m}(d)=\boldsymbol{m}_d,\quad i=1,2,\cdots,n \tag{11-6}$$

若对 Petri 网进行可达性分析，其目标函数一般可以表示为

$$J=\psi(\boldsymbol{m}(d))+\sum_{k=0}^{d-1}\phi(\boldsymbol{m}(k),\boldsymbol{u}(k)) \tag{11-7}$$

式中，第一项由目标标识 $\boldsymbol{m}(d)$ 确定，第二项是以前各个状态标识和激发向量的 ϕ 函数之和，ψ 与 ϕ 均为量度函数。激发向量 $\boldsymbol{u}(k)$ 事先并不给出，其中 $k=1,2,\cdots,d-1,d$。一旦给出激发向量，采用上述方程，则可得到唯一的状态轨迹 $\boldsymbol{m}(k)$，进一步可得到目标函数值 J。因此，最优控制问题为找到满足上述约束条件并使得目标函数 J 达到最小的激发向量 $\boldsymbol{u}(k)$。

因此，Petri 网合法激发序列(legal firing sequence，LFS)问题是可达性问题的子问题，可描述为：给定变迁激发向量 $\boldsymbol{u}$ 和激发次数 d，Petri 网的合法激发序列问题是一类整数规划问题，其目标为寻求一组最优的变迁激发序列 $\{\boldsymbol{u}^*(k)\}$，使得如下目标函数达到最小[6]：

$$\begin{cases} J=\psi(\boldsymbol{m}(d))+\sum\limits_{k=0}^{d-1}\phi(\boldsymbol{m}(k),\boldsymbol{u}(k)) \\ \text{s.t.}\begin{cases} \boldsymbol{m}(k)=\boldsymbol{m}(k-1)+\boldsymbol{C}\cdot\boldsymbol{u}(k) & \text{(a)} \\ \boldsymbol{m}(k)\geqslant\boldsymbol{Pre}\cdot\boldsymbol{u}(k) & \text{(b)} \\ \sum\limits_{i=1}^{m}u_i(k)=1,\boldsymbol{u}(k)=[u_i(k)] & \text{(c)} \\ \sum\limits_{k=1}^{d}\boldsymbol{u}(k)=\boldsymbol{u} & \text{(d)} \\ \boldsymbol{m}(0)=\boldsymbol{m}_0,\boldsymbol{m}(d)=\boldsymbol{m}_d & \text{(e)} \\ \boldsymbol{m}(k)\geqslant\boldsymbol{0},\boldsymbol{m}_i(k)\in\mathbb{Z} & \text{(f)} \\ \boldsymbol{u}(k)\geqslant\boldsymbol{0},u_i(k)\in\mathbb{Z} & \text{(g)} \end{cases} \end{cases} \tag{11-8}$$

式中，约束(a)为 Petri 网的状态方程；约束(b)给出了激发向量 $\boldsymbol{u}(k)$ 激发的使能条件；约束(c)表示激发向量 $\boldsymbol{u}(k)$ 所有元素之和为 1；约束(d)表示激发向量 $\boldsymbol{u}(k)$

之和恰好等于激发向量,$k=1,2,\cdots,d$;约束(e)表明初始标识和目标标识为确定的;约束(f)表明了每个中间标识向量的非负性和整性;约束(g)表明了每个激发向量的非负性和整性。

上述整数规划算法的主要缺陷是随着变迁激发步数的增加,约束和变量的数目也增加。为避免状态爆炸,本章将采用离散事件最优控制原理,把单步整数规划问题划分为 d 个子问题"分而治之"。

设 $\boldsymbol{u}(k)\in U$ 及 $\boldsymbol{m}(k)(k=0,1,\cdots,d-1)$ 分别为 d 步离散最优控制问题的控制向量和状态向量,状态方程为 $\boldsymbol{m}(k+1)=f(\boldsymbol{m}(k),\boldsymbol{u}(k))$,设目标函数 J 为

$$J=\psi(\boldsymbol{m}(d))+\sum_{k=0}^{d-1}\phi(\boldsymbol{m}(k),\boldsymbol{u}(k)) \tag{11-9}$$

则存在 d 维关联向量 $\boldsymbol{\lambda}(k+1)$ 和常数 λ_0 在如下的 3 个条件下满足 5 个方程[7]。以下条件是推导离散最优控制问题的基本假设:

(1) 矩阵 $f_m(\boldsymbol{m}(k),\boldsymbol{u}(k))$ 对所有的 k 是非奇异的;

(2) 集合 $\omega(\boldsymbol{m}(k))=\{(\phi(\boldsymbol{m}(k),\boldsymbol{u}(k)),f(\boldsymbol{m}(k),\boldsymbol{u}(k))^{\mathrm{T}}):\boldsymbol{u}(k)\in U\}$ 对每个 $\boldsymbol{m}(k)$ 为 $\boldsymbol{z}$ 方向凸性的闭集;

(3) 矩阵 $f_m(\boldsymbol{m}(k),\boldsymbol{u}(k))$ 对所有的 k 为 $\boldsymbol{z}$ 方向矩阵。

以下是最优控制问题满足的必要条件:

(1) $\boldsymbol{m}(k+1)=f(\boldsymbol{m}(k),\boldsymbol{u}(k))$ 为系统状态方程;

(2) $\boldsymbol{m}(0)=\boldsymbol{m}_0$ 为系统的初始状态;

(3) $\boldsymbol{\lambda}(k)^{\mathrm{T}}=\boldsymbol{\lambda}(k+1)^{\mathrm{T}}f_m(\boldsymbol{m}(k),\boldsymbol{u}(k))+\lambda_0\phi_m(\boldsymbol{m}(k),\boldsymbol{u}(k))$ 为协状态方程;

(4) $\boldsymbol{\lambda}(d)=\lambda_0\psi_m(\boldsymbol{m}(d))^{\mathrm{T}}$ 为协状态方程的边界条件;

(5) $\min\limits_{u(k)\in U}H(\boldsymbol{\lambda}(k+1),\boldsymbol{m}(k),\boldsymbol{u}(k))=\min\limits_{u(k)\in U}\{\boldsymbol{\lambda}(k+1)^{\mathrm{T}}f(\boldsymbol{m}(k),\boldsymbol{u}(k))+\lambda_0\phi(\boldsymbol{m}(k),\boldsymbol{u}(k))\}$ 为极小化哈密顿函数。

为实现序列规划的全局最优性,必须考虑条件(1)、(2)、(3)下的方向凸性。

定义 11.2 称 m 维欧氏空间中的子集 $U\subseteq\mathbb{R}^m$ 为凸集,当且仅当空间中任意两点 $\boldsymbol{u}(i),\boldsymbol{u}(j)\in U$ 的凸组合 $\boldsymbol{u}(k)=\alpha_i\cdot\boldsymbol{u}(i)+\alpha_j\cdot\boldsymbol{u}(j)$ 仍然属于集合 U,其中 $\alpha_i,\alpha_j>0$ 且 $\alpha_i+\alpha_j=1$。

对于最优激发向量 $\boldsymbol{u}^*(k),k=0,1,\cdots,d-1$,因满足 $u_i^*(k)=1,i=1,2,\cdots,m$,而 $u_j^*(k)=0,i\neq j$,即 $\boldsymbol{u}^*(k)$ 构成了 m 维欧氏空间中凸包的顶点,因此集合 U 并不满足凸集条件,因此有必要引入 $\boldsymbol{z}$ 方向凸性的概念。

定义 11.3 若 $\boldsymbol{z}$ 为非零向量,则称集合 S 是 $\boldsymbol{z}$ 方向凸的,如果对 $\forall\boldsymbol{a},\boldsymbol{b}\in S$,$\forall\tau\in[0,1]$,存在 $\beta\geqslant0$ 满足如下条件[7]:

$$\tau\boldsymbol{a}+(1-\tau)\boldsymbol{b}+\beta\boldsymbol{z}\in S \tag{11-10}$$

离散时间最优控制原理是在方向凸性的条件下推导而来的,方向凸性是一个

较凸性更弱的特性，大大拓展了最优控制的应用范围。

3. 基于最优控制原理的序列规划

最优值原理将全局最优化问题转化为多阶段优化问题，每一个阶段的求解为整数规划问题。极小化哈密顿函数作为全局优化的必要条件，同时也是求解零部件分解装配序列的启发信息，在避免死锁的条件下可依此启发信息实现对最优变迁激发序列的求解。

引理 11.1　当合法激发序列$\{\boldsymbol{u}(k)\}, k=0,1,\cdots,d-1$满足最优控制问题的必要条件时，并不保证该序列一定是全局最优的变迁激发序列$\{\boldsymbol{u}^*(k)\}$[7]。

证明：在变迁第 k 步的激发过程中($k=0,1,\cdots,d-1$)，变迁激发向量凸多边形的顶点为最优激发向量的可行解，因此最优合法激发序列$\{\boldsymbol{u}^*(k)\}$为最优激发序列的必要条件。另一方面，假设在标识状态$\boldsymbol{m}(k)$下，存在关键变迁 t_c 使能，对应的变迁激发向量$\boldsymbol{u}^c(k)$也为激发向量凸多边形的顶点，但在后续第 $q(k+1\leqslant q\leqslant d-1)$步的变迁激发过程中将导致某些变迁失去使能条件进入死锁状态。

定义 11.4　对于 Petri 网设初始标识$\boldsymbol{m}_0$和终止标识$\boldsymbol{m}_d$，且存在合法变迁激发序列$\{\boldsymbol{u}(k)\}$使得$\boldsymbol{m}_0[\{\boldsymbol{u}(k)\}>\boldsymbol{m}_d$，若同时存在标识$\boldsymbol{m}_i\in\mathbb{R}(\boldsymbol{m}_0)$满足$\mathbb{R}(\boldsymbol{m}_i)=\varnothing$，则称$\boldsymbol{m}_i$为 PN 的潜在死锁。

由潜在死锁的定义可知：死锁的发生是由激发序列与某一合法序列不一致造成的。为了避免这类死锁，由 APN 及 DPN 的序列互补性，建立防止死锁的状态方程如下：

$$\begin{cases}\boldsymbol{m}_i=\boldsymbol{m}_0+\boldsymbol{C}\cdot\boldsymbol{u},\sum_{k=1}^{d}\boldsymbol{u}(k)=\boldsymbol{u},\#\boldsymbol{u}(t_i)\leqslant\boldsymbol{1}\\ \bar{\boldsymbol{m}}_i=\bar{\boldsymbol{m}}_0+\bar{\boldsymbol{C}}\cdot\bar{\boldsymbol{u}},\sum_{k=1}^{d}\bar{\boldsymbol{u}}(k)=\bar{\boldsymbol{u}},\#\bar{\boldsymbol{u}}(t_i)\leqslant\boldsymbol{1}\end{cases}\tag{11-11}$$

给出了预防潜在死锁的状态方程后，即可给出基于最优控制原理的启发式最优变迁激发序列搜索算法。对 APN 和 DPN 如果出现多个变迁同时使能的情况，给不同的变迁赋予不同的优先权将产生不同的分解或装配路径。本章采用赋予哈密顿函数值较低的变迁以高优先权的方法，化解冲突，具体实现过程将在 11.2.3 节中探讨。

11.2.3　零部件最优分解装配序列规划

1. 固定端点的最优装配序列规划

航空发动机结构复杂，面向航空发动机维修装配序列规划的一个重要功能是管理零部件，在装机、分解、送修、修理、再装机的过程中实现零部件的标识、跟踪和控制。在发动机装配过程中，装配质量控制是保证发动机技术状态的重要手段，零部件装配跟踪是保证装配质量的主要环节。零部件跟踪的重要载体为适航标签，适航标签制度是 CCAR-145 规定的一种重要管理制度，适航标签上记载了零部件的使用、维修信息并随着零部件在维修作业的各个流程阶段传递和使用[8]。本章在适航标签的基础上，利用条形码技术来达到部件跟踪和差错控制的目的，其基本流程如图 11-4 所示。

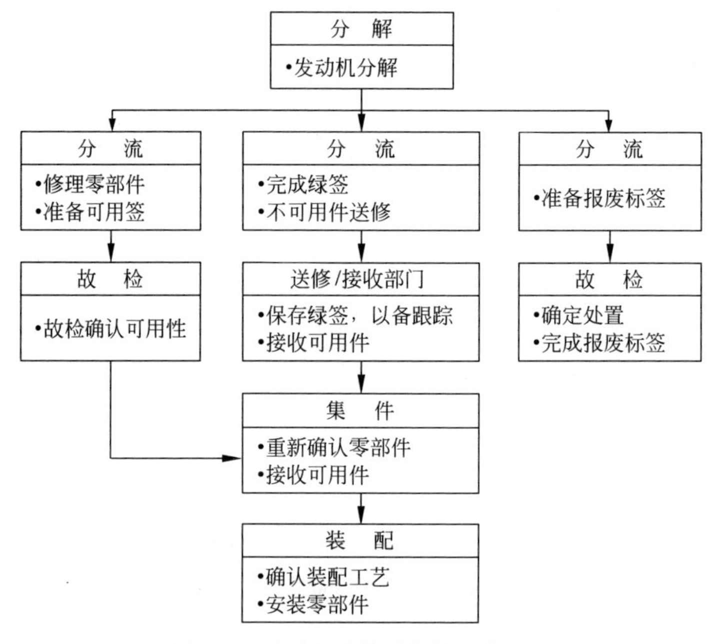

图 11-4　发动机维修零部件跟踪流程

为了避免装配差错，在零部件进入装配线前，要用扫描器识别零部件上挂签的条形码，确认它与所要装配的顺序匹配。一方面对零部件的安装完成情况进行记录；另一方面，不同件号的零部件要通过装配差错判断程序，以确定安装位置及顺序的正确性。

发动机零部件正确的安装顺序对应 APN 的一组合法的变迁激发序列 σ，使得 $\boldsymbol{m}_0[\sigma>\boldsymbol{m}_d$，其中 m_d 为装配完成时刻 APN 的标识。下面从两方面加以讨论。

(1) 任意给出一个待安装的零部件 c_j，判断其此刻是否可用于安装。设 APN 此刻的标识为 $\boldsymbol{m}_j$，零部件 c_j 对应的变迁为 t_j，若任给库所 $p_i \in {}^{\bullet}t_j$① 满足 $\boldsymbol{m}(p_i) \geqslant \boldsymbol{Pre}(p_i, t_j)$，即 t_j 使能，则变迁 t_j 可激发，即零部件 c_j 为此刻正确的安装件。安装 c_j 后发动机的装配状态即标识为 $\boldsymbol{m}_{j+1}$，可表示为

① $\in$ 表示集合中，元素属于集合；

${}^{\bullet}t_j$ 表示变迁的前集；

$t_j^{\bullet}$ 表示变迁的后集。

$$m_{j+1}(p_i)=\begin{cases} m_j(p_i)-Pre(p_i,t_j), & p_i\in{}^{\cdot}t_j \\ m_j(p_i)+Post(t_j,p_i), & p_i\in t_j^{\cdot} \\ m_j(p_i), & \text{其他} \end{cases} \tag{11-12}$$

(2) 任意给定发动机的某一装配状态，求下一步可用于安装的零部件集合。设APN此刻的标识为$\boldsymbol{m}_j$，标识不为零的库所集合为$P_j=\{p_{j_1},p_{j_2},\cdots,p_{j_k}\}$，$P_j$的输出变迁集合为$T_j=\{t_{j_1},t_{j_2},\cdots,t_{j_s}\}$，对$t_j\in T_j$，若任给库所$p_i\in{}^{\cdot}t_j$满足$\boldsymbol{m}(p_i)\geqslant \boldsymbol{Pre}(p_i,t_j)$，即$t_j$使能，则其对应的零部件构成的集合为可安装的零部件集合。

由此可见，判定安装差错依据的基本原理为Petri网的可达性原理。因装配最优序列规划问题中已知初始标识$\boldsymbol{m}_0$及目标标识$\boldsymbol{m}_d$，故装配序列规划问题可转化为固定端点的最优控制问题，即$\psi(\boldsymbol{m}(d))=\boldsymbol{0}$，因此其目标函数的一般形式为$J=\sum_{k=1}^{d}\phi(\boldsymbol{m}(k),\boldsymbol{u}(k))$。同时考虑装配评价函数中装配方向改变次数最少的要求，令$\phi(\boldsymbol{m}(k),\boldsymbol{u}(k))=\boldsymbol{e}^{\mathrm{T}}[\boldsymbol{m}(k)+\boldsymbol{C}\cdot\boldsymbol{u}(k)]+\alpha\cdot D(\boldsymbol{u}(k))$，得目标函数的具体形式为

$$J=\sum_{k=0}^{d-1}\{\boldsymbol{e}^{\mathrm{T}}[\boldsymbol{m}(k)+\boldsymbol{C}\cdot\boldsymbol{u}(k)]+\alpha\cdot D(\boldsymbol{u}(k))\} \tag{11-13}$$

其中，α为常系数，用于调整标识与装配方向改变次数的权重关系，$\alpha>0$。此时哈密顿函数的具体形式为

$$H_k=\{\boldsymbol{\lambda}^{\mathrm{T}}(k+1)+\boldsymbol{e}^{\mathrm{T}}\}\{\boldsymbol{m}(k)+\boldsymbol{C}\cdot\boldsymbol{u}(k)\}+\alpha\cdot D(\boldsymbol{u}(k)) \tag{11-14}$$

采用离散最优值原理，可得使目标函数达到极小的必要条件为

$$\begin{cases} \boldsymbol{m}(k+1)=\boldsymbol{m}(k)+\boldsymbol{C}\cdot\boldsymbol{u}(k) \\ \boldsymbol{\lambda}^{\mathrm{T}}(k)=\partial H_k/\partial\boldsymbol{m}(k)=\boldsymbol{\lambda}^{\mathrm{T}}(k+1)+\boldsymbol{e}^{\mathrm{T}} \\ \boldsymbol{m}(0)=\boldsymbol{m}_0 \\ \boldsymbol{m}(d)=\boldsymbol{m}_d \\ \boldsymbol{\lambda}(d)=\boldsymbol{0} \end{cases} \tag{11-15}$$

若集合$\omega(\boldsymbol{m}(k),\boldsymbol{u}(k))=\{\boldsymbol{e}^{\mathrm{T}}[\boldsymbol{m}(k)+\boldsymbol{C}\cdot\boldsymbol{u}(k)]+\alpha\cdot D(\boldsymbol{u}(k)),\{\boldsymbol{m}(k)+\boldsymbol{C}\cdot\boldsymbol{u}(k)\}^{\mathrm{T}}\},\boldsymbol{u}(k)\in U$为$\boldsymbol{z}$方向凸性的闭集，根据上面的必要条件$\boldsymbol{\lambda}(d)=\boldsymbol{0}$和迭代关系$\boldsymbol{\lambda}^{\mathrm{T}}(k+1)=\boldsymbol{\lambda}^{\mathrm{T}}(k)-\boldsymbol{e}^{\mathrm{T}}$可得到$\boldsymbol{\lambda}^{\mathrm{T}}(k+1)$，继而通过极小化哈密顿函数得到各步的变迁激发向量$\boldsymbol{u}(k)$。

定理11.1　对于装配Petri网，集合$\omega(\boldsymbol{m}(k),\boldsymbol{u}(k))=\{\boldsymbol{e}^{\mathrm{T}}[\boldsymbol{m}(k)+\boldsymbol{C}\cdot\boldsymbol{u}(k)]+\alpha\cdot D(\boldsymbol{u}(k)),\{\boldsymbol{m}(k)+\boldsymbol{C}\cdot\boldsymbol{u}(k)\}^{\mathrm{T}}\},\boldsymbol{u}(k)\in U,k=0,1,\cdots,d-1$，则必然存在非零向量$\boldsymbol{z}$，使得$\omega(\boldsymbol{m}(k),\boldsymbol{u}(k))$为$\boldsymbol{z}$方向凸的。

证明：反设不存在非零向量$\boldsymbol{z}$，使得$\forall\boldsymbol{a},\boldsymbol{b}\in\omega(\boldsymbol{m}(k),\boldsymbol{u}(k))$，$\forall\tau\in[0,1]$及$\beta\geqslant 0$，满足$\tau\cdot\boldsymbol{a}+(1-\tau)\boldsymbol{b}+\beta\boldsymbol{z}\in\omega(\boldsymbol{m}(k),\boldsymbol{u}(k))$，因向量$\boldsymbol{a}$、$\boldsymbol{b}$可表示为$\boldsymbol{a}=$

$[\boldsymbol{e}^{\mathrm{T}}[\boldsymbol{m}(0)+\boldsymbol{C}\cdot\boldsymbol{u}_a+\alpha\cdot D(\boldsymbol{u}_a)],\boldsymbol{m}(0)+\boldsymbol{C}\cdot\boldsymbol{u}_a]^{\mathrm{T}}$，$\boldsymbol{b}=[\boldsymbol{e}^{\mathrm{T}}[\boldsymbol{m}(0)+\boldsymbol{C}\cdot\boldsymbol{u}_b+\alpha\cdot D(\boldsymbol{u}_a)],\boldsymbol{m}(0)+\boldsymbol{C}\cdot\boldsymbol{u}_b]^{\mathrm{T}}$，其中 $\boldsymbol{u}_a,\boldsymbol{u}_b\in U$，构造的向量 $\boldsymbol{z}$ 如下：

$$\boldsymbol{z}=\frac{1}{\beta}[\boldsymbol{s}-\tau\cdot\boldsymbol{a}-(1-\tau)\cdot\boldsymbol{b}] \tag{11-16}$$

其中，$\boldsymbol{s}\in\omega(\boldsymbol{m}(k),\boldsymbol{u}(k))$。将 $\boldsymbol{s}$、$\boldsymbol{a}$、$\boldsymbol{b}$ 代入上式后化简可得

$$\boldsymbol{z}=\frac{1}{\beta}\left\{\begin{bmatrix}\boldsymbol{e}^{\mathrm{T}}\boldsymbol{m}(0)\\ \boldsymbol{m}(0)\end{bmatrix}+\boldsymbol{C}\cdot\begin{bmatrix}\boldsymbol{e}^{\mathrm{T}}[\boldsymbol{u}_s-\tau\cdot\boldsymbol{u}_a-(1-\tau)\boldsymbol{u}_b]\\ \boldsymbol{u}_s-\tau\cdot\boldsymbol{u}_a-(1-\tau)\boldsymbol{u}_b\end{bmatrix}+\alpha\cdot\begin{bmatrix}D(\boldsymbol{u}_s)-\tau\cdot D(\boldsymbol{u}_a)-(1-\tau)D(\boldsymbol{u}_b)\\ \boldsymbol{0}\end{bmatrix}\right\} \tag{11-17}$$

只需 $\boldsymbol{m}(0)$、$\boldsymbol{u}_s$、$\boldsymbol{u}_a$、$\boldsymbol{u}_b$ 线性无关，则上式一定存在非零向量 $\boldsymbol{z}$，由此反设不成立，得证。

定理 11.1 给出了 Petri 网方向凸性存在的充分条件，放松了对线性规划问题凸性约束的要求。为了避免每一步线性规划中不必要的搜索，在每次迭代过程中仅需要检查可行解，即在某一标识下的使能变迁集，这样将大大降低计算的复杂性。其计算过程如下。

步骤 1 初始化变迁激发次数计数向量 $\boldsymbol{u}=\boldsymbol{0}$，临时库所集合 $P_{\mathrm{temp}}=\varnothing$，变迁存储集合 $T_{\mathrm{temp}}=\varnothing$，变迁激发序列 $T_a=\varnothing$。

步骤 2 搜索库所 $p_i\in P$，若 $\boldsymbol{m}(p_i)\neq\boldsymbol{0}$，则令 $P_{\mathrm{temp}}=P_{\mathrm{temp}}\cup\{p_i\}$，$\forall t_j\in p_i^{\cdot}$，若 t_j 使能，则令 $T_{\mathrm{temp}}=T_{\mathrm{temp}}\cup\{t_j\}$；若 $T_{\mathrm{temp}}=\varnothing$，转步骤 4，否则转步骤 3。

步骤 3 搜索 $t_k\in T_{\mathrm{temp}}$，按式(11-14)计算 H_k，取最小值且 $\boldsymbol{u}(t_k)=\boldsymbol{0}$ 者激发，计算 t_k 激发后的系统标识 $\boldsymbol{m}_k$，并令 $\boldsymbol{u}(t_k)=\boldsymbol{1}$，若 $\boldsymbol{m}_k=\boldsymbol{m}_d$，转步骤 4；否则令 $T_a=T_a\cup\{t_k\}$，$T_{\mathrm{temp}}=\varnothing$，转步骤 2。

步骤 4 计算结束，T_a 为合法的装配过程中变换次数最少的装配序列。

2. 自由端点的最优分解序列规划

对于外场维修或排故检查，需要将发动机分解至出现故障的相关零部件，检查其技术状态，因此只需对目标零件的分解进行序列规划，并制定临时性的维修工艺，此时分解工艺规划显得尤为重要。分解工卡以文字叙述为主，操作人员易于接受，适用于简单件分解及排除故障工艺规程。对目标零件进行分解序列规划并制定维修工艺的流程图如图 11-5 所示。

要实现选择性分解工艺文件的自动生成，首先输入目标零件信息(如目标零件件号、ATA 章节号等)，根据发动机构型判定零部件所属的单元体及子单元体；然后通过构造该单元体或子单元体的分解 Petri 网 DPN，对 DPN 进行推理以获得最优分解序列；最后增加该序列上的所有零部件分解工艺内容，生成分解工艺文件。

设 T_i 为目标分解零部件集合，对于最小的分解变迁 T_s，由装配序列与分解序列的互补性可知存在装配变迁集 $T_a=T-T_s$，由目标分解序列的评价准则可知

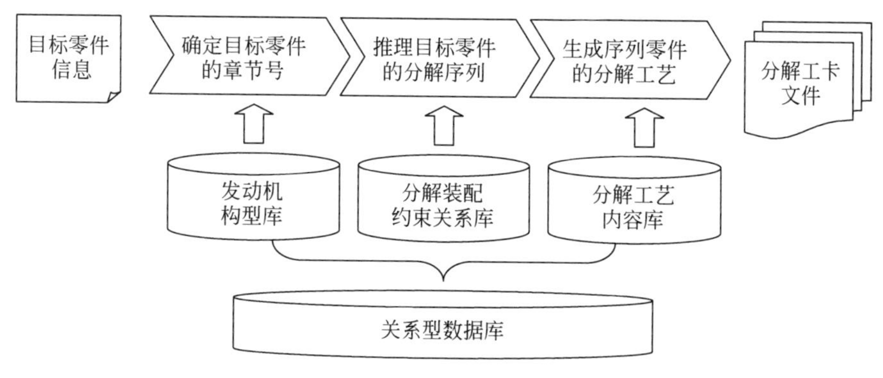

图 11-5　选择性分解工艺文件生成

$\min\{|T_s|\}\Rightarrow\max\{|T_a|\}$，因此目标分解序列规划问题可转化为最大装配序列规划问题。

面向维修的分解序列规划问题可描述为：对于 APN 已知初始标识 $\boldsymbol{m}_0$，目标分解变迁 T_i，因激发向量 $\boldsymbol{u}$ 与激发步数 d 未知，因此目标标识 $\boldsymbol{m}_d$ 是自由的。假设目标函数的一般形式为 $J=\psi(\boldsymbol{m}(d))+\sum_{k=0}^{d-1}\phi\{\boldsymbol{m}(k)+\boldsymbol{C}\cdot\boldsymbol{u}(k)\}$，不妨令 $\psi(\boldsymbol{m}(d))=\boldsymbol{e}^{\mathrm{T}}\boldsymbol{m}(d)$，同时要求激发变迁数最多，变迁每激发一次都使得量度函数 $\phi(\boldsymbol{m}(k),\boldsymbol{u}(k))=1$，因此选择性分解序列规划的目标函数为

$$J=\boldsymbol{e}^{\mathrm{T}}\boldsymbol{m}(d)-\sum_{k=0}^{d-1}\beta \tag{11-18}$$

其中，β 为常系数，用于调整目标标识与分解零部件数目的权重关系，$\beta>0$。此时哈密顿函数的具体形式为

$$H_k=\boldsymbol{\lambda}^{\mathrm{T}}(k+1)\{\boldsymbol{m}(k)+\boldsymbol{C}\cdot\boldsymbol{u}(k)\}-\beta \tag{11-19}$$

采用离散最优值原理，使目标函数达到最小的必要条件为

$$\begin{cases}\boldsymbol{m}(k+1)=\boldsymbol{m}(k)+\boldsymbol{C}\cdot\boldsymbol{u}(k)\\ \boldsymbol{\lambda}^{\mathrm{T}}(k)=\partial H_k/\partial\boldsymbol{m}(k)=\boldsymbol{\lambda}^{\mathrm{T}}(k+1)\\ \boldsymbol{m}(0)=\boldsymbol{m}_0\\ \boldsymbol{\lambda}(d)=\partial\psi(\boldsymbol{m}(d),d)/\partial\boldsymbol{m}(d)=\boldsymbol{e}^{\mathrm{T}}\end{cases} \tag{11-20}$$

显然集合 $\omega(\boldsymbol{m}(k),\boldsymbol{u}(k))=\{\boldsymbol{e}^{\mathrm{T}}\{\boldsymbol{m}(k)+\boldsymbol{C}\cdot\boldsymbol{u}(k)\}+\beta,\{\boldsymbol{m}(k)+\boldsymbol{C}\cdot\boldsymbol{u}(k)\}^{\mathrm{T}},\boldsymbol{u}(k)\in U\}$ 为 z 方向凸性的闭集。根据上面的必要条件 $\boldsymbol{\lambda}(d)=\boldsymbol{e}^{\mathrm{T}}$ 和迭代关系 $\boldsymbol{\lambda}^{\mathrm{T}}(k+1)=\boldsymbol{\lambda}^{\mathrm{T}}(k)$ 可得到 $\boldsymbol{\lambda}^{\mathrm{T}}(k+1)$，继而通过极小化哈密顿函数得到各步的变迁激发向量 $\boldsymbol{u}(k)$。自由端点问题的最优控制是对确定目标标识的固定端点问题的拓展，从满足的必要条件来看，协状态方程在形式上较为简单，便于求解。给出最优分解序列规划计算过程如下。

步骤 1　初始化变迁激发次数计数向量 $\boldsymbol{u}=\boldsymbol{0}$，临时库所 $P_{\mathrm{temp}}=\varnothing$ 和变迁存储

集合 $T_{temp}=\varnothing$，变迁激发序列 $T_a=\varnothing$，设 T_i 为目标分解变迁集。

步骤 2 搜索库所 $p_i\in P$，若 $\boldsymbol{m}(p_i)\neq\boldsymbol{0}$，则令 $P_{temp}=P_{temp}\cup\{p_i\}$，$\forall t_j\in p_i^{\bullet}$，若 t_j 使能，则令 $T_{temp}=T_{temp}\cup\{t_j\}$；若 $T_{temp}=\varnothing$，转步骤 5，否则转步骤 3。

步骤 3 搜索 $t_k\in T_{temp}$，按式(11-19)计算 H_k，取 H_k 最小值且 $\boldsymbol{u}(t_k)=\boldsymbol{0}$ 者激发，计算 t_k 激发后的系统标识 $\boldsymbol{m}_k$，并令 $\boldsymbol{u}(t_k)=1$。

步骤 4 若 $t_k\in T_i$，则令 $T_i-\{t_k\}$，若 $T_i=\varnothing$，转步骤 5；否则令 $T_a=T_a\cup\{t_k\}$，$T_{temp}=\varnothing$，转步骤 2。

步骤 5 计算结束，目标分解序列遍历完毕，$T-T_a$ 为关于 T_i 的最优分解序列。

3. 最优分解装配序列规划算法分析

相比基于最优控制原理的分解装配序列规划算法，若采用 Petri 网可达树的方法求解目标序列，设可达树为二元树（每个节点都有两个后继节点），则将有 $\sum_{i=0}^{m}2^i=2^{m+1}-1$ 个节点，因此算法的复杂度为 $O(2^{m+1})$。

若采用最优序列规划方法，按照最坏的性能分析，每个装配变迁激发一次，哈密顿函数值的计算代价为 $O(m)$，激发之前搜索其输入库所中的托肯数，同时假设每个库所都有两个输出变迁发生冲突，其代价为 $O(n+2)$，其中 $n=|P|$，累计的复杂度为 $O(n\cdot m+2m)$。显然该算法大大降低了搜索空间和复杂度，为在可行时间内求解分解装配序列提供了一种有效途径。

11.2.4 分解装配序列规划应用案例

本章以航空发动机涡轮转子的装配验证最优装配序列算法的可行性，图 11-3 所示为发动机涡轮转子的装配工艺系统图。下面求解装配变换次数最少的变迁序列，算法过程如下。

(1) 根据零部件两两间的装配优先关系建立如下装配优先矩阵：

$$\boldsymbol{APM}=\begin{bmatrix}0&1&0&1&0&0&1&0&0&0\\0&0&0&0&0&0&0&0&0&0\\0&1&0&0&1&0&0&0&0&0\\0&0&0&0&0&0&0&0&0&0\\0&0&0&0&0&0&0&0&0&0\\0&0&0&0&0&0&1&0&0&0\\0&0&0&0&0&0&0&0&0&0\\0&0&1&0&0&0&0&0&0&0\\0&0&0&0&0&1&0&0&0&0\\0&0&0&0&0&1&0&0&0&0\end{bmatrix}$$

设零部件向量为[1,2,3,4,5,6,7,8,9,10]，沿涡轮转子轴向向右的方向为 x 方向，相反的方向为 $-x$ 方向，径向设为 y 方向。由装配工艺图可知，1～10 号部件的装配方向向量为 $\boldsymbol{d}(T)=[-x,y,x,-x,x,-x,-x,x,-x,-x]$。

(2) 根据装配优先矩阵构造如图 11-6 所示的发动机涡轮转子装配 Petri 网。

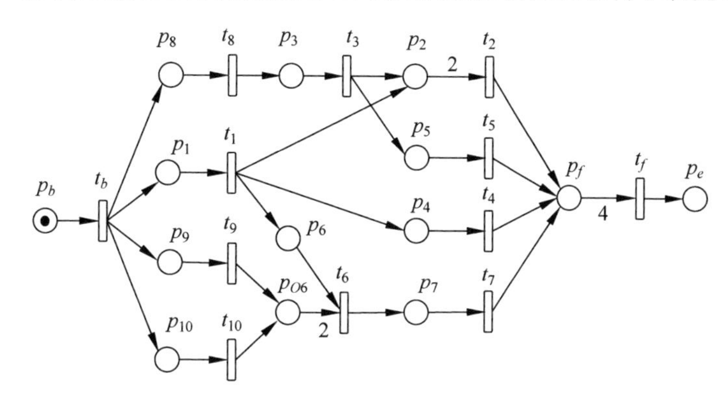

图 11-6　发动机涡轮转子装配 Petri 网

(3) 对每个子问题取 $\alpha=5.0$，采用式(11-11)计算每个变迁激发对应的哈密顿函数，赋予哈密顿函数值较低的变迁以高优先权，此时可得：$u_1(t_b)=1$，$u_2(t_9)=1$，$u_3(t_{10})=1$，$u_4(t_1)=1$，$u_5(t_6)=1$，$u_6(t_7)=1$，$u_7(t_4)=1$，$u_8(t_8)=1$，$u_9(t_3)=1$，$u_{10}(t_5)=1$，$u_{11}(t_2)=1$，$u_{12}(t_f)=1$。可得零部件最优装配序列为 $\sigma=\{9,10,1,6,7,4,8,3,5,2\}$。因此可得装配方向变换函数为 $\boldsymbol{D}(T)=[0,0,0,0,0,0,0,1,0,1]$，装配方向变换总次数为 2。

图 11-7(a)所示为最优序列与任意序列下哈密顿函数值的比较结果，该结果显示最优装配序列哈密顿函数值变化较为平稳，波动幅度小，而且函数值的平均值较任意序列小。图 11-7(b)所示为最优序列与任意序列下目标函数值的比较结果，显示最优装配序列目标函数值较任意序列小，表明最优装配序列中装配方向改变次数较任意序列少。

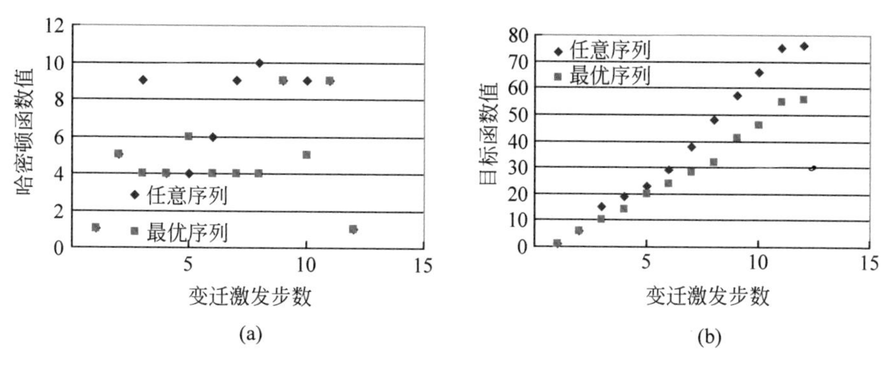

图 11-7　不同装配序列下函数值比较

(a) 哈密顿函数值比较；(b) 目标函数值比较

11.3 车间维修工作流时间管理

11.3.1 维修作业工作流的动态建模

1. 维修作业任务分解结构

生产进度监控贯穿于整个发动机维修生产过程,从生产技术准备开始到发动机完成全部维修出厂为止的所有生产活动都与进度有关。进度计划包括了整台发动机、单元体、子单元体3个不同层次的计划对象,涉及不同层次的管理部门。维修任务分解结构(maintenance work break-down structure,MWBS)是一类包括维修任务和维修区域的二维结构,如图11-8所示。这种任务分解结构将同一个工作区域的维修工作或系统功能检验尽可能交给一个人或一组人员,既减少了不同工种之间的交叉,又提高了专业分工的水平。世界上先进的航空公司或飞机维修企业,如德国汉莎大都采用按任务和区域划分的MWBS。

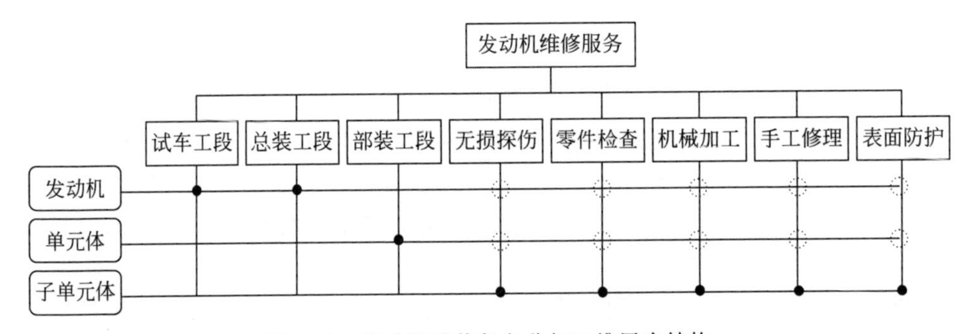

图11-8 发动机维修任务分解二维层次结构

维修任务分解结构是以发动机结构为中心的层次体系,它确定了发动机内在的分支、分层结构体系,是发动机维修计划部门以发动机结构为中心编制进度计划的基准模型,也是定义自顶向下的层次工作流的依据。下面给出维修任务分解结构的形式化定义。

定义11.5 维修任务分解结构可定义为如下三元组:MWBS=$(A,\mathrm{Sub},\mathrm{Con})$。其中,$A$为有限个维修活动的集合;关系$\mathrm{Sub}(A_1,A)$是一个严格的偏序关系,即维修活动的父子关系,$A_1$是$A$的子活动;关系$\mathrm{Con}(A_2,A)$是一个严格的偏序关系,即维修活动的时序关系,$A_2$是$A$的后序活动。

规则11.1 每个维修活动最多只有一个父活动,即$\forall y_1,y_2$满足:$(\mathrm{Sup}(x)=y_1\wedge \mathrm{Sup}(x)=y_2)\Rightarrow(y_1=y_2\vee \mathrm{Sup}(x)=\varnothing)$。

规则11.2 原子活动是没有子活动的活动,因此若A是原子活动,则$\forall x$,$\mathrm{Sub}(x,A)\Rightarrow x=\varnothing$。

维修任务分解结构决定了航空发动机维修工作流模型的层次性,而维修任务分解结构往往与维修等级相关，因此维修任务分解结构是一种动态的任务结构。以发动机结构为依据建立活动间的纵向层次关系，可以把维修任务看成是一个父活动，通过自顶向下进行活动划分，得出许多层次化的活动，直到分到原子活动为止，这样发动机维修作业就可用活动树的形式表现出来[9-10]，如图 11-9 所示。

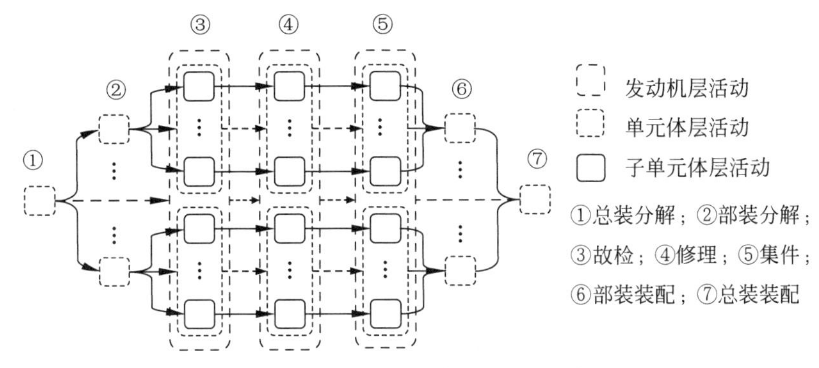

图 11-9　发动机维修任务分解结构

在发动机维修活动树中，活动被划分为 3 个层次：发动机层、单元体层、子单元体层。所有子单元体层活动都是原子活动，是对单元体层活动的具体化。实际维修生产中，外部突发事件的发生影响生产的正常进行。为了能及时、有效地在线监控突发事件，将活动图模型映射为两层：活动监控层和活动执行层。活动监控层包含有父活动，即活动不被具体的执行者执行，但父活动在活动图中起管理和监控的作用。执行层只包含原子活动，要分派给具体的执行者。

2. 维修层次细化工作流建模

维修任务分解结构给出了维修活动的结构建模，为了进一步对活动模型进行时间建模和时间监控，首先必须将其转化为工作流模型。目前，Petri 网是对工作流建模和分析的主要工具，VAN der Aalst 给出了工作流网的定义如下[10]。

定义 11.6　Petri 网 WF-net=(P,T,F)被称为工作流网(workflow net)，其中 P 为有限库所集，T 为有限变迁集，F 为流关系集，当且仅当它满足下面两个条件：①WF-net 有两个特殊的库所——i 和 o，i 为起始库所，即 $^{\cdot}i=\varnothing$；o 是终止库所，即 $o^{\cdot}=\varnothing$。②如果在 WF-net 中加入一个新的变迁 t，使 t 连接库所 i 和 o，即 $^{\cdot}t=\{o\}$，$t^{\cdot}=\{i\}$，那么这时得到的 WF-net 是强连接的。

为了在较低层次如单元体层、子单元体层描述活动的细节，对子网变迁 $t^{+}\in T$ 进一步细化，有如下定义。

定义 11.7　层次细化工作流网(hierarchical refinement workflow net)：WF-net=(P,T,F)是一顶层工作流网，$t^{+}\in T$ 是一子网变迁，可进一步由子工作流网 WF-net$_1$=(P_1,T_1,F_1)表示，且 $P_1\cap P=\varnothing$，$T_1\cap T=\varnothing$，则工作流网 WF-net$_2$=(P_2,T_2,F_2)=WF-net$\oplus_{t^{+}}$ WF-net$_1$ 是对工作流网 WF-net 中的子网变迁 t^{+} 进行

细化后得到的组合网,其中 $P_2=P\cup P_1$, $T_2=T\cup T_1\cup\{t_s,t_f\}$, $F_2=F\cup F_1\cup\{(x,t_s)\mid(x,t^+)\in F\}\cup\{(t_f,y)\mid(t^+,y)\in F\}\cup\{(t_s,i_1),(o_1,t_f)\}$, i_1 和 o_1 分别是子网 WF-net_1 的输入、输出库所, t_s 和 t_f 是两个瞬时变迁,分别表示 WF-net_1 的开始和结束[12]。

图 11-10 所示为发动机维修层次工作流网,在监控层中的父活动映射为子网变迁。对子网变迁的进一步细化构成了执行层,执行层中的原子活动映射为一个基本变迁。

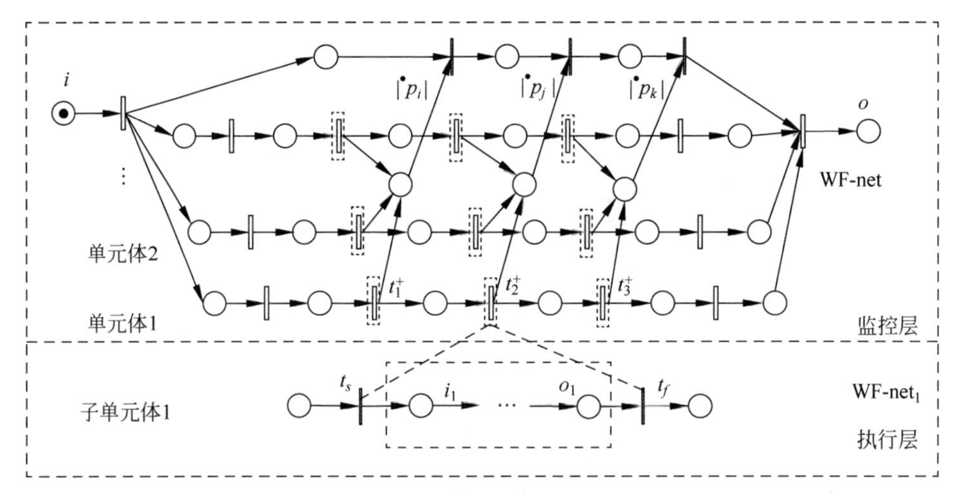

图 11-10 发动机维修层次工作流模型

3. 维修层次工作流时间约束建模

为了满足航空公司使用部门或者用户的需求,发动机维修计划中必须明确提出每一台发动机完成定期维修的期限指标,具体的要求体现在每项维修活动的时间约束中。为了在维修活动中制定时间约束,首先定义两种时间约束:维修活动内部时间约束和维修活动间时间约束[13]。

定义 11.8 定义允许相应资源个体完成此活动所消耗的时间为维修活动内部时间约束,其中包括由其支配的一定范围的缓冲时间。

定义 11.9 定义两个维修活动之间的时间距离限制为活动间时间约束(或相互依赖时序约束)。即活动 A 结束与活动 B 开始之间的时间间隔,有上、下界两种约束,分别记为 $t_l(A,B)$,$t_u(A,B)$。

对层次细化工作流网 WF-net_2,为定义维修活动内部及活动间的时间约束,进一步给出时间约束层次细化工作流网定义如下。

定义 11.10 时间约束层次细化工作流网(timing constraint hierarchical refinement workflow net)定义为如下四元组:TCHRWF-net=(WF-net_2,TC,Fire_{dur},$\boldsymbol{M}$),其中,WF-net_2 是层次细化工作流网;TC:$P\cup T\mapsto\mathbb{R}^+\times\mathbb{R}^+$ 为定义

在库所或变迁上的时间约束正实数对，$[TC_{min}(p), TC_{max}(p)]$表示托肯到达库所 p 后，能用于开始、结束激活其输出变迁的最小、最大经过时间区间，即活动实例在库所 p 中的滞留时间；$[TC_{min}(t), TC_{max}(t)]$表示变迁 t 使能后，其自身确定的最小、最大经过时间区间，即活动实例使能后可以执行的时间区间；$Fire_{dur}: T \mapsto \mathbb{R}^{+}$ 表示变迁激发持续时间常量，即活动的执行时间间隔；$\boldsymbol{M}$ 为初始标识。

时间约束映射规则如下：①维修活动内部时间约束映射为变迁 t 的时间约束对$[TC_{min}(t), TC_{max}(t)]$，如果没有时间约束，则时间约束对为$[0, +\infty]$。维修活动的执行时间直接映射为变迁激发持续常量 $Fire_{dur}(t)$。②维修活动间时间约束映射为变迁 t_A、t_B 之间的库所 p_B 的时间约束对$[TC_{min}(p_B), TC_{max}(p_B)]$。

为了减轻维修计划员进行时间约束定义的难度，本章采用基于实例推理的时间约束建模。对于某单元体/子单元体的某一等级维修任务，检索同类单元体在该维修等级下的各维修任务的实际开始与实际结束时间 ST_i^k、ET_i^k，$k=1,2,\cdots,K$ 为相似维修任务实例的编号，如表 11-2 所示。

表 11-2　维修作业起止时间实例

单元体/子单元体	维修等级	分解		故检		修理		集件		装配	
		ST_1	ET_1	ST_2	ET_2	ST_3	ET_3	ST_4	ET_4	ST_5	ET_5
Mod(1)	OH	ST_1^1	ET_1^1	ST_2^1	ET_2^1	ST_3^1	ET_3^1	ST_4^1	ET_4^1	ST_5^1	ET_5^1
Mod(2)	OH	ST_1^2	ET_1^2	ST_2^2	ET_2^2	ST_3^2	ET_3^2	ST_4^2	ET_4^2	ST_5^2	ET_5^2
⋮	⋮	⋮	⋮	⋮	⋮	⋮	⋮	⋮	⋮	⋮	⋮
Mod(K)	OH	ST_1^K	ET_1^K	ST_2^K	ET_2^K	ST_3^K	ET_3^K	ST_4^K	ET_4^K	ST_5^K	ET_5^K

对于活动内部时间约束，设活动 i 的前序活动为 $i-1$，取 $\min\{ST_i^k - ET_{i-1}^k\}$ 与 $\max\{ET_i^k - ET_{i-1}^k\}$为活动 i 的内部时间约束。

对于维修活动的执行时间，计算活动 i 的执行时间间隔 $\tau_i^k = ST_i^k - ST_i^k$，取所有时间间隔的平均值 $\bar{\tau}_i$ 为维修活动 i 的执行时间：

$$\bar{\tau}_i = \frac{1}{K}\sum_{k=1}^{K}(ST_i^k - ST_i^k) \tag{11-21}$$

对于活动间时间约束，计算相互衔接的两两活动 i、$i=+1$ 间的开始与结束的时间差 $ST_{i+1}^k - ST_i^k$、$ET_{i+1}^k - ET_i^k$，取 $\min\{ST_{i+1}^k - ST_i^k\}$与 $\max\{ET_{i+1}^k - ET_i^k\}$为活动间时间约束。

11.3.2　维修作业层次细化工作流网的可调度性

通过工作流建模可以全面描述航空发动机维修过程的信息，而工作流管理系统在运行时能够动态监视维修过程的执行情况，因此可得到过程执行的实时信息如活动执行、时间计划等情况[14,15]。工作流调度分析的意义体现在两方面。首先,在航空发动机维修作业开始之前,帮助维修计划员确定合适的时间约束信息,即工作流的时间约束静态验证;其次,在航空发动机维修作业正式提交工作流后,提示维修作业执行者活动可执行时间区间及活动的最终截止时间,防止违反时间约束,并结合已有的时间表示知识与管理经验,适当调整时间计划(提前/拖期调度关键活动、修改活动路由)。图 11-11 所示为发动机维修过程监控模型。

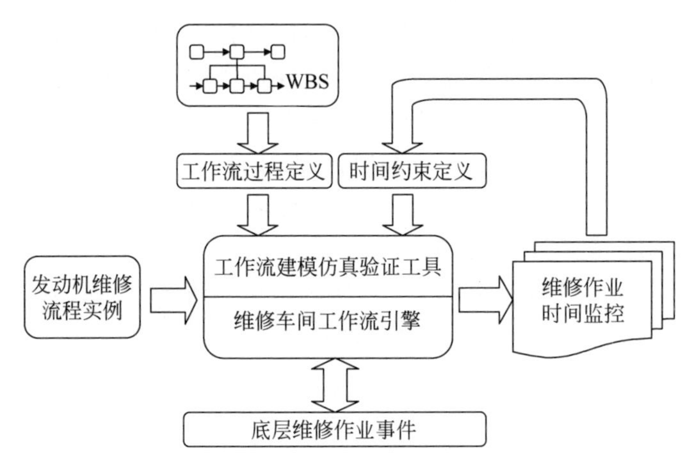

图 11-11　发动机维修过程监控模型

1. 时间约束 Petri 网参数的确定

工作流的可调度性分析是验证时间约束的合理性,目的在于保证工作流模型在所附加的时间约束下的逻辑或时间行为的正确性。

在分析时间约束层次细化维修工作流网的可调度性之前,先给出一般的时间约束 Petri 网(timing constraint Petri nets)有关时间参数的计算。对 TCPN=(P, T, F, TC, Fire_{dur}, $\boldsymbol{M}$),设 p_i 为变迁 t_j 的输入库所, Arr (p_i)表示库所 p_i 中托肯的到达时间。则有关时间参数计算如下[16]。

(1) **托肯的使能区间**　库所 p_i 中托肯的使能区间用[EBET (p_i),LEET (p_i)]表示,其中 EBET(p_i)、LEET(p_i)分别表示库所 p_i 中托肯的最早开始、最晚结束使能时间。托肯的使能区间描述了发动机实例在某项维修活动开始之前在某缓冲区中等待的绝对时间段约束,计算公式如下:

$$\begin{cases}\text{EBET}(p_i)=\text{Arr}(p_i)+\text{TC}_{\min}(p_i)\\ \text{LEET}(p_i)=\text{Arr}(p_i)+\text{TC}_{\max}(p_i)\end{cases}\tag{11-22}$$

(2) **变迁的使能区间**　变迁 t_j 的使能区间用[EBET(t_j),LEET(t_j)]表示,其中 EBET(t_j)、LEET(t_j)分别表示变迁 t_j 的最早开始、最晚结束使能时间。变迁的使能区间描述了发动机实例在某项维修活动开始之前在所有缓冲区等待的绝对时间段约束的交集,计算公式如下:

$$\begin{cases}\mathrm{EBET}(t_j)=\max\limits_{p_i\in{}^\bullet t_j}\{\mathrm{Arr}(p_i)+\mathrm{TC}_{\min}(p_i)\}\\ \mathrm{LEET}(t_j)=\min\limits_{p_i\in{}^\bullet t_j}\{\mathrm{Arr}(p_i)+\mathrm{TC}_{\max}(p_i)\}\end{cases}\tag{11-23}$$

(3) **变迁的激活区间**　变迁 t_j 的激活区间用[EFBT(t_j),LFET(t_j)]表示,其中 EFBT(t_j)、LFET(t_j)分别表示变迁的最早激活开始、最晚激活结束时间。变迁的激活区间描述了维修活动执行者可以开始和必须结束某项维修活动的绝对时间段约束,计算公式为

$$\begin{cases}\mathrm{EFBT}(t_j)=\max\limits_{p_i\in{}^\bullet t_j}\{\mathrm{Arr}(p_i)+\mathrm{TC}_{\min}(p_i)\}+\mathrm{TC}_{\min}(t_j)\\ \mathrm{LFET}(t_j)=\min\limits_{p_i\in{}^\bullet t_j}\{\mathrm{Arr}(p_i)+\mathrm{TC}_{\max}(p_i)\}\end{cases}\tag{11-24}$$

2. 层次细化工作流网的可调度性

维修活动的可调度性即活动执行者在给定的时间约束完成维修活动的可能性,因此可调度性分析是验证维修工作流时序一致性的重要手段。时间约束工作流网采用弱激发规则,即变迁使能后,变迁实际开始激发时间完全由调度者决定,由于变迁激活还需要持续一段时间 $\mathrm{Fire}_{\mathrm{dur}}$,变迁激发后并不能保证能成功激活。在标识 $\boldsymbol{M}$ 下,如果 LFET(t_j)−EFBT(t_j)>0,则使能的变迁 t_j 可激活；如果 LFET(t_j)−EFBT(t_j)>$\mathrm{Fire}_{\mathrm{dur}}(t_j)$,则使能的变迁 t_j 可成功完成激活,此时称变迁 t_j 可调度[17]。维修作业工作流网的可调度性是由其拓扑结构和时间约束共同决定的。

定义 11.11　时间约束工作流网 TCWF-net=($P,T,F,\mathrm{TC},D,\boldsymbol{M}_0$)中,若 $\forall t\in T$ 是可调度的,则称此时间约束工作流网是可调度的。

定义 11.12　在 TCWF-net 中,设 inf{Arr(p)}、sup{Arr(p)}分别为子网变迁 t^+ 的输出库所 p 中托肯到达的最早、最晚时间；同理假设在 $\mathrm{TCWF\text{-}net}_2=\mathrm{TCWF\text{-}net}\oplus_{t^+}\mathrm{TCWF\text{-}net}_1$ 中,inf{Arr(o_1)}、sup{Arr(o_1)}分别为子网 $\mathrm{TCWF\text{-}net}_1$ 终止库所 o_1 中托肯到达的最早、最晚时间。若 inf{Arr(o_1)}=inf{Arr(p)}且 sup{Arr(o_1)}=sup{Arr(p)},则称子网变迁与子网时间约束等价。

定理 11.2　给定时间约束工作流网 TCWF-net 及子网 $\mathrm{TCWF\text{-}net}_1$,若 $\mathrm{TCWF\text{-}net}_1$ 可调度,且变迁 t^+ 与子网 $\mathrm{TCWF\text{-}net}_1$ 时间约束等价,则层次细化不改变原网 TCWF-net 的可调度性。

证明：由定义 11.11 可知,要考察 $\mathrm{TCWF\text{-}net}_2$ 的可调度性,必须考察 $\mathrm{TCWF\text{-}net}_2$ 中每一变迁的可调度性。在 TCWF-net 中,设 $\sigma_1=\{t_1,t_2,\cdots,t_n\}$ 为 t^+ 的前序变迁集,显然在 $\mathrm{TCWF\text{-}net}_2$ 中,变迁集 σ_1 的可调度性不受层次细化的影响,仍然是可调度的。图 11-12 所示为细化后的组合网 $\mathrm{TCWF\text{-}net}_2$,因 t_f 为瞬时变迁,且 inf{Arr(o_1)}=inf{Arr(p)},

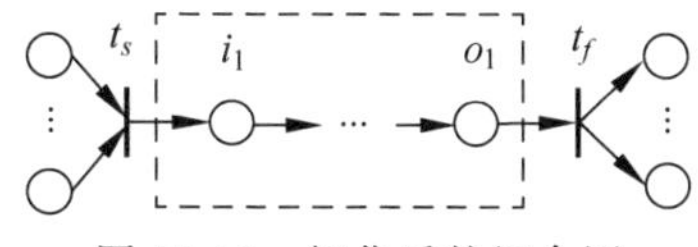

图 11-12　细化后的组合网

$\sup\{\mathrm{Arr}(o_1)\}=\sup\{\mathrm{Arr}(p)\}$，即 t^+ 输出库所 p 中托肯到达的最早与最晚时间保持不变，因此其后序变迁集 $\sigma_2=\{t_{i+1},t_{i+2},\cdots,t_n\}$ 的可调度性保持不变。因此时间约束等价变换是保持细化前后工作流可调度性不变的充分条件。得证。

在 TCWF-net 中，t^+ 可调度，则 t^+ 输出库所 p 中托肯到达的最早与最晚时间分别为

$$\begin{cases}\inf\{\mathrm{Arr}(o_1)\}=\mathrm{EFBT}(t^+)+\mathrm{Fire}_{\mathrm{dur}}(t^+)\\ \sup\{\mathrm{Arr}(o_1)\}=\mathrm{LFET}(t^+)\end{cases} \tag{11-25}$$

在 $\mathrm{TCWF\text{-}net}_2$ 中，t^+ 与 $\mathrm{TCWF\text{-}net}_1$ 时间约束等价，t_s 为瞬时变迁，因此有

$$\begin{cases}\inf\{\mathrm{Arr}(i_1)\}=\mathrm{EBET}(t^+)\\ \sup\{\mathrm{Arr}(i_1)\}=\mathrm{LEET}(t^+)\end{cases} \tag{11-26}$$

定理 11.2 说明只需将子网 $\mathrm{TCWF\text{-}net}_1$ 按上式进行时间约束等价压缩变换，即可简化对层次细化工作流网 $\mathrm{TCWF\text{-}net}_2$ 的可调度性验证。由于工作流网拓扑结构以及时间约束的复杂性，使得工作流网的可调度性分析很复杂。本章首先从基本的维修作业 Petri 子网入手，分析变迁的可成功调度的约束条件和可调度区间。

3. 维修作业 Petri 子网的可调度性

维修作业工作流网中常见的维修子网如图 11-13 所示，包括顺序作业子网、装配作业子网、选择作业子网和分解作业子网，下面分别讨论各种结构下可调度性的约束条件。

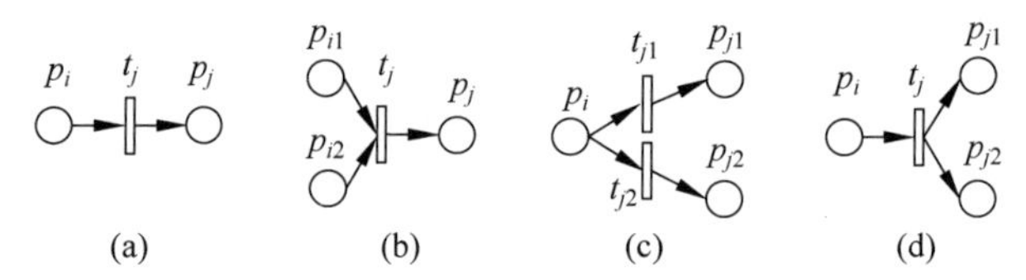

图 11-13　几种基本维修作业 Petri 子网

(a) 顺序作业；(b) 装配作业；(c) 选择作业；(d) 分解作业

1) 顺序作业子网

图 11-13(a)所示为顺序作业子网。定义在库所 p_i 上的时间约束$[\mathrm{TC}_{\min}(p_i),\mathrm{TC}_{\max}(p_i)]$为零部件或单元体在顺序作业缓冲区(如集件库房)等待的时间约束；定义在 t_j 上的时间约束$[\mathrm{TC}_{\min}(t_j),\mathrm{TC}_{\max}(t_j)]$为顺序作业的时间约束，激发持续时间即维修活动持续时间为 $\mathrm{Fire}_{\mathrm{dur}}(t_j)$，托肯到达库所 p_i 与库所 p_j 的时间分别记为 $\mathrm{Arr}(p_i)$、$\mathrm{Arr}(p_j)$，则库所 p_i 中托肯的使能区间为$[\mathrm{Arr}(p_i)+\mathrm{TC}_{\min}(p_i),\mathrm{Arr}(p_i)+\mathrm{TC}_{\max}(p_i)]$，变迁的激活区间为：$[\mathrm{EFBT}(t_j),\mathrm{LFET}(t_j)]=[\mathrm{Arr}(p_i)+\mathrm{TC}_{\min}(p_i)+\mathrm{TC}_{\min}(t_j),\mathrm{Arr}(p_j)+\mathrm{TC}_{\max}(p_i)]$。

由变迁可成功完成激活的充分条件可知，当 $\mathrm{TC}_{\max}(p_i)-\mathrm{TC}_{\min}(p_i)-$

$TC_{min}(t_j)-Fire_{dur}(t_j)>0$ 时，变迁 t_j 可成功激活，此时托肯到达库所 p_j 的时间区间为 $Arr(p_j)\in[EFBT(t_j)+Fire_{dur}(t_j),LFET(t_j)]$，因此，托肯到达两个库所的时间间隔的上下界分别为

$$\begin{cases}\inf\{d(Arr(p_j),Arr(p_i))\}=EFBT(t_j)+Fire_{dur}(t_j)-Arr(p_i)\\ \qquad\qquad=TC_{min}(p_i)+TC_{min}(t_j)+Fire_{dur}(t_j)\\ \sup\{d(Arr(p_j),Arr(p_i))\}=LFET(t_j)-Arr(p_i)=TC_{max}(p_i)\end{cases}$$

2）装配作业子网

图 11-13(b)所示为装配作业子网。发动机部装及总装的过程为同步结构，p_i 与 p_j 表示等待装配的零部件或单元体，定义在库所 p_{i1} 和 p_{i2} 上的时间约束为零部件或单元体在装配缓冲区等待的时间约束，分别记为 $[TC_{min}(p_{i1}),TC_{max}(p_{i1})]$ 和 $[TC_{min}(p_{i2}),TC_{max}(p_{i2})]$；变迁 t_j 表示总装或部装活动，定义在变迁 t_j 上的时间约束 $[TC_{min}(t_j),TC_{max}(t_j)]$ 即装配作业的时间约束，激发持续时间 $Fire_{dur}(t_j)$ 即装配活动持续时间，托肯到达库所 p_{i1}、p_{i2} 与 p_j 的时间分别记为 $Arr(p_{i1})$、$Arr(p_{i2})$ 与 $Arr(p_j)$。库所 p_{i1} 中托肯使能的区间为 $[Arr(p_{i1})+TC_{min}(p_{i1}),Arr(p_{i1})+TC_{max}(p_{i1})]$，库所 p_{i2} 中托肯使能的区间为 $[Arr(p_{i2})+TC_{min}(p_{i2}),Arr(p_{i2})+TC_{max}(p_{i2})]$，因此变迁的激活区间为 $[EFBT(t_j),LFET(t_j)]=[\max\{Arr(p_{iu})+TC_{min}(p_{iu})\}+TC_{max}(t_j),\min\{Arr(p_{iu})+TC_{max}(p_{iu})\}]$。其中 $u=1,2$。

由变迁可成功完成激活的充分条件可知，当 $\min\{Arr(p_{iu})+TC_{max}(p_{iu})\}-\max\{Arr(p_{iu})+TC_{min}(p_{iu})\}-Fire_{dur}(t_j)>0$ 时，变迁 t_j 可成功激活。此时托肯到达库所 p_{i+1} 的时间区间为 $Arr(p_j)\in[EFBT(t_j)+Fire_{dur}(t_j),LFET(t_j)]$，因此，托肯到达库所 p_{iu} 与 p_j 的时间间隔的上下界分别为

$$\begin{cases}\inf\{d(Arr(p_j),Arr(p_{iu}))\}=EFBT(t_j)+Fire_{dur}(t_j)-Arr(p_{iu})\\ \qquad\qquad=\max\{Arr(p_{iu})+TC_{min}(p_{iu})\}+TC_{max}(t_j)+\\ \qquad\qquad\quad Fire_{dur}(t_j)-Arr(p_{iu})\\ \sup\{d(Arr(p_j),Arr(p_{iu}))\}=LFET(t_j)-Arr(p_{iu})\\ \qquad\qquad=\min\{Arr(p_{iu})+TC_{max}(p_{iu})\}-Arr(p_{iu})\end{cases}$$

3）选择作业子网

图 11-13(c)所示为选择作业子网。由于维修车间同一活动可指定多个维修工段完成，且不同的维修工段其维修作业效率也存在差异，因此维修计划员可在计划阶段同时指定多工段完成同一活动，而在实际进展过程中往往由最早完成该活动的工段执行。定义在库所 p_i 上的时间约束 $[TC_{min}(p_i),TC_{max}(p_i)]$ 为发动机在缓冲区等待的时间约束，定义在变迁 t_{j1} 与 t_{j2} 上的时间约束 $[TC_{min}(t_{j1}),TC_{max}(t_{j1})]$ 与 $[TC_{min}(t_{j2}),TC_{max}(t_{j2})]$ 分别为不同工段执行该活动的时间约束，激发持续时间 $Fire_{dur}(t_{j1})$ 与 $Fire_{dur}(t_{j2})$ 分别为不同工段执行该活动的持续时间，托肯到达库所 p_i、p_{j1} 与 p_{j2} 的时间分别记为 $Arr(p_i)$、$Arr(p_{j1})$ 与

$Arr(p_{j2})$。由于"或"分支表示截止时间早的活动优先触发，因此，如果变迁 t_{j1} 优先，其激活区间为 $[EFBT(t_j), LFET(t_j)] = [Arr(p_i) + TC_{min}(p_i) + TC_{min}(t_{j1}), Arr(p_i) + TC_{max}(p_i)]$。

由变迁可成功完成激活的充分条件可知，当 $TC_{max}(p_i) - TC_{min}(p_i) + TC_{min}(t_{j1}) - Fire_{dur}(t_{j1}) > 0$ 时，变迁 t_j 可成功激活，此时库所 p_{j1} 中托肯到达的时间区间为 $Arr(p_{j1}) \in [EFBT(t_{j1}) + Fire_{dur}(t_{j1}), LFET(t_{j1})]$，因此托肯到达库所 p_i 与 p_{j1} 的时间间隔的上下界分别为

$$\begin{cases} \inf\{d(Arr(p_{j1}) - Arr(p_i))\} = EFBT(t_{j1}) + Fire_{dur}(t_{j1}) - Arr(p_i) \\ \qquad = TC_{min}(p_i) + TC_{min}(t_j) + Fire_{dur}(t_{j1}) \\ \sup\{d(Arr(p_{j1}) - Arr(p_i))\} = LFET(t_{j1}) - Arr(p_i) = TC_{max}(p_i) \end{cases}$$

同理，如果变迁 t_{j2} 优先，$TC_{max}(p_i) - TC_{min}(p_i) + TC_{min}(t_{j2}) - Fire_{dur}(t_{j2}) > 0$ 为变迁 t_j 可成功激活的充分条件，此时托肯到达库所 p_i 与 p_{j2} 的时间间隔的上下界分别为

$$\begin{cases} \inf\{d(Arr(p_{j2}) - Arr(p_i))\} = TC_{min}(p_i) + TC_{min}(t_{j2}) + Fire_{dur}(t_{j2}) \\ \sup\{d(Arr(p_{j2}) - Arr(p_i))\} = TC_{max}(p_i) \end{cases}$$

4) 分解作业子网

图 11-13(d)所示为分解作业子网。发动机部装分解和总装分解为并发结构，库所 p_i 表示发动机等待缓冲区，定义在库所 p_i 上的时间约束 $[TC_{min}(p_i), TC_{max}(p_i)]$ 为发动机在该缓冲区的等待时间约束；变迁 t_j 表示部装分解或总装分解，定义在变迁 t_j 上的时间约束 $[TC_{min}(t_j), TC_{max}(t_j)]$ 为分解活动时间约束；激发持续时间 $Fire_{dur}(t_j)$ 为分解活动持续时间，托肯到达库所 p_i、p_{j1} 与 p_{j2} 的时间分别记为 $Arr(p_i)$、$Arr(p_{j1})$ 与 $Arr(p_{j2})$。则库所 p_i 中托肯的使能区间为 $[Arr(p_i) + TC_{min}(p_i), Arr(p_i) + TC_{max}(p_i)]$，变迁的激活区间为 $[EFBT(t_j), LFET(t_j)] = [Arr(p_i) + TC_{min}(p_i) + TC_{min}(t_j), Arr(p_i) + TC_{max}(p_i)]$。

由变迁可成功完成激活的充分条件可知，当 $TC_{max}(p_i) - TC_{min}(p_i) + TC_{min}(t_j) - Fire_{dur}(t_j) > 0$ 时，变迁 t_j 可成功激活，此时托肯到达库所 p_{j1} 与 p_{j2} 的时间区间为 $Arr(p_{j1}), Arr(p_{j2}) \in [EFBT(t_j) + Fire_{dur}(t_j), LFET(t_j)]$，因此托肯到达库所 p_i 与 p_{j1}、p_{j2} 的时间间隔的上下界分别为

$$\begin{cases} \inf\{d(Arr(p_{j1}) - Arr(p_i))\} = \inf\{d(Arr(p_{j2}) - Arr(p_i))\} \\ \qquad = EFBT(t_{j1}) + Fire_{dur}(t_{j1}) - Arr(p_i) \\ \qquad = TC_{min}(p_i) + TC_{min}(t_j) + Fire_{dur}(t_{j1}) \\ \sup\{d(Arr(p_{j1}) - Arr(p_i))\} = \sup\{d(Arr(p_{j2}) - Arr(p_i))\} \\ \qquad = LFET(t_{j1}) - Arr(p_i) \\ \qquad = TC_{max}(p_i) \end{cases}$$

11.3.3　维修工作流执行时间的计算与分析

在维修作业计划的执行过程中，会受到各种因素如航材短缺、设备故障、人力不足的影响，有时甚至不能按计划将发动机交付用户或本航空公司的飞行营运部门使用。为了保证完成维修车间的生产计划，实现维修工作流的可靠执行，需要验证过程模型中活动的执行时间，包括静态验证和动态验证[14]。

1. 维修工作流执行时间静态分析

首先，对于工作流模型执行时间进行静态验证问题，本章采用基于代数的分析方法。Cohen 及其合作者首次将极大代数应用于离散动态系统建模及分析中，本章在其基础上增加极小算子，将其拓展成为极大极小代数。①极大极小代数的定义域为$\overline{\mathbb{R}}=\mathbb{R}\cup\{\pm\infty\}$，其中$\mathbb{R}$为实数域，“$\pm\infty$”为正负无穷大。②极大极小代数基本运算“$\oplus$”“$\otimes$”与“$\overline{\oplus}$”“$\overline{\otimes}$”定义为：$a\oplus b=\max\{a,b\}$，$a\otimes b=a\overline{\otimes}b=a+b$，$a\overline{\oplus}b=\min\{a,b\}$。对于矩阵 $\boldsymbol{A},\boldsymbol{B}\in\overline{\mathbb{R}}^{m\times n}$，则有$(\boldsymbol{A}\oplus\boldsymbol{B})_{ij}=(\boldsymbol{A})_{ij}\oplus(\boldsymbol{B})_{ij}=\max\{(\boldsymbol{A})_{ij},(\boldsymbol{B})_{ij}\}$，$(\boldsymbol{A}\overline{\oplus}\boldsymbol{B})_{ij}=(\boldsymbol{A})_{ij}\overline{\oplus}(\boldsymbol{B})_{ij}=\min\{(\boldsymbol{A})_{ij},(\boldsymbol{B})_{ij}\}$，对于矩阵 $\boldsymbol{A}\in\overline{\mathbb{R}}^{m\times r}$ 和 $\boldsymbol{B}\in\overline{\mathbb{R}}^{r\times n}$，则有

$$\begin{cases}(\boldsymbol{A}\otimes\boldsymbol{B})_{ij}=\sum\limits_{l=1}^{r}\oplus\{(\boldsymbol{A})_{il}\otimes(\boldsymbol{B})_{lj}\}=\max\limits_{1\leqslant l\leqslant r}\{(\boldsymbol{A})_{il}+(\boldsymbol{B})_{lj}\}\\(\boldsymbol{A}\overline{\otimes}\boldsymbol{B})_{ij}=\sum\limits_{l=1}^{r}\overline{\oplus}\{(\boldsymbol{A})_{il}\overline{\otimes}(\boldsymbol{B})_{lj}\}=\min\limits_{1\leqslant l\leqslant r}\{(\boldsymbol{A})_{il}+(\boldsymbol{B})_{lj}\}\end{cases}\tag{11-27}$$

通过上述 4 种维修作业子网的可调度性分析，给出了 4 种子网中托肯到达输入库所和输出库所的时间间隔的上下界。对于上述 4 种子网，假设向量 $\boldsymbol{X}=[x(1),x(2),\cdots,x(n)]^{\mathrm{T}}$ 与 $\boldsymbol{Y}=[y(1),y(2),\cdots,y(n)]^{\mathrm{T}}$ 分别表示该结构中托肯到达对应库所的下界和上界，可得以下结果。

1）顺序作业子网

令 $\sup\{\bar{d}_{ij}\}=\mathrm{TC}_{\max}(p_i)$，$\inf\{\bar{d}_{ij}\}=\mathrm{TC}_{\min}(p_i)+\mathrm{TC}_{\min}(t_j)+\mathrm{Fire}_{\mathrm{dur}}(t_j)$，则托肯到达库所的时间的上下界为

$$\boldsymbol{X}(\boldsymbol{Y})=\begin{bmatrix}x(y)(i)\\x(y)(j)\end{bmatrix}=\begin{bmatrix}0&-\infty(+\infty)\\\inf(\sup)\{\bar{d}_{ij}\}&0\end{bmatrix}\otimes(\overline{\otimes})\begin{bmatrix}x(y)(i)\\x(y)(j)\end{bmatrix}\tag{11-28}$$

2）装配作业子网

令 $\sup\{\bar{d}_{i_uj}\}=\mathrm{TC}_{\max}(p_{i_u})$，$\inf\{\bar{d}_{i_uj}\}=\mathrm{TC}_{\min}(p_{i_u})+\mathrm{TC}_{\min}(p_{i_u})+\mathrm{TC}_{\min}(p_{i_u})+\mathrm{TC}_{\min}(t_j)+\mathrm{Fire}_{\mathrm{dur}}(t_j)$，$u=1,2$，则托肯到达库所的时间的上下界为

$$\boldsymbol{X}(\boldsymbol{Y})=\begin{bmatrix} x(y)(i_1) \\ x(y)(i_2) \\ x(y)(j) \end{bmatrix}$$
$$=\begin{bmatrix} 0 & -\infty(+\infty) & -\infty(+\infty) \\ -\infty(+\infty) & 0 & -\infty(+\infty) \\ \inf(\sup)\{\bar{d}_{i_1 j}\} & \inf(\sup)\{\bar{d}_{i_2 j}\} & 0 \end{bmatrix} \otimes (\overline{\otimes}) \begin{bmatrix} x(y)(i_1) \\ x(y)(i_2) \\ x(y)(j) \end{bmatrix} \tag{11-29}$$

3）选择作业子网

若 $\mathrm{TC}_{\max}(p_{i_1})<\mathrm{TC}_{\max}(p_{i_2})$，则令 $\sup\{\bar{d}_{i_1 j}\}=\mathrm{TC}_{\max}(p_{i_1})$，$\inf\{\bar{d}_{i_1 j}\}=\mathrm{TC}_{\min}(p_{i_1})+\mathrm{TC}_{\min}(t_j)+\mathrm{Fire}_{\mathrm{dur}}(t_j)$，$\sup\{\bar{d}_{i_2 j}\}=+\infty$，$\inf\{\bar{d}_{i_2 j}\}=-\infty$；否则，令 $\sup\{\bar{d}_{i_2 j}\}=\mathrm{TC}_{\max}(p_{i_2})$，$\inf\{\bar{d}_{i_2 j}\}=\mathrm{TC}_{\min}(p_{i_2})+\mathrm{TC}_{\min}(t_j)+\mathrm{Fire}_{\mathrm{dur}}(t_j)$，$\sup\{\bar{d}_{i_1 j}\}=+\infty$，$\inf\{\bar{d}_{i_1 j}\}=-\infty$。托肯到达库所的时间的上下界为

$$\boldsymbol{X}(\boldsymbol{Y})=\begin{bmatrix} x(y)(i) \\ x(y)(j_1) \\ x(y)(j_2) \end{bmatrix}$$
$$=\begin{bmatrix} 0 & -\infty(+\infty) & -\infty(+\infty) \\ \inf(\sup)\{\bar{d}_{ij_1}\} & 0 & -\infty(+\infty) \\ \inf(\sup)\{\bar{d}_{ij_2}\} & -\infty(+\infty) & 0 \end{bmatrix} \otimes (\overline{\otimes}) \begin{bmatrix} x(y)(i) \\ x(y)(j_1) \\ x(y)(j_2) \end{bmatrix} \tag{11-30}$$

4）分解作业子网

令 $\sup\{\bar{d}_{ij_u}\}=\mathrm{TC}_{\max}(p_i)$，$\inf\{\bar{d}_{ij_u}\}=\mathrm{TC}_{\min}(p_i)+\mathrm{TC}_{\min}(t_j)+\mathrm{Fire}_{\mathrm{dur}}(t_j)$，$u=1,2$，则托肯到达库所的时间的上下界为

$$\boldsymbol{X}(\boldsymbol{Y})=\begin{bmatrix} x(y)(i) \\ x(y)(j_1) \\ x(y)(j_2) \end{bmatrix}$$
$$=\begin{bmatrix} 0 & -\infty(+\infty) & -\infty(+\infty) \\ \inf(\sup)\{\bar{d}_{ij_1}\} & 0 & -\infty(+\infty) \\ \inf(\sup)\{\bar{d}_{ij_2}\} & -\infty(+\infty) & 0 \end{bmatrix} \otimes (\overline{\otimes}) \begin{bmatrix} x(y)(i) \\ x(y)(j_1) \\ x(y)(j_2) \end{bmatrix} \tag{11-31}$$

上述 4 种基本结构中，托肯到达时间的上下界可用如下通式加以表达：$\boldsymbol{X}=\boldsymbol{A}\otimes\boldsymbol{X}$，$\boldsymbol{Y}=\boldsymbol{B}\overline{\otimes}\boldsymbol{Y}$。若工作流子网不包含自环，则方阵 $\boldsymbol{A}$ 与 $\boldsymbol{B}$ 为静态可达时间间隔

下界矩阵和静态可达时间间隔上界矩阵，可以证明由上述几种子网构成的维修工作流网对应的时间间隔矩阵为下三角矩阵。给出维修工作流执行时间矩阵静态分析算法如下。

步骤 1　令 $k=0$，初始化托肯到达时间 $\boldsymbol{X}^{(k)}=[x(1),x(2),\cdots,x(n)]^{\mathrm{T}}$ 与 $\boldsymbol{Y}^{(k)}=[y(1),y(2),\cdots,y(n)]^{\mathrm{T}}$，其中 $x(1)=y(1)$ 为工作流子网起始库所 i_1 中托肯到达的时间。

步骤 2　通过迭代关系式 $\boldsymbol{X}^{(k+1)}=\boldsymbol{A}\otimes\boldsymbol{X}^{(k)}$ 计算其他库所中托肯到达的时间下界。

步骤 3　通过迭代关系式 $\boldsymbol{Y}^{(k+1)}=\boldsymbol{B}\ \overline{\otimes}\ \boldsymbol{Y}^{(k)}$ 计算其他库所中托肯到达的时间上界。

步骤 4　若两次迭代的结果满足 $\boldsymbol{X}^{(k+1)}=\boldsymbol{X}^{(k)}$，$\boldsymbol{Y}^{(k+1)}=\boldsymbol{Y}^{(k)}$，则 $x^{(k+1)}(n)$ 与 $y^{(k+1)}(n)$ 分别表示维修工作流网终止库所 o 中托肯到达时间的下界和上界。

2. 维修工作流执行时间动态分析

在发动机维修活动执行过程中，由于活动采用弱激发规则，即活动开始的时间由调度者自身确定，因此即便是在静态情况下满足期限约束的活动，也无法保证它在将来的工作流执行中仍然满足执行时间约束要求。为此需要对执行时间进行动态多次验证，以便生产控制部门全面掌握发动机维修车间的生产情况，监督各车间是否按维修生产作业计划组织发动机维修生产，了解计划与实际之间发生的差异及其原因。

由弱激活模式可知：使能的变迁达到最早可激活时间后，变迁实际开始激活时间由调度者决定，我们感兴趣的是变迁 t 可成功完成激活时调度者决策时延对后续活动的影响。

定义 11.13　在标识 $\boldsymbol{M}$ 下，变迁 t 是可激活成功的，称 $\mathrm{DDT}(t)$ 为决策时延变量，称 $\mathrm{UT}(t)$ 为决策时延上界，其中 $\mathrm{UT}(t)=\mathrm{LFET}(t)-\mathrm{EFBT}(t)-\mathrm{Fire}_{\mathrm{dur}}(t)$，调度者的决策范围为：$0\leqslant\mathrm{DDT}(t)\leqslant\mathrm{UT}(t)$。

对于任意拓扑结构的维修作业子网，设向量 $\boldsymbol{Z}=[z(1),z(2),\cdots,z(n)]^{\mathrm{T}}$ 表示托肯到达对应库所的实际时间，令 $d_j=\mathrm{DDT}(t_j)$ 为变迁 t_j 的决策时延变量，令 $\boldsymbol{C}$ 为动态可达时间间隔矩阵，其中矩阵 $\boldsymbol{C}$ 通过如下的方法进行构造：

任给静态时间间隔下界矩阵 $\boldsymbol{A}$ 第 r 行 s 列对应元素为 a_{rs}，设库所 p_r 与库所 p_s 为库所集 P 的元素，若存在变迁 $t_j\in p_r^{\bullet}\cap{}^{\bullet}p_s$，则令动态时间间隔矩阵 $\boldsymbol{C}$ 第 r 行 s 列对应元素 $c_{rs}=a_{rs}+d_j$，否则令 $c_{rs}=a_{rs}$。

给出矩阵 $\boldsymbol{C}$ 后，任意拓扑结构工作流网中托肯实际到达的时间可用如下通式加以表达：$\boldsymbol{Z}=\boldsymbol{C}\otimes\boldsymbol{Z}$。因此工作流网执行时间矩阵动态分析算法如下。

步骤 1　令 $k=0$，初始化向量 $\boldsymbol{Z}^{(k)}=[z(1),z(2),\cdots,z(n)]^{\mathrm{T}}$，其中 $z(1)$ 为工作流子网起始库所 i 中托肯到达的时间。

步骤 2　通过迭代关系式 $\boldsymbol{Z}^{(k+1)}=\boldsymbol{C}\otimes\boldsymbol{Z}^{(k)}$ 计算其他库所中托肯到达的实际时间。

步骤 3 若两次迭代的结果满足 $\boldsymbol{Z}^{(k+1)}=\boldsymbol{Z}^{(k)}$，则 $z^{(k+1)}(n)$ 表示维修工作流网终止库所 o 中托肯实际到达的时间即维修工作结束时间，计算结束。

11.3.4 工作流验证方法应用案例

本章以某台进场进行大修的发动机为例，验证维修工作流可调度性算法的正确性。该发动机进场后分解为 7 个单元体，分别为：风扇机匣(FAN)、高压压气机转子(HPCR)、高压压气机静子(HPCS)、高压涡轮转子(HPTR)、低压涡轮(LPT)、角齿轮箱(AGB)、压气机后机匣(CRF)。上述 7 个单元体的各项维修活动的时间约束定义如表 11-3 所示。假设上述活动均没有执行时间约束，因此活动可以执行的时间区间为[0，+∞]。要求解决如下两个问题：

(1) 求发动机装配的最早结束和最晚结束时间；

(2) 若高压压气机转子修理工作延误 2 天，是否影响发动机装配的最晚截止时间？

表 11-3 维修活动的时间约束

活动	时间参数	FAN	HPCR	HPCS	HPTR	LPT	AGB	CRF
分解	$[TC_{min}(p), TC_{max}(p)]$	[0,5]						
	$Fire_{dur}(t)$	3.8						
故检	$[TC_{min}(p), TC_{max}(p)]$	[0,5]	[0,4]	[0,5]	[0,5]	[0,7]	[0,6]	[0,5]
	$Fire_{dur}(t)$	3.3	2.4	3.6	3.8	5.5	4.2	3.6
修理	$[TC_{min}(p), TC_{max}(p)]$	[0,11]	[0,13]	[0,20]	[0,10]	[0,20]	[0,17]	[0,11]
	$Fire_{dur}(t)$	8.3	10.5	18.3	7.3	16.8	13.4	8.2
集件	$[TC_{min}(p), TC_{max}(p)]$	[0,4]	[0,6]	[0,5]	[0,4]	[0,5]	[0,4]	[0,5]
	$Fire_{dur}(t)$	2.5	3.5	3.7	2.5	3.5	2.8	3.1
装配	$[TC_{min}(p), TC_{max}(p)]$	[0,6]						
	$Fire_{dur}(t)$	4.4						

问题(1)是工作流网执行时间静态分析问题，问题(2)是工作流网执行时间动态分析问题。首先构造发动机分解、装配工作流网以及各单元体的工作流子网，通过组合得到维修工作流网。计算过程如下：

(1) 将每个单元体的故检、修理、集件活动视为顺序活动，构造关于第 i 个单元体的静态时间间隔下界矩阵 $\boldsymbol{A}_i$ 与上界矩阵 $\boldsymbol{B}_i$。

(2) 通过工作流执行时间静态分析，可得到故检、修理、集件 3 项串行顺序活动执行的时间上下界，如表 11-4 所示。

表 11-4 顺序活动执行时间上下界

执行时间	FAN	HPCR	HPCS	HPTR	LPT	AGB	CRF
$[\inf(d), \sup(d)]$	[14.1,20]	[16.4,23]	[25.6,30]	[13.6,19]	[25.1,32]	[20.4,27]	[14.9,21]

(3) 可将原来的层次细化工作流网抽象为包含分解结构、顺序结构及装配结构子网的顶层工作流网，构造关于发动机的顶层工作流网的静态时间间隔下界矩阵 $\boldsymbol{A}$ 与上界矩阵 $\boldsymbol{B}$：

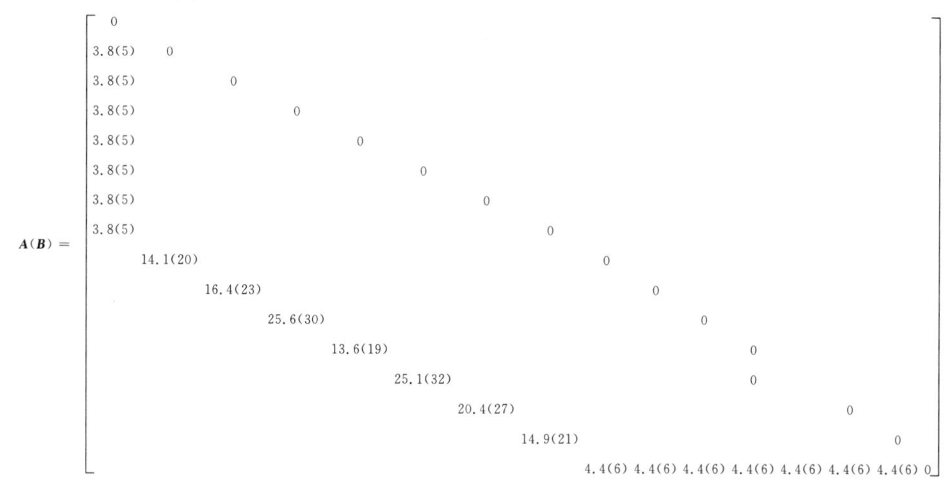

再次依据工作流的执行时间静态分析方法，可得 7 个单元体最早可以装配的时间为 $\boldsymbol{X}=[17.9,20.2,29.4,17.4,28.9,24.2,18.7]^{\mathrm{T}}$，7 个单元体最晚可以装配的时间为 $\boldsymbol{Y}=[19.1,21.4,30.6,18.6,30.1,25.4,19.9]^{\mathrm{T}}$，发动机最早完成装配的时间为 29.4+4.4=33.8，最晚完成装配的时间为 30.6+5=35.6。

(4) 依据工作流的执行时间动态分析方法，首先构造动态可达时间间隔矩阵 $\boldsymbol{C}$，矩阵 $\boldsymbol{C}$ 中的元素满足 $c_{10,3}=a_{10,3}+2$，$c_{i,j}=a_{i,j}(i\neq 10,j\neq 3)$，可计算 7 个单元体开始装配的实际时间为 $\boldsymbol{Z}=[17.9,22.2,29.4,17.4,28.9,24.2,18.7]^{\mathrm{T}}$，发动机完成装配的实际时间仍然为 29.4+4.4=33.8，因此高压压气机转子修理时间延误 2 天不影响发动机装配的最晚截止时间。

11.4　车间维修资源调度

11.4.1　维修作业过程自底向上建模

1. 维修作业子网模型的映射

航空发动机维修生产作业调度是对发动机所要进行的关键件和关键设备的工作安排，也常称为车间调度问题。

1) 维修作业调度的依据

①车间生产计划。计划员生成一个进厂文件包，详细列出发动机要进行的每一项维修工作。②维修工卡文件。维修工卡文件提供了各项工序的计划时间及相互之间的顺序关系，即生产调度的工序优先级约束条件。③车间设备资源。包括维修设备、维修辅助工具以及航材供应等，在生产调度问题中主要考虑关键设备的

作业计划。面向资源约束的航空发动机维修作业调度过程如图 11-14 所示。

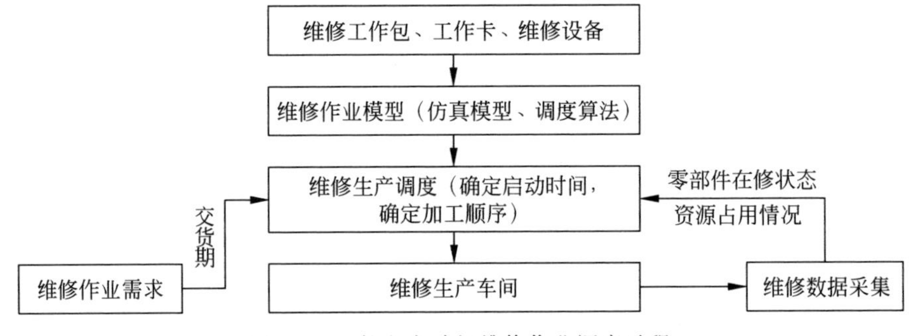

图 11-14　航空发动机维修作业调度过程

2）作业调度过程基本假设

①维修工序必须连续进行，一旦进行不能中断。②每台设备一次只能对一个单元体或零部件进行维修工作。③一个单元体或零部件不能同时在两台设备上维修。④设备的安装时间和单元体或零件在不同设备间的运输时间忽略不计。

发动机车间维修调度系统描述模型需要利用发动机结构视图、维修流程视图和维修资源视图等 3 个视图进行描述，通过形式化的方法描述维修任务与发动机结构、部件与维修保障流程、维修流程对维修资源的需求等之间的关系，这些关系包括：

(1) 维修流程与发动机结构的关联关系。首先将装备任务分解为多个单元体或零部件，每个单元体或零部件有其自身独立的维修工艺流程，工艺流程中基本维修工步之间不存在交集。

(2) 维修流程对维修资源的需求关联关系。维修流程对维修资源的需求关系可以根据实际经验以及维修流程规范给出，本章仅给出维修流程对维修设备的需求关系描述。

定义 11.14　设有向图 G 为发动机的某个部件的维修工艺流程图，G 中的顶点包含两层工程语义：其一为维修作业工步 $w_i, w_i \in W$，W 为该部件所有工步集合；其二为该工步相对应的加工设备 $m_j, m_j \in M$，M 为所有设备集合。假设任一工步仅占用一台设备，W 与 M 的映射关系为 $f: W \mapsto M$。对于 $w_1(m_1), w_2(m_2) \in W$，若存在有向边连接，则表示部件经由 m_1 加工后送入 m_2 加工。

图 11-15 所示为某型号发动机装配工序流程图，左侧为该型号发动机的 8 个单元体，分别为高压压气机静子、高压压气机转子、压气机后机匣、高压涡轮转子、二级高压喷嘴(T2N)、低压涡轮、角齿轮箱、风扇机匣。方框表示对相应单元体进行加工、平衡和总装过程所采用的设备，主要设备有立式车床(VTL)、叶尖磨削机床(LBTG)、卧式平衡机(HBalance)、立式平衡机(VBalance)、车间吊车(gantry)、地坑(PIT)、高压压气机转子安装架(HPCR stand)、高压涡轮安装架(HPT stand)、角齿轮箱安装架(AGB/CRF stand)、低压涡轮安装架(LPT stand)。方框上标出的数字为在该设备上平均操作时间，箭头所指的方向为维修作业的顺序。

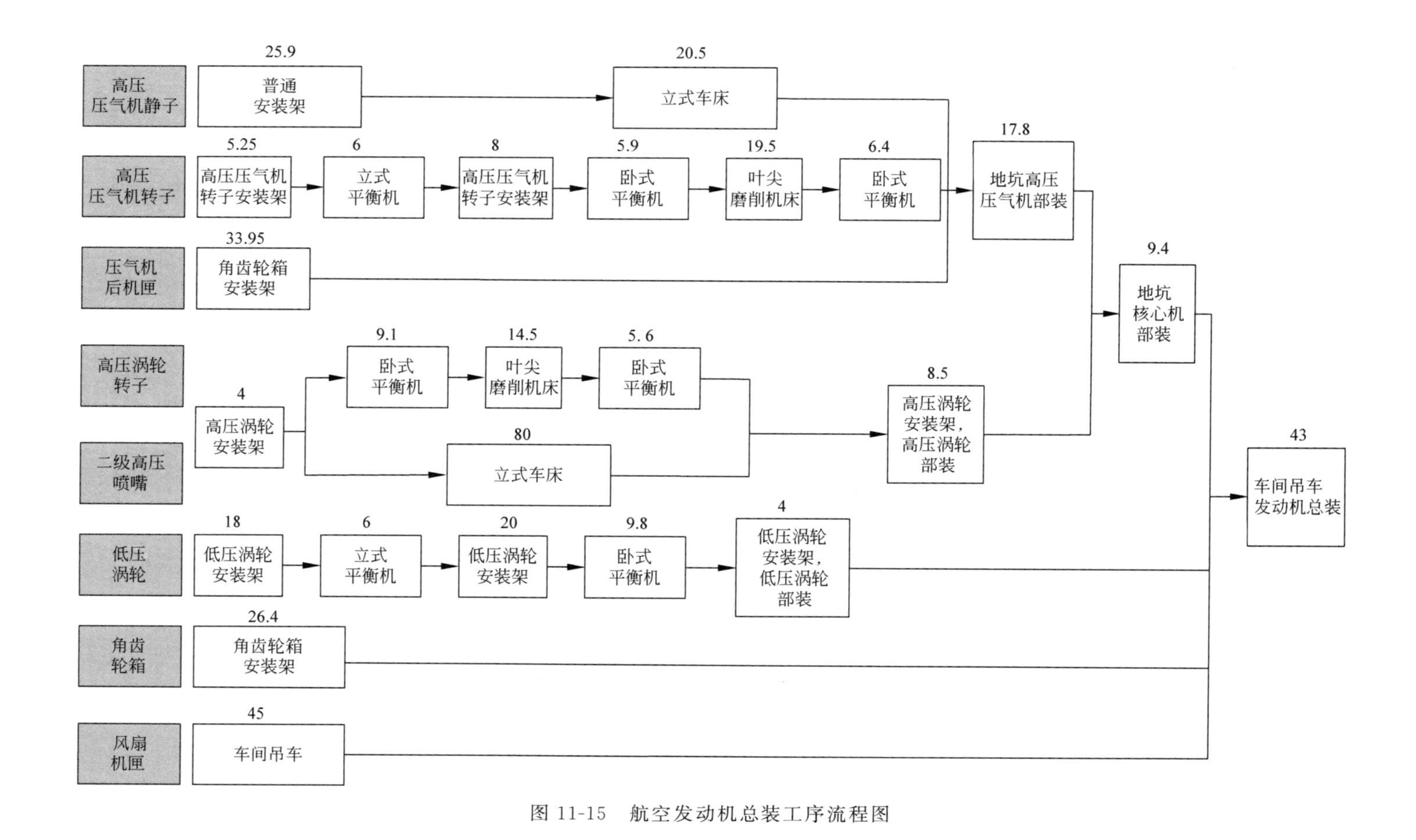

图 11-15　航空发动机总装工序流程图

以往的航空发动机总装作业计划编制的方法主要采用生产周期法，即通过绘制生产周期表来确定生产任务，其局限性在于当发动机构型复杂、平行交叉作业较多时难以表达清楚，不利于动态调整，因此有必要采用其他的建模和分析方法[18]。

首先，假设在不考虑总装资源约束的条件下，根据总装工艺路线图建立各个单元体的维修作业过程模型。

定义 11.15 作业过程模型（work processing model，WPM）是满足如下条件的 Petri 网 WPM=$(P_W, T_W, \boldsymbol{Pre}_W, \boldsymbol{Post}_W, \boldsymbol{M}_{W0})$：①存在唯一的 $p_{\text{input}} \in P_W$，被称为输入库所，且 $\boldsymbol{M}_{W0}(p_{\text{input}}) > 0$；② $\forall p \in P_W - \{p_{\text{input}}\}$ 被称为缓冲库所，且 $M_{W0}(p)=0$。

由流程图 G 构造作业过程模型 WPM 的规则如下：①建立从 G 的顶点集 W 到 WPM 模型的变迁集 T_W 的一一映射 $g: W \mapsto T_W$；②对任意 $t_u, t_v \in T_W$，若 w_u、w_v 之间存在有向边，则增加库所 $p_v \in P_W$，使 $\boldsymbol{Pre}(p_v, t_v)=\boldsymbol{Post}(p_v, t_u)=1$，且 $M_{W0}(p_v)=0$；③若 $w_i \in W$ 的入度 $\deg^+(w_i)=0$，则增加输入库所 $p_{\text{input}} \in P_W$，使 $\boldsymbol{Pre}(p_{\text{idle}}, t_i)=1$，且 $\boldsymbol{M}_{W0}(p_{\text{input}})=1$。

然后在总装作业过程模型的基础上，增加总装资源约束，将不同工步占用的相同的总装设备归纳为某一设备类，该类设备资源的数量定义为实例的数目。

定义 11.16 资源共享模型（resource sharing model，RSM）是由 WPM 扩展后满足如下条件的 Petri 网 RSM=$\{P_W \cup P_M, T_W, \boldsymbol{Pre}_W \cup \boldsymbol{Pre}_M, \boldsymbol{Post}_W \cup \boldsymbol{Post}_M, \boldsymbol{M}_{w0} \cup \boldsymbol{M}_{M0}\}$：① $\forall p \in P_M$ 称为资源库所，且 $|\boldsymbol{M}_{M0}(p)| \geqslant 1$ 为该类资源的数量；② $\forall t \in T_W$，$\exists p \in P_M$，使得 $p \in {}^{\cdot}t \cap t^{\cdot}$，且 $\boldsymbol{Pre}_M(p,t)=\boldsymbol{Post}_M(p,t)=1$，即设备资源为非消耗性的。

在 WPM 基础上构造 RSM 的规则如下：① $\forall t \in T_W$，建立 G 的顶点对应设备资源集 M 到资源库所 P_M 的一一映射：$h: M \mapsto P_M$；② $\forall p \in P_M$，$\forall t \in T_W$，若工步 t 占用维修设备 p，则 $\boldsymbol{Pre}_M(p,t)=\boldsymbol{Post}_M(p,t)=1$，否则 $\boldsymbol{Pre}_M(p,t)=\boldsymbol{Post}_M(p,t)=0$。

以图 11-15 中航空发动机总装作业中的高压压气机单元体为例，设其维修加工过程是串行的。假设有高压压气机单元体的实例 h_1 进入装配作业，建立如图 11-16 所示的 Petri 网模型。与库所关联的资源如下：$C(p_i)=\{h_1\}, i=1, 2, \cdots, 7, C(p_{\text{v}})=\{\text{VBalance}\}$，$C(p_{\text{s}})=\{\text{Stand}\}$，$C(p_l)=\{\text{LBTG}\}$，$C(p_{\text{h}})=\{\text{HBalance}\}$，初始标识为 $\boldsymbol{M}_0=[h_1, 0, 0, 0, 0, 0, 0, \text{VBalance}, \text{HBalance}, \text{Stand}, \text{LBTG}]^{\text{T}}$。$h_1$ 维修完毕时的标识为 $\boldsymbol{M}_e=[0, 0, 0, 0, 0, 0, h_1, \text{VBalance}, \text{HBalance}, \text{Stand}, \text{LBTG}]^{\text{T}}$。

从 RSM 的定义看出，资源库所是一个"标识发放中心"，其初始标识表示该资源的可用性，所有需要该资源的工步竞争这些共享资源。经分析可知，共享资源作业子网有如下性质。

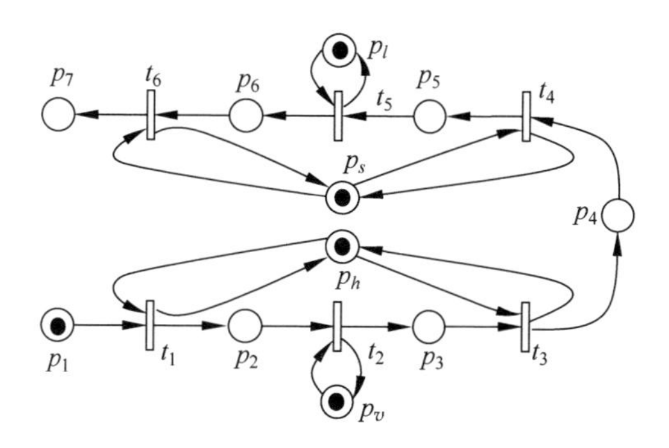

图 11-16　高压气机单元体装配 Petri 网

性质 11.3　守衡性　由作业过程模型 WPM 可知，$\forall p \in P_W$，$|{}^{\cdot}p| \leqslant 1$ 且 $|p^{\cdot}| \leqslant 1$，因此 $\forall \boldsymbol{M} \in R(\boldsymbol{M}_0)$，满足 $\Gamma_{P \to P_W}(\boldsymbol{M}) = \Gamma_{P \to P_W}(\boldsymbol{M}_0)$，其中 $\Gamma_{X \to Y}(Z)$ 表示 Z 在 X 的子集 Y 上的投影部分。由资源共享模型 RSM：$\forall p \in P_M$:$\boldsymbol{Pre}(p,t) = \boldsymbol{Post}(p,t)$，即资源托肯为非消耗性的，因此有 $\Gamma_{P \to P_M}(M) = \Gamma_{P \to P_M}(M_i)$。综合得：存在 $\tilde{\boldsymbol{\omega}}^{\mathrm{T}} = [1,1,\cdots,1]^{\mathrm{T}}$，使得 $\tilde{\boldsymbol{\omega}}^{\mathrm{T}}\boldsymbol{M} = \tilde{\boldsymbol{\omega}}^{\mathrm{T}}\boldsymbol{M}_0$，因此共享资源子网 RSM 是严格守恒的。

性质 11.4　有界性　由严格守恒性可知，$\tilde{\boldsymbol{\omega}}^{\mathrm{T}}\boldsymbol{M} = \tilde{\boldsymbol{\omega}}^{\mathrm{T}}\boldsymbol{M}_0$，其中 $\tilde{\boldsymbol{\omega}}^{\mathrm{T}} = [1,1,\cdots,1]^{\mathrm{T}}$，即 $\forall p_i \in P_W \cup P_M$: $\sum_i M(p_i) = \tilde{\boldsymbol{\omega}}^{\mathrm{T}}\boldsymbol{M}_0$，因此有 $\forall p_i \in P_W \cup P_M$: $M(p_i) \leqslant \tilde{\boldsymbol{\omega}}^{\mathrm{T}}\boldsymbol{M}_0$，因此共享资源子网 RSM 是有界的。

性质 11.5　无死锁性　在资源共享模型 RSM 中，$\forall p \in P_M$，$\exists t \in T_W$，使 $\boldsymbol{Pre}_M(p,t) = \boldsymbol{Post}_M(p,t)$，即 ${}^{\cdot}p = p^{\cdot}$，说明 RSM 中同时包含死锁与陷阱结构，记为 Σ。当资源库所对应的资源托肯数量不为零，即 $\forall p \in \Sigma$: $\boldsymbol{M}_0(p) > 0$ 时，所有死锁包含被标识的陷阱，那么共享资源子网 RSM 是无死锁的。

2. 维修作业子网动态共享合成

为了描述多个单元体的维修工艺与多种资源交互的状态和行为，反映维修系统中全部子模型对资源共享与冲突的情形，本章在单部件资源共享模型的基础上引入 Petri 网的共享合成运算，并讨论状态保持问题。

定义 11.17　设 Petri 网 $\mathrm{RSM}_i = (P_{Wi} \cup P_{Mi}, T_i, \boldsymbol{Pre}_i, \boldsymbol{Post}_i, \boldsymbol{M}_i)$，其中 $P_{W1} \cap P_{W2} = \varnothing$，$P_{M1} \cap P_{M2} \neq \varnothing$，$i=1,2$。令 $\mathrm{RSM} = (P, T, \boldsymbol{Pre}, \boldsymbol{Post}, \boldsymbol{M})$，使得：① $P = P_1 \cup P_2$，$P_1 \cap P_2 \neq \varnothing$；② $T = T_1 \cup T_2$，$T_1 \cap T_2 = \varnothing$；③ $\boldsymbol{Pre} = \boldsymbol{Pre}_1 \cup \boldsymbol{Pre}_2$，$\boldsymbol{Post} = \boldsymbol{Post}_1 \cup \boldsymbol{Post}_2$；④若 $p \in P_{M1} \cap P_{M2}$，则 $\boldsymbol{M}(p) = \max\{\boldsymbol{M}_1(p), \boldsymbol{M}_2(p)\}$，若 $p \in P_{W1} \cup P_{W2}$，则 $\boldsymbol{M}(p) = \boldsymbol{M}_i(p)$。则称 RSM 是 RSM_1 与 RSM_2 的共享合成网，记作 $\mathrm{RSM} = \mathrm{RSM}_1 O_p \mathrm{RSM}_2$[19]。

总装流程 Petri 网构造的步骤是先分别构造 HPC、T2N、HPTR、HPCR、LPT、CRF、AGB、FAN 等 8 个单元体的加工过程模型，然后通过共享资源库所合成的方式构造总装过程模型。图 11-17 所示为共享合成后的总装模型。

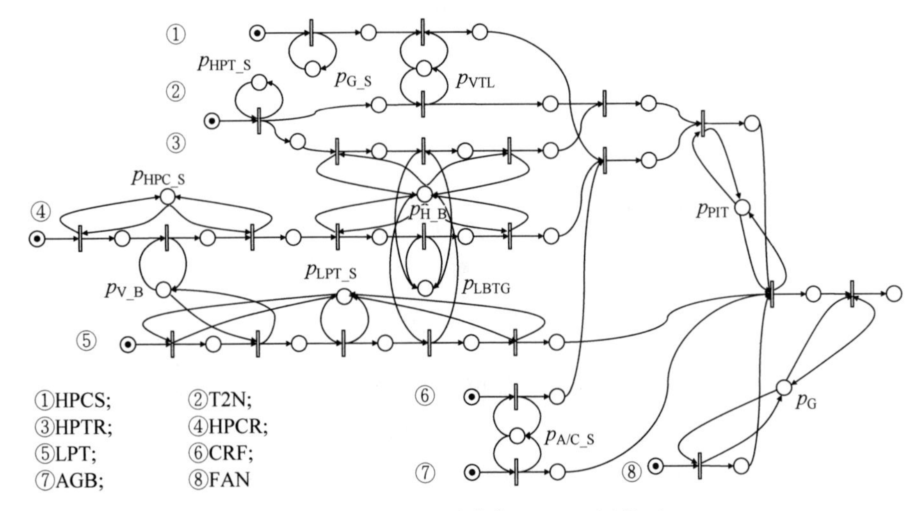

图 11-17 发动机总装作业 Petri 网模型

性质 11.6 设 Petri 网 $\mathrm{RSM}_i=(P_{Wi}\cup P_{Mi},T_i,\boldsymbol{Pre}_i,\boldsymbol{Post}_i,\boldsymbol{M}_i),i=1,2,\mathrm{RSM}=\mathrm{RSM}_1 O_p \mathrm{RSM}_2$。若 $\forall \boldsymbol{M}\in R(\boldsymbol{M}_0)$，$\exists \boldsymbol{M}_i\in R(\boldsymbol{M}_{0i})$，使得 $\Gamma_{P\to(P_i-(P_1\cap P_1))}(\boldsymbol{M})=\Gamma_{P\to(P_i-(P_1\cap P_1))}(\boldsymbol{M}_i)$，则 RSM 满足状态不变性，其中 $P_i=P_{Wi}\cup P_{Mi}$，$i=1,2$。

状态不变性反映了合成系统保持各子系统非共享位置上的状态不变，即新进入部件不改变在加工部件的维修加工状态，为实现基于事件驱动的动态调度提供了理论上的保证。

前面提到，由于发动机总装具有固定的工艺路线，因此不存在工艺优化的问题。在给定的资源约束条件下，对发动机总装资源的调度为实现资源到不同工艺的时间分配问题，即冲突资源的路由问题。设 T 为资源共享合成模型中维修工艺的集合，P_M 为资源的集合，则调度可定义为如下的映射关系，即资源到维修工艺的时间分配：$S: P_M\times T\mapsto[\tau',\tau'+\delta_{ij}]$，其中 δ_{ij} 为工艺 t_j 占用设备 p_i 的时间，若在工艺路线图中工艺 t_j 不占用设备 p_i，则 $\delta_{ij}=0$，如表 11-5 所示。

表 11-5 维修资源调度示例

设备	t^1_{HPCS}	t^1_{HPCR}	t^1_{HPTR}	t^1_{T2N}	t^1_{LPT}	…
p_{VTL}	$[\tau^1_1,\tau^2_1]$	$[0,0]$	$[0,0]$	$[\tau^7_1,\tau^8_1]$	$[0,0]$	…
p_{LBTG}	$[0,0]$	$[\tau^3_2,\tau^4_2]$	$[\tau^5_2,\tau^6_2]$	$[0,0]$	$[0,0]$	…
p_{HBalance}	$[0,0]$	$[\tau^3_3,\tau^4_3]$	$[\tau^5_3,\tau^6_3]$	$[0,0]$	$[\tau^9_3,\tau^{10}_3]$	…
p_{VBalance}	$[0,0]$	$[\tau^3_4,\tau^4_4]$	$[0,0]$	$[0,0]$	$[\tau^9_4,\tau^{10}_4]$	…
…	…	…	…	…	…	…

其中维修调度满足如下条件：① $\forall p_k\in P_M$，满足 $[\tau^i_k,\tau^{i+1}_k]\cap[\tau^j_k,\tau^{j+1}_k]=\varnothing$，$i\neq j$，即每台设备一次只能加工一个单元体或零部件；② $\forall t_k\in T$，若存在指标集

$I=\{i_1,i_2,\cdots,i_n\}$满足$[\tau_{i_1}^k,\tau_{i_1}^{k+1}]\cap[\tau_{i_2}^k,\tau_{i_2}^{k+1}]\cap\cdots\cap[\tau_{i_n}^k,\tau_{i_n}^{k+1}]\neq\varnothing$，则$|I|\leqslant M_0(p_k)$，即维修工艺同时占用的资源设备数目一定少于或等于初始可用设备数目。

目前，采用 Petri 网建模并求解调度问题的方法主要分为 3 类：①通过可达图研究优化调度的变迁激发序列；②通过启发式搜索算法搜索部分可达图；③采用调度规则解决冲突[20]。前两者显然对于规模庞大的 Petri 网模型会出现状态爆炸的情况，而基于规则的调度方案如 SPT(shortest processing time first，最短化作业时间)、LPT(longest processing time first，最长化作业时间)、FCFS(first come first serve，先到先服务)等往往是一种局部优化调度策略，很难达到全局最优。本章为实现离散 Petri 网的调度，将离散模型转化为连续模型，采用路由函数化解资源的冲突。

3. 离散作业模型的连续性改造

显然，在共享合成后的资源共享模型中，维修资源个体是有限的、离散的，在不同的发动机总装之间或在同一发动机总装中不同的工艺间出现了同一维修资源在时间上的重叠，这种重叠有可能造成总装工作进程中断。本章提出一种资源冲突化解的方法，即将离散模型转化为对应的连续模型。

定义 11.18　自主连续 Petri 网(autonomous continuous Petri nets)定义为如下网络结构：ACPN=$(P,T,\boldsymbol{Pre},\boldsymbol{Post},\boldsymbol{M})$。其中，$P$ 为有限库所集；T 为有限变迁集；$\boldsymbol{Pre}: P\times T\mapsto\mathbb{R}^+$ 为前向关联矩阵；$\boldsymbol{Post}: P\times T\mapsto\mathbb{R}^+$ 为后向关联矩阵；$\boldsymbol{M}: P\mapsto\mathbb{R}^+$ 为标识向量，表示分布在库所中非负标识的数量。

定义 11.19　确定时间连续 Petri 网(deterministic time continuous Petri nets)定义为如下二元组：DTCPN=(ACPN,δ)。其中，ACPN 为自主连续 Petri 网；$\delta: T\mapsto\mathbb{R}^+$ 为定义在变迁上的时延，表示变迁激发 δ 时间后向输出库所中输出托肯。

对 DTCPN，设库所 p_i 在时刻 τ 的标识为 $\boldsymbol{M}_i(\tau)$，则当 $\forall p_i\in{}^\cdot t_j$ 满足 $\boldsymbol{M}_i(\tau')>\boldsymbol{0}$ 时称变迁 t_j 使能，使能的变迁 t_j 在时刻 τ 的激发计数 $\boldsymbol{Z}_j(\tau)$ 为

$$\boldsymbol{Z}_j(\tau)\leqslant\min_{p_i\in{}^\cdot t_j}\{\boldsymbol{M}_i(\tau')/\boldsymbol{Pre}(p_i,t_j)\},\quad \tau'=\tau-\delta_j \tag{11-32}$$

令变迁激发计数向量为 $\boldsymbol{Z}(\tau)=[Z_1(\tau),Z_2(\tau),\cdots,Z_n(\tau)]$，则 DTCPN 在时刻 τ 的标识通过如下状态方程给出：

$$\boldsymbol{M}_i(\tau)=\boldsymbol{M}_i(\tau)+\boldsymbol{C}\cdot\boldsymbol{Z}(\tau) \tag{11-33}$$

将离散 Petri 网模型改造为确定时间连续 Petri 网模型后，可将车间维修作业调度的目标函数相应转化为连续函数形式，进一步采用连续函数的优化方法实现调度目标函数的最大化，然后将调度结果还原到离散领域解决维修资源调度问题。

11.4.2　化解维修资源冲突的路由策略

1. 连续 Petri 网资源路由函数

在 DTCPN 中，若 $\exists p\in P$，满足 $|p^\cdot|>1$，则 DTCPN 存在冲突。本节为求解全局的最优调度策略，引入路由函数化解冲突，然后通过 Petri 网仿真的方法，研究

当时间 τ 趋于无穷且达到稳态维修资源最优路由策略。

定义 11.20 定义路由函数为映射 ρ：$P \times T \mapsto [0,1]$满足：$\forall t_j \in p_i^{\bullet}, \rho(p_i, t_j) = \rho_{ij}$，且 $\sum_{t_j = p_i^{\bullet}} \rho(p_i, t_j) = 1$。若 $\rho(p_i, t_j) = \rho_{ij} > 0$，当库所 p_i 的输出变迁 t_j 激发时，库所 p_i 中仅有数量为 ρ_{ij} 的托肯用于变迁 t_j 的激发。

令 $\boldsymbol{M}_i(\tau)$为 τ 时刻库所 p_i 中的托肯数，则路由函数 ρ 作用下 DTCPN 的演化方程归纳为

$$\begin{cases} \boldsymbol{Z}_j(\tau) \leqslant \min\limits_{p_i \in {}^{\bullet}t_j} \{\rho_{ij} \cdot \boldsymbol{M}_i(\tau - \delta_j) / \boldsymbol{Pre}(p_i, t_j)\} \\ \boldsymbol{M}_i(\tau) = \boldsymbol{M}_i(0) + \sum\limits_{t_j \in {}^{\bullet}p_i} \boldsymbol{Post}(p_i, t_j) \cdot \boldsymbol{Z}_j(\tau) \end{cases} \tag{11-34}$$

定义 11.21 若 DTCPN 包含任何冲突，即 $\exists p_i \in P$，满足$|p_i^{\bullet}| = h > 1$，则称满足如下条件的 Petri 网 $\overline{\text{DTCPN}} = (\bar{P}, T, \overline{\boldsymbol{Pre}}, \overline{\boldsymbol{Post}}, \overline{\boldsymbol{M}}, \bar{\delta})$为 DTCPN 的结构无冲突网：①将原 DTCPN 中的冲突库所 p_i 分成 h 个库所$\{p_i^1, p_i^2, \cdots, p_i^h\}$，构成有限库所集合 $\bar{P}$，库所 p_i^k 的初始标识为$\overline{\boldsymbol{M}}_i^k(0) = \rho(p_i, t_k)\boldsymbol{M}_i(0)$；②等价网的前向关联矩阵满足$\overline{\boldsymbol{Pre}}(p_i^k, t_k) = \boldsymbol{Pre}(p_i, t_k) \cdot \rho(p_i, t_k)$；③等价网的后向关联矩阵满足$\overline{\boldsymbol{Post}}(p_i^k, t_k) = \boldsymbol{Post}(p_i, t_k) \cdot \rho(p_i, t_k)$。

路由函数及$\overline{\text{DTCPN}}$的引入消除了维修工艺对资源的冲突。图 11-18 所示为两零部件共享资源模型及其对应的结构无冲突模型，在该模型中，资源库所 p_m 被分成 4 个库所$\{p_m^1, p_m^2, p_m^3, p_i^4\}$，且满足：①$\overline{\boldsymbol{M}}(p_m^i) \in (0,1)$；② $\sum_{i=1}^{4} \overline{\boldsymbol{M}}(p_m^i) = \boldsymbol{M}(p_m)$。

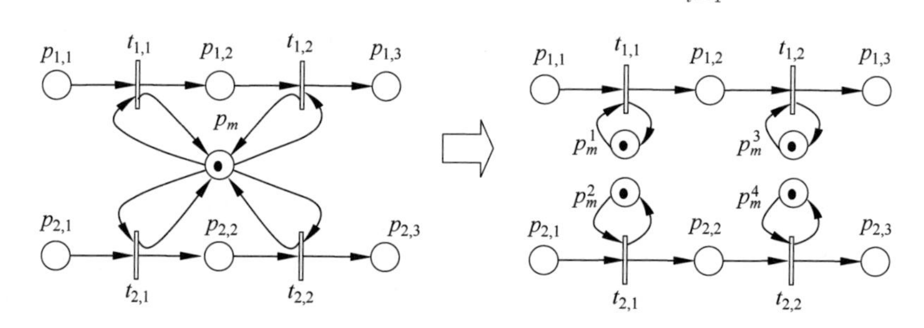

图 11-18 两零部件共享资源模型及其结构无冲突模型

引理 11.2 设 $\boldsymbol{Z}(\tau)$为 DTCPN 的有效激发计数向量，结构无冲突网 $\overline{\text{DTCPN}} = (\bar{P}, T, \overline{\boldsymbol{Pre}}, \overline{\boldsymbol{Post}}, \overline{\boldsymbol{M}}(0), \bar{\delta})$与 DTCPN 是等价的，当且仅当 $\boldsymbol{Z}(\tau)$为$\overline{\text{DTCPN}}$ 的有效激发计数向量[21]。

证明：设 $\bar{\boldsymbol{Z}}$ 与 $\overline{\boldsymbol{M}}$ 分别为$\overline{\text{DTCPN}}$ 的变迁激发计数与标识向量，对$\overline{\text{DTCPN}}$ 所有变迁 t_j 仍然有 $\delta_j = \bar{\delta}_j$，且$\overline{\boldsymbol{Post}}(p_i^k, t_j) = \boldsymbol{Post}(p_i, t_j) \cdot \rho(p_i, t_k)$，因此标识向量隐含如下的关系：$\overline{\boldsymbol{M}}_i^k(\tau - \delta_i) = \boldsymbol{M}_i(\tau - \delta_i) \cdot \rho(p_i, t_k)$。另一方面 $\bar{\rho}_{i,k}^k = 1$，因此

有 $\bar{\boldsymbol{Z}}(\tau)=\boldsymbol{Z}(\tau)$。

引理11.2意味着DTCPN与 $\overline{\text{DTCPN}}$ 在某些性质如活性、有界性等上保持一致。在下面的讨论中将以 $\overline{\text{DTCPN}}$ 为研究对象，认为 $\overline{\text{DTCPN}}$ 的性质完全适用于DTCPN。为求解DTCPN调度指标，本节首先给出求解 $\overline{\text{DTCPN}}$ 在固定路由策略下变迁激发速率的仿真算法如下。

步骤1　令迭代次数 $k=0$，给定冲突库所 p_i 的路由函数，初始化分裂后的 h 个库所 p_i^k 的初始标识为 $\bar{\boldsymbol{M}}_i^k(k)=\rho(p_i,t_k)\cdot\boldsymbol{M}_i(k)$，初始化变迁激发速率向量 $\boldsymbol{y}=\boldsymbol{0}$。

步骤2　任给使能变迁 $t_j\in T$，取变迁激发计数 $\bar{\boldsymbol{Z}}_j(k)=\min\limits_{p_i\in{}^{\bullet}t_j}\{\rho_{ij}\cdot\bar{\boldsymbol{M}}_i(k)/\boldsymbol{Pre}(p_i,t_j)\}$，得变迁 t_j 的激发速率为 $\boldsymbol{y}_j(k)=\boldsymbol{y}_j(k-1)+\bar{\boldsymbol{Z}}_j(k)/\delta_j$。

步骤3　任给库所 $p_i\in t_j^{\bullet}$，更新变迁 t_j 激发后标识为 $\bar{\boldsymbol{M}}_i(k)=\bar{\boldsymbol{M}}_i(k-1)+\text{Post}(p_i,t_j)\cdot\bar{\boldsymbol{Z}}_j(k)$。

步骤4　令 $k=k+1$，若标识回到初始标识，则迭代结束，得向量 $\boldsymbol{y}(k)$ 为在给定路由函数下的变迁激发速率，否则转步骤2。

2. 无冲突网稳态下资源利用率

发动机总装车间调度的性能指标是调度者评价调度的标准与尺度，常用的性能指标包括：生产周期(发动机中最后装配完工的时刻)，平均延误时间(发动机不能按期完工的平均时间)，设备资源利用率(维修设备的使用效率)等。本章将维修设备资源等效为连续流体，最直接的优化性能指标为流率指标，在 $\overline{\text{DTCPN}}$ 中资源流率最大意味着维修资源的利用率最大。

设无冲突网 $\overline{\text{DTCPN}}=(\bar{P},T,\overline{\boldsymbol{Pre}},\overline{\boldsymbol{Post}},\bar{\boldsymbol{M}}(0),\bar{\delta})$ 的关联矩阵为 $\bar{\boldsymbol{C}}$，某一时刻库所 p_i 中的标识数为 $\bar{\boldsymbol{M}}_i$，考虑如下的线性规划问题：

$$
\begin{cases}
\max\{J=\boldsymbol{e}^{\mathrm{T}}\cdot\boldsymbol{y}\} \\
\text{s.t.}\begin{cases}
\bar{\boldsymbol{C}}\cdot\boldsymbol{y}\geqslant\boldsymbol{0} & \text{(a)}\\
\bar{\boldsymbol{M}}_i\geqslant\overline{\boldsymbol{Pre}}(p_i,t_j)\cdot\boldsymbol{y}_j\cdot\delta_j,\ \forall p_i\in{}^{\bullet}t_j & \text{(b)}\\
\bar{\boldsymbol{M}}=\bar{\boldsymbol{M}}(0)+\bar{\boldsymbol{C}}\cdot\bar{\boldsymbol{Z}} & \text{(c)}
\end{cases}
\end{cases}
\tag{11-35}
$$

上述线性规划中，约束(a)给出了一组可重复的变迁激发速率，约束(b)给出了在给定标识下可行激发速率的约束，约束(c)给出了一组可任意接近可达标识的约束。

上述线性规划问题给出了求解发动机总装过程最大加工流率的方法，显然对于给定的路由函数和初始标识，一定存在最优解即最优的资源分配方案，使得维修资源的利用率达到最大。

不妨设 $(\boldsymbol{y},\bar{\boldsymbol{M}},\bar{\boldsymbol{Z}})$ 为上述线性规划问题的可行解，$\boldsymbol{y}$ 为可重复最优变迁激发速率，则 $\boldsymbol{y}_j\cdot\delta_j$ 为单位时间内变迁 t_j 对应的维修活动完成的发动机数目，$\bar{\boldsymbol{M}}$ 为达到最大系统流率时发动机在各个加工缓冲中的队长，即在修发动机数，$\bar{\boldsymbol{Z}}$ 为系统达到

某一状态时变迁 t_j 对应的维修活动完成的发动机总数目。则最优解满足下面的周期性定理。

定义 11.22 对$\overline{\text{DTCPN}}$,若存在周期 π 和有限的激发速率$\boldsymbol{\lambda}_j$,在足够大的时刻 τ 内,变迁 t_j 的激发计数满足:

$$\bar{\boldsymbol{Z}}_j(\tau+\pi)=\bar{\boldsymbol{Z}}_j(\tau)+\boldsymbol{\lambda}_j\pi \tag{11-36}$$

则称$\overline{\text{DTCPN}}$满足弱周期性;当 τ 趋于无穷时,变迁 t_j 的平均激发速率取得极限,即

$$\lim_{\tau\to\infty}\frac{\bar{\boldsymbol{Z}}_j(\tau)}{\tau}=\boldsymbol{\lambda}_j<+\infty \tag{11-37}$$

则称$\overline{\text{DTCPN}}$达到弱稳态[116]。

定理 11.3 令$(\boldsymbol{y},\bar{\boldsymbol{M}},\boldsymbol{Z})$为上述线性规划问题的可行解,则存在变迁激发序列 σ,使得$\overline{\text{DTCPN}}$达到如下的弱周期模式:$\boldsymbol{Z}_j(\tau+\pi)=\boldsymbol{Z}_j(\tau)+\boldsymbol{\lambda}_j\pi$。

证明:注意到若$(\boldsymbol{y},\bar{\boldsymbol{M}},\boldsymbol{Z})$为上述线性规划问题(11-35)的可行解,则一定存在变迁激发序列,使$\overline{\text{DTCPN}}$从初始标识 $\bar{\boldsymbol{M}}(0)$达到标识 $\bar{\boldsymbol{M}}'$,且对所有的库所 p_i 满足$\bar{\boldsymbol{M}}'\geqslant\overline{\boldsymbol{Pre}}(p_i,t_j)\cdot\boldsymbol{y}_j'\cdot\bar{\delta}_i$。标识 $\bar{\boldsymbol{M}}'$为$\overline{\text{DTCPN}}$在有限时间 π 内的可达标识,现在需要证明在下一个时间周期 π,在标识 $\bar{\boldsymbol{M}}'$下序列 σ 是可激发的。

因 $\bar{\boldsymbol{C}}\cdot\boldsymbol{y}\geqslant\boldsymbol{0}$,故在有限时间 π 内的可达标识满足 $\bar{\boldsymbol{M}}'=\bar{\boldsymbol{M}}(0)+\bar{\boldsymbol{C}}\cdot\boldsymbol{y}\geqslant\bar{\boldsymbol{M}}(0)$,进一步,在时间 2π 内的可达标识满足 $\bar{\boldsymbol{M}}''=\bar{\boldsymbol{M}}'+\bar{\boldsymbol{C}}\cdot\boldsymbol{y}\geqslant\bar{\boldsymbol{M}}'$,如此继续,因此存在激发速率向量 $\boldsymbol{y}$ 仍然为上述线性规划问题的可行解,因此变迁序列 σ 是使得$\overline{\text{DTCPN}}$达到弱周期模式的序列。

定理 11.4 当$\overline{\text{DTCPN}}$满足弱周期性时,它一定满足弱稳态性。

证明:若$\overline{\text{DTCPN}}$满足弱周期性,则 $\boldsymbol{Z}_j(\tau+\pi)=\boldsymbol{Z}_j(\tau)+\lambda_j\pi$,因此,经过 k 个周期后,变迁 t_j 对应的维修活动完成的发动机总数目为 $\boldsymbol{Z}_j(\tau)=\boldsymbol{Z}_j(\tau_0+k\pi)=\boldsymbol{Z}_j(\tau_0)+k\lambda_j\pi$,因此有

$$\lim_{\tau\to+\infty}\frac{\boldsymbol{Z}_j(\tau)}{\tau}=\lim_{k\to+\infty}\left(\frac{\boldsymbol{Z}_j(\tau_0)}{k\pi}+\frac{k\boldsymbol{\lambda}_j\pi}{k\pi}\right)=\boldsymbol{\lambda}_j<+\infty \tag{11-38}$$

由弱稳态定义 11.22 可知,它显然满足弱稳态性。

由定理 11.3 和定理 11.4 可知,对于维修车间资源调度问题,对不同的维修工步按比例赋予一定的资源分配率,发动机的维修时间将趋于稳定的周期,同时不同维修作业的时间效率也将达到一定的稳定状态,且通过优化不同的调度性能指标,系统将呈现周期性和稳态性。

11.4.3 维修车间资源静态调度算法

维修车间资源静态调度是把从发动机进入维修车间开始,到完成所有计划的维修工作为止的一段时间进行细分,并将时间分配到具体的维修资源。如何保证

静态调度实现全局最优是下面将要讨论的问题。

1. 粒子群优化与资源静调度策略

在$\overline{\text{DTCPN}}$中，路由参数并非事先给出，因为$\bar{C}$依赖于路由参数，系数的选择将是一大难题。因此本节仍采用原始的线性规划模型，通过一种新的优化算法——粒子群优化算法优化路由参数。

粒子群优化算法（particle swarm optimization，PSO）首先由 Kennedy 和 Eberhart 于 1995 年提出[22]。在该算法中一定数量的粒子在 N 维空间中移动，以搜索全局最优解，粒子的速度和位置由以下公式确定：

$$\begin{cases}\boldsymbol{V}_i^{t+1}=\omega\cdot\boldsymbol{V}_i^t+\eta_1\cdot\text{Rand}()\cdot(\boldsymbol{P}_i^t-\boldsymbol{X}_i^t)+\eta_2\cdot\text{Rand}()\cdot(\boldsymbol{P}_g^t-\boldsymbol{X}_i^t)\\ \boldsymbol{X}_i^{t+1}=\boldsymbol{X}_i^t+\boldsymbol{V}_i^{t+1}\end{cases}\tag{11-39}$$

式中，ω 为惯性权重，ω 越大粒子全局搜索能力越强；反之粒子的局部搜索能力越强。η_1 和 η_2 为常数，通常被称为学习因子。$\boldsymbol{P}_i$ 是第 i 个粒子搜索到的最好位置，$\boldsymbol{P}_g$ 是粒子群搜索到的全局最好位置。Rand()为[0,1]的随机数。

定义 11.23　称满足如下条件的向量 $\boldsymbol{X}=[x_i]_{1\times m}$ 为位置空间：①$x_i\in(0,1)$，$i=1,2,\cdots,m$；② $\sum x_i=c$，c 为常数。

定义 11.24　称向量 $\boldsymbol{V}=[v_i]_{1\times m}$ 为速度空间，向量中的元素满足如下条件：$\sum v_i=0$。

定理 11.5　假设粒子 x 处于位置空间 $\boldsymbol{X}^0\in\boldsymbol{X}$，其速度为 $\boldsymbol{V}^0\in\boldsymbol{V}$，由式(11-39)经过任意次迭代后得到的点 $\boldsymbol{X}^t$ 及 $\boldsymbol{V}^t$，仍然满足 $\boldsymbol{X}^t\in\boldsymbol{X}$ 及 $\boldsymbol{V}^t\in\boldsymbol{V}$。

证明：任取速度向量 $\boldsymbol{V}_1,\boldsymbol{V}_2\in\boldsymbol{V}$，显然 $\forall\omega\in\mathbb{R}$，有 $\omega\cdot\boldsymbol{V}_1$ 满足速度空间条件；且 $\boldsymbol{V}_1+\boldsymbol{V}_2$ 满足位置空间条件，即速度向量关于数乘和加法线性封闭。任取位置向量 $\boldsymbol{X}_1,\boldsymbol{X}_2,\boldsymbol{X}_3\in\boldsymbol{X}$，显然$(\boldsymbol{X}_2-\boldsymbol{X}_1)\in\boldsymbol{V}$及$(\boldsymbol{X}_3-\boldsymbol{X}_1)\in\boldsymbol{V}$，因速度向量关于数乘和加法线性封闭，因此 $\forall\omega,\eta_1,\eta_2\in\mathbb{R}$，$\forall\boldsymbol{V}_1,\boldsymbol{V}_2,\boldsymbol{V}_3\in\boldsymbol{V}$，有 $\omega\cdot\boldsymbol{V}_1+\eta_1\cdot\boldsymbol{V}_2+\eta_2\cdot\boldsymbol{V}_3\in\boldsymbol{V}$。任取位置矩阵 $\boldsymbol{X}_1\in\boldsymbol{X}$ 及速度向量 $\boldsymbol{V}_1\in\boldsymbol{V}$，显然有 $\boldsymbol{X}_1+\boldsymbol{V}_1\in\boldsymbol{X}$。命题得证。

经过一定次数的迭代后，位置向量可能会违反定义 11.23 中的约束条件①，因此有必要进行归一化处理：①将位置向量中的负元素清零；②对位置向量进行如下变换：$\boldsymbol{X}'=[x_i']_{1\times m}=[x_i/\Omega]_{1\times m}$，其中 $\Omega=\sum\limits_{i=1}^{n}x_i$。

粒子群优化算法由于没有选择、交叉与变异等操作，算法结构相对简单，运行速度很快。但是算法运行过程中容易陷入局部最优，出现了所谓的早熟收敛现象。如果此时改变粒子的前进方向，从而让粒子进入其他区域进行搜索，在其后的搜索过程中算法就可能找到全局最优解。这就是本节将要提出的交叉搜索策略。

由于单个资源冲突库所对应的路由函数被编码为一个粒子片段，且粒子片段存在 $\sum\limits_{t_j\in p_i^{\cdot}}\rho(p_i,t_j)=1$ 的要求，若对两个粒子 $\boldsymbol{X}_i$ 与 $\boldsymbol{X}_j$ 任取某一位置进行简单的交叉操作,将使得交叉后的粒子片段违反归一化的约束条件,因此本节将采用粒子片断整体交叉的策略。对于粒子 $\boldsymbol{X}_i$ 与 $\boldsymbol{X}_j$,假设选择库所 p_2 为交叉点,交叉操作如下:

$$\begin{cases}\boldsymbol{X}_i=[\Gamma_{P_s\to p_1}(\boldsymbol{X}_i),\Gamma_{P_s\to p_2}(\boldsymbol{X}_i),\cdots,\Gamma_{P_s\to p_m}(\boldsymbol{X}_i)]\\ \boldsymbol{X}_j=[\Gamma_{P_s\to p_1}(\boldsymbol{X}_j),\Gamma_{P_s\to p_2}(\boldsymbol{X}_j),\cdots,\Gamma_{P_s\to p_m}(\boldsymbol{X}_j)]\end{cases}$$

做交叉操作后,粒子 $\boldsymbol{X}_i$ 与 X_j 变为 $\boldsymbol{X}_i'$ 与 $\boldsymbol{X}_j'$,如下所示:

$$\begin{cases}\boldsymbol{X}_i'=[\Gamma_{P_s\to p_1}(\boldsymbol{X}_i),\Gamma_{P_s\to p_2}(\boldsymbol{X}_j),\cdots,\Gamma_{P_s\to p_m}(\boldsymbol{X}_i)]\\ \boldsymbol{X}_j'=[\Gamma_{P_s\to p_1}(\boldsymbol{X}_j),\Gamma_{P_s\to p_2}(\boldsymbol{X}_i),\cdots,\Gamma_{P_s\to p_m}(\boldsymbol{X}_j)]\end{cases}$$

2. 静态调度算法步骤及收敛性

连续 Petri 网中的某些重要结论对离散 Petri 网并不成立,特别是基于最大激发速率的路由策略很难适用于对应的离散 Petri 网资源分配。下面将采用一种启发式的路由策略,并将其用于离散 Petri 网调度过程中。

对粒子的编码过程即为路由参数初始化的过程。设 DTCPN 中的冲突库所集为 P_s,因此有 $\forall p_i\in P_s$,满足 $|p_i^{\cdot}|=h_i>1$。令 $\forall t_j\in p_i^{\cdot}:\rho(p_i,t_j)=\rho_{ij}$,且 $\sum_{t_j\in p_i^{\cdot}}\rho(p_i,t_j)=1$。因此关于冲突库所 p_i 的路由函数可以用向量$\boldsymbol{\rho}_i=[\rho_{i_1},\rho_{i_2},\cdots,\rho_{i_h}]$表示,则所有冲突变迁的路由参数可以用向量 $\boldsymbol{\rho}=\bigcup_{i=1}^{s}\boldsymbol{\rho}_i$ 表示,显然$\boldsymbol{\rho}$ 属于 $\sum_{i=1}^{s}h_i$ 维位置空间中的点。称向量$\boldsymbol{\rho}_i$ 为粒子$\boldsymbol{\rho}$ 关于冲突库所集 P_s 到冲突库所 p_i 的投影为粒子片段,记为 $\Gamma_{P_s\to p_i}(\boldsymbol{\rho})$。

对粒子的解码过程即为将编码解析为调度的过程。在离散的情况下,Petri 网的稳态路由参数被如下路由函数替代:$r_p:N\mapsto p^{\cdot}$,即进入库所 p 的托肯按 r_p 的概率分配到其输出变迁。设随机变量 X 满足:若 $r_p(n)=t$,则 $X=1$,否则 $X=0$。因此在 N 次路由选择中,库所 p 将托肯输出到变迁 t 的总次数为

$$K=\sum_{n=1}^{N}X_{r_p(n)=t}\tag{11-40}$$

依据古典概率原理有

$$\lim_{N\to\infty}\frac{1}{N}\sum_{n=1}^{N}X_{r_p(n)=t}=\rho(p,t)\tag{11-41}$$

因此在进行发动机维修资源静态调度之前,需要求解各类维修资源对相应的维修活动的分配概率。一种性能良好的调度策略,必定是在给定的评价准则下实现了全局的最优化。离散粒子优化算法用于求解确定时间连续 Petri 网冲突库所路由函数优化的计算步骤如下。

步骤 1 令迭代次数 $t=0$,对冲突库所编码,按位置与速度空间要求初始化粒子群,并设定参数 ω、η_1、η_2。

步骤 2　按变迁的路由函数计算资源的流率，以流率作为适应度函数，得到个体最优解 $\boldsymbol{P}_t$ 和全局最优解 $\boldsymbol{P}_g$。

步骤 3　判断算法收敛准则是否满足，如果满足转步骤 6，否则执行步骤 4。

步骤 4　按照式(11-39)更新每个粒子的速度 $\boldsymbol{V}_i^{t+1}$，更新各自的位置 $\boldsymbol{X}_i^{t+1}$，令 $t=t+1$。

步骤 5　以一定的概率选择交叉片断，对粒子群中的粒子两两做片断整体交叉运算，转步骤 2。

步骤 6　求得最优解，按式(11-41)解码成冲突库所路由函数。

初始粒子群数量、粒子初始位置及初始速度是粒子群优化算法的重要参数，决定了粒子群能否搜索到全局最优点及收敛速度如何。由定理 11.5 可得如下推论。

推论 11.1　设粒子群中共有 $k=[m/2]$个粒子，任意两个粒子的初始位置及速度都线性无关，采用交叉搜索策略，则搜索到全局最优点的概率为 1。

证明：因粒子群中共有 $k=[m/2]$个粒子，且任意两个粒子 x_i 与 x_j 的初始化位置向量与速度向量线性无关，即不存在 $\alpha_1,\alpha_2,\alpha_3,\alpha_4\in\mathbb{R}$，使得 $\alpha_1\boldsymbol{X}_i+\alpha_2\boldsymbol{V}_i+\alpha_3\boldsymbol{X}_j+\alpha_4\boldsymbol{V}_j=\boldsymbol{0}$，则由 $2k$ 个向量构成的 m 维向量组($\boldsymbol{X}^0,\boldsymbol{V}^0,\cdots,\boldsymbol{X}^t,\boldsymbol{V}^t,\cdots,\boldsymbol{X}^{k-1},\boldsymbol{V}^{k-1}$)为空间$\mathbb{R}^{(m)}$的一组基。因此 $\forall\boldsymbol{X}\in\mathbb{R}^{(m)}$，$\boldsymbol{X}$ 都可由这组基线性表示，故搜索到全局最优点的概率为 1。

11.4.4　维修车间资源动态调度算法

维修作业是一个动态过程，会遇到多种突发事件，因此寻找一种适应生产变化的动态调度算法是非常必要的，其区别于静态调度的最主要特征就是对突发事件的反应能力[23]。

1. 滚动窗口与动态调度子网

方剑、席裕庚等借鉴连续系统中预测控制的基本原理，提出了一种滚动窗口调度策略，即每次调度只对当前部件窗口中的零部件进行[24]。对于 Petri 网的模型，本章提出如下概念。

定义 11.25　定义合成 RSM 中单元体或零部件集合 C 的子集 $C_H\subseteq C$ 为滚动窗口，滚动窗口中单元体或零部件集的势称为滚动窗口容量，记为$|C_H|$。

定义 11.26　合成系统 $\mathrm{RSM}=(P,T,C,\boldsymbol{Pre},\boldsymbol{Post},\boldsymbol{M})$关于滚动窗口 C_H 的动态调度子网定义为 $\mathrm{RSM}_H=(P_H,T_H,C_H,\boldsymbol{Pre}_H,\boldsymbol{Post}_H,\boldsymbol{M}_{H0})$。其中，①$P_H=\{p\in P\mid C_H(p)\neq\varnothing\}$；②$T_H=\{t\in T\mid C_H(t)\neq\varnothing\}$；③若 $t\in T_H$，则 $\boldsymbol{Pre}_H(p,t)=\boldsymbol{Pre}(p,t)$，否则 $\boldsymbol{Pre}_H(p,t)=\boldsymbol{0}$；④若 $t\in T_H$ 且 $p\in T_H$，则 $\boldsymbol{Post}_H(p,t)=\boldsymbol{Post}(p,t)$，否则 $\boldsymbol{Post}_H(p,t)=\boldsymbol{0}$；⑤$\boldsymbol{M}_{H0}=\Gamma_{P\to P_H}(\boldsymbol{M})$。

关于滚动窗口 C_H 的动态调度子网的构建方法有两种：①通过“自底向上”的方法重新构造子网，并保持 RSM 中加工过程库所和设备资源库所分配标识不变；

②通过分解的方法,将事先适用于静态调度的合成系统分解为两部分,使动态调度子网仅与窗口单元体/部件相关。调度子网在一定程度上简化了合成系统的规模,有利于动态求解。

2. 基于事件驱动的动态再调度

滚动再调度一般有两种策略,即连续性再调度和周期性再调度。前者指每当系统状态发生变化时(如新任务到达、加工完毕等)进行调度,因此能处理突发事件;后者则是在每个生产周期开始前进行调度[25]。在本章中采用一种混合策略,当车间出现关键事件时进行调度,这些关键事件包括新发动机维修的进场、发动机交货期的改变、设备发生故障等,否则当系统时间累计到达一个阈值 ΔT 时再调度。

1) 新发动机 C_N 的进场

从模型上看这意味着增加了新的发动机实例数量,也就是增加了作业过程模型的输入库所的托肯数量,即 $\boldsymbol{M}'(p_{\text{input}})=\boldsymbol{M}(p_{\text{input}})+|C_N(p_{\text{input}})|$,并保持已加工和在加工零部件的加工状态不变,即 $\forall p\in P_W-\{p_{\text{input}}\}$满足 $\boldsymbol{M}'(p)=\boldsymbol{M}(p)$。

2) 发动机交货期的改变

交货期的改变意味着生产周期作为重要的指标被引入调度的目标函数。设 $\bar{\pi}$ 为发动机总装作业的平均周期,π_i 为第 i 项任务的目标生产周期,当 $\pi_i>\bar{\pi}$ 时对式(11-35)给出的线性规划模型引入惩罚项,得到新的目标函数为 $J=\boldsymbol{e}^{\mathrm{T}}\cdot\boldsymbol{y}+w_i\cdot(\bar{\pi}-\pi_i)$,其中 w_i 为惩罚项权重。

3) 设备 $m\in M$ 发生故障

(1) 若此设备出现故障,则过程库所中的托肯保持不变,对应设备库所的托肯数目 $\boldsymbol{M}'(p_m)=\boldsymbol{M}(p_m)-1$;

(2) 设备故障修复,该设备此刻为可用状态,因此令 $\boldsymbol{M}'(p_m)=\boldsymbol{M}(p_m)+1$,其中 $p_m=h(m)$,h 为设备到资源库所的映射。

11.4.5 维修资源调度应用案例

为验证基于连续 Petri 网的资源调度算法的性能,本章分别分析了单台发动机单独作业与 3 台发动机同时作业两种情形,假设维修设备的数目如表 11-6 所示,算法可从如下几个方面展开。

表 11-6 发动机维修设备数目表

设备	立式车床(VTL)	叶尖磨削机床(LBTG)	卧式平衡机(HBalance)	立式平衡机(VBalance)	车间吊车(gantry)	地坑(PIT)	高压压气机转子安装架(HPCR stand)	高压涡轮安装架(HPT stand)	角齿轮箱安装架(CRF/AGB stand)	低压涡轮安装架(LPT stand)
数量	1	1	1	1	1	1	6	2	8	1

(1) 初始化单元体/零部件库所中的托肯数量，对应 WPM 输入库所中的托肯数为维修发动机的数量 $\boldsymbol{M}_0(P_{\mathrm{HPCS}}, P_{\mathrm{HPCR}}, P_{\mathrm{CRF}}, P_{\mathrm{HPTR}}, P_{\mathrm{T2N}}, P_{\mathrm{LPT}}, P_{\mathrm{AGB}}, P_{\mathrm{FAN}})=[1,1,1,1,1,1,1,1]$，初始化资源共享模型中资源库所中的托肯数量 $\boldsymbol{M}_0(P_{\mathrm{HPT\_S}}, P_{\mathrm{G\_S}}, P_{\mathrm{VTL}}, P_{\mathrm{HPC\_S}}, P_{\mathrm{H\_B}}, P_{\mathrm{PIT}}, P_{\mathrm{V\_B}}, P_{\mathrm{LPT\_S}}, P_{\mathrm{LBTG}}, P_{\mathrm{A/C\_S}}, P_{\mathrm{G}})=[2,1,1,6,1,1,1,1,1,8,1]$。

(2) 给出所有冲突库所对应的路由函数初始值向量为 $\boldsymbol{X}=[\boldsymbol{\rho}_{\mathrm{VTL}}, \boldsymbol{\rho}_{\mathrm{HPC\_S}}, \boldsymbol{\rho}_{\mathrm{H\_B}}, \boldsymbol{\rho}_{\mathrm{V\_B}}, \boldsymbol{\rho}_{\mathrm{LPTS}}, \boldsymbol{\rho}_{\mathrm{LBTG}}, \boldsymbol{\rho}_{\mathrm{PIT}}, \boldsymbol{\rho}_{\mathrm{A/C\_S}}, \boldsymbol{\rho}_{\mathrm{G}}]$，其中，各向量片段的维数为[2,2,4,2,3,2,2,2,2]，因此 $\dim(\boldsymbol{X})=21$。

(3) 设粒子群数目为 $k \geqslant [m/2]=11$ 个，将每个冲突库所的资源路由参数编码为粒子的位置，将资源路由的调整量编码为粒子的速度，初始化粒子群算法参数。为增加全局搜索能力，本例中设 $\omega=0.7$，$\eta_1=0.1$ 和 $\eta_2=0.2$。

(4) 通过仿真方法求解资源利用率，选择个体最优解和全局最优解。通过式(11-39)更新粒子群，引入交叉策略。当达到收敛条件时，将全局最优解解码为调度策略。图 11-19 所示为单台发动机维修作业的任务调度结果。

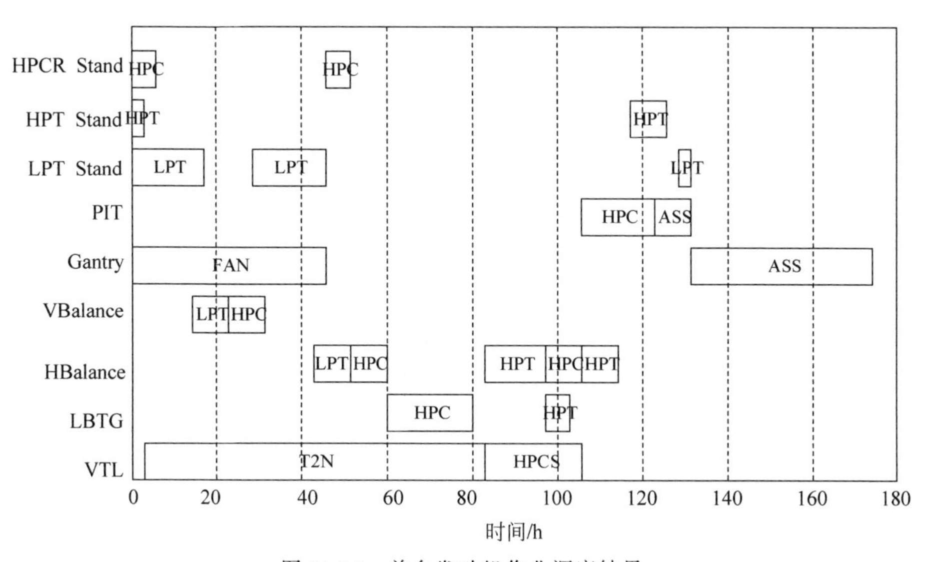

图 11-19　单台发动机作业调度结果

调度结果表明：所有工序均按照正确顺序进行，同一设备上的所有工序在时间上并无重叠，且工序之间的时间衔接紧密。图 11-20 所示为 3 台发动机并行作业情况下的任务调度结果，颜色由浅至深分布。静态调度结果显示：①同一零件作业工序的顺序正确；②同一零件作业工序之间并未出现交叉；③同一设备上不同工序的时间衔接较为紧密。

从表 11-7 所示的调度结果中可以看出：第一台发动机完成总装时间为 174.7h，而车间仅需要 366.4h 即可完成 3 台发动机的总装。从实际运行数据的结果与优化的结果可以看出优化算法大大缩短了维修周期。

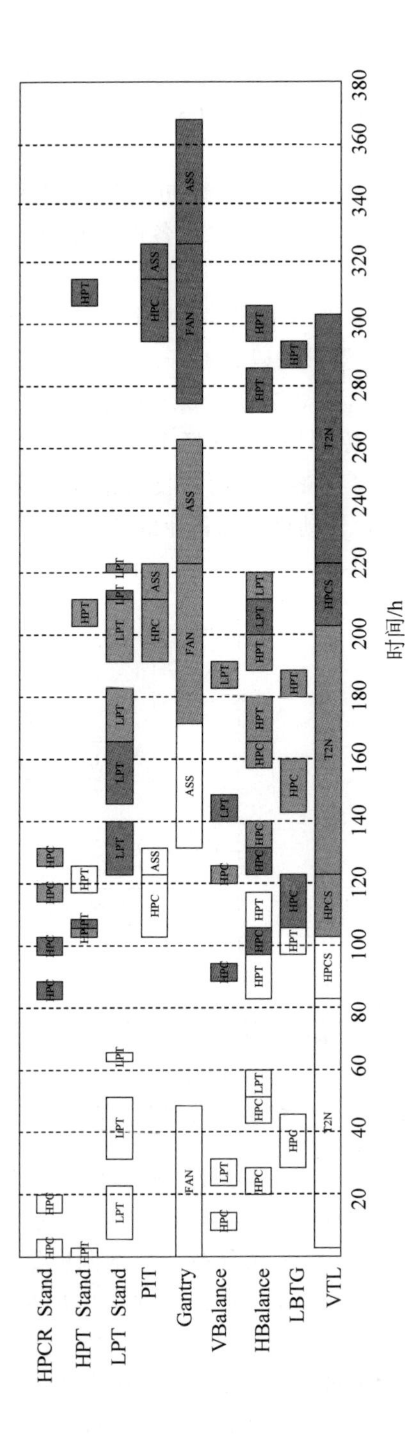

图 11-20　3 台发动机并行作业调度结果

表 11-7 发动机维修周期实际数据和优化结果对比表 h

作业情形	仿真周期					优化结果
	1	2	3	4	5	
1 台发动机	238.3	196.5	184.2	210.6	232.8	174.7
3 台发动机	594.1	521.9	527.4	524.9	549.3	366.4

11.5 本章小结

本章重点介绍了设备维修车间逻辑层次、时间层次和统计层次模型的建模与应用。首先建立了分解装配序列表达 Petri 网模型。引入离散时间最小值原理，将最优装配序列规划和选择性序列规划问题分别转化为固定端点和自由端点的最优控制问题，降低了计算复杂度。其次建立了层次细化维修工作流 Petri 网模型。分析了层次细化后保持原网可调度性不变的等价变换原则，提出了基于极大极小代数的工作流执行时间矩阵分析算法。再次建立了装备总装资源调度 Petri 网模型。将维修资源冲突离散 Petri 网模型转化为连续模型，采用粒子群优化算法，以维修资源最大利用率为目标优化资源调度策略。最后以发动机车间维修为例，对上述模型及算法进行了应用验证。

参考文献

[1] 卓德保. 离散事件动态系统理论在航空工业生产系统中的应用前景[J]. 郑州航空工业管理学院学报，1996，14(4)：20-23.

[2] 何文治. 航空制造工程手册——发动机装配与试车[M]. 北京：航空工业出版社，1995：19-30.

[3] ZUSSMAN E，ZHOU M C. Design and implementation of an adaptive process planner for disassembly processes[J]. IEEE Transactions on Robotics and Automation，2000，16(2)：171-179.

[4] THOMAS J P. Constructing assembly plans[C]//Los Alamitos：IEEE，1993.

[5] TANG Y，ZHOU M C，CAUDILL R J. An integrated approach to disassembly planning and demanufacturing operation[J]. Robotics & Automation IEEE Transactions on，2001，17(6)：773-784.

[6] MATSUMOTO T. Finding legal firing sequences in submarking reachability problems of Petri nets by discrete-time Pontryagin's minimum principle[C]//Piscataway：IEEE，1997.

[7] TAREK A. Optimization algorithms applied to large petri nets[D]. Lubbock：Texas Tech University，2001.

[8] 孙春林. 民用航空维修质量管理[M]. 北京：中国民航出版社，1998：185-190.

[9] 杨建国. 树计划技术——工作分解结构进度计划模拟分析与优化[J]. 系统工程理论与实践，1994，5：14-26.

[10] AALST W M P V D. On the automatic generation of workflow processes based on product structures[J]. Computers in Industry,1999,39(2):97-111.

[11] TSANG E C C,YEUNG D S,LEE J W T. Learning capability in fuzzy Petri nets[C]//Piscataway:IEEE,1999.

[12] 孙萍.基于随机Petri网的工作流层次建模及其性能评估[C]//[S. l:s. n],2004:341-346.

[13] 李建强,范玉顺.工作流模型可调度性验证与分析方法[J].机械工程学报,2004(4):93-98.

[14] 李慧芳,范玉顺.工作流系统时间管理[J].软件学报,2002,13(8):1552-1558.

[15] MARJANOVIC O. Dynamic verification of temporal constraints in production workflows [C]//Piscataway:IEEE,2000.

[16] 吴亚丽,曾建潮,卫军胡,等.TCPN的可调度性及调度区间的约束分析[J].控制与决策,2002(5):10-14.

[17] TSAI J J P,YANG S J,CHANG Y H. Timing constraint Petri nets and their application to schedulability analysis of real-time system specifications[J]. IEEE transactions on Software Engineering,1995,21(1):32-49.

[18] DER JENG M,DICESARE F. Synthesis using resource control nets for modeling shared-resource systems[J]. IEEE Transactions on Robotics and Automation,1995,11(3):317-327.

[19] 刘婷,林闯,刘卫东.基于时间Petri网的工作流系统模型的线性推理[J].电子学报,2002,30(2):245-248.

[20] JINYAN M,CHAI S Y,YOUYI W. Lookahead control policies and decision rules for dynamic scheduling of an FMS[C]//Piscataway:IEEE,1995.

[21] GAUJAL B,GIUA A. Optimal stationary behavior for a class of timed continuous Petri nets[J]. Automatica,2004,40(9):1505-1516.

[22] PANG W,WANG K P,ZHOU C G,et al. Fuzzy discrete particle swarm optimization for solving traveling salesman problem[C]//Piscataway:IEEE,2004.

[23] SERENO M,BALBO G. Mean value analysis of stochastic Petri nets[J]. Performance Evaluation,1997,29(1):35-62.

[24] 方剑,席裕庚.周期性和事件驱动的Job Shop滚动调度策略[J].控制与决策,1997,12(2):159-162.

[25] 潘全科,朱剑英.作业车间动态调度研究[J].南京航空航天大学学报,2005,37(2):262-268.

设备智能运维决策系统平台设计与实现

12.1 设备智能运维决策系统平台需求概述

不同企业在产品类型、产品规模、组织模式、业务流程、信息基础等方面存在差异性，相应的智能运维决策应用系统也有不同的需求。根据不同行业设备智能运维的共性特点，开发易扩展、可重构、支持多客户端、支持跨企业应用的设备智能运维决策系统平台，对于快速定制面向不同设备或行业的智能运维决策应用系统具有重要的实际意义。本章仅讨论设备智能运维决策系统平台的体系架构、工作原理、主要功能等内容，如何基于设备智能运维决策系统平台研发面向不同设备或行业的智能运维决策应用系统将在第13章详细介绍。设备智能运维决策系统平台是在智能运维基础平台上封装相关的运维决策共性业务构件形成的，它是面向复杂装备运维决策支持的共性平台，基于该智能运维决策系统平台可以快速定制出特定设备的智能运维决策应用系统。智能运维基础平台构建原理和具体功能也将在本章进行讨论。

对设备运维相关的数据进行合理的组织，支撑数据的共享和重用，保证数据的完整性、一致性和可追溯性是设备智能运维决策应用系统顺利实施的基础。设备运行维护处于产品生命周期的中段，产品运维数据包括构型数据、状态数据、维修数据等，且这些数据随时间和空间的变化在不断演变，此外，产品的运维决策业务需要借助产品设计、制造等阶段的数据进行辅助决策。因此，运维决策数据的合理建模是智能运维决策平台首先需要解决的问题。

易扩展、可重构的系统架构设计是实现软件平台及系统有效实施及灵活应用的关键。系统架构的设计需应对以下难点：跨领域的技术融合，包括软件系统设计开发技术、运维服务技术以及计算机信息管理技术；跨企业的应用模式，包括应用域的管理、多域数据集成与共享、多域数据安全等；多种主体协同的运维业务，支持包括产品制造商、设备使用企业和专业运维服务方等不同主体的参与。本章将基于面向服务的思想，采用构件化的方式进行系统架构的设计。

12.2 面向服务的智能运维模式分析

设备智能运维决策系统平台的设计应满足运维模式的需求。制造服务模式的创新直接影响到健康管理与维护维修等相关业务的实施以及企业在产品运维阶段竞争力的提升。借鉴国外发动机制造厂家在发动机维护、发动机租赁、发动机数据管理与分析应用等服务领域所广泛采用的“产品+服务”的经营模式，对发动机运维服务模式进行研究。首先将设备运维阶段“产品制造方”与“客户方”的二元关系拓展为“产品制造方”“服务支持方”及“客户方”三方相互影响、相互制约的多元关系。在此基础上，基于多元关系的业务实施及实施过程中的信息交互，可形成面向XaaS的设备智能化制造服务模式[1]，如图12-1所示。

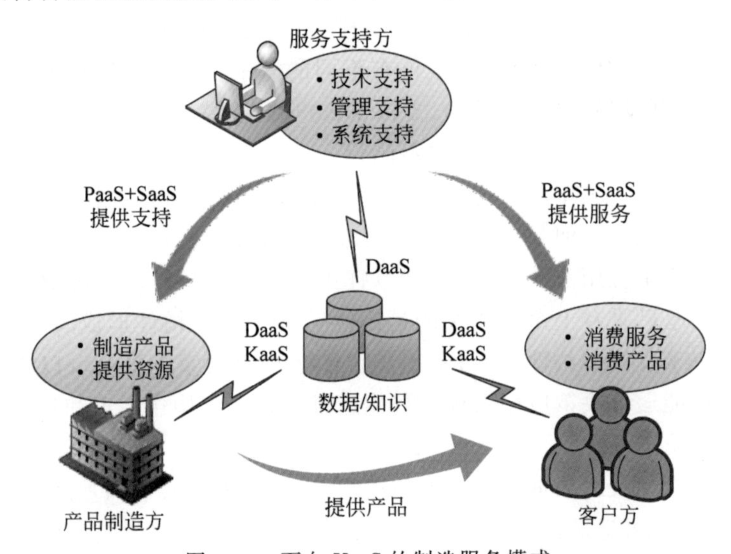

图12-1 面向XaaS的制造服务模式

首先，设备运维服务是数据和知识支持的服务。“产品制造方”“服务支持方”及“客户方”基于数据即服务(data as a service，DaaS)、知识即服务(knowledge as a service，KaaS)的思想开展设备运维阶段的各项业务。产品制造方拥有产品丰富的设计、制造数据，这些数据为服务支持方提高健康管理及运维决策的效率及质量提供了保障；客户方在产品运维阶段积累的大量的产品使用维护数据为知识挖掘提供了基础；同时，服务支持方通过对设计、制造及运维数据进行挖掘，发现运维大数据中蕴含的关联关系、频繁模式及规则等知识，从而为基于知识的智能化管理与决策奠定基础。

KaaS

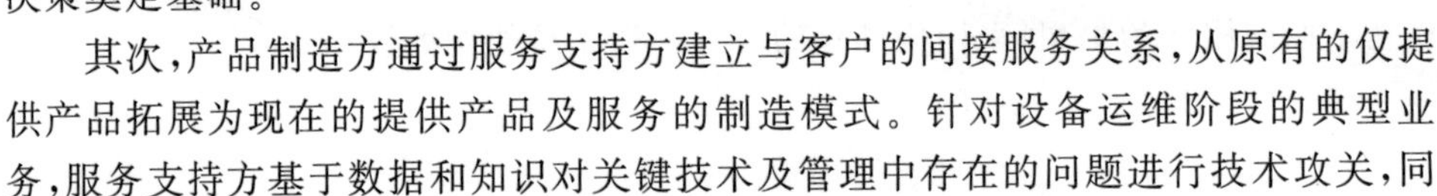

其次，产品制造方通过服务支持方建立与客户的间接服务关系，从原有的仅提供产品拓展为现在的提供产品及服务的制造模式。针对设备运维阶段的典型业务，服务支持方基于数据和知识对关键技术及管理中存在的问题进行技术攻关，同

时对解决方案进行软件实现，最终建立面向产品制造方及客户方的运维服务支持系统。在此过程中，为了应对不同客户及产品制造方的个性化、动态需求，将软件功能进行构件化、模块化，通过构件的组合配置实现系统的部署应用。因此，制造服务是以平台即服务(platform as a service，PaaS)为基础、软件即服务(software as a service，SaaS)为表现形式的服务模式。

12.3 运维决策数据的集成管理

12.3.1 设备运维数据建模

运维数据是设备运维决策支持相关数据的集合。运维数据模型是以产品设计、制造相关数据为基础，面向设备运维决策支持的整个管理过程，且在整个管理过程中不断扩充、不断更新的动态模型。建立设备运维数据集成模型需要解决以下问题：

(1) 数据的抽象与分类；

(2) 数据动态变化的管理机制；

(3) 数据之间关联关系的有效定义与组织；

(4) 数据与应用系统的关联集成。

为了满足数据模型动态变化的需求，增强数据类型的扩展性和适应性，基于适应性对象建模技术构建运维数据信息模型的分层架构[2]，如图12-2所示。数据模型分为3个层次：元模型层(M-DATA)、领域模型层(DM-DATA)、数据层(DATA)。元模型是整个模型的基础，该层是对领域模型中对象的抽象定义及描述。领域模型是元模型的具体实例，它在元模型基础上依照设备运维服务领域的需求进行定义及扩展。领域模型需充分考虑领域专家意见。面向领域定制增强了系统的适应性和可靠性。元模型和领域模型为数据模型的抽象层面，抽象层实现数据的分类、关联与组织。领域模型并非固化到系统中，而是以数据的形式存储到模型数据库中。系统在运行期间读取元模型及领域模型形成完整的模型定义，通过与产品数据映射形成具体的业务对象。

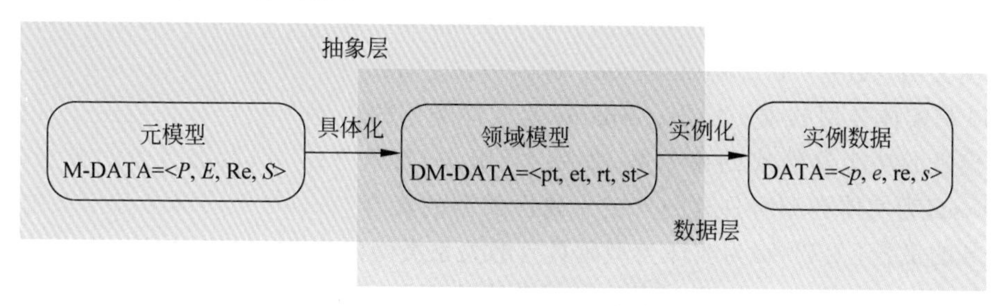

图12-2 运维数据分层模型

运维数据信息模型可由属性、实体、关系、服务等概念元素组成。属性 P 是用于说明产品数据不同方面特征的可定制的描述。实体 E 指设备零部件或图文档等具体的数据对象。实体可分为结构实体和文档实体，其中结构实体之间通过相互关联构成了运维数据中的各种 BOM，而文档实体通过与结构实体相关联来描述结构实体不同侧面的信息。关系 Re 描述了不同数据对象或类型对象在组织过程中存在的相互联系，如不同零部件在设备构型中的隶属关系等。服务 S 是针对数据对象进行的操作。下面给出模型描述中涉及的各概念及相关概念的定义。

定义 12.1 属性是用于说明产品数据不同方面特征的可定制的描述。如产品零部件的性能参数、特征描述，图文档的几何属性、文件属性等。属性对象记为：$p=\langle \mathrm{pid},\mathrm{pt},\mathrm{pv},\mathrm{pv}_1,\mathrm{pv}_2,\cdots,\mathrm{pv}_i\rangle$。其中：

(1) pid 为属性对象的唯一标识。

(2) pt 为 p 对应的属性类型对象，是 p 的抽象描述：$\mathrm{pt}=\langle \mathrm{ptid},\mathrm{ptname},\mathrm{type},\mathrm{category},\mathrm{pp}_1,\mathrm{pp}_2,\cdots,\mathrm{pp}_i\rangle$。其中，ptid 是属性类型的唯一标识；ptname 是属性的名称；type 为属性值的数据类型；category 为属性分类，如功能参数、几何特征、加工特性、管理属性等不同的类别；$\mathrm{pp}_1,\mathrm{pp}_2,\cdots,\mathrm{pp}_i$ 为其他预定义的功能参数或约束参数，如有效性、是否必填项、取值范围等。预定义参数为满足必要管理需求而定，在运行期间不可动态删减。

(3) pv 为属性对象的属性值。

(4) $\mathrm{pv}_1,\mathrm{pv}_2,\cdots,\mathrm{pv}_i$ 为属性对象针对属性类型中定义的各功能参数或约束参数 $\mathrm{pp}_1,\mathrm{pp}_2,\cdots,\mathrm{pp}_i$ 的取值。

定义 12.2 实体指零部件或图文档等具体的数据对象，如发电机转子 A、结构模块布置图 001 等。实体对象可记为：$e=\langle \mathrm{eid},\mathrm{oid},\mathrm{et},\mathrm{ev}_1,\mathrm{ev}_2,\cdots,\mathrm{ev}_j,P(e),S(e),\mathrm{Re}(e)\rangle$。其中：

(1) eid 为实体对象的唯一标识。

(2) oid 为同一版本序列的所有实体所共有的标识，通常为零件编号或文档编号。

(3) et 为 e 对应的实体类型对象，是 e 的抽象描述。实体类型即产品数据的类型，可分为结构实体类型和文档实体类型两大类，用于区分零部件和描述零部件的图文档。$\mathrm{et}=\langle \mathrm{etid},\mathrm{etname},\mathrm{ep}_1,\mathrm{ep}_2,\cdots,\mathrm{ep}_j,\mathrm{PT}(\mathrm{et}),S(\mathrm{et}),\mathrm{RT}(\mathrm{et})\rangle$。其中，etid 是实体类型的唯一标识；etname 是实体类型的名称；$\mathrm{ep}_1,\mathrm{ep}_2,\cdots,\mathrm{ep}_j$ 为其他预定义的功能参数或约束参数，如版本、版次、有效性、人员参数及时间参数等；PT(et)为实体类型所具有的自定义属性类型的集合；S(et)为实体类型所具有的服务的集合；RT(et)为实体类型所具有的关系类型的集合。

(4) $\mathrm{ev}_1,\mathrm{ev}_2,\cdots,\mathrm{ev}_j$ 为当前实体对象针对其实体类型中定义的参数 $\mathrm{ep}_1,\mathrm{ep}_2,\cdots,\mathrm{ep}_j$ 的取值。

(5) $P(e)$为实体对象所具有的与其实体类型中自定义属性类型集合相对应的属性对象的集合。

(6) $S(e)$为实体对象相关的所有服务的集合，且有$S(\mathrm{et})\subseteq S(e)$。

(7) $\mathrm{Re}(e)$为实体对象所具有的所有关系对象的集合。

定义 12.3　关系指不同数据对象或类型对象在组织过程中存在的相互联系，记为 re。关系主要包括零部件在产品结构中的父子关系 tre、文档与零部件的描述关系 dre、引用关系 rfe 和其他关系等。关系对象可定义为：$\mathrm{re}=<\mathrm{reid},\mathrm{rt},\mathrm{SE}(\mathrm{re}),\mathrm{TE}(\mathrm{re}),P(\mathrm{re}),\mathrm{rv}_1,\mathrm{rv}_2,\cdots,\mathrm{rv}_k>$。其中：

(1) reid 为关系对象的唯一标识。

(2) rt 为 re 对应的关系类型对象，是 re 的元信息或约束条件。如 tre 受结构实体类型组织关系 hrt 的约束，dre 受文档实体与结构实体描述关系 drt 约束，引用类型 rft 为 rfe 的元信息。$\mathrm{rt}=<\mathrm{rtid},\mathrm{rtname},\mathrm{SET}(\mathrm{rt}),\mathrm{TET}(\mathrm{rt}),\mathrm{PT}(\mathrm{rt}),\mathrm{rp}_1,\mathrm{rp}_2,\cdots,\mathrm{rp}_k>$。其中，rtid 是关系类型的唯一标识；rtname 是关系的名称；SET(rt)和 TET(rt)分别为关系连接的两实体的实体类型；PT(rt)是关系类型中可自定义的属性类型的集合；$\mathrm{rp}_1,\mathrm{rp}_2,\cdots,\mathrm{rp}_k$ 为其他功能参数或约束参数。

(3) SE(re)和 TE(re)分别为关系对象连接的两端实体对象的集合。

(4) $P(\mathrm{re})$是与关系类型中自定义属性类型集合相对应的自定义属性对象的集合。

(5) $\mathrm{rv}_1,\mathrm{rv}_2,\cdots,\mathrm{rv}_k$ 为关系对象针对其关系类型中定义的参数 $\mathrm{rp}_1,\mathrm{rp}_2,\cdots,\mathrm{rp}_k$ 的取值。

定义 12.4　服务是针对数据对象进行的某种操作，可定义为：$s=<\mathrm{sid},\mathrm{sname},\mathrm{IP}(s),\mathrm{OP}(s),\mathrm{IE}(s),\mathrm{OE}(s)>$。其中：

(1) sid 为服务的唯一标识。

(2) sname 为服务的名称。

(3) $\mathrm{IP}(s)$和 $\mathrm{OP}(s)$分别为服务的输入和输出参数的集合。

(4) $\mathrm{IE}(s)$和 $\mathrm{OE}(s)$分别为服务的监听和抛出事件的集合。

定义 12.5　规则描述了数据对象、类型对象等在不同情况下存在的约束。规则可描述为：$\mathrm{ru}=<\mathrm{uid},\mathrm{uname},\mathrm{content}>$。其中：

(1) uid 为规则的唯一标识。

(2) uname 为规则的名称。

(3) content 为规则的具体内容。

由模型定义可知，属性 P、实体 E 和关系 Re 3 个概念分别为 pt、et 和 rt 的元描述，pt、et 和 rt 是领域专家根据产品数据的特性对相应概念的实例化，p、e 和 re 则是具体的实际数据。属性类型 pt 体现了管理的深度。实体类型 et 分为结构实体类型和文档实体类型两大类，用于实现对零部件和图文档数据类型的详细分类，领域专家可根据产品特性进行扩展定义。et 的扩展及细分是对产品数据粒度维的管理。属性与实体之间通过 TypeSquare 模式组合，避免了二者之间的强耦合。实体类型间存在继承关系 irt（对应关系对象 ire），其中 SET(irt) 指明父实体的实体类型，TET(irt) 为继承 SET(irt) 的所有子实体的实体类型集合，且满足：对任意实体类型 et∈TET(irt)，有 PT(SET(irt))⊆PT(et)，S(SET(irt))⊆S(et)及 RT(SET(irt))⊆RT(et)。以发动机运维管理为例：零部件可以划分为产品、单元体、部件、零件等多种类型，零件又可以继续划分为寿命件和非寿命件，而不同类型的零部件可以关联不同的属性；描述零部件的图文档数据会因产品的不同而包含不同的类型；零部件和图文档的属性众多，往往需要依照管理需求或随技术更新不断调整。采用运维数据信息模式进行建模，pt、et 及 rt 等领域模型信息以数据方式存储，可以实现动态的变化。

模型中，文档实体与结构实体的关联需满足关联关系 drt（对应关联关系对象 dre），SET(drt) 为某结构实体的实体类型，TET(drt) 为描述 SET(drt) 的所有文档实体的实体类型集合。由图 12-3 可知，文档实体对象由两部分组成：对象的属性（元数据），对应的结构化数据表单和二进制物理文件。文档实体结构化数据表单的设计可满足系统特定领域数据组织的要求，如设计变更单、工艺路线单、维修记录单等。结构化数据通常以表的形式保存在关系数据库中，方便计算机处理。非结构化数据则以文件形式保存，需要采用特定程序进行处理。通过使用虚拟文件夹，对复杂结构实体关联的文档实体可进行层次化的组织。

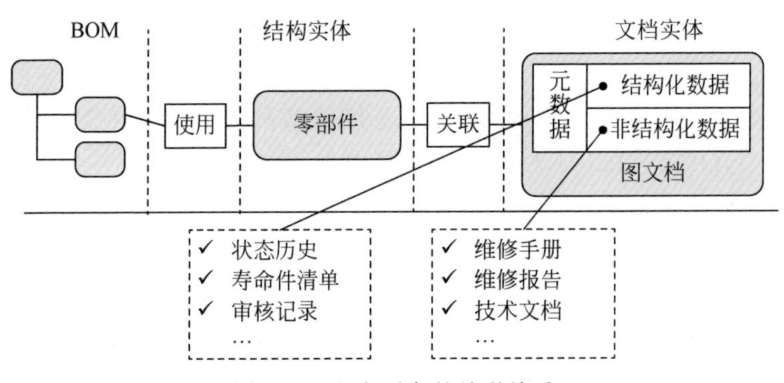

图 12-3　业务对象的关联关系

模型以全局结构树组织产品数据形成 BOM。结构实体为结构树的直接节点。文档实体与所描述的结构实体相连，从而间接地关联到结构树中。当忽略文档实体时，全局结构树为产品结构树。模型中的关系 re 从正确性、完整性等角度组织整个产品数据。结构实体类型中定义有“是否为根实体”的属性，用于标识该类结构实体对象是否可以作为全局结构树的根节点。结构实体间存在组织关系的约束 hrt（对应关联关系对象 hre），SET(hrt) 为单个实体类型，TET(hrt) 为 SET(hrt) 在全局结构树中子对象所有可能的实体类型集合。为保证全局结构的完整性，hrt 中定义有“是否为必须项”的约束参数。组织关系的约束减少了零部件挂接的随意性。结构实体对象间的父子关系 tre 在满足组织关系约束的前提下创建。SE(re)、TE(re)为单个实体,分别为父结构实体和子结构实体。

BOM、实体与物理文件等业务对象之间的关联关系如图 12-3 所示。关系指不同数据对象或类型对象在组织过程中存在的相互联系。关系主要包括零部件在不同 BOM 结构中的父子关系,零部件状态随时间变化的先后关系,文档与零部件的描述关系、引用关系等。

12.3.2　基于 BOM 的运维数据集成管理

由业务对象之间的关联关系可以看出,以 BOM 为主线可以组织设备运维服务中涉及的众多数据。在设备运维阶段涉及的 BOM 信息有多种类型,主要包括设计 BOM、制造 BOM、位置 BOM、物理 BOM。设备不同 BOM 数据之间存在复杂的关联关系。为了确保相关数据组织的准确性、合理性及一致性,项目通过建立中性 BOM 实现设计 BOM、制造 BOM、制造 BOM、位置 BOM 以及物理 BOM 数据的集成。通过建立设计 BOM 与中性 BOM、位置 BOM 和物理 BOM 中 BOM 结构之间的映射关联,可有效地组织和管理设备使用及维护、维修过程中的信息,为设备健康管理及维修业务提供单一数据源。基于 BOM 的集成数据包含产品运维阶段的全部数据,为了面向不同用户的不同业务场景实现数据展示,需要建立特定业务场景的数据视图。通过定制规则实现视图的动态配置。通过中性 BOM 实现多 BOM 集成的原理如图 12-4 所示。

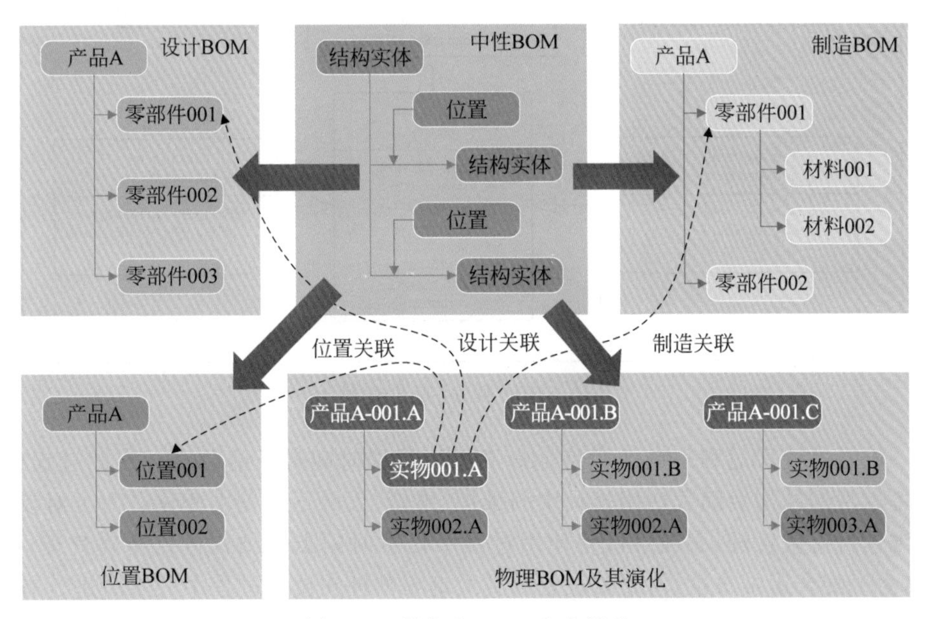

图 12-4　设备多 BOM 集成模型

为了实现设备运维过程中所涉及的多种 BOM 的统一表达，构建 BOM 的信息模型如图 12-5 所示。在 BOM 信息模型中，抽象类 BOMNode 用于表达构成各类 BOM 的结构节点，BOMNode 通过父节点 parent 属性进行类的自关联，从而在实际构建 BOM 时形成完整的 BOM 结构。BOMNode 通过 occurrences 属性表达节点的位置信息，如在飞机 BOM 结构中可包含发动机 BOMNode，而该节点通过“左发”“右发”两个位置信息区别同一架飞机中不同位置的两台发动机。BOMNode 可分别与实体 IInstanceEntity 和实体类型 ITypedEntity 进行关联。当 BOMNode 与实体 IInstanceEntity 关联时，该 BOM 为设计、制造或物理 BOM，此时 BOM 表达具体产品零部件的结构；当 BOMNode 与实体类型 ITypedEntity 关联时，该 BOM 为中性 BOM，此时 BOM 仅仅表达某一类产品零部件的结构。

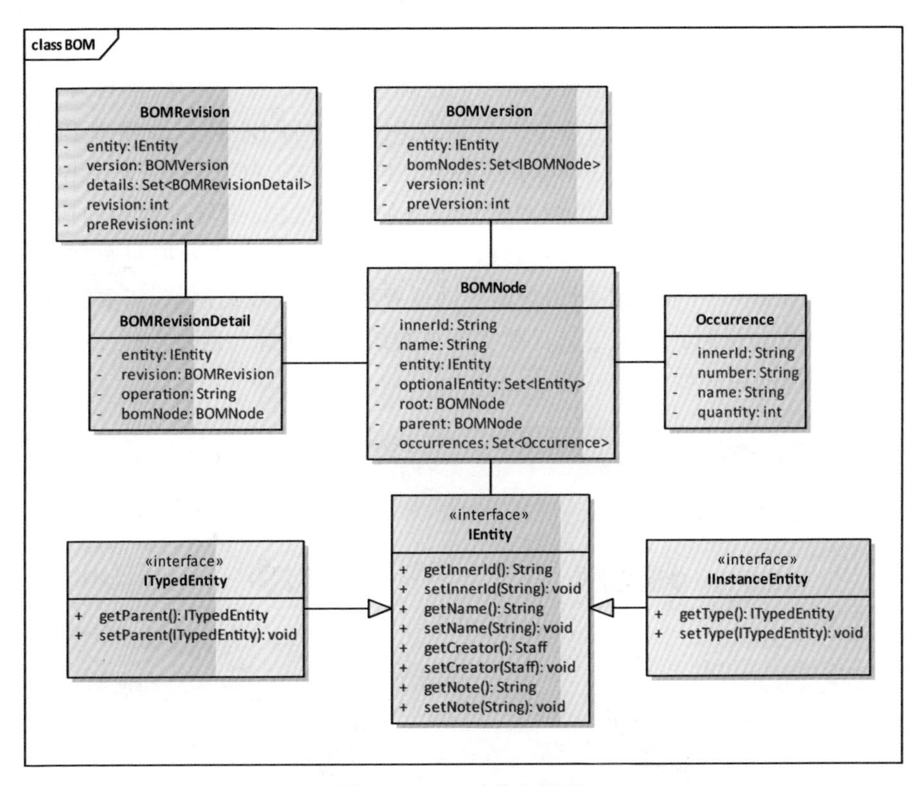

图 12-5　BOM 信息模型

设备的使用过程是设备产品生命周期中持续时间最长的阶段。在此过程中，设备本身的结构会随着使用过程中的维护、维修、大修不断发生变化。为了对设备运维进行有效管理，必须对设备使用过程中任意时间点的结构进行精确管理；同时，为了配合运维决策，需要对设备及其关键零部件在使用过程中的履历进行有效跟踪。为此，将版本管理的相关技术应用于设备物理 BOM 的演化管理，将设备使用过程中物理 BOM 的不断变化采用版本进行有效控制。

常见的版本模型根据版本之间的相互关联关系可分为 3 种：线性模型、树形模型和有向无环图模型，如图 12-6 所示。

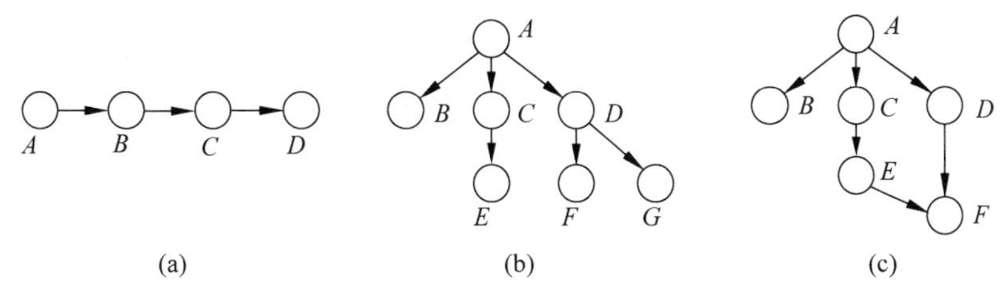

图 12-6　3 种版本模型

(a) 线性结构的版本模型；(b) 树形结构的版本模型；(c) 有向无环图的版本模型

线性模型是最简单的模型，它以版本产生的时间先后次序顺序排列，每个版本由设计对象版本集合中的一个版本号唯一地标识，而且不允许再用。版本号越高，该版本产生的时间越短，中间空缺的版本号意味着已删除具有此版本号的版本。在树形结构的版本模型中，在同一个父版本下的各替换版本编号是按时间顺序产生的，既能完全反映版本之间的祖先、后代关系，也能用于管理设计过程中的历史信息。因此，树形模型可以区分由于设计方案不同而形成的不同的替换版本和修订版本，但它不能描述多个版本合并生成新版本的情况。有向无环图版本模型的演变路径反映了一个设计对象版本修订的繁衍过程，不同的演变路径反映设计对象可选设计方案的繁衍过程。有向无环图版本模型能描述设计对象多个版本之间的演变关系，同时表达设计对象在整个生命周期中的发展过程，并能够表述工程设计过程中多个版本融合成一个新版本的情况。

在设备使用过程中，设备拆装维修等操作会使其物理 BOM 发生变化，而变化后的物理 BOM 仅与设备操作之前的物理 BOM 有关。因此，项目对物理 BOM 的演化采用线性模型进行管理。线性结构的版本模型定义为 $\mathrm{List}=(D,R)$，$D=\{a_i \mid a_i \in D_0, i=1,2,\cdots,n\}$，$R=\{<a_{i-1},a_i> \mid a_{i-1},a_i \in D, i=2,3,\cdots,n\}$，其中，$D_0$ 为设计对象的有限版本集合，R 表示版本模型中版本元素之间的线性相邻关系，即 a_{i-1} 领先于 a_i，a_i 领先于 a_{i+1}，称 a_{i-1} 是 a_i 的直接前驱版本，a_i 是 a_{i+1} 的直接后继版本。为了避免设备物理 BOM 频繁的变化所带来的数据变化频繁的问题，采用版本和版次进行 BOM 演化管理，如图 12-7 所示。当设备物理 BOM 因维修产生较大变化时，用物理 BOM 版本记录设备变化后的完整结构；当设备物理 BOM 因维护等操作仅仅发生微小变化时，用物理 BOM 版次仅记录设备在前一结构状态基础上发生的变化情况，即设备因何种操作导致哪些 BOM 节点发生了新增、删除的变化(BOM 节点的修改变化通过删除旧节点并新增修改后的节点实现)。基于物理 BOM 的版本、版次可对设备使用过程中任意时间的设备物理结构进行有效管理。

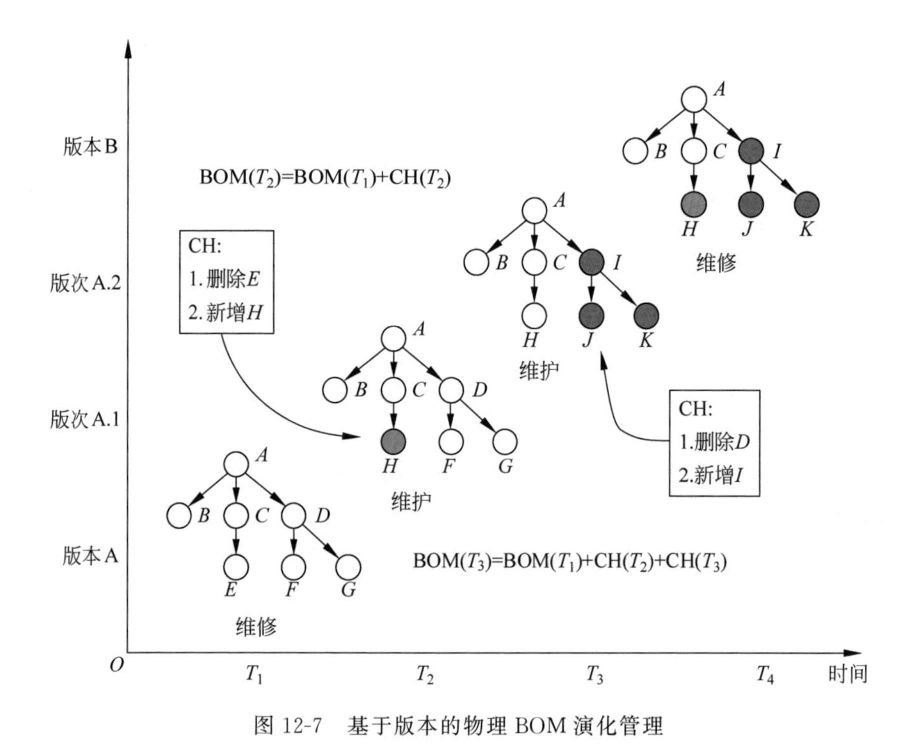

图 12-7　基于版本的物理 BOM 演化管理

12.4 构件化的设备智能运维决策系统架构设计

12.4.1 设备智能运维决策系统平台体系架构

设备智能运维决策系统平台体系架构包括以下几个主要组成部分：系统支撑环境、数据模型、构件层、应用层和客户层。智能运维决策系统平台体系架构如图 12-8 所示。基于智能运维决策系统平台的特定设备运维决策应用系统构建采用“基础平台＋业务构件”的方式实现。其中，基础平台由通用数据模型、系统支撑构件与通用算法构件以及客户层通用组件组成，业务构件特指面向特定设备的运维决策业务构件。“基础平台＋业务构件”是指在智能运维决策系统平台的基础上，面向特定设备开发相关的运维决策业务构件，并通过配置的方式快速构建面向特定设备的智能运维决策应用系统。下面仅讨论设备智能运维决策系统平台的体系架构。

支撑环境层为设备智能运维决策系统提供了必要的软硬件基础。为了提高软件的可迁移性，设备智能运维决策系统采用 Java 语言进行开发，建立在不同操作系统之上的 Java 运行环境为系统提供了统一的基础架构。另外，根据不同类型产品运维决策的需求，系统可能需要多种类型硬件的支撑。

数据模型层是设备运维决策系统数据组织管理的依据。12.3 节提到的模型将作为运维数据管理的基础。设备运维决策系统在对数据进行有效组织的同时，

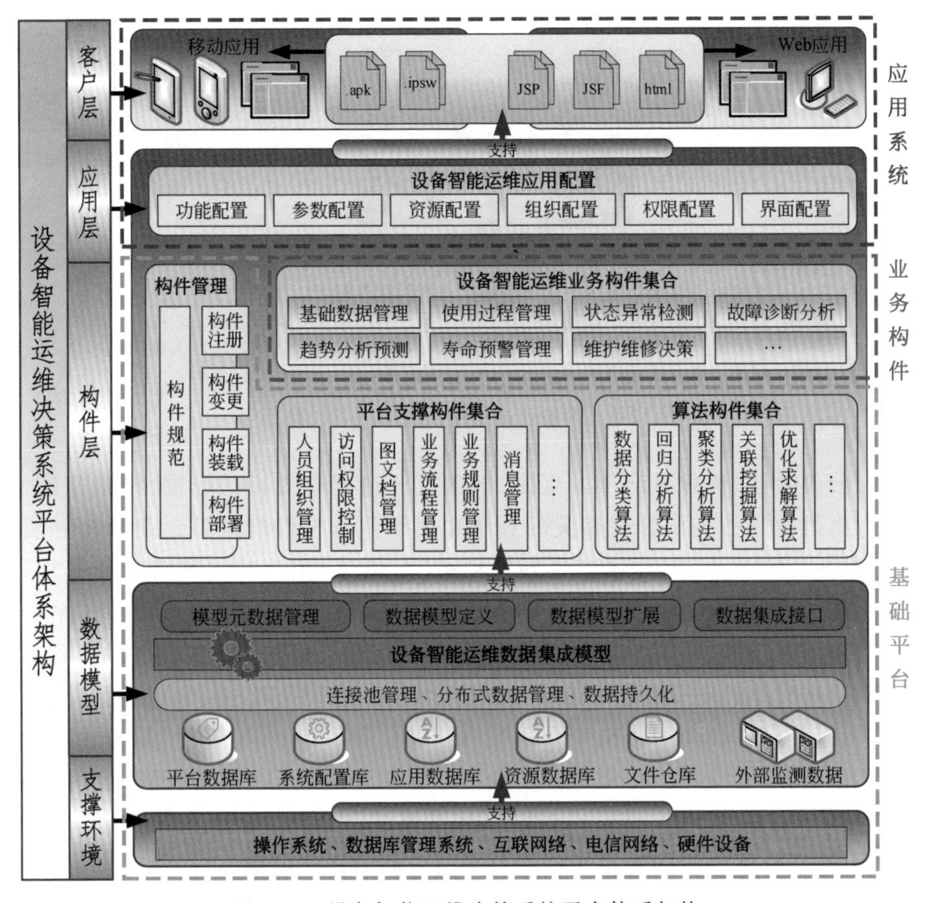

图 12-8　设备智能运维决策系统平台体系架构

采用关系型数据库、非关系型数据库以及文件系统、在线内容仓库等多种方式对数据进行存储。同时，系统提供模型元数据管理、数据模型扩展以及数据集成等一系列接口供业务功能及外部系统使用。

在功能层面，设备智能运维决策系统的主要功能以构件的形式提供，构件是可定制软件系统的基本元素，构件之间可通过组合形成更高层次的构件，构件功能划分是否合理直接影响到软件系统配置的合理性。多粒度的构件将系统总功能分解为一系列的子功能，子功能继续进行分解，直到分解到不可细分功能为止。在平台构件管理的基础上建立构件体系，将设备智能运维决策系统的构件划分为 3 类：系统支撑构件、算法构件以及面向具体行业设备应用的业务构件，如图 12-9 所示。

其中，系统支撑构件是用于保障设备智能运维决策系统正常运行的基础性构件，此类构件覆盖软件系统的共性功能，如：组织管理、权限管理、规则管理、流程管理、消息管理、报表管理、文档管理等。算法构件用于集成和封装支撑设备智能运维决策的各类算法，如：回归分析算法、相关性分析算法、关联规则挖掘算法、聚

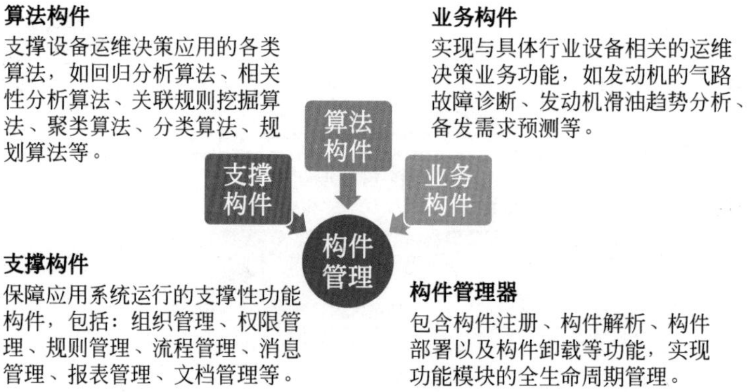

图 12-9　设备智能运维决策系统构件体系

类算法、分类算法、优化算法等。规则、案例以及过程等知识的挖掘、检索匹配、相似量度、推理重用等知识处理相关的算法也属于算法构件的范畴。业务构件实现与具体行业特定设备(如具体型号的发动机、车辆等)相关的运维决策业务功能，如：发动机气路故障诊断、发动机滑油趋势分析、备发需求预测等。构件体系中的各类构件存在依赖关系，如知识处理等算法构件可在规则管理支撑构件的基础上进行扩展，行业设备相关的业务构件可调用系统支撑构件以及算法构件的相关功能。

应用层是设备智能运维决策系统在构件集合的基础上采用配置的方式所构建的面向不同用户的应用。功能配置实现了不同构件的选配；组织配置定义了使用特定应用的用户及其组织架构；除此之外，参数配置、资源配置、权限配置、界面配置等可对面向具体组织的特定应用进行不同方面的详细定制。

客户层是设备智能运维决策系统面向最终用户的界面。考虑移动应用的需求，系统在提供基于浏览器的界面展示的同时，支持 Android 和 iOS 端用户界面的应用。为了避免功能的重复开发，客户层应用通过 Webservice 等方式调用构件的相关功能。

在技术层面，客户层通过系统独立客户端或与其他软件系统的集成界面实现软件与设计人员的人机交互；系统构件层和应用层构成系统功能层，完成系统主要功能逻辑。系统的各种业务逻辑通过构件实现，构件分为支撑构件和业务构件两类。其中，业务构件实现设备运维决策的主要业务功能，支撑构件实现系统的通用功能；数据模型层基于统一的数据模型管理业务功能中涉及的各类产品数据，通过模型层实现对数据模型的定义与管理；支撑环境层为软件系统运行提供软硬件环境支持。在技术实现方面，设备智能运维决策系统采用基于 JavaEE 的技术，系统以 ORM 技术实现关系数据到面向对象的业务对象的映射，基于业务对象实现对设备及其零部件等基础数据、设备使用过程、设备运维决策过程以及其他相关管理信息的表达，系统功能层采用 JavaBean 实现，用户界面层基于 JSF 的 UI 组件实现人机交互，系统通过 Web 服务实现与其他系统的集成。系统的技术框架如图 12-10 所示。

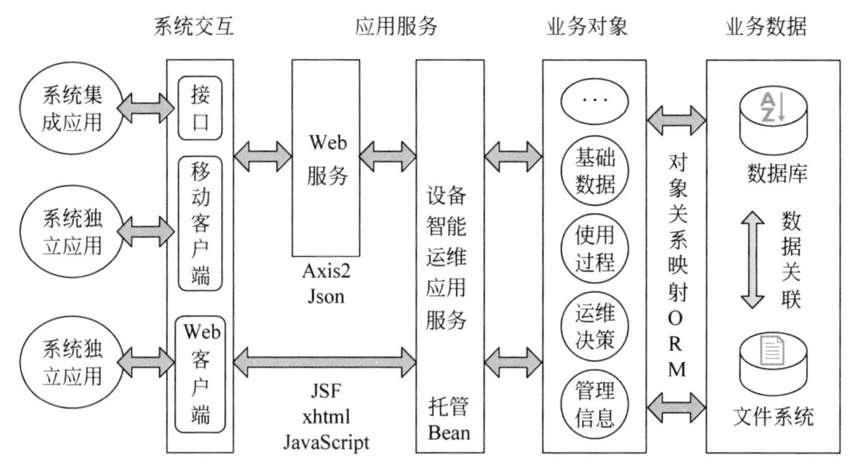

图 12-10　系统的技术框架

12.4.2　系统功能的构件化管理

业务构件集合具体实现了设备智能运维决策系统的业务功能，是终端用户直接面对的系统设施。业务功能的构件化使得系统能够灵活面向不同企业的业务需求，适应业务需求的差异化，满足需求可定制、可扩展的实施要求。

如图 12-8 所示，智能运维基础平台是系统架构的核心，为了支撑设备运维决策的各项业务，使得业务构件能够实现既定的功能，智能运维基础平台提供一套构件管理框架作为进行扩展的基础设施。构件管理机制的功能包括构件的注册，构件的存储、检索、部署，以及构件的运行时装载和卸载等。

同时，智能运维基础平台提供了支撑应用系统运行的共性构件，包括消息服务、图文档管理、访问控制、规则引擎、模型定制、流程管理、变更管理以及 BOM 管理等。

1. 智能运维基础平台构件管理

智能运维基础平台构件管理框架负责对构件的存储和管理，并且根据模型定制的内容对构件进行加载。智能运维基础平台构件管理框架的主要组成部分及其功能简要介绍如下。

(1) 构件规范。构件规范定义了构件嵌入平台中需要实现的基本接口，主要为构件开发人员提供技术支持以完成构件的开发。

(2) 构件注册。根据各个服务制定的构件集成规范检验构件本身的注册信息，判断构件的入口类以及规范性，将构件注册信息存放到构件仓库中。

(3) 构件变更。为了确保构件满足用户在不同应用环境下的个性化需求，对构件实施版本控制，采用规范化的变更流程管理构件的有效性。

(4) 构件加载。加载构件并检验构件的安全性、授权情况。将构件载入系统基础平台并为系统配置提供构件的入口类及相关信息。

(5) 构件部署。构件经基础平台部署后可履行其功能,通过配置模块组合部署后的构件实现系统的定制。

智能运维基础平台通过以上管理工具使得业务构件实现了基于基础平台的插拔式服务,业务构件在基础平台中的生命周期状态变迁如图 12-11 所示。构件通过安装进入系统构件库,定制后的软件系统由已经启动的构件集合组成,解析成功的构件能够为系统提供功能的扩展。

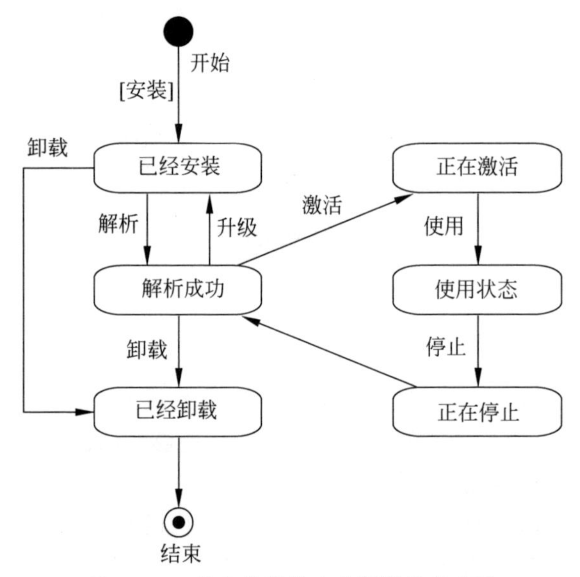

图 12-11　业务构件的生命周期状态变迁

2. 构件描述规范

智能运维基础平台中的支撑构件以及基于支撑构件运行的业务构件均通过系统的构件管理工具进行统一管理。系统构件基于集成数据模型,采用人机交互界面实现设备健康管理及维修服务的若干功能,为了满足构件化系统的可扩展及可重构需求,需要对构件进行规范化管理。一个规范化的系统构件主要包括业务数据、业务逻辑以及用户界面 3 部分内容。

(1) 业务数据。业务数据明确了构件所能操作的数据对象及操作范围。系统中所有构件均基于统一的集成数据模型开展相关业务。因此,构件中绑定的业务数据是基于系统集成数据模型获得的数据子集。构件对数据的相关操作通过集成数据模型提供的 API 进行统一实现。

(2) 业务逻辑。业务逻辑是构件功能的具体实现。系统中的业务构件可在支撑构件的基础上实现复杂的功能逻辑。为了实现系统可扩展的需求,业务构件提供两种更新机制:一是通过业务构件版本升级提供新的功能,不同版本的业务构件可在系统中并存;二是业务构件对自身的业务逻辑预留扩展点,其他业务构件可通过扩展预留的扩展点实现扩展构件功能的目的。如图 12-12 所示，构件从界面和逻辑两方面实现扩展。

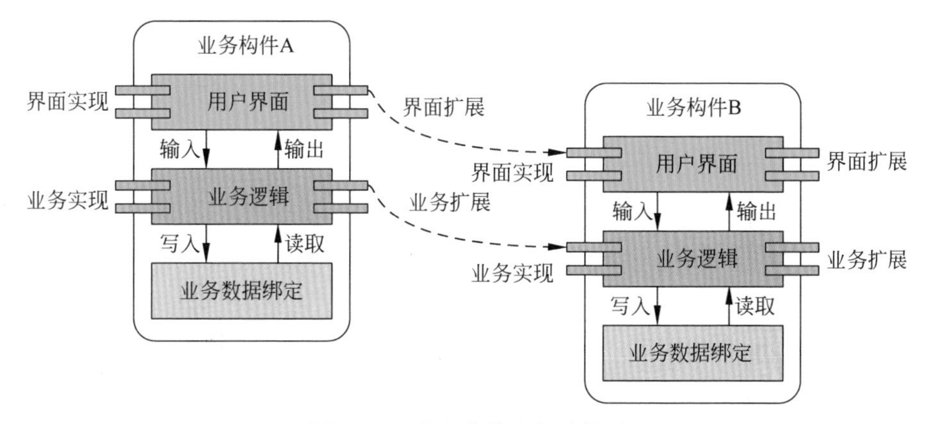

图 12-12 业务构件定义及扩展

(3) 用户界面。用户界面用于提供用户访问构件逻辑的交互界面。用户界面主要包括构件导航菜单、页面及页面流、页面视图以及页面组件几部分内容。为了配合业务逻辑的扩展，用户界面同样预留扩展点，新的业务构件可以扩展预留扩展点，以实现扩展用户界面内容的目的。

业务构件开发完成后，通过构件配置文件实现构件相关信息的描述，系统通过读取业务构件的配置文件，为下一步业务构件的部署及管理提供必要的信息。业务构件配置文件的结构如图 12-13 所示。

构件是系统功能的载体，构件之间不可避免地存在功能协作和信息的交互。为了确保交互过程中数据的一致性和业务衔接的顺畅性，需要各构件遵循相同的标准。系统借鉴机器信息管理开放系统联盟(Machinery Information Management Open System Alliance，MIMOSA)组织制定的基于状态的维护开放系统架构(Open System Architecture for Condition-Based Maintenance，OSA-CBM)以及企业级应用系统集成开放系统架构(Open System Architecture for Enterprise Application Integration，OSA-EAI)等相关标准开展系统功能设计与系统间的交互设计[3-4]。OSA-CBM 标准是以 ISO 13374 为基础的用于规范基于状态的维修系统设计，以及各 CBM 系统之间数据交换的开放标准，是对 OSA-EAI 开放标准中的“开放资产健康及使用管理”的细化。数据获取(data acquisition，DA)层为系统提供了访问数字传感器数据的接口。数据处理(data manipulation，DM)层接收来自数据获取层的信号和数据，使用特征提取算法进行单个或多个信道的信号转换。状态监测(state detection，SD)层接收来自数据获取层、数据处理层和其他状态监测层的数据，将特征值与期望值或运行阈值进行比较，根据事先规定的阈值发出警报。健康评估(health assessment，HA)层接收来自不同的状态监测器或其他健康评估模块的数据，评估被监测的系统、子系统或设备部件退化时是否健康，并对

OSA-CBM

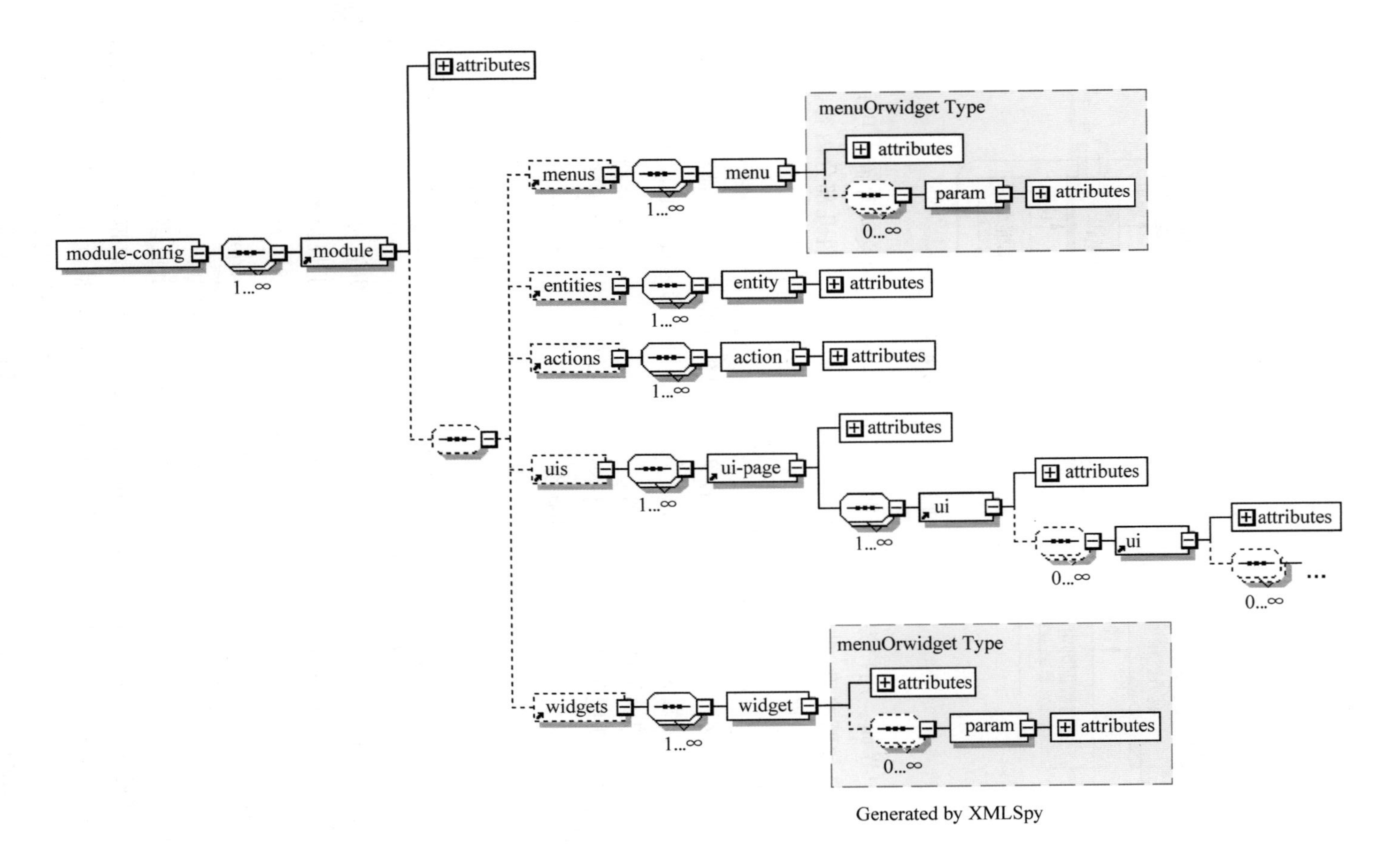

图 12-13　业务构件配置文件结构组成

故障状态提出具有一定置信度的建议。预测评价(prognostics assessment,PA)层根据设备当前的健康状态预测设备未来的健康状态,或估计在给定计划使用剖面下的设备剩余使用寿命。决策生成(advisory generation,AG)层接收来自健康评估层和预测层的数据进行运维决策,给出活动建议和方案选择,包括相关的维修活动时间表。如图 12-14 所示,OSA-CBM 中模块与模块或模块与外部系统之间的数据交换是通过各模块提供的接口服务实现的,接口服务遵循 OSA-EAI 相关的规范采用 XML 等进行数据传递。OSA-CBM 不仅公开对外数据接口,还公开 CBM 系统设计需遵循的体系结构,包括功能模块组成、通信方法、算法组织、数据结构、数据类型以及从信号采集到任务建议的数据处理流程的规定,可提高产品或数据的规范性、互通性、兼容性、可集成性。

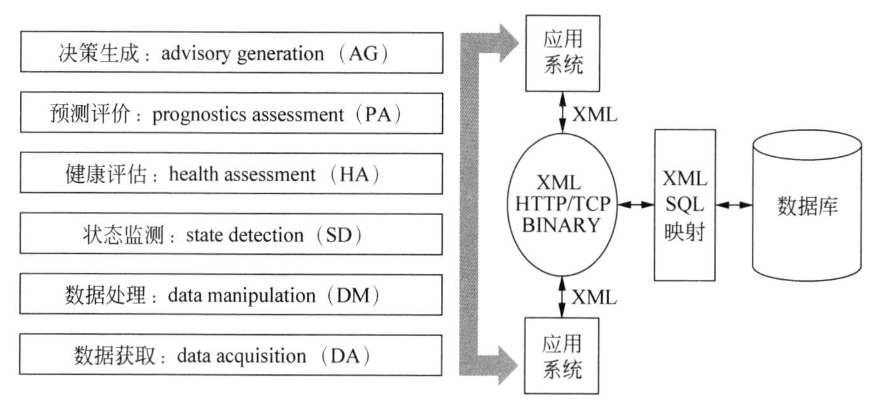

图 12-14　OSA-CBM 和 OSA-EAI

12.5　设备智能运维决策系统平台核心功能与系统配置

12.5.1　多源运维决策数据的接入

1. 主流数据源

运维决策数据来源广泛、种类繁多、格式多样,数据需要由外部系统导入运维决策系统平台。运维决策数据的来源包括:研发设计端、制造修理端、使用维护端以及相关管理端。数据接入需面向各种主流数据源,基于不同的数据源开发对应的数据接入适配器可以实现数据接入功能的灵活扩展。

数据接入涉及的主流数据源包括:

(1) 通用型数据库。Oracle、Microsoft SQL Server、MySQL 等关系型数据库;HBase、MongDB 以及 Neo4J 等主流的非关系型 NoSQL 数据库。

(2) 应用程序的消息。应用程序通过对外开放程序接口所传递的消息,如 WebServices 传递的 XML、JASON 等格式的消息。

(3) 结构化文件。XML、Excel、CSV 等通用的结构化文件,或者监控记录、报文等可解析的特定格式的结构化文件。

(4) 非结构化文件。图纸、报告、说明书等文档文件,或视频文件、音频文件、图像文件等多媒体文件等。

2. 数据接入方式

针对以上类型的数据源,系统采用的数据接入方式主要包括以下几种。

1) 基于 WebServices 服务的方式

该方式用于系统各组成部分之间的实时数据交换。基于 WebServices 技术的应用集成通过主流的 WebServices 协议如 SOAP、XMLRPC 等的无缝集成,支持这些应用系统的接口,提供基于 WebServices 的应用系统整合适配器,并提供快速整合 WebServices 应用的工具和接口 API。数据提供方定义并公开数据服务,以服务的形式封装数据交换的内容和协议。数据使用方调用数据提供方的公开数据服务以获取所需的数据,并且按照一定的数据转换和数据更新规则,把数据更新到本地数据源。通过本地数据服务和公开数据服务的交互实现数据提供方和数据使用方之间的数据交换。

2) 基于数据库接口的方式

该方式用于内部系统间实时或非实时交换。包括:

(1) 数据表。从指定数据库的表中提取数据。

(2) 数据库视图。从指定数据库的视图中提取数据。

(3) 自定义 SQL。可以用自定义 SQL 从指定数据库中提取数据。交换的双方通过定义发送和接收任务来进行数据库接口的交换。根据交换的数据格式的不同,这种数据交换方式又可以细分为两种类型:一种是数据落地的数据共享,另一种是数据不落地的数据交换。落地数据可以实现数据的持久化,数据一般放在硬盘或是其他的持久化存储设备中,有助于建立多源异构数据的复杂关联;不落地数据指存储在内存或者是网络传输中的数据,适用于数据实时分析处理的应用场景。

3) 基于文件交换的方式

该方式用于外部或内部系统间非实时批量数据交换。交换的双方通过定义发送和接收任务来进行数据文件的交换。根据交换的数据文件的不同,这种数据交换方式又可以细分为两种类型:一种是基于标准 XML 文件的数据交换,另一种是基于其他文件格式的数据交换。基于标准 XML 文件的数据交换由系统自动从前置机交换数据库中提取数据,并按照定义好的模板打包生成标准的 XML 文件,由定制好的发送任务发送给接收方。接收方接收到 XML 文件后自动进行解包处理,并将数据存储到接收方的前置机交换数据库中。基于其他文件格式的数据交换方式,如基于 Excel、CSV 文件格式的数据交换方式的交换过程为:由业务系统将需要交换的数据文件放置到前置机上的规定路径下,系统通过特定的数据解析及处理流程实现数据的导入。

3. 数据接入流程

数据接入的整体流程如图 12-15 所示。

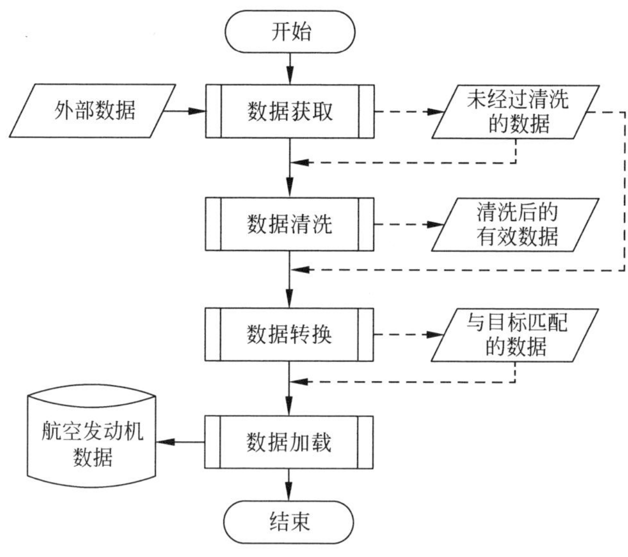

图 12-15 发动机的数据接入流程

1）数据获取

数据获取主要实现从系统的外部数据中读取信息。对于数据量大的场景，系统考虑增量抽取。一般情况下，外部系统会记录业务发生的时间，可以用时间来做增量的标志，每次获取数据之前首先判断当前数据记录的最大时间，然后根据这个时间获取大于这个时间的所有记录。

根据接入数据类型的不同，应采用不同的处理方式，具体如下。

(1) 对于非结构化的外部数据，如图纸、说明书以及音视频等，由于文件格式不统一、不规范等原因其信息往往难以解析，可通过附加元数据的方式对其进行包装，元数据可通过人工方式或系统自动附加。

(2) 对于结构化可解析的文件，如 XML、Excel 等，数据获取实现的步骤如下。

① 定义解析协议。即首先明确结构化文件中数据的组织形式。对于 XML 文件，需要明确其模式定义并提供 XML Schema Definition 描述文件。对于 Excel 文件，需要明确数据表中行与列的具体含义，一般可通过单元格位置或单元格占位符来实现。采用占位符的方式实现时，数据的行与列顺序不受限制，灵活度较高，因此推荐使用；对于其他特定格式的可解析文件，如飞参的记录文件，需要事先掌握飞参数据格式，或者根据飞参解析程序对文件进行格式转换。

② 读取待解析文件。首先确定待读取文件的存放路径，可将文件置于文件系统特定的位置或 FTP 等网络特定位置；然后，实时或定时地根据文件路径读取文件内容。由于 XML、Excel 等文件采用开放的格式，其文件内容的读取可直接调用

相应的处理程序。

③ 获取所需数据。读取文件内容后，需要根据事先定义的解析协议，对文件内容进行解析，从而获得所需数据；由于文件不可避免地存在内容及格式等错误，对于未成功获取数据的文件需要进行必要的后置处理，如文件转储等。

(3) 对于数据库提供的数据，各数据库系统均提供了数据访问及数据查询的方式。数据访问需要事先明确待接入数据所在的服务器的网络地址、数据库访问端口、数据库名以及访问所需的用户名及密码等。数据查询则需要明确数据库中数据的逻辑结构，包括数据库表、数据库视图的结构以及它们之间的关联关系。

(4) 对于其他应用系统产生的消息，首先需要明确应用系统对外提供的接口，包括接口的名称、输入参数、返回参数以及可能出现的异常事件等；其次，根据数据获取的业务需求调用程序接口；最后，对接口返回的消息进行解析获取相应的数据。

2) 数据清洗

数据清洗是指发现并纠正数据文件中可识别的错误，包括数据格式的规范化，检查数据一致性，处理无效值和缺失值等。

一致性检查是指根据每个变量的合理取值范围和相互关系，检查数据是否合乎要求，以发现超出正常范围、逻辑上不合理或者相互矛盾的数据。对于发动机状态监控的数据，可通过算法实现粗大误差及噪声的去除。

无效值和缺失值的处理方法有估算、整例删除、变量删除和成对删除。估算最简单的方法就是用某个变量的样本均值、中位数或众数代替无效值和缺失值。这种方法简单，但没有充分考虑数据中已有的信息，误差可能较大。另一种方法就是根据调查对象对其他问题的答案，通过变量之间的相关分析或逻辑推论进行估计。整例删除是剔除含有缺失值的样本。由于很多数据都可能存在缺失值，这种做法的结果可能导致有效样本量大大减少，无法充分利用已经收集到的数据。因此，只适合关键变量缺失，或者含有无效值或缺失值的样本比重很小的情况。如果某一变量的无效值和缺失值很多，而且该变量对于所研究的问题不是特别重要，则可以考虑将该变量删除。这种做法减少了供分析用的变量数目，但没有改变样本量。成对删除是用一个特殊码(通常是9、99、999等)代表无效值和缺失值，同时保留数据集中的全部变量和样本。但是，在具体计算时只采用有完整答案的样本，因而不同的分析因涉及的变量不同，其有效样本量也会有所不同。这是一种保守的处理方法，最大限度地保留了数据集中的可用信息。

采用不同的处理方法可能对分析结果产生不同影响，尤其是当缺失值的出现并非随机且变量之间明显相关时。因此，在数据获取时应当尽量避免出现无效值和缺失值，以保证数据的完整性。

3) 数据转换

数据转换的目的主要是进行不一致的数据转换、数据粒度的转换，以及按照特定的业务规则进行必要的计算。不一致数据转换：这个过程是一个整合的过程，将不同业务系统相同类型的数据进行统一，比如相同发动机或零部件编号的统一、名称的统一等。数据粒度的转换：大数据系统一般存储非常明细的数据，但在进行分析计算时往往不需要非常明细的数据，如中期的趋势预测相比短期的趋势预测所采用的数据往往粒度较粗。因此，系统会将发动机状态数据按照分析计算的业务需求进行必要的粒度转换。基于特定规则的计算：对发动机状态进行原始数据获取后，为了满足分析计算的需求，需要对原始数据进行计算以获取发动机的中间参数，如寿命的累加、不同运行状态的折算等。

为了实现全寿命数据的组织管理，运维决策系统以 BOM 为核心实现设备运维数据的动态组织，通过 BOM 节点关联设备特定时间点的其他静态关联信息。数据转换的另一个重要作用是可将获取及清洗的数据按照设备全寿命数据模型的定义进行封装，同时建立相应的关联关系。

4) 数据加载

数据加载最终实现将获取、清洗、转换后的数据加载至发动机大数据中心的数据库中，同时，建立新加载数据与数据库原有数据的关联关系。

12.5.2　运维数据的存储及查询管理

设备全寿命过程中会记录海量的数据。传统的关系型数据库难以适应数据模式多变的特点，难以满足高并发读写的需求，在海量状态数据的存储与查询方面均存在不适应性。NoSQL 数据库的出现弥补了关系型数据库的不足，可采用关系型数据库与 NoSQL 数据库相结合的方式实现设备全寿命数据的混合存储。其中，关系型数据库存储关联关系较多的数据，如设备型号和具体设备的构型信息、设备监控维修相关的资源信息等；HBase 存储设备状态监控数据，包括温度、压力、转速、流量、油液以及振动等监控数据。

HBase(hadoop database)是一个建立在 HDFS(hadoop 实现的一个分布式文件系统)分布式文件系统之上，针对结构化数据的可伸缩、高可靠、高性能、分布式和动态模式数据库。HBase 采用了 BigTable 的数据模型——增强的稀疏排序映射表(key/value)，其中，键(key)由行关键字、列关键字和时间戳构成。HBase 提供了对大规模数据的随机、实时读写访问，同时，HBase 中保存的数据可以使用 MapReduce 来处理，它将数据存储和并行计算完美地结合在一起。

除了关系型数据库与非关系型数据库外，设备全寿命管理相关的非结构化数据通过文件系统进行存储，如发动机监控过程中的孔探检查图片、发动机维修的相关手册等。在设备全寿命数据混合存储的情况下，需要提供统一的数据查询服务，一方面为其他业务功能提供数据访问支持，另一方面需要满足用户对复杂关联数据的自定义查询需求。图 12-16 所示为数据的混合存储与查询模式。

对运维数据以混合存储的方式进行管理，一定程度上实现了不同类型数据的合理存储，为数据的高效利用奠定了必要的基础。但在数据分析决策过程中，对于

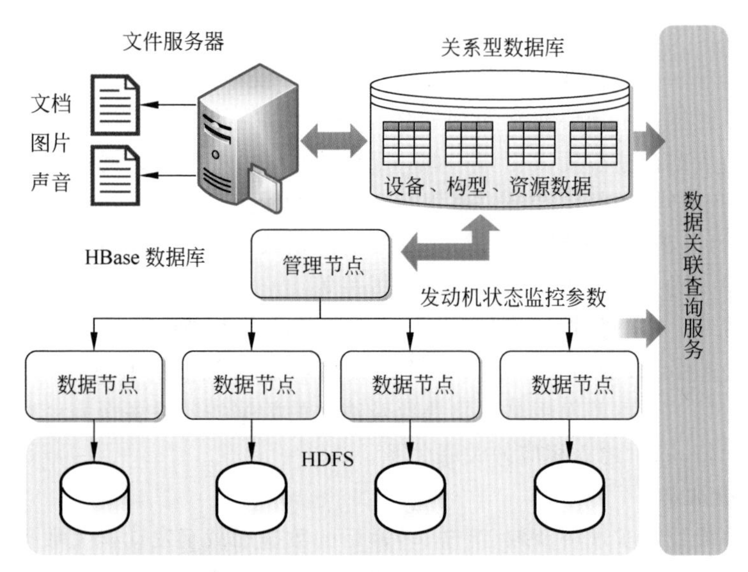

图 12-16 数据混合存储与查询

设备运维数据的查询仍有性能和功能两方面的需求。

数据查询的性能需满足实时或近实时数据检索的需求，支撑数据驱动的运维决策方法的高效应用。为此，设备智能运维决策系统平台引入分布式计算框架 Spark。Spark 是一种基于内存的分布式并行计算框架，能够帮助用户简单地开发快速、统一的大数据应用，对数据进行协处理、流式处理、交互式分析等。不同于 MapReduce 的是，Job 中间输出结果可以保存在内存中，从而不再需要读写 HDFS，因此 Spark 能更好地适用于数据挖掘与机器学习等需要迭代的 MapReduce 算法。由于设备全寿命数据分别存储在关系型数据库和 NoSQL 数据库中，数据之间逻辑上的关联交互需要借助额外的工具实现。Apache Sqoop 项目旨在协助 RDBMS 与 Hadoop 之间进行高效的大数据交流。用户可以在 Sqoop 的帮助下，轻松地把关系型数据库的数据导入到 Hadoop 与其相关的系统(如 HBase 和 Hive)中；同时也可以把数据从 Hadoop 系统中抽取并导出到关系型数据库中。除了这些主要的功能外，Sqoop 也提供了一些诸如查看数据库表等实用的工具。

运维数据关联比较复杂，尤其是全寿命数据涉及设备不同生命周期阶段的多种数据。数据查询的功能需求重点满足复杂关联下数据的自定义查询，支持对系统中的运维数据进行任意组合的查询。设备智能运维决策系统平台基于数据模型的元数据信息设计开发了可视化的综合查询模块。自定义查询模块包括查询模板的自定义和数据的查询两个子模块。

查询模板的自定义模块实现了数据查询的可视化灵活定制：

(1) 查询结果定义了数据查询最终展示的属性，可定义属性显示的顺序及对属性进行必要的转换。

(2) 查询范围定义了查询所涉及的运维模型实体，这些实体对应数据存储中的表或视图。

(3) 数据查询的条件定义分为属性约束条件的定义和逻辑组合条件的定义。属性约束条件的定义支持基于操作对实体属性进行比较及判断,支持的操作包括等于、不等于、大于、小于、大于等于、小于等于、是否、是否包含等。运维数据的元模型包含实体属性的数据类型信息,因此以上操作可根据不同属性的数据类型进行自适应选择。逻辑组合条件的定义是指对属性约束条件进行分组并设置条件之间的“与”“或”关系。通过属性约束和逻辑组合条件的灵活配置,可满足设备运维数据的复杂查询需求。

(4) 查询参数的设置是对查询条件中需要用户输入的条件进行参数化定义。参数化定义是自定义查询可复用的基础。

(5) 查询模板的存储是在以上定义的基础上对自定义查询进行存储,以方便自定义查询的快速复用。

数据查询模块是在查询模板自定义的基础上进行基于模板的数据查询,该查询可以采用简单查询、定制查询两种方式进行。简单查询指用户查询时仅需输入查询参数的取值,而不必关心具体的查询逻辑;定制查询则是完整展示自定义查询的查询逻辑,便于用户在此基础上进行定制扩展。

运维数据自定义查询的工作流程如图 12-17 所示。

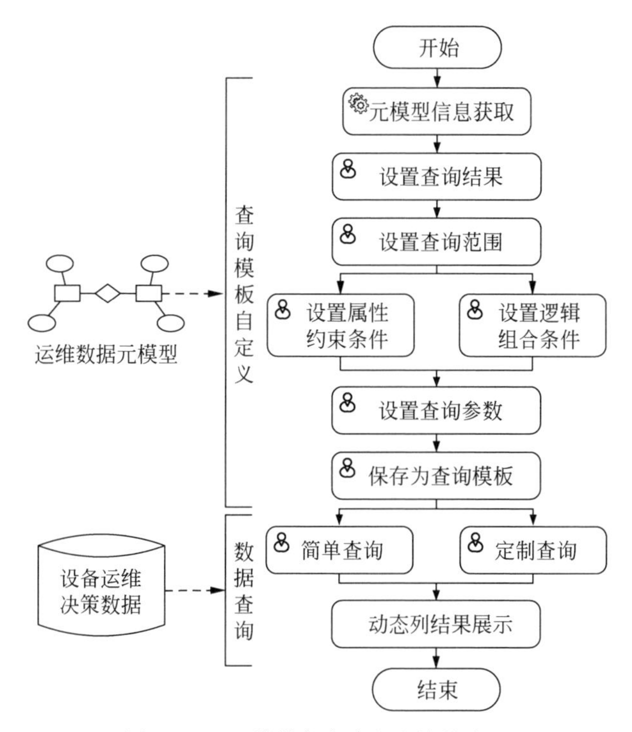

图 12-17　运维数据自定义查询的流程

自定义查询的系统界面如图 12-18 所示。

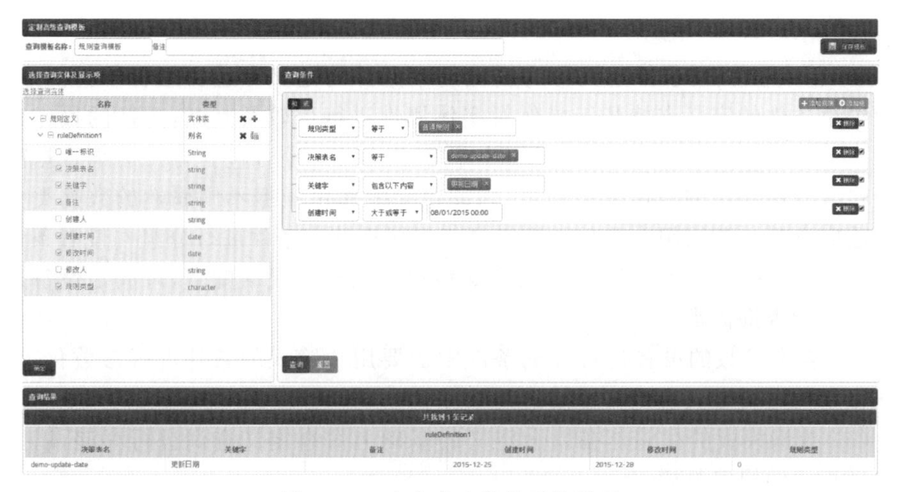

图 12-18　自定义查询的系统界面

12.5.3　基于流程引擎的业务过程管理

设备智能运维决策系统的主要业务功能围绕运维数据管理及分析决策的业务过程展开，系统需要实现与业务过程的紧密集成。过程建模一方面可面向不同设备运维决策的需求对数据管理及分析决策等业务过程进行构建，另一方面可实现业务过程与运维数据、决策工具及知识的有效集成。运维决策的过程通过数据管理及分析决策的任务以及相互关联构建，实现任务与运维数据、运维决策方法以及运维决策知识的关联。流程引擎提供了对业务过程进行建模及管理的工具支持，因此，运维决策平台通过集成流程引擎实现对业务过程的支撑。基于流程引擎的业务过程建模及信息集成如图 12-19 所示。

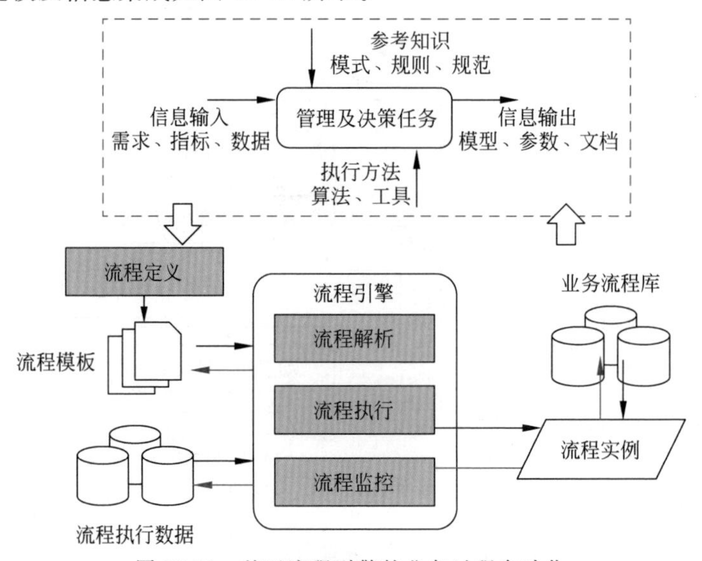

图 12-19　基于流程引擎的业务过程自动化

流程定义部分实现了基于过程的数据及知识组织管理。流程定义的结果为流程模板，流程模板中不仅包含了设备运维的业务过程知识，而且通过流程中任务与数据、算法、规范等的绑定关系实现了其他运维数据的集中管理；流程引擎起到了过程驱动的作用。流程模板通过实例化可产生具体的流程实例。流程引擎在解析具体流程实例的基础上实现运维管理及决策业务过程的逐步推进。同时，在设备运维管理及决策业务过程推进中实现数据及知识的按需推送。基于过程驱动的数据集成管理与推送避免了由于信息泛滥带来的知识重用率低、重用效果差以及业务过程执行效率低等问题；随着流程的执行，流程状态数据不断更新的同时相关的业务数据也不断产生。为了更好地监控业务过程并对业务过程进行总结分析和评价改进，可基于流程监控功能实现过程的实时管理，并可基于流程执行数据进行流程历史信息查询。

设备智能运维决策系统平台基于开源的 Activiti 流程引擎进行功能开发[5]。Activiti 的核心是 BPMN 2.0 的流程引擎。BPMN 是目前被各 BPM 厂商广泛接受的 BPM 标准，全称为 Business Process Model and Notation，由 OMG 组织进行维护，2011 年 1 月份发布了其 2.0 的正式版。对比于第一个版本，BPMN 2.0 最重要的变化在于其定义了流程的元模型和执行语义，即它自己解决了存储、交换和执行的问题。这代表着 BPMN 2.0 流程定义模型不仅可以在任何兼容 BPMN 2.0 的引擎中执行，而且也可以在图形编辑器间交换。Activiti 的接口及服务组成如图 12-20 所示[6]。

BPMN 2.0

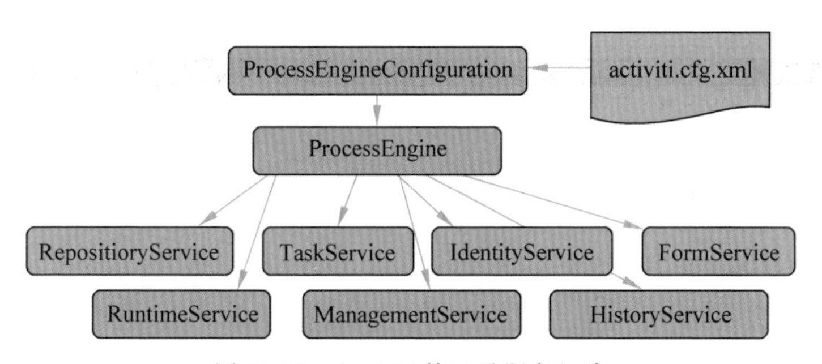

图 12-20　Activiti 接口及服务组成

Activiti 引擎通过业务流程库服务 RepositoryService 管理业务流程的定义文件及相关支持数据，当业务流程通过流程运行管理服务 RuntimeService 启动后，将生成流程定义对应的流程实例。通过流程运行管理服务可对流程实例进行查询、控制以及运行数据获取等。用户往往关心流程中与自己相关的工作而非整个流程。业务流程中的每一个运行节点都是一个任务，流程引擎通过流程任务管理服务 TaskService 对任务进行获取并对任务中的数据、状态等信息进行查询或变更；为了支持基于用户和角色的流程管理，流程引擎内置用户管理和组管理的功能，通过流程引擎中的组可实现面向角色或用户组的管理。值得注意的是，设备智能运维决策系统也包含用户及组的管理功能，为了避免功能的重复同时确保流程相关功能的顺利实施，需要实现系统用户管理与流程引擎用户管理的整合。除以上服务之外，流程引擎还提供流程引擎维护及管理服务 ManagementService 和流程历史管理服务 HistoryService。

系统在集成流程引擎的基础上，采用 SVG、JavaScript、Jason 等技术提供了流程定义文件的可视化编辑的功能。用户可在人机交互界面通过拖拽实现流程的定义，形成的流程定义以 XML 格式进行存储。该 XML 文件不仅存储了流程的图形信息(如任务节点的位置、顺序流连接线的形状等)，还存储了满足 BPMN 2.0 规范的流程定义信息，该流程定义信息作为流程执行的依据。系统可视化流程定义的界面如图 12-21 所示。

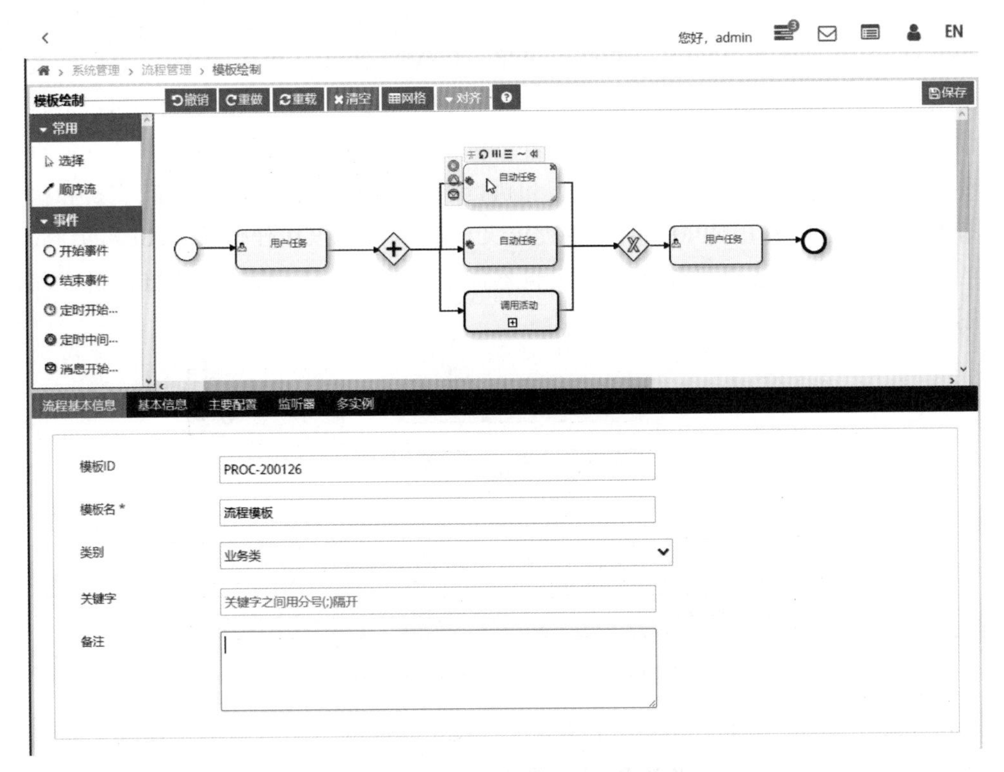

图 12-21　系统可视化流程定义界面

系统的业务流程管理模块可服务的发动机应用包括：

➢ 运维数据的手动及定时导入/导出；

➢ 信息新增、改版、删除的审核审批，图 12-22 所示为设备运维数据管理中涉及的相关审核流程；

➢ 报表的自动生成、传递及归档；
➢ 报警、提醒消息的传递及处理；
➢ 复杂决策过程的自动化串联等。

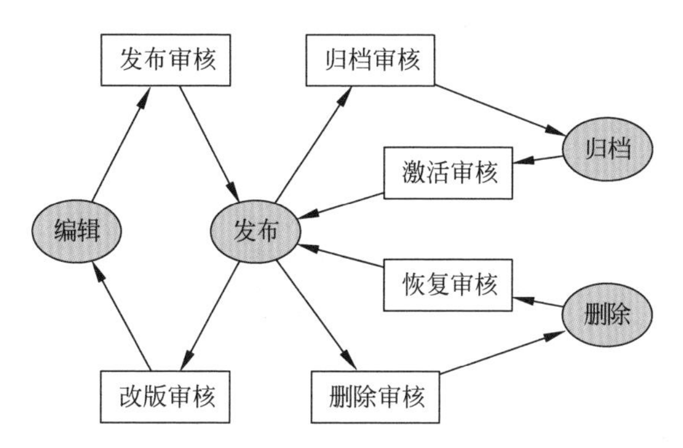

图 12-22 设备运维业务数据的审核流程

12.5.4 复杂应用环境下的权限控制

由于设备智能运维决策的数据涉及设备多个生命周期阶段不同部门的数据，数据的产生和使用者包括设计方、制造方、使用方、修理方及管理方等多个不同层面的用户，因此对不同用户所能访问和使用的数据及功能需要依照管理规范进行严格管控。

基于构件化的可定制系统通过采用应用域、组织域、数据域的多域管理方式支持多企业应用的模式，解决复杂应用系统面临的多租户问题，如图 12-23 所示。基于同一平台可构建同时面向多个企业用户的不同应用，不同的应用绑定不同的数据。对于集团型企业，系统在实现应用隔离的同时，通过定义数据绑定规则实现跨组织结构的数据共享。同时，为了实现跨企业应用的安全需求，系统在实现应用域划分、组织域划分以及数据域划分的同时，参考 RBAC0、RBAC1、RBAC2、RBAC3 等基于角色的访问控制模式[7]，对多域复杂环境下的权限进行控制。

系统在多租户数据管理的基础上采用如图 12-24 所示的模型进行权限的控制。

在权限配置方面，系统支持从功能模块、页面、页面元素、业务功能、数据等多个层面及角度对人员及角色的权限进行控制。

（1）**功能模块权限** 限制用户是否能访问系统的某功能模块。若用户不能访问该功能模块，则该模块涉及的页面、页面元素及业务功能用户均无法访问，也无法访问该功能模块独有的数据。

（2）**页面权限** 限制用户是否能访问某功能模块中特定的页面。该权限的前提是用户可以访问页面所在的功能模块。

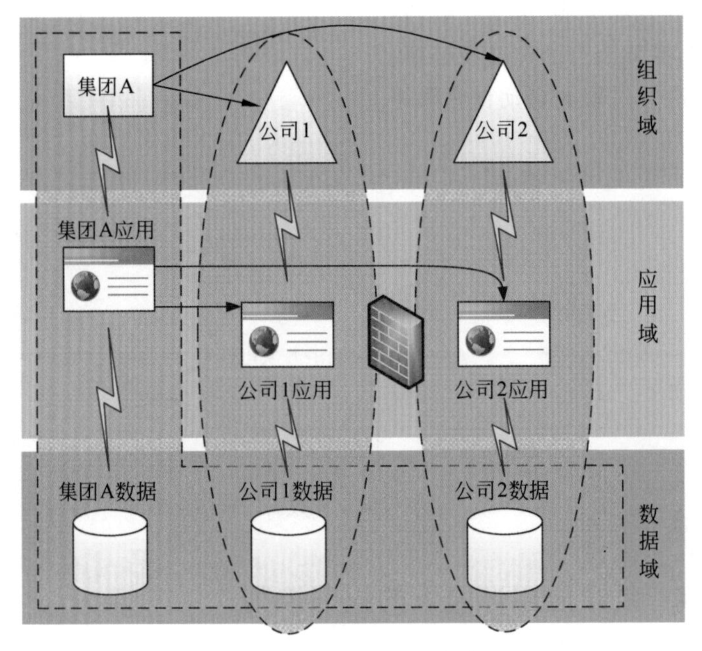

图 12-23　跨企业应用部署

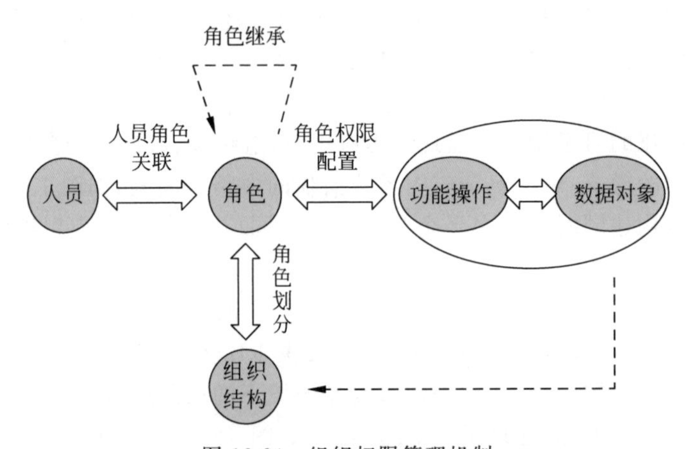

图 12-24　组织权限管理机制

(3) **页面元素权限**　限制用户是否能够访问某页面中的特定元素。该权限的前提是用户可以访问页面元素所在的特定页面。可控制的页面元素包括文字描述、输入框、单选复选框、表格、表格特定列、树、树的节点等。

(4) **业务功能权限**　限制用户是否可以使用系统的某特定功能。该权限的前提是用户可以访问业务功能所在的功能模块。当不允许用户访问某功能时，该用户将无法使用系统页面中对应的按钮、链接，同时用户也无法通过程序接口直接调用该功能。

(5) **数据权限**　限制用户是否可以操作特定类型的数据。用户对数据的操作包括查看、修改、删除等。系统通过运维数据模型对数据进行分类管理并维护数据的元信息。

由于设备智能运维决策系统采用B/S架构进行设计，权限的检查通过面向切面编程(aspect oriented programming，AOP)技术分别在客户端和服务器端进行，如图12-25所示。

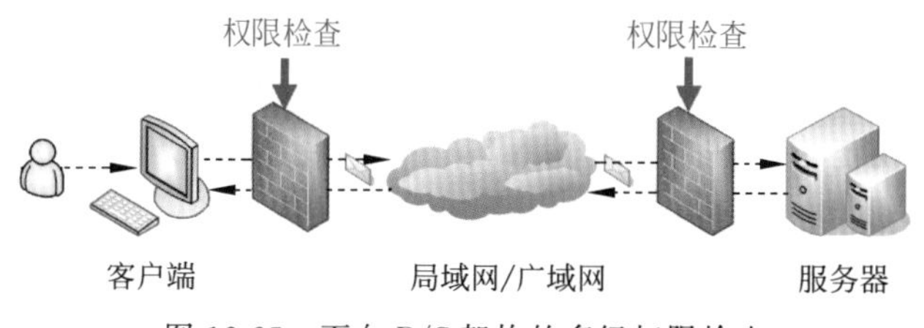

图12-25 面向B/S架构的多级权限检查

12.5.5 基于订阅模式的消息管理

设备智能运维决策系统涉及设备从设计、制造到使用、修理甚至报废处理的全寿命信息，其用户包括各阶段数据的提供方、数据统计汇总人员、数据分析处理人员、业务诊断决策人员等。为了确保数据的高效传递，同时保证数据权限的安全，需要采用灵活的消息管理机制。设备运维决策系统的消息管理模块基于订阅机制进行设计。消息的发送者(包括系统用户及系统后台自动运行的程序)只负责消息的发送。所有发送的消息进入消息总线，消息的接收者通过订阅方式获取消息总线中与自己相关的消息。为了避免消息订阅过程中无关消息的非法订阅和相关消息的漏订阅，系统设计了强制订阅的功能。系统管理员通过强制订阅配置确保敏感消息不被随意传递，同时重要消息不被遗漏。图12-26所示为系统的消息定制机制。

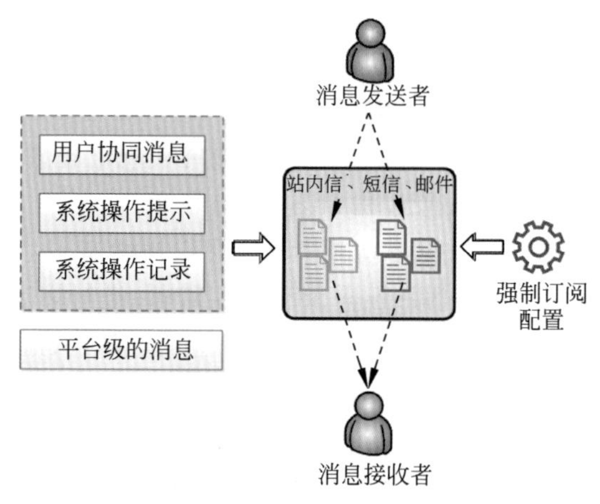

图12-26 消息定制机制

12.5.6 基于业务构件的应用系统配置

业务构件是可定制的智能运维系统的基本元素，构件之间可通过组合形成更高层次的构件，构件功能划分是否合理直接影响到软件系统配置的合理性。将系统总功能分解为一系列的子功能，子功能继续进行分解，直到分解到支持功能（又称功能元）为止。所谓支持功能就是一种底层功能，当对软件进行功能分析时，支持功能控制着功能分解是否结束。在完成所有功能分解后对所有相关性因素进行聚类分析，形成功能模块，即构件。可以从子功能之间的功能相关、信息相关等角度对功能进行分类划分，再将各子功能与构件之间传递的信息流相关联，并以用户需求为衡量尺度，充分考虑构件之间信息的交互和功能的衔接，从而实现对系统业务构件的合理规划和划分。具体工作步骤是：①收集不同用户需求信息；②将用户需求转换成总功能要求；③将总功能进行分解，形成系统功能树，得到可实现的功能单元，基于功能单元实现构件；④对构建的构件划分结果进行评价。构件划分和构件树形成过程如图 12-27 所示。

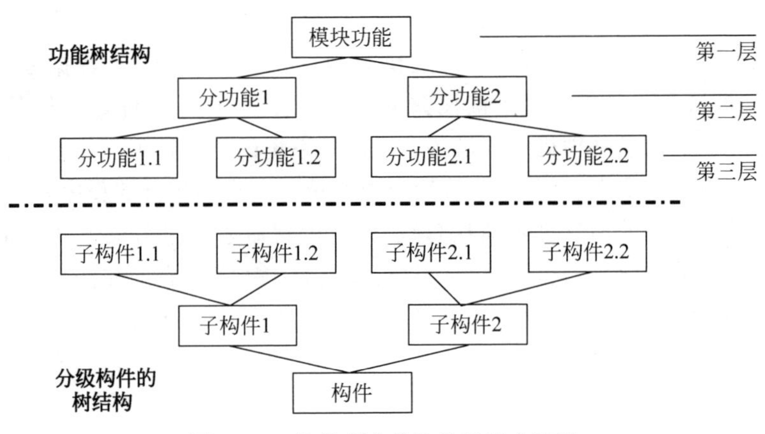

图 12-27 构件划分及构件树形成过程

基于业务构件集合，针对不同用户的具体需求，可通过配置方式检索匹配满足用户需求的构件子集，在构件组合的基础上可最终实现设备维修服务支持系统的快速定制。基于构件的系统配置过程如图 12-28 所示。

可定制的设备智能运维决策系统配置步骤可以描述如下。

步骤 1 对客户需求（包括共性需求和个性需求）进行需求总结与分析，实现客户群的细分，由细分客户群的需求水平建立相应的产品，从而确定面向客户群的软件产品。

步骤 2 对用户需求进行多级分解，将总需求逐级分解为单元需求。

步骤 3 通过利用需求与功能之间存在的映射关系，实现面向用户需求的构件检索。

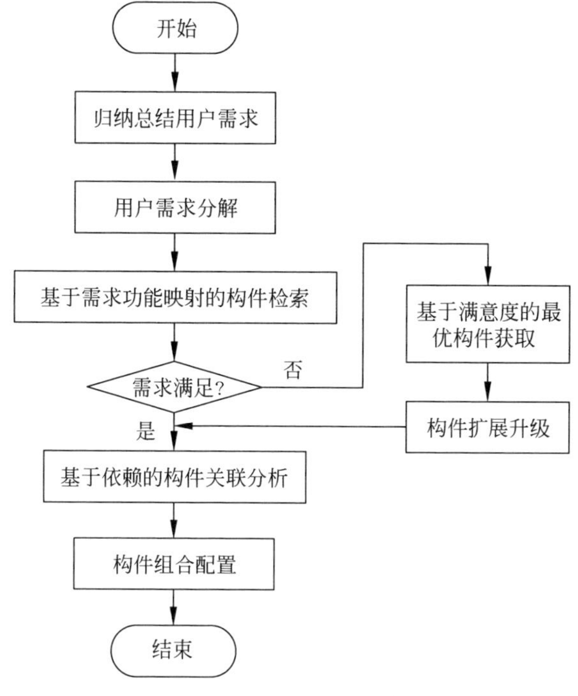

图 12-28　基于构件的系统配置

步骤 4　当检索过程中存在尚未满足的需求时，根据未满足的需求获得满意度最高的构件，在此构件基础上通过构件升级或构件功能扩展实现用户需求的完全满足。

步骤 5　基于检索匹配及升级扩展的构件进行基于依赖的关联分析，通过分析获得依赖构件集合。

步骤 6　综合检索匹配构件集合、升级扩展构件集合以及依赖构件集合，通过系统配置组合构件功能，配置系统功能菜单及相关功能权限，实现面向具体用户的设备维修服务支持系统的构建。

12.6　本章小结

本章详细介绍了设备智能运维决策系统平台及系统软件的设计。首先在分析制造服务模式的基础上，建立了数据即服务(DaaS)、知识即服务(KaaS)、平台即服务(PaaS)和软件即服务(SaaS)相结合的面向服务的设备智能运维决策系统平台及系统的设计思路；其次基于业务对象关联建模和基于 BOM 的数据集成管理，实现了设备运维相关数据的静态集成以及动态演化管理，为设备智能运维决策系统的顺利实施奠定了基础；最后给出了设备智能运维决策系统的体系架构，详细阐述了系统功能构件化管理的思路，同时对多源运维决策数据的接入、运维数据的存储及查询管理、业务流程管理、复杂应用环境下的权限控制、基于订阅模式的消息管理等运维决策系统平台核心功能的设计开发以及基于业务构件的应用系统配置进行了介绍。设备智能运维决策系统平台及系统的设计为面向具体设备的智能运维决策应用系统的快速定制提供平台支持。

参考文献

[1] DUAN Y,FU G,ZHOU N,et al. Everything as a service (XaaS) on the cloud: origins, current and future trends[C]. Piscataway: IEEE,2015.

[2] 钟诗胜,张永健,林琳. 基于上下文的适应性产品数据管理模型及其应用[J]. 计算机集成制造系统,2011,17(1): 45-52.

[3] Machinery Information Management Open Standards Alliance (MIMOSA). Open Systems Architecture for Condition Based Maintenance (OSA-CBM) Primer[S/OL]. (2006-12-30). https://www. mimosa. org/specifications/osa-cbm-3-11/.

[4] Machinery Information Management Open Standards Alliance (MIMOSA). Open Systems Architecture for Condition Based Maintenance (OSA-CBM) UML Specification[S/OL]. (2006-12-30). https://www. mimosa. org/specifications/osa-cbm-3-11/.

[5] Alfresco Software,Inc. Activiti User Guide[EB/OL]. (2018-02-15)[2021-09-07]. https://www. activiti. org/5. x/userguide.

[6] SANDHU R,FERRAIOLO D,KUHN R. The NIST model for role-based access control: towards a unified standard[C]. New York: ACM,2000.

第13章

航空发动机机队智能运维系统及其应用

13.1 概述

航空发动机是结构复杂、技术密集、成本昂贵的高端机电产品，在其全生命周期内要进行多种维护、维修和大修操作。航空发动机机队运维系统是将现代设备健康管理理论、发动机维修技术、网络信息平台和企业管理方法等相结合，实现对发动机机队进行状态监控、故障诊断、可靠性分析、寿命预测、维修决策、维修成本预算与控制、备件需求预测、维修过程与维修数据管理的系统。航空发动机机队运维是发动机机队运营安全性和经济性的保证，也是发动机制造商和航空公司共同关注的领域。不同航空公司在机队规模、发动机类型、组织模式、业务流程、信息基础等方面有很大的差异性，基于易扩展、可重构、支持多客户端、支持跨企业应用的设备智能运维系统平台，可以快速、灵活地部署面向不同航空公司的发动机智能运维应用系统。本章介绍设备智能运维系统平台在民用航空发动机机队运维中的应用，并以我国某航空公司为应用背景，从发动机维修工程管理的实际需求出发，叙述系统构建的关键技术，介绍系统的功能模型以及信息模型，开发航空发动机机队智能运维系统，并给出了系统的运行实例、应用情况、实施规范以及实施效果评价方法[1]。

13.2 航空发动机原理简介

本节以目前应用最广泛的燃气涡轮发动机为例进行介绍。相比于活塞式发动机，燃气涡轮发动机结构非常简单，只是将压气机和涡轮用同一根轴连接，两者之间装有燃烧室，空气连续不断地从进气口吸入，并在压气机增压压缩后，进入燃烧室中燃烧，充分燃烧成高温高压的燃气，再进入涡轮中放热膨胀做功带动涡轮转动[2]。燃气涡轮发动机的结构如图13-1所示。

由图13-1可知，燃气涡轮发动机可以划分为5个部分：进气道、压气机、燃烧室、涡轮和尾喷管。其中，进气道和压气机部分的空气只是进行了压缩，还没有燃烧加热，属于“冷区”；而燃烧室、涡轮和尾喷管部分的空气为高温燃气，属于“热

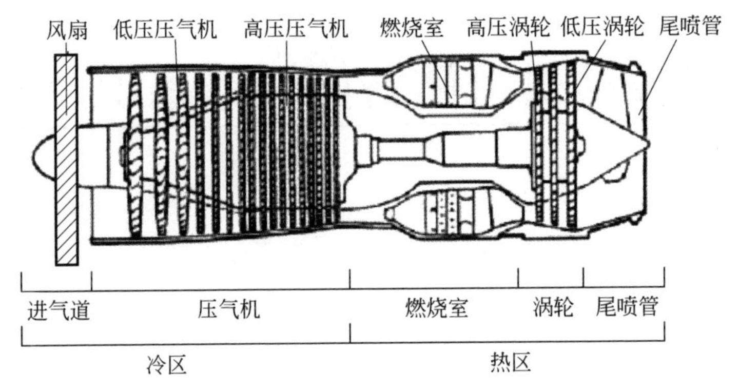

图 13-1　航空燃气涡轮发动机结构图

区”。进气道是由发动机短舱进口到发动机进口的一段管道，用于从外界吸收空气；压气机主要由低压压气机和高压压气机组成，低压压气机通过低压轴与低压涡轮连接，高压压气机通过高压轴与高压涡轮连接；燃烧室是将燃料或推进剂在其中充分燃烧生成高温高压的燃气的装置；涡轮主要分为高压涡轮和低压涡轮，该部分将燃气内能转换为涡轮动能，低压涡轮通过低压轴带动低压压气机转动，高压涡轮通过高压轴带动高压压气机转动；尾喷管的作用是使从涡轮排出的高温高压燃气进一步自由膨胀做功，将燃气内能转化为动能，推动发动机运动。

燃气涡轮发动机本质上是一种热机，是用于将燃气内能转变为机械能的装置。它以空气作为工质连续重复地进行压缩→加热→膨胀→放热的循环，这个循环被称作发动机热力循环。下面将介绍燃气涡轮发动机的理想热力循环过程，以使读者了解发动机原理[3]。为方便讨论，建立如图 13-2(a)所示的发动机特征截面示意图。

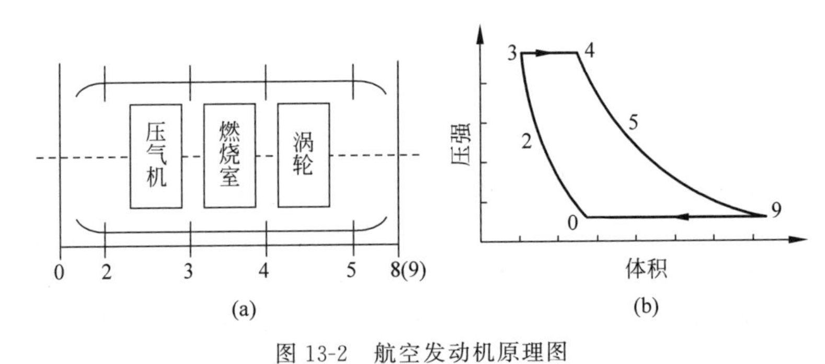

图 13-2　航空发动机原理图

(a) 发动机特征截面；(b) 发动机热力循环

结合图 13-2(a)，可得燃气涡轮发动机的热力循环图，如图 13-2(b)所示。曲线 0—3 是等熵压缩过程，0 点代表发动机的远前方空气未受到发动机影响的状态，其中曲线 0—2 表示单位空气在进气道内压缩，曲线 2—3 表示单位空气在压气机中压缩；曲线 3—4 是等压加热过程，表示工质在燃烧室中等压加热，内能增加，变为高温高压的燃气；曲线 4—9 是等熵膨胀过程，其中曲线 4—5 表示燃气在涡轮中膨胀，该过程将燃气内能转变为涡轮机械能，其中小部分机械能带动压气机转动用于压缩空气，大部分用于带动螺旋桨、旋翼等部件转动，曲线 5—9 表示燃气在尾喷管中膨胀，产生反作用的推力，推动飞机运动；曲线 9—0 是等压放热过程，在外界大气中进行。

13.3　系统需求分析

为了保证飞机的飞行安全，同时降低维修成本，我国航空公司一直十分重视发动机维修工程管理水平的提高，也购买或者研发了一些软件系统支持发动机的维修工程管理。但随着我国航空公司的快速发展，目前的发动机维修工程管理方法越来越不能满足维修工程管理的需求。综合起来，发动机维修工程管理主要面临如下挑战。

(1) 航空公司兼并整合，对发动机管理模式提出了新的要求。经过一系列的兼并整合，我国形成了 3 个大型航空公司和一些中小航空公司，3 个大型航空公司分别是中国国际航空股份有限公司(以下简称国航)、中国南方航空股份有限公司、中国东方航空集团公司。以国航为例，其总部设在北京，辖有西南分公司、浙江分公司、重庆分公司、天津分公司、上海分公司、湖北分公司、贵州分公司、西藏分公司和温州分公司，华南、华东基地等，地域分布广。现有的分散式粗放管理模式难以充分调配公司的所有资源。因此，必须打破原有的属地管理界线和管理模式，使发动机管理实现从分散式粗放管理向集中的精细化管理模式转变。

(2) 维修成本居高不下，给航空公司的市场竞争带来了巨大的压力。日益激烈的市场竞争给各航空公司带来了巨大的成本压力。航空公司的发动机维修成本每年高达数十亿元，占整个机务维修成本的近 50%。发动机维修成本的控制对航空公司的经营效率影响重大。因此，必须综合运用各方面的数据、经验、知识，提高发动机维修决策水平，降低维修成本。

(3) 机队规模的不断扩大，对发动机管理手段提出了严峻的挑战。我国航空公司机队规模持续扩大。现阶段手工经验式的管理已不能满足大机队对发动机的管理要求。因此，必须借助信息手段，提高发动机管理的效率。

综上，以智能运维技术为指导，运用信息技术，研发发动机机队智能运维系统，对于提高我国航空公司的发动机维修工程管理效能及工程技术人员的工作效率，进而提高我国航空公司的全球竞争力都具有十分重要的战略意义。例如，某航空公司对系统具有如下需求。

(1) 对机队发动机的初始数据、航线使用维修数据、车间维修数据及各种工程管理数据进行统一管理，避免数据缺失和数据冗余，实现数据共享。目前该航空公司虽然也有一些系统对发动机相关数据进行管理，但能够管理的数据种类较少，且各个系统之间有很多冗余数据,数据一致性无法保证。

(2) 综合利用发动机基础数据,实现发动机维修期限预测、维修时机优化、年度维修成本预算制定、维修工作包制定、维修效果评价等的自动化和智能化。目前该航空公司的发动机主管工程师在做这些工作时,因为没有统一数据管理平台支持,需要花费大量的时间收集数据,然后再结合自己的经验完成各种工作,耗时耗力。

(3) 和公司现有系统实现集成,而不是成为一个信息孤岛。经过长时间的发展,各航空公司均有不同的信息系统。为了降低数据冗余、保证数据的一致性,必须将各个信息系统集成起来。

13.4 系统关键技术

13.4.1 航空发动机运维数据组织

1. 运维数据类型

发动机运维数据指的是发动机运行和维护、维修、大修(maintenance,repair,overhaul,MRO)过程中产生的数据,以及和 MRO 相关的其他数据。发动机运维数据主要产生在出厂前(即设计制造阶段)、航线使用维修和车间维修 3 个阶段。相应地,可以将发动机运维数据分为初始数据、航线使用维修数据和车间维修数据 3 类。

(1) 初始数据是在发动机设计制造阶段产生的、影响发动机维修的数据,在发动机出售时由生产厂家提供给航空公司,主要包括发动机的初始构型数据、发动机维护手册等。

(2) 航线使用维修数据主要包括:ACARS 下行的原始报文、由发动机生产厂家状态监控软件根据 ACARS 报文产生的性能参数和机械参数、孔探检查数据、磁堵化验数据、滑油消耗量数据、滑油光谱分析数据、航线故障、定检故障、航线技术偏差记录、拆换发记录、飞机的飞行小时/循环数据和全球重要事件等。

(3) 车间维修数据主要包括:单元体/寿命件/重要件装机清单、AD/SB 状态清单、车间故障记录、报废件记录、采用的零件制造商批准(parts manufacturer approval,PMA)件记录、委任的工程代表(designated engineering representative,DER)修理记录、修理进程、试车数据、维修成本和周转件库存等。

可以从空间域和时间域的角度对发动机运维数据的特点进行分析。

(1) **空间域角度**。发动机运维数据种类繁多,随着发动机监控技术和维修技术的发展,还会出现新类型的运维数据。所以,发动机运维数据具有多维性和可扩展性的特点。

(2) **时间域角度**。在发动机使用过程中,很多运维数据都会发生变化,比如发动机的排气温度会随着时间逐渐上升，发动机的每次车间维修都会引起发动机构型的变化。所以，发动机运维数据具有演化性的特点。

对发动机进行健康评估、维修计划制定、年度维修成本预算制定、维修工作范围决策等工作都依赖于发动机的运维数据。所以，对发动机的运维数据进行有效管理，对于航空公司具有重要的意义。总的来看，航空公司对发动机运维数据的管理主要经历了电子文档管理、零散的运维数据管理和统一的运维数据管理 3 个阶段。目前存在的系统都从一定程度上解决了航空公司在发动机运维数据管理方面存在的问题，但也存在一些不足，主要有如下几点。

（1）难以有效地对发动机某一时刻的某一类型的运维数据进行快速检索。当出现新类型的运维数据时，难以有效地将其融入已有系统中。

（2）没有考虑发动机运维数据具有演化性的特点，造成冗余数据多，维护工作量大。例如，现代航空发动机大多采用单元体结构的设计，在车间维修过程中，某些单元体并没有进行零部件的更换，对这些单元体的零部件清单的重新记录属于冗余数据。

从发动机运维数据管理系统的功能划分角度出发，可以按照发动机运维数据的产生阶段将其划分为初始数据管理、航线数据管理和车间维修数据管理 3 个子系统。但从对发动机运维数据进行有效管理的角度出发，必须根据发动机运维数据的特点对其进行进一步的抽象，并在此基础上进行重新分类。借鉴面向对象思想中类和对象的概念，同时考虑发动机构型数据管理的特殊性和复杂性，将发动机运维数据分为以下几种。

（1）**构型数据**。包括发动机的结构信息和零部件的适用性信息、单台发动机的初始和每次车间维修后的单元体装机清单、零部件装机清单等。

（2）**对象相关数据**。包括除构型数据的和单台发动机相关的所有数据，比如航线使用维修数据中的 ACARS 报文、性能参数、机械参数、孔探检查数据等。

（3）**类相关数据**。包括除构型数据的和发动机型号相关的所有数据，比如发动机维护手册、发动机全球重要事件等。

因为类相关数据的管理比较简单，本章不作讨论。本章重点放在构型数据和对象相关数据的管理上。

2. 生命周期控制

在设计制造阶段，产品数据一般是以产品结构为核心进行组织的。在使用维护阶段，仍以产品结构为核心组织产品数据就不合适了。发动机运维数据的组织也是如此。因为发动机运维数据产生在发动机使用状态（发动机在使用维护中经历的状态）的演变过程中，所以本章试图以发动机使用状态为中心对运维数据进行组织。

发动机从引进到退出机队，经历了各种各样的状态，比如在翼状态、待修状态、在修状态等，将它们统称为发动机的使用状态。发动机使用维护过程实际上就是使用状态的演变过程。发动机一个典型的生命周期如图 13-3 所示。

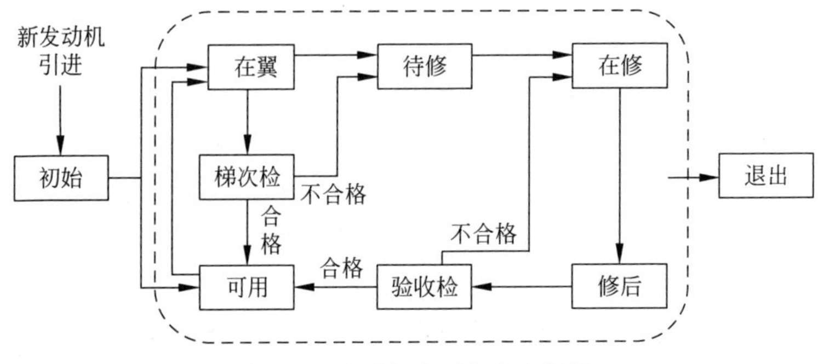

图 13-3　发动机典型的生命周期

发动机使用状态之间的转换不是任意的。这包含两方面的意思：首先，一台发动机使用状态只能转换为某几个使用状态；其次，发动机使用状态的转换需要满足一定的条件。所以，必须对发动机使用状态的演变过程进行控制，进而实现发动机生命周期的闭环控制。下面给出发动机操作的定义。

定义 13.1　发动机从一个使用状态向另一个使用状态转换的过程称为一个发动机操作，可以用一个三元组表示：

$$\mathrm{opr} = < \mathrm{eus}_{\mathrm{bef}}, \mathrm{eus}_{\mathrm{aft}}, C > \tag{13-1}$$

式中，$\mathrm{eus}_{\mathrm{bef}}$ 表示紧前状态；$\mathrm{eus}_{\mathrm{aft}}$ 表示紧后状态；C 为从 $\mathrm{eus}_{\mathrm{bef}}$ 向 $\mathrm{eus}_{\mathrm{aft}}$ 转换时需要满足的条件的集合。

以发动机当前的使用状态为可用状态为例进行说明。可用状态能够执行的发动机操作集合为{装机，出租}。对于装机操作，紧前状态为可用状态，紧后状态为在翼状态，转换条件为：飞机型号和该发动机的型号匹配，拟安装的飞机位置当前没有发动机。这样，通过对发动机操作的控制即可实现发动机生命周期的控制。

3. 基于使用状态的运维数据组织模型

以发动机生命周期中各个使用状态为中心对发动机构型数据和对象相关数据进行组织，如图 13-4 所示。

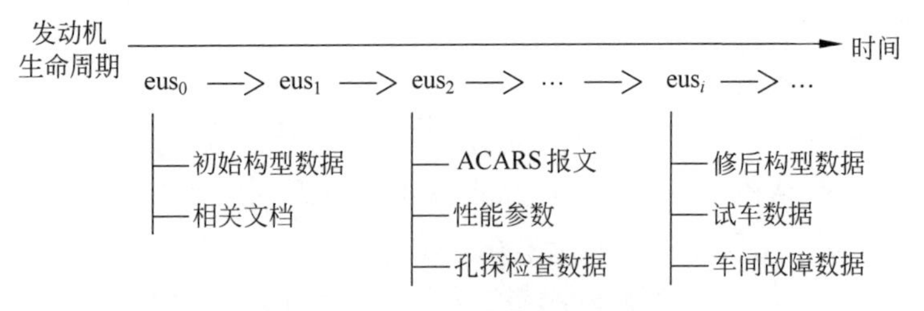

图 13-4　发动机运维数据组织模型

模型中 eus_i 表示发动机的一个使用状态。发动机初始构型数据、修后构型数据、对象相关数据都和一个使用状态 eus_i 相关联。这样，通过发动机的使用状态

eus_i,就可以方便地获得在该使用状态下的发动机构型数据、对象相关数据等；同时,对于发动机的某一条构型数据或者对象相关数据,也可以方便地获得其对应的发动机使用状态,进而获得它在该使用状态下的其他相关数据。按照图 13-4 所示的模型进行发动机运维数据的组织,可以实现各运维数据的快速检索。在运维数据检索中,寿命件的履历检索很有代表性,下面介绍其检索过程。

发动机的寿命件是指经过一定的飞行小时或者飞行循环,必须从发动机上拆下的部件。寿命件关系到发动机运行的安全性,所以必须对寿命件的历史装机使用情况、维修情况以及现行状况进行跟踪。在发动机使用维护过程中,经常会发生发动机拆换、单元体倒换以及寿命件更换。因此,一个寿命件的生命周期经常横跨多个单元体的多个物理状态以及多台发动机的多个物理状态和使用状态(单元体物理状态和发动机物理状态的定义参见 13.4.2 节)。寿命件履历主要指的是寿命件在整个生命周期经历的发动机使用状态。

寿命件和其整个生命周期经历的发动机使用状态本质上是一个一对多的映射。对于寿命件 llp,其履历的检索过程如下：

(1) 对寿命件 llp,检索和它关联的所有单元体物理状态,记为集合 MPS;

(2) $\forall mps_i \in MPS$,分别检索和单元体物理状态 mps_i 相关的所有发动机物理状态,记为集合 $EPS_i(mps_i)$,并记 $EPS = \bigcup_{mps_i \in MPS} EPS_i(mps_i)$;

(3) $\forall eps_i \in EPS$,分别检索和发动机物理状态 eps_i 相关的所有发动机使用状态,记为集合 $EUS_i(eps_i)$,并记 $EUS = \bigcup_{eps_i \in EPS} EUS_i(eps_i)$, EUS 即为寿命件 llp 的履历。

13.4.2　航空发动机构型数据管理

发动机构型包括两部分内容：发动机结构及零部件适用性、单台发动机的结构。将发动机结构及零部件适用性、单台发动机的结构以物料清单(BOM)的形式进行表示,分别称为发动机维修 BOM 和发动机实例维修 BOM。下面分别对发动机的维修 BOM 管理模型和实例维修 BOM 管理模型进行研究。

1. 基于位置件的维修 BOM 管理模型

发动机由单元体组成,单元体又由零部件组成。因为有些零部件,比如螺钉、螺帽、橡胶封圈等,其维护、更换成本相对很低,所以航空公司并不对它们进行控制。这里把航空公司需要控制的零部件(包括寿命件、热部件、风扇叶片等)统称为主要件。这样,可以把发动机的结构表示为发动机、单元体、主要件 3 层结构,如图 13-5 所示。

对于一台发动机来说,某个位置的主要件的数量是一定的,但往往可以采用多个件号的零部件,即适用于某个位置的零部件有多种。图 13-5 所示的树形结构不能表达这样的关系。为了解决这个问题,首先定义位置件。

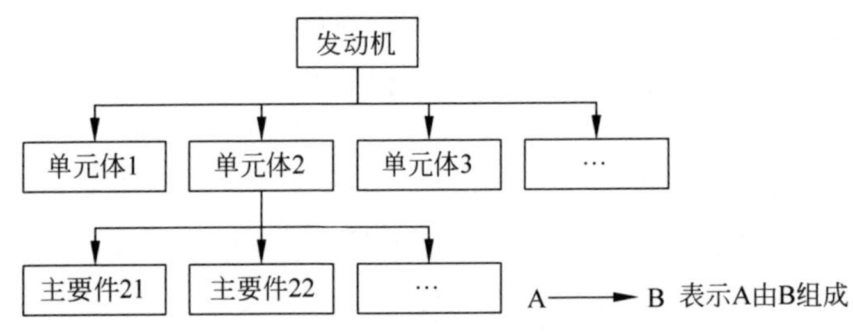

图 13-5　发动机层次结构

定义 13.2　将单元体抽象为由多个或多组没有件号的零部件组成，对单台发动机来说，这样的零部件可以从一个或多个件号的零部件组成的集合中进行选择，将这样的零部件称为位置件。

引入位置件后，发动机结构及零部件适用性可以表示为图 13-6。

根据图 13-6，发动机维修 BOM 可以表示为表 13-1～表 13-3(以 CFM56-5B 发动机为例)。

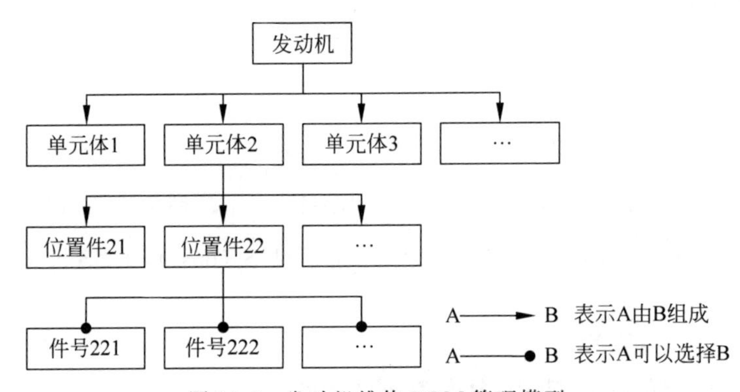

图 13-6　发动机维修 BOM 管理模型

表 13-1　CFM56-5B 发动机维修 BOM(第一级)

设备编号：CFM56-5B					
序号	设备编号	设备名称	设备类型	数量	备注
1	21	风扇转子和增压级	单元体	1	
2	31	高压压气机转子	单元体	1	
…					

表 13-2　CFM56-5B 发动机维修 BOM(第二级)

设备编号：31					
序号	设备编号	设备名称	设备类型	数量	备注
1	3101	高压压气机转子 1 级叶片	位置件	38	
2	3102	高压压气机转子 2 级叶片	位置件	53	
…					

表 13-3　CFM56-5B 发动机维修 BOM(第三级)

设备编号：3101

序号	设备编号	设备名称	设备类型	数量	备注
1	P331P02	高压压气机转子 1 级叶片	零部件	/	
2	P331P03	高压压气机转子 2 级叶片	零部件	/	
…					

注：/表示不适用。

发动机工程 BOM 是确定发动机维修 BOM 的依据。此外，航空公司对发动机的管理粒度也是确定发动机维修 BOM 的一个重要影响因素。

2. 基于物理状态的实例维修 BOM 管理模型

发动机实例维修 BOM 包括单台发动机的单元体清单、主要件清单及它们之间的层次关系，是发动机维修 BOM 的实例化。发动机工程 BOM、发动机维修 BOM 和发动机实例维修 BOM 的关系如图 13-7 所示。

图 13-7　发动机各种 BOM 之间的关系

发动机在使用维护过程中，其实例维修 BOM 是动态变化的。为了保证发动机的飞行安全，降低维修成本，航空公司不仅需要获得发动机当前的单元体清单和主要件清单，还需要获得发动机在整个服役期内任一时间节点的单元体清单和主要件清单，以及获得单元体及主要件的装机履历。

为了实现这几个要求，目前的做法一般是在发动机进厂修理后，重新记录下该发动机的单元体清单和主要件清单，数据冗余量很大。实际上，在每次进厂修理时，虽然存在单元体的倒换或者主要件的更换，但更多的单元体和主要件是不变的。因为发动机由单元体组成，单元体由主要件组成，所以可以将单元体看成主要件的集合，发动机看成单元体的集合。对单元体的倒换或者主要件的更换都可以看成对单元体集合或主要件集合的操作。为了叙述方便，下面给出单元体物理状态和发动机物理状态的定义。

定义 13.3　发动机维修 BOM 定义的单元体构成的一个实例称作单元体物理状态。显然，单元体物理状态是主要件实例的集合。

定义 13.4　发动机维修 BOM 定义的发动机构成的一个实例称作发动机物理状态。显然，发动机物理状态是单元体物理状态的集合。

根据定义 13.3 和定义 13.4 可知，发动机物理状态是发动机实例维修 BOM 的一种表现形式。通过对发动机物理状态和单元体物理状态的演变过程的控制可以实现发动机实例维修 BOM 的管理，如图 13-8 所示。

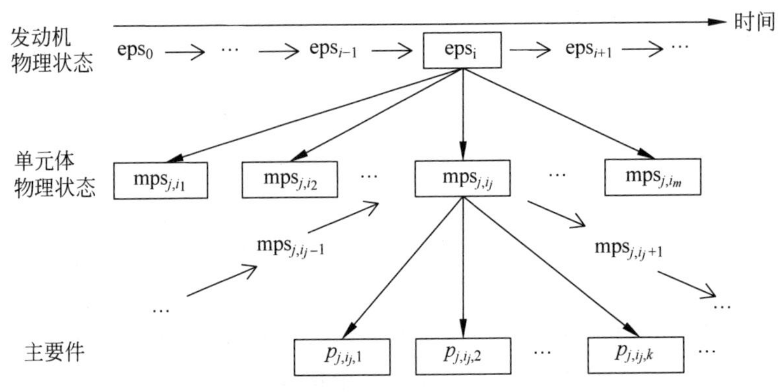

图 13-8　发动机实例维修 BOM 管理模型

图 13-8 中 eps_0 表示发动机的初始物理状态，随着发动机服役时间的增加，eps_0 逐渐演化为 eps_i。发动机进厂修理后，如果其所有的单元体物理状态均没有发生变化，则并不需要重新记录单元体物理状态清单，发动机的物理状态仍为 eps_i；只有在它的某个或某些单元体物理状态发生变化时，才需要对变化后的单元体物理状态清单进行记录，记作 eps_{i+1}。mps_{j,i_j} 表示发动机物理状态 eps_i 的第 j 个单元体的物理状态，同样，只有在其主要件清单发生了变化时，才需要对变化后的主要件清单进行重新记录，记作 mps_{j,i_j+1}。$p_{j,i_j,k}$ 表示单元体物理状态 mps_{j,i_j} 的第 k 个主要件。

对于发动机的一次送修，如果没有发生单元体的倒换，也没有发生主要件的更换，按照传统的处理方法，仍需要对发动机的单元体清单、各个单元体的主要件清单进行完整的记录，但是如果按照图 13-8 所示的模型，并不会产生新的数据记录。可以看出，在引入发动机物理状态和单元体物理状态的基础上，按照图 13-8 所示的模型，既可以记录下发动机实例维修 BOM 的演变过程，还可以有效地减少数据冗余。

13.4.3　支持多协议的航空发动机监控参数采集

为了更好地对各种型号发动机实现统一的监控管理，系统需要对发动机的监控参数进行统一管理。发动机监控参数一般有 3 个来源，分别是 ACARS 报文、厂家报告、QAR 译码数据。下面对这 3 种来源的监控参数的解析协议进行介绍。

1. ACARS 报文解析协议

ACARS 报文格式一般为 txt，即以字符串的方式存储报文信息，各个参数以换行符和分隔符的方式进行分隔。解析 ACARS 报文的基础支持数据包括 SMI 标签、子标签和标准化参数。

SMI 标签是区分文件格式的首层标志，主要有参数监视报（DFD）、故障报（CFD）等。这 2 种报文分别来自机载系统的 2 个不同模块，DFD 来自飞机状态监视系统 ACMS,CFD 来自中央维护计算机 CMC。这 2 种类型的报文都通过 ACARS 统一向地面发送。

子标签是进一步的区分标志,如起飞状态报(TKO)、巡航状态报(CRZ)等。子标签的种类与飞机类型有关,因此可以有多个。

标准化参数管理的目标是建立一套统一的参数命名规范。因为各个厂家对各项参数的命名没有统一的规范,为规范管理数据,需要将各个厂家的参数名称标准化,采用统一的方法进行管理。

对 ACARS 报文来说,飞机类型、SMI 标签、子标签和子类型能够唯一确定 ACARS 报文类型。解析的具体步骤如下。

(1) 建立 ACARS 解析协议的参数列表,并设置参数的各个属性,包括参数名称,标准化参数,参数格式,参数长度,全称、含义,转换系数、参数类型,是否为状态监控数据等。参数名称是解析协议参数的唯一标识,并设定相应的标准化参数。参数格式与参数长度匹配,即参数格式是几位,参数长度即为多少。参数格式一般使用 999 作为数字格式,使用 AA 表示字母格式,使用 yyyy 表示年份,使用 MM 表示月份,使用 DD 表示日期,使用 hh 表示小时,使用 mm 表示分钟,使用 ss 表示秒。转换系数用来对参数值进行转换,即准确参数值等于解析出的参数值乘以转换系数。参数类型分为公共参数和发动机私有参数。如果参数类型为公共参数,则该参数值会保存在每个发动机的数据列表中;如果是发动机私有参数,则该参数值只会保存在该发动机的数据列表中。是否为状态监控数据设定为是或者否,只有是状态监控类型的数据才会存储到数据库中。

(2) 建立 ACARS 解析协议。将解析协议参数以表格排版的方式,按照报文模板进行排版,并且设定换行符和分隔符。换行符表示报文中行与行分割的符号,一般为"/"或者系统默认换行。分隔符表示一行数据中各个参数的分割符号,一般为","或者是空格。设定好之后,将解析协议以 XML 文件的格式保存在系统中。

(3) 建立 ACARS 报文存放目录,用来存放获取的 ACARS 报文。目录可以有多个。因为所有的 ACARS 报文报头的信息和格式是相同的,通过提取报头信息,系统自动匹配用来进行解析的解析协议,因此不需要为每种解析协议设定不同的目录。系统通过系统接口或者人工的方式,将 ACRAS 报文放在指定目录下。

(4) 进行 ACARS 报文的解析。首先从目录中获取 ACARS 报文,通过数据流的方式将报文内容读取到系统中。然后解析报头信息,得到报文的飞机注册号、子标签。通过飞机注册号可以得知飞机类型。ACARS 报文的 SMI 标签是 DFD。通过这些信息,可以自动匹配 ACARS 解析协议。最后进行报文的解析。

报文的详细解析过程如下。

(1) 将报文除报头外的所有信息读取到系统中,以字符串的形式存放。

(2) 使用解析协议的行分隔符对字符串进行分隔,得到一行的数据。

(3) 使用 dom4j 从保存解析协议的 XML 文件中读取相应的一行的参数名称,

然后根据参数名称从数据库中查询到详细的解析协议参数。

(4) 逐条读取行数据,然后对每行数据使用分隔符进行分隔,得到一个解析参数值列表。

(5) 将解析后的参数值根据格式、转化系数进行相应的转换。

如果参数类型是公共参数,则该参数值需要在每个发动机的监控参数信息上进行保存。如果参数类型是发动机私有参数,则该参数值只需要在该发动机监控参数信息中进行保存。

(6) 将解析后的参数信息以特定的格式保存到数据库中。

2. 厂家报告解析协议

厂家报告一般为 Excel 格式,以表格的形式记录飞机注册号、发位、发动机注册号、时间、飞行阶段、参数值和参数名。不同类型的发动机记录的数据所在行或者列不同,因此发动机类型可以唯一确定一种厂家数据格式。解析的具体步骤如下。

(1) 上传一个厂家报告文件,作为制定解析协议的模板。该文件必须是 Excel 文件,可以是. xls 文件,也可以是. xlsx 文件。

(2) 设置各种重要信息在文件中的位置和格式,包括发动机类型、子类型、标题所在行、数据开始行、参数开始列、发动机序号所在列、时间所在列、时间格式、发位所在列、飞行阶段所在列、飞行阶段设定规则、是否存在多个 Sheet 等。Excel 表格的列和行从 1 开始。厂家数据的飞行阶段设定规则目前提供 3 种:一种飞行阶段设定规则为 1,表示文件内所有参数均使用同一个飞行阶段;一种飞行阶段设定规则为 2,表示文件内的参数对应不同的飞行阶段;一种飞行阶段设定规则为 3,表示用文件中的某一列表示飞行阶段,需要为此类文件设定转换规则。如果设定文件存在多个 Sheet,则系统会解析文件的所有 Sheet 表。如果设定文件不存在多个 Sheet,则系统只解析第一个 Sheet 表。

(3) 设置各项参数的属性,包括列名、是否导入、标准化参数、飞行阶段。列名根据标题所在行从文件中获取。设定标题所在行之后,系统自动提取该行的所有列名,然后根据参数开始列,从所有列名中提取出参数列名。是否导入则确定解析后的数据是否导入到数据库中。标准化参数指定该参数对应的标准化参数;如果不需要导入数据库中,则该项可以为空。如果解析协议的飞行阶段设定规则为 2,则需要为每个参数设定飞行阶段;如果不需要导入到数据库中,则该项可以为空。

(4) 建立厂家报告存放目录,用来存放获取的厂家数据。由于无法根据文件信息得到匹配的解析协议,因此需要为每种厂家数据解析协议设定一个或者多个目录。系统通过系统接口或者人工的方式,将厂家数据文件放在指定目录下。

(5) 进行厂家数据的解析。根据解析协议的设定目录,逐项对目录进行扫描。如果存在厂家数据文件,则使用解析协议对厂家数据文件进行解析。

厂家数据的详细解析过程如下。

(1) 将厂家数据文件以数据流的形式读取到系统中。

(2) 从标题所在行提取出所有的列名。

(3) 根据解析协议的参数信息,从标题中提取出需要进行存储的参数信息。

(4) 从数据开始行开始逐条读取数据。

(5) 根据发动机序号所在列,从数据行中提取出发动机序号。

(6) 根据时间所在列,从数据行中提取出时间。然后根据设定的时间格式,将时间转化成标准化时间。

(7) 根据得到的需要存储的参数信息,从数据行中得到参数的值。

(8) 将解析后的参数信息以特定的格式保存到数据库中。

3. QAR 译码数据解析协议

译码软件导出的 QAR 数据一般为 Excel 格式,以表格的形式记录航班号、飞机注册号、发动机注册号、日期、时间、父帧开始时间或结束时间、子帧个数、参数值和参数名。不同类型的发动机记录的数据所在行、所在列和个数不同,因此发动机类型可以唯一确定一种 QAR 数据格式。解析的具体步骤如下。

(1) 上传一个 QAR 数据文件,作为制定解析协议的模板。该文件必须是 Excel 文件,可以是.xls 文件,也可以是.xlsx 文件。

(2) 设置各种重要信息在文件中的位置和格式,包括发动机类型、子类型、标题所在行、数据开始行、参数开始列、日期所在列、时间所在列、ESN 所在列、一个父帧有几个子帧、一个子帧的时间是多少秒。Excel 表格的列和行从 1 开始。

(3) 设置各项参数的属性,包括列名、是否导入、标准化参数、发位。列名根据标题所在行从文件中获取。设定标题所在行之后,系统自动提取该行的所有列名,然后根据参数开始列,从所有列名中提取出参数列名。是否导入则确定解析后的数据是否导入到数据库中。标准化参数指定该参数对应的标准化参数。发位表示该参数属于飞机哪个发位的数据,系统会根据参数名后缀推荐一个发位,可以进行修改;如果不需要导入到数据库中,则该项可以为空。

(4) 建立 QAR 数据存放目录,用来存放获取的 QAR 数据。由于无法根据文件信息得到匹配的解析协议,因此需要为每种 QAR 数据解析协议设定一个或者多个目录。系统通过系统接口或者人工的方式,将 QAR 数据文件放在指定目录下。

(5) 进行 QAR 数据的解析。根据解析协议的设定目录,逐项对目录进行扫描。如果存在 QAR 数据文件,则使用解析协议对 QAR 数据文件进行解析。

QAR 数据的详细解析过程如下。

(1) 将 QAR 数据文件以数据流的形式读取到系统中。

(2) 从标题所在行提取出所有的列名。

(3) 根据解析协议的参数信息,从标题中提取出需要进行存储的参数信息。

(4) 从数据开始行开始读取数据，一次提取的个数由1个父帧包含的子帧个数决定。然后根据第一个子帧的时间，确定后面剩余子帧的时间。例如1个父帧有4个子帧，每个子帧的时间为1s。则一次提取4行数据，以第一行数据的时间为开始时间，依次+1s，为后续3行数据的时间。

(5) 根据发动机序号所在列，从数据行中提取出发动机序号。

(6) 根据得到的需要存储的参数信息，从数据行中得到参数的值。

(7) 将解析后的参数信息以特定的格式保存到数据库中。

13.4.4 航空发动机监控参数大数据存储

1. 监控参数存储方法分析

发动机运行过程中会记录海量的状态监控数据，且记录的参数种类众多。以QAR数据为例，其一般情况下每秒记录一个点，一个航班下来往往会记录几万甚至十几万条数据。QAR数据中记录的参数种类也非常多，比如B777飞机提供的QAR参数种类多达1322种。据统计，2013年时某航空公司QAR数据量已经达到每年2TB的规模。这些仅仅是QAR的数据量，其他数据来源如飞机通信寻址报告系统(ACARS)、原始设备制造商(OEM)等都会提供大量的状态监控数据。随着监控技术的进步以及发动机数量的增长，发动机各类监控数据还会继续快速增长。因此根据发动机历史机载数据的容量、类型以及结构等基本情况，选择合适的存储形式进行存储变得十分重要。

以往航空发动机的状态监控数据都存储在关系型数据库中。工程上应用较广泛的关系型数据库包括Oracle、SQLServer、DB2、Sybase、Access等。关系型数据库作为应用广泛的通用型数据库，具有能够保持数据的一致性(事务处理)、数据更新开销小、可以进行JOIN等复杂查询、存在很多实际成果和专业技术等优点。

虽然关系型数据库性能非常好，但它毕竟是通用型的数据库，并不能完全适应所有用途。传统的关系型数据库需要固定的模式来描述数据，因此难以适应数据模式多变的特点；传统的数据库很难进行横向扩展。对于容量扩充的需求只能通过停机维护和数据迁移来实现，时间和财力成本较高。此外，传统的关系型数据库难以满足高并发读写的需求，简单查询时返回结果不够快并且对硬件性能要求较高。由于存在这些缺陷，仅依靠关系型数据库本身的索引或者分区分表等方法来存储规模日趋增长的发动机状态监控数据，其存储和使用效率会变得非常低下，严重时甚至会导致数据库服务器崩溃。

在存储数据量较小时，采用关系型数据库完全可以满足发动机数据日常管理需求。但是随着发动机状态监控数据逐渐变得非常庞大，传统的关系型数据库越来越难以满足数据高并发读写以及快速返回查询结果的要求，同时状态监控数据模式的多变也给关系数据库存储数据带来了困难。

为了弥补关系型数据库的不足，NoSQL数据库出现了。关系型数据库应用广泛,能进行事务处理和JOIN等复杂处理。相对地,NoSQL数据库只应用在特定领域,基本上不进行复杂的处理,但它恰恰弥补了之前所列举的关系型数据库的不足之处。

NoSQL并不是No SQL,而是指Not Only SQL。它的意义是:关系型数据库适用的时候就使用关系型数据库,不适用的时候也没有必要非使用关系型数据库不可,可考虑使用更加合适的数据存储方案。

如前所述,关系型数据库并不擅长大量数据的写入处理。原本关系型数据库就是以JOIN为前提的,各个数据之间存在关联是关系型数据库得名的主要原因。为了进行JOIN处理,关系型数据库不得不把数据存储在同一个服务器内,这不利于数据的分散。相反,NoSQL数据库原本就不支持JOIN处理,可以很容易地把数据分散到多个服务器上。由于数据被分散到多个服务器,减少了每个服务器上的数据量,即使要进行大量数据的读写操作,处理起来也更加容易。

NoSQL数据库包括"key-value数据库""文档型数据库""列存储数据库"等各种各样的种类,每种数据库都有自己的特点。NoSQL的出现是为了弥补SQL数据库因为事务等机制带来的对海量数据、高并发请求处理的性能上的欠缺。

如前所述,发动机历史机载数据量是非常庞大的。往数据库导入这些数据时经常需要将大量数据一次性写入。查询操作也往往是在大量的历史机载数据中来寻找相关的记录。在这两点上传统的关系型数据库受其固有的结构与原理所限,执行效率往往都比较低。另外,由于发动机参数种类众多,标准不统一,数据中参数的种类与数量往往是不固定的,这一点也导致结构相对固定的传统关系型数据库难以满足实际运用需求。因此针对发动机历史机载数据的存储特点,可以考虑采用NoSQL数据库进行存储。

由于非关系型数据库本身的多样性,以及出现的时间较短,因此它不像关系型数据库那样有几种数据库能够占领绝大部分的市场,非关系型数据库非常多,并且大部分都是开源的。

依据结构化方法以及应用场合的不同,NoSQL数据库主要分为以下几类。

(1) 面向高性能并发读写的key-value数据库。key-value数据库的主要特点是具有极高的并发读写性能,Redis、Tokyo Cabinet、Flare是这类数据库的代表。

(2) 面向海量数据访问的文档型数据库。这类数据库的特点是可以在海量的数据中快速地查询数据,典型代表为MongoDB以及CouchDB。

(3) 面向可扩展性的分布式数据库。这类数据库可以解决的问题就是传统数据库存在的可扩展性缺陷,它可以适应数据量的增加以及数据结构的变化。

NoSQL数据库与传统关系型数据库架构存在一定区别。以比较流行的HBase为例进行简要介绍。在HBase中,表由行和列组成。表的单元格是行和列坐标的交集,它们是有版本号的。默认情况下,版本号是在插入单元格时由HBase自动分配的时间戳。

HBase

表行的键也是字节数组，从理论上说，无论是 String 还是 Long 类型的二进制表示，甚至是序列化的数据结构，都可以作为行的键。表用行键，即表的主键，对表中的行进行排序。

每行的列被分组，形成列族（column families）。所有的列族成员都有相同的前缀，例如列 data:acars 和 data:qar 都是 data 列族的成员。表的列族必须在实现时作为表架构定义的一部分被声明，但是可以根据需要增加新的列族成员。例如，只要列族 data 已经存在于需要更新的表中，客户端就可以提供一个新的列 data:report 进行更新并保存其值。

2. 基于 HBase 的监控参数存储方法

下面介绍采用 HBase 数据库存储发动机的状态监控数据。HBase 是一个结构化数据的分布式存储系统，是 Hadoop 项目的子项目，采用基于列而不是基于行的模式来存储数据。

在存储与管理发动机状态监控数据时需要区分不同的发动机，因此 HDFS（Hadoop 实现的一个分布式文件系统）中以发动机序号（ESN）作为文件相应目录的唯一标识。Hadoop 海量数据文件存储结构如图 13-9 所示。

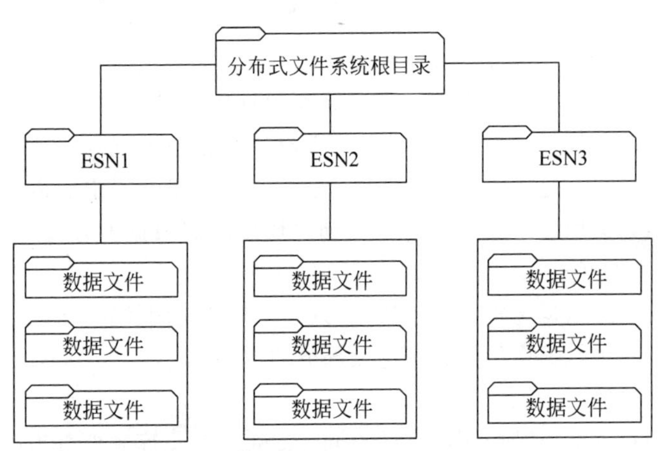

图 13-9　Hadoop 海量数据文件存储结构

对发动机状态监控数据的查询主要依据时间和标准化监控参数 ID，因此将标准化监控参数 ID 和时间的组合作为行键。系统对数据操作时还需要区分监控数据产生的飞行阶段和数据来源，因此除了保存监控属性值外，还需要保存飞行阶段和数据来源信息。HBase 中发动机监控数据模型如表 13-4 所示。

表 13-4　HBase 中发动机监控数据模型

RowKey	MONITOR DATA		
	VALUE	DATA SOURCE	FLIGHT PHASE

RowKey 是标准化监控参数 ID 和时间的组合。标准化监控参数 ID 为固定 32 位长度。时间精确到秒，并统一使用 yyyymmddhhmmss 的格式，因此长度固定为 14 位。两者组合起来，RowKey 为固定的 46 位长度。Column Family 为一个列族，因为所有列都表示一个时间段内的发动机状态监控数据，本研究中只设一个列族，命名为 MONITOR DATA，意为监控数据。VALUE 为标准化监控参数值，一般为 double 类型。DATA SOURCE 为数据来源，系统中数据来源一般包括 ACARS（飞机通信寻址与报告系统）、OEM（原始设备制造商）、QAR（快速存取记录器）等，可以使用固定 32 位长度的数据来源 ID 进行区分。FLIGHT PHASE 为飞行阶段，系统中的飞行阶段有起飞、爬升、巡航、下降、着陆等，使用固定 32 位长度的飞行阶段 ID 来表示。

因为系统中状态监控数据的新增、修改等操作都设置为在后台定时运行，并且该运行时间一般选择在非工作时间，不会影响用户对该数据存储系统的使用，因此以下主要针对新存储方法中海量数据的查询效率进行测试。为更好地判断存储海量数据时新系统的查询效率，采用对比实验方法对 HBase 和 Oracle 的查询性能进行测试。根据实际需求，增加特殊检索方式，例如根据时间段检索。前文已给出 HBase 的数据模型，对比用的 Oracle 数据模型如表 13-5 所示。

表 13-5　Oracle 数据模型

属性名	类型	长度/B	说明
ID	varchar2	32	主键
ESN	varchar2	10	发动机序列号
STANDARD_PARAM_ID	varchar2	32	标准化参数 ID
DATE	date	7	监控时间
FLIGHT_PHASE_ID	varchar2	32	飞行阶段 ID
DATAFROM	varchar2	32	数据来源 ID
VALUE	double	20	参数值

鉴于测试环境要求，Oracle 中暂时存有 1000 万条左右的数据，HBase 中数据数量级在亿以上。Oracle 为一台单独的数据库服务器，HBase 为 3 台配置完全一样的 PC 机组成的一个服务器集群。两种方法的硬件配置如表 13-6 所示。

表 13-6　测试中两种方法的硬件配置

配置	HBase	Oracle
系统	Ubuntu 15.04	Windows Server 2008
软件	Jdk1.6.0_45 Hadoop 1.1.2 Zookeeper3.4.6 HBase0.94.9	Oracle 11g
内存	2GB	4GB
处理器	2 核	2 核
硬盘	30GB	30GB
网络	100Mb/s	100Mb/s

选取2015年1月1日至1月10日的发动机状态监控数据对两种存储系统进行测试，HBase和Oracle的检索效率对比如表13-7所示。

表13-7 HBase和Oracle检索效率对比

检索条件				用时及检索结果集			
				HBase		Oracle	
ESN	参数	飞行阶段	数据来源	用时/s	结果集/万个	用时/s	结果集/万个
√	√			9.258	210	37.786	21.6
√	√			9.687	85	26.300	12.96
√	√		√	9.377	209	25.908	10.8
√	√		√	9.362	83	16.268	6.48
√	√	√		9.402	209	14.270	4.32
√	√	√		9.274	83	11.526	2.592
√	√	√	√	9.344	160	11.834	2.16
√	√	√	√	9.291	62	9.790	1.296

由表13-7可知，在存储系统硬件条件较弱且存储数据更多的情况下，HBase的检索时间始终保持在10s以内，而Oracle的检索时间随着检索结果集的增加而迅速增加。工程实际中，监控数据检索的结果集经常十分巨大，此时Oracle的检索速度明显不能满足需求，而HBase的检索速度基本不受结果集大小的影响，能够满足工程实际中的检索速度需求。

13.5 系统设计

基于需求分析与关键技术研究，以保证发动机的可靠性和降低发动机的维修成本为总体目标，以智能运维技术为指导，在设备智能运维系统平台的基础上，我们开发了航空发动机机队智能运维系统。

13.5.1 功能模型设计

从大的方面说，系统功能可以分为发动机运维数据管理、状态监控与维修决策支持3部分。发动机运维数据管理主要实现发动机生命周期的控制及各种运行维修数据的管理，为状态监控与维修决策提供数据支持。发动机状态监控主要实现滑耗数据、磁堵检查数据、孔探检查数据、性能监控数据等的管理及分析。发动机机队智能运维系统主要综合利用运维数据和维修规划的相关关键技术，实现送修期限预测、维修计划制定、维修工作包制定等的自动化和智能化。系统包含的业务构件如图13-10所示。

图 13-10　系统包含的业务构件

（1）**基本数据管理（A1）**。定义飞机系列、飞机类型、飞机型号、发动机系列、发动机型号；管理飞机型号和发动机型号的匹配关系；为发动机系列建立单元体—子单元体—位置件—零部件的树形结构关系；定义寿命件、重要件的限制小时/循环；注册新飞机、新发动机。

（2）**使用数据管理（A2）**。定义发动机使用状态、发动机操作及其紧前状态集和紧后状态集；对发动机使用状态的演变过程进行控制；自动生成、修改、审批发动机/辅助动力装置（auxiliary power unit，APU）状况周报和发动机修理完工清单；颁发、审批发动机/APU 拆换指令；监控发动机维修进度；对出厂的单元体清单、寿命件清单、重要件清单进行管理，检索单元体履历、寿命件履历、重要件履历；

对审批通过的PMA/DER进行管理，记录发动机采用的PMA/DER；对AD/SB的基本信息、AD/SB的状态进行管理；对发动机的附件清单、车间故障数据、报废件、试车数据、周转件进行管理。

(3) **状态监控(A3)**。管理滑耗数据，计算滑耗值，绘制滑耗趋势曲线图；管理磁堵数据；孔探手册结构化管理，孔探数据结构化管理，损伤趋势分析；定制ACARS报文模板、PTR模板，解析ACARS报文，解析厂家性能报告；设置性能基线，性能趋势分析；报警管理。

(4) **拆发计划(A4)**。综合发动机性能、寿命件、部件损伤、AD/SB及工程师设置的时限进行送修期限预测；根据送修期限预测结果、机队备发情况、发动机相关参数、备发选择约束条件、初始人为约束等制定送修计划；对送修计划结果进行调整，二次制定送修计划；查看选定的送修计划下的每月的备发情况、新租发的情况和可以出租发动机的情况。

(5) **成本预算管理(A5)**。对各个厂家的零部件价格目录进行管理；对重要件的报废率进行管理；对各个发动机系列的不同模式的价格目录进行管理，包括工时＋材料、固定价、整机3种模式；制定、审批发动机年度成本预算，包括各个系列发动机的包修小时费预算、备发租赁预算、非包修/包修外预算；对发动机的成本数据进行归集，支持包修、非包修两种送修模式；进行车间维修费用构成分析、预算偏差分析和工作包价格目录偏差分析。

(6) **维修工作包制定(A6)**。定义各个单元体及附件的维修级别；维护、审批发动机本体客户化维修方案(customized engine maintenance planning，CEMP)和附件CEMP；根据送修目标确定单元体的维修级别、更换的寿命件清单、执行的AD/SB清单、附件维修级别；预测发动机修后在翼时间和送修费用；自动生成、审批发动机维修工作包。

(7) **维修效果评价(A7)**。定义各个维修效果评价指标的权重和评分准则；自动收集发动机维修效果数据；对发动机维修效果进行评价。

(8) **文档管理(A8)**。对发动机日常管理工作和维修工作中产生的各类文档进行管理。

(9) **系统集成与接口管理(A9)**。对各个接口进行设置，包括数据库连接信息、同步时间等。

13.5.2 信息模型设计

IDEF1X

建立信息模型的主要目的是为企业提供一个数据的含义和相互关系的一致定义，不偏向于任何专门的数据应用，同时还独立于数据的物理存储和存取方式，从而用来支持信息系统集成、数据管理和数据库的构造，保证数据的完整性。本系统使用目前广泛使用的IDEF1X方法建立信息模型。

在对发动机维修工程管理业务流程和系统的功能范围进行分析的基础上，给出本系统涉及的主要实体，如表 13-8 所示。

表 13-8 系统涉及的主要实体

序号	实体名	序号	实体名	序号	实体名
E-1	飞机系列	E-26	完工清单	E-51	单元体成本
E-2	飞机类型	E-27	系列完工清单	E-52	修理账单
E-3	飞机型号	E-28	完工发动机	E-53	拆发计划约束类型
E-4	飞机	E-29	周报	E-54	发动机维修期限
E-5	发动机系列	E-30	周报细目	E-55	发动机拆发计划
E-6	发动机型号	E-31	ADSB	E-56	拆发计划约束设置
E-7	发动机	E-32	ADSB 状态	E-57	发动机型号参数
E-8	包修合同	E-33	审批通过的 PMA	E-58	发动机时间参数
E-9	租赁合同	E-34	采用的 PMA	E-59	预计拆换的发动机
E-10	单元体类型	E-35	审批通过的 DER	E-60	初始备发
E-11	单元体维修级别类型	E-36	采用的 DER	E-61	拆发计划结果
E-12	单元体	E-37	发动机修理进程	E-62	发动机 CEMP
E-13	位置件	E-38	单元体修理进程	E-63	单元体工作内容
E-14	零部件类型	E-39	试车数据	E-64	单元体软时限
E-15	寿命件类型	E-40	发动机价格目录	E-65	执行 AD 的最低维修级别
E-16	重要件类型	E-41	整机工作范围价格	E-66	执行 SB 的最低维修级别
E-17	附件类型	E-42	单元体价格	E-67	附件软时限
E-18	附件维修级别类型	E-43	年度预算	E-68	发动机维修工作包
E-19	发动机状态	E-44	非包修预算	E-69	单元体维修级别
E-20	单元体状态	E-45	单台非包修预算	E-70	送修时 AD 状态
E-21	寿命件	E-46	包修小时费预算	E-71	送修时 SB 状态
E-22	重要件	E-47	单台包修小时预算	E-72	更换的寿命件
E-23	附件	E-48	备发租赁预算	E-73	缺失件
E-24	每日飞行时间	E-49	单台备发租赁预算	E-74	附件工作指令
E-25	拆换指令	E-50	发动机成本	E-75	维修效果数据

分别给出基本数据管理、使用数据管理、拆发计划、成本预算管理、维修工作包制定各个业务构件集的信息模型，维修效果评价业务构件集的信息模型比较简单，不单独列出，而是融合在使用数据管理的信息模型中。

1. 基本数据管理

为了满足用户对数据查询和维护的要求，将飞机类别定义为飞机系列—飞机类型—飞机型号的 3 级树形关系，将发动机类别定义为发动机系列—发动机型号的 2 级树形关系。对于一个发动机系列，其结构基本是一致的，所以以发动机系列为单位定义发动机结构，有效减少了数据维护工作量。基本数据管理涉及的数据主要有飞机系列、飞机类型、飞机型号、飞机、发动机系列、发动机型号、发动机、单元体类型等，其信息模型如图13-11所示。

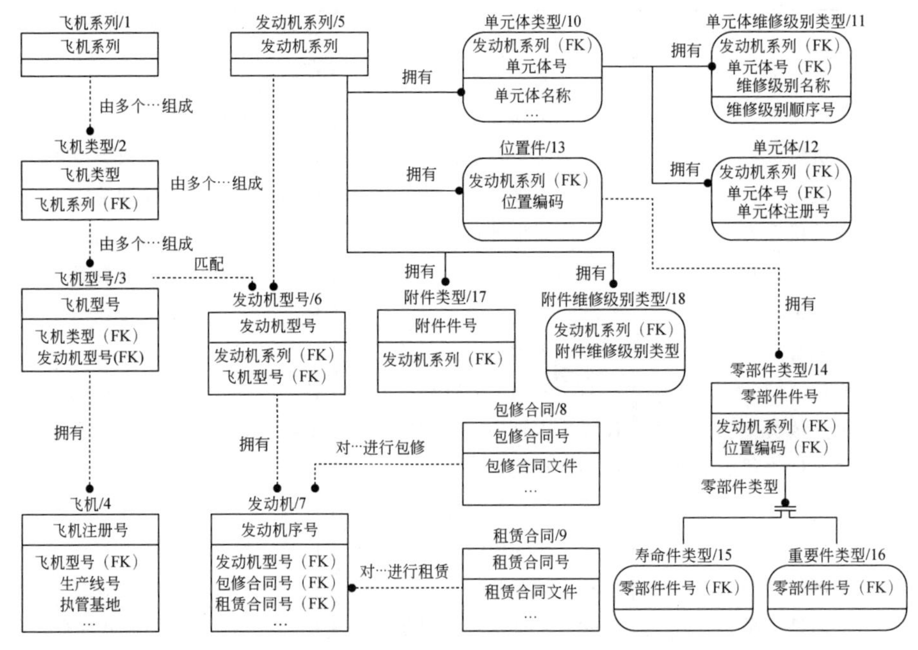

图13-11　基本数据管理业务构件集信息模型

2. 使用数据管理

发动机、单元体、寿命件都需要对使用时间(比如总小时、总循环、大修后小时、大修后循环等)进行监控。如果分别对它们每天的使用时间进行记录，势必会产生大量的数据冗余。考虑它们的使用时间都是根据飞机每日飞行时间计算的，所以系统只记录某一点的发动机、单元体、寿命件的使用时间以及飞机的每日飞行时间。当需要它们某一天或当前的使用时间时，通过计算即可获得。对发动机生命周期的控制，实质上是对发动机使用状态演变过程的控制。为了能够通过发动机使用状态快速检索到发动机的相关维修数据，将发动机维修数据关联到其产生时对应的发动机使用状态。使用数据管理涉及的数据主要有每日飞行小时、发动机状态、单元体状态、寿命件、重要件、附件、试车数据、采用的DER、采用的PMA、发动机修理进程等，其信息模型如图13-12所示。

3. 拆发计划

在进行拆发计划制定时，每个发动机系列适用的约束条件不尽一致，但也有很多是一致的，所以将所有约束条件统一管理，在具体制定拆发计划时，根据实际情况选择适用的约束条件。拆发计划涉及的数据主要有发动机维修期限、预计拆换的发动机、初始备发等，其信息模型如图13-13所示。

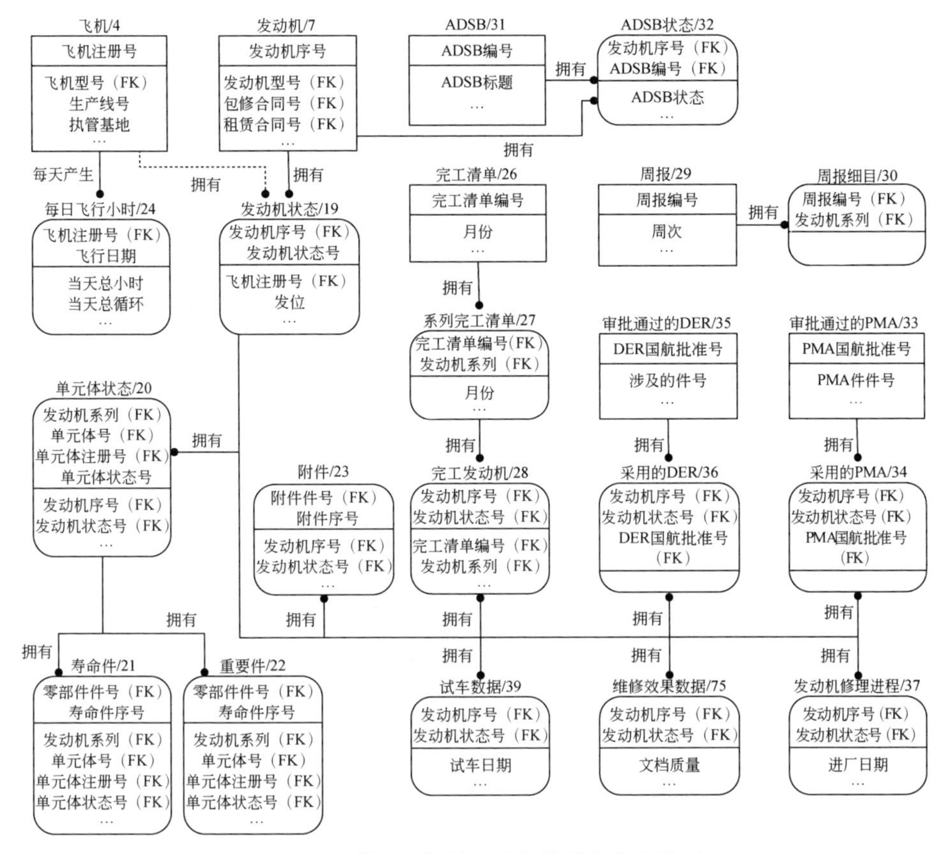

图 13-12　使用数据管理业务构件集信息模型

4. 成本预算管理

成本归集可以分为包修机队成本归集和非包修机队成本归集。对于非包修机队，根据送修合同的不同或者管理要求的不同，又分为工时＋材料、固定价、整机 3 种模式。不管怎么划分，成本归集都可以统一到发动机、单元体、账单 3 个层次。成本预算管理涉及的数据主要有发动机价格目录、整机工作范围价格、发动机成本、单元体成本等，其信息模型如图 13-14 所示。

5. 维修工作包制定

维修工作包制定的依据是发动机 CEMP。发动机 CEMP 包括本体 CEMP 和附件 CEMP，本体 CEMP 又包括各单元体各维修级别对应的工作内容、能够执行的 AD/SB 清单以及软时限。附件 CEMP 主要指的就是各个附件各个维修级别对应的软时限。在根据送修目标确定了各单元体的维修级别、更换的寿命件、附件工作指令等内容后，结合发动机 CEMP，就可以产生发动机的维修工作包了。维修工作包制定涉及的数据主要有发动机 CEMP、单元体工作内容、发动机维修工作包、单元体维修级别等，其信息模型如图 13-15 所示。

发动机拆发期限/54
发动机序号（FK）
预测日期
寿命件拆发期限
…
发动机拆发计划/55
发动机系列（FK）
拆发计划日期
开始日期
结束日期
…
拆发计划约束类型/53
约束类型编号
约束类型名称
约束类型备注
…
对应
拥有
预计拆换的发动机/59
发动机系列（FK）
拆发计划日期（FK）
发动机序号（FK）
是否租发
…
初始备发/60
发动机系列（FK）
拆发计划日期（FK）
发动机序号（FK）
是否租发
…
拆发计划约束设置/56
约束类型编号（FK）
发动机系列（FK）
拆发计划日期（FK）
是否硬约束
…
拥有
拥有
拥有
拥有
拥有
拥有
拆发计划结果/61
发动机系列（FK）
拆发计划日期（FK）
发动机序号（FK）
拆发时间
…
发动机型号参数/57
发动机系列（FK）
拆发计划日期（FK）
发动机型号（FK）
小时利用率
…
发动机时间参数/58
发动机系列（FK）
拆发计划日期（FK）
时间类型
单位
…

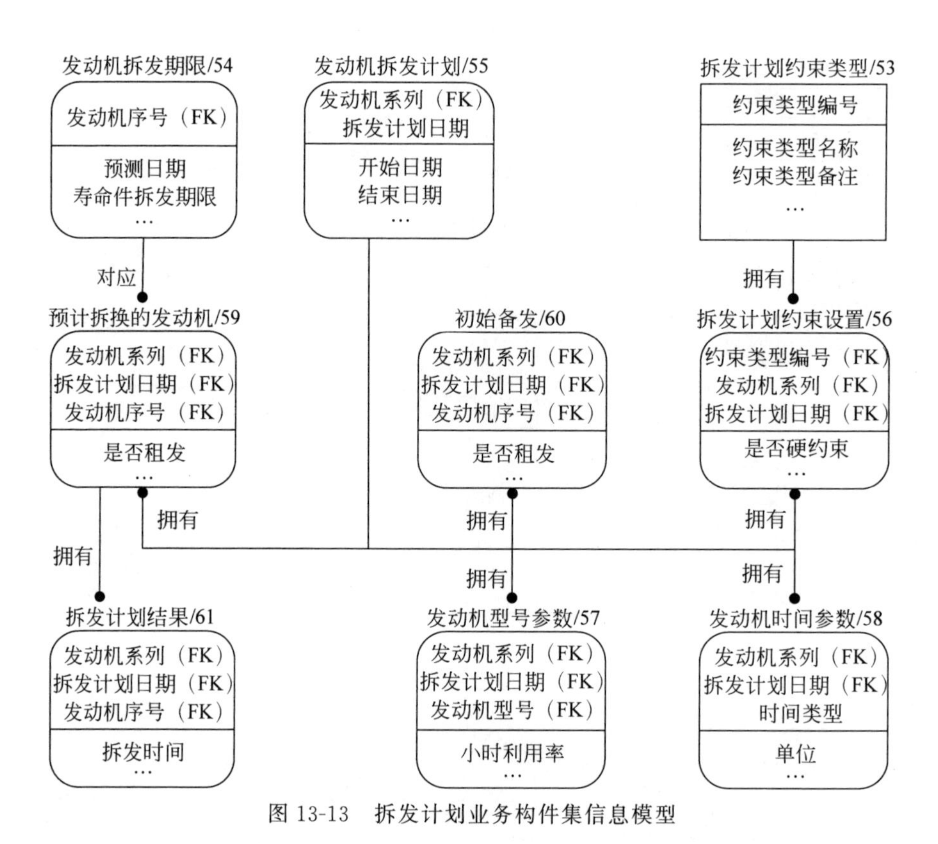

图 13-13　拆发计划业务构件集信息模型

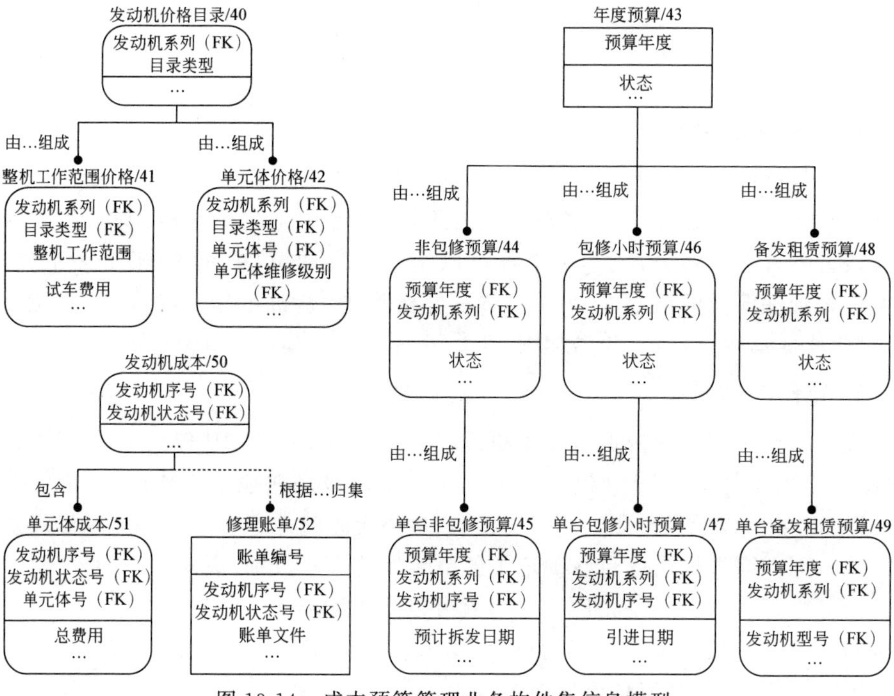

发动机价格目录/40
发动机系列（FK）
目录类型
…
由…组成
由…组成
整机工作范围价格/41
发动机系列（FK）
目录类型（FK）
整机工作范围
试车费用
…
单元体价格/42
发动机系列（FK）
目录类型（FK）
单元体号（FK）
单元体维修级别（FK）
…
发动机成本/50
发动机序号（FK）
发动机状态号(FK)
…
包含
根据…归集
单元体成本/51
发动机序号（FK）
发动机状态号（FK）
单元体号（FK）
总费用
…
修理账单/52
账单编号
发动机序号（FK）
发动机状态号（FK）
账单文件
…
年度预算/43
预算年度
状态
…
由…组成
由…组成
由…组成
非包修预算/44
预算年度（FK）
发动机系列（FK）
状态
…
包修小时预算/46
预算年度（FK）
发动机系列（FK）
状态
…
备发租赁预算/48
预算年度（FK）
发动机系列（FK）
状态
…
由…组成
由…组成
由…组成
单台非包修预算/45
预算年度（FK）
发动机系列（FK）
发动机序号（FK）
预计拆发日期
…
单台包修小时预算　/47
预算年度（FK）
发动机系列（FK）
发动机序号（FK）
引进日期
…
单台备发租赁预算/49
预算年度（FK）
发动机系列（FK）
发动机型号（FK）
…

图 13-14　成本预算管理业务构件集信息模型

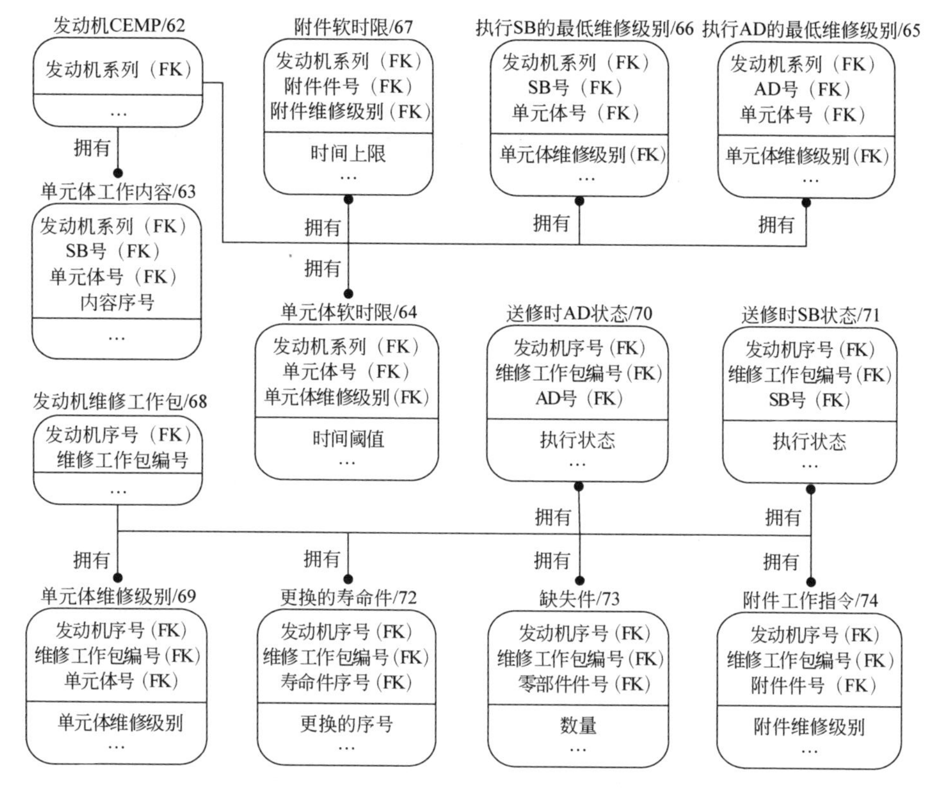

图 13-15　维修工作包制定业务构件集信息模型

13.6　系统运行实例

下面以某航空公司机队实际数据给出系统的运行实例。

为了保证数据的安全性，系统对权限有严格的控制。用户第一次使用系统时，必须先进行注册，经由管理员审核后赋予一定的权限，才能进入系统。下面以一个超级用户账号登录系统。系统的登录界面和首页如图 13-16、图 13-17 所示。

图 13-16　系统登录界面

当系统中增加一个新的发动机系列时，需要定义发动机结构、单元体的维修级别、寿命件的限制时间等。系统定义的 CFM56-5B 的发动机结构如图 13-18 所示，件号“338-001-906-0”的寿命件限制时间如图 13-19 所示。

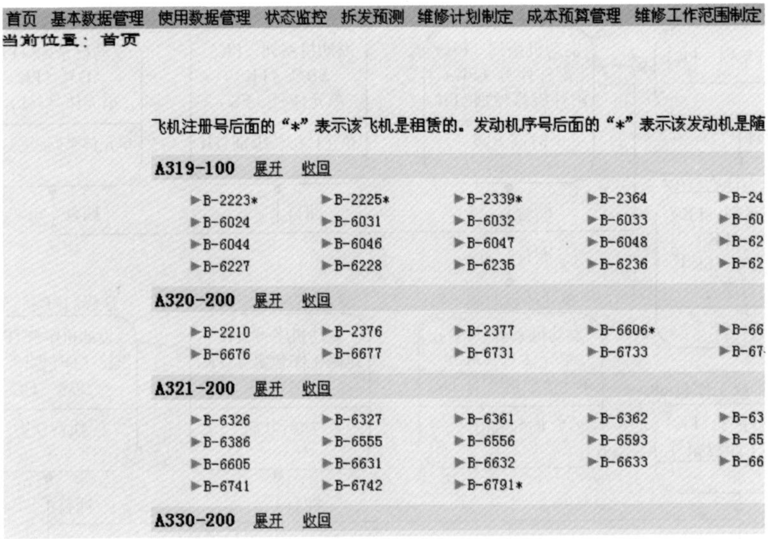

首页 基本数据管理 使用数据管理 状态监控 拆发预测 维修计划制定 成本预算管理 维修工作范围制定

当前位置：首页

飞机注册号后面的“*”表示该飞机是租赁的。发动机序号后面的“*”表示该发动机是随

A319-100 展开 收回

►B-2223*	►B-2225*	►B-2339*	►B-2364	►B-24
►B-6024	►B-6031	►B-6032	►B-6033	►B-60
►B-6044	►B-6046	►B-6047	►B-6048	►B-62
►B-6227	►B-6228	►B-6235	►B-6236	►B-62

A320-200 展开 收回

►B-2210	►B-2376	►B-2377	►B-6606*	►B-66
►B-6676	►B-6677	►B-6731	►B-6733	►B-67

A321-200 展开 收回

►B-6326	►B-6327	►B-6361	►B-6362	►B-63
►B-6386	►B-6555	►B-6556	►B-6593	►B-65
►B-6605	►B-6631	►B-6632	►B-6633	►B-66
►B-6741	►B-6742	►B-6791*		

A330-200 展开 收回

图 13-17 系统首页

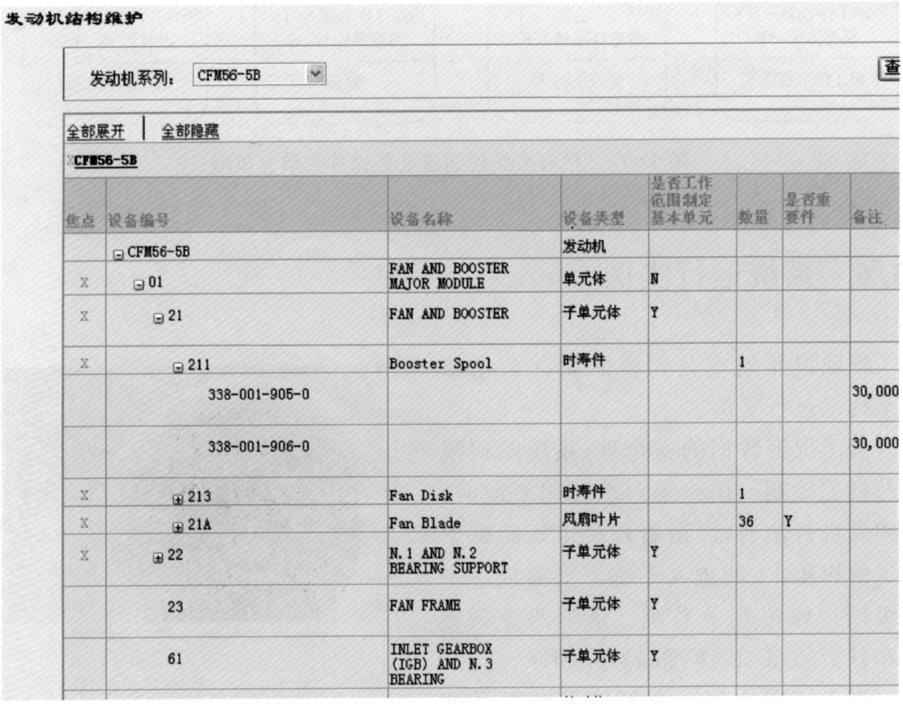

发动机结构维护

发动机系列：CFM56-5B

全部展开 | 全部隐藏

CFM56-5B

焦点	设备编号	设备名称	设备类型	是否工作范围制定基本单元	数量	是否重要件	备注
	CFM56-5B		发动机				
X	01	FAN AND BOOSTER MAJOR MODULE	单元体	N			
X	21	FAN AND BOOSTER	子单元体	Y			
X	211	Booster Spool	时寿件		1		
	338-001-905-0						30,000
	338-001-906-0						30,000
X	213	Fan Disk	时寿件		1		
X	21A	Fan Blade	风扇叶片		36	Y	
X	22	N.1 AND N.2 BEARING SUPPORT	子单元体	Y			
	23	FAN FRAME	子单元体	Y			
	61	INLET GEARBOX (IGB) AND N.3 BEARING	子单元体	Y			

图 13-18 定义发动机结构

当有新飞机或者新发动机进入系统时，需要在系统中进行注册。目前系统中注册的飞机和发动机如图 13-20、图 13-21 所示。

发动机结构维护

件号：338-001-906-0

操作	发动机型号	适用性	限制循环
	CFM56-5B2/3	适用	30000
	CFM56-5B4/3	适用	30000
	CFM56-5B4/P	适用	30000
	CFM56-5B5/P	适用	30000
	CFM56-5B7/P	适用	30000
	----	适用	

共找到5条记录，当前显示5条记录，从第1条到第5条，第1页/共1页

图 13-19　定义寿命件限制时间

新飞机注册

飞机系列：----　飞机类型：----　飞机型号：----

飞机注册号：　飞机序号：　执管基地：----

状态：----　排序：飞机注册号 ↑

操作	飞机注册号	飞机序号	生产线号	来源	租赁合同号	飞机型号	飞机类型	飞机系列
	B-2059	29153	168	----		B777-2J6	B777-200	B777
	B-2060	29154	173	----		B777-2J6	B777-200	B777
	B-2061	29155	179	----		B777-2J6	B777-200	B777
	B-2063	29156	214	----		B777-2J6	B777-200	B777
	B-2064	29157	240	----		B777-2J6	B777-200	B777
	B-2065	29744	280	----		B777-2J6	B777-200	B777
	B-2066	29745	290	----		B777-2J6	B777-200	B777
	B-2067	29746	338	----		B777-2J6	B777-200	B777
	B-2068	29747	344	----		B777-2J6	B777-200	B777
	B-2069	29748	349	----		B777-2J6	B777-200	B777
				----		----		

1 2 3 4 5　共找到273条记录，当前显示10条记录，从第1条到第10条，第1页/共28页

飞机注册号后面的“*”表示该飞机是租赁的。

图 13-20　注册新飞机

发动机使用状态控制是发动机维修数据组织的核心，如图 13-22 所示。各种维修数据都和发动机某个使用状态关联，这里仅以寿命件数据为例，如图 13-23 所示。

发动机状态监控是发动机维修决策的基础。为了实现孔探数据的结构化管理，需先结构化发动机孔探手册，如图 13-24 所示。孔探数据维护和损伤趋势分析如图 13-25 和图 13-26 所示。为了实现发动机自主性能监控，需对 ACARS 报文进行解析，因此，先对 ACARS 报文解析模板进行定制，如图 13-27 所示。将发动机性能参数解析出来后，基于求取的性能基线就可以实现自主性能监控了。性能趋势分析和采用过程神经元网络预测性能参数如图 13-28 和图 13-29 所示。

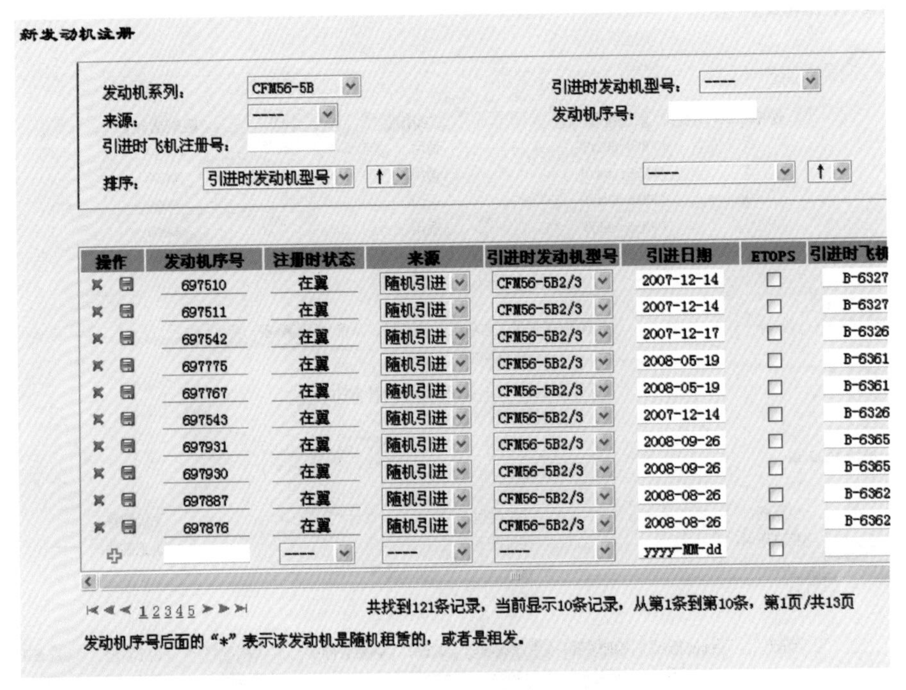

新发动机注册

发动机系列：CFM56-5B　　引进时发动机型号：----
来源：----　　发动机序号：
引进时飞机注册号：
排序：引进时发动机型号 ↑　　---- ↑

操作	发动机序号	注册时状态	来源	引进时发动机型号	引进日期	ETOPS	引进时飞机
	697510	在翼	随机引进	CFM56-5B2/3	2007-12-14	☐	B-6327
	697511	在翼	随机引进	CFM56-5B2/3	2007-12-14	☐	B-6327
	697542	在翼	随机引进	CFM56-5B2/3	2007-12-17	☐	B-6326
	697775	在翼	随机引进	CFM56-5B2/3	2008-05-19	☐	B-6361
	697767	在翼	随机引进	CFM56-5B2/3	2008-05-19	☐	B-6361
	697543	在翼	随机引进	CFM56-5B2/3	2007-12-14	☐	B-6326
	697931	在翼	随机引进	CFM56-5B2/3	2008-09-26	☐	B-6365
	697930	在翼	随机引进	CFM56-5B2/3	2008-09-26	☐	B-6365
	697887	在翼	随机引进	CFM56-5B2/3	2008-08-26	☐	B-6362
	697876	在翼	随机引进	CFM56-5B2/3	2008-08-26	☐	B-6362
		----	----	----	yyyy-MM-dd	☐	

1 2 3 4 5　　共找到121条记录，当前显示10条记录，从第1条到第10条，第1页/共13页

发动机序号后面的“*”表示该发动机是随机租赁的，或者是租发。

图 13-21　注册新发动机

发动机使用过程管理

发动机序号：575829　　发动机状态：在翼　　执管
状态开始日期：2008-04-22　　状态结束日期：　　状态
发动机型号：CFM56-5B7/P　　状态开始时TSN：9599.06　　状态
状态开始时TSPR：N/A　　状态开始时CSPR：N/A　　状态
状态开始时CSR：N/A　　状态开始时EGTM：　　飞机
发位：1　　备注：　　修改
修改日期：2009-12-24

发动机序号后面的“*”表示该发动机是随机租赁的，或者是租发。

发动机状态操作

选择操作：拆发　　选择状态：待修　　执管基地：
拆发地点：----　　计划拆发：----　　修理公司：
工作范围：----　　油封日期：　　有效期：
存放地点：　　发动机型号：CFM56-5B7/P　　状态开始时TSN：
状态开始时CSN：9896　　状态开始时TSPR：N/A　　状态开始时CSP
状态开始时TSR：N/A　　状态开始时CSR：N/A　　状态开始时EGT
状态开始日期：　　状态原因：　　备注：

图 13-22　管理发动机使用状态

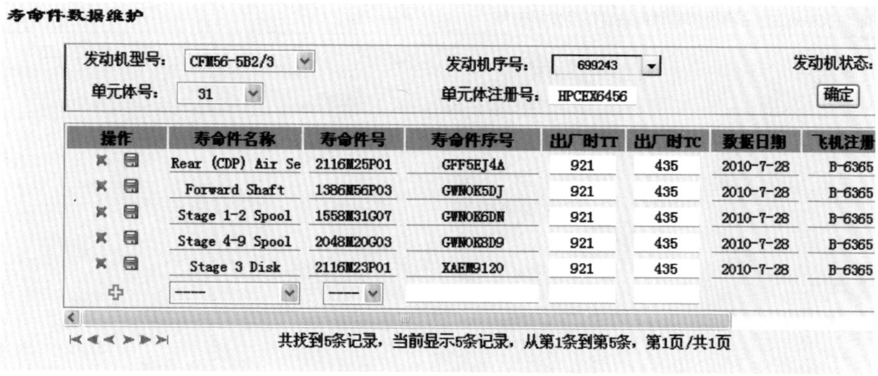

寿命件数据维护

发动机型号：CFM56-5B2/3　　发动机序号：699243　　发动机状态：

单元体号：31　　单元体注册号：HPCEX6456　　确定

操作	寿命件名称	寿命件号	寿命件序号	出厂时TT	出厂时TC	数据日期	飞机注册
	Rear (CDP) Air Se	2116M25P01	GFF5EJ4A	921	435	2010-7-28	B-6365
	Forward Shaft	1386M56P03	GWNOK5DJ	921	435	2010-7-28	B-6365
	Stage 1-2 Spool	1558M31G07	GWNOK6DN	921	435	2010-7-28	B-6365
	Stage 4-9 Spool	2048M20G03	GWNOK8D9	921	435	2010-7-28	B-6365
	Stage 3 Disk	2116M23P01	XAEM9120	921	435	2010-7-28	B-6365
	----	----					

共找到5条记录，当前显示5条记录，从第1条到第5条，第1页/共1页

图 13-23　维护寿命件数据

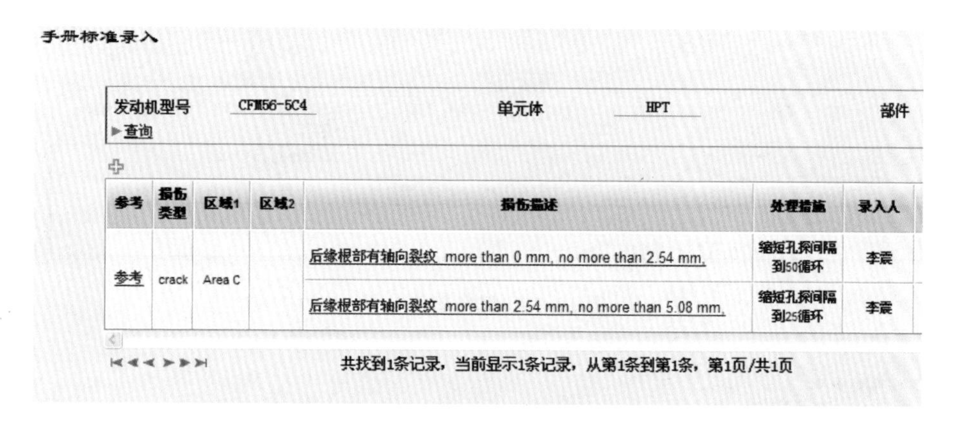

图 13-24　孔探手册结构化

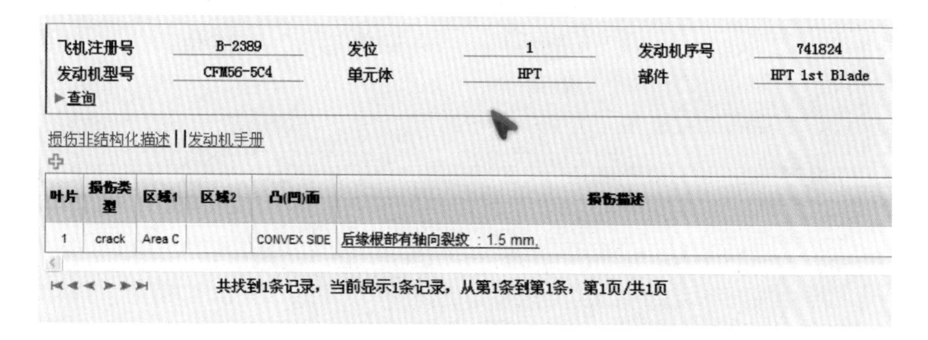

图 13-25　维护孔探数据

根据发动机基础数据，就可以对发动机的维修期限进行预测了。CFM56-5B 发动机的维修期限预测结果如图 13-30 所示。根据维修期限预测结果，就可以制定发动机的拆发计划了，CFM56-5B 的拆发计划制定如图 13-31～图 13-35 所示。

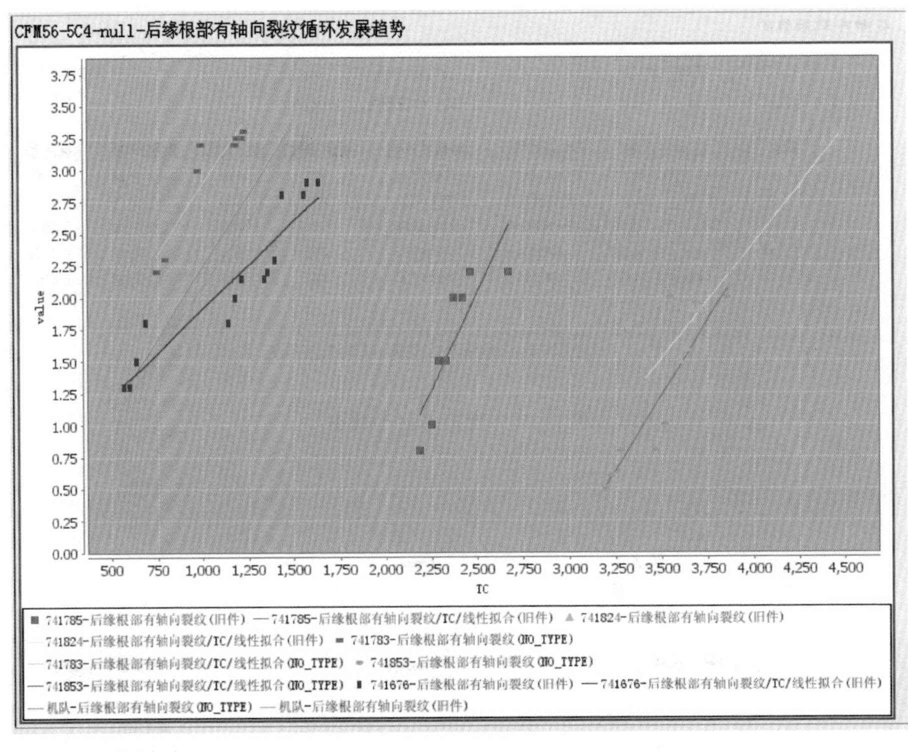

图 13-26 损伤趋势分析

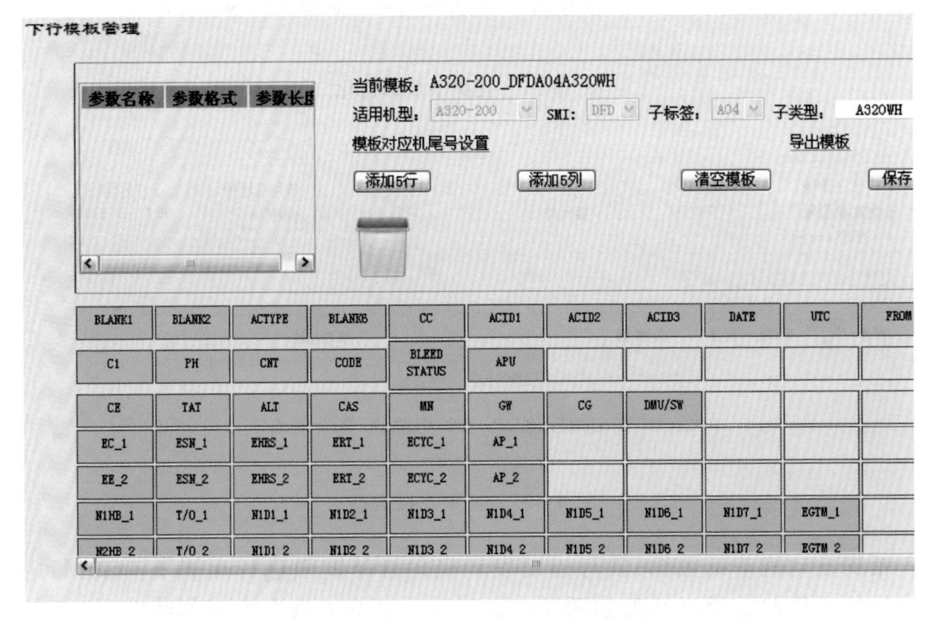

图 13-27 定制 ACARS 报文解析模板

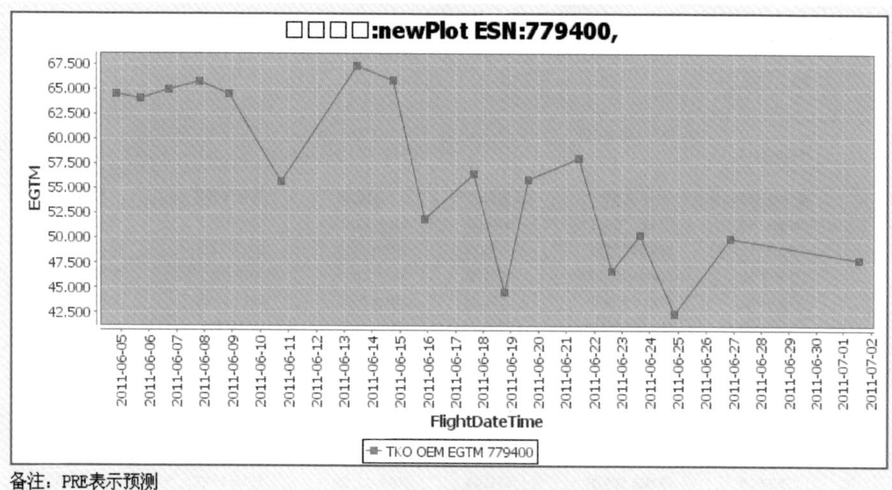

图 13-28　性能趋势分析

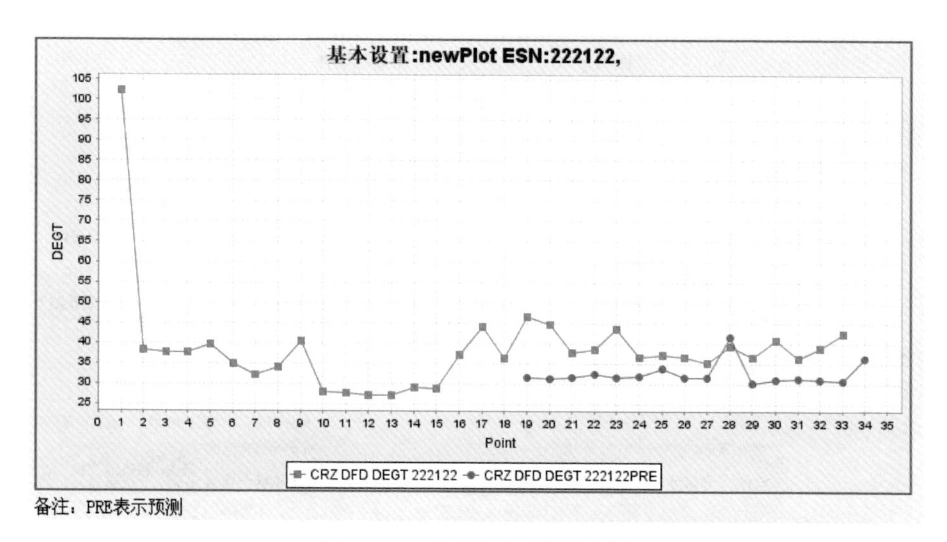

图 13-29　过程神经元网络预测

发动机预算制定的依据是价格目录，所以首先需要维护价格目录。CFM56-5B发动机材料＋工时的价格目录如图 13-36 所示。维护完价格目录后，根据拆发计划结果及发动机基础数据就可以进行发动机年度预算制定了，如图 13-37～图 13-39 所示。

发动机送修时，需要向承修厂提供发动机维修工作包。发动机维修工作包制定的依据是发动机 CEMP。发动机的本体 CEMP 定义如图 13-40 所示。确定单元体维修级别，确定 SB 状态清单、生成的发动机维修工作包如图 13-41～图 13-43 所示。

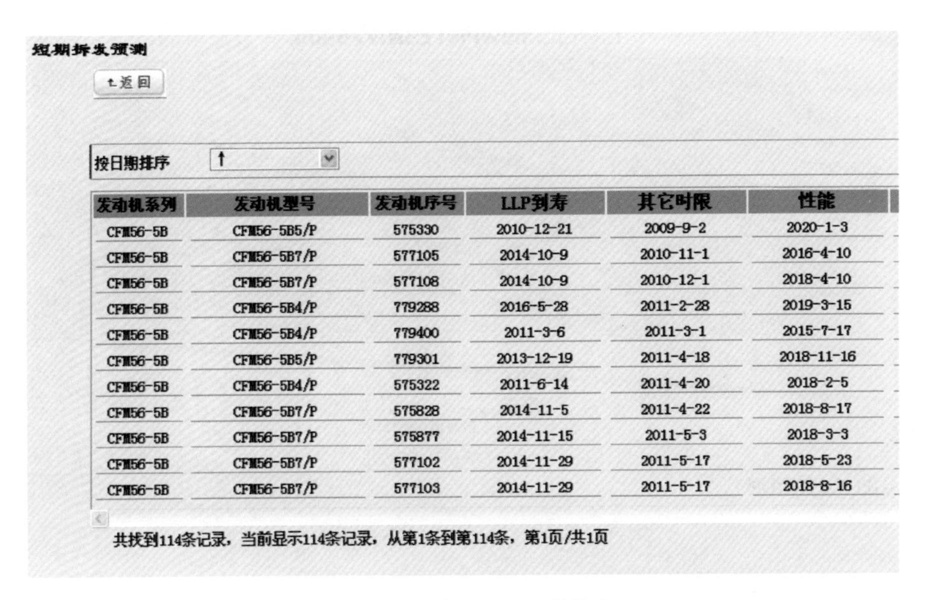

短期拆发预测

↑返回

按日期排序 ↑

发动机系列	发动机型号	发动机序号	LLP到寿	其它时限	性能
CFM56-5B	CFM56-5B5/P	575330	2010-12-21	2009-9-2	2020-1-3
CFM56-5B	CFM56-5B7/P	577105	2014-10-9	2010-11-1	2016-4-10
CFM56-5B	CFM56-5B7/P	577108	2014-10-9	2010-12-1	2018-4-10
CFM56-5B	CFM56-5B4/P	779288	2016-5-28	2011-2-28	2019-3-15
CFM56-5B	CFM56-5B4/P	779400	2011-3-6	2011-3-1	2015-7-17
CFM56-5B	CFM56-5B5/P	779301	2013-12-19	2011-4-18	2018-11-16
CFM56-5B	CFM56-5B4/P	575322	2011-6-14	2011-4-20	2018-2-5
CFM56-5B	CFM56-5B7/P	575828	2014-11-5	2011-4-22	2018-8-17
CFM56-5B	CFM56-5B7/P	575877	2014-11-15	2011-5-3	2018-3-3
CFM56-5B	CFM56-5B7/P	577102	2014-11-29	2011-5-17	2018-5-23
CFM56-5B	CFM56-5B7/P	577103	2014-11-29	2011-5-17	2018-8-16

共找到114条记录，当前显示114条记录，从第1条到第114条，第1页/共1页

图 13-30　预测发动机维修期限

发动机维修计划制定

发动机系列：CFM56-5B　开始日期：2010-7-21　结束日期：2011-7-21　备注：

拆发清单　备发清单　相关参数　约束条件设置　拆发管理预测

排序：飞机注册号 ↑　发动机序号 ↑

检查初始人为约束的有效性　重新计算限制

操作	飞机型号	飞机注册号	是否专机	执管基地	发位	发动机型号	发动机序号	是否租发	租机时飞机注册号	数
	A320-214	B-2210	☐	浙江	2	CFM56-5B4/P	779400	☐		20
	A319-111	B-2223	☐	浙江	1	CFM56-5B5/P	575330	☑	B-2223	20
	A319-111	B-2225	☐	浙江	1	CFM56-5B5/P	779402	☐		20
	A319-111	B-2339	☐	浙江	1	CFM56-5B5/P	779301	☑	B-2355	20
	A320-214	B-2354	☐	浙江	2	CFM56-5B4/P	575426	☑	B-2339	20
	A320-214	B-2355	☐	浙江	2	CFM56-5B4/P	575322	☑	B-2225	20
	A319-115	B-6034	☐	西南	1	CFM56-5B7/P	575828	☐		20
	A319-115	B-6038	☐	西南	1	CFM56-5B7/P	577105	☐		20
	A319-115	B-6038	☐	西南	2	CFM56-5B7/P	577108	☐		20
	A320-214	B-6608	☐	湖北	1	CFM56-5B4/P	577741	☐		20

图 13-31　拆发清单

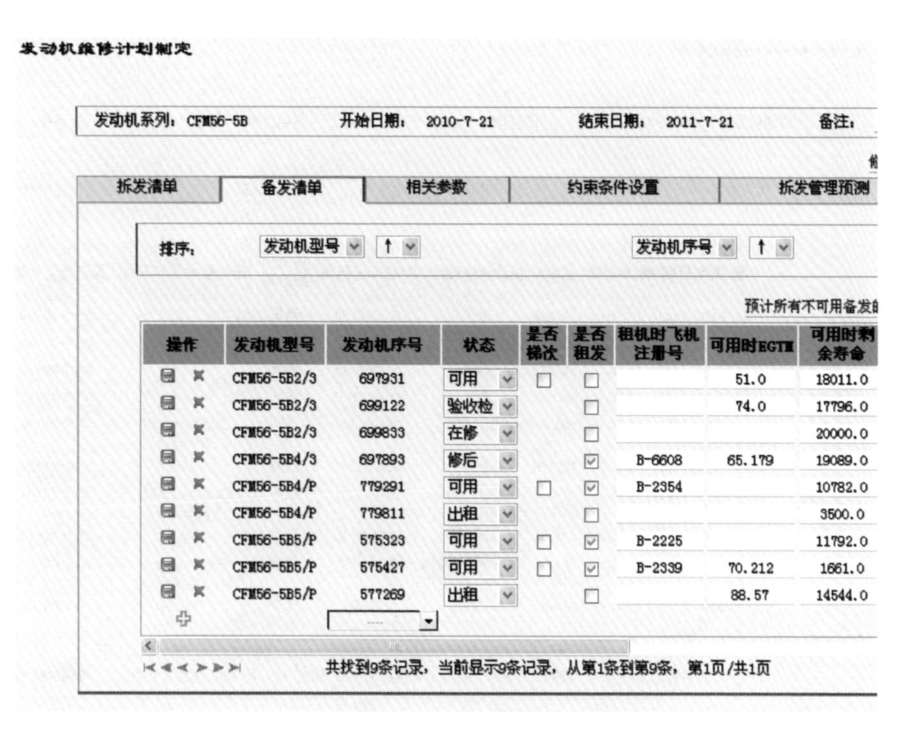

图 13-32　备发清单

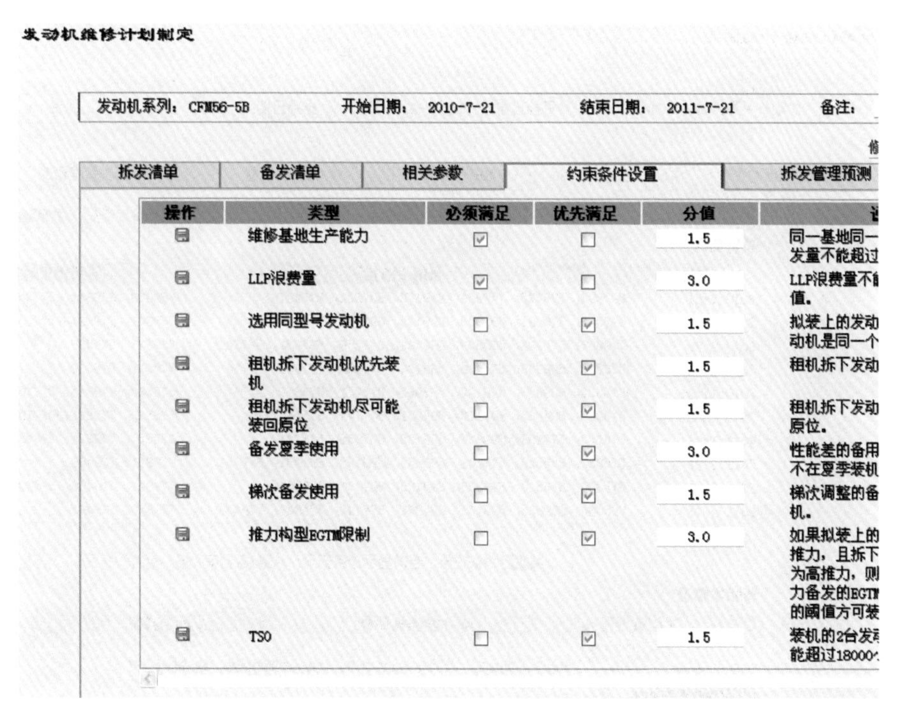

图 13-33　设置约束条件

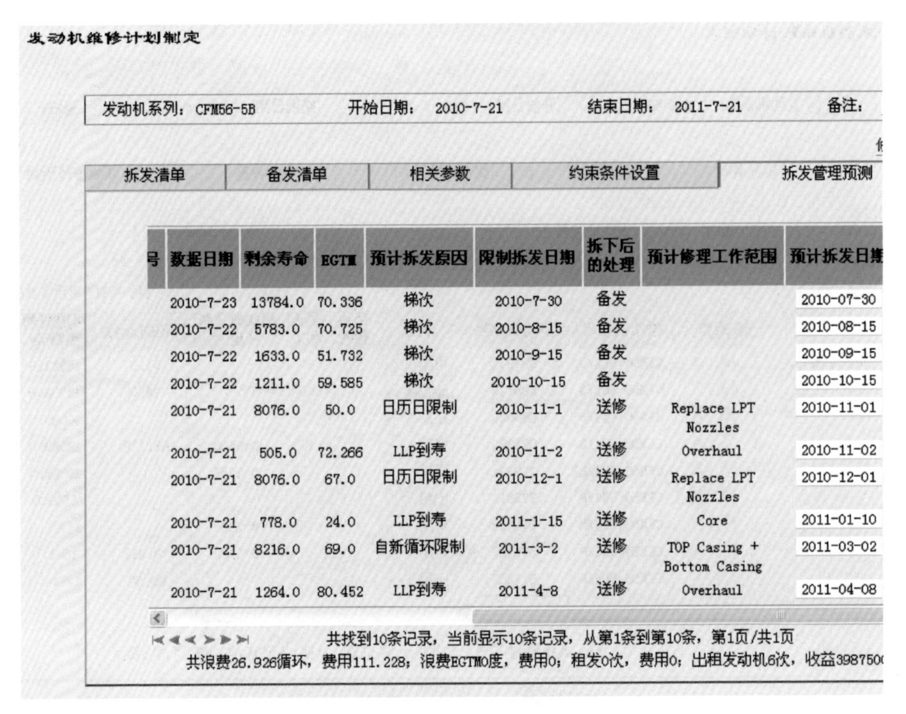

图 13-34　拆发计划结果

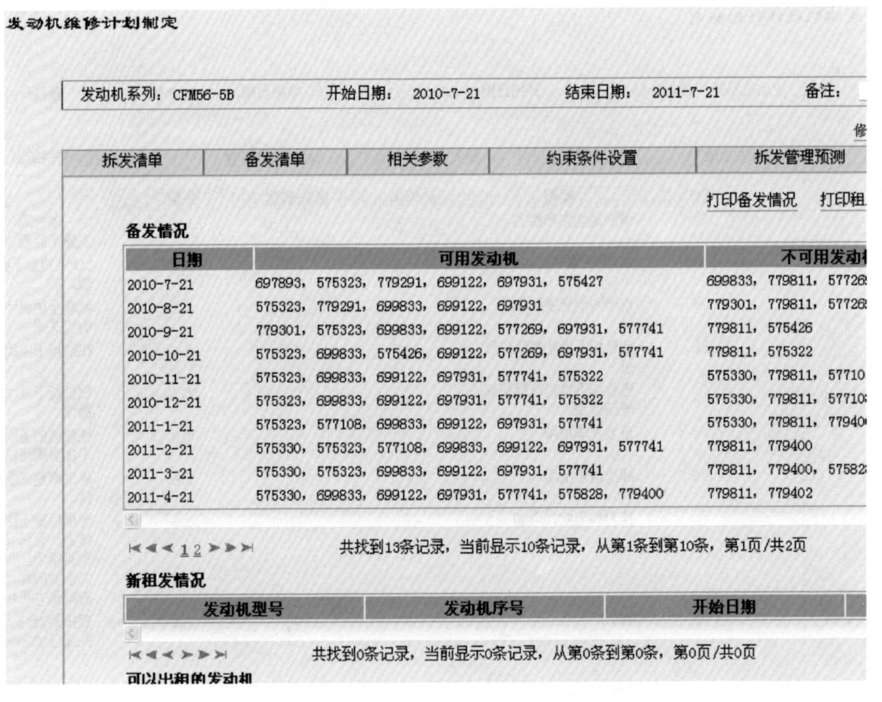

图 13-35　备发和租发预测结果

工作包价格目录维护

发动机系列：CFM56-5B　　价格目录类型：材料+工时

价格目录统计时间段

开始日期　　结束日期

整机手续费率、税率、增值税率、运费

增值税率：	0.17	其他器材手续费率：	0.07	其他器材税率：	0.05
重要件税率：	0.05	LLP手续费率：	0.01	LLP税率：	0.05
外委修理税率：	0.17	运费：	20500		

单元体以上级别价格目录

操作	工作范围	例行工作工时和耗材费用
	Bottom Casing	46107
	Core	124258
	Core+Booster	142580
	Core+LPT	144785
	LPT Module	63344
	Other Trouble Shooting Repairs	30566
	Overhaul	178900
	Replace HPT Blades	61844
	Replace HPT Nozzles	66494
	Replace LPT Nozzles	58144

图 13-36　维护价格目录

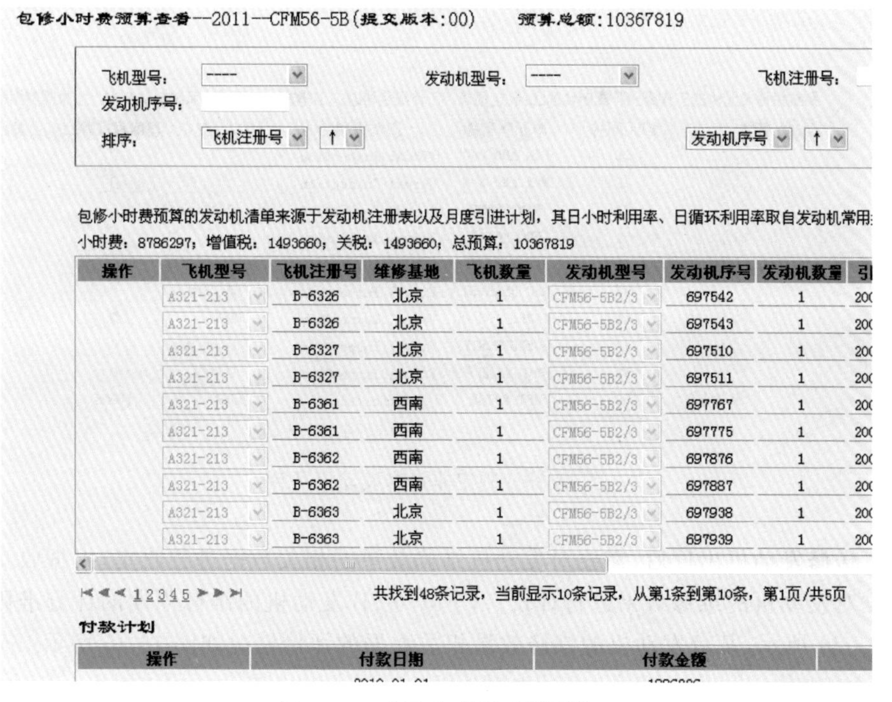

包修小时费预算查看--2011--CFM56-5B(提交版本:00)　　预算总额:10367819

飞机型号：----　　发动机型号：----　　飞机注册号：

发动机序号：

排序：飞机注册号 ↑　　发动机序号 ↑

包修小时费预算的发动机清单来源于发动机注册表以及月度引进计划，其日小时利用率、日循环利用率取自发动机常用

小时费：8786297；增值税：1493660；关税：1493660；总预算：10367819

操作	飞机型号	飞机注册号	维修基地	飞机数量	发动机型号	发动机序号	发动机数量	引
	A321-213	B-6326	北京	1	CFM56-5B2/3	697542	1	20(
	A321-213	B-6326	北京	1	CFM56-5B2/3	697543	1	20(
	A321-213	B-6327	北京	1	CFM56-5B2/3	697510	1	20(
	A321-213	B-6327	北京	1	CFM56-5B2/3	697511	1	20(
	A321-213	B-6361	西南	1	CFM56-5B2/3	697767	1	20(
	A321-213	B-6361	西南	1	CFM56-5B2/3	697775	1	20(
	A321-213	B-6362	西南	1	CFM56-5B2/3	697876	1	20(
	A321-213	B-6362	西南	1	CFM56-5B2/3	697887	1	20(
	A321-213	B-6363	北京	1	CFM56-5B2/3	697938	1	20(
	A321-213	B-6363	北京	1	CFM56-5B2/3	697939	1	20(

1 2 3 4 5　　共找到48条记录，当前显示10条记录，从第1条到第10条，第1页/共5页

付款计划

操作	付款日期	付款金额

图 13-37　制定包修发动机预算

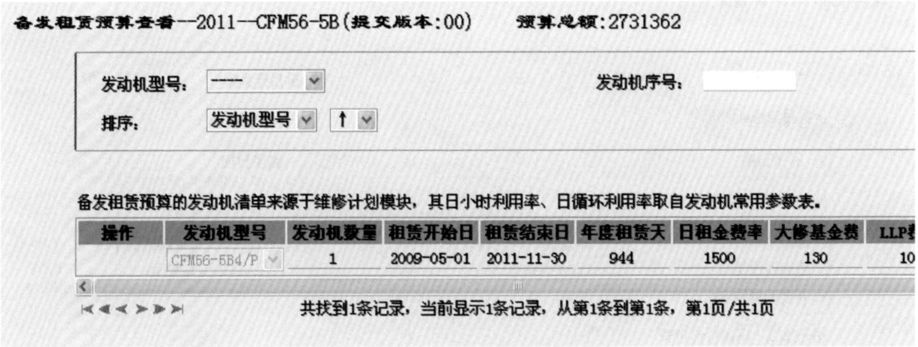

备发租赁预算查看--2011--CFM56-5B(提交版本:00)　　预算总额:2731362

发动机型号: ----　　发动机序号:

排序: 发动机型号　↑

备发租赁预算的发动机清单来源于维修计划模块，其日小时利用率、日循环利用率取自发动机常用参数表。

操作	发动机型号	发动机数量	租赁开始日	租赁结束日	年度租赁天	日租金费率	大修基金费	LLP费
	CFM56-5B4/P	1	2009-05-01	2011-11-30	944	1500	130	10

共找到1条记录，当前显示1条记录，从第1条到第1条，第1页/共1页

图 13-38　制定租赁发动机预算

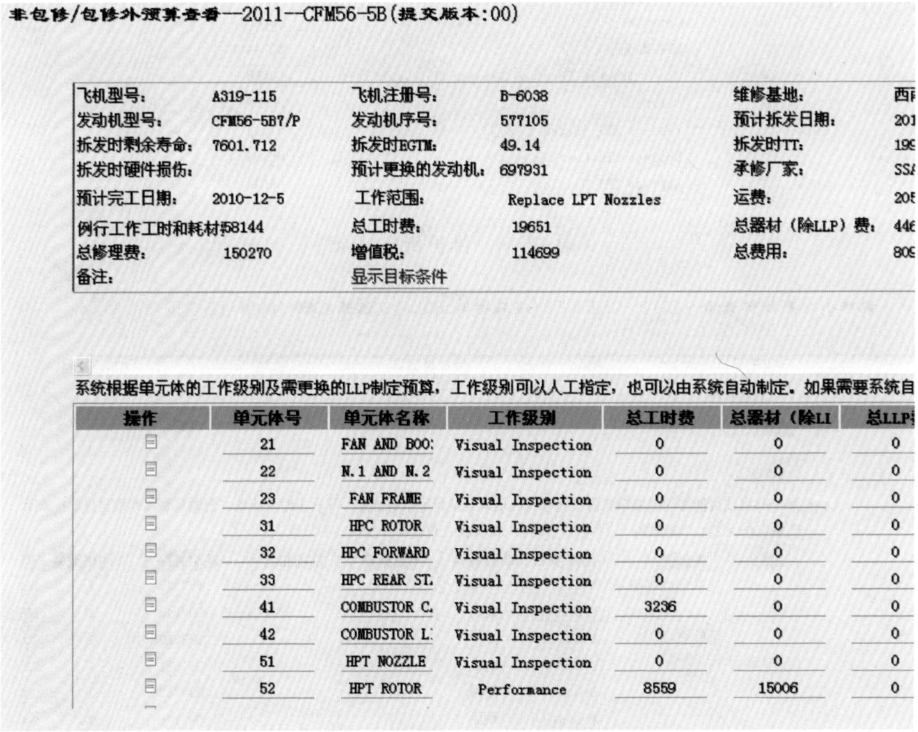

非包修/包修外预算查看--2011--CFM56-5B(提交版本:00)

飞机型号:	A319-115	飞机注册号:	B-6038	维修基地:	西
发动机型号:	CFM56-5B7/P	发动机序号:	577105	预计拆发日期:	201
拆发时剩余寿命:	7601.712	拆发时EGTM:	49.14	拆发时TT:	19
拆发时硬件损伤:		预计更换的发动机:	697931	承修厂家:	SS
预计完工日期:	2010-12-5	工作范围:	Replace LPT Nozzles	运费:	20
例行工作工时和耗材:	58144	总工时费:	19651	总器材（除LLP）费:	44
总修理费:	150270	增值税:	114699	总费用:	80
备注:		显示目标条件			

系统根据单元体的工作级别及需更换的LLP制定预算，工作级别可以人工指定，也可以由系统自动制定。如果需要系统自

操作	单元体号	单元体名称	工作级别	总工时费	总器材（除LL	总LLP
	21	FAN AND BOO	Visual Inspection	0	0	0
	22	N.1 AND N.2	Visual Inspection	0	0	0
	23	FAN FRAME	Visual Inspection	0	0	0
	31	HPC ROTOR	Visual Inspection	0	0	0
	32	HPC FORWARD	Visual Inspection	0	0	0
	33	HPC REAR ST.	Visual Inspection	0	0	0
	41	COMBUSTOR C.	Visual Inspection	3236	0	0
	42	COMBUSTOR L	Visual Inspection	0	0	0
	51	HPT NOZZLE	Visual Inspection	0	0	0
	52	HPT ROTOR	Performance	8559	15006	0

图 13-39　制定非包修发动机预算

送修发动机出厂后，需要对发动机维修效果的相关数据进行收集，根据收集的数据对发动机的维修效果进行评价。CFM56-5B 发动机的维修周期的评分准则如图 13-44 所示，某台发动机的维修效果相关数据的评价情况如图 13-45 所示。

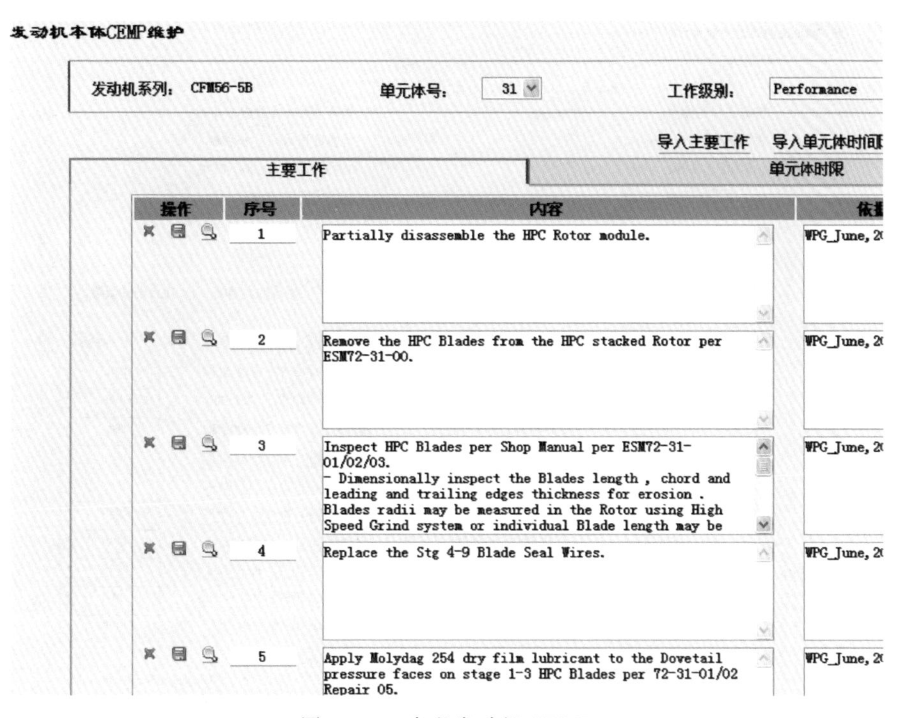

图 13-40　定义发动机 CEMP

图 13-41　单元体维修级别

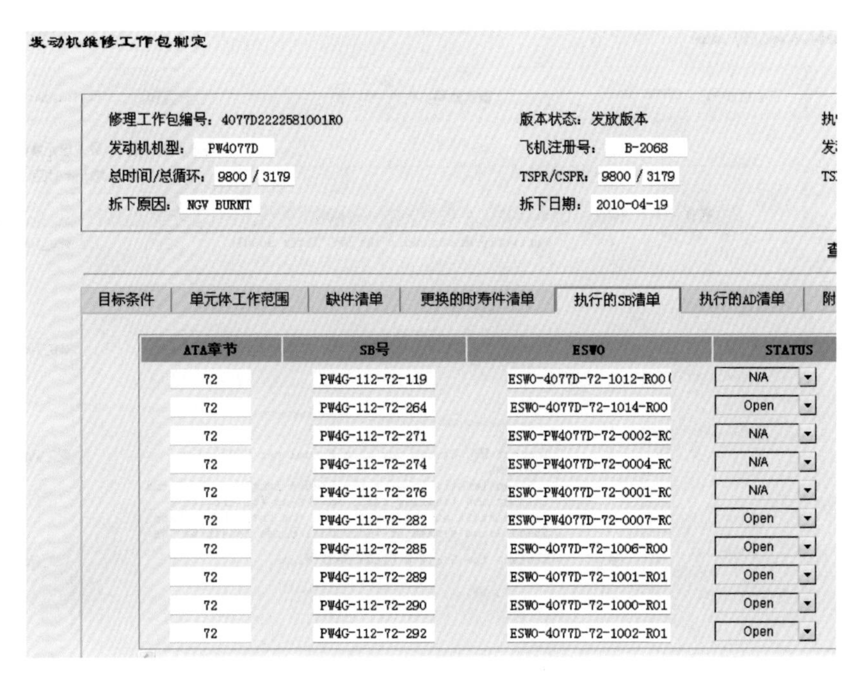

图 13-42　SB 状态清单

Engine Type 发动机机型	PW4056-3	A/C Register No/Pos. 飞机注册号/发动机位置	B-2445/3
Engine S/N 发动机序号	P729219	Module S/N 单元体序号	N/A
TSR/CSR 修后时间/循环	6653/2827	Reasons for Removal 拆下原因	性能衰退
TSN/CSN 总时间/总循环	16641/4405	Date of Removal 拆下日期	2020-02-05

A. Engine History:

1. The subject engine was performed repair by Ameco on Sep, 2014 due to T1B Distress (TT/TC:9998/1578).

B. Work-scope Requirements

1.) Strip QEC/accessory components as necessary and disassemble engine into module condition.

2.) Inspect, repair or heavy maintenance all modules as followings:

(01) LPC- Heavy Maintenance

a) Disassemble, clean, detailed inspect and repair LPC module per the instructions of P&W MPG P/N51A772, Part IV, Section 4.3 & 5.5

(02) Fan- Heavy Maintenance

a) Disassemble, clean, detailed inspect and repair Fan case module per the instructions of P&W MPG P/N51A772, Part IV, Section 7.3

(03) AGB- Heavy Maintenance

a) Disassemble, clean, detailed inspect and repair Angle gearbox module per the instructions per PW MPG P/N51A772, Part IV, Section 16.3

(04) Intermediate Case- Heavy Maintenance

a) Disassemble, clean, detailed inspect and repair Intermediate case module per the instructions P&W MPG P/N51A772, Part IV, Section 8.3

(05) HPC- Heavy Maintenance

a) Disassemble, clean, detailed inspect and repair HPC module per the instructions of P&W MPG P/N51A772, Part IV, Section 9.5

b) Measure and record tip clearance.

(06) Diffuser Case- Heavy Maintenance

图 13-43　发动机维修工作包

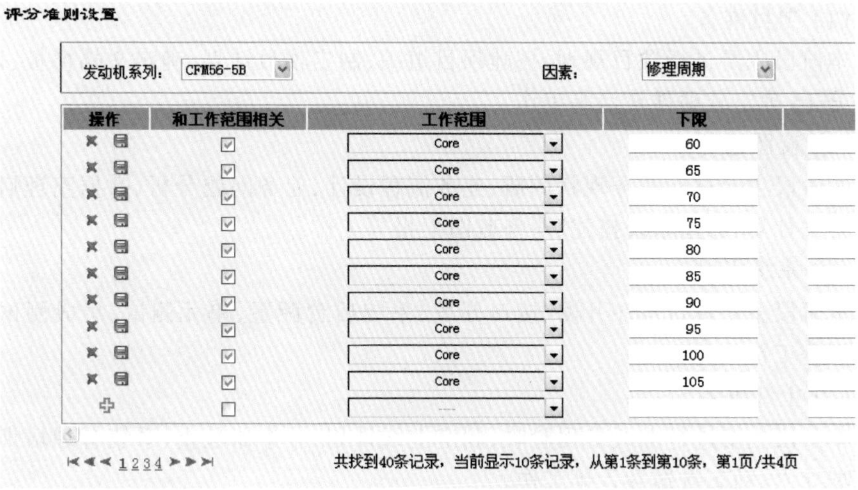

评分准则设置

发动机系列：CFM56-5B　　　因素：修理周期

操作	和工作范围相关	工作范围	下限
	☑	Core	60
	☑	Core	65
	☑	Core	70
	☑	Core	75
	☑	Core	80
	☑	Core	85
	☑	Core	90
	☑	Core	95
	☑	Core	100
	☑	Core	105
	☐	---	

1 2 3 4　　共找到40条记录，当前显示10条记录，从第1条到第10条，第1页/共4页

图 13-44　设置评分准则

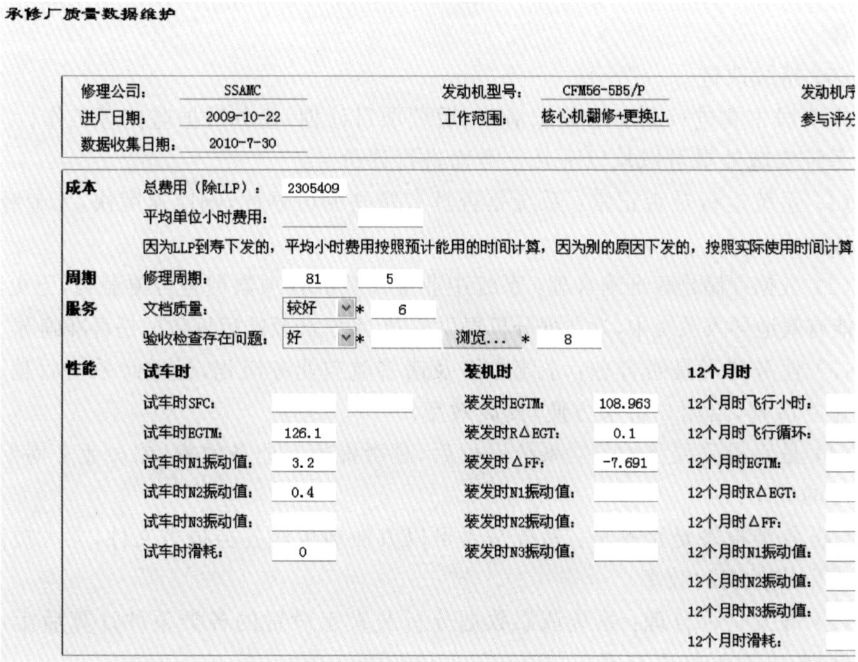

承修厂质量数据维护

修理公司：SSAMC　　发动机型号：CFM56-5B5/P　　发动机序

进厂日期：2009-10-22　　工作范围：核心机翻修+更换LL　　参与评分

数据收集日期：2010-7-30

成本　总费用（除LLP）：2305409

平均单位小时费用：

因为LLP到寿下发的，平均小时费用按照预计能用的时间计算，因为别的原因下发的，按照实际使用时间计算

周期　修理周期：81　5

服务　文档质量：较好 * 6

验收检查存在问题：好 * 浏览... * 8

性能

试车时		装机时		12个月时	
试车时SFC：		装发时EGTM：	108.963	12个月时飞行小时：	
试车时EGTM：	126.1	装发时RΔEGT：	0.1	12个月时飞行循环：	
试车时N1振动值：	3.2	装发时ΔFF：	-7.691	12个月时EGTM：	
试车时N2振动值：	0.4	装发时N1振动值：		12个月时RΔEGT：	
试车时N3振动值：		装发时N2振动值：		12个月时ΔFF：	
试车时滑耗：	0	装发时N3振动值：		12个月时N1振动值：	
				12个月时N2振动值：	
				12个月时N3振动值：	
				12个月时滑耗：	

图 13-45　评价维修效果

13.7　系统实施

系统实施分为六大阶段：项目准备、蓝图设计、系统实现、上线准备、上线与支持、持续改进。

(1) 项目准备

本阶段主要进行项目规划、搭建项目组织、制定项目计划、确定文档模板、确定责任分工、确定软硬件环境等工作。

(2) 蓝图设计

本阶段主要进行业务现状调研、业务流程设计、业务问题分析、数据整理启动、制定开发计划、原型系统搭建、业务蓝图汇报等工作。

(3) 系统实现

本阶段主要进行程序开发、接口开发、系统后台配置、单元测试、集成测试、用户培训等工作。

(4) 上线准备

本阶段主要进行上线编程验收、制定上线计划、服务器检查、系统管理培训、静态数据导入、动态数据导入等工作。

(5) 上线与支持

本阶段主要进行上线切换运行、生产系统支持、业务数据监控、业务蓝图修正等工作。

(6) 持续改进

本阶段主要进行新业务需求清理、后续项目计划、业务数据监控等工作。

系统实施效果可以从以下几个方面进行评价。

(1) 系统运行是否正常：系统是否具有较高的可靠性，响应速度快，无卡顿、崩溃现象。

(2) 数据存储是否准确合理：系统中业务涉及的各项数据是否覆盖到，历史数据是否能有效地导入系统中，为数据分析提供基础，系统涉及的运算数据是否准确等。

(3) 业务流程是否合理：系统中涉及诸多航空业务流程，运用此系统后是否规范了业务流程，给用户带来方便，提高效率。

(4) 是否提高经济效益：系统运行后，是否提高了业务效率，缩短业务周期，节省大量的成本。

(5) 各类报表是否齐全：系统是否可以方便地生成各类报表文件，大大提高依靠人力生成报表的效率。

(6) 方案是否合理：系统依靠数据分析及人工设置的各类条件计算后生成的各种计划、方案等是否合理。

系统简介

13.8 系统应用情况

目前，航空发动机机队智能运维系统已经在某航空公司应用超过 9 年时间。9 年多的应用情况表明：系统较好地解决了该航空公司发动机多地域分散管理问题，所有功能达到预期设计目标，可以满足发动机维修工程管理的需求，提高了发动机维修决策的水平。具体应用情况如下。

(1) **基本数据管理和使用数据管理**。实现了该航空公司机队所有发动机和APU的数据管理,解决了发动机维修数据管理中存在的数据不完整和冗余的问题,为后续的维修决策制定提供了数据支持;实现了该航空公司机队全部寿命件的统一监控及自动报警,避免了人为差错,提高了管理效率。

(2) **状态监控**。实现了对该航空公司机队所有发动机的孔探数据管理。实现了两种方式的性能监控:一种是利用现有OEM厂家监控软件解析数据,目前利用该方式已实现所有发动机的性能监控;另一种是不依赖OEM厂家监控软件而自行解析原始数据,目前利用该方式,在CFM56-3发动机上的应用已经取得了较好的效果。

(3) **拆发计划**。实现了维修期限的快速预测(从原来的至少2周时间缩短到1~2min),而且预测精度高;解决了以往人工方式制定拆发计划时面临的高度依赖工程师的主观经验、制定时间长、无法实时更新、不能充分利用备发资源等问题,实现了该航空公司所有10种型号发动机任意时间段的拆发计划制定。

(4) **成本预算管理**。实现了该航空公司所有8种非小时包修发动机的车间维修成本和预算的精细化管理,为准确预测发动机车间维修成本提供了决策支持。

(5) **维修工作范围制定**。解决了以往制定发动机维修工作范围时面临的数据收集时间长、工作效率低、依赖工程师主观经验的问题,实现了该航空公司所有8种非小时包修发动机机队的维修工作范围的制定与优化。

(6) **维修效果评价**。建立了发动机维修效果评估指标体系,实现了维修效果的量化评估,为发动机送修选厂或该航空公司战略合作伙伴选择提供了决策支持。

13.9 本章小结

本章以某航空公司为应用背景,利用设备智能运维技术,基于前面章节介绍的设备智能运维系统平台,开发了航空发动机机队智能运维系统。首先,分析了该航空公司在发动机维修工程管理方面的需求以及涉及的关键技术;其次,详细介绍了系统的功能模型和信息模型;最后,介绍了系统在该航空公司的运行实例及应用情况,以此说明设备智能运维系统平台以及基于该平台研发的航空发动机机队智能运维系统的正确性和有效性。

参考文献

[1] 付旭云.机队航空发动机维修规划及其关键技术研究[D].哈尔滨:哈尔滨工业大学,2010.

[2] 廉筱纯,吴虎.航空发动机原理[M].西安:西北工业大学出版社,2005:1-22.

[3] 吴达,郑克扬.排气系统的气动热力学[M].北京:北京航空航天大学出版社,1989:10-27.